NCS 기계제도

| 송요풍 저 |

PREFACE

기계 산업(플랜트)분야에서 성능이 우수한 기계를 설계하는 것은 창의적으로 기계구성 요소부품의 선정과 제작방법을 고려한 형상과 구조를 검토하여 설계자가 ISO(국제 표준화 기구), KS(한국산업규격)규격을 활용하여 기계제도를 수행하게 된다. 따라서 기계제도에 필요한 각종 규격을 정확하게 이해하고 적용하는 능력이 필수적이다.

NCS(국가직무능력표준)기계제도는 새롭게 시작된 **NCS과정평가형 자격제도와 NCS기반 신직업 자격제도** 시행에 맞춰 기계요소설계와 전산응용기계(설계)제도 직무를 수행하는데 요구되는 필수능력단위 중 요소공차검토, 체결요소설계, 동력전달요소설계, 도면해독 등 기계설계제도에 요구되는 분야를 학습할 수 있도록 단원을 구성하였다.

(1) NCS 기계요소설계 및 전산응용기계(설계)제도 필수능력단위 수록

- 제2장 : 요소공차 검토 학습분야로 능력단위요소로 요구기능파악, 치수공차검토, 표면조도검토 및 기하공차 검토하기
- 제4장 : **체결요소 설계** 학습분야로 능력단위요소로 요구기능파악, 체결요소선정 및 체결요소 설계하기
- 제5장 : **동력전달요소 설계** 학습분야로 능력단위요소로 요구기능파악, 동력전달요소 선정 및 동력전달요소 설계하기
- 제7장 : **도면 해독** 학습분야로 능력단위요소로 도면분석, 요소부품투상 및 도면 해독하기

(2) 제1장에서는 기계요소설계 필수능력단위 학습을 위한 선수학습 분야로 기계제도의 기본을 다루었으며, 제3장 전개도, 제6장 산업설비 제도분야로 배관 제도, 제8장에서는 기계제도에 활용되는 개정된 규격과 금속재료를 선정할 수 있도록 기호의 종류와 용도를 수록하였다.

본 교재를 학습함으로써, NCS(국가직무능력표준)를 기반으로 하는 기계설계제도의 필수능력단위를 학습하여 기계산업(플랜트)현장에 적용할 수 있도록 직무능력을 기르길 바라며, **NCS과정평가형 자격과 NCS기반 신직업자격을 취득**하는데 도움이 되길 소망한다.

끝으로 이 책이 나오기까지 열의를 다한 도서출판 구민사 조규백 대표님과 편집부 관계직원 여러분께 깊은 감사를 드린다.

저 자

CONTENTS

CONTENTS

CONTENTS

CHAPTER 8 부록

CONTENTS

1

C·H·A·P·T·E·R

기계제도(CAD)의 기본

NCS 기계제도

기계제도(CAD)의 기본

1 기계제도(CAD)의 개요

모든 기계의 각 부분은 여러 개의 요소부품으로 구성되어 있어 용도에 알맞은 작용을 하도록 구조, 크기, 강도 외관 및 제작성 등을 감안하여 금속재료와 기계가공 방법을 적절하게 선택하여야 한다. 또한 성능이 우수한 기계를 제작하려면 기계가 요구하는 용도나 기능에 적합한지 치밀한 계획을 수립하게 되는데 이를 종합한 기술을 기계설계라 한다.

기계제도(CAD)란 설계자가 추구하는 의도를 기계(요소부품) 제작자에게 정확하게 전달하기 위하여 일정한 표준(KS, ISO 등)에 따라서 선과 문자 및 기호 등을 사용하여 생산품의 형상, 구조, 크기, 재료, 가공법 등을 기계제도 산업표준에 맞추어 정확하고 간단 명료하게 컴퓨터를 활용하여 도면(CAD)을 작성하는 과정을 말한다.

기계제도 산업표준에 따라 작성된 도면(CAD)은 기계제작자, 품질관리자, 자재담당자, 조립·설치자, 운용관리자 및 유지보수자 등에게 전달하는 전 세계적으로 공통언어 역할을 하는 중요한 수단이다. 기계제도의 기본적인 목적을 달성하기 위해서는 다음 각 항의 요건을 충족하여야 한다.

① 제작물의 도형과 함께 필요로 하는 형상이나 구조, 조립상태, 치수(공차), 가공법, 재질, 투상법, 면의 표면정도 등의 정보를 포함하여야 한다.

② 도면(CAD)은 명확하고 이해하기 쉬운 방법으르 제도하며, 도면 해독에서 제도자의 의도와 전혀 다른 해석이 발생하지 않도록 하여야 하며, 복잡한 부분은 단면도와 상세도로 충분히 표현하여야 한다.

③ 기계제도는 각 분야에 걸쳐 정확성, 표준성, 보편성을 가져야 하며, 국제적으로 통용될 수 있어야 한다.

④ 컴퓨터를 활용한 기계제도 및 컴퓨터에 의한 도면의 보존관리, 복사, 검색 등이 용이하도록 체계적인 도면 번호부여와 일정양식에 의한 표제란 기록을 통하여 관리되어야 한다.

최근 전반적인 기계산업은 빠른 속도로 최첨단화 되어가고 있고, 이에 따른 기계의 고기능화, 초정밀화, 전체 제조공정 자동화 등으로 급변하고 있다. 기계설계 및 제도분야에도 컴퓨터를 이용한 설계제도, 즉 3D 모델링 및 CAD(Computer Aided Design)의 각종 응용프로그램이 활용되면서 기계설계 및 기계제도 분야에도 새로운 전기를 맞고 있다.

2 산업표준 규격

기계제도를 하는데 정해진 약속과 규칙을 기계제도의 산업표준규격이라 한다. 기계제도 산업표준규격에 준하여 도면을 제도하거나 해독하더라도 동일한 모양과 형태가 되도록 하여야 한다. 또한, 기계제도 산업표준규격에 의하여 제도한 도면을 기준으로 제품을 생산하게 되면 제품의 호환성, 품질향상, 원가절감, 생산성 향상 등 많은 편리함을 준다. 세계 각국에서는 각 나라의 실정에 맞는 산업표준규격을 제정하여 사용하고 있으며, 국가별 규격은 다시 국제표준규격(ISO)으로 단일화되고 있다. 이와 같이 규격은 크게 국제표준규격과 국가별 산업표준규격으로 구분할 수 있다.

우리나라는 1961년 공업 표준화법이 제정, 공포된 후 한국산업표준(KS)이 제정되어 1966년에 제도 통칙(KS A 0005)이 제정되어 제도규격으로 확정되었다.

기계분야에 적용되는 기계제도는 KS B 0001로 1967년에 제정되었다. [표 1-1]은 국제 및 국가별 산업표준규격과 기호를 나타낸 것이다.

표 1-1 국제 및 국가별 표준 규격과 기호

국제/국가별 표준	규격기호
국제 표준화 기구	ISO : International Organization or Standardization
한국 산업표준	KS : Korean Industrial Standards
미국 규격	ANSI : American National Standards Institute
독일 규격	DIN : Deutsche Industrie Normer
영국 규격	BS : British Standards
일본 공업 규격	JIS : Japanese Industrial Standards
프랑스 규격	NF : Norme Francaise
스위스 규격	SNV : Schweitzerish Normen des Vereinigung

[표 1-2]는 KS의 부문별 분류기호이다.

표 1-2 KS의 부문별 분류기호

분류기호	KS A	KS B	KS C	KS D	KS E	KS F	KS G	KS H	KS I	KS J	KS K
부문	기본	기계	전기	금속	광산	토건	일용품	식품	환경	생물	섬유
분류기호	KS L	KS M	KS P	KS Q	KS R	KS S	KS T	KS V	KS W	KS X	KS Z
부문	요업	화학	의료	품질경영	수송기계	서비스	물류	조선	항공	정보	기타

3 도면의 분류

1 용도에 따른 분류

(1) 계획도(scheme drawing)

설계자의 설계의도와 계획을 나타낸 도면으로 기본 설계도와 실시 설계도가 있다.

① 기본 설계도(preliminary drawing)
제작도 또는 실시 설계도를 작성하기 전에 필요한 기본적인 설계를 나타낸 계획도이다.

② 실시 설계도(working drawing)
토목, 건축부문에서 건조물을 실제로 건설하기 위한 설계를 나타낸 계획도이다.

(2) 제작도(manufacture drawing, production drawing)

제작에 필요한 관련 정보를 전달하기 위한 도면으로 공정도, 시공도, 상세도가 있다.

① 공정도(process drawing)
제조공정 중 중간과정의 상태, 또는 일련의 공정전체를 나타낸 제작도로 공작공정도, 검사도, 설치도가 포함된다.

② 시공도(working diagram)
건축현장에 시공을 대상으로 해서 제도한 제작도이다.

③ 상세도(detail drawing)
기계 제작과정 중 기계 조립도면에 조립을 용이하게 하기위한 부분상세도(주로 단면도로 표시) 및 가공제작을 위해서 상세함을 나타낸 제작도로서 일반적으로 큰 척도로 그린다.

(3) 주문도(drawing for order)

주문자가 주문하는 제품의 크기, 구조, 정밀도, 기능 등의 내용을 나타낸 도면으로 주문서에 첨부한다.

(4) 견적도(drawing for estimate, estimation drawing)

견적의뢰를 받은 사람이 의뢰받은 제품의 견적내용을 나타낸 도면으로 견적서에 첨부하는 도면으로 주로 제품의 전체 조립도 또는 참고도면 등으로 기술 유출이 우려되는 경우에는 첨부를 생략할 수 있다.

(5) 승인용 도면(drawing for approval)

발주자 또는 기타 관계자의 승인을 얻기 위해서 제출하는 도면으로 승인과정에서 발주자의 요구 내용의 변경에 따라 도면이 변경될 수가 있으므로 최종 제작도로 사용할 수 없다.

(6) 승인도(approved drawing)

발주자 또는 기타 관계자의 승인을 얻은 도면으로 최종 제작도면으로 사용할 수 있다.

(7) 설명도(explanation drawing)

사용자에게 제품의 구조, 기능, 성능, 조립순서, 사용시 주의사항 등을 설명하기 위한 도면으로 주로 제품 설명서(카탈로그, catalogue)에 사용한다.

2 내용에 따른 분류

(1) 부품도(part drawing)

부품에 대하여 최종 완성상태에서 구비해야 할 사항을 완전히 나타내기 위하여 부품에 조립 또는 접촉되는 시중 구매품 관련 등 필요한 모든 정보를 기록한 도면이다.

(2) 조립도(assembly drawing)

다수의 부품 또는 2개 이상의 부분 조립품을 조립한 상태에서 그 상호 관계와 조립에 필요한 치수 및 정보 등을 나타낸 도면으로 도면 내에 표제란을 포함하는 것과 별도의 부품 설명란을 갖는 것이 있다.

① 총 조립도(general assembly drawing)
제품 전체의 조립 상태를 나타낸 조립도로 견적도 등에도 활용된다.

② 부분 조립도(partial assembly drawing)
제품 일부분의 조립 상태를 나타낸 조립도로 제품의 부분 조립 등에 활용된다.

(3) 기초도(foundation drawing)

단위 기계나 기계설비 및 구조물을 설치하기 위하여 기초를 나타낸 도면으로 기초볼트의 위치, 배선 배관 등의 설치를 위한 슬리브(콘크리트 타설전에 콘크리트 벽 관통을 위한 보호관) 매설위치 등을 나타낸 도면이다.

(4) 배치도(layout drawing)

일정 구역 내의 건물 위치나 공장 내부에 단위기계의 설치위치, 각종 시설물의 위치 등 상세한 정보를 나타낸 도면이다.

(5) 배근도(bar arrangement drawing, bar scheduling)

기초도면에서 부분 상세도로 활용되는 도면으로 철근 콘크리트 기초구조물에 철근의 치수와 배치를 나타낸 도면이며, 필요에 따라 철근 가공(절단, 절곡)을 위한 상세도(Shop drawing)가 배근도에 별도로 표시되기도 한다.

(6) 장치도(plant layout drawing)

산업설비에서 주요 기계장치의 배치, 제조공정의 관계 등을 나타낸 도면이다.

(7) 스케치도(sketch drawing)

기계의 유지보수, 제품 국산화 등 제작도면 작성을 위해 사전에 현장에서 기계나 설비, 부품 등의 실체를 보고 프리핸드(freehand)로 그린 도면으로 신속성이 따르는 상황에서는 제작도면으로 즉시 활용되므로 이를 잘 그리기 위해서는 숙련된 경험이 요구된다.

3 표현 형식에 따른 분류

(1) 외관도(outside drawing)

대상물의 외형을 나타내고 이에 최소한의 필요한 주요 치수를 나타낸 도면으로 조립도 등도 이에 해당된다.

(2) 전개도(development drawing)

대상물을 구성하는 면을 평면으로 전개한 그림으로 주로 얇은 판재의 판금, 두꺼운 철제 제관물 등의 제작을 위한 도면이다.

(3) 곡면선도(curved surface drawing)

선체, 항공기 동체, 자동차 차체, 가전품의 미려한 외관 등의 복잡한 곡면을 여러 개의 선으로 나타낸 도면이다.

(4) 선도(diagram diagrammatic drawing)

기호와 선을 사용하여 기계장치, 산업플랜트의 기능, 그 구성부분 사이의 상호관계, 에너지, 기타 정보의 계통 등을 나타낸 도면으로 계통도, 구조선도 등이 있다.

① **계통도(system diagram)**
급·배수, 전력 등의 계통을 나타낸 선도로 배관도, 전기접속도, 배선도 등이 포함된다.

② **구조선도(skeleton diagram)**
기계구조물, 교량 등의 골조를 나타내고, 구조계산에 사용하는 선도이다.

(5) 입체도(single view drawing)

투상법에 의해서 입체적으로 표현한 도면이다.

4 도면의 크기(size of drawing)

도면은 보관과 관리를 편리하게 하기 위하여 일정한 크기로 만들어야 한다. [그림 1-1]은 제도용지 및 제도 영역의 크기를 나타내며, 도면의 크기는 [표 1-3]의 A열 윤곽치수를 사용하여 도형의 크기와 척도에 따라 결정한다.

기계제도 용지의 세로와 가로의 비는 1 : $\sqrt{2}$이고, A열 A0의 넓이는 약 $1m^2$이다. 큰 도면을 접을 때에는 A4의 크기로 접는 것을 원칙으로 한다.

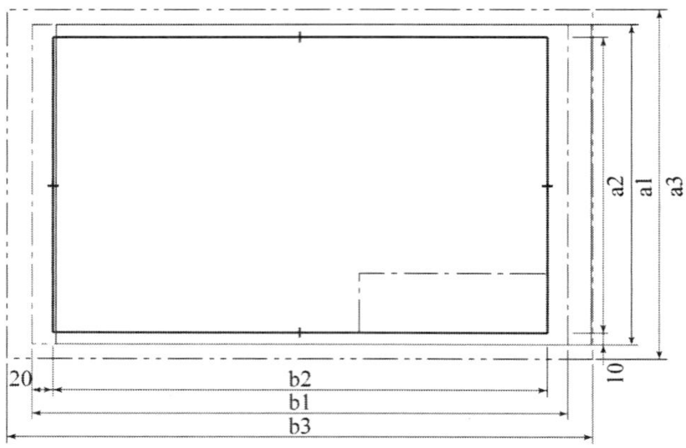

(a) A0 ~ A4의 경우

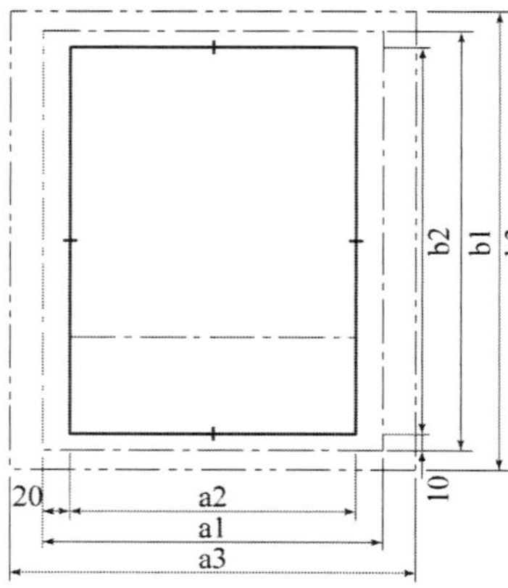

(b) A4의 경우

• 그림 1-1 • 제도용지 및 제도 영역의 크기(KS B ISO 5457)

도면은 [그림 1-1(a)]와 같이 폭이 넓은 쪽을 길이 방향으로 사용하는 것을 표준으로 하지만, 단품의 상세도 등은 [그림 1-1(b)]와 같이 세워서 사용할 수도 있다.

표 1-3 도면의 윤곽 치수 (단위 : mm)

크기	[그림 1-1]	재단한 용지		제도 공간		재단하지 않은 용지	
		a1	b1	a2	b2	a3	b3
		주1)	주1)	±0.5	±0.5	±2	±2
A0	(a)	841	1189	821	1159	880	1230
A1	(a)	594	841	574	811	625	880
A2	(a)	420	594	400	564	450	625
A3	(a)	297	420	277	390	330	450
A4	(a)와(b)	210	297	180	277	240	330

주 : 1) 재단 치수 600mm 이하일 때 ±2mm, 재단 치수 600mm 초과할 때 ±3mm(KS M ISO 216)

5 도면의 양식(layout of drawing)

도면을 그리기 위해서는 언제, 누가, 무엇을, 어떻게, 왜 그렸는지 등을 표시하고, 도면을 효율적으로 관리하는데 필요한 것들을 표시하기 위하여 양식을 마련한다.

(1) 경계와 윤곽(borderline)

재단된 용지의 제도영역을 4개의 변으로 둘러싸는 윤곽은 여러 가지 크기가 있다. 왼쪽의 윤곽은 20mm 폭을 가진다. 이것은 철할 때의 여백으로 사용하기도 한다. 다른 여백은 10mm의 폭을 가진다. 제도 영역을 나타내는 윤곽은 0.7mm 굵기의 실선으로 그린다.

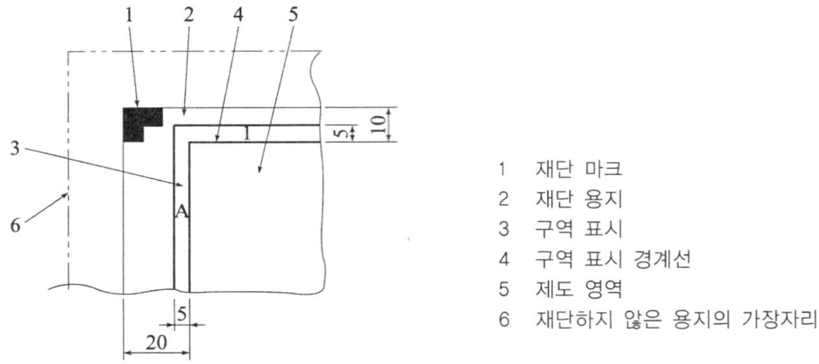

• 그림 1-2 • 도면의 경계와 윤곽

2 표제란(title block, title panel)

표제란은 한국산업표준(KS A ISO 7200)에 따라 A4용지 총 너비에서 왼쪽 여백 20mm, 오른쪽 여백 10mm를 갖고 표제란 너비는 180mm이며, 동일한 표제란이 모든 용지 크기에 사용된다. A4 용지 이상 크기에 표제란의 위치는 제도영역의 오른쪽 아래 구석에 마련한다. 표제란에 내용에서 용어의 정의는 다음과 같다.

(1) 법적 소유자(legal owner)

문서(도면)의 법적인 소유자 즉 소유자 명, 법인 명, 단체 명, 기업 명의 표시, 또는 회사를 상징하는 상표일 수 있다.

(2) 식별 번호(identification number)

[그림 1-3]에서와 같이(예 AB123 456-7) 문서(도면)의 식별 번호로 문서(도면) 조회(검색)번호로 사용된다. 법적 소유자의 고유한 번호를 가져야 한다.

(3) 제목 / 보조 제목(title/supplementary title)

제목은 문서(도면)의 내용을 나타낸다. 제목은 적용범위 내에서 국제표준, 국가표준 또는 사내표준으로 주어진 것과 같은 설정된 용어에서 선택하는 것이 좋다. 보조 제목은 더 많은 정보를 제공하는 목적으로 사용해도 된다. 제목/보조 제목은 약어로 사용하는 것은 피한다.

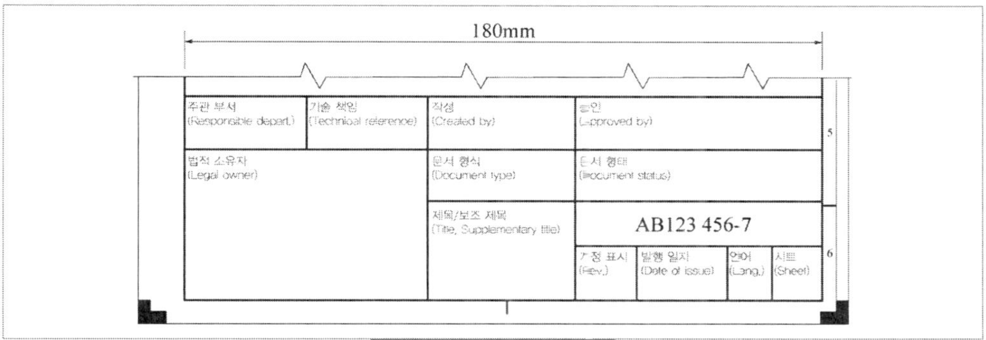

• 그림 1-3 • 표제란

(4) 문서(도면) 형식(document type)

정보 또는 표시 형식의 내용과 관련하여 문서(도면)의 역할을 나타낸다. 문서(도면)에 대한 검색이 이루어질 수 있는 주요한 방법 중의 하나이다.

(5) 문서(도면) 형태(document status)

준비 중, 승인과정, 공개, 취소와 같은 용어를 사용하여 표시한다.

(6) 주관부서(responsible department)

발행 일자에 문서(도면)의 내용과 유지에 대한 책임을 가진 조직 구성 단위의 이름 또는 부호

(7) 기술 책임(technical reference)

요구사항에 응답하고 조정하는 사람과 담당자로 경시된 문서(도면)의 기술적인 내용에 대한 충분한 지식을 가진 사람의 이름으로 법적 소유자의 조직내 사람이어야 한다.

(8) 작성자(creator)

문서(도면)을 준비 또는 수정한 사람, 작성자

(9) 승인자(approval person)

문서(도면)을 승인하는 사람의 이름

(10) 개정 표시(revision index)

문서(도면)의 개정 상태를 나타내며, A부터 Z, 다음은 AA부터 ZZ, 또는 숫자 1, 2, 3...의 방법으로 순차적으로 문자를 부여한다. 문자 O 및 I는 숫자 0 및 1과 혼동되기 쉬우므로 표시를 피한다. 대신에 발행 일자에는 사용해도 좋다.

(11) 발행 일자(date of issue)

발행 일자는 문서를 처음 공식적으로 공개하거나, 차후 발생된 버전의 문서(도면) 날짜이다. 발행 일자는 특허권, 문서의 추적 등의 법적인 이유로 중요하다.

(12) 언어 부호(language code)

언어 부호는 문서(도면)가 속하는 언어권의 언어를 나타내기 위하여 사용된다. 가능하다면, 문서(도면)는 단일 언어표시로 제시되어야 한다.

(13) 시트(sheet number)

문서(도면)에 시트 번호로 식별한다.

3 중심 마크(centering mark)

도면을 다시 만들거나 마이크로필름을 만들 때, 도면의 위치를 잘 잡기 위하여 4개의 중심마크를 표시한다. 이 마크는 1mm의 대칭 공차를 가지고 재단된 용지의 두 대칭축의 끝에 표시한다. 이 중심 마크의 형식은 자유롭게 선택할 수 있다. [그림 1-4]에서와 같이 중심 마크는 구역 표시의 경계에서 시작해서 도면의 윤곽을 지나 10mm까지 0.7mm 굵기의 실선으로 그린다. A0보다 더 큰 크기에서는 마이크로필름으로 만들 영역의 가운데에 중심 마크를 추가로 표시한다.

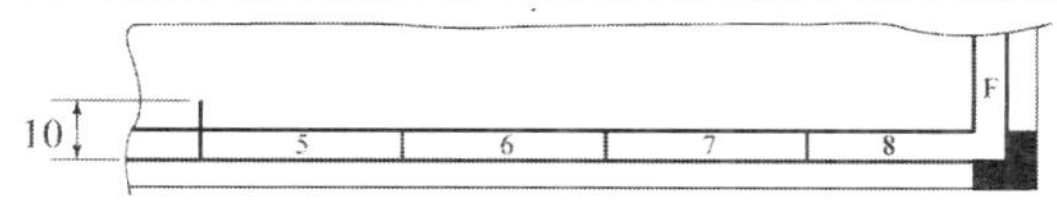

• 그림 1-4 • 중심 마크

4) 구역 표시(signification of zone)

도면에서 상세, 추가, 수정 등의 위치를 알기 쉽도록 용지를 여러 구역으로 나눈다. 각 구역은 용지의 위쪽에서 아래쪽으로 대문자(I와 C는 사용금지)로 수직으로 써서 표시하고, 왼쪽에서 오른쪽으로는 숫자로 표시한다. A4 크기의 용지에는 단지 위쪽과 오른쪽에만 표시한다. 문자와 숫자의 크기는 3.5mm이다. [그림 1-5]에서와 같이 한 구역의 길이는 재단한 용지 대칭축(중심 마크)에서 시작해서 50mm이다. 이 구역의 개수는 용지 크기에 따라 다르며, 구역 표시의 선은 0.35mm 굵기의 실선으로 그린다.

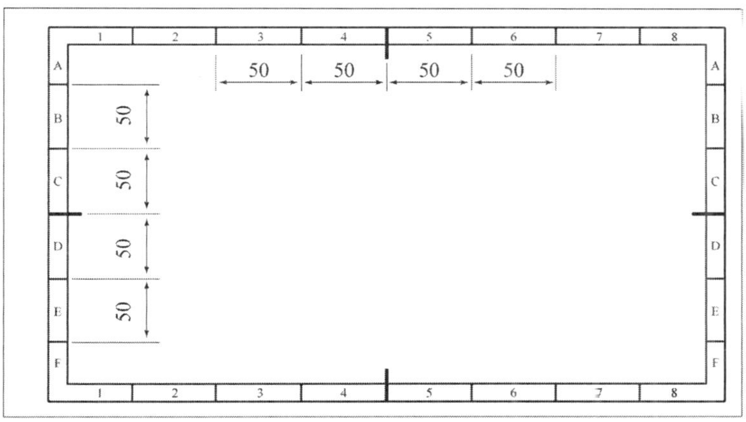

구분	긴변 (가로)	짧은변 (세로)
A0	24	16
A1	16	12
A2	12	8
A3	8	6
A4	6	4

• 그림 1-5 • 구역 표시

5) 재단 마크(cutting mark)

수동이나 자동으로 용지를 잘라내는 데 편리하도록 재단된 용지의 4변의 경계에 재단 마크를 표시한다. [그림 1-6]과 같이 마크는 10×5mm의 두 직사각형이 합쳐진 형태로 표시한다.

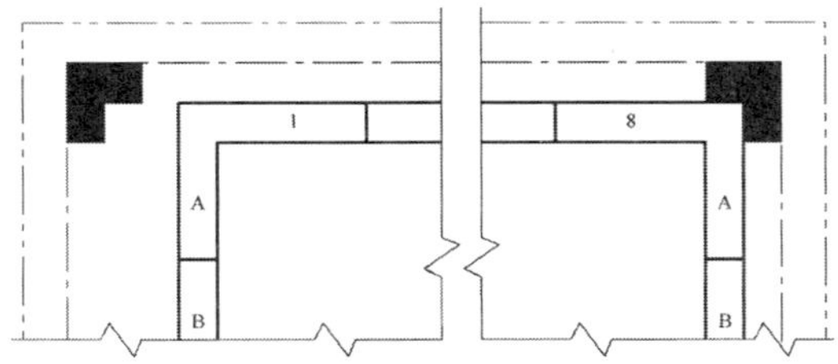

• 그림 1-6 • 재단 마크

6 도면의 척도

도형의 크기는 보통 실물의 크기에 대하여 축소 또는 확대하여 도면에 그려야 할 때가 많다. 척도(scale)란 대상물의 실제 크기에 대한 도면에 표시한 대상물의 비율로서 길이의 비를 의미하며, 보통 척도를 정할 때에는 그리기 쉽거나 읽기 쉽도록 적절한 척도와 도면의 크기를 설정하여야 한다.

(1) 척도의 종류

도면은 실물과 같은 크기의 현척으로 제도하는 것이 원칙이나, 축척 또는 배척인 경우에는 [표 1-4]에서 정한 척도 값에서 결정하여 도면에 표시하여야 한다.

표 1-4 제도에 사용할 척도(KS A 0110, KS B 0001)

종류	난	척도
배척	1	50 : 1　20 : 1　10 : 1　5 : 1　2 : 1
	2	100 : 1　$2.5\sqrt{2}$: 1　$\sqrt{2}$: 1
현척	1	1 : 1
축척	1	1 : 2　1 : 5　1 : 10　1 : 20　1 : 50　1 : 100 1 : 200　1 : 500　1 : 1000　1 : 2000　1 : 5000　1 : 10000
	2	1 : $\sqrt{2}$　1 : 2.5　1 : $2\sqrt{2}$　1 : 3　1 : 4　1 : $5\sqrt{2}$　1 : 25　1 : 250

비고 : 1란의 척도를 우선적으로 사용한다.

(1) 배척(enlargement scale)

1 : 1 보다 큰 척도로, 도면에 도형을 실물보다 크게 제도하는 경우에 사용하며, 치수 기입은 축척과 마찬가지로 실물의 실제 치수를 기입한다. 도면의 일부분을 확대하여 제도 할 때 많이 사용하고, 배척 비율이 크면 척도가 크다고 한다.

(2) 현척(full scale, full size)

도형을 실물과 같은 크기로 그리는 경우에 사용하며, 도형을 제도하기 쉬우므로 가장 보편적으로 사용된다.

(3) 축척(reduction scale)

척도의 비가 1 : 1보다 작은 척도로, 도면에 도형을 실물보다 작게 제도하는 경우에 사용하며, 축척으로 그린 도면의 치수는 실물의 실제 치수를 기입하고, 축척의 비율이 작으면 척도가 작다고 한다.

7 제도에 사용하는 문자

1 문자 크기의 표시 방법

문자의 크기는 원칙적으로 다음에 표시하는 높이에 의한 호칭에 따라 표시한다. 문자의 선 굵기의 중심에 있어서의 문자의 기준 높이는 [그림 1-7]과 같으며, J형, B형 모두 문자 높이의 비율은 기본적으로 같다.

• 그림 1-7 • 숫자·영자의 기준 높이(KS A 0107)

② 숫자·영자

숫자는 주로 아라비아 숫자를 사용한다. 영자는 로마자의 대문자를 사용한다. 다만, 기호나 그 밖에 특별히 필요한 경우에는 소문자를 사용해도 좋다. 숫자·영자의 서체는 J형 사체, B형 사체 또는 B형 입체 어느 한 가지를 사용하며 혼용하지는 않는다. 특별히 필요한 경우에는 이에 따르지 않아도 좋다. 아라비아 숫자의 크기는 2.24, 3.15, 4.5, 6.3 및 9mm의 5종으로 한다. 숫자의 크기도 특별히 필요할 경우에는 이에 따르지 않아도 좋다. [그림 1-8]은 J형 사체의 아라비아 숫자 및 영자의 서체 보기이다.

• 그림 1-8 • J형 사체의 아라비아 숫자 및 영자의 서체

[그림 1-9]는 B형 사체의 아라비아 숫자 및 영자의 서체이다.

크기 9mm 1 2 3 4 5 6 7 8 9 0

크기 4.5mm 1 2 3 4 5 6 7 8 9 0

크기 6.3mm A B C D E F G H I J
K L M N O P Q R
S T U V W X Y Z
a b c d e f g h i j k l m
n o p q r s t u v w x y z

• 그림 1-9 • B형 사체의 아라비아 숫자 및 영자의 서체

③ 한글

도면의 표제란 및 요목표 등에 사용하는 한글의 글자체는 고딕체로 하여 수직 또는 15° 경사로 씀을 원칙으로 한다. 국문 글자의 크기는 호칭 2.24, 3.15, 4.5, 6.3 및 9mm의 5종류로 한다. 다만, 특히 필요할 경우에는 다른 치수를 사용하여도 좋다. [그림 1-10]은 한글의 크기 및 서체이다. 문장은 왼쪽에서 가로 쓰기를 원칙으로 한다.

크기 9mm 가 나 다 라

크기 6.3mm 가 나 다 라

크기 4.5mm 가 나 다 라

크기 3.15mm 가 나 다 라

크기 2.24mm 가 나 다 라

• 그림 1-10 • 한글의 크기 및 서체(KS B 0001)

8 제도(CAD)에 사용하는 선(KS B 0001, 7091)

1 선의 종류

(1) 단속 형식에 따른 종류

선은 제품의 형상을 도면에 표현할 때, 선명하고 진한 농도 및 굵기가 일정하여야 하며, 선은 단속 형식에 따라 다음의 4종류를 사용한다.

① 실선(continuous line) : 연속된 선
② 파선(dashed line) : 선의 길이와 간격의 비율 기준율 2 : 1로 한다.
③ 1점 쇄선 : 긴 선의 길이와 간격과 짧은 선 길이의 비율 기준을 9 : 1 : 1로 한다.
④ 2점 쇄선 : 긴 선의 길이와 간격과 짧은 선 길이와 간격, 짧은 선의 비율 기준은 15 : 1 : 1 : 1로 한다.

1점 쇄선 및 2점 쇄선은 긴쪽 선의 요소로 시작되고 또 끝나도록 그린다.

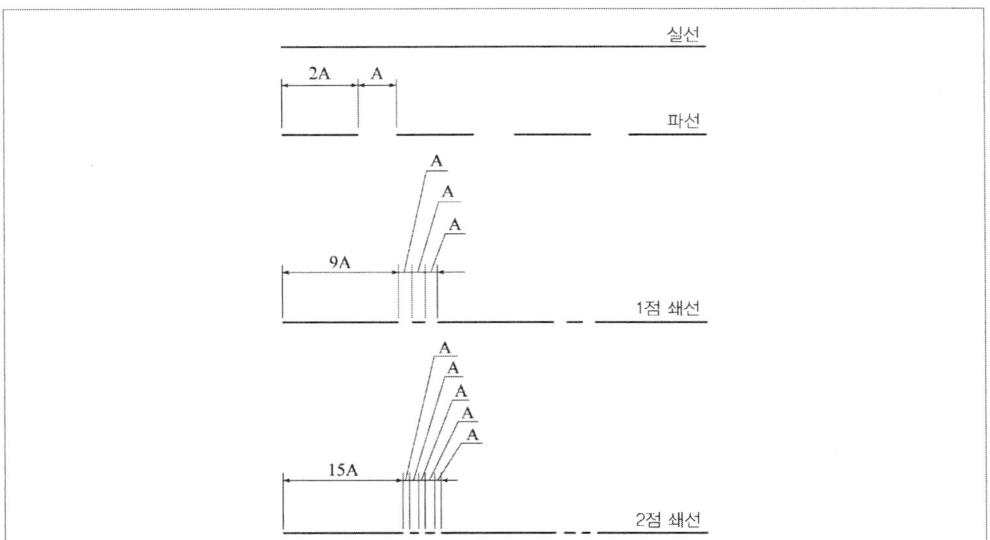

• 그림 1-11 • 선의 종류

또한 파선, 1점 쇄선 및 2점 쇄선의 다른 선과 교차할 때에는 긴쪽 선의 요소로 그 교점을 나타내는 것이 바람직하다.

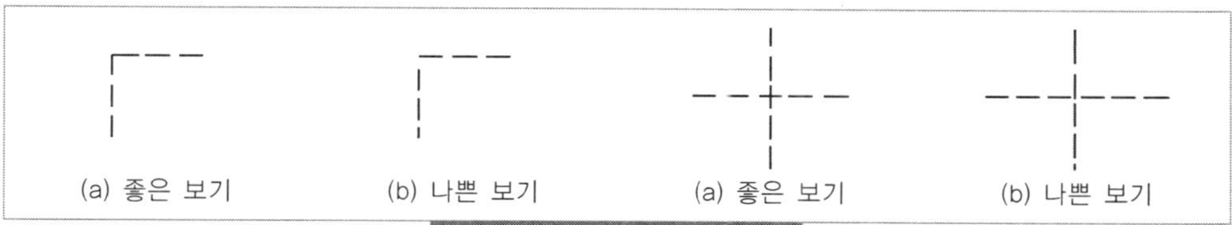

• 그림 1-12 • 파선의 교차

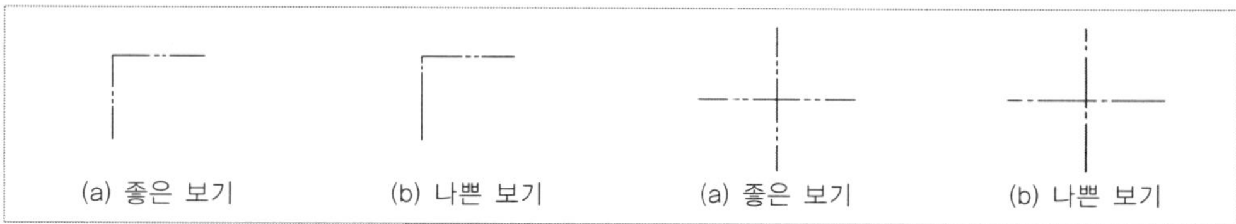

• 그림 1-13 • 2점 쇄선의 교차

(2) 굵기에 따른 선의 종류

같은 용도의 선이라도 도형의 크기와 복잡한 정드에 따라 굵기를 선택해야 하지만, 동일 도면 내에서는 [표 1-5]와 같이 선 굵기의 비율에 자라야 하며, 동일 도면에서는 선의 종류마다 굵기를 정렬한다. 단, 선 굵기의 기준은 0.18, 0.25, 0.35, 0.5, 0.7, 1.0mm로 한다.

표 1-5 CAD 제도 선 굵기의 비율(KS B 7091)

선 굵기의 종류	비율
가는 선	1
굵은 선	2.5
아주 굵은 선	5

(3) 색채에 따른 선의 종류

도면의 내용을 이해하기 쉽게 하고, 또 내용의 오해를 주지 않을 경우에는 흑색 이외의 색채선을 사용하여도 좋다. 다만, 외형선 등의 주요한 뜻을 갖는 선에는 흑색선을 사용한다. 또한, 보조적인 부분의 표현 등에는 효과적인 색채선을 사용하는 것이 바람직하다.

(4) 용도에 따른 선의 종류

선은 용도에 따라 [표 1-6]과 같이 사용한다. 또, 이 표에 의하지 않는 선을 사용할 때에는 그 선의 용도를 도면 내에 주기 한다.

표 1-6 선의 종류에 의한 용도(KS B 0001)

용도에 의한 명칭	선의 종류		선의 용도	[그림 1-14]의 조합번호
외형선	굵은 실선	———	대상물의 보이는 부분의 모양을 표시하는 데 쓰인다.	1.1
치수선	가는 실선	———	치수를 기입하기 위하여 쓰인다.	2.1
치수 보조선			치수를 기입하기 위하여 도형으로 끌어내는 데 쓰인다.	2.2
지시선			기술·기호 등을 표시하기 위하여 끌어내는 데 쓰인다.	2.3
회전 단면선			도형내에 그 부분의 끊은 곳을 90° 회전하여 표시하는 데 쓰인다.	2.4
중심선			도형의 중심선(4.1)을 간략하게 표시하는 데 쓰인다.	2.5
수준면선[1]			수면, 유면 등의 위치를 표시하는 데 쓰인다.	2.6
숨은선	가는 파선 또는 굵은 파선	---------	대상물의 보이지 않는 부분의 모양을 표시하는 데 쓰인다.	3.1
중심선	가는 1점 쇄선	—-—-	(1) 도형의 중심을 표시하는 데 쓰인다. (2) 중심이 이동한 중심궤적을 표시하는 데 쓰인다.	4.1 4.2
기준선			특히 위치 결정의 근거가 된다는 것을 명시할 때 쓰인다.	4.3
피치선			되풀이하는 도형의 피치를 취하는 기준을 표시하는 데 쓰인다.	4.4
특수 지정선	굵은 1점 쇄선	—-—-	특수한 가공을 하는 부분 등 특별한 요구사항을 적용할 수 있는 범위를 표시하는 데 사용한다.	5.1
가상선[2]	가는 2점 쇄선	—--—	(1) 인접부분을 참고로 표시하는 데 사용한다. (2) 공구, 지그 등의 위치를 참고로 나타나는 데 사용한다. (3) 가동부분을 이동 중의 특정한 위치 또는 이동한계의 위치로 표시하는 데 사용한다. (4) 가공 전 또는 가공 후의 모양을 표시하는 데 사용한다. (5) 되풀이하는 것을 나타내는 데 사용한다. (6) 도시된 단면의 앞쪽에 있는 부분을 표시하는 게 사용한다.	6.1 6.2 6.3 6.4 6.5 6.6
무게 중심선			단면의 무게 중심을 연결한 선을 표시하는 데 사용한다.	6.7
파단선	불규칙한 파형의 가는 실선 또는 지그재그선	~~~	대상물의 일부를 파단한 경계 또는 일부를 떼어낸 경계를 표시하는데 사용한다.	7.1
절단선	가는 1점 쇄선으로 끝부분 및 방향이 변하는 부분을 굵게 한 것[3]		단면도를 그리는 경우, 그 절단 위치를 대응하는 그림에 표시하는 데 사용한다.	8.1
해칭	가는 실선으로 규칙적으로 줄을 늘어 놓은 것	////	도형의 한정된 특정 부분을 다른 부분과 구별하는 데 사용한다. 보기를 들면 단면도의 절단된 부분을 나타낸다.	9.1
특수한 용도의 선	가는 실선	———	(1) 외형선 및 숨은 선의 연장을 표하는 데 사용한다. (2) 평면이란 것을 나타내는 데 사용한다. (3) 위치를 명시하는 데 사용한다	10.1 10.2 10.3
	아주 굵은 실선	━━━	얇은 부분의 단선 도시를 명시하는데 사용한다.	11.1

주 : 1) ISO 128(Technical drawing-General principles of presentation)에는 규정되어 있지 않다.
2) 가상선은 투상법상에서는 도형에 나타나지 않으나, 편의상 필요한 모양을 나타내는 데 사용한다. 또, 기능상·공작상의 이해를 돕기 위하여 도형을 보조적으로 나타내기 위하여도 사용한다.
3) 다른 용도와 혼용할 염려가 없을 때는 끝부분 및 방향이 변하는 부분을 굵게 할 필요는 없다.

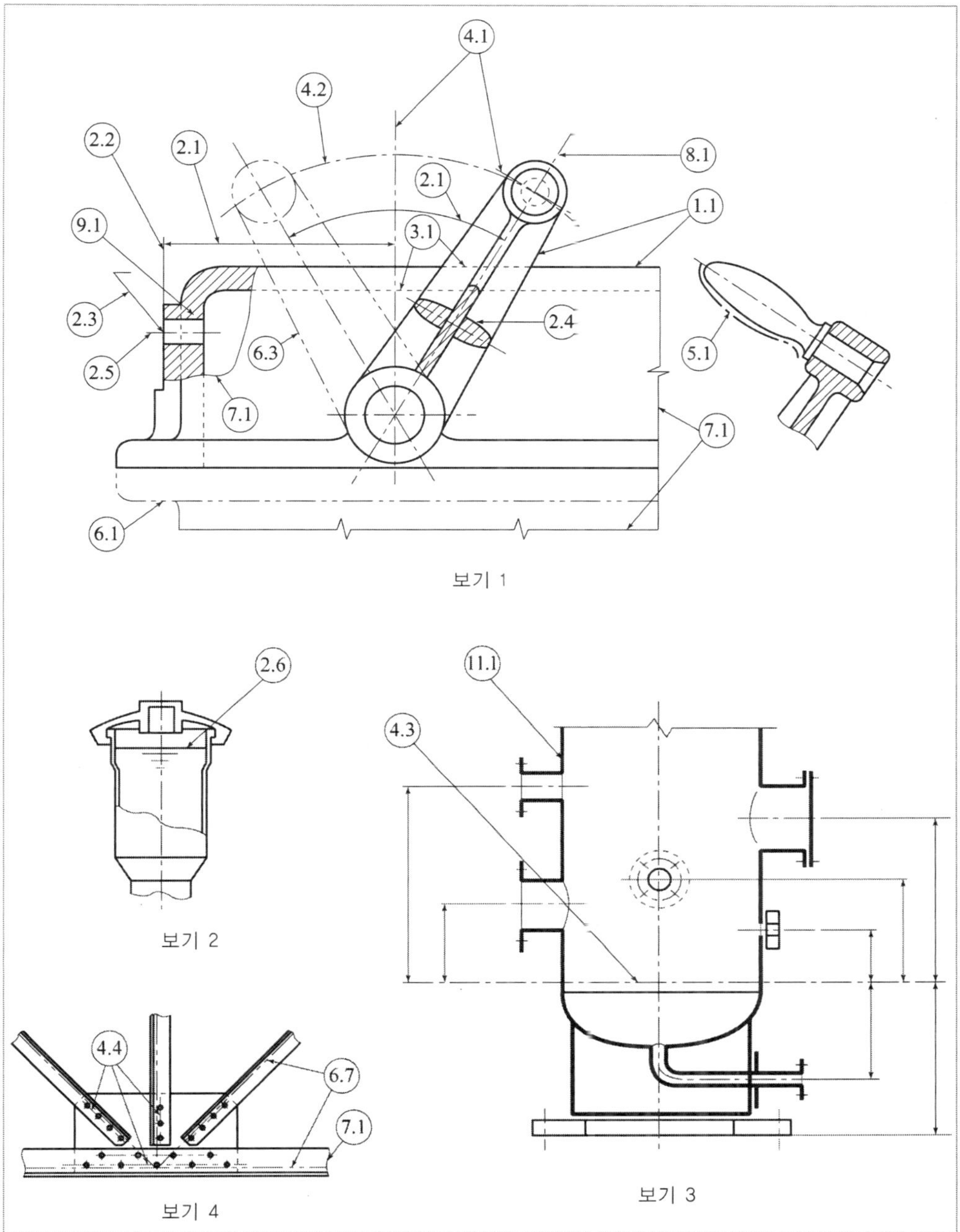

• 그림 1-14 • 선 사용법의 그림 보기(KS B 0001)(1)

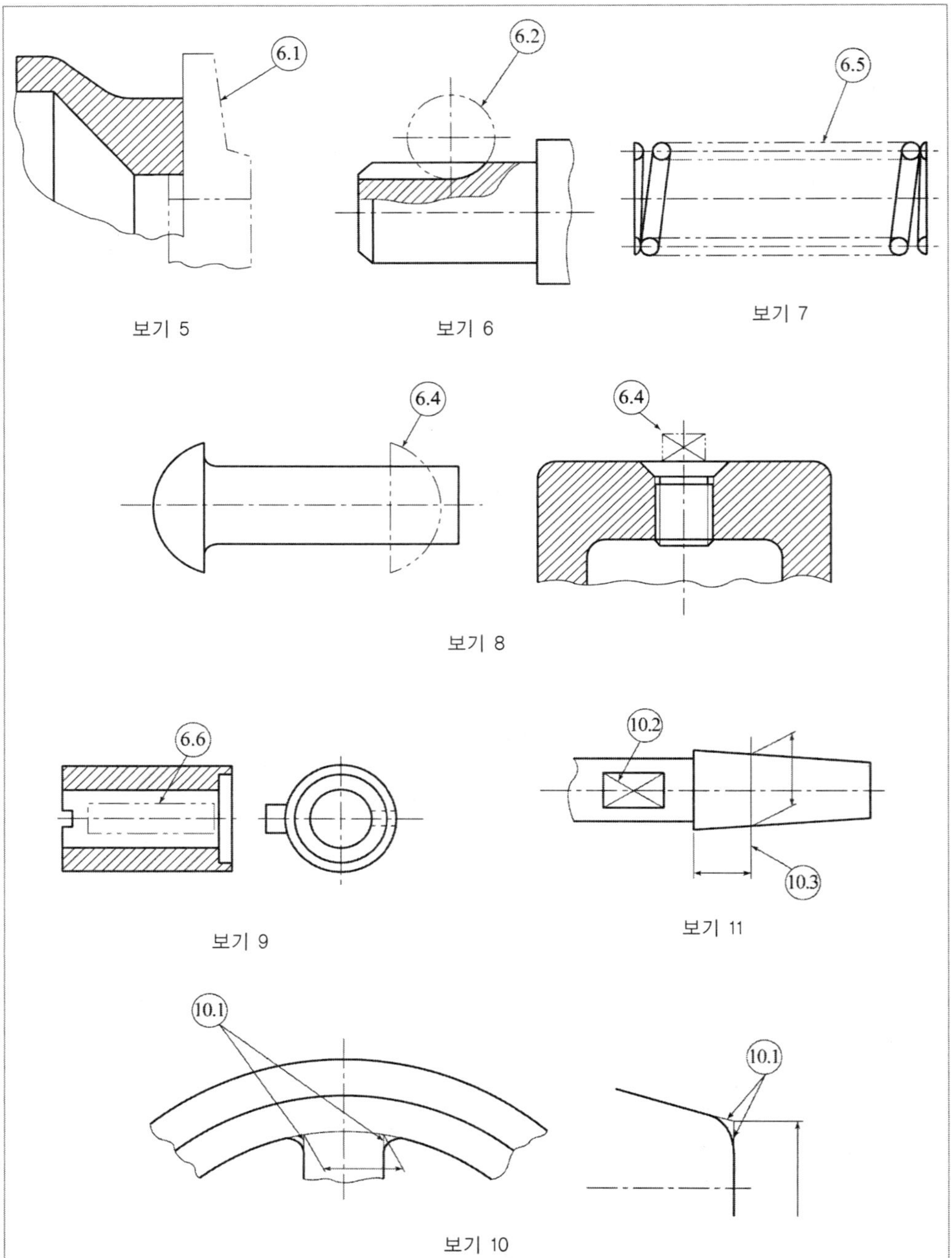

• 그림 1-14 • 선 사용법의 그림 보기(KS B 0001)(2)

② 선의 우선순위

[그림 1-15]에서와 같이 도면에서 2종류 이상의 선이 같은 장소에 겹치게 될 경우에는 다음에 나타낸 순위에 따라 우선되는 종류의 선으르 그린다.

① 외형선(visible outline)
② 숨은 선(hidden line)
③ 절단선(line of cutting plan)
④ 중심선(center line)
⑤ 무게 중심선(centroidal line)
⑥ 치수 보조선(projection line)

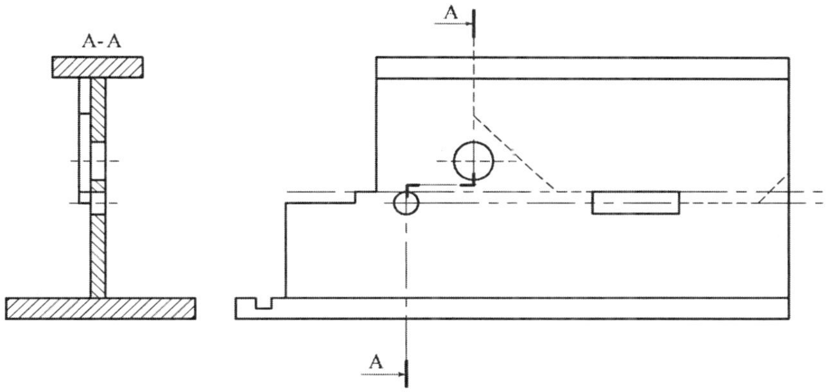

• 그림 1-15 • 선의 우선순위 사용 보기(KS B 0001)

③ 선긋기 일반사항

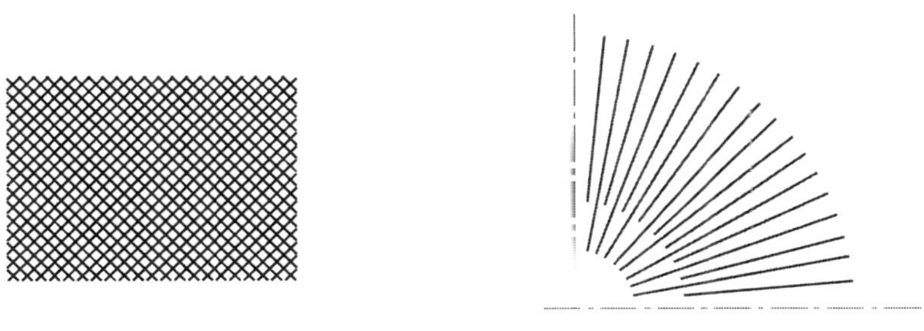

(a) (b)

• 그림 1-16 • 선긋기의 보기(KS B 0001)

① 선의 굵기 방향의 중심은 선의 이론상 그려야 할 위치 위에 있어야 한다.

② 서로 근접하여 그리는 선의 선 간격(중심거리)은 원칙으로 평행선의 경우, 선의 굵기의 3배 이상으로 하고, 선과 선의 간격은 0.7mm 이상으로 하는 것이 좋다. 또한, [그림 1-16(a)]에서와 같이 밀접한 교차선의 경우에는 그 선 간격을 선 굵기의 4배 이상으로 한다.

③ [그림 1-16(b)]와 같이 다수의 선이 1점에 집중할 경우에는 복잡하지 않는 한, 선 간격이 선 굵기의 약 3배 되는 위치에서 선을 정지하고 점의 주위를 비우는 것이 좋다.

9 투상법

1 제3각법과 제1각법

(1) 도면의 배열위치

투상법은 [그림 1-17(a)]에서와 같이 제3각법에 따르는 것을 원칙으로 한다. 다만, 필요한 경우에는 [그림 1-17(b)]와 같이 제1각법에 따를 수 있다.

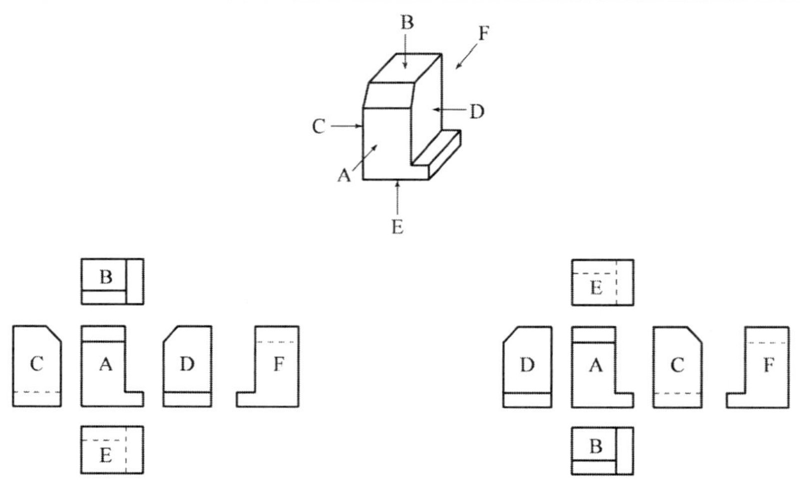

A : 정면도, B : 평면도, C : 좌측면도, D : 우측면도, E : 저면도, F : 배면도

(a) 제3각법 (b) 제1각법

• 그림 1-17 • 제3각법과 제1각법의 도면 배열위치

(2) 투상법의 표시 기호

[그림 1-18]과 같이 투상법의 기호를 표제란 근처에 나타낸다.

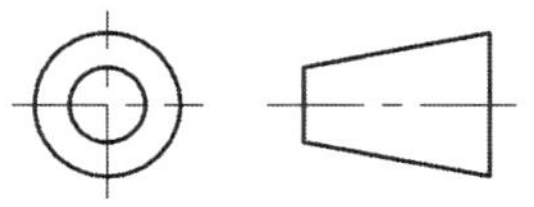

(a) 제3각법 기호 (b) 제1각법 기호

• 그림 1-18 • 투상법의 표시 기호

2 투상법 적용이 곤란한 경우의 표시

도면 용지 지면의 형편 등으로 투상도를 제3각법에 의한 정확한 위치에 그리지 못하는 경우, 또는 그림의 일부가 제3각법에 의한 위치에 그리면 도리어 도형을 이해하기 곤란한 경우에는 상호관계를 화살표와 문자를 사용하여 그 글자는 투상의 방향과 관계없이 전부 도면 위 방향에 [그림 1-19]와 같이 표기한다.

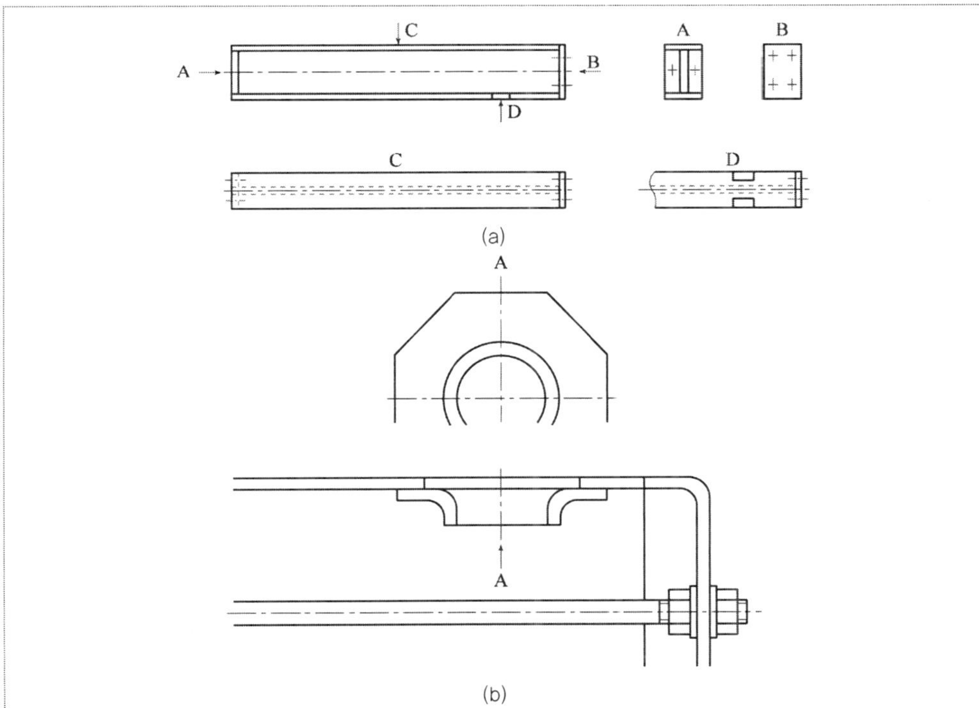

• 그림 1-19 • 화살표를 사용하는 방법의 보기

10 도형의 표시 방법

1 투상도의 표시 방법

(1) 주 투상도(정면도)

① 투상도의 선택방법

주 투상도에는 대상물의 모양 및 기능을 가장 명확하게 표시하는 면을 그린다. 또한, 대상물을 도시하는 상태는 도면의 목적에 따라 다음 중 하나에 따른다.

㉠ 조립도 등 주로 기능을 표시하는 도면에서는 대상물을 사용하는 상태

㉡ 부품도 등 가공하기 위한 도면에서는 가공에 있어서 도면을 가장 많이 이용하는 공정에서 대상물을 가공할 때 놓는 상태와 같은 방향에 주 투상도를 배열한다.

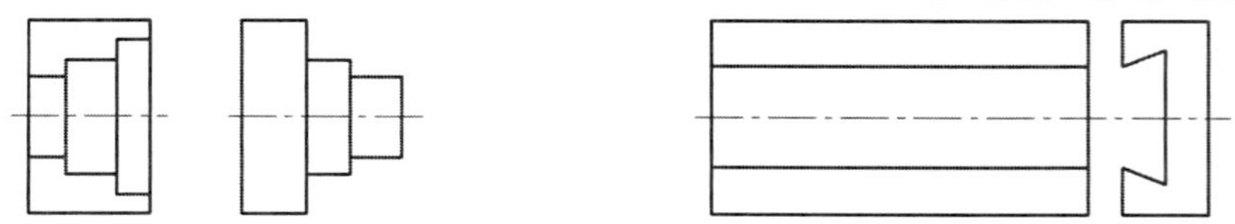

• 그림 1-20 • 가공 방향과 같은 방향에 주 투상도 배열

② 정면도 1면의 주 투상도

대상물을 가로길이로 놓은 상태의 주 투상도만으로 표시할 수 있는 것에 대하여는 [그림 1-21]과 같이 다른 투상도는 그리지 않는다.

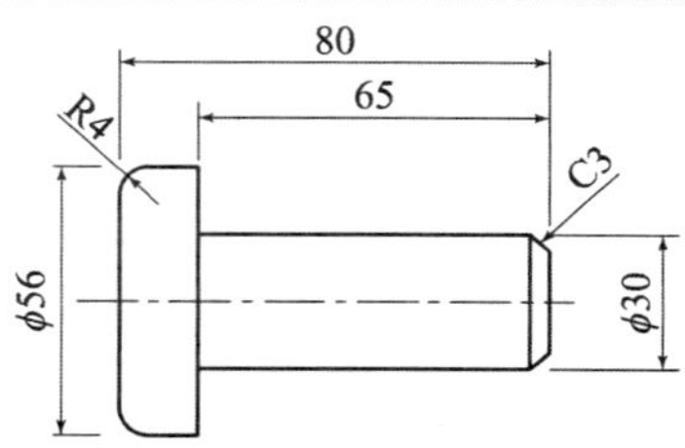

• 그림 1-21 • 정면도 1면의 주 투상도

③ 숨은선 처리

[그림 1-22(a)]와 같이 서로 관련되는 그림의 배치는 숨은선을 쓰지 않도록 한다. 다만, 비교 대조하기 불편할 경우에는 [그림 1-22(b)]와 같이 예외로 한다.

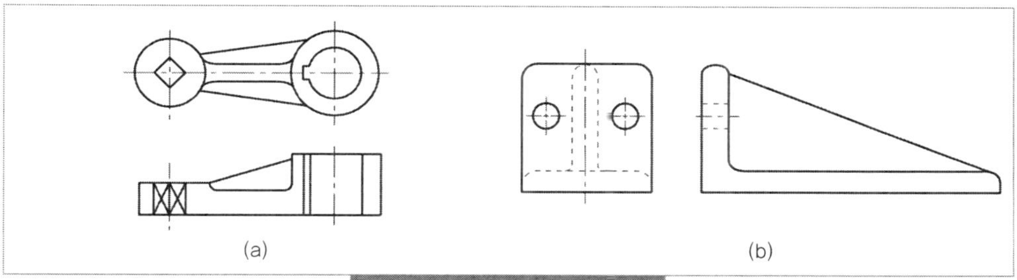

• 그림 1-22 • 숨은선 처리

(2) 보조 투상도

① 경사면의 보조 투상도

경사면부가 있는 대상물에서 그 경사면의 실제 모양을 표시할 필요가 있는 경우에는 [그림 1-23]에서와 같이 보이는 부분의 전체 또는 일부분을 보조 투상도로 나타낸다. 대상물의 경사면을 실제의 모양으로 나타내고자 할 경우에는 그 경사면과 맞서는 위치에 보조 투상도를 표시한다.

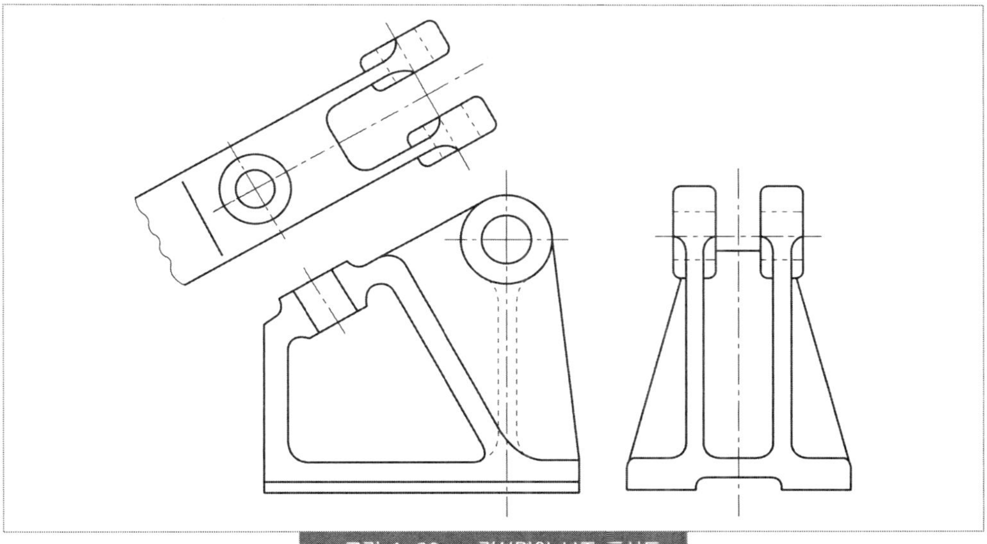

• 그림 1-23 • 경사면의 보조 투상도

② 보조 투상도의 이동 배열

도면 배열에서 지면 공간이 충분하지 않아 보조 투상도를 경사면에 맞서는 위치에 배치할 수 없는 경우에는 [그림 1-24(a)]와 같이 그 뜻을 화살표와 영자의 대문자로 나타낸다. 다만, [그림 1-24(b)]와 같이 구부린 중심선에서 연결하여 투상 관계를 표시한다.

• 그림 1-24 • 보조 투상도의 이동 배열

③ 보조 투상도 도면 구역의 구분기호 기입

보조 투상도(필요한 부분만 나타내는 부분 보조 투상도도 포함)의 배치 관계가 분명하지 않을 경우에는 [그림 1-25]와 같이 표시한 문자기호의 각각에 도면 구역의 구분기호를 사용하여 기입한다.

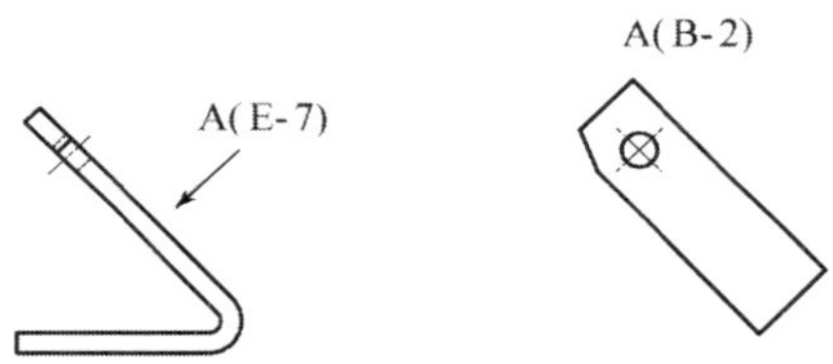

좌측 그림에서 구분기호(E-7)는 보조 투상도가 그려진 도면의 구역을 나타냈으며, 구분기호(B-2)는 화살표가 그려진 도면의 구역을 나타낸다.

• 그림 1-25 • 보조 투상도 도면 구역의 구분기호 기입

(3) 회전 투상도

투상면이 어느 각도를 가지고 있기 때문에 그 실제 모양을 표시하지 못할 때에는 [그림 1-26(a)]와 같이 그 부분을 회전해서 실제 모양을 나타낸다. 또한 잘못 볼 우려가 있다고 판단될 경우에는 [그림 1-26(b)]와 같이 작도에 사용한 선을 남긴다.

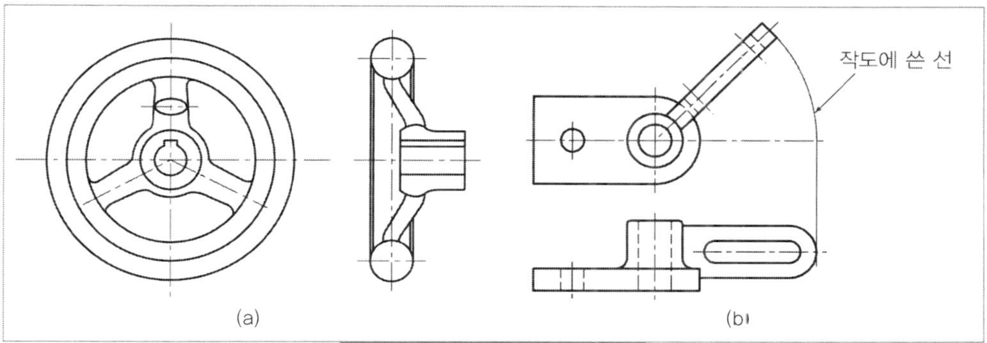

• 그림 1-26 • 회전 투상도

(4) 부분 투상도

그림의 일부를 도시하는 것으로 충분한 경우에는 그 필요 부분만을 부분 투상도로 표시한다. 이 경우에는 생략한 부분과의 경계를 [그림 1-27]과 같이 파단선으로 나타낸다. 다만, 명확한 경우에는 파단선을 생략해도 좋다.

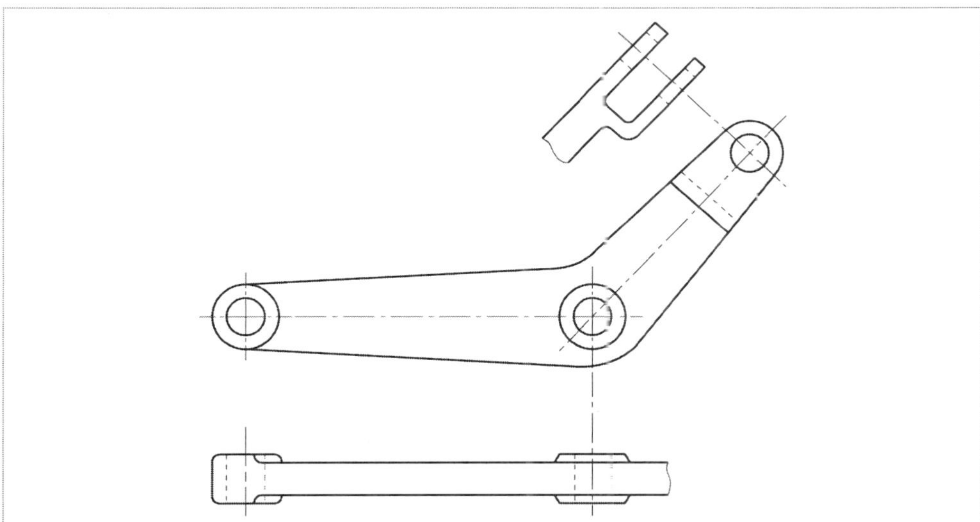

• 그림 1-27 • 부분 투상도

(5) 국부 투상도

대상물의 구멍, 홈 등과 같이 한 국부만의 모양을 도시하는 것으로 충분한 경우에는 그 필요부분을 [그림 1-28]과 같이 국부 투상도로 나타낸다. 투상 관계를 나타내기 위하여 원칙적으로 주 투상도에 중심선, 기준선, 치수 보조선 등으로 연결한다.

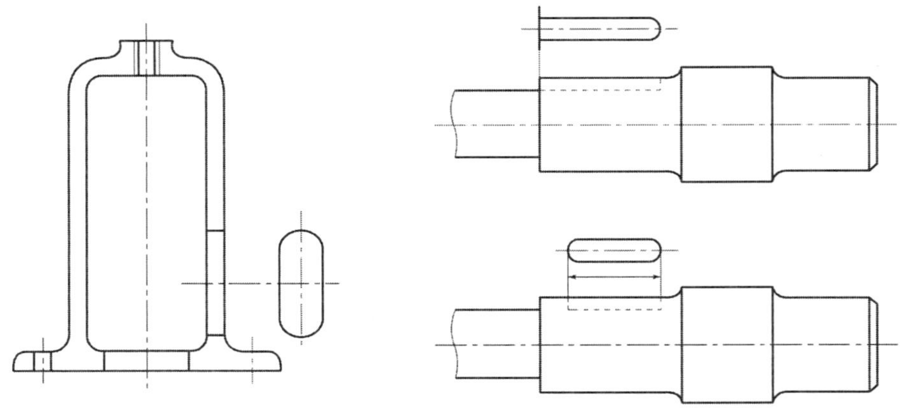

(a) 홈 국부 투상도

(b) 축 키홈부 국부 투상도

• 그림 1-28 • 국부 투상도

(6) 부분 확대도

특정 부분의 도형이 작아서 그 부분을 상세하게 도시할 수 없거나 치수 기입을 할 수 없을 때에는, 그 부분을 가는 실선으로 에워싸고, 영자의 대문자로 표시함과 동시에 그 해당 부분을 다른 장소에 확대하여 [그림 1-29]와 같이 나타내고, 확대를 표시하는 글자 및 척도를 기입한다. 다만, 확대한 투상도의 척도를 나타낼 필요가 없는 경우에는 척도 대신 "확대도"라고 기입하여도 좋다.

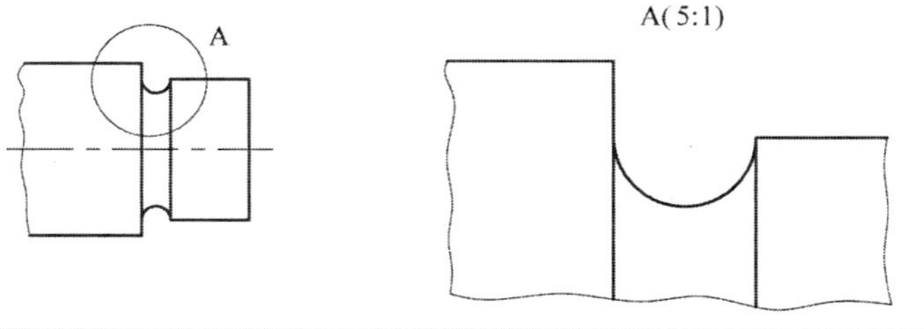

• 그림 1-29 • 부분 확대도

② 단면도의 표시 방법

대상물이 가려져서 보이지 않는 부분을 알기 쉽게 나타내기 위하여 단면도로 도시할 수가 있다. 단면도의 도형은 절단면을 사용하여 대상물을 절단하였다고 가정하고 절단면의 앞부분을 제거하고 숨은선은 생략, 필요한 부분만 외형선으로 분명히 도시한다.

(1) 온 단면도(full sectional view)

① 절단선 생략

온 단면도는 [그림 1-30]과 같이 대상물을 1평면의 절단면으로 절단해서 얻어지는 단면을 빼놓지 않고 그린 단면도로 전 단면도라고도 한다. 절단 부위의 위치와 보는 방향이 확실한 경우에는 절단선, 화살표, 문자 기호를 기입하지 않아도 된다.

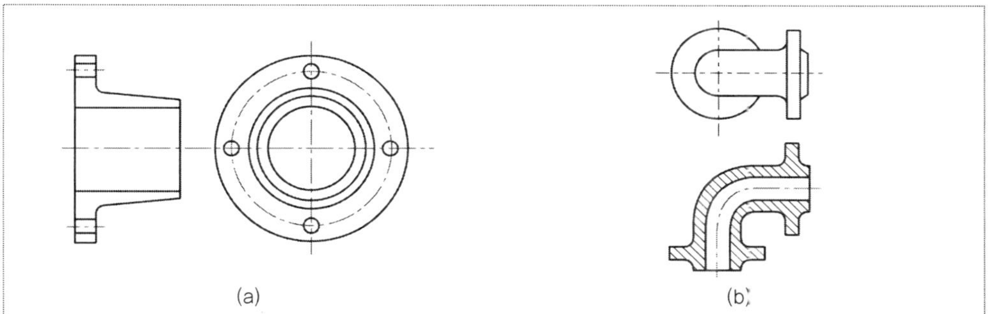

• 그림 1-30 • 절단선 생략 온 단면도

② 절단선 표시

필요한 경우에는 특정부분의 모양을 잘 표시할 수 있도록 절단면을 정하여 그리는 것이 좋다. 이 경우에는 [그림 1-31]과 같이 절단선에 의하여 절단 위치를 나타낸다.

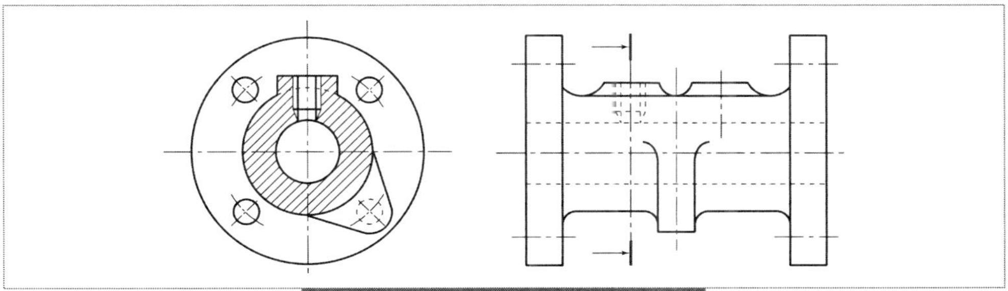

• 그림 1-31 • 절단선 표시 온 단면도

(2) 한쪽 단면도(half sectional view)

[그림 1-32]와 같이 주로 대칭형인 대상물은 중심선을 기준으로 내부 모양과 외부 모양을 동시에 절반을 조합하여 표시할 수 있으며, 이를 한쪽 단면도 또는 반쪽 단면도라 한다.

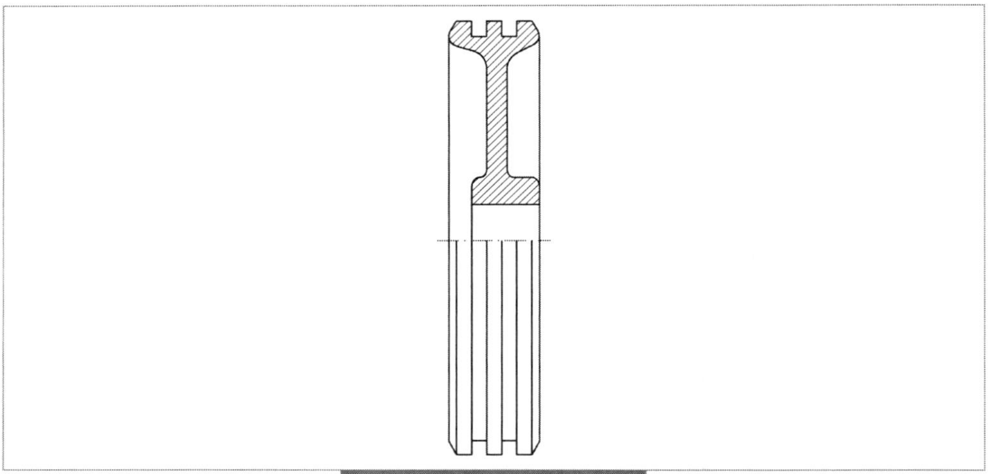

• 그림 1-32 • 한쪽 단면도

(3) 부분 단면도(local sectional view)

[그림 1-33(a)]와 같이 일부분만을 잘라 내어 부분 단면도로 표시할 수 있으며, 부분 절단부분은 파단선을 그어서 단면 부분의 경계를 표시한다. [그림 1-33(b)]와 같이 절단면을 부분적으로 물체의 밖에 위치시킬 필요가 있을 때에는 가는 일점쇄선을 밖에 까지 나타낼 필요는 없다.

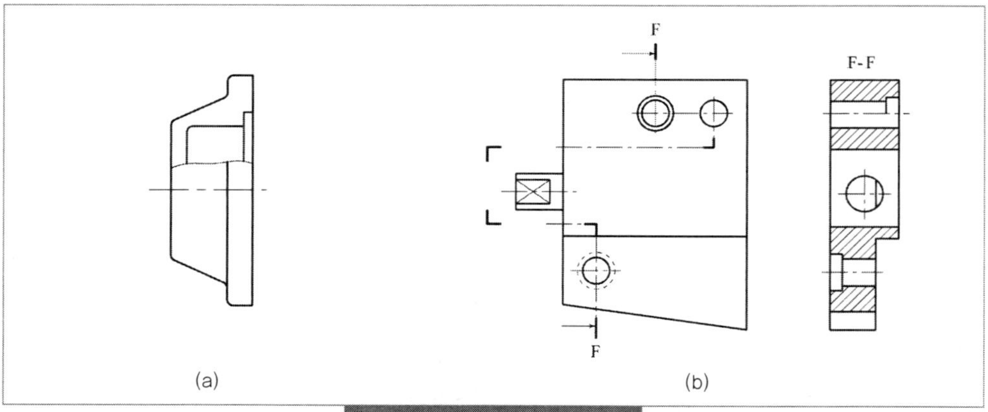

• 그림 1-33 • 부분 단면도

(4) 회전 도시 단면도(revolved sectional view)

핸들(handle), 벨트 풀리(belt pulley), 기어(gear) 등의 암(arm), 림(rim), 리브(rib), 훅(hook), 축(shaft)과 주로 구조물에 사용하는 형강, 각강 등의 절단한 단면의 모양을 90°로 회전시켜서 투상도의 안이나 밖에 도시한다.

① 대상물 사이에 회전단면 도시

[그림 1-34]와 같이 절단할 곳의 전후를 끊어서 그 사이에 그린다.

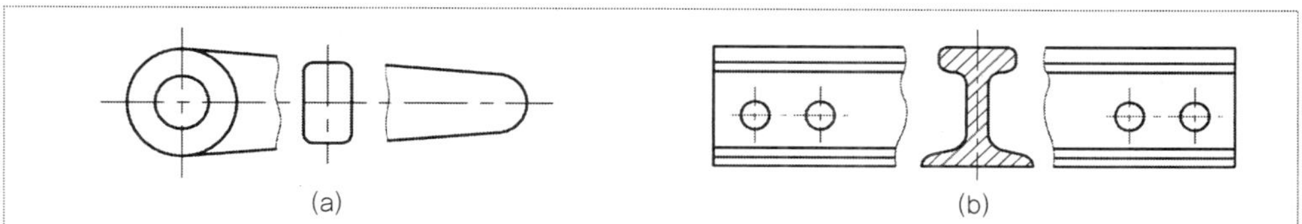

• 그림 1-34 • 대상물 사이에 회전단면 도시

② 절단선의 연장선 위, 도형내 회전단면 도시

[그림 1-35(a)]와 같이 절단선의 연장선 위에 회전 단면을 도시하거나 [그림 1-35(b), (c)]와 같이 도형내의 절단한 곳에 겹쳐서 가는 실선을 사용하여 도시한다.

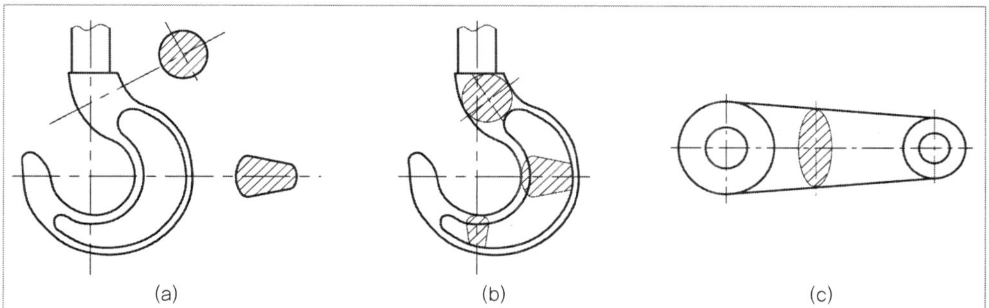

• 그림 1-35 • 절단선의 연장선 위, 도형내 회전단면 도시

③ 등간격을 가진 부품 회전 도시

절단면에 놓여 있지 않은 단면에 위치하여 등간격을 가진 부분을 포함한 회전 투상이 가능한 부품도면의 경우에 애매함이 없다면 절단면으로 회전한 것으로 간주하여 [그림 1-36]과 같이 도시할 수 있다.

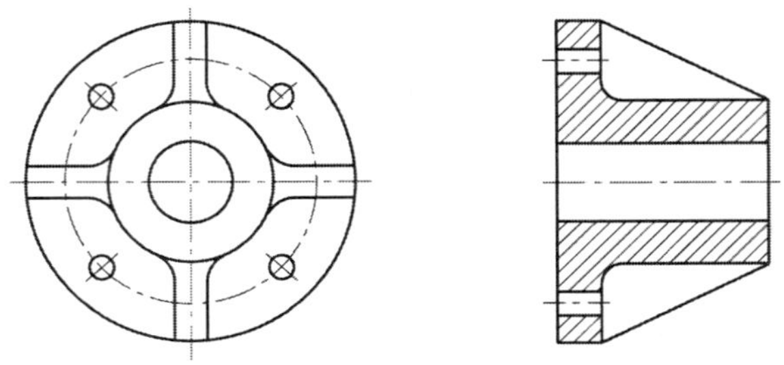

• 그림 1-36 • 등간격을 가진 부품 회전 도시

④ 이동된 단면

[그림 1-37]과 같이 단면도를 투상도로부터 이동하여 도시할 때 그 투상도의 가까운 곳에 위치하여야 하고 가는 일점쇄선으로 연결시킨다.

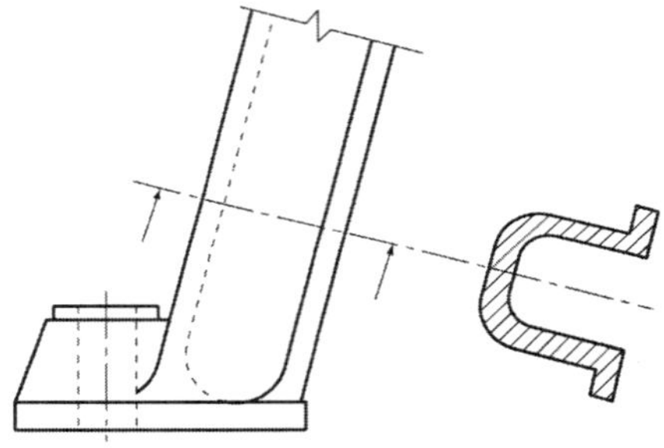

• 그림 1-37 • 이동된 단면의 도시

(5) 조합에 의한 단면도

절단면을 2개 이상 조합하여 그린 단면도로서, 절단면을 설치하고 보는 방향을 명확하게 하기 위하여 절단선과 화살표 및 문자 기호를 기입하는 것이 좋다.

① 대칭형에 가까운 대상물의 단면 도시

[그림 1-38]과 같이 중심선을 경계로 하여 그 한쪽을 투상면에 평행하게, 다른 한쪽을 투상면과 어느 각도를 이루는 방향으로 절단하고 단면도는 그 각도만큼 투상면 쪽으로 회전시켜서 도시한다.

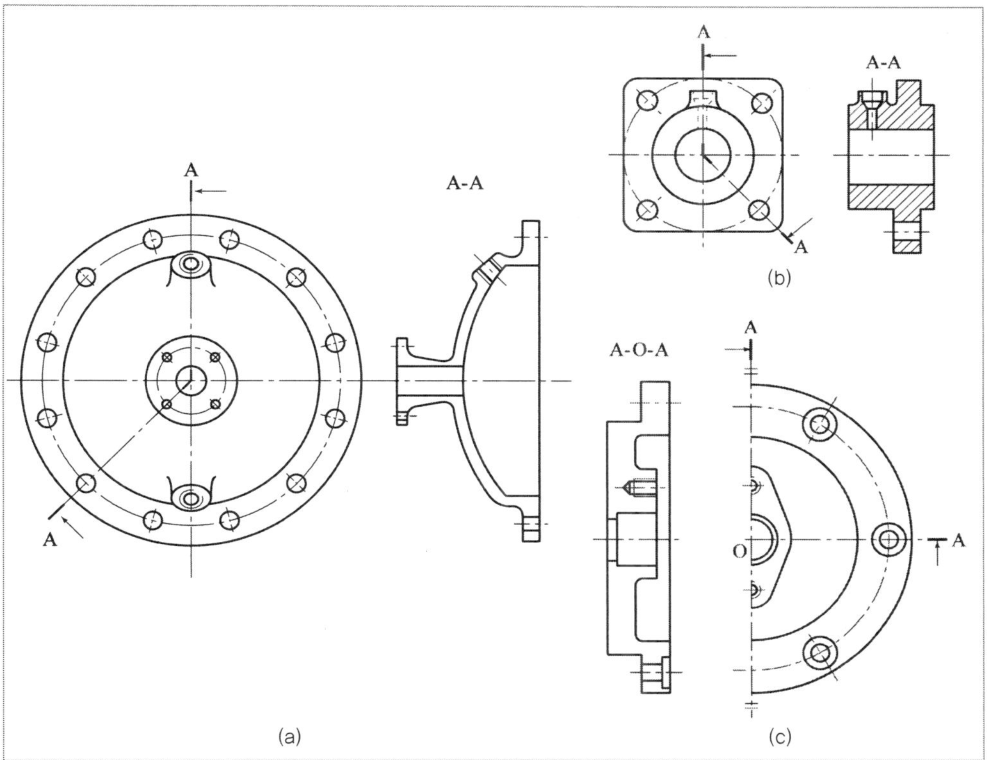

• 그림 1-38 • 대칭형에 가까운 대상물의 단면 도시

② 2개의 평행 절단 및 교차 절단면 도시

단면도는 평행한 2개 이상의 평면에서 절단한 단면도의 필요 부분만을 합성시켜 나타낼 수 있으며, 이 경우 절단선에 따라 절단의 위치를 나타내고 조합에 의한 단면도라는 것을 나타내기 위하여 [그림 1-39(a)]와 같이 2개의 절단선을 임의의 위치에서 이어지게 한 것이 평행 절단면 도시이며, [그림 1-39(b)]는 하나의 투상면으로 회전하는 2개의 교차 절단면 내의 단면도를 도시한 것이다.

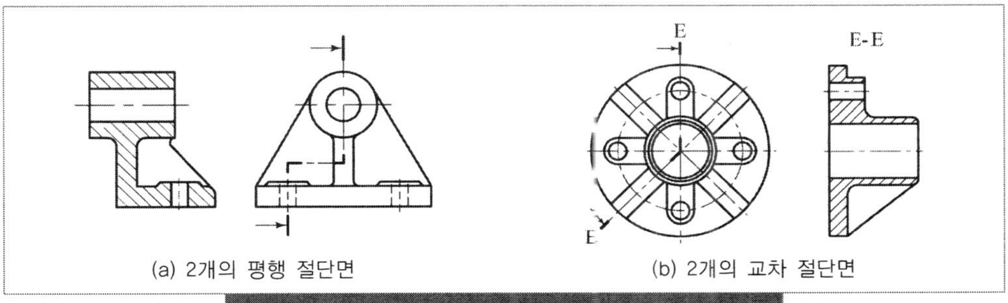

(a) 2개의 평행 절단면 (b) 2개의 교차 절단면

• 그림 1-39 • 2개의 평행 절단면 및 교차 절단면 도시

③ 3개의 접촉하는 절단면 내의 단면

3개의 접촉하는 절단면 내의 단면은 [그림 1-40]과 같이 도시한다.

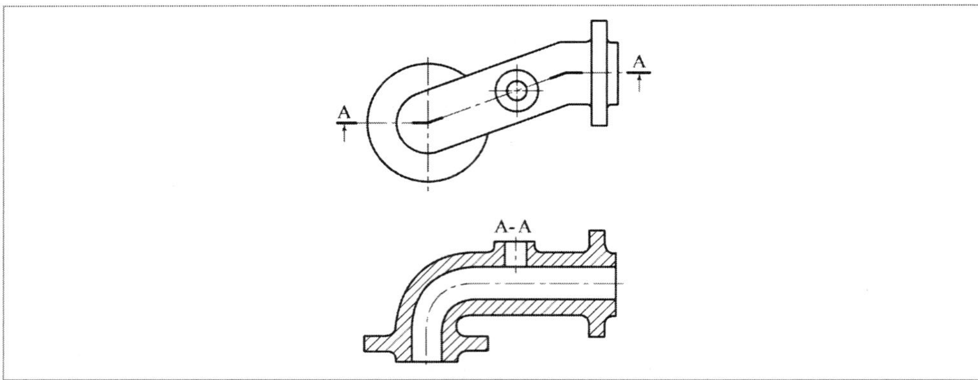

• 그림 1-40 • 3개의 접촉하는 절단면내의 단면 도시

④ 조합 단면 도시

단면도는 필요에 따라 [그림 1-38 ~ 1-40]의 방법을 조합하여 [그림 1-41]과 같이 도시할 수 있다.

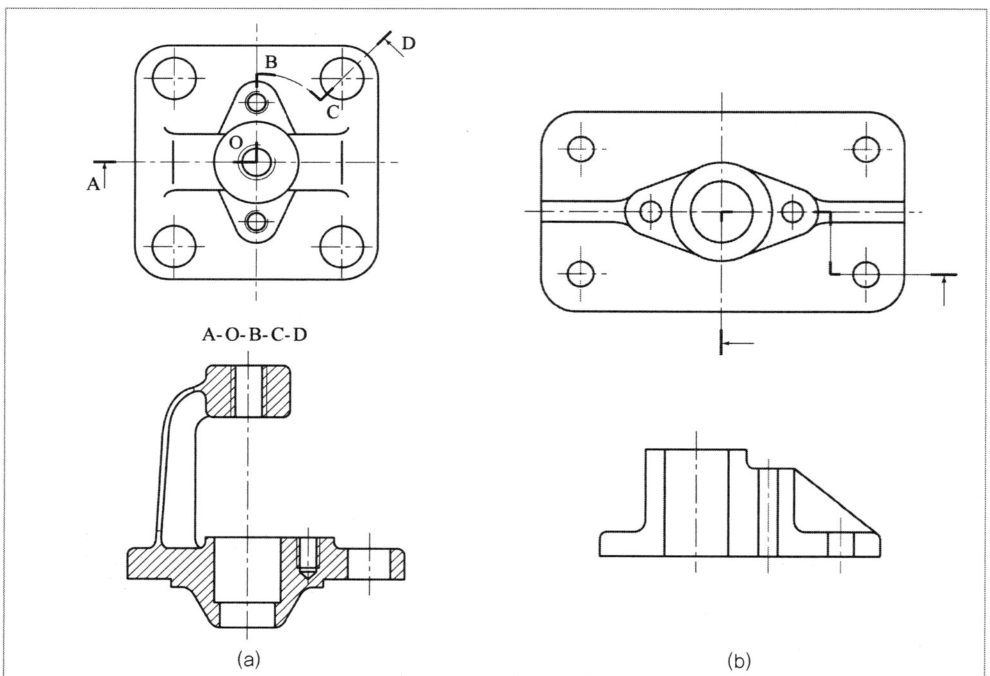

• 그림 1-41 • 조합 단면의 도시

(6) 다수의 단면도에 의한 도시

① 복잡한 대상물의 다수의 단면도 도시

복잡한 모양의 대상물을 표시하는 경우, 필요에 따라 다수의 단면도를 [그림 1-42]와 같이 도시할 수 있다.

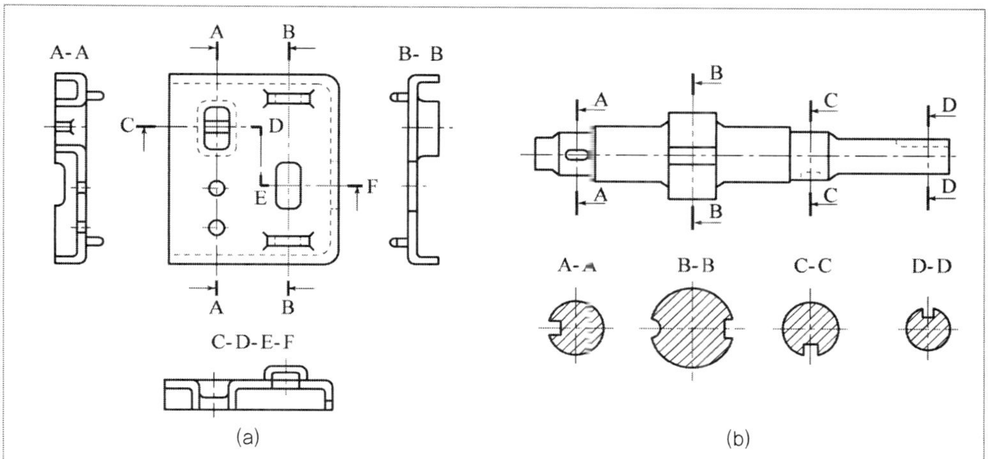

• 그림 1-42 • 복잡한 대상물의 다수의 단면도 도시

② 일련의 단면도 도시

일련의 단면도는 치수의 기입과 도면의 이해에 편리하도록 투상의 방향을 맞추어서 그리는 것이 좋다. 이 경우, [그림 1-42(b)]와 같이 절단선의 연장선상 또는 주 중심선상에 [그림 1-43]과 같이 배치하는 것이 좋다.

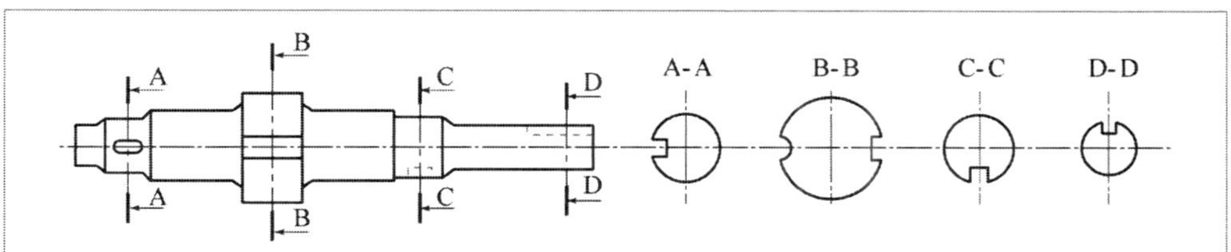

• 그림 1-43 • 일련의 단면도 도시

③ 연속 단면의 도시

도면의 배치와 이해가 충분하도록 [그림 1-44]와 같이 유사하게 배열할 수 있다. 도면을 이해하는 데 도움이 되지 않는 한, 절단면 뒤의 윤곽선과 가장자리의 도시는 생략할 수 있다.

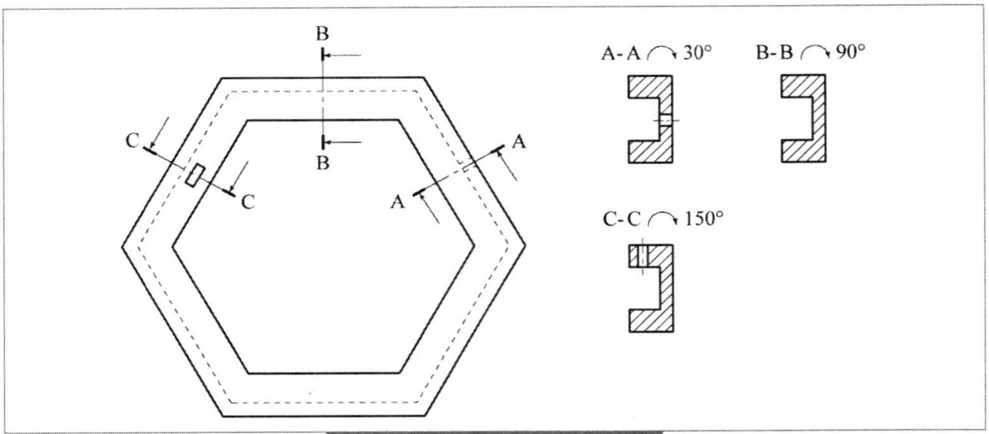

• 그림 1-44 • 연속 단면도 도시

④ 대상물의 모양이 서서히 변화하는 단면도 도시

[그림 1-45]와 같이 대상물의 모양이 서서히 변화하는 경우 다수의 단면에 의하여 표시할 수 있다.

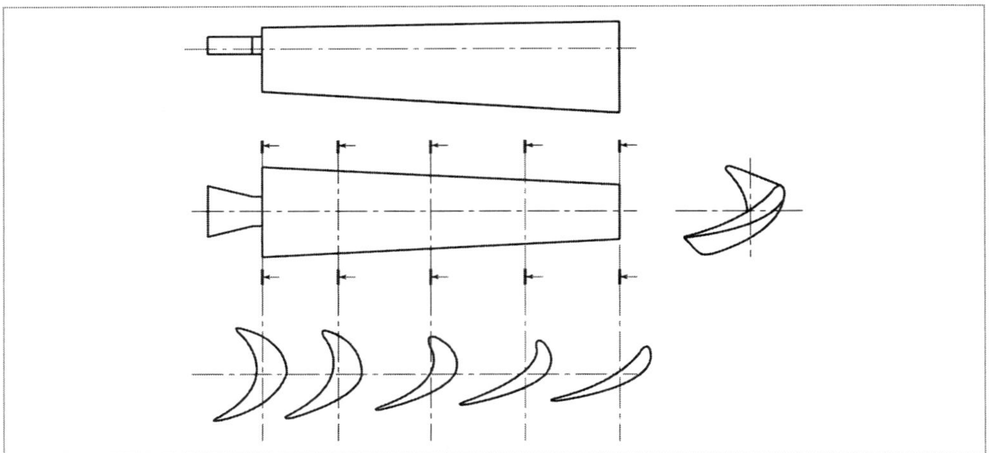

• 그림 1-45 • 대상물의 모양이 서서히 변화하는 단면도 도시

(7) 긴쪽 방향으로 절단하지 않는 것

[그림 1-46]에서와 같이 절단하여도 의미가 없는 축, 핀, 볼트, 너트, 와셔, 스크루, 리벳, 키, 강구, 원통 롤러 등과 절단했기 때문에 이해를 방해하는 리브, 바퀴(기어)의 암, 기어의 이 등은 원칙적으로 긴쪽 방향으로는 절단하지 않는다.

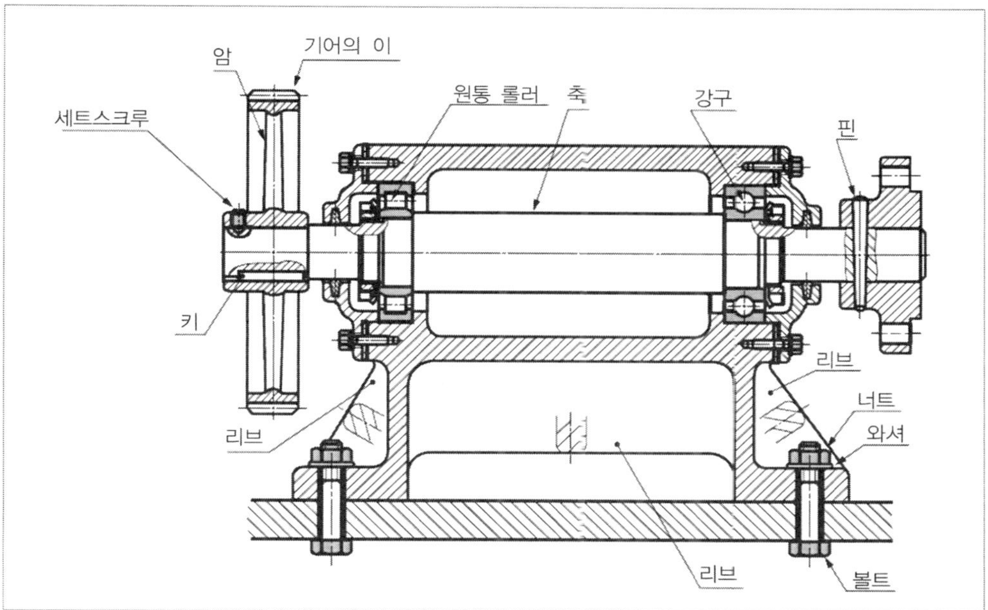

• 그림 1-46 • 긴쪽 방향으로 절단하지 않는 대상물 도시

(8) 단면도의 해칭

단면도의 절단면에 해칭(또는 스머징)을 할 필요가 있을 경우에는 다음에 따른다.

① 동일 절단면상 같은 부품 단면 해칭

[그림 1-46, 1-47(c)]와 같이 같은 절단면상에 나타나는 같은 부품의 단면에는 같은 해칭(또는 스머징)을 한다. 다만, 계단 모양의 절단면의 각 단면에 나타나는 부분을 구분할 필요가 있을 경우에는 [그림 1-47(a)]와 같이 해칭을 같은 방향으로 중복되지 않게 한다. 또한, 해칭은 주된 중심선에 대하여 45°로 하는 것이 좋다.

② 인접한 단면의 해칭

[그림 1-47(b), (c)]와 같이 인접한 단면의 해칭은 선의 방향 또는 각도를 변경하든지 그 간격을 변경하여 구별한다. 또한, 단면 면적이 넓은 경우에는 그 외형선에 따라서 적절한 범위에 [그림 1-47(c)]와 같이 해칭(또는 스머징)을 하며, 또한 [그림 1-47(b)]와 같이 해칭(또는 스머징)을 하는 부분 안에 글자, 기호 등을 기입하기 위하여 필요한 경우에는 해칭(또는 스머징)을 중단한다.

③ 대상물의 재료를 표시하기 위한 특수 해칭

단면도에 재료 등을 표시하기 위하여 특수한 해칭(또는 스머징)을 하여도 좋다. 이 경우에는 그 뜻을 도면 내에 명확히 지시하든지 해당 표준을 인용하여 나타낸다.

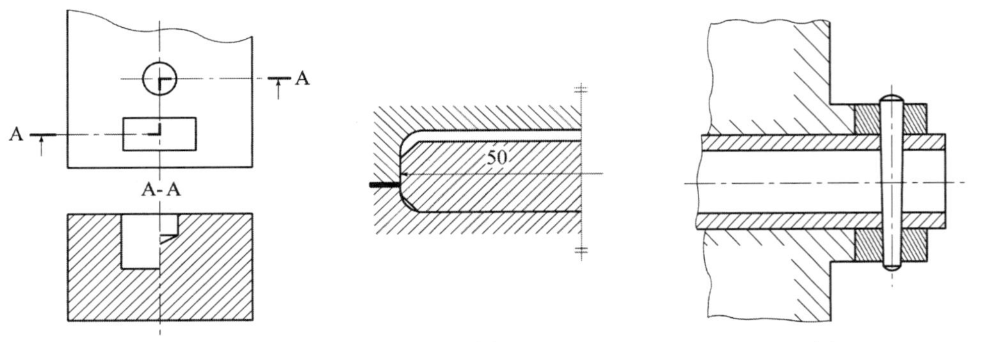

(a) (b) (c)

• 그림 1-47 • 해칭(스머징)

(9) 얇은 두께 부분의 단면도

개스킷, 박판, 형강 등에서 절단면이 얇은 경우에는 다음에 따라 표시할 수가 있다.

① 절단면 형상을 굵게 도시

[그림 1-48(a), (b)]와 같이 절단면을 검게 칠한다.

② 실제 치수와 관계없이 1개의 극히 굵은 실선으로 도시

[그림 1-48(c), (d)]와 같이 단면이 인접되어 있을 경우에는 그것을 표시하는 도형사이에 간격을 0.7mm 이상을 두고 극히 굵은 실선으로 표시한다.

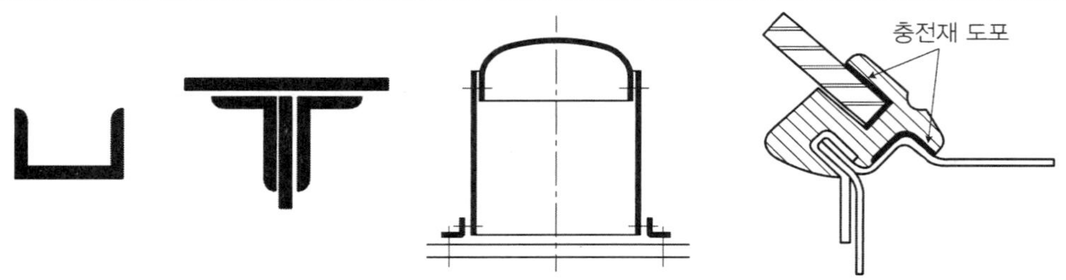

(a) (b) (c) (d)

• 그림 1-48 • 얇은 제품의 단면 도시

③ 도형의 생략

도형이 대칭 형식의 경우에는 어느 한 방법에 따라 대칭 중심선의 한쪽을 생략할 수 있다.

(1) 대칭 도형의 생략

① 대칭 중심선 한쪽 도형 생략

대칭 중심선의 한쪽 도형만을 그리고 그 대칭 중심선의 양 끝 부분에 짧은 2개의 나란한 가는 실선(대칭 도시기호)을 [그림 1-49(a), (b), (c)]와 같이 그린다.

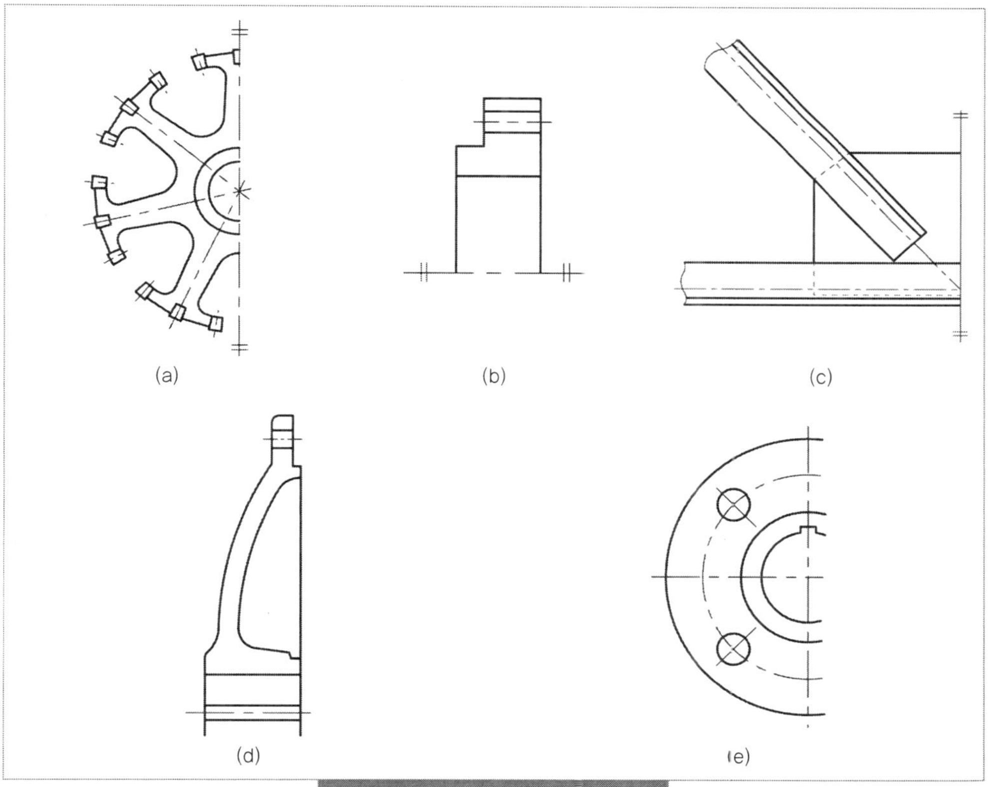

• 그림 1-49 • 대칭 도형의 생략

② 대칭 중심선 한쪽 일부분 생략

대칭 중심선의 한쪽의 도형을 대칭 중심선을 조금 넘은 부분까지 그린다. 이때에는 [그림 1-49(d), (e)]와 같이 그림 기호를 일부분 생략할 수 있다.

(2) 반복 도형의 생략

같은 종류, 같은 모양의 것이 다수 줄지어 있는 경우에는 다음에 따라 도형을 생략할 수 있다. 다만, 그림 기호를 사용하여 생략할 경우에는 그 뜻을 알기 쉬운 위치에 [그림 1-50, 1-51]과 같이 기술하거나 [그림 1-52(b)]와 같이 지시선을 사용하여 그린다.

① 반복되는 실형 대신 그림기호 기입

실형 대신 그림기호를 피치선과 중심선과의 교점에 기입한다.

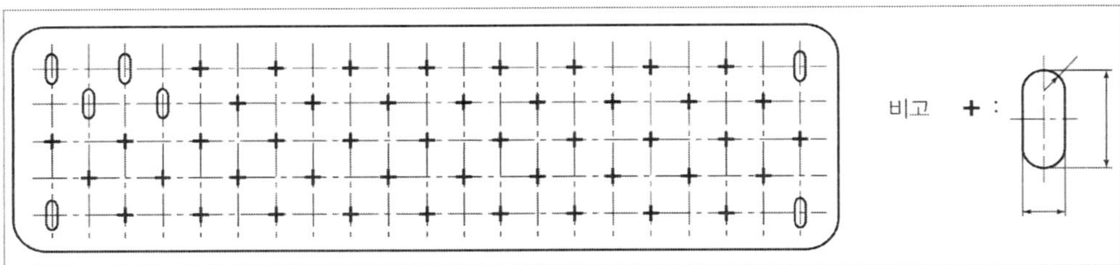

• 그림 1-50 • 반복 도형의 생략(1)

② 반복 되는 볼트 구멍 생략 기호 표기

[그림 1-51(a), (b)]와 같이 반복되는 볼트 구멍은 생략하고 기호로 볼트 규격을 표기한다.

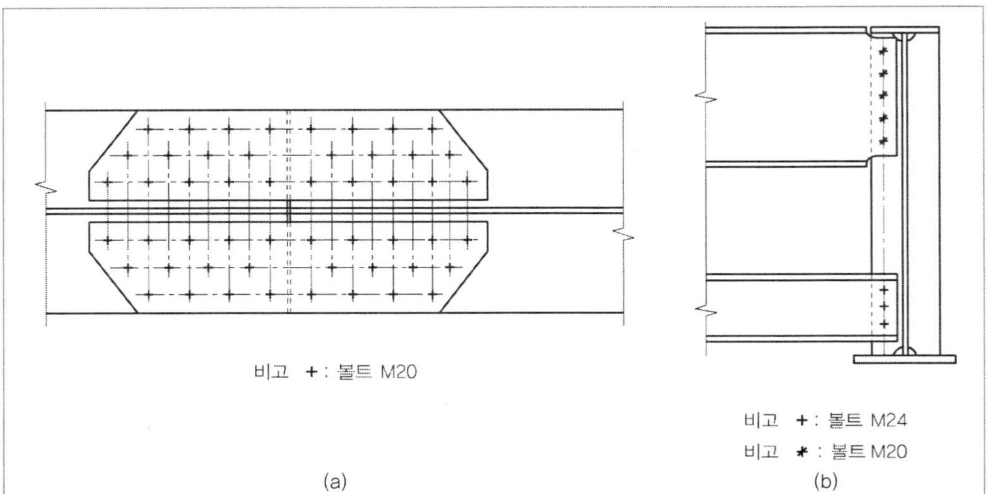

• 그림 1-51 • 반복 도형의 생략(2)

③ 반복되는 구멍 생략 지시선 사용 표기

[그림 1-52(a), (b)]와 같이 반복되는 구멍은 생략하고 지시선을 사용하여 표기한다.

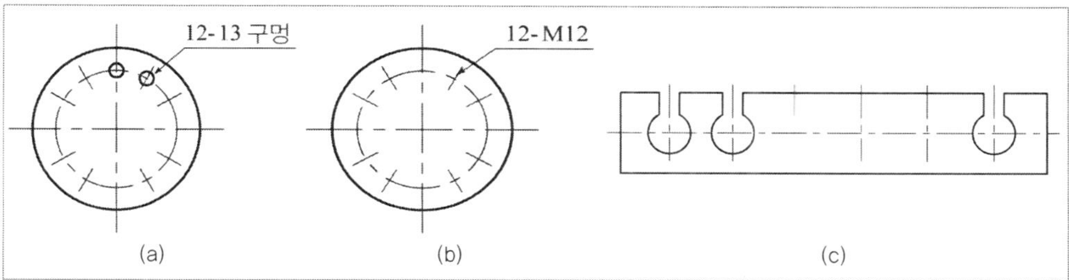

• 그림 1-52 • 반복 도형의 생략(3)

④ 반복되는 도형 생략 양끝부 실형 표기

[그림 1-52(c)]와 같이 잘못 볼 우려가 있을 경우에는 양끝부(한끝은 1피치분), 또는 요점만을 실형 또는 도면 기호로 나타내고 다른 쪽은 피치선과 중심선과의 교점으로 나타낸다.

⑤ 반복되는 구멍 교차 중심선 생략

[그림 1-53]과 같이 치수 기입에 의하여 교점의 위치가 명확할 때는 피치선에 교차되는 중심선을 생략하여도 좋다. 또 이 경우에는 반복 부분의 수를 치수 기입 또는 주기에 의하여 지시하여야 한다.

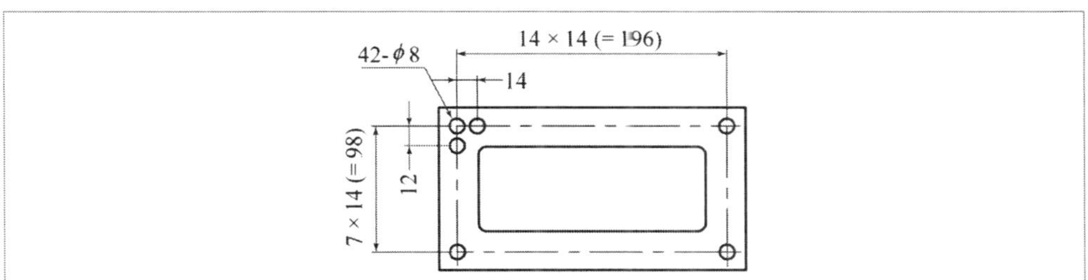

• 그림 1-53 • 반복 도형의 생략(4)

(3) 중간 부분의 생략에 의한 도형의 단축

축, 막대, 관, 형강 등과 같은 동일 단면형의 부분, 랙, 공작기계의 어미나사, 교량의 난간, 사다리 등과 같은 모양이 규칙적으로 줄지어 있는 부분 또는 테이퍼 축과 같은 긴 테이퍼 등의 부분은 지면을 생략하기 위하여 [그림 1-54]와 같이 중간 부분을 잘라내서 그 긴요한 부분만을 가까이 하여 도시할 수 있으며, 이 경우 잘라 낸 끝부분은 파단선으로 나타낸다.

① 긴 축 중간 부분의 생략

• 그림 1-54 • 긴 축 중간 부분의 생략

② 파단선의 생략

[그림 1-55]와 같이 요점만을 도시하는 경우, 파단선을 그리지 않더라도 파단된 것이 분명한 경우에는 생략해도 된다.

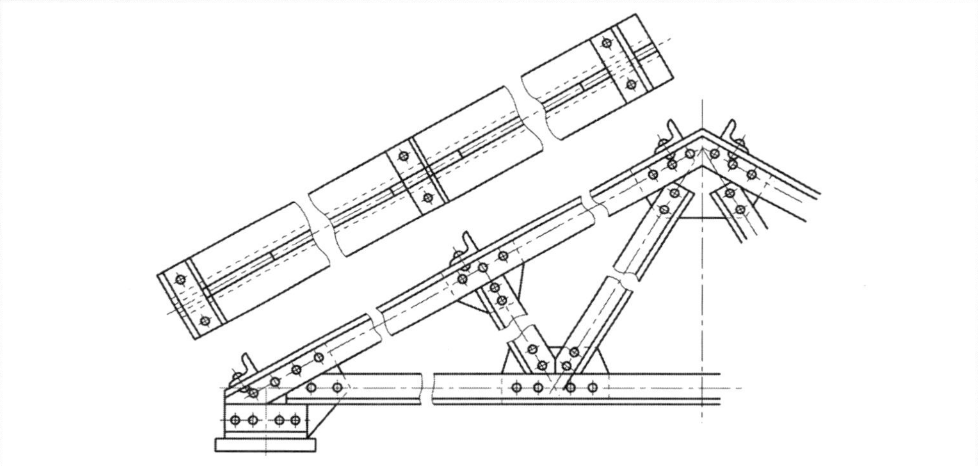

• 그림 1-55 • 파단선의 생략

③ 긴 테이퍼 부분의 단축 도시

• 그림 1-56 • 긴 테이퍼 부분의 단축 도시

4 특별한 도시 방법

(1) 전개도

판을 구부려서 만드는 대상물이나 면으로 구성되는 대상물의 전개한 모양을 나타낼 필요가 있을 경우에는 전개도로 나타낸다. [그림 1-57]과 같이 전개도의 위쪽 또는 아래쪽 어느 곳에나 통일해서 "전개도"라고 기입하는 것이 좋다.

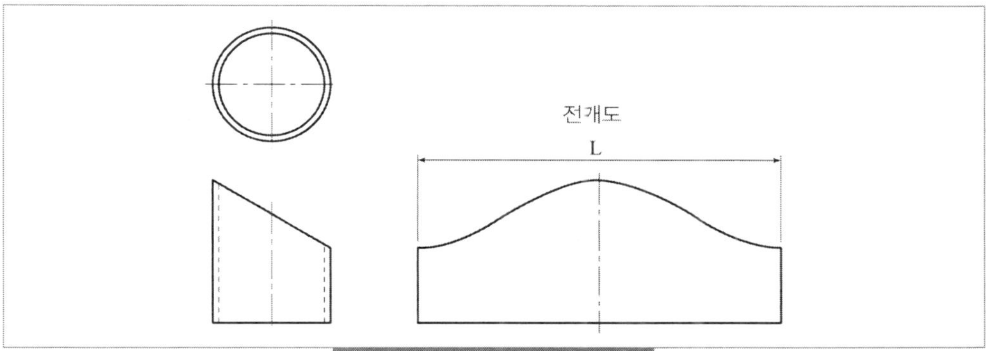

• 그림 1-57 • 전개도의 표시

(2) 간명한 도시

도시를 필요로 하는 부분을 알기 쉽게 하기 위하여 다음과 같이 하는 것이 좋다.

① 숨은선 생략
숨은선이 없어도 이해할 수 있는 경우에는 생략하여도 좋다.

② 부분 또는 보조 투상도로 표시
[그림 1-58(a)]와 같이 보충한 투상도에 보이는 부분을 전부 그리면 도면이 오히려 이해하기 어렵게 되므로 [그림 1-58(b), (c)]와 같이 부분 투상도를 그리든가 또는 [그림 1-58(d)]와 같이 보조 투상도로 표시하는 것이 좋다.

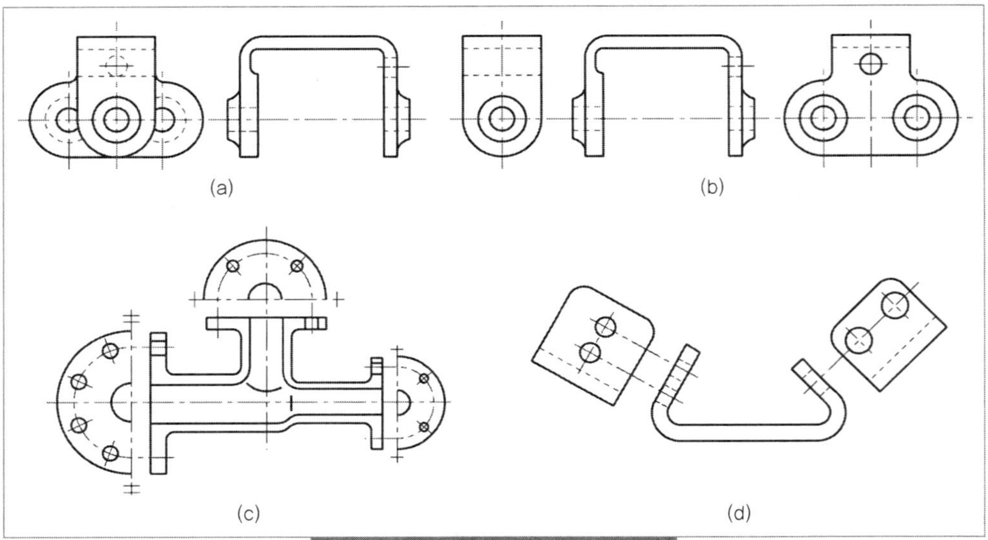

• 그림 1-58 • 간명한 도시법(1)

③ 절단면 앞쪽에 보이는 선 생략

[그림 1-59(a)]와 같이 절단면의 앞쪽에 보이는 선은 [그림 1-59(b)]와 같이 그것이 없어도 이해할 수 있는 경우에는 생략하여도 좋다.

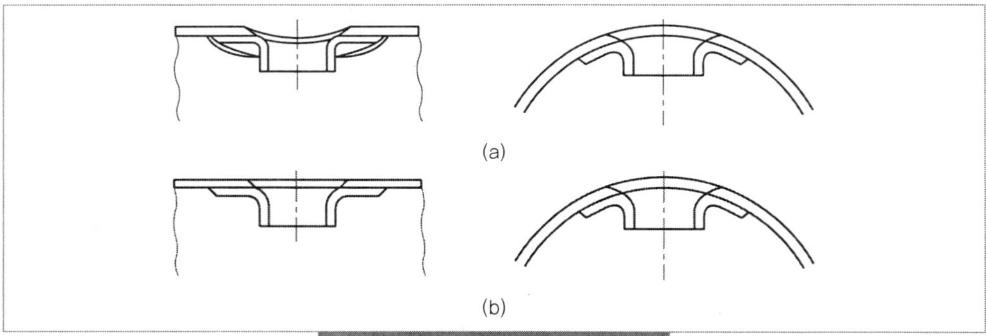

• 그림 1-59 • 간명한 도시법(2)

④ 특정 모양은 위쪽에 표시

일부분에 특정한 모양을 가진 것은 되도록 그 부분이 그림의 위쪽에 나타나도록 그리는 것이 좋다. 예를 들면 키홈이 있는 보스 구멍, 벽에 구멍 또는 홈이 있는 관이나 실린더, 쪼개짐을 가진 링 등을 도시하는 경우에는 [그림 1-60]과 같이 보기에 따르는 것이 좋다.

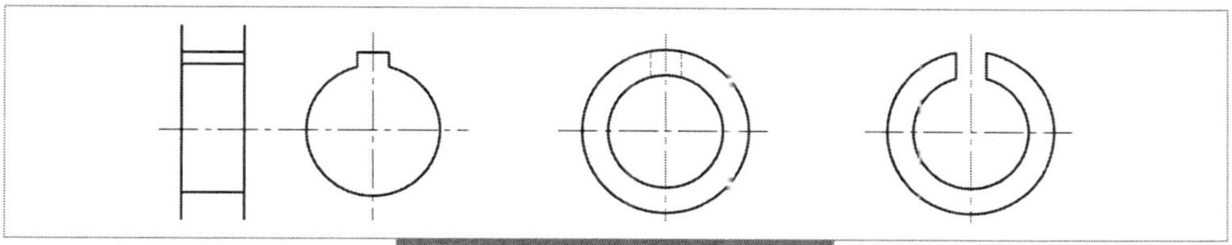

• 그림 1-60 • 간명한 도시법(3)

⑤ 볼트 구멍은 측면의 투상도에 1개의 구멍만 도시

[그림 1-58(c), 1-61]과 같이 볼트 구멍 중심원위에 배치하는 구멍 등은 측면의 투상도(단면도 포함)에서는 피치원이 만드는 원통을 표시하는 가는 1점 쇄선과 그 한쪽에만 1개의 구멍을 도시(투상관계에 불구하고)하고 다른 구멍의 도시를 생략할 수가 있다.

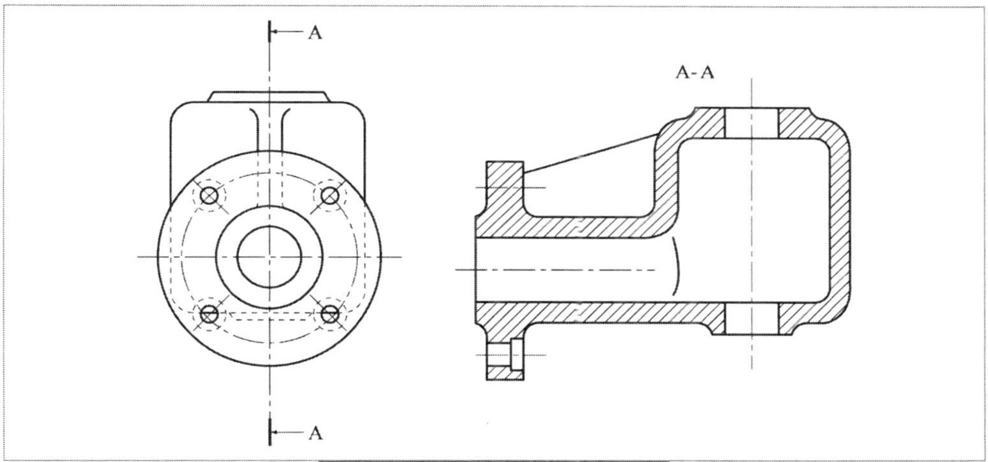

• 그림 1-61 • 간명한 도시법(4)

(3) 2개 면의 교차부분의 표시

① 교차부분에 둥글기가 있는 경우 표시

교차부분에 둥글기가 있는 경우에는 대응하는 그림에 이 둥글기의 부분을 표시할 필요가 있을 때는 [그림 1-62]와 같이 교차부분에 둥글기가 없는 경우 교차선의 위치에 굵은 실선으로 표시한다.

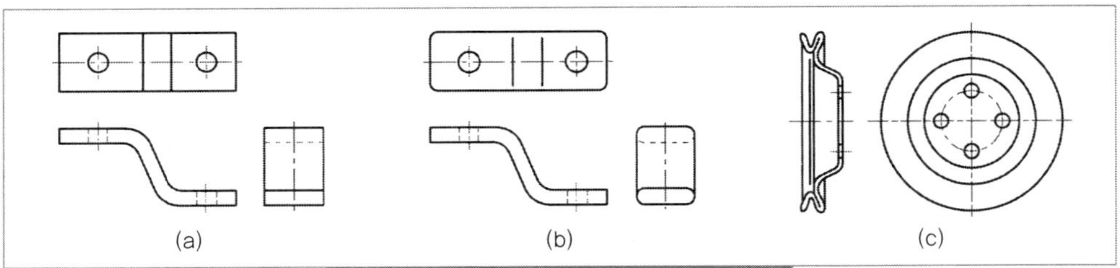

• 그림 1-62 • 2개 면의 교차부분의 표시

② 리브 등을 나타내는 끝부분의 표시

[그림 1-63(a)]와 같이 리브 등을 표시하는 선의 끝부분은 직선 그대로 멈추게 한다. 또한 [그림 1-63(b), (c)]와 같이 관련 있는 둥글기의 반지름이 다를 경우에는 끝부분을 안쪽 또는 바깥쪽으로 구부려서 멈추게 해도 좋다.

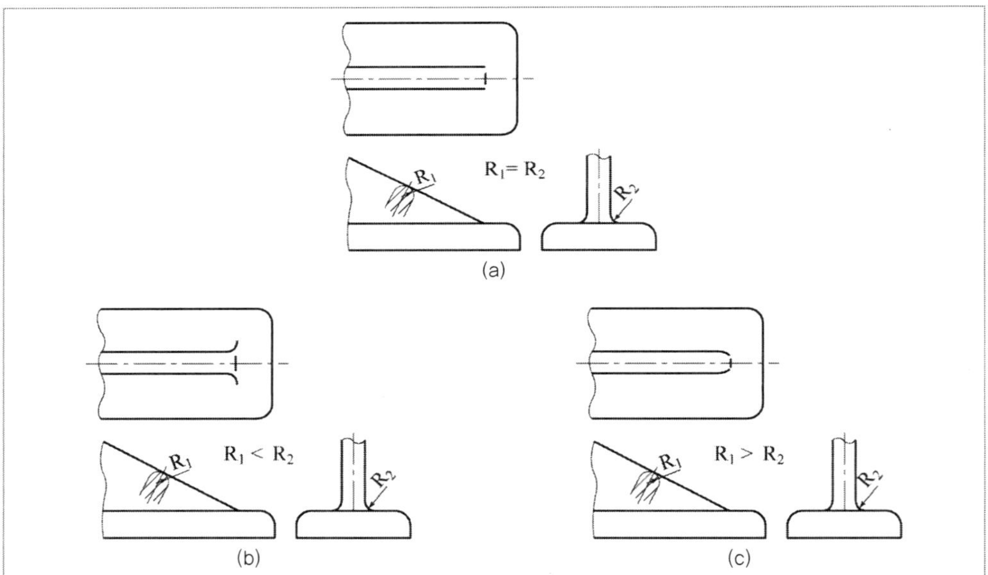

• 그림 1-63 • 리브 등을 나타내는 끝부분의 표시

③ 큰 원통에 접하는 원기둥, 각기둥 및 구멍의 상관선 표시방법

곡면 또는 곡면과 평면이 교차하는 부분의 선(상관선)은 [그림 1-64(a), (b), (c), (d), (e), (f)]와 같이 직선으로 표시하든가 [그림 1-64(g), (h), (i)]와 같이 올바른 투상에 가깝게 한 원호로 표시한다.

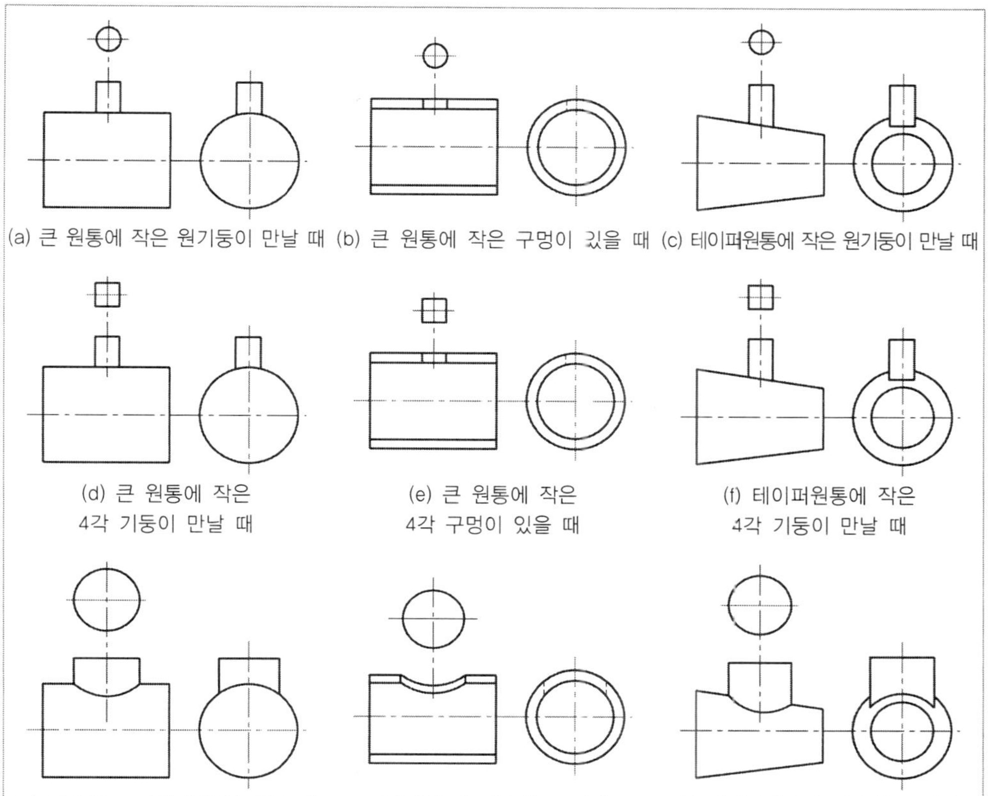

(a) 큰 원통에 작은 원기둥이 만날 때 (b) 큰 원통에 작은 구멍이 있을 때 (c) 테이퍼원통에 작은 원기둥이 만날 때

(d) 큰 원통에 작은 4각 기둥이 만날 때 (e) 큰 원통에 작은 4각 구멍이 있을 때 (f) 테이퍼원통에 작은 4각 기둥이 만날 때

(g) 비슷한 크기의 원통이 만날 때 (h) 원통에 비슷한 크기의 구멍이 있을 때 (i) 테이퍼원통에 비슷한 크기의 원통이 만날 때

• 그림 1-64 • 큰 원통에 접하는 원기둥, 각 기둥 및 구멍의 상관선 표시방법

(4) 평면의 표시

도형 내의 특정한 부분이 평면이란 것을 표시할 필요가 있을 경우에는 [그림 1-65]와 같이 가는 실선으로 대각선을 긋는다.

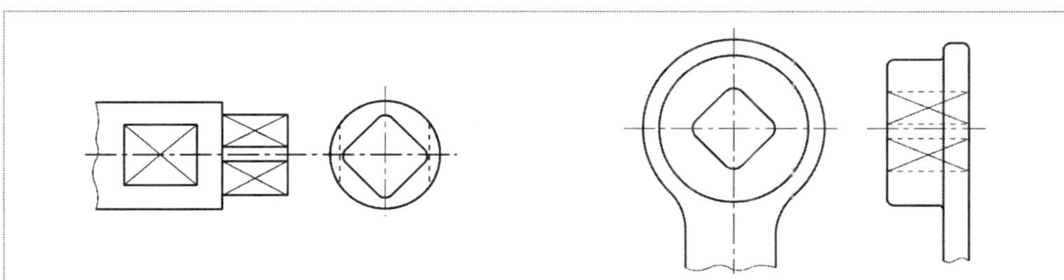

(a) (b)

• 그림 1-65 • 평면의 표시

(5) 가공 전 또는 후의 모양 표시방법

가공 전, 후 모양을 표시하는 경우에는 [그림 1-66]과 같이 가는 2점 쇄선으로 가공 전, 후의 모양을 표시한다.

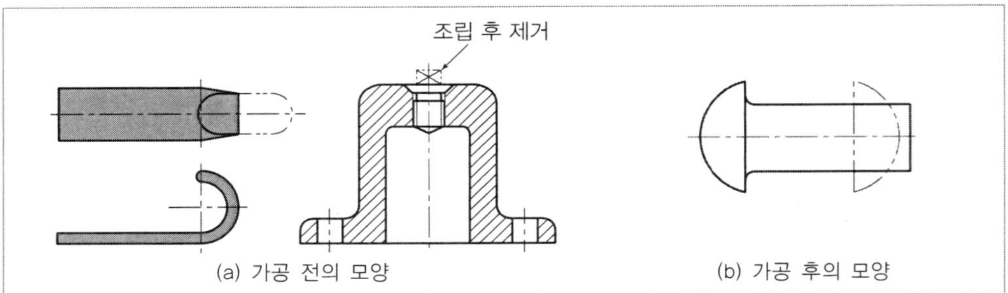

• 그림 1-66 • 가공 전 또는 후의 모양 표시방법

(6) 가공에 사용하는 공구, 지그 등의 모양 표시

가공에 사용하는 공구, 지그 등의 모양을 참고로 하여 도시할 필요가 있는 경우에는 [그림 1-67]과 같이 가는 2점 쇄선으로 도시한다.

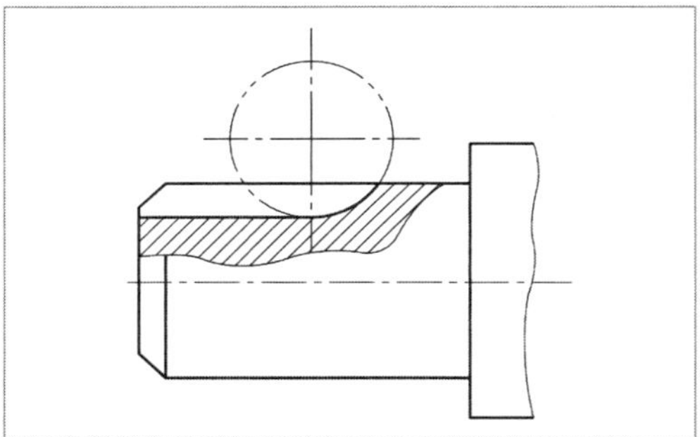

• 그림 1-67 • 가공에 사용 공구 모양 표시

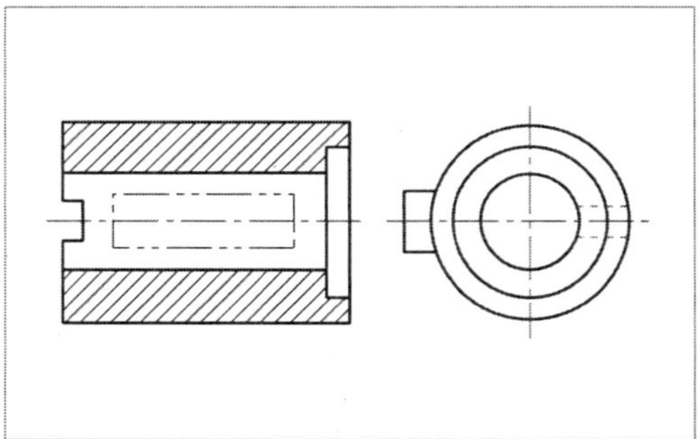

• 그림 1-68 • 절단면 앞쪽 부분의 표시

(7) 절단면의 앞쪽에 있는 부분의 표시

절단면의 앞쪽에 있는 부분을 도시할 필요가 있는 경우에는 [그림 1-68]과 같이 가는 2점 쇄선으로 표시한다.

(8) 인접부분의 도시

대상물에 인접하는 부분을 참고로 하여 도시할 필요가 있을 경우에는 [그림 1-69]와 같이 가는 2점 쇄선으로 도시한다. 대상물의 도형은 인접부분에 숨겨지더라도 숨은선으로 하면 안 된다. 단면도에 있어서의 인접부분에는 해칭을 하지 않는다.

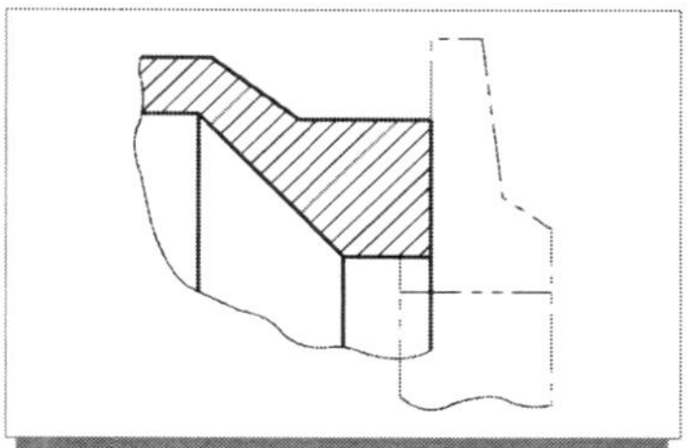

• 그림 1-69 • 인접부분의 표시

5 특수 가공부분의 표시

[그림 1-70]과 같이 대상물의 일부분에 특수가공을 하는 경우에는 그 범위를 외형선에 평행하게 약간 떼어서 그은 굵은 1점 쇄선으로 표시한다. 또, 도형 중 특정 범위를 지시할 필요가 있을 경우에는 그 범위를 [그림 1-70(d)]와 같이 굵은 1점 쇄선으로 둘러싼다. 또한, 이들의 경우 특수한 가공에 관한 필요사항을 지시한다.

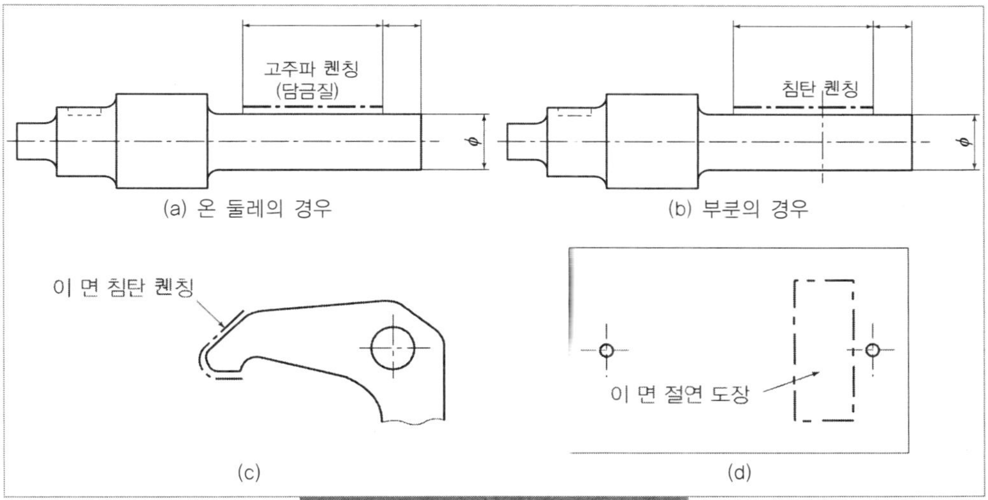

• 그림 1-70 • 특수 가공부분의 표시

6 조립도 중의 용접 구성품의 표시 방법

용접부품의 용접부분을 참고로 표시할 필요가 있는 경우에는 다음 보기에 따른다.

(1) 용접 비드의 크기만을 표시

용접 구성품의 용접 비드(bead)의 크기만을 표시하는 경우에는 [그림 1-71(a)]에 따른다.

(2) 용접 부재 겹침의 관계 및 용접의 종류와 크기 표시

용접 구성부재 겹침의 관계 및 용접의 종류와 크기를 표시하는 경우에는 [그림 1-71(b)]에 따른다.

(3) 용접 구성부재 겹침의 관계를 표시

용접 구성부재 겹침의 관계를 표시하는 경우에는 [그림 1-71(c)]에 따른다.

(4) 용접 부재 겹침의 관계 및 용접 비드의 크기 표시 생략

용접구성 부재 겹침의 관계 및 용접 비드의 크기를 표시하지 않아도 좋을 때에는 [그림 1-71(d)]에 따른다.

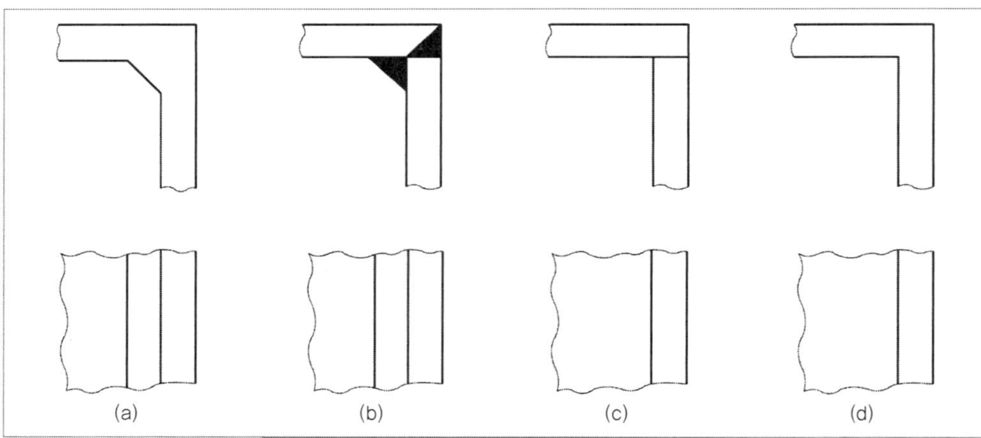

• 그림 1-71 • 필릿 용접과 그루브 용접의 보기

7 무늬 등의 표시

(1) 널링(knurling) 가공부 표시

널링 가공부는 [그림 1-72]와 같이 특징을 외형의 일부분에 그려서 표시한다.

(a) 빗 줄 널링 (b) 바른 줄 널링

• 그림 1-72 • 널링 표시

(2) 철망 표시

철망 표시는 [그림 1-70(a), (b), (c)]와 같이 특징을 외형의 일부분에 그려서 표시한다.

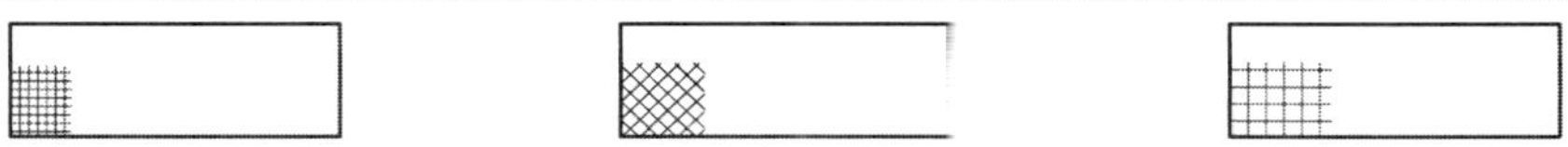

(a) (b) (c)

• 그림 1-73 • 철망 표시

(3) 줄무늬 강판 표시

줄무늬가 있는 강판은 [그림 1-74]와 같이 줄무늬 특징을 외형의 일부분에 그려서 표시한다.

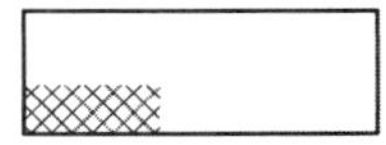

• 그림 1-74 • 줄무늬 강판 표시

(4) 비금속 재료의 표시

비금속 재료를 특별히 나타낼 필요가 있을 경우에는 원칙으로 [그림 1-75]와 같은 방법으로 표시하든지, 해당 표준의 표시 방법에 따른다. 이 경우에도 부품도에는 별도로 재질을 글자로 기입한다. 겉모양을 나타낼 경우도, 단면을 할 경우도 이에 따르는 것이 좋다.

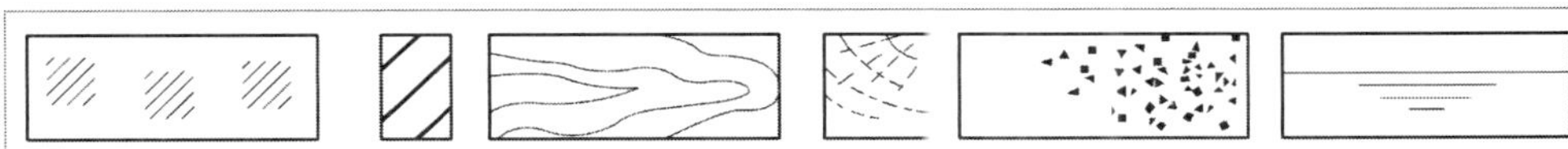

(a) 유리 (b) 목재 (c) 콘크리트 (d) 액체

• 그림 1-75 • 비금속 재크의 표시

11 치수의 표시 방법

1 치수 기입의 원칙

(1) 기본 원칙

도면에 치수를 기입하는 경우에는 다음에 유의하여 적절히 기입한다.

① 대상물의 기능, 제작, 조립 등을 고려하여, 필요하다고 생각되는 치수를 명료하게 도면에 지시한다.
② 치수는 대상물의 크기, 자세 및 위치를 가장 명확하게 표시하는데 필요하고 충분한 것을 기입한다.
③ 도면에 나타내는 치수는 특별히 명시하지 않는 한, 그 도면에 도시한 대상물의 다듬질 치수를 표시한다.
④ 치수에는 기능상(호환성을 포함) 필요한 경우 KS B ISO 129-1에 따라 치수의 허용한계를 지시한다. 다만, 이론적으로 정확한 치수를 제외한다.
⑤ 치수는 되도록 주 투상도에 집중한다.
⑥ 치수는 중복기입을 피한다.
⑦ 치수는 되도록 계산해서 구할 필요가 없도록 한다.
⑧ 치수는 필요에 따라 기준으로 하는 점, 선 또는 면을 기준으로 하여 기입한다.
⑨ 관련되는 치수는 되도록 한 곳에 모아서 기입한다.
⑩ 치수는 되도록 공정마다 배열을 분리하여 기입한다.
⑪ 치수 중 참고 치수에 대하여는 치수 수치에 괄호를 붙인다.

(2) 치수의 위치

치수는 관련 형체를 가장 분명하게 나타낼 수 있는 투상도(view) 또는 단면도(section) 위에 [그림 1-76]과 같이 위치하는 것이 좋다.

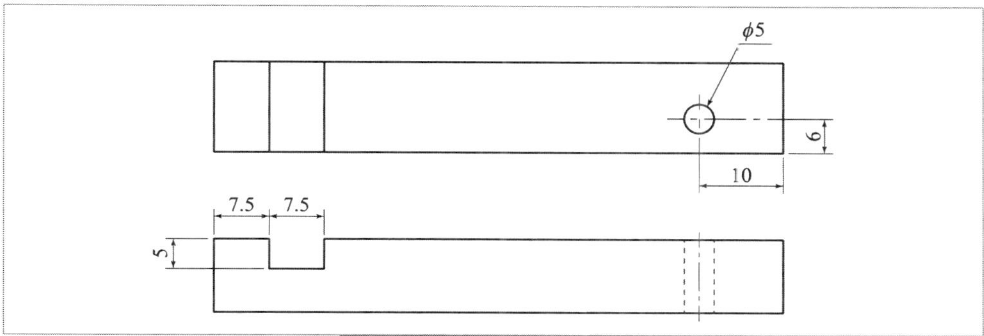

• 그림 1-76 • 치수의 위치

(3) 구역을 나누어서 치수기입

[그림 1-77]과 같이 몇 개의 대상 형체가 근접하여 나타낸 곳에서는 그 관련 치수는 모아서 표시하고, 동시에 읽기 쉽도록 구역을 나누어서 표시하는 것이 좋다.

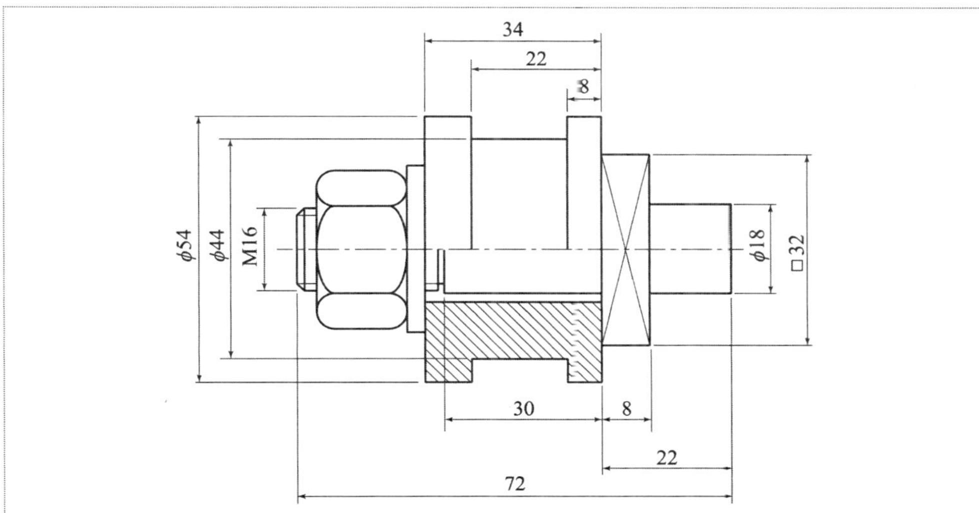

• 그림 1-77 • 구역을 나누어서 치수 기입

(4) 치수의 단위

치수는 한 가지 치수 단위만을 사용하여 표시하여야 한다. 하나의 문서 안에서 여러 가지 치수 단위가 사용되는 곳에서는 그 단위들을 명확하게 표시하여야 한다.

2 치수 수치의 표시 방법

치수 수치의 표시 방법은 다음에 따른다.

① 길이의 치수 문자는 원칙적으로 mm의 단위로 기입하고 단위 기호는 붙이지 않는다.
② 각도의 치수 문자는 일반적으로 도의 단위로 기입하고, 필요한 경우에는 분 및 초를 병용할 수 있다. 도, 분, 초를 표시하는 데에는 숫자의 오른쪽 어깨에 각각 도(°), 분('), 초('')를 기입한다.

[보기 1] 90°, 13.5°, 6°32'9'', 8°21'45'', 5'12''

또 각도의 치수 수치를 라디안의 단위로 기입하는 경우에는 그 단위 기호 rad을 기입한다.

[보기 2] 0.86 rad, $\frac{\pi}{4}$ rad

③ 치수 수치의 소수점은 아래쪽의 점으로 하고 숫자 사이를 적당히 띄워서 그 중간에 약간 크게 쓴다. 또 치수 수치의 자리수가 많은 경우, 3자리마다 숫자의 사이를 적당히 띄우고 콤마는 찍지 않는다.

[보기 3] 328.56, 36.00, 58 420

3 치수기입 방법의 일반 형식

(1) 치수기입 요소

치수기입 요소는 치수 보조선, 치수선, 지시선, 단말 기호(화살표), 기준지점의 표시 및 치수 값(기본 치수)이다. 치수 기입의 여러 요소는 [그림 1-78]과 같이 표시한다.

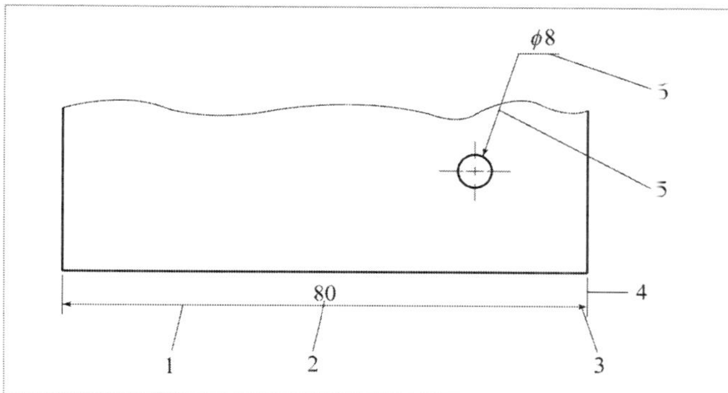

• 그림 1-78 • 치수기입 요소

(2) 그림 기호와 문자기호의 적용

[표 1-7]은 그림기호와 문자기호의 적용 보기이다.

표 1-7 그림기호와 문자기호의 적용 보기

기호 및 표시	의미
∅70	지름 70
□70	정사각형 70
R70	반지름 70
S∅70	구의 지름 70
SR70	구의 반지름 70
⌒70	원호 길이 70
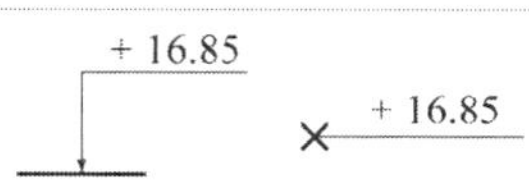	높이+16.85의 표시
70	척도와 다름(비례척이 아님)70
(70)	참고치수 70
t = 9	두께 9
‖	대칭 기호

(3) 치수선과 끝부분 기호

[그림 1-79]와 같이 선의 양 끝에는 끝부분 기호를 붙이며, 한장의 도면 중에서는 [그림 1-79(a), (b), (c)]를 혼용해서는 안 된다. 다만 화살표를 넣을 공간이 없을 때는 [그림 1-79(d), (e)]와 같이 사용할 수 있으며, 그림 기호에 대한 관계치수는 [그림 1-30]에 따른다.

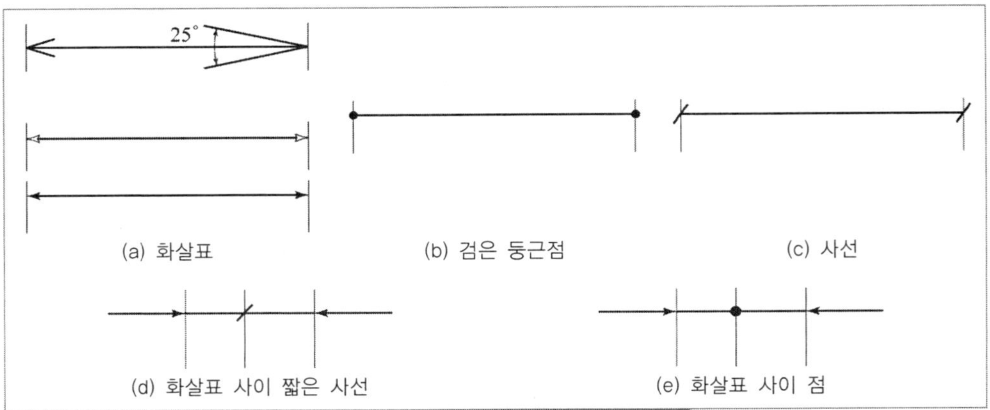

(a) 화살표 (b) 검은 둥근점 (c) 사선

(d) 화살표 사이 짧은 사선 (e) 화살표 사이 점

• 그림 1-79 • 치수선과 끝부분 기호

(4) 그림 기호의 관계와 치수

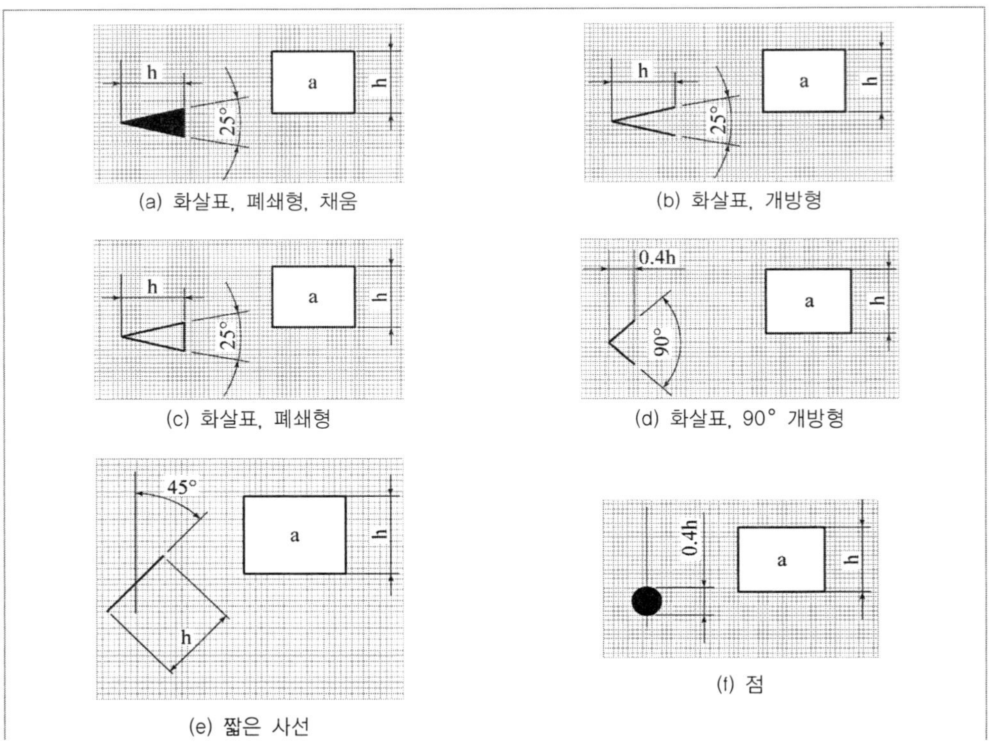

(a) 화살표, 폐쇄형, 채움 (b) 화살표, 개방형

(c) 화살표, 폐쇄형 (d) 화살표, 90° 개방형

(e) 짧은 사선 (f) 점

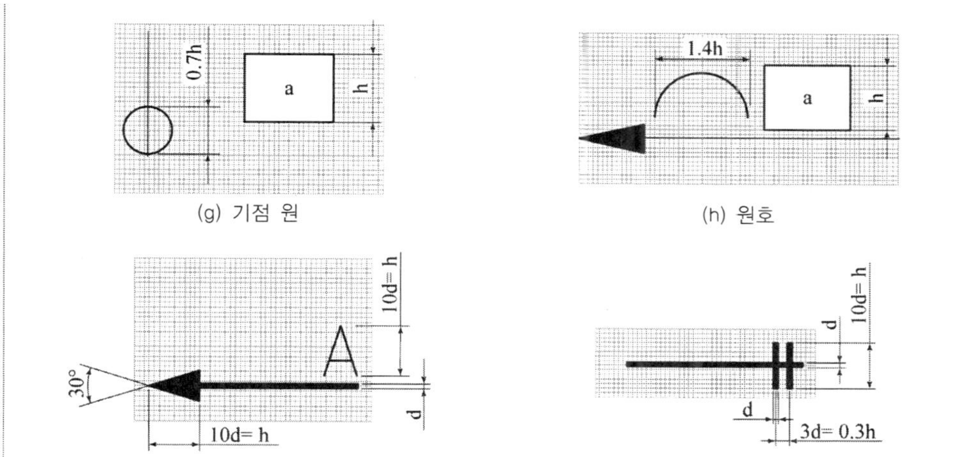

(g) 기점 원 (h) 원호 (i) 방향지시 화살표 (j) 대칭을 표시하는 그림 기호

• 그림 1-80 • 그림 기호의 관계와 치수

(5) 길이 및 각도 치수기입

치수선은 원칙으로 지시하는 길이 또는 각도를 측정하는 방향에 평행하게 [그림 1-81]과 같이 긋고 선의 양 끝에는 끝부분 기호를 붙인다.

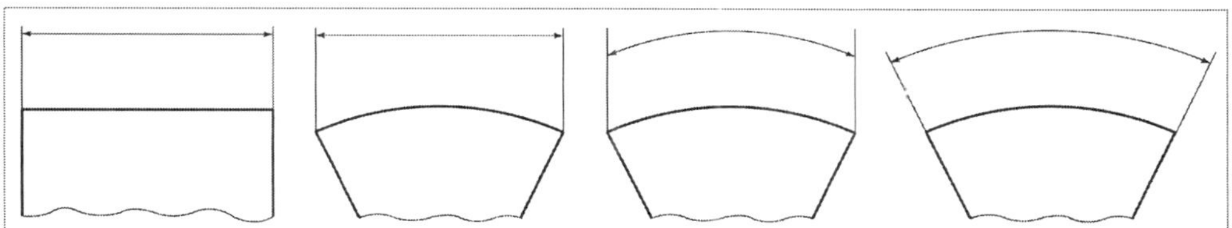

(a) 변의 길이 치수 (b) 현의 길이 치수 (c) 호의 길이 치수 (d) 각도 치수

• 그림 1-81 • 길이 및 각도 치수기입

(6) 치수 보조선을 사용한 기입과 사용 않한 기입

[그림 1-82(a)]와 같이 치수선은 원칙으로 치수 코조선을 사용하여 기입한다. 다만, [그림 1-82(b)]와 같이 치수 보조선을 빼내면 그림을 혼동하기 쉬울 때는 이것에 따르지 않아도 된다. 치수 보조선은 [그림 1-82(a)]와 같이 지시하는 치수의 끝에 닿는 도형상의 점 또는 선의 중심을 통과하고 치수선에 직각이 되게 그어서 치수선을 약간 지날 때까지 연장한다. 다만, 치수 보조선과 도형 사이를 약간 떼어 놓는다.

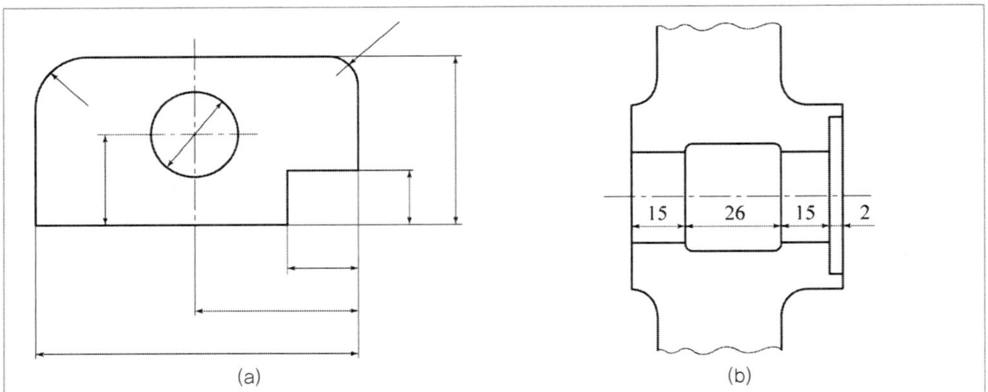

• 그림 1-82 • 치수 보조선을 사용한 기입과 사용 않한 기입

(7) 인출 치수보조선

[그림 1-83]과 같이 치수를 지시하는 점 또는 선을 명확하게 하기 위하여 특히 필요한 경우에는 치수선에 대하여 적당한 각도를 가진 서로 평행한 치수 보조선을 그을 수 있다. 이 각도는 수평선상에 60°가 좋다.

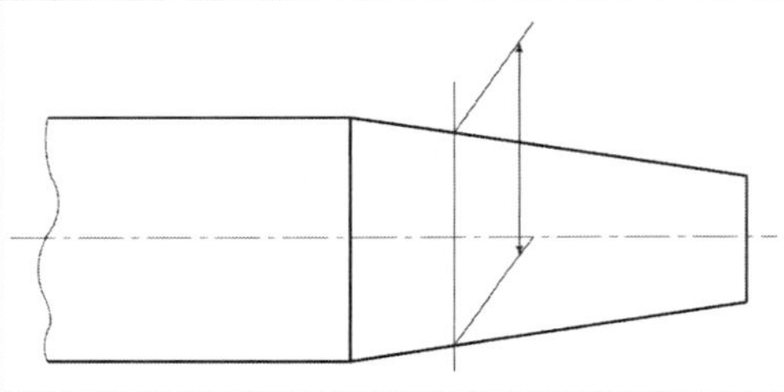

• 그림 1-83 • 인출 치수보조선

(8) 각도를 기입하는 치수선

각도를 기입하는 치수선은 [그림 1-84]와 같이 각도를 구성하는 2변 또는 그 연장선(치수 보조선)의 교점을 중심으로 하여 양변 또는 그 연장선 사이에 그린 원호로 표시한다.

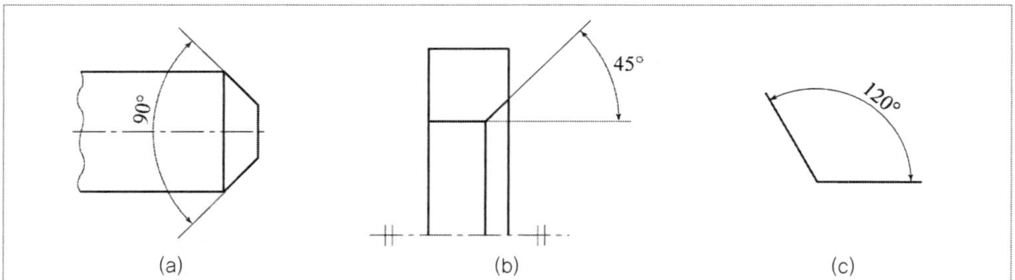

• 그림 1-84 • 각도를 기입하는 치수선

(9) 치수 수치기입

치수 수치를 기입하는 위치 및 방향은 특별히 정한 누진 치수 기입법의 경우를 제외하고는 다음중 하나에 따른다. 일반적으로는 "① 방법 1"을 따른다. 또한, 2가지 방법을 혼용해서는 안 된다. 또, 일련의 도면에 있어서도 혼용하지 않는 것이 좋다.

① 방법 1

[그림 1-85, 1-86]과 같이 치수 수치는 수평 방향의 치수선에 대하여는 도면의 하변으로부터 수직 방향의 치수선에 대하여는 도면의 우변으로부터 읽도록 쓴다. 경사 방향의 치수선에 대해서도 이에 준해서 쓴다.

[그림 1-85]와 같이 치수 수치는 치수선을 중단하지 않고 이에 연하여 그 위쪽으로 약간 띄워서 기입한다. 이 경우 치수선의 거의 중앙에 쓰는 것이 좋다.

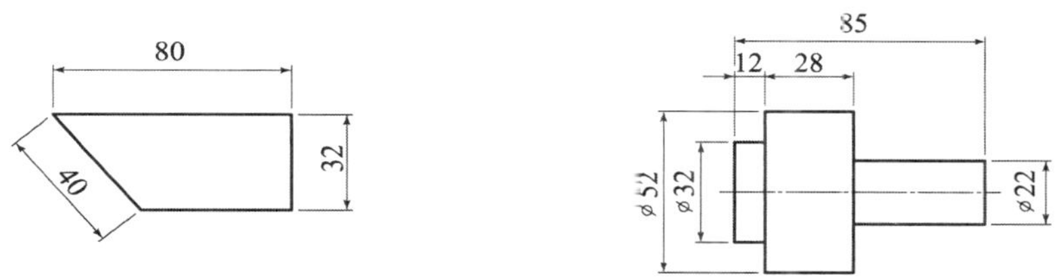

(a) (b)

• 그림 1-85 • 치수 수치기입

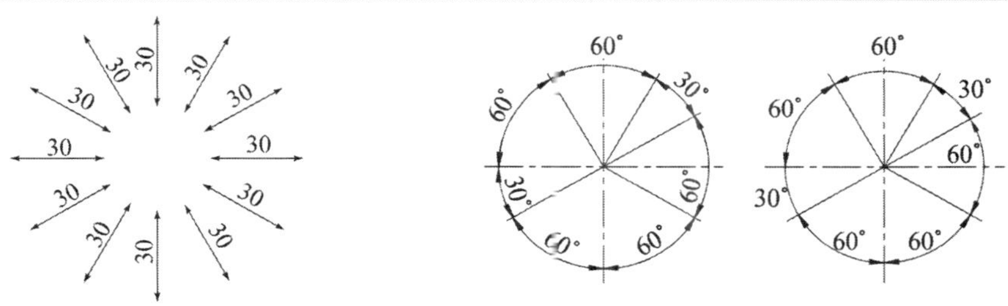

(a) 길이 치수의 경우 (b) 각도 치수의 경우

• 그림 1-86 • 길이 및 각도 치수기입(방법 1)

수직선에 대하여 좌상(左上)에서 우하(右下)로 향하여 약 30°이하의 각도를 이루는 방향에는 [그림 1-87(a)]와 같이 치수선의 기입을 피한다. 다만, 도형의 관계로 기입하지 않으면 안 될 경우에는, [그림 1-87(b), (c)]와 같이 그 장소에 따라 혼동하지 않도록 기입한다.

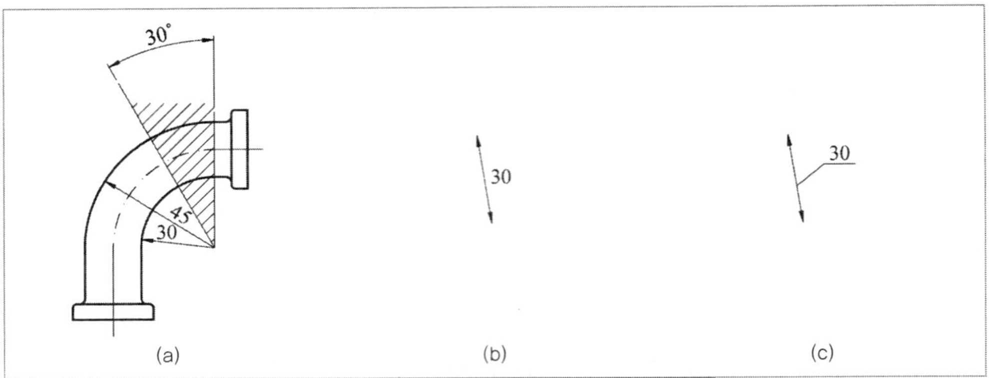

• 그림 1-87 • 치수 수치기입을 피하는 범위

② 방법 2

치수 수치는 도면의 하변에서 읽을 수 있도록 쓴다. [그림 1-88]과 같이 수평 방향 이외 방향의 치수선은 치수 수치를 끼우기 위하여 중단하고, 그 위치는 치수선의 거의 중앙으로 하는 것이 좋다.

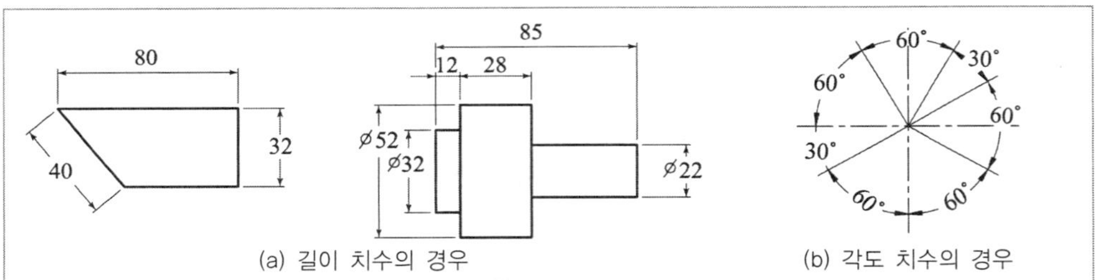

• 그림 1-88 • 길이 및 각도 치수기입(방법 2)

(10) 좁은 곳에서의 치수기입

① 부분 확대 치수기입

좁은 곳에서의 치수 기입은 부분 확대도를 그려서 기입하든지 또는 다음 중 한 가지를 사용한다.

㉠ 지시선을 치수선에서 경사 방향으로 끌어내고 원칙으로 그 끝을 수평으로 구부리고 그 위쪽에 치수 수치를 기입한다. [그림 1-89]와 같이 지시선을 끌어내는 쪽 끝에는 아무것도 붙이지 않는다.

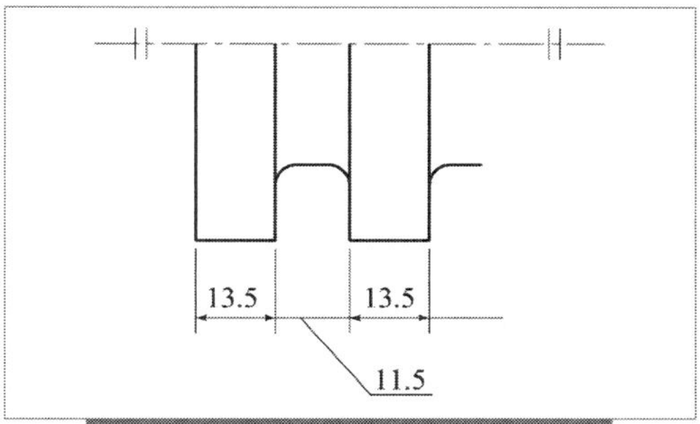

• 그림 1-89 • 부분 확대 치수기입

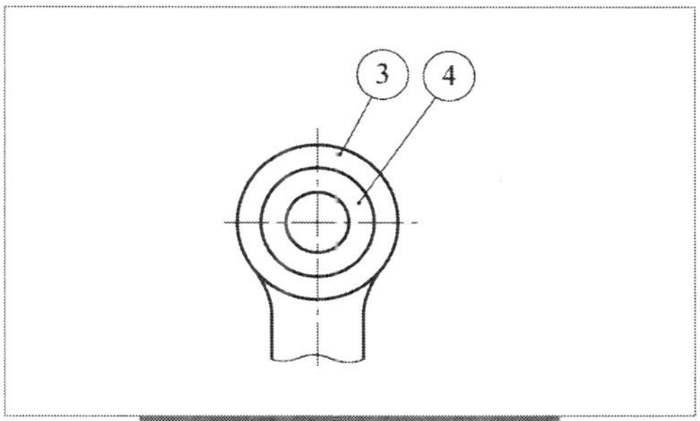

• 그림 1-90 • 지시선 사용

㉡ 가공 방법, 주기, 부품의 번호 등을 기입하기 위하여 사용하는 지시선은 원칙으로 경사 방향으로 끌어낸다. [그림 1-90]과 같이 모양을 표시하는 선의 안쪽에서 끌어내는 경우에는 검은 둥근점을 끌어낸 곳에 붙인다.

② **치수선 연장 위쪽 또는 바깥쪽에 치수기입**

[그림 1-91]과 같이 치수선을 연장하여 그 위쪽(방법 1의 경우) 또는 그 바깥쪽(방법 2의 경우)에 기입하며, 치수 보조선의 간격이 좁아서 기입할 여지가 없을 경우에는 화살표 대신 검은 둥근점 또는 경사선을 사용한다.

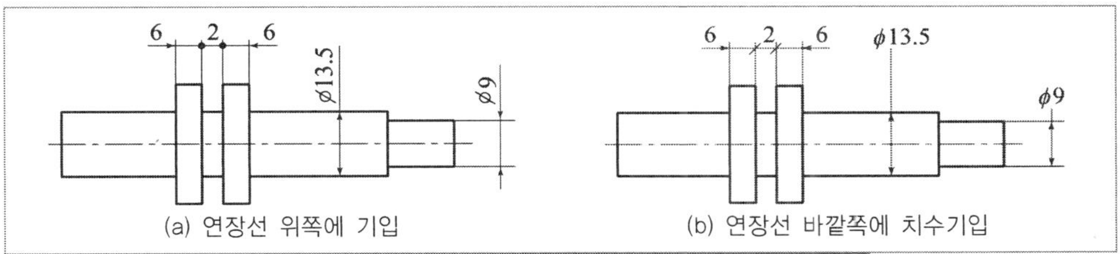

• 그림 1-91 • 치수선 연장 위쪽 또는 바깥쪽에 치수기입

4 치수의 배치

(1) 직렬 치수 기입법

[그림 1-92]와 같이 직렬로 연결된 개개의 치수에 주어진 치수 공차가 연속적으로 누적 되어도 좋은 경우에 사용한다.

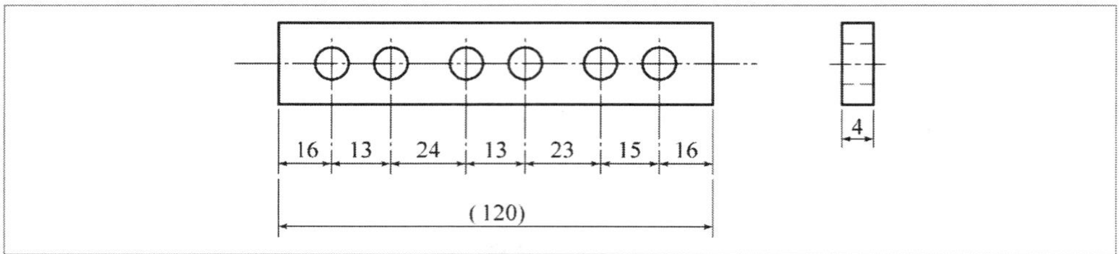

• 그림 1-92 • 직렬 치수기입

(2) 병렬 치수 기입법

[그림 1-93]과 같이 병렬로 기입하는 개개의 치수 공차는 다른 치수의 공차에는 영향을 주지 않는다. 이 경우, 치수 보조선의 위치는 기능, 가공 등의 조건을 고려하여 적절히 선택한다.

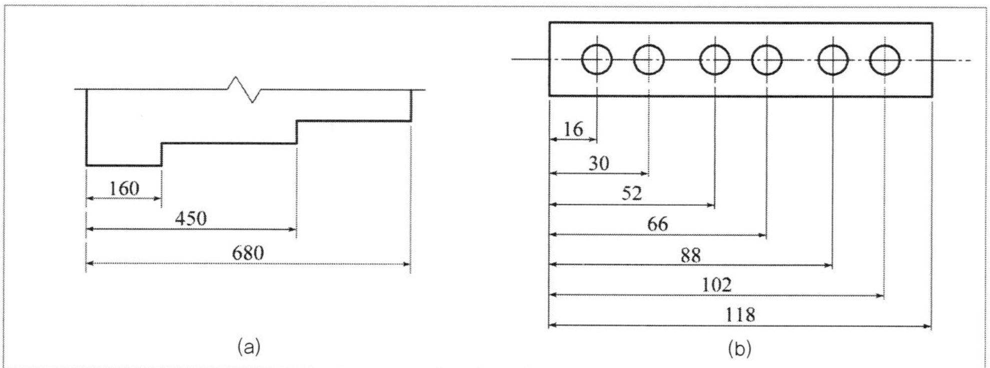

• 그림 1-93 • 병렬 치수 기입법

(3) 누진 치수 기입법

치수 공차에 관하여 병렬 치수 기입법과 완전히 동등한 의미를 가지면서, 하나의 연속된 치수선으로 간편하게 표시된다. 이 경우, 치수의 기점 위치는 기점 기호(○)로 나타내고, 치수선의 다른 끝은 화살표로 나타낸다. [그림 1-94(a), (c), (d), (e)]와 같이 치수 수치는 치수 보조선에 나란히 기입하든지, [그림 1-94(b)]와 같이 화살표 가까운 곳에 치수선의 위쪽에 기입한다.

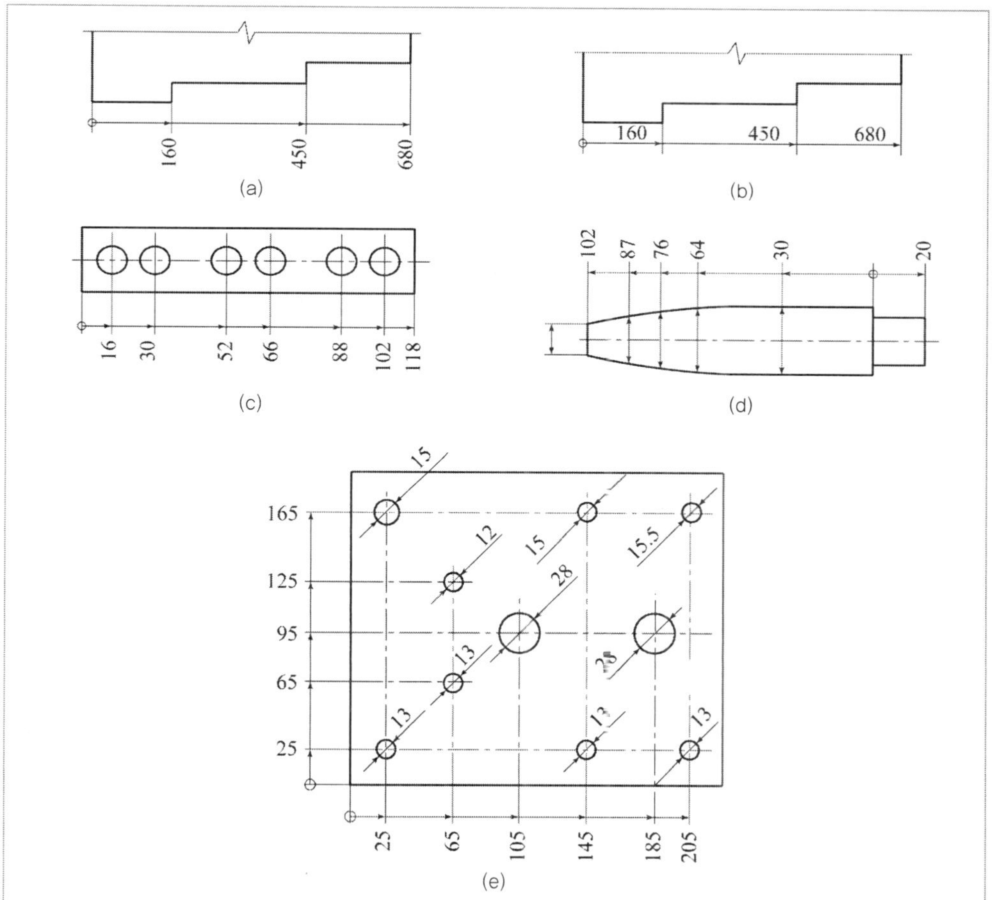

• 그림 1-94 • 누진 치수 기입법

(4) 좌표 치수 기입법

구멍의 위치나 크기 등의 치수는 좌표를 사용하여 표로 나타낸다. [그림 1-95]와 같이 표에 기입된 X, Y 또는 β의 수치는 기점에서의 치수이다. 기점은 보기를 들면 기준 구멍, 대상물의 한 구석 등 기능 또는 가공의 조건을 고려하여 적절하게 선택한다.

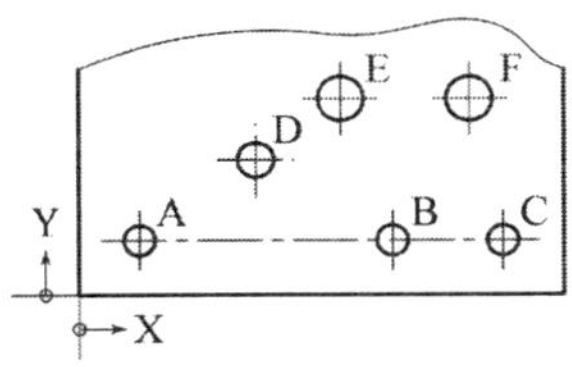

	X	Y	ϕ
A	25	25	13
B	145	25	13
C	205	25	13
D	65	65	13
E	105	95	28
F	185	95	28
G			
H			

(a)

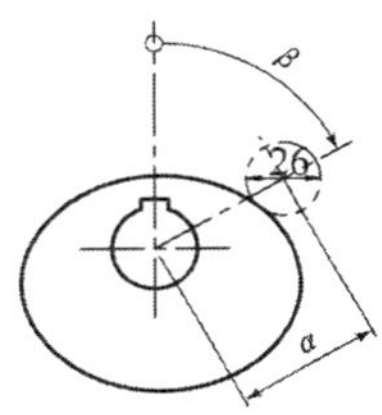

β	0°	20°	40°	60°	80°	100°	120 ~ 210°	230°	260°	280°	300°	320°	340°
α	50	52	56	63	69	74	75	74	69	64	59	54	52

(b)

• 그림 1-95 • 좌표 치수 기입법

(5) 지름의 표시 방법

① 대상물 원형의 지름 치수기입

㉠ 대상으로 하는 부분의 단면이 원형이고, 그 모양을 도면에 표시하지 않고 원형인 것을 나타내는 경우에는 [그림 1-96(a)]와 같이 지름의 치수 수치의 앞에 지름 기호 ∅를 숫자와 같은 크기로 기입하여 표시한다.

㉡ [그림 1-96(b)]와 같이 원형의 그림에 지름의 치수를 기입할 때는, 치수 수치의 앞에 지름의 기호 ∅는 기입하지 않는다. 다만, 원형의 일부를 그리지 않은 도형에서 치수선의 끝부분 기호가 한쪽인 경우는 반지름의 치수와 혼동되지 않도록 지름의 치수 수치 앞에 ∅를 기입한다.

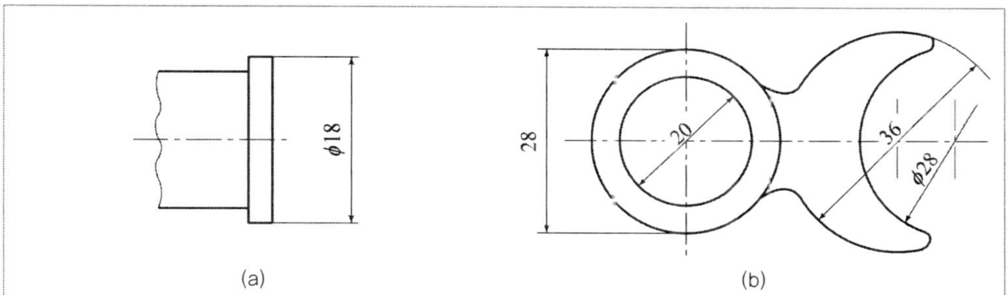

• 그림 1-96 • 대상물 원형의 지름 치수기입

② 짧은 연속 원통의 지름 치수기입

지름의 크기가 다른 원통이 연속되어 있고, 연속된 원통의 길이가 짧아서 치수를 기입할 여지가 없을 때는 [그림 1-97]과 같이 한쪽에 써야 할 치수선의 연장선과 화살표를 그리고, 지름의 기호 ∅와 치수 수치를 기입한다.

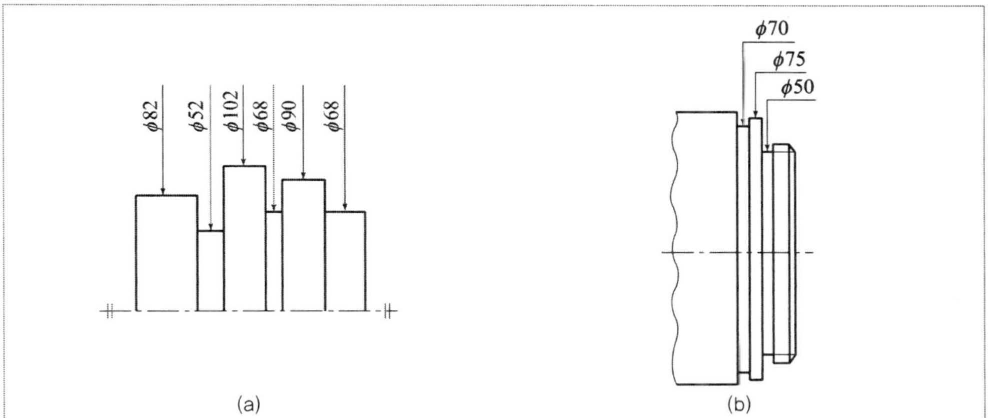

• 그림 1-97 • 짧은 연속 원통의 지름 치수기입

(6) 반지름의 표시 방법

① 반지름 기호 R 기입과 기호 생략

반지름의 치수는 [그림 1-98(a)]와 같이 치수 수치 앞에 반지름 기호 R을 치수 숫자와 같은 크기로 기입하여 표시하며, [그림 1-98(b)]와 같이 반지름을 나타내는 치수선을 원호의 중심까지 긋는 경우에는 그 기호를 생략한다.

• 그림 1-98 • 반지름 기호 R 기입과 기호 생략

② 반지름 표시 치수선의 화살표 붙임 사용법

원호의 반지름을 표시하는 치수선에는 [그림 1-98]과 같이 원호쪽에만 화살표를 붙이고 중심 쪽에는 붙이지 않으며, 화살표나 치수 수치를 기입할 여지가 없을 때에는 [그림 1-99]와 같이 기입한다.

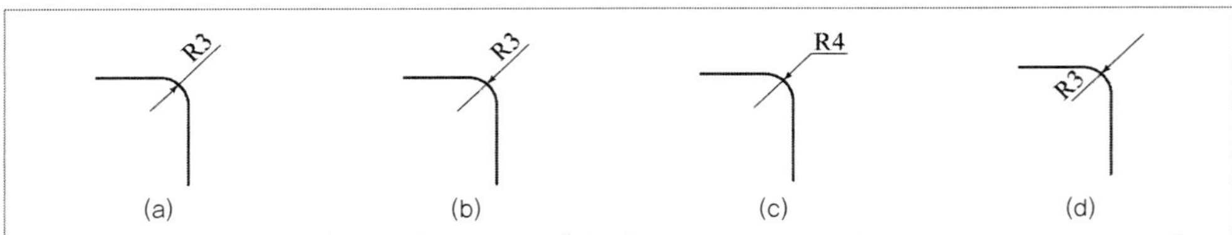

• 그림 1-99 • 반지름 표시 치수선의 화살표 붙임 사용법

③ 큰 반지름 치수 기입법

반지름 치수를 지시하기 위하여 중심위치를 표시할 필요가 있을 경우에는 [그림 1-100]과 같이 +자 또는 검은 둥근점으로 그 위치를 나타내며, 원호의 반지름이 커서 그 중심 위치를 나타낼 필요가 있을 경우, 지면(제도 용지) 등의 제약이 있을 때는 그 반지름의 치수선을 구부리더라도 좋다. 이 경우, 치수선의 화살표가 붙은 부분은 정확한 중심 위치로 향하여야 한다.

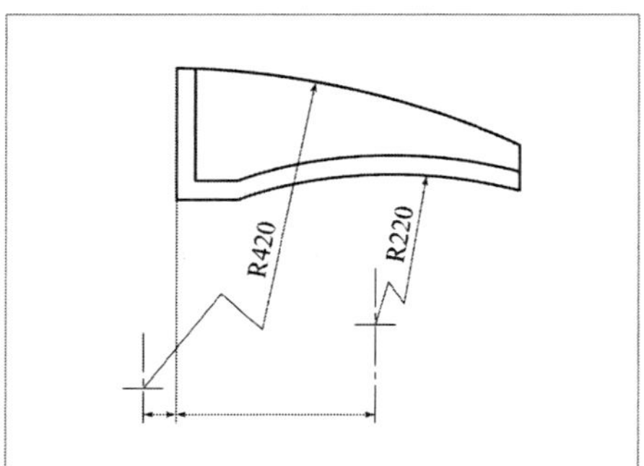

• 그림 1-100 • 큰 반지름 치수기입

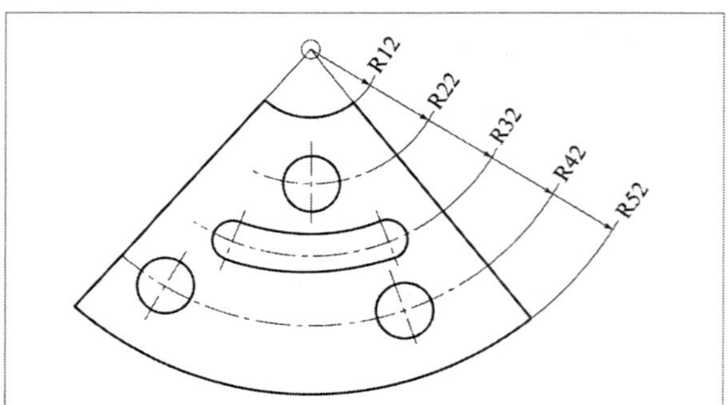

• 그림 1-101 • 반지름의 누진 치수기입

④ 반지름의 누진 치수기입

동일 중심을 가진 반지름은 길이 치수와 같이 [그림 1-101]과 같이 누진 치수 기입법을 사용해서 표시할 수 있다.

⑤ 투상도형 및 전개한 상태의 반지름 치수기입

실제 형체를 나타내지 않는 투상도형에 실제의 반지름 또는 전개한 상태의 반지름을 지시하는 경우에는 [그림 1-102(a)]와 같이 치수 앞에 "실R", 또는 [그림 1-102(b)]와 같이 "전개R"의 기호를 기입한다.

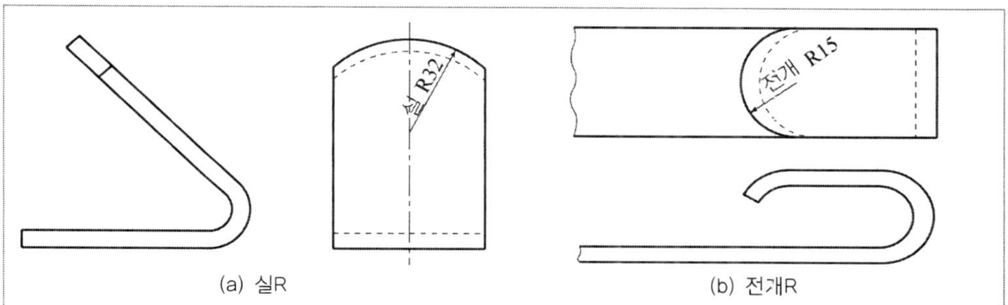

• 그림 1-102 • 투상도형 및 전개한 상태의 반지름 치수기입

(7) 구의 지름 또는 반지름 표시 방법

구의 지름 또는 반지름의 치수는 [그림 1-103]과 같이 그 치수 수치의 앞에 치수 숫자와 같은 크기로 구의 지름 기호인 "SØ"또는 구의 반지름 기호인 "SR"을 기입하여 표시한다.

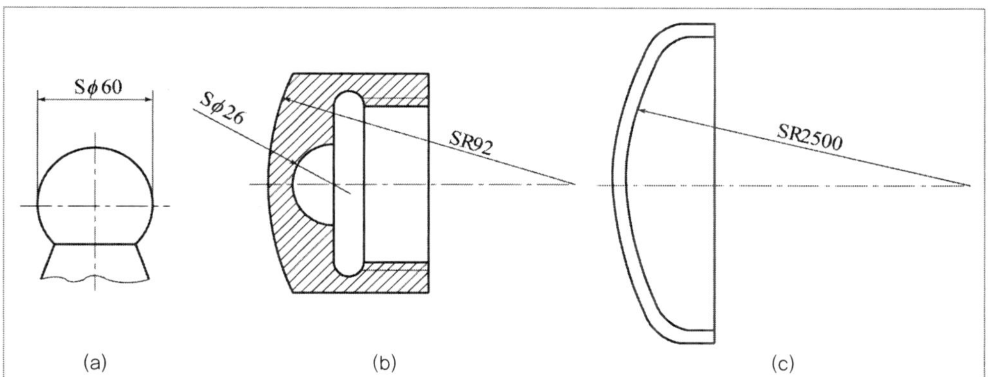

• 그림 1-103 • 구의 지름 또는 반지름 표시 방법

(8) 정사각형 변의 표시 방법

대상으로 하는 부분의 단면이 정사각형일 때, 그 모양을 그림에 표시하지 않고 정사각형인 것을 표시하는 경우에는 [그림 1-104]와 같이 그 변의 길이를 표시하는 치수 수치 앞에 치수 숫자와 같은 크기로 정사각형의 한 변이라는 것을 나타내는 기호 □을 기입한다.

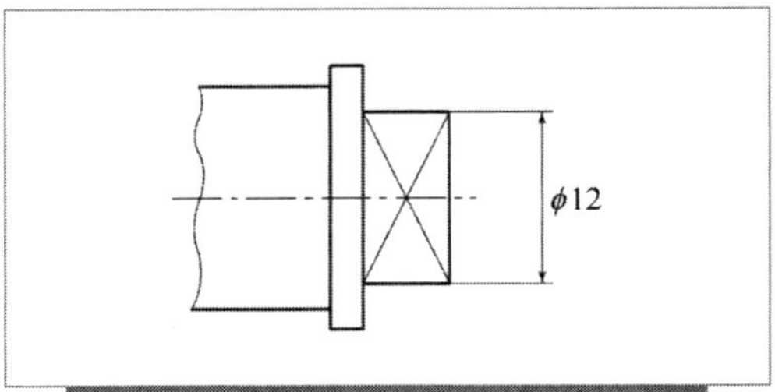

• 그림 1-104 • 정사각형 변의 표시 방법

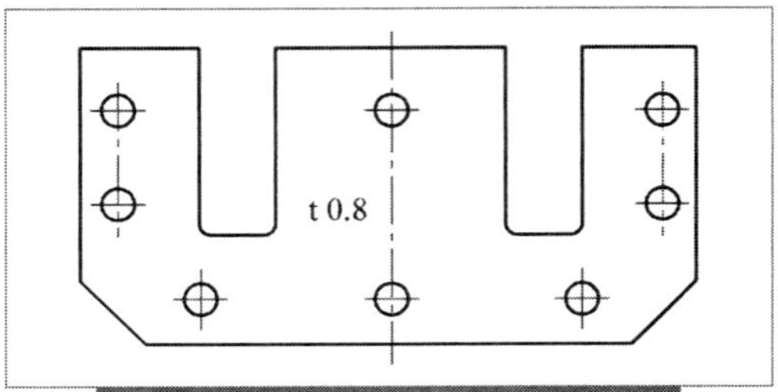

• 그림 1-105 • 두께의 표시 방법

(9) 두께의 표시 방법

판의 주 투상도에 그 두께의 치수를 표시하는 경우에는, [그림 1-105]와 같이 그 도면의 부근 또는 그림 중 보기 쉬운 위치에 두께를 표시하는 치수 수치의 앞에 치수 숫자와 같은 크기로 두께를 나타내는 기호 t를 기입한다.

(10) 현 및 원호의 길이 표시 방법

① 현의 길이 표시 방법

현의 길이는 원칙적으로 [그림 1-106]과 같이 현에 직각으로 치수 보조선을 긋고, 현에 평행한 치수선을 사용하여 표시한다.

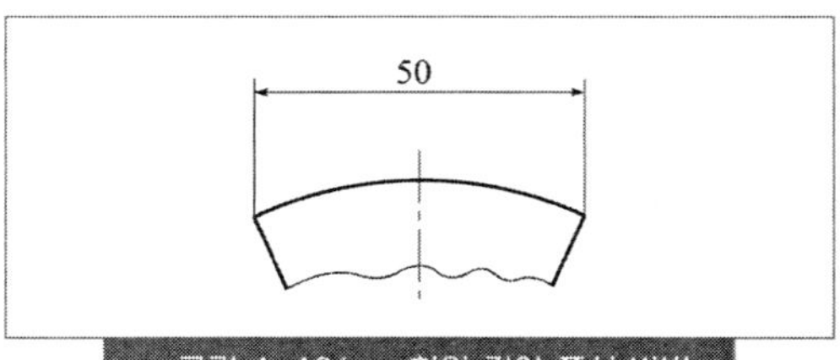

• 그림 1-106 • 현의 길이 표시 방법

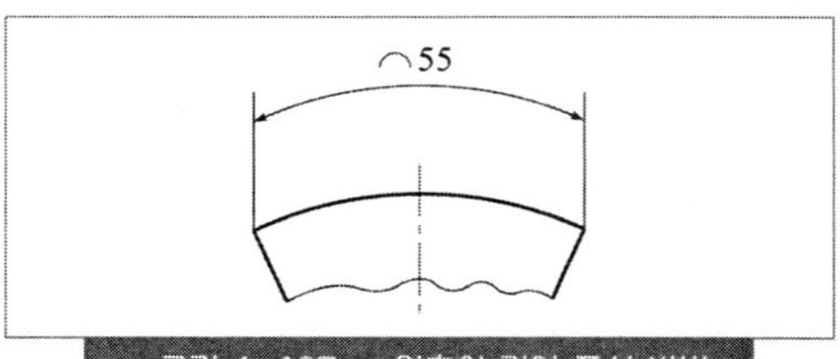

• 그림 1-107 • 원호의 길이 표시 방법

② 원호의 길이 표시 방법

㉠ 현의 경우와 같은 치수 보조선을 긋고, [그림 1-107]과 같이 그 원호와 동심의 원호를 치수선으로 하고, 치수 수치의 앞에 원호 길이의 기호 "⌒"를 붙인다.

㉡ 원호로 구성된 각도가 [그림 1-108(a)]와 같이 클 때나, [그림 1-108(b)]와 같이 연속적으로 원호의 치수를 기입할 때에는 원호의 중심으로부터 방사형으로 그린 치수 보조선에 치수선을 맞춘다. 이 경우, 2개 이상의 동심 원호 중 1개의 원호 길이를 명시할 필요가 있을 때에는 다음 중 하나에 따른다.

ⓐ [그림 1-108(a), (b)]와 같이 원호의 치수 수치에 대하여 지시선을 긋고 끌어낸 원호쪽에 화살표를 그린다.

ⓑ [그림 1-108(c)]와 같이 원호 길이의 치수 수치 뒤에 원호의 반지름을 괄호에 넣어서 나타낸다. 이 경우에는 원호 길이의 기호를 붙이지 않는다.

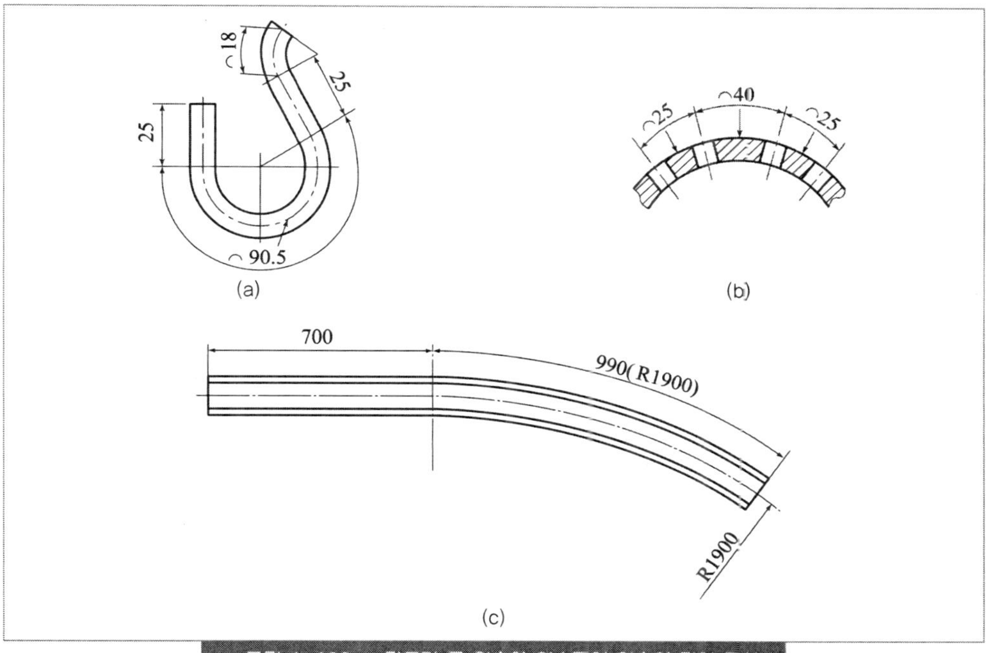

• 그림 1-108 • 각도가 큰 원호와 연속적인 원호의 길이 표시

(11) 곡선의 표시 방법

① 원호로 구성된 곡선의 치수기입

원호로 구성되는 곡선의 치수는 일반적으로는 [그림 1-109]와 같이 원호의 반지름과 그 중심 또는 원호의 접선 위치로 표시한다.

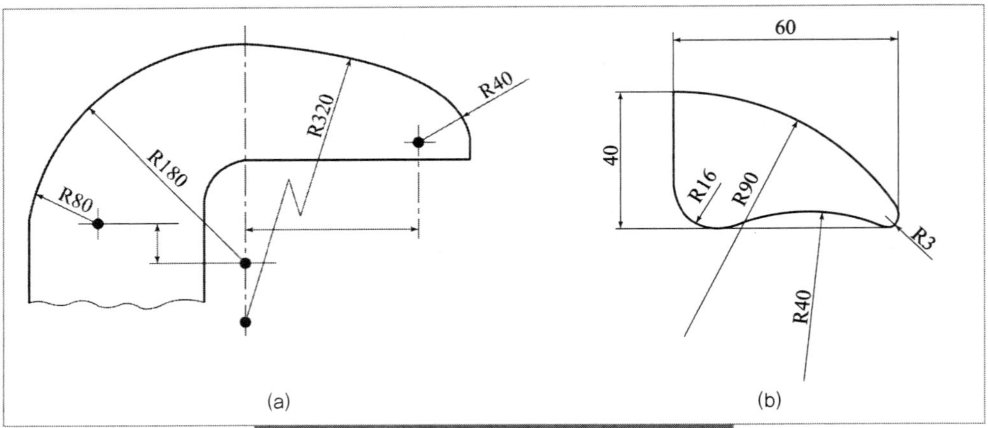

• 그림 1-109 • 원호로 구성된 곡선의 치수기입

② **원호로 구성되지 않은 곡선의 치수기입**

원호로 구성되지 않은 곡선의 치수는 [그림 1-110(a)]와 같이 곡선상 임의의 점의 좌표 치수로 표시한다. [그림 1-110(b)]와 같은 방법은 원호로 구성되는 곡선의 경우에도 필요하면 사용하여도 좋다.

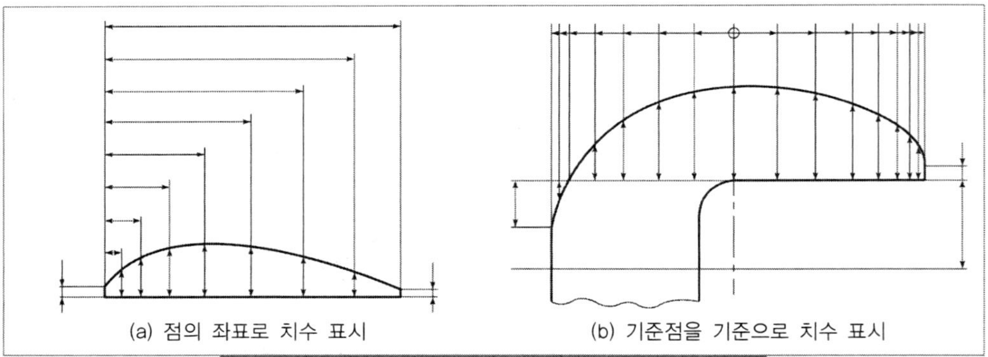

• 그림 1-110 • 원호로 구성되지 않은 곡선의 치수기입

(12) 모떼기의 표시 방법

① 일반적인 모떼기 표시 방법

일반적인 모떼기는 [그림 1-111]과 같이 보통 치수기입 방법에 따라 표시한다.

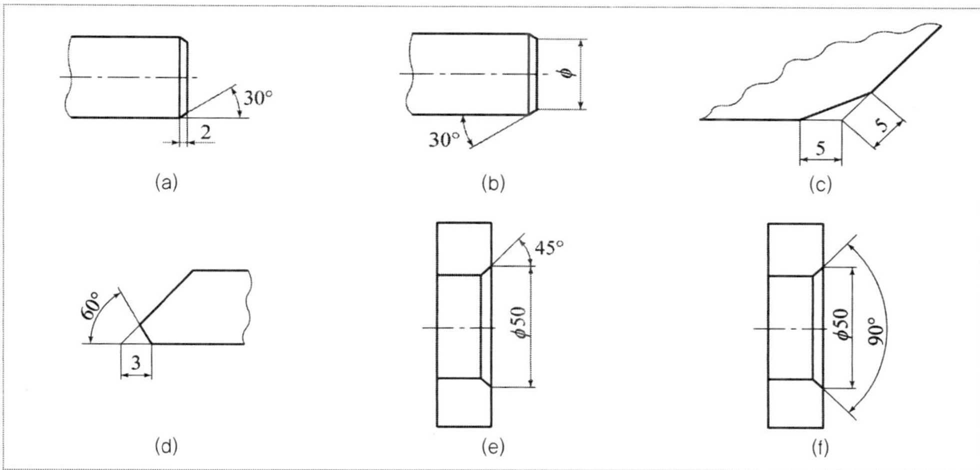

• 그림 1-111 • 일반적인 모떼기 표시 방법

② 모떼기 각도 45°일 때 표시 방법

45°모떼기의 경우에는 [그림 1-112(a), (b)]와 같이 치수 수치×45° 또는 [그림 1-112(c), (d), (e)]와 같이 기호 C를 치수 수치 앞에 치수 숫자와 같은 크기로 기입하여 표시한다.

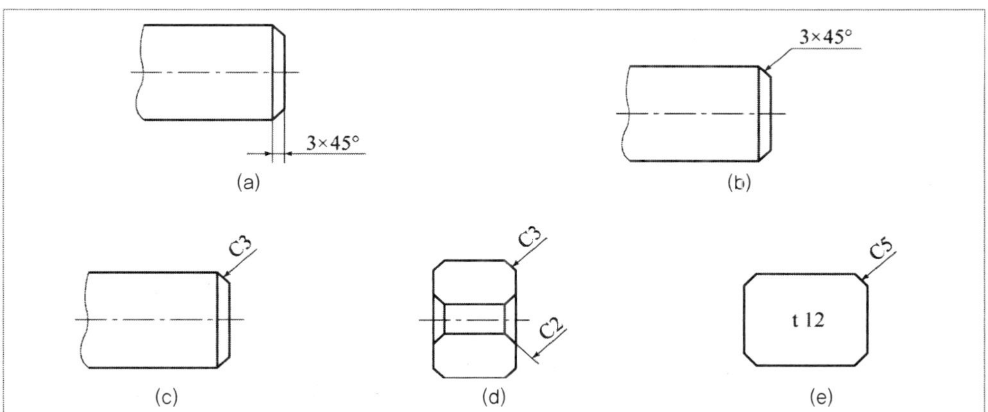

• 그림 1-112 • 모떼기 각도 45°일 때 표시 방법

(13) 구멍의 표시 방법

① 가공 방법의 간략 표시

드릴 구멍, 펀칭 구멍, 코어 구멍 등 구멍의 가공 방법에 의한 구별을 나타낼 필요가 있을 경우에는 원칙적으로 공구의 호칭 치수 또는 기준 치수를 나타내고, 그 뒤에 가공 방법의 구별을 가공 방법 용어로 규정하고 있는 한국산업표준에 따라 [그림 1-113, 114]와 같이 기입한다. [표 1-8]은 가공 방법에 대한 간략 지시를 나타내는 표로 이에 따른다. 이 경우 지시한 가공 치수에 대한 치수의 보통 허용차를 적용한다.

표 1-8 가공 방법의 간략 지시

가공 방법	간략 지시
주조한 대로	코어
프레스 펀칭	펀칭
드릴로 구멍 뚫기	드릴
리머 다듬질	리머

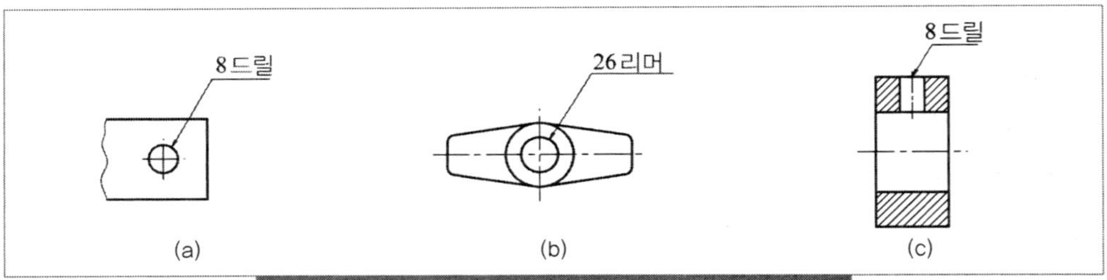

• 그림 1-113 • 구멍 가공 방법의 간략 표시 방법(1)

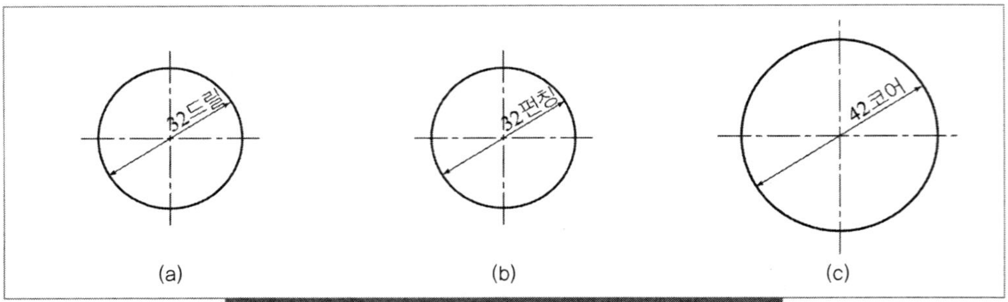

• 그림 1-114 • 구멍 가공 방법의 간략 표시 방법(2)

② 동일 치수 같은 간격의 구멍 치수기입

1군의 동일 치수 볼트 구멍, 작은 나사 구멍, 핀 구멍, 리벳 구멍 등의 치수 표시는 [그림 1-115]와 같이 구멍으로부터 지시선을 끌어내어 그 총수를 나타내는 숫자 다음에 짧은 선을 끼워서 구멍의 치수를 기입한다. 이 경우 구멍의 총수는 같은 개소의 1군의 구멍 총수(예를 들면 양쪽 플랜지를 가진 관이음이면 한쪽 플랜지에 대해서의 총수)를 기입한다.

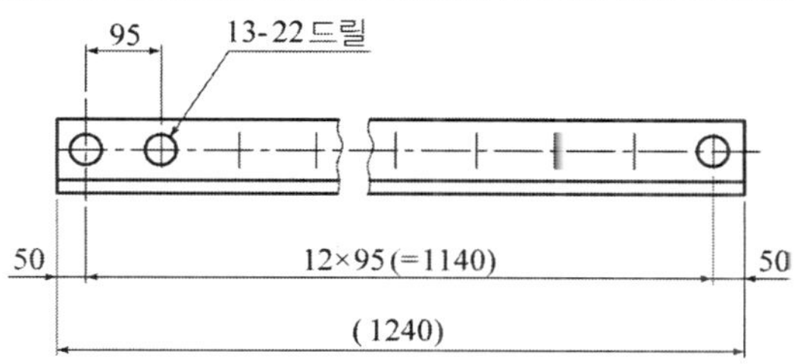

• 그림 1-115 • 동일 치수 같은 간격의 구멍 치수기입

③ 구멍의 깊이 치수기입

㉠ [그림 1-116(a)]와 같이 구멍의 깊이를 지시할 때는 구멍의 지름을 나타내는 치수 다음에 "깊이"라 쓰고 그 수치를 기입한다.

㉡ [그림 1-116(b)]와 같이 관통 구멍인 때는 그멍 깊이를 기입하지 않는다.

㉢ 여기서 구멍 깊이란 [그림 1-116(c)]의 "H"로 표시한 것과 같이 드릴(drill) 앞끝의 원추부, 리머(reamer) 앞끝의 모떼기부 등을 포함하지 않는 원통부의 깊이를 말한다.

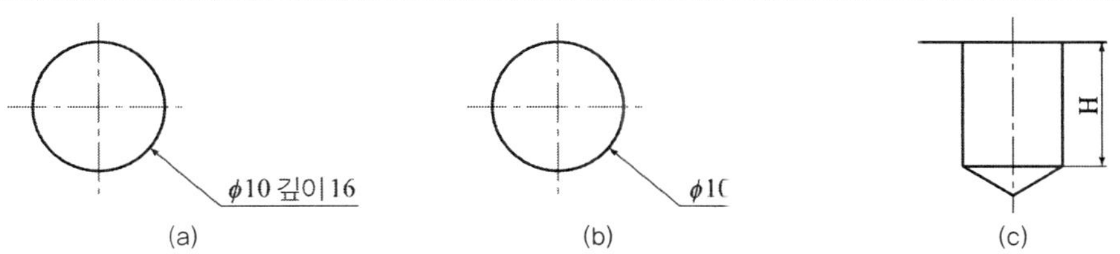

• 그림 1-116 • 구멍의 깊이 치수기입

④ 자리파기의 구멍 치수기입

주조로 제작된 반제품 상태에서 볼트(bolt), 너트(nut) 등의 접촉부분 자리를 좋게 하기 위해 일반적으로 흑피(표면)를 깎는 정도로 하며, 따라서 자리 파기의 깊이는 [그림

1-117]과 같이 기입하지 않는다. 자리파기의 표시 방법은 자리파기의 지름을 나타내는 치수 다음에 "자리파기"라 쓰고 자리파기를 표시하는 도형은 그리지 않는다.

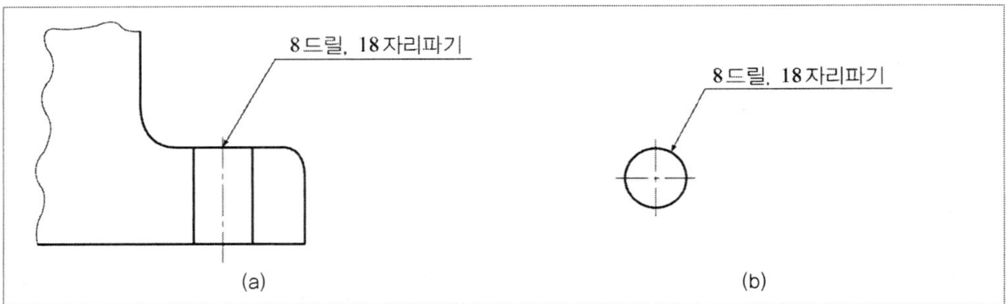

• 그림 1-117 • 자리파기의 구멍 치수기입

⑤ 깊은 자리파기의 구멍 치수기입

㉠ [그림 1-118(a), (b)]와 같이 볼트 머리를 잠기게 하는 경우에 사용하는 깊은 자리파기의 표시 방법은 깊은 자리파기의 지름을 나타내는 치수 다음에 "깊은 자리파기"라고 쓴다. 다음에 "깊음"이라고 쓰고 그 수치를 기입한다.

㉡ [그림 1-118(c)]와 같이 깊은 자리파기의 아래 위치를 반대쪽 면으로부터 치수를 지시할 필요가 있을 때는 치수선을 사용하여 표시한다.

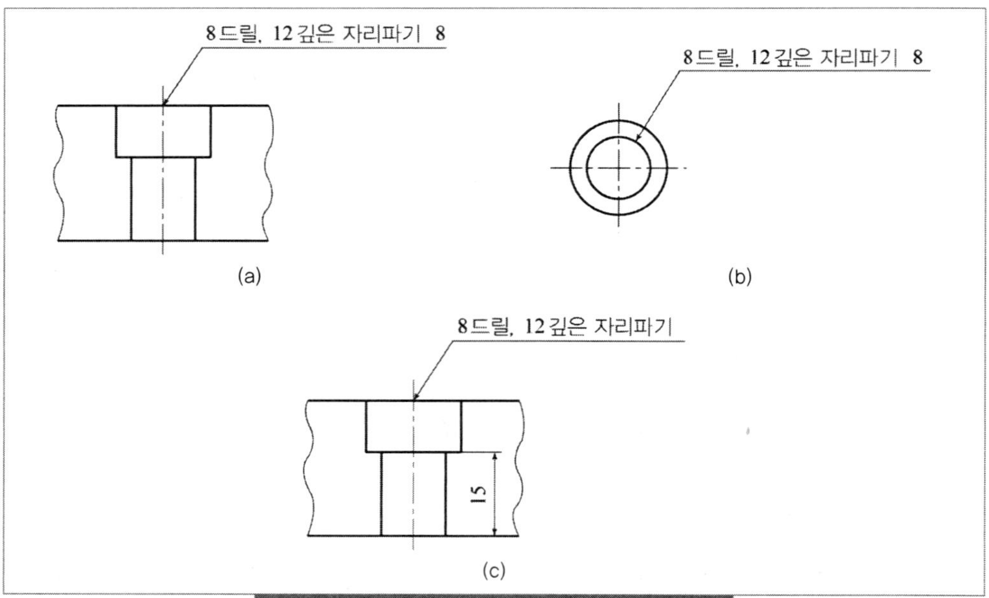

• 그림 1-118 • 깊은 자리파기의 구멍 치수기입

⑥ 긴원의 구멍 치수기입

긴원의 구멍은 구멍의 기능 또는 가공 방법에 따라 [그림 1-119]와 같이 치수의 기입 방법을 다음 어느 것인가에 따라 지시한다

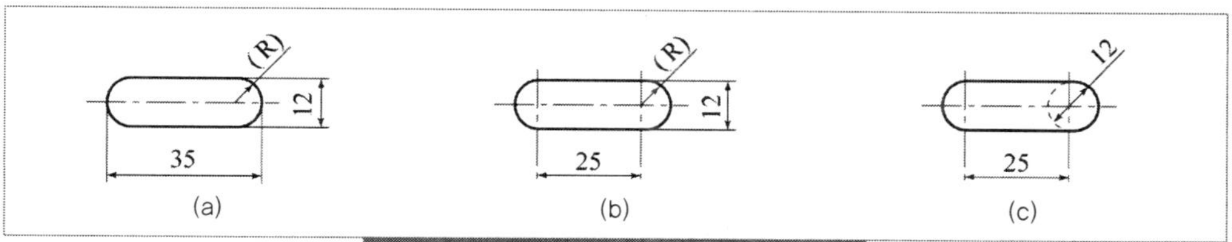

• 그림 1-119 • 긴원의 구멍 치수기입

⑦ 경사진 구멍의 치수기입

경사진 구멍의 깊이는 [그림 1-120]과 같이 구멍 중심선상의 깊이로 표시하든가, 그것에 따를 수 없는 경우에는 치수선을 사용하여 표시한다.

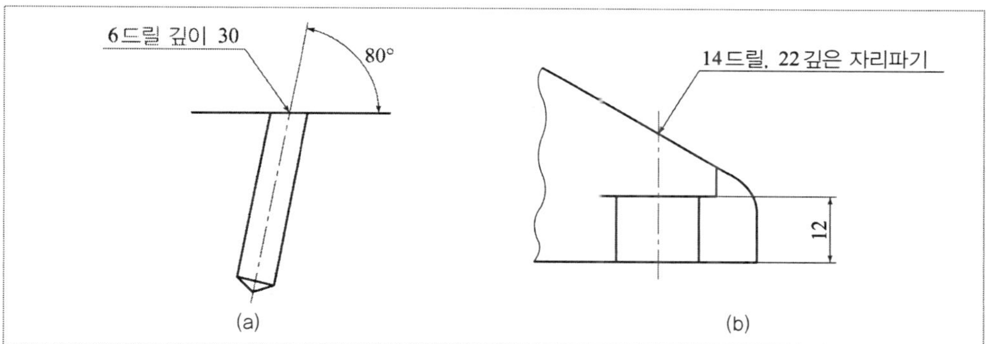

• 그림 1-120 • 경사진 구멍의 치수기입

(14) 키 홈의 표시 방법

① 축의 키 홈 표시 방법

㉠ [그림 1-121(a), (b)]와 같이 축의 키 홈 치수는 키 홈의 나비, 깊이, 길이, 위치 및 끝부를 표시하는 치수에 따른다.

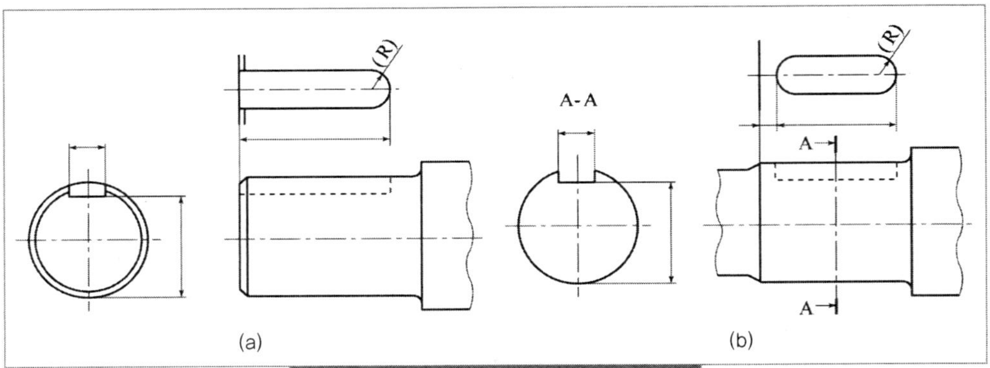

• 그림 1-121 • 축의 키 홈 표시 방법

㉡ 키 홈의 끝부를 밀링커터 등에 의하여 절삭하는 경우에는 기준 위치에서 공구의 중심까지의 거리와 공구의 지름을 [그림 1-122]와 같이 표시한다.

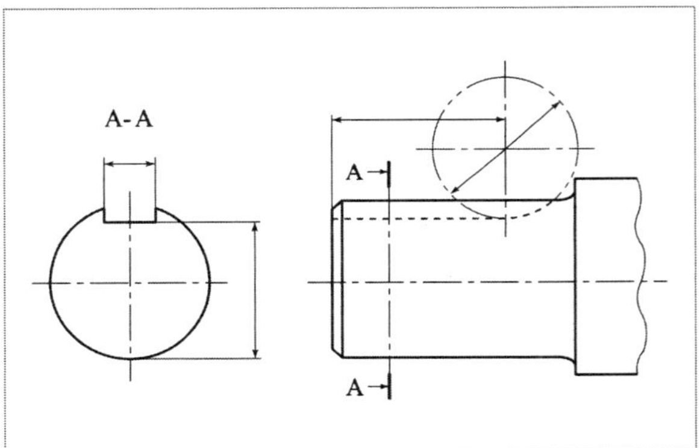

• 그림 1-122 • 키 홈 공구 중심위치 표시

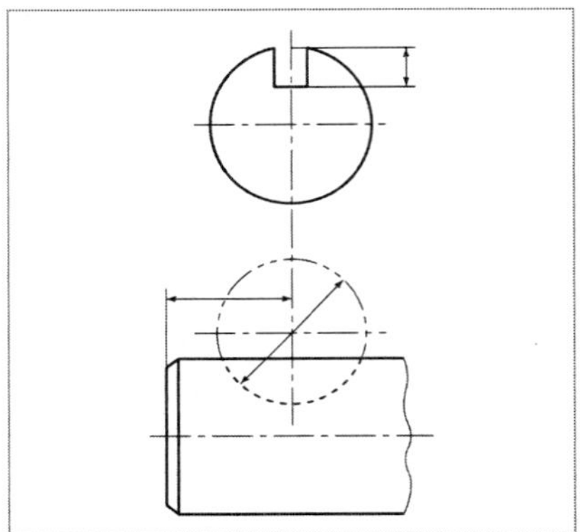

• 그림 1-123 • 키 홈 절삭 깊이 표시

㉢ 키 홈의 깊이는 키 홈과 반대쪽의 축 지름 면으로부터 키 홈의 바닥까지의 치수로 표시한다. [그림 1-123]과 같이 키 홈의 중심면 위에서의 축 지름 면으로부터 키 홈의 바닥까지의 치수(절삭 깊이)로 표시한다.

② 구멍의 키 홈 치수기입

㉠ 구멍의 키 홈은 [그림 1-124]와 같이 키 홈의 나비 및 깊이 치수를 기입한다.

㉡ 키 홈의 깊이는 [그림 1-124(a)]와 같이 키 홈과 반대쪽의 구멍 지름 면으로부터 키 홈 바닥까지의 치수로 표시한다.

㉢ 키 홈의 중심면상에서의 구멍 지름 면으로부터 키 홈의 바닥까지의 치수로 [그림 1-124(b)]와 같이 기입한다.

㉣ 경사 키용 보스의 키홈 깊이는 [그림 1-124(c)]와 같이 키 홈의 깊은 쪽에서 표시한다.

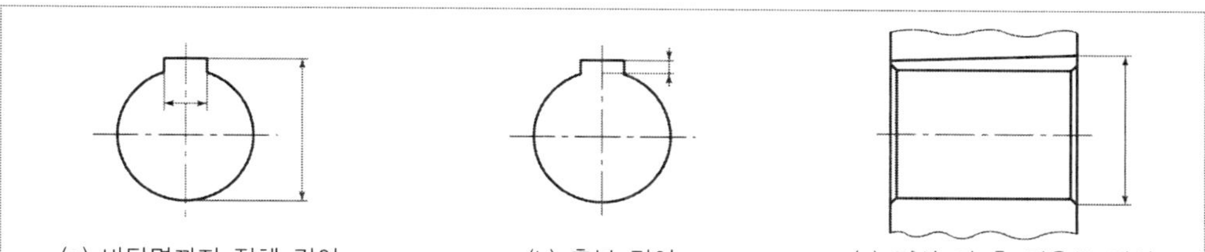

(a) 바닥면까지 전체 깊이 (b) 홈부 깊이 (c) 경사 키 홈 깊은쪽 깊이

• 그림 1-124 • 구멍의 키홈 치수기입

(15) 테이퍼 및 기울기의 표시 방법

① 테이퍼 치수기입

테이퍼는 원칙적으로 [그림 1-125(a)]와 같이 중심선 위에 기입하나, 기울기 크기와 방향을 별도로 지시할 때에는 [그림 1-125(b)]와 같이 인출선을 써서 기입한다.

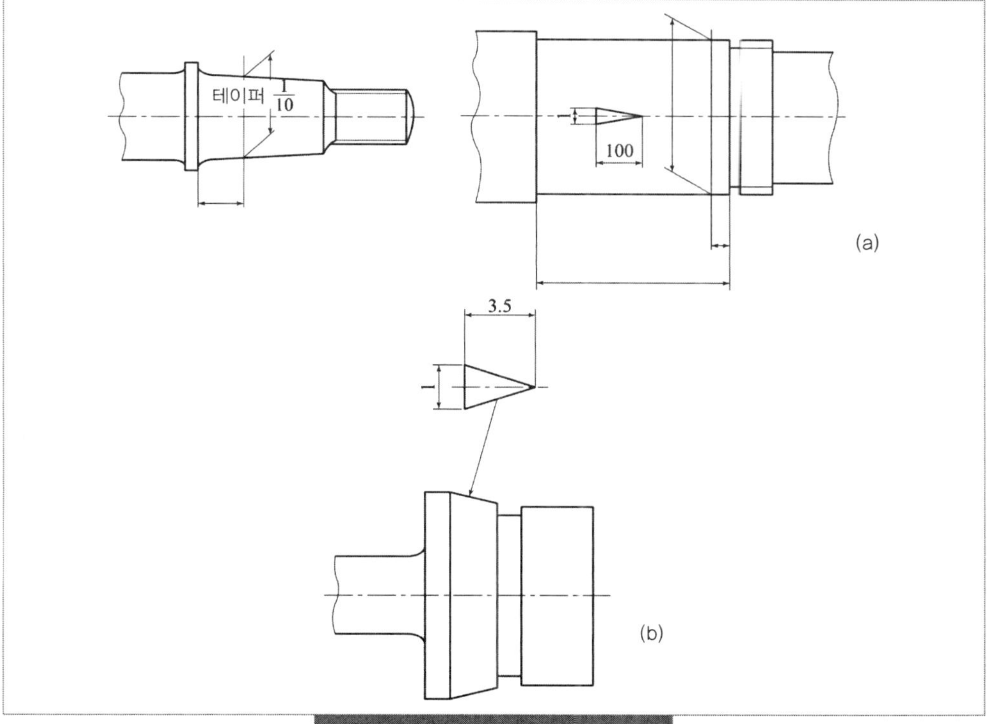

• 그림 1-125 • 테이퍼 치수기입

② 기울기 치수기입

㉠ [그림 1-126(a)]와 같이 기울기는 기울어진 변의 위로 약간 띄워서 기입한다.

㉡ 특별한 경우에는 [그림 1-126(b), (c)]와 같이 화살표를 붙인 지시선이나 대상면 지시 기호를 사용해서 밖으로 이끌어내어 기입할 수 있다.

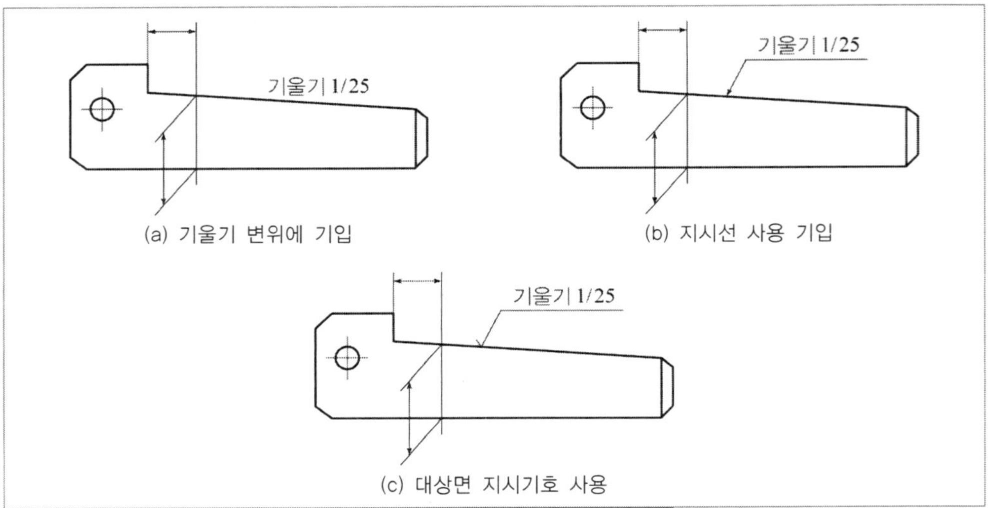

• 그림 1-126 • 기울기 치수기입

(16) 얇은 두께 부분의 표시

① 얇은 두께 부분의 치수기입

얇은 두께 부분의 단면을 아주 굵은 실선으로 그린 도형에 치수를 기입하는 경우에는 단면을 표시한 극히 굵은 실선위에 짧고 가는 실선을 [그림 1-127]과 같이 긋고, 여기에 치수선의 끝부분 기호를 댄다. 이 경우, 가는 실선을 그려준 쪽까지의 치수를 의미한다.

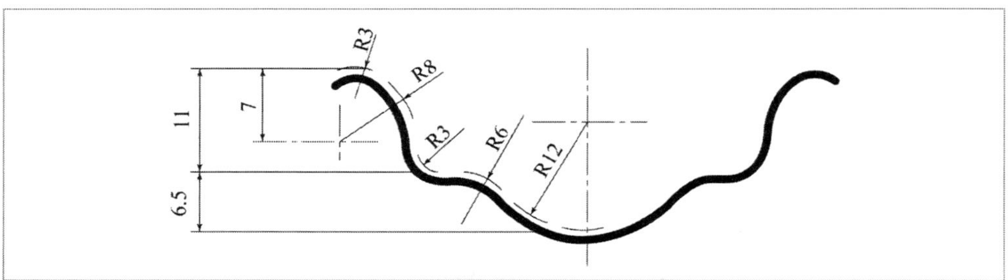

• 그림 1-127 • 얇은 두께 부분의 치수기입

② 용기 모양의 대상물 치수기입

[그림 1-128]과 같이 용기 모양의 대상물에서 아주 굵은 선에 직접 끝부분 기호를 대었을 경우에는 그 바깥쪽까지의 치수를 말한다. 오해할 우려가 있을 경우에는 화살표의 끝을 명확하게 나타낸다. 안쪽(internal)을 나타내는 치수에는 치수 수치 앞에 "int"를 부기한다.

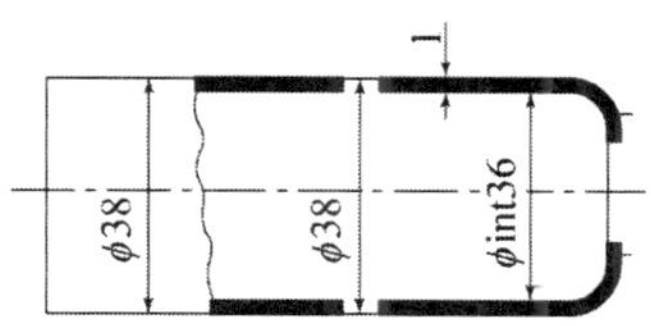

• 그림 1-128 • 용기 모양의 대상물 치수기입

(17) 강 구조물 등의 치수 표시

① 강 구조물 절점 사이의 치수 표시

강 구조물 등의 구조선도에서 절점(구조 선도에 있어서 부재의 무게 중심선의 교점) 사이의 치수를 표시하는 경우에는 [그림 1-129]와 같이 그 치수는 부재를 나타내는 선에 연하여 직접 기입한다.

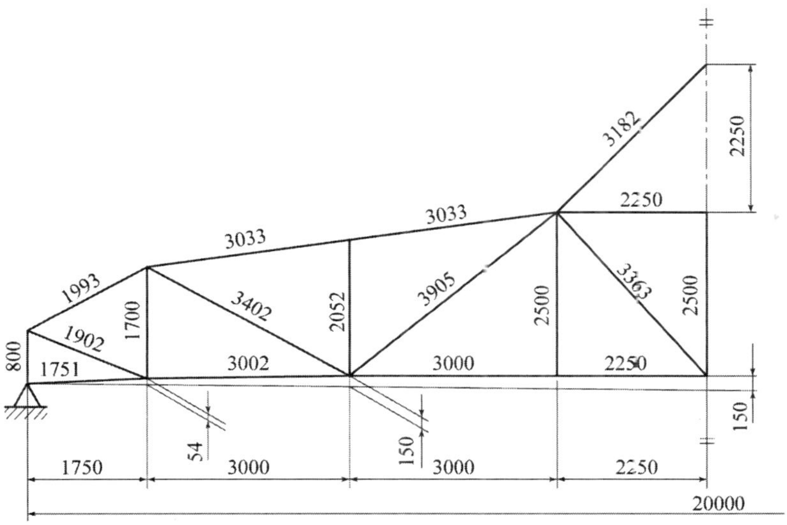

• 그림 1-129 • 강 구조물 절점 사이의 치수 표시

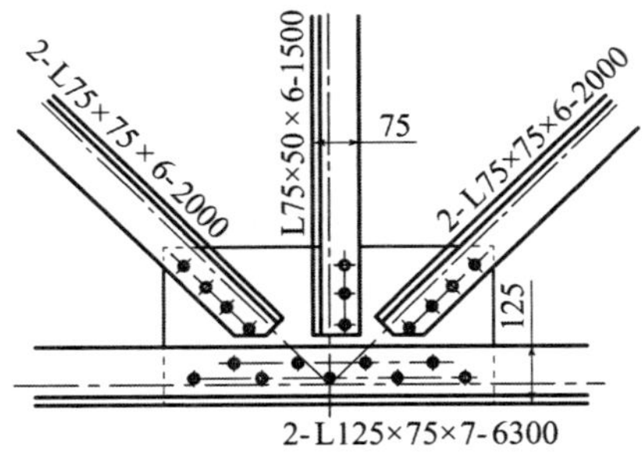

• 그림 1-130 • 형강의 치수기입

② 형강의 치수기입

형강, 강관, 각강 등은 [표 1-9]에 나타낸 표시방법에 의하여 각각의 도형에 연하여 기입할 수 있다. 이 경우, 길이의 치수는 필요가 없으면 생략한다. 또한, 부등변 ㄱ형강 등을 지시하는 경우에는 그 변이 어떻게 놓이는가를 명확히 하기 위하여 [그림 1-130]과 같이 변의 치수를 기입한다.

표 1-9 형강 등의 치수 표시방법

종류	단면모양	표시방법	종류	단면모양	표시방법
등변 ㄱ형강	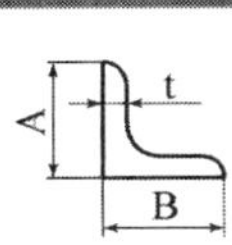	LA×B×t-L	경 Z형강	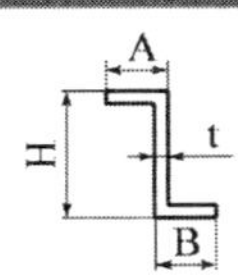	⌊H×A×B×t-L
부등변 ㄱ형강	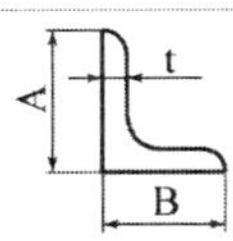	LA×B×t-L	립 ㄷ형강	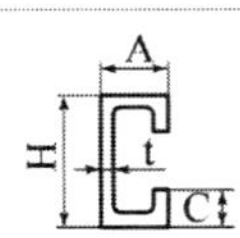	⊏H×A×C×t-L
부등변 부등 두께 ㄱ형강	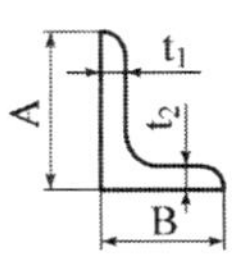	LA×B×t_1×t_2-L	립 Z형강	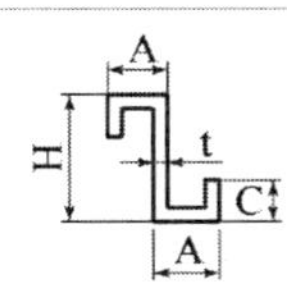	⌊H×A×C×t-L
I형강	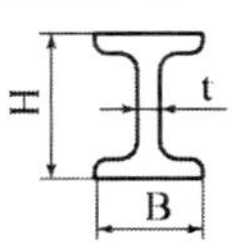	IH×B×t-L	모자형강	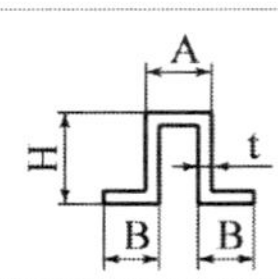	⨅H×A×B×t-L
ㄷ형강	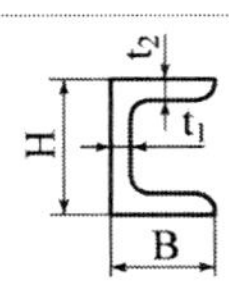	⊏H×B×t_1×t_2-L	환강	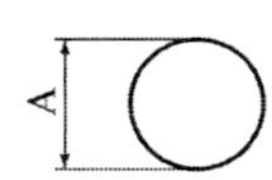	보통 ϕ A-L

종류	단면모양	표시방법	종류	단면모양	표시방법
구평형강	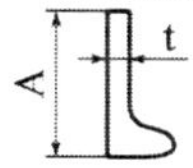	JA×t-L	강관	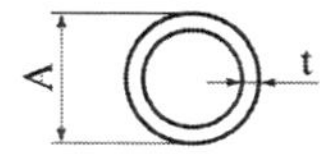	ϕA×t-L
T형강	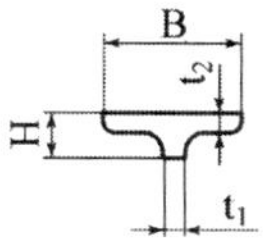	TB×H×t_1×t_2-L	각강관	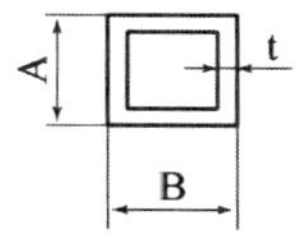	□A×B×t-L
H형강	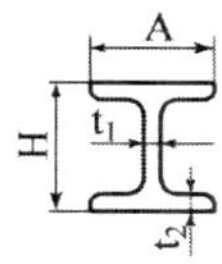	HH×A×t_1×t_2-L	각강	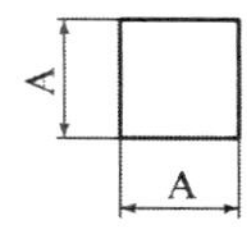	□At-L
경 ㄷ형강	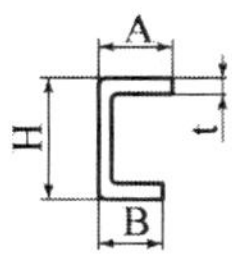	ㄷH×A×B×t-L	평강	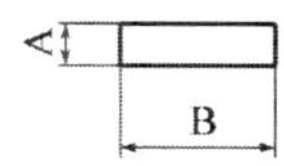	▭B×A-L

비고 : L은 길이를 나타낸다.

(18) 기타 일반 주의사항

① 치수 수치기입 보기

㉠ 치수 수치를 나타내는 일련의 치수 숫자는 도면에 그린 선에서 [그림 1-131(a)]와 같이 분할되지 않는 위치에 쓰는 것이 좋다.

㉡ 치수 숫자는 [그림 1-131(c)]와 같이 선에 겹쳐서 기입하면 안 된다. 다만, 할 수 없는 경우에는 치수 숫자와 겹쳐지는 선의 부분을 [그림 1-131(d)]와 같이 중단하여 치수 수치를 기입한다.

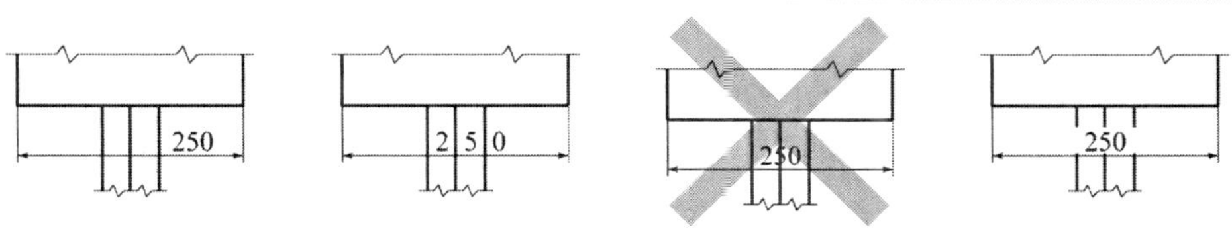

(a) 좋은 보기 (b) 좋지 못한 보기 (c) 나쁜 보기 (d) 선을 중단한 보기

• 그림 1-131 • 치수 수치기입 보기

② 치수선 교차부분의 치수기입

치수 수치는 [그림 1-132(b)]와 같이 치수선이 교차하는 장소에 기입하면 안 된다.

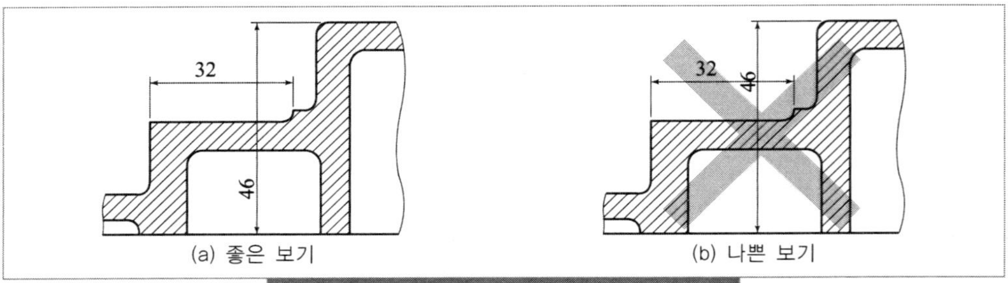

• 그림 1-132 • 치수선 교차부분의 치수기입

③ 치수선이 인접해서 연속하는 경우 치수기입

치수선이 인접해서 연속되는 경우에는 [그림 1-133(a)]와 같이 동일 직선상에 기입한다. 또, [그림 1-133(b), (c)]와 같이 관련되는 부분의 치수는 동일 직선상에 기입하도록 한다.

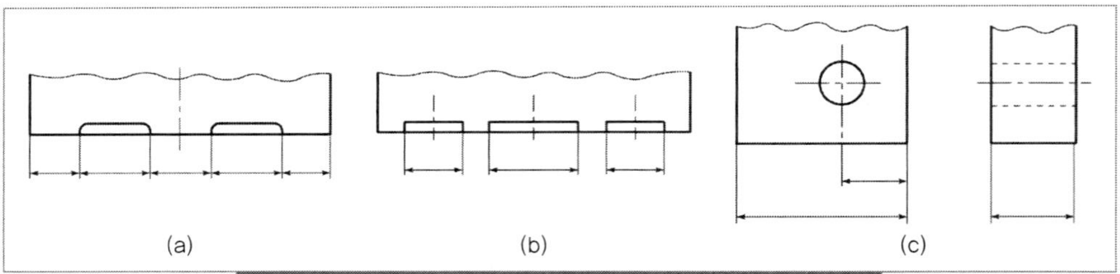

• 그림 1-133 • 치수선이 인접해서 연속하는 경우 치수기입

④ 지름 치수기입

㉠ 치수 보조선을 긋고 기입하는 지름의 치수가 대칭 중심선의 방향에 몇 개 늘어선 경우에는 [그림 1-134(a)]와 같이 각 치수선을 되도록 같은 간격으로 긋고 작은 치수를 안쪽에 큰 치수를 바깥쪽으로 치수 수치를 가지런하게 기입한다. 다만, 지면의 형편으로 치수선의 간격이 좁은 경우에는 [그림 1-134(b)]와 같이 치수 수치를 대칭 중심선의 양쪽에 교대로 기입한다.

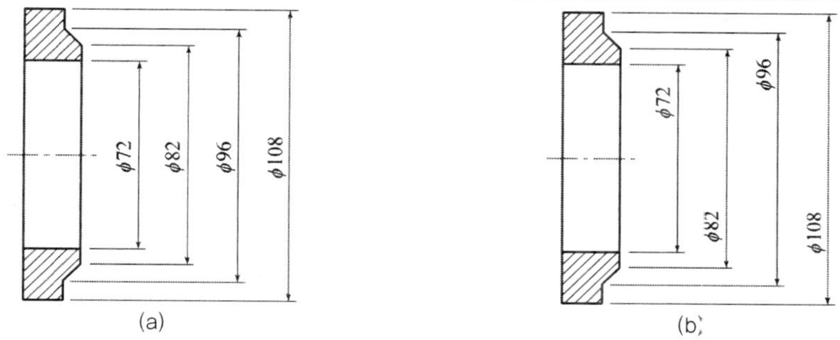

• 그림 1-134 • 지름 치수기입

㉡ 치수선이 길어서 그 중앙에 치수 수치를 기입하면 알기 어렵게 될 경우에는 [그림 1-135]와 같이 어느 한쪽의 끝부분 기호 가까이 치우쳐서 기입할 수 있다.

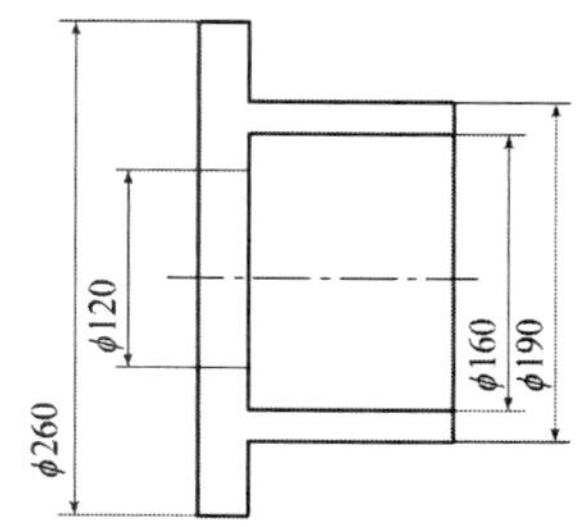

• 그림 1-135 • 치수선이 길 때의 치수기입

⑤ 대칭 도형의 치수기입

㉠ 대칭 도형에서 대칭 중심선을 지나는 치수선은 원칙적으로 그 중심선을 넘도록 그린다. 이 경우 연장한 치수선 끝에는 [그림 1-136(a)]와 같이 끝부분 기호를 붙이지 않는다. 다만, 오해할 염려가 없는 경우에는 [그림 1-136(b)]와 같이 치수선이 중심선을 넘지 않아도 된다.

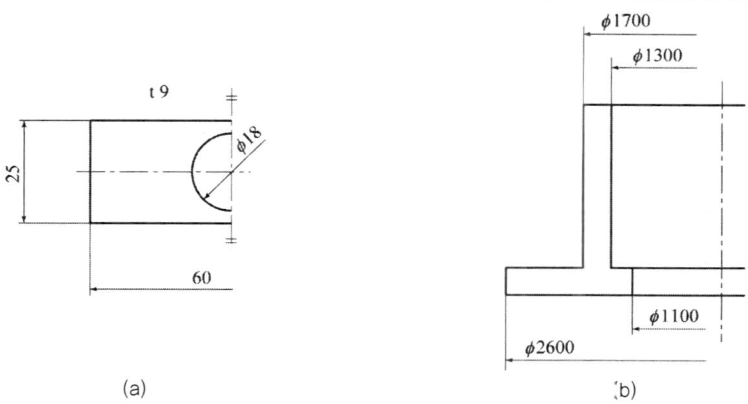

• 그림 1-136 • 대칭 도형의 치수기입

㉡ 대칭의 도형으로 다수의 지름 치수를 기입할 때는 [그림 1-137]과 같이 치수선의 길이를 더 짧게 하여 여러 단으로 분리하여 기입할 수 있다.

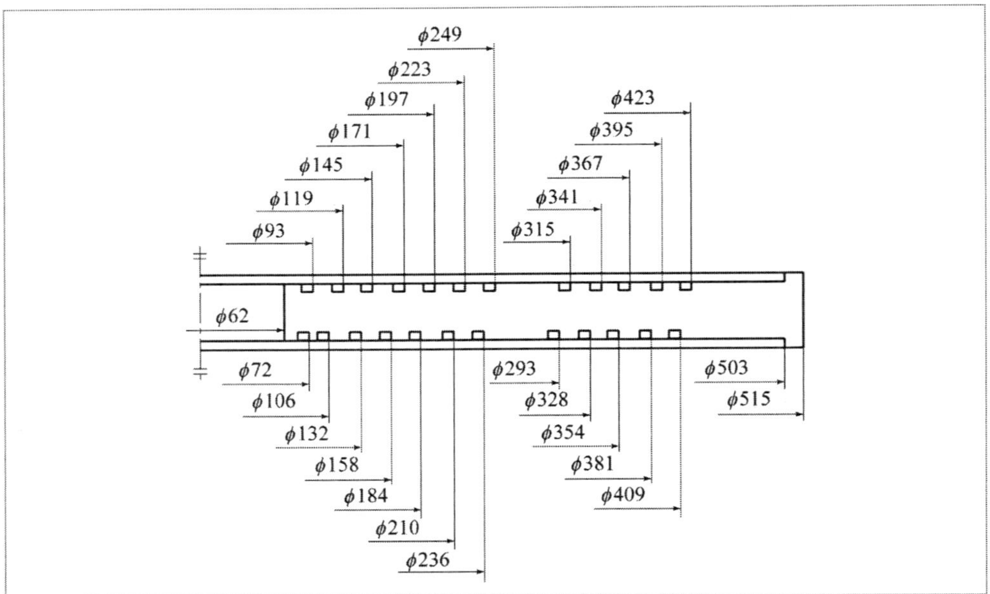

• 그림 1-137 • 대형 도형의 지름 치수기입

⑥ 글자 기호에 의한 치수기입

치수 수치 대신 글자 기호를 써도 좋다. 이 경우 그 수치를 [그림 1-138]과 같이 별도로 표시한다.

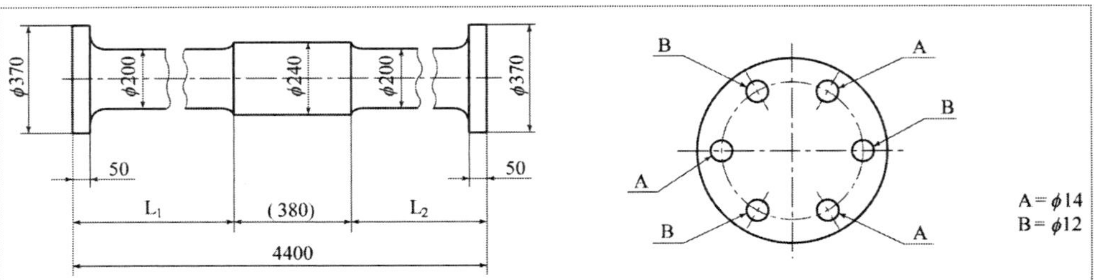

기호	품번		
	1	2	3
L_1	1920	2420	3120
L_2	2100	1600	900

• 그림 1-138 • 글자 기호에 의한 치수기입

⑦ 경사진 2개 면 사이의 교차되는 부분의 치수기입

㉠ 서로 경사진 2개의 면 사이에 둥글기 또는 모떼기가 되어 있을 때, 2면의 교차되는 위치를 나타낼 때는 둥글기 또는 모데기를 하기 이전의 모양을 가는 실선으로 표시하고, 그 교점에서 치수 보조선을 [그림 1-139(a)]와 같이 끌어낸다.

㉡ 교점을 명확하게 나타낼 필요가 있을 때에는 [그림 1-139(b), (c)]와 같이 각각의 선을 서로 교차시키든가 또는 교점에 검은 둥근점을 붙인다.

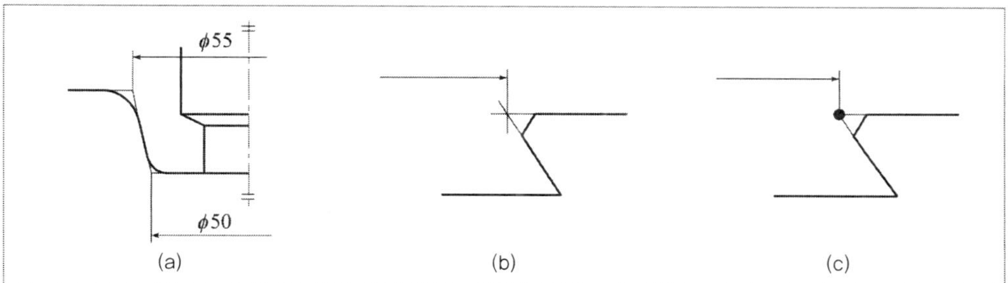

• 그림 1-139 • 경사진 2개 면의 교차되는 부분의 치수기입

⑧ 180° 이내의 원호 부분의 치수기입

㉠ [그림 1-140(a)]와 같이 원호부분의 치수는 원호가 180°까지는 반지름으로 표시하고, 그것을 넘는 경우에는 원칙으로 지름으로 표시한다.

㉡ [그림 1-140(b)]와 같이 원호가 180°이내라도 기능상 또는 가공상 특히 지름의 치수를 필요로 하는 것에 대해서는 지름의 치수를 기입한다.

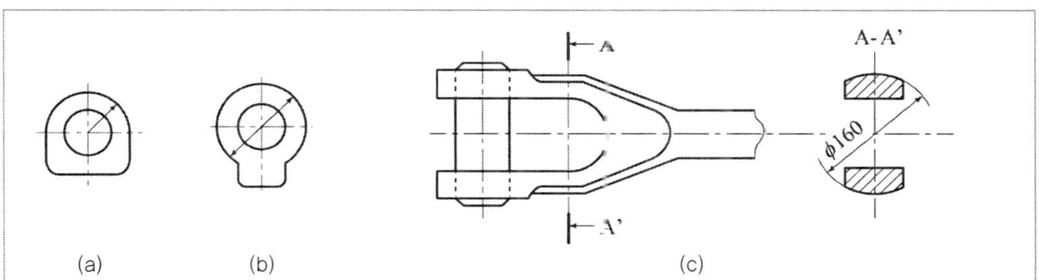

• 그림 1-140 • 180° 이내의 원호 부분의 치수기입

⑨ 반지름 수치기입 생략

반지름의 치수가 다른 곳에 지시한 치수에 따라 자연히 결정될 경우에는 반지름의 치수선과 반지름의 기호만으로 나타내고, 치수 수치는 [그림 1-141]과 같이 기입하지 않는다.

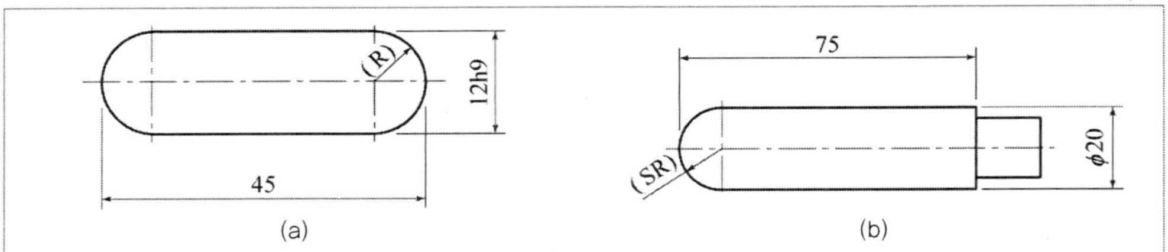

• 그림 1-141 • 반지름 수치기입 생략

⑩ 키홈 단면 보스의 안지름 치수기입

키홈이 단면에 나타나 있는 보스의 안지름 치수를 기입하는 경우에는 [그림 1-142]와 같이 기입한다.

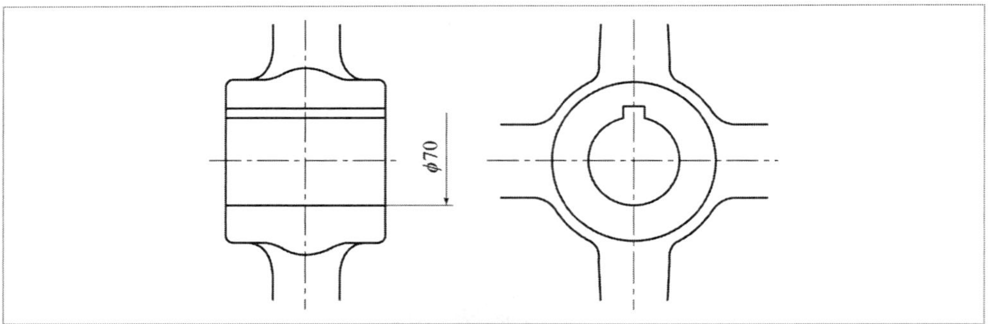

• 그림 1-142 • 키홈 단면 보스의 안지름 치수기입

⑪ 가공 또는 조립 기준이 있는 경우에 치수기입

㉠ 가공 또는 조립할 때 기준으로 할 곳이 있는 경우, 치수는 [그림 1-143(a), (b)]와 같이 그곳을 기준으로 하여 기입한다.

㉡ 기준면을 나타낼 필요가 있을 경우에는 그 취지를 [그림 1-143(c)]와 같이 기입한다.

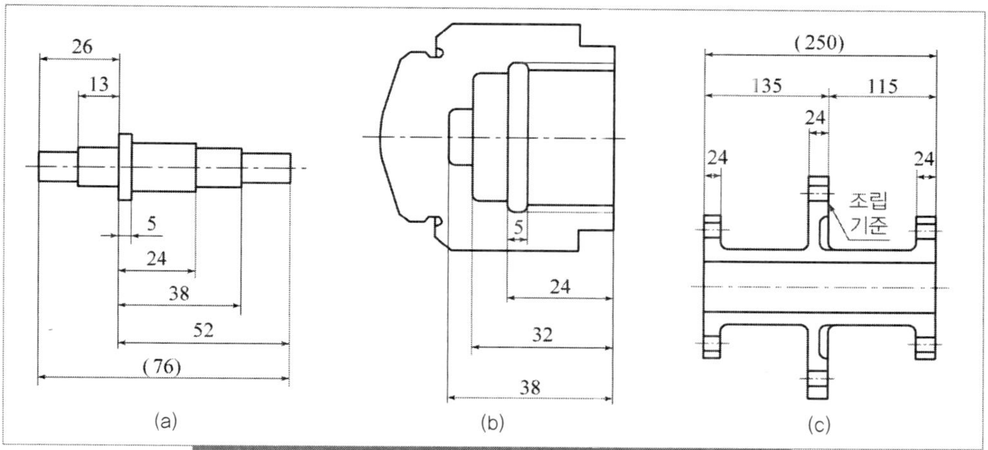

• 그림 1-143 • 가공 또는 조립 기준이 있는 경우에 치수기입

㉢ 공정을 달리하는 부분의 치수는 [그림 1-144]와 같이 그 배열을 나누어서 기입한다.

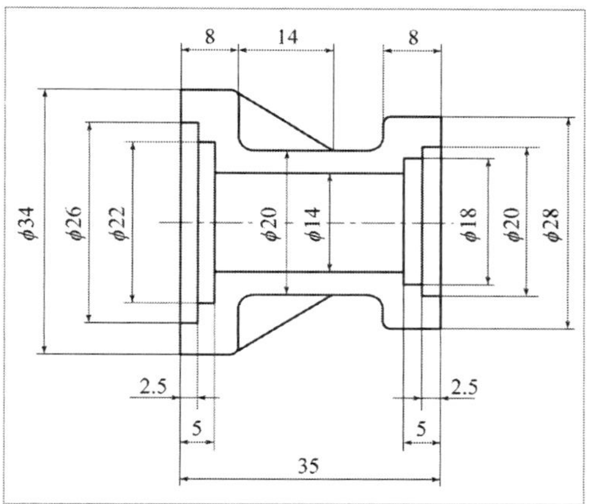

• 그림 1-144 • 공정별 구분 치수기입

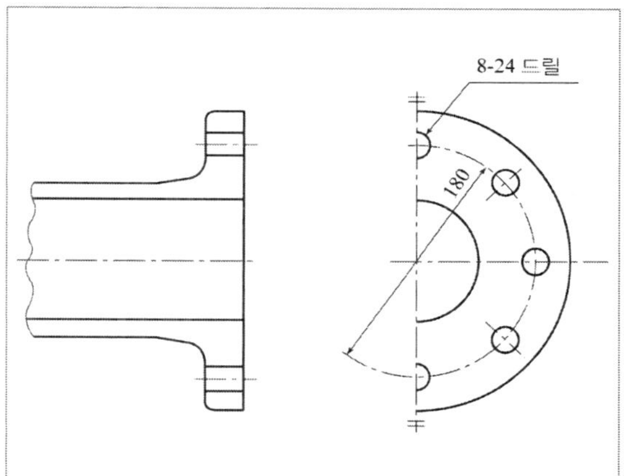

• 그림 1-145 • 상호 관련되는 치수기입

㉣ 서로 상호 관련되는 치수는 한곳에 모아서 기입한다. [그림 1-145]와 같이 플랜지의 경우 볼트 구멍의 피치원 지름과 구멍의 치수와 구멍의 배치는 피치원이 그려져 있는 쪽 그림에 모아서 기입하는 것이 좋다.

⑫ 동일 플랜지 2개 이상인 경우 치수기입

T형 관이음, 밸브(valve) 몸통, 콕(cock) 등의 플랜지와 같이 1개의 물품에 똑같은 치수 부분이 2개 이상 있는 경우에는 [그림 1-146]과 같이 치수는 그 중 1개에만

기입한다. 이 경우, 명확한 경우를 제외하고 치수를 기입하지 않는 부분에 동일 치수인 것을 주기한다.

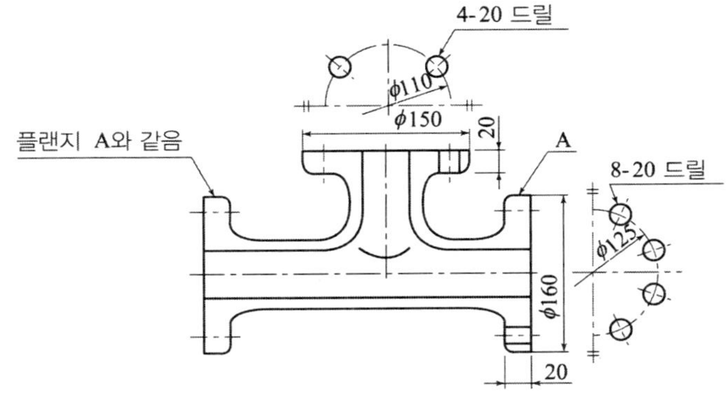

(a) T형 관이음 플랜지 치수기입

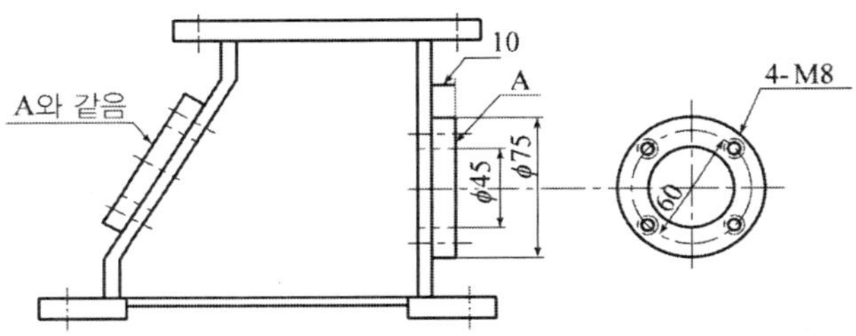

(b) 구조물 동일 플랜지의 치수기입

• 그림 1-146 • 동일 플랜지 2개 이상인 경우 치수기입

⑬ **도형에 비례하지 않는 치수표시**

일부의 도형이 그 치수 수치에 비례하지 않을 때는 [그림 1-147]과 같이 치수 숫자의 아래쪽에 굵은 실선을 긋는다. 다만, 일부를 절단 생략한 때 등, 특히 치수와 도형이 비례하지 않는 것을 표시할 필요가 없는 경우에는 이 선을 생략한다.

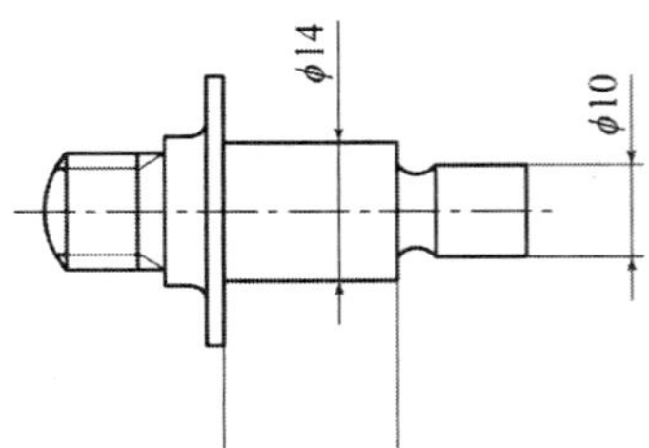

• 그림 1-147 • 도형에 비례하지 않는 치수표시

5 부품 번호 기입방법

(1) 부품 번호 아라비아 숫자 사용

부품 번호는 원칙으로 아라비아 숫자를 사용한다 또, 조립도 속의 부품에 대하여 별도로 제작도가 있는 경우는 부품 번호 대신 그 도면 번호를 기입하여도 좋다.

(2) 부품 번호 순서

① 조립 순서에 따른다.
② 구성 부품의 중요도(부분 조립품, 주요 부품, 작은 부품, 기타 부품의 순서)에 따른다.
③ 기타 근거가 있는 순서에 따른다.

(3) 부품 번호 도면에 기입방법

① 부품 번호는 명확히 구별되는 글자로 쓰거나, 원 속에 글자를 쓴다.
② 부품 번호는 대상으로 하는 도형에 [그림 1-148]과 같이 지시선으로 연결하여 기입한다.
③ 도면을 보기 쉽게 하기 위하여 부품 번호를 세로 또는 가로로 나란히 기입한다.

• 그림 1-148 • 부품 번호 기입방법

6 도면의 변경

도면의 내용을 변경하였을 때는 변경한 곳에 적당한 기호를 부기하고, 변경 전의 도형, 치수 등은 적당히 보존한다. 이 경우, 변경 연월일, 이유 등을 [그림 1-149]와 같이 명기한다.

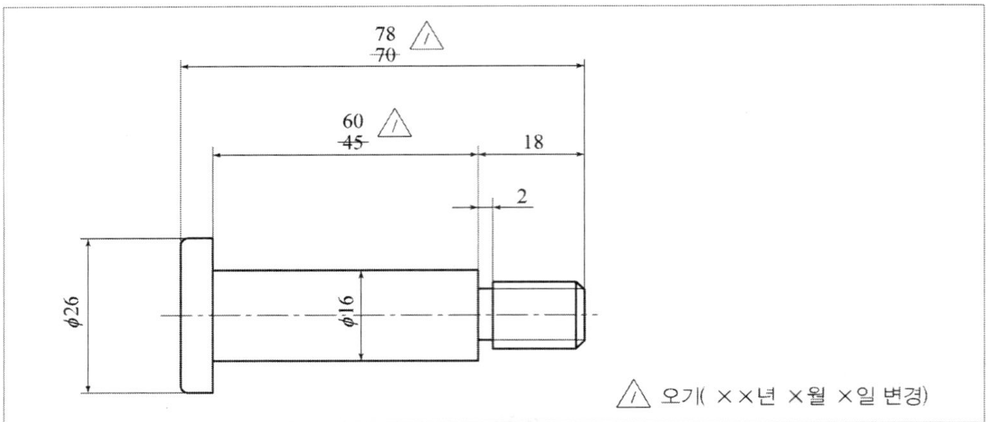

• 그림 1-149 • 도면의 변경

2

C·H·A·P·T·E·R

능력단위 코드 1501020104_14v2

요소 공차 검토

분류번호	1501020104_14v2
능력단위 명칭	요소공차검토
능력단위 정의	요소공차검토란 요소설계에서 요구하는 기능과 성능에 적합한 공차를 적용하고 검토하는 능력이다.

능력단위요소	수행준거
1501020104_14v2.1 요구기능 파악하기	1.1 요구되는 기계요소부품의 종류와 기능, 특성을 파악할 수 있다. 1.2 요소부품에 요구되는 정밀도를 확인하여 공차를 파악할 수 있다. 1.3 적용된 기능에 대해 검토할 수 있다.
	[지식] • 해당 기계요소가 사용되는 기계시스템에 관한 이해 • 설계할 기계요소의 기능과 특성에 관한 지식 • 기계요소 표준부품의 종류 및 기능과 특성에 관한 지식 • 유공압 기계요소의 종류 및 기능과 특성에 관한 지식 • 치공구의 기능과 특성에 관한 지식 • 검사용 게이지의 기능과 특성에 관한 지식 [기술] • 기계 시스템 기능 및 특성 분석 • 유사 사례의 설계방법 [태도] • 자료 요청 및 수집을 위한 세심함 • 정보 수집을 위한 적극적 자세 • 기계시스템을 이해하려는 분석적 태도
1501020104_14v2.2 치수공차 검토하기	2.1 요소부품에 요구되는 치수공차를 적용할 수 있다. 2.2 기능 및 성능을 충족시킬 수 있는 치수공차를 적용할 수 있다. 2.3 적용된 치수공차가 요구되는 기능 및 성능에 적합한지 검토할 수 있다.
	[지식] • KS 및 ISO 규격 등 산업규격의 이해와 활용방법 • 치공구 기능과 성능에 관한 지식 • 기계요소 표준부품의 종류 및 특성에 관한 지식 • 요구되는 기계요소의 기능과 성능, 특징에 관한 지식 • 끼워맞춤공차와 치수공차에 관한 지식 • 기계 가공법에 관한 지식 [기술] • 2D 도면 작성 방법 • 2D CAD 프로그램 활용 능력 • 끼워맞춤 공차와 치수공차 도시 방법 및 적용 방법 [태도] • 자료 요청 및 수집을 위한 세심함 • 정보 수집을 위한 적극적 자세 • 기계시스템을 이해하려는 분석적 태도

능력단위요소	수행준거
1501020104_14v2.3 표면조도 검토하기	3.1 요소부품의 표면 조도를 확인할 수 있다. 3.2 기능 및 성능을 충족시킬 수 있는 표면 조도를 적용할 수 있다. 3.3 적용된 표면 조도가 요구되는 기능 및 성능에 적합한지 검토 할 수 있다.
	[지식] • KS 및 ISO 규격 등 산업규격의 이해와 활용방법 • 치공구 기능과 성능에 관한 지식 • 기계요소 표준부품의 종류 및 특성에 관한 지식 • 설계할 기계요소의 기능과 성능, 특징에 관한 지식 • 가공공차에 관한 지식 • 기계 가공법에 관한 지식 [기술] • 2D 도면 작성 방법 • 2D CAD 프로그램 활용 능력 • 다듬질공차 도시 방법과 적용 기술 [태도] • 자료 요청 및 수집을 위한 세심함 • 정보 수집을 위한 적극적 자세 • 기계시스템을 이해하려는 분석적 태도
1501020104_14v2.4 기하공차 검토하기	4.1 요소부품에 기하공차를 적용할 수 있다. 4.2 기능 및 성능을 충족시킬 수 있는 필요한 기하공차를 적용할 수 있다. 4.3 적용된 기하공차가 요구되는 기능 및 성능에 적합한지 검토할 수 있다.
	[지식] • KS 및 ISO 규격 등 산업규격의 이해와 활용방법 • 치공구 기능과 성능에 관한 지식 • 기계요소 표준부품의 종류 및 특성에 관한 지식 • 설계할 기계요소의 기능과 성능, 특징에 관한 지식 • 기계 가공법에 관한 지식 • 결합부품의 상호간의 기능 및 성능, 특징에 관한 지식 • 부품 상호운동에 관한 지식 • 기하공차의 종류와 기호에 관한 지식 • 데이텀(Datum)에 관한 지식 [기술] • 2D 도면 작성 방법 • 2D CAD 프로그램 활용 능력 • 기하공차 도시 방법 및 적용 기술 [태도] • 자료 요청 및 수집을 위한 세심함 • 정보 수집을 위한 적극적 자세 • 기계시스템을 이해하려는 분석적 태도

◎ 적용범위 및 작업상황 ◎

[고려사항]

- 이 능력단위는 설계하는 기계요소에 공차를 적용, 검토하는 업무에 적용한다.
- 기계요소표준부품이란 기계를 구성하고 있는 단위부품으로 결합용요소, 전동요소, 축계요소, 운동용 요소와 관용요소 등을 말한다.
- 도면의 작성은 KS 및 ISO 등의 규격에 따라 작성되어야 한다.
- 유공압기계요소란 유공압시스템을 구성하고 있는 부품으로 유공압실린더, 유공압유닛, 유공압밸브, 유공압 부품 등을 말한다.
- 치공구기계요소란 지그(Jig)와 고정구(Fixture)를 구성하고 있는 부품 등을 말한다.
- 게이지기계요소란 치수(두께, 직경 등), 각도 등을 측정하기 위해 만들어진 게이지의 부품을 말한다.

◎ 평가지침 ◎

[평가방법]

- 평가자는 능력단위 요소공차검토의 수행준거에 제시되어 있는 내용을 평가하기 위해 이론과 실기를 나누어 평가하거나 종합적인 결과물의 평가 등 다양한 평가 방법을 사용할 수 있다.
- 피 평가자의 과정평가 및 결과평가 방법

평가방법	평가유형	
	과정평가	결과평가
A. 포트폴리오	✔	✔
B. 문제해결 시나리오	✔	✔
C. 서술형시험		
D. 논술형시험		
E. 사례연구	✔	✔
F. 평가자 질문	✔	✔
G. 평가자 체크리스트	✔	✔
H. 피평가자 체크리스트		
I. 일지/저널		
J. 역할연기		
K. 구두발표	✔	✔
L. 작업장평가		
M. 기타		

[평가시 고려사항]

- 수행준거에 제시되어 있는 내용을 성공적으로 수행할 수 있는지를 평가해야 한다.
- 평가자는 다음 사항을 평가해야 한다.
  - 요구되는 기계요소 표준 부품에 공차를 적용하고 표기하는 능력
  - 끼워맞춤에 공차를 적용하고 표기하는 능력
  - 기하공차에 공차를 적용하고 표기하는 능력
  - 표면 거칠기에 공차를 적용하고 표기하는 능력

요소 공차 검토

능력단위 요소	요소 공차 검토 요구기능 파악하기	1501020104_14v2.1

수행 준거	
1.1	요구되는 기계요소부품의 종류와 기능, 특성을 파악할 수 있다.
1.2	요소부품에 요구되는 정밀도를 확인하여 공차를 파악할 수 있다.
1.3	적용된 기능에 대해 검토할 수 있다.

1 기초 지식

1 치수 공차

기계도면에 기입되는 치수는 제품의 가공 후 완성된 치수를 표기한 것이다. 그러나 실제로 기계부품을 가공할 때 도면에 기입된 완성 치수대로 오차 없이 가공하기는 힘들기 때문에 기계부품의 용도와 경제성 등을 고려하여 알맞은 가공정도 및 공차를 정해주는 것은 다른 부품과의 조립에 있어 매우 중요하다.

(1) 용어 설명

① 형체
치수 공차 방식·끼워 맞춤방식의 대상이 되는 기계부품의 부분

② 내측 형체
대상물의 내측을 형성하는 형체

③ 외측 형체
대상물의 외측을 형성하는 형체

④ 구멍

주로 원통형의 내측 형체를 말하나, 원형 단면이 아닌 내측 형체도 포함한다.

⑤ 축

주로 원통형의 외측 형체를 말하나, 원형 단면이 아닌 외측 형체도 포함한다.

⑥ 치수

형체의 크기를 나타내는 양, 보기를 들면, 축·구멍의 지름을 말하고, 일반적으로 mm를 단위로 나타낸다.

⑦ 실 치수

형체의 실측 치수

⑧ 허용한계 치수

형체의 실 치수가 그 사이에 들어가도록 정한, 허용할 수 있는 대소 2개의 극한 치수, 즉, [그림 2-1]과 같이 최대허용치수 및 최소허용치수이다.

⑨ 최대 허용치수

[그림 2-1]과 같이 형체에 허용되는 최대 치수

⑩ 최소 허용치수

[그림 2-1]과 같이 형체에 허용되는 최소 치수

⑪ 기준치수

위 치수 허용차 및 아래 치수 허용차를 적용하는데 따라 허용한계 치수가 주어지는 기준이 되는 치수, [그림 2-1] 및 [그림 2-2]와 같이 기준치수를 나타낸다.

⑫ 치수 차

치수(실 치수, 허용 한계치수 등)와 대응하는 기준 치수와의 대수차
즉, (치수) -(기준치수)

⑬ 치수 공차 방식

표준화된 치수 공차와 치수허용차의 방식

⑭ 위 치수 허용차

[그림 2-1, 2-2]와 같이 최대 허용 치수와 대응하는 기준 치수와의 대수차
즉, (최대허용치수) -(기준치수)

⑮ 아래 치수 허용차

[그림 2-1, 2-2]와 같이 최소 허용치수와 대응하는 기준 치수와의 대수차
즉, (최소허용치수) -(기준치수)

기준 치수보다 허용 한계치수가 클 때에는 치수 허용차의 수치에 (+) 부호를, 작을 때에는 (-) 부호를 붙여서 나타낸다.

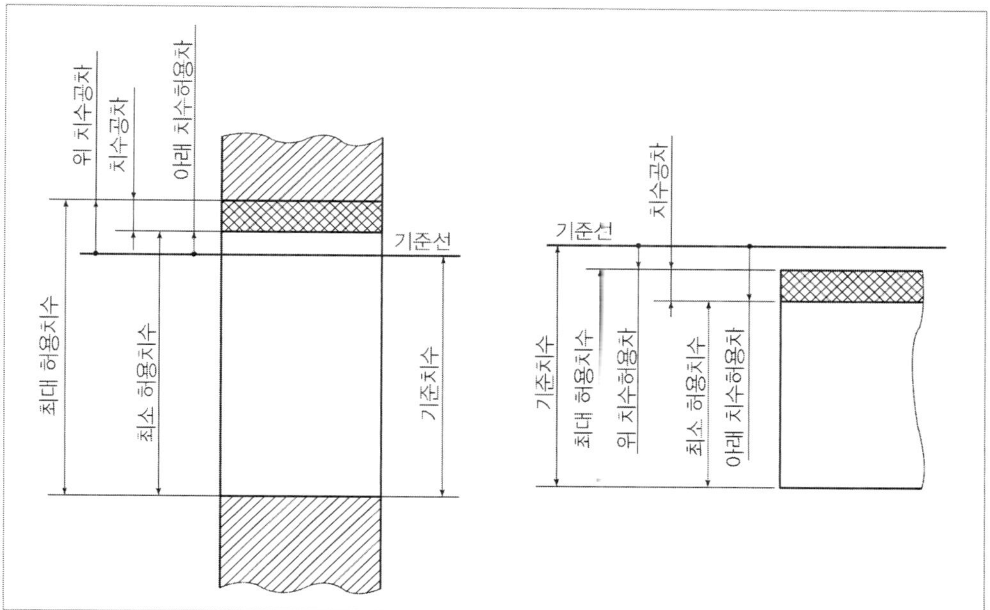

• 그림 2-1 • 끼워맞춤 용어 설명

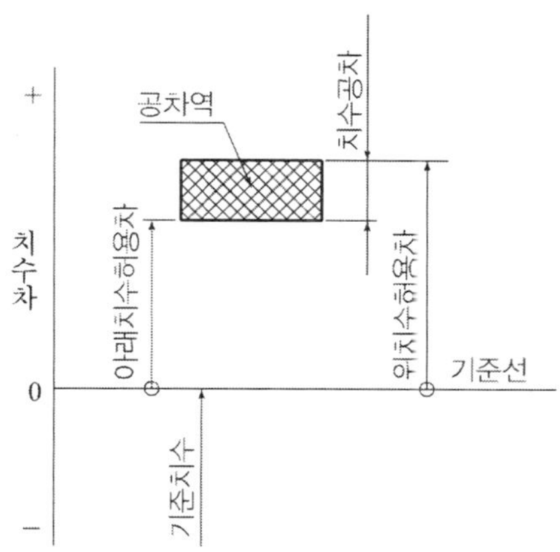

비고 : 이 그림은 공차역·치수 허용차·기준선의 상호 관계만을 나타내기 위해 간단화한 것이다. 이와 같은 간단화된 그림에서는 기준선은 수평으로 하고 정(+)의 치수 허용차는 그 위쪽에, 부(−)의 치수 허용차는 그 아래쪽에 나타낸다.

• 그림 2-2 • 치수허용차와 기준선의 관계

⑯ 치수 공차

최대 허용치수와 최소 허용 치수와의 차, 즉 [그림 2-1, 2-2]에서와 같이 위 치수 허용차와 아래 치수 허용차와의 차

⑰ 기준선

허용 한계치수 또는 끼워 맞춤을 도시할 때는 기준 치수를 나타내고, [그림 2-1, 2-2]에서와 같이 치수 허용차의 기준이 되는 직선

⑱ 기초가 되는 치수허용차

기준선에 대한 공차역의 위치를 결정하는 치수 허용차, 위 치수 허용차 및 아래 치수 허용차의 어느 쪽이고, 보통은 기준선에 가까운 쪽의 치수 허용차

⑲ 기본 공차

치수 공차 방식·끼워 맞춤 방식에 속하는 전체의 치수공차, 기본공차는 기호 IT로 나타낸다.

⑳ 공차 등급

치수공차 방식·끼워 맞춤 방식으로 전체의 기준 치수에 대하여 동일 수준에 속하는 치수차로 예를 들면 IT7과 같이, 기호 IT에 등급을 나타내는 숫자를 붙여서 나타낸다.

㉑ 공차역

치수 공차를 도시하였을 때, [그림 2-2]와 같이 치수 공차의 크기와 기준선에 대한 그 위치에 따라 결정하는 최대 허용 치수와 최소 허용 치수를 나타내는 2개의 직선 사이의 영역

㉒ 공차역 클래스

공차역의 위치와 공차 등급의 조합

㉓ 공차 단위

기본 공차의 산출에 사용하는 기준 치수의 함수로 나타낸 단위

㉔ 최대 실체 치수

형체의 실체가 최대가 되는 쪽의 허용 한계치수. 즉, 내측 형체에 대해서는 최소 허용치수, 외측 형체에 대해서는 최대 허용치수

㉕ 최소 실체 치수

형체의 실체가 최소가 되는 쪽의 허용 한계치수. 즉, 내측 형체에 대해서는 최대 허용치수, 외측 형체에 대해서는 최소 허용치수

㉖ 끼워 맞춤

구멍·축의 조립전 치수의 차이에서 생기는 관계

㉗ **틈새**

[그림 2-3]과 같이 구멍의 치수가 축의 치수보다 큰 때의 구멍과 축과의 치수의 차

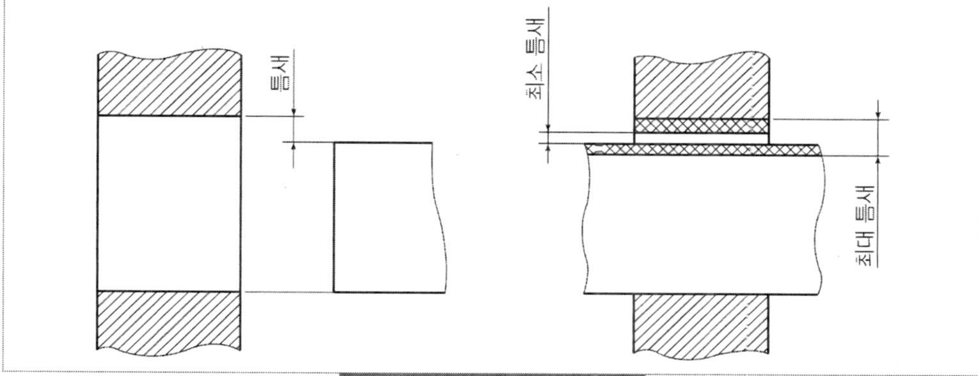

• 그림 2-3 • 틈새 용어 설명

㉘ **최소 틈새**

[그림 2-3]과 같이 헐거운 끼워 맞춤에서 구멍의 최소 허용 치수와 축의 최대 허용 치수와의 차, 또는 구멍의 아래 치수 허용차와 축의 위 치수 허용차와의 차

㉙ **최대 틈새**

헐거운 끼워 맞춤 또는 중간 끼워 맞춤에서 구멍의 최대 허용 치수와 축의 최소 허용 치수와의 차 또는 [그림 2-3, 2-4]와 같이 구멍의 위 치수허용차와 축의 아래 치수허용차와의 차

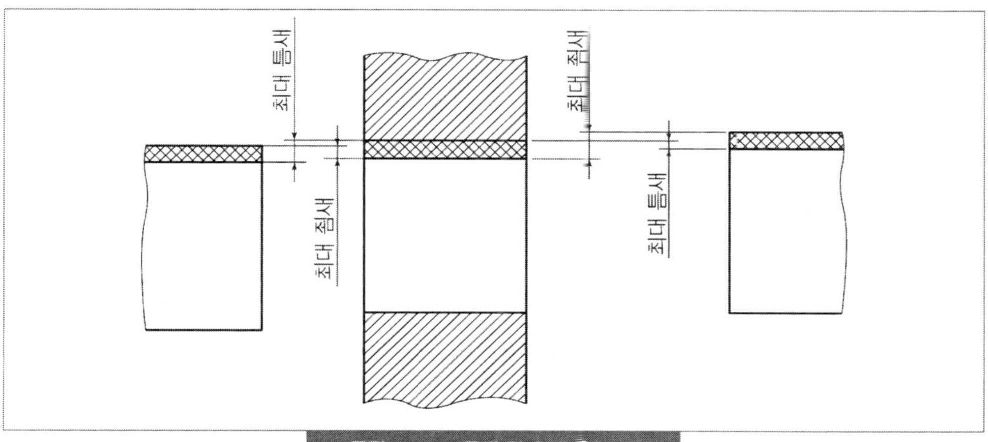

• 그림 2-4 • 틈새 및 죔새 용어 설명

㉚ **죔새**

[그림 2-5(a)]와 같이 구멍의 치수가 축의 치수보다 작을 때, 조립전의 구멍과 축의 치수 차

㉛ **최소 죔새**

[그림 2-5(b)]와 같이 억지 끼워 맞춤에서 조립 전의 구멍의 최대 허용치수와 축의 최소 허용치수와의 차

㉜ **최대 죔새**

[그림 2-4, 2-5(b)]와 같이 억지 끼워 맞춤 또는 중간 끼워 맞춤에서 조립전 구멍의 최소 허용치수와 축의 최대 허용치수와의 차

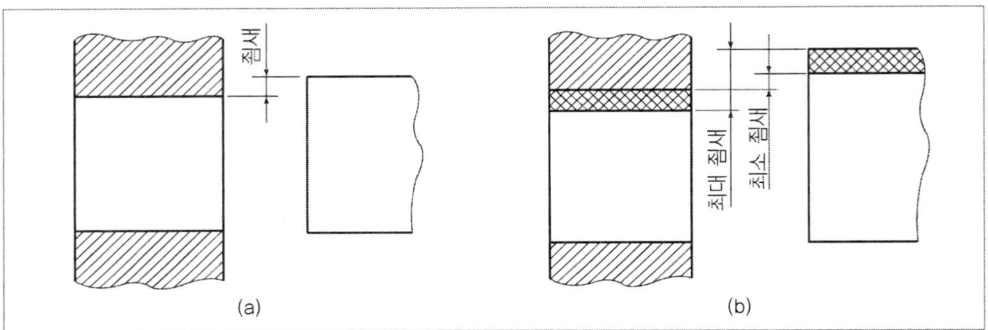

• 그림 2-5 • 죔새 용어 설명

㉝ **헐거운 끼워 맞춤**

[그림 2-6(a)]와 같이 조립하였을 때, 항상 틈새가 생기는 끼워 맞춤. 즉, 도시된 경우에 구멍의 공차역이 완전히 축의 공차역의 위쪽에 있는 끼워 맞춤

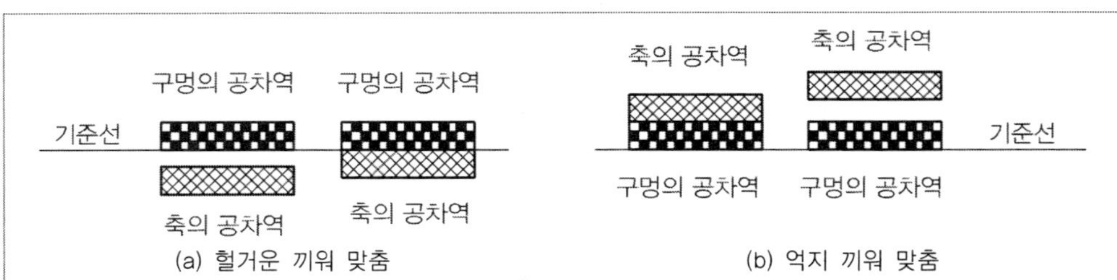

• 그림 2-6 • 끼워 맞춤 용어 설명

㉞ 억지 끼워 맞춤

[그림 2-6(b)]와 같이 조립하였을 때, 항상 죔새가 생기는 끼워 맞춤. 즉, 도시된 경우에 구멍의 공차역이 완전히 축의 공차역의 아래쪽에 있는 끼워 맞춤

㉟ 중간 끼워 맞춤

조립하였을 때, 구멍·축의 실 치수에 따라 틈새 또는 죔새의 어느 것이나 되는 끼워 맞춤. [그림 2-7]과 같이 구멍·축의 공차역이 완전히 또는 부분적으로 겹치는 끼워 맞춤

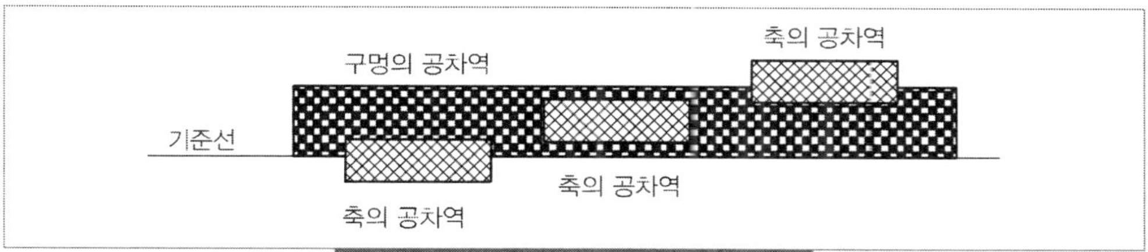

• 그림 2-7 • 중간 끼워 맞춤 용어 설명

㊱ 끼워 맞춤의 변동량

조립하는 구멍·축의 치수 공차의 대수합

㊲ 끼워 맞춤 방식

어떤 치수공차 방식에 속하는 구멍·축에 따라 구성되는 끼워 맞춤의 방식

㊳ 구멍 기준 끼워 맞춤

[그림 2-8(a)]와 같이 여러 개의 공차역 클래스의 축과 1개의 공차역 클래스의 구멍을 조립하는 데에 따라 필요한 틈새 또는 죔새를 주는 끼워 맞춤 방식으로 이 표준에서는 구멍의 최소 허용 치수가 기준 치수와 같다. 즉, 구멍의 아래치수 허용차가 "0"인 끼워 맞춤 방식

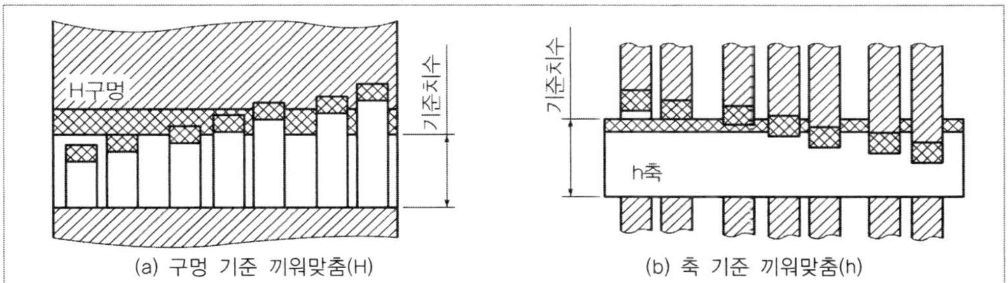

(a) 구멍 기준 끼워맞춤(H) (b) 축 기준 끼워맞춤(h)

• 그림 2-8 • 끼워 맞춤 방식

㊴ 축 기준 끼워 맞춤

[그림 2-8(b)]와 같이 여러 개의 공차역 클래스의 구멍과 1개의 공차역 클래스의 축을 조립하는데 따라 필요한 틈새 또는 죔새를 주는 끼워 맞춤 방식. 이 표준에서는 축의 최대 허용 치수가 기준 치수와 같다. 즉, 축의 위 치수 허용차가 "0"인 끼워 맞춤 방식

㊵ 기준 구멍

구멍 기준 끼워 맞춤에서 기준으로 선택한 구멍. 이 표준에서는 아래 치수 허용차가 "0"인 구멍

㊶ 기준 축

축 기준 끼워 맞춤에서 기준으로 선택한 축. 이 표준에서는 위 치수 허용차가 "0"인 축

(2) 온도 조건

이 규격에 규정하는 치수는 온도 20℃일 때의 것으로 한다.

(3) 기호와 표시

① 공차등급·공차역 클래스의 기호

공차의 등급은 보기를 들면 "IT7"과 같이 기호 IT에 등급을 나타내는 숫자를 붙여서 나타낸다.

② 공차역의 위치

구멍의 공차역의 위치는 [그림 2-9]와 같이 A부터 ZC까지의 대문자 기호로 나타내며, 축의 공차역의 위치는 a부터 zc까지의 소문자 기호로 나타낸다. 다만, 혼동을 피하기 위하여 I, L, O, Q, W, i, l, o, q, w등의 문자는 사용하지 않는다.

③ 공차역 클래스

공차역 클래스는 공차역 위치의 기호에 공차 등급을 나타내는 숫자를 계속하여 표시한다.(예 구멍의 경우 H7, G6 등, 축의 경우 h7, g6 등)

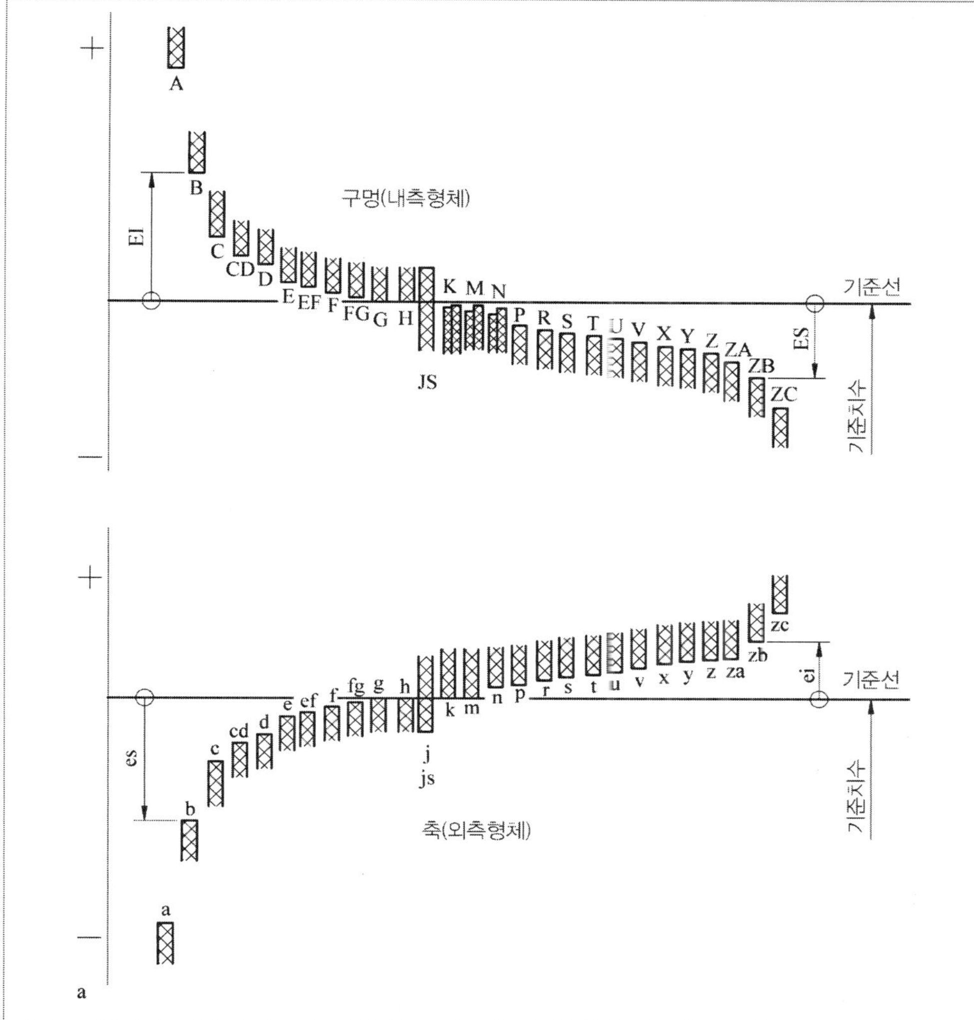

비고 : 일반적으로 기초가 되는 치수 허용차는 기준선에 가까운 쪽의 허용 한계 치수를 규정하고 있는 치수 허용차이다.

• 그림 2-9 • 공차역의 위치

④ **치수 허용차**

㉠ 위 치수 허용차 : 구멍의 위 치수 허용차는 기호 ES에 따라, 축의 위 치수 허용차는 기호 es에 따라 표시한다.

㉡ 아래 치수 허용차 : 구멍의 아래 치수 허용차는 기호 EI에 따라, 축의 아래 치수 허용차는 기호 ei에 따라 표시한다.

(4) 치수 허용한계의 표시

치수의 허용한계는 공차역 클래스의 기호(이하 치수공차 기호라 한다) 또는 치수 허용차의 값을 기준 치수에 계속하여 표시한다.

[보기] 32H7 80js 15 100g6 100

[보기] 99.988
99.966

치수의 허용 한계를 허용 한계치수에 따라 나타내는 수가 있다. 이 경우 최대 허용치수를 위의 위치에 최소 허용치수를 아래의 위치에 겹쳐서 표시한다.

(5) 끼워맞춤의 표시

끼워 맞춤은 구멍·축의 공통 기준 치수에 구멍의 치수 공차 기호와 축의 치수공차 기호를 계속하여 표시한다.

[보기] 52H7/g6 52H7-g6 또는 $52\frac{H7}{g6}$

(6) 기준 치수의 구분

기본 공차와 기초가 되는 치수 허용차는 각각의 기준 치수에 대해 개별로 계산하는 것이 아니고, 기준 치수의 구분마다 그 구분을 구분하는 2개의 치수 D_1 및 D_2의 기하 평균 D로부터 계산한다.

$$D = \sqrt{D_1 \times D_2}$$

최초의 기준치수의 구분(3mm 이하)의 D는 1mm와 3mm의 기하평균 , 즉 1.732mm로 한다.

(7) IT 기본 공차(ISO fundamental tolerance)

기본 공차는 기준 치수의 구분에 따라 IT01 ~ IT18까지 20등급이 있다. [표 2-1]은 IT 기본공차의 적용 예를 나타낸다.

표 2-1 IT 기본공차의 적용 예

구분	초정밀 그룹	정밀 그룹	일반 그룹
	게이지제작 공차 또는 이에 준하는 제품	기계가공품 등의 끼워 맞춤 부분의 공차	일반 공차로 끼워 맞춤과 무관한 부분공차
구멍	IT1~IT5	IT6~IT10	IT11~IT18
축	IT1~IT4	IT5~IT9	IT10~IT18
가공 방법	래핑, 호닝, 초정밀 연삭	연삭, 리밍, 정밀선삭, 인발, 밀링, 세이퍼 가공	압연, 압출, 프레스, 단조, 주조
공차 범위	0.001mm	0.01mm	0.1mm

[표 2-2]의 IT 기본공차의 수치표에서 공차등급 IT01, IT0은 정밀도가 높아 적용하지 않고, IT1 ~ IT18 등급이 사용되고 있다.

표 2-2 IT 기본공차의 수치

기준치수의 구분(mm)		공차등급(IT)																			
		01	0	1	2	3	4	5	6	7	8	9	10	11	12	13	14	15	16	17	18
초과	이하	기본 공차의 수치(μm)													기본 공차의 수치(mm)						
–	3	0.3	0.5	0.8	1.2	2	3	4	6	10	14	25	40	60	0.10	0.14	0.26	0.40	0.60	1.00	1.40
3	6	0.4	0.6	1	1.5	2.5	4	5	8	12	18	30	48	75	0.12	0.18	0.30	0.48	0.75	1.20	1.80
6	10	0.4	0.6	1	1.5	2.5	4	6	9	15	22	36	58	90	0.15	0.22	0.36	0.58	0.90	1.50	2.20
10	18	0.5	0.8	1.2	2	3	5	8	11	18	27	43	70	110	0.18	0.27	0.43	0.70	1.10	1.80	2.70
18	30	0.6	1	1.5	2.5	4	6	9	13	21	33	52	84	130	0.21	0.33	0.52	0.84	1.30	2.10	3.30
30	50	0.6	1	1.5	2.5	4	7	11	16	25	39	62	100	160	0.25	0.39	0.62	1.00	1.60	2.50	3.90
50	80	0.8	1.2	2	3	5	8	13	19	30	46	74	120	190	0.30	0.46	0.74	1.20	1.90	3.00	4.60
80	120	1	1.5	2.5	4	6	10	15	22	35	54	87	140	220	0.35	0.54	0.87	1.40	2.20	3.50	5.40
120	180	1.2	2	3.5	5	8	12	18	25	40	63	100	160	250	0.40	0.63	1.00	1.60	2.50	4.00	6.30
180	250	2	3	4.5	7	10	14	20	29	46	72	115	185	290	0.46	0.72	1.15	1.85	2.90	4.60	7.20
250	315	2.5	4	6	8	12	16	23	32	52	81	130	210	320	0.52	0.81	1.30	2.10	3.20	5.20	8.10
315	400	3	5	7	9	13	18	25	36	57	89	140	230	360	0.57	0.89	1.40	2.30	3.60	5.70	8.90
400	500	4	6	8	10	15	20	27	40	63	97	155	250	400	0.63	0.97	1.55	2.50	4.00	6.30	9.70

주 : 공차등급 IT14 ~ IT18은 기준차수 1mm 이하에는 적용하지 않는다.

(8) 기초가 되는 치수허용차

① 축의 기초가 되는 치수 허용차

js축을 제외한 축의 기초가 되는 위 치수 허용차 es와 아래 치수 허용차 ei는 [그림 2-11]에 나타낸 바와 같이 기초가 되는 치수 허용차와 기본 공차 IT에서 정한다.

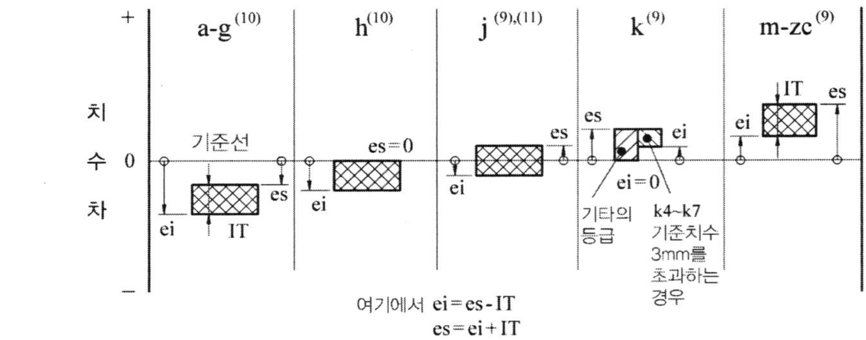

주 (9) 기초가 되는 치수 허용차는 아래 치수 허용차(ei)이다.
(10) 기초가 되는 치수 허용차는 위 치수 허용차(es)이다.
(11) 상하 대칭과 같이 표시되어 있지만 공차 등급과 기준 치수에 따라서는 비대칭이 된다.

• 그림 2-10 • 축의 기초가 되는 치수 허용차

② 구멍의 기초가 되는 치수 허용차

JS구멍을 제외한 구멍의 기초가 되는 위 치수 허용차 ES와 아래 치수 허용차 EI는 [그림 2-11]에 나타낸 바와 같이 기초가 되는 치수 허용차와 기본 공차 IT에서 정한다.

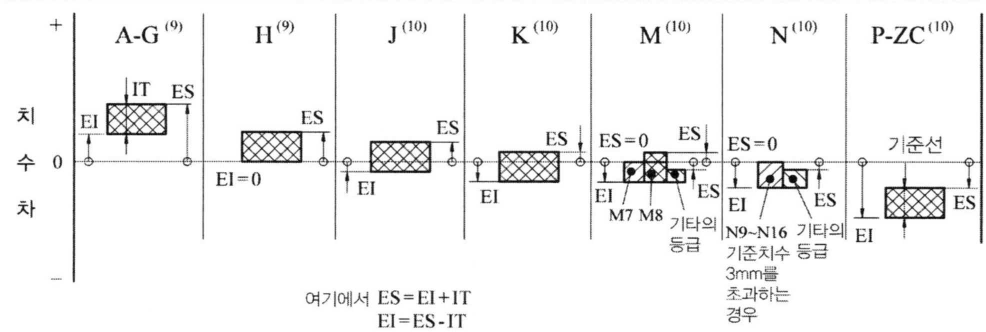

주 (9) 기초가 되는 치수 허용차는 아래 치수 허용차(EI)이다.
(10) 기초가 되는 치수 허용차는 위 치수 허용차(ES)이다.

• 그림 2-11 • 구멍의 기초가 되는 치수 허용차

③ JS구멍·js축의 기초가 되는 치수 허용차

[그림 2-12]에서와 같이 JS구멍 및 js축의 경우, 기본 공차는 기준선에 관하여 대칭으로 나눈다.

즉, JS 구멍의 경우 $|ES| = |EI| = \frac{IT}{2}$

js 축의 경우 $|es| = |ei| = \frac{IT}{2}$

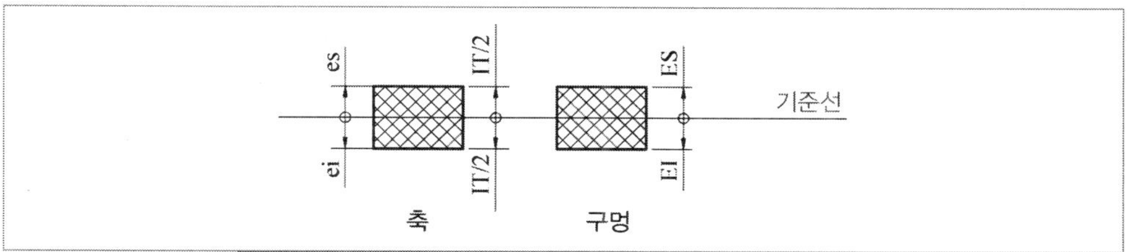

• 그림 2-12 • JS구멍·js축의 기초가 되는 치수 허용차

(9) 기본 공차 수치의 계산

① 공차등급 IT01, IT0 및 IT1에서 기준 치수가 500mm 이하인 경우

㉠ [표 2-3]은 공차 등급 IT01, IT0 및 IT1에 대한 기준 치수 500mm 이하에서 기본 공차의 계산공식이다.

표 2-3 공차등급 IT01, IT0 및 IT1에서 기본공차 계산공식 (기준 치수가 500mm 이하인 경우)

공차 등급	IT01	T0	IT1
수치(μm)	0.3+0.008D	0.5+0.012D	0.8+0.020D

비고 : D는 각 치수의 구분을 구별하는 2개의 치수(mm)의 기하 평균이다.

㉡ 공차 등급 IT2~IT4에 대한 기본 공차의 계산공식 : 공차 등급 IT2, IT3 및 IT4에 대하여는 기본 공차의 계산 공식이 없다. 이들의 등급에 대한 기본공차의 수치는 공차 등급 IT1과 IT5에 대한 수치를 같은 비율로 분할한 것이다.

㉢ 공차 등급 IT5~IT18에 대한 기본 공차의 계산공식 : 공차 등급 IT5~IT18에 기본 공차의 수치는 공차단위 i를 사용하고 [표 2-4]의 공식에 따라 계산한다.

μm 단위에서의 공차 단위 i는 다음 식에 따라 계산한다.

$$i = 0.45\sqrt[3]{D} + 0.001D$$

D는 mm단위에서의 기준 치수 구분의 기하 평균이다.

표 2-4 기본 공차의 계산 공식(공차등급 IT1 ~ IT18)

기준 치수	공차 등급 IT																	
	1	2	3	4	5	6	7	8	9	10	11	12	13	14	15	16	17	18
	기본 공차(단위 : μm)의 계산 공식																	
500mm 이하	※	※※	※※	※※	7i	10i	16i	25i	40i	64i	100i	160i	250i	400i	640i	1000i	1600i	2500i
500mm ~ 3150mm	2I	2.7I	3.7I	5I	7I	10I	16I	25I	40I	64I	100I	160I	250I	400I	640I	1000I	1600I	2500I

② **기준 치수가 500mm를 초과 3150mm 이하인 경우**

공차 등급 IT1~IT18에 기본 공차의 수치는 공차단위 I를 사용하고 [표 2-4]의 공식에 따라 계산한다.

μm 단위에서의 공차 단위 I는 다음 식에 따라 계산한다.

$I = 0.004D + 2.1$

D는 mm단위에서의 기준 치수 구분의 기하 평균이다.

(10) 치수허용차

치수허용차는 기초가 되는 허용차와 IT 기본 공차를 사용하여 다음의 식에서 구한다.

① **기초가 되는 치수허용차가 위 치수허용차인 경우**

㉠ 위 치수허용차 = 기초가 되는 치수허용차

㉡ 아래 치수허용차 = 위 치수허용차 - IT 기본 공차

[예] 70 f7의 공차 계산

① 70 IT7의 공차 값은 [표 2-2]에서 0.030

② 70 f7의 기초가 되는 치수허용차는 [표 2-5]에서 위 치수허용차 −0.030

③ 아래 치수허용차 = −0.030 − 0.030 = −0.060

② 기초가 되는 치수허용차가 아래 치수허용차인 경우

㉠ 아래 치수허용차 = 기초가 되는 치수허용차

㉡ 위 치수허용차 = 아래 치수허용차+IT 기본 공차

> **[예] 70 G7의 공차 계산**
> ① 70 IT7의 공차 값은 [표 2-2]에서 0.030
> ② 70 G7의 기초가 되는 치수허용차는 [표 2-6]에서 아래 치수허용차+0.010
> ③ 위 치수허용차 = 0.010+0.030 = +0.040

③ 기초가 되는 치수허용차가 0인 경우(H구멍 및 h축)

㉠ 구멍 : 아래 치수허용차 = 기초가 되는 치수허용차 = 0
위 치수허용차 = 0+IT 공차의 값

㉡ 축 : 위 치수허용차 = 기초가 되는 치수허용차 = 0
아래 치수허용차 = 0 - IT 공차의 값

> **[예] ∅70 H7/h7의 치수허용차**
> ① 70 H7의 기초가 되는 치수허용차는 [표 2-6]에서 아래 치수허용차 0이므로 구멍 위 치수허용차 = 0+0.030(IT 공차의 값) = +0.030
> ② 70 h7의 기초가 되는 치수허용차는 [표 2-5]에서 위 치수허용차 0이므로 축 아래 치수허용차 = 0−0.030(IT 공차의 값) = −0.030

표 2-5 축의 치수허용차

(단위 : μm)

기준치수 구분(mm) 초과	이하	b9	c9	d8	d9	e7	e8	e9	g6	g7	g8	g5	g6	h5	h6	h7	h8
		축의 공차범위 클래스															
-	3	-140	-60	-20	-20	-14	14	-14	-6	-6	-6	-2	-2	0	0	0	0
		-165	-85	-34	-45	-24	-24	-39	-12	-16	-20	-6	-8	-4	-6	-10	-14
3	6	-140	-70	-30	-30	-20	-20	-20	-10	-10	-10	-4	-4	0	0	0	0
		-170	-100	-48	-60	-32	-32	-50	-18	-22	-22	-9	-12	-5	-8	-12	-18
6	10	-150	-80	-40	-40	-25	-25	-25	-13	-13	-13	-5	-5	0	0	0	0
		-186	-116	-62	-76	-40	-40	-61	-22	-28	-28	-11	-14	-6	-9	-15	-22
10	14	-150	-95	-50	-50	-32	-32	-32	-16	-16	-16	-6	-6	0	0	0	0
14	18	-193	-138	-77	-93	-50	-59	-75	-27	-34	-43	-14	-17	-8	-11	-18	-24
18	24	-160	-110	-65	-65	-40	-40	-40	-20	-20	-20	-7	-7	0	0	0	0
24	30	-212	-162	-98	-117	-61	-73	-92	-33	-41	-53	-16	-20	-9	-13	-21	-33
30	40	-170	-120														
		-232	-182	-80	-80	-50	-50	-50	-25	-25	-25	-9	-9	0	0	0	0
40	50	-180	-130	-119	-142	-75	-89	-112	-41	-50	-64	-20	-25	-11	-16	-25	-39
		-242	-192														
50	65	-190	-140														
		-264	-214	-100	-100	-60	-60	-60	-30	-30	-30	-10	-10	0	0	0	0
65	80	-200	-150	-146	-174	-90	-106	-134	-49	-60	-76	-23	-29	-13	-19	-30	-46
		-274	-224														
80	100	-220	-170														
		-307	-257	-120	-120	-72	-72	-72	-36	-36	-36	-12	-12	0	0	0	0
100	120	-240	-180	-174	-207	-107	-126	-159	-58	-71	-90	-27	-34	-15	-22	-35	-54
		-327	-267														
120	140	-260	-200														
		-360	-300														
140	160	-280	-210	-145	-145	-85	-85	-85	-43	-43	-43	-14	-14	0	0	0	0
		-380	-310	-208	-245	-125	-148	-185	-68	-83	-106	-32	-39	-18	-25	-40	-63
160	180	-310	-230														
		-410	-330														
180	200	-340	-240														
		-455	-355														
200	225	-380	-260	-170	-170	-100	-100	-100	-50	-50	-50	-15	-15	0	0	0	0
		-425	-375	-242	-285	-146	-172	-215	-79	-96	-122	-35	-44	-20	-29	-46	-72
225	250	-420	-280														
		-535	-395														
250	280	-480	-300														
		-610	-430	-190	-190	-110	-110	-110	-56	-56	-56	-17	-17	0	0	0	0
280	315	-540	-330	-271	-320	-162	-191	-240	-88	-108	-137	-40	-49	-23	-32	-52	-81
		-670	-460														
315	355	-600	-360														
		-740	-500	-210	-210	-125	-125	-125	-62	-62	-62	-18	-8	0	0	0	0
355	400	-680	-400	-299	-350	182	214	265	-98	-119	-151	43	-54	-25	-36	-57	-89
		-820	-540														
400	450	-760	-440														
		-915	-595	-230	-230	-135	-135	-135	-68	-68	-68	-20	-20	0	0	0	0
450	500	-840	-480	-327	-385	-198	-232	-290	-108	-131	-165	-47	-60	-27	-40	-63	-97
		-995	-635														

기준치수 구분(mm)		축의 공차범위 클래스														
초과	이하	h9	js5	js6	js7	k5	k6	m5	m6	n6	p6	r6	s6	t6	u6	x6
–	3	0 −25	±2	±3	±5	+4 0	+6 0	+6 +2	+8 +2	+10 +4	+12 +6	+16 +10	+20 +14	–	+24 +18	+26 +20
3	6	0 −30	±2.5	±4	±6	+6 +1	+9 +1	+9 +4	+12 +4	+16 +8	+20 +12	+23 +15	+27 +19	–	+31 +23	+36 +28
6	10	0 −36	±3	±4.5	±7	+7 +1	+10 +1	+12 +6	+15 +6	+19 +10	+24 +15	+28 +19	+32 +23	–	+37 +28	+43 +34
10	14	0 −43	±4	±5.5	±9	+9 +1	+12 +1	+15 +7	+18 +7	+23 +12	+29 +18	+34 +23	+39 +28	–	+44 +43	+51 +40
14	18															0 −52
18	24	0 −52	±4.5	±6.5	±10	+11 +2	+15 +2	+17 +8	+21 +8	+28 +15	+35 +22	+41 +28	+48 +35	–	+54 +41	+67 +54
24	30													0 −74	+61 +48	+77 +64
30	40	0 −62	±5.5	±8	±12	+13 +2	+18 +2	+20 +9	+25 +9	+33 +17	+42 +26	+50 +34	+59 +43	–	+76 +76	–
40	50													0 −74	+86 +70	
50	65	0 −74	±6.5	±9.5	±15	+15 +2	+21 +2	2+4 +11	+30 +11	+39 +20	+51 +32	+60 +41	+72 +53	+85 +66	+106 +87	–
65	80											0 −100	+78 +59	+94 +75	+121 +102	
80	100	0 −87	±7.5	±11	±17	+18 +3	+25 +3	+28 +13	+35 +13	+45 +23	+59 +37	+73 +51	+93 +71	+113 +91	+146 +124	–
100	120											0 −130	+101 +79	+126 +104	+166 +144	
120	140	0 −100	±9	±12.5	±20	+21 +3	+28 +3	+33 +15	+40 +15	+52 +27	+68 +43	+88 +63	+117 +92	+147 +122	–	–
140	160											+90 +65	+125 +100	+159 +134		
160	180											+93 +68	+133 +108	+171 +146		
180	200	0 −115	±10	±14.5	±23	+24 +4	+33 +4	+37 +17	+46 +17	+60 +31	+79 +50	+106 +77	+151 +122	–	–	–
200	225											+109 +80	+159 +130			
225	250											+113 +81	+169 +140			
250	280	0 −130	±11.5	±16	±26	+27 +4	+36 +4	+43 +20	+52 +20	+66 +34	+88 +56	+126 +94	–	–	–	–
280	315											+130 +98				
315	355	0 −140	±12.5	±18	±28	+29 +4	+40 +4	+46 +21	+57 +21	+73 +37	+98 +62	+144 +108	–	–	–	–
355	400											+150 +111				
400	450	0 −155	±13.5	±20	±31	+32 +5	+45 +5	+50 +23	+63 +23	+80 +40	+108 +68	+160 +126	–	–	–	
450	500											+172 +132				

표 2-6 구멍의 치수허용차

기준치수 구분(mm)		구멍의 공차범위 클래스															
초과	이하	B10	C9	C10	D8	D9	D10	E7	E8	E9	F6	F7	F8	G6	G7	H6	H7
–	3	+180 +140	+85 +60	+100 +60	+34 +20	+45 +20	+60 +20	+24 +14	+28 +14	+39 +14	+12 +6	+16 +6	+20 +6	+8 +2	+12 +2	+6 0	+10 0
3	6	+188 +140	+100 +70	+118 +70	+48 +30	+60 +30	+78 +30	+35 +20	+38 +20	+50 +20	+18 +10	+22 +10	+28 +10	+12 +4	+16 +4	+8 0	+12 0
6	10	+208 +150	+116 +80	+138 +80	+62 +40	+76 +40	+98 +40	+40 +25	+47 +25	+61 +25	+22 +13	+28 +13	+35 +13	+14 +5	+20 +5	+9 0	+15 0
10	14	+220 +150	+138 +95	+165 +95	+77 +50	+93 +50	+120 +50	+50 +32	+59 +32	+75 +32	+27 +16	+34 +16	+43 +16	+17 +6	+24 +6	+11 0	+18 0
14	18																
18	24	+244 +160	+162 +110	+194 +110	+95 +65	+117 +65	+149 +65	+61 +40	+73 +40	+92 +40	+33 +20	+41 +20	+53 +20	+20 +7	+28 +7	+13 0	+21 0
24	30																
30	40	+270 +170	+182 +120	+220 +120	+119 +80	+142 +80	+180 +50	+75 +50	+89 +50	+112 +50	+41 +25	+50 +25	+64 +25	+25 +9	+34 +9	+16 0	+25 0
40	50	+280 +180	+192 +130	+230 +130													
50	65	+310 +190	+214 +140	+260 +140	+146 +146	+174 +100	+220 +146	+90 +60	+106 +60	+134 +60	+49 +30	+60 +30	+76 +30	+29 +10	+40 +10	+19 0	+30 0
65	80	+320 +200	+224 +150	+270 +150													
80	100	+360 +220	+247 +170	+310 +170	+174 +120	+207 +120	+260 +120	+107 +72	+126 +72	+159 +72	+58 +36	+71 +36	+90 +36	+34 +12	+47 +12	+22 0	+35 0
100	120	+380 +240	+267 +180	+320 +180													
120	140	+420 +260	+300 +200	+360 +200	+208 +145	+245 +145	+305 +145	+125 +85	+148 +85	+185 +85	+68 +43	+83 +43	+106 +43	+39 1+4	+54 +14	+25 0	+40 0
140	160	+440 +280	+310 +210	+370 +210													
160	180	+470 +310	+330 +230	+390 +230													
180	200	+525 +340	+355 +240	+425 +240	+242 +170	+285 +170	+355 +170	+146 +100	+172 +100	+215 +100	+79 +50	+96 +50	+122 +50	+44 +15	+61 +15	+29 0	+46 0
200	225	+565 +380	+375 +260	+445 +260													
225	250	+605 +420	+395 +280	+465 +280													
250	280	+690 +480	+430 +300	+510 +300	+271 +190	+320 +190	+400 +190	+162 +110	+191 +110	+240 +110	+88 +56	+108 +56	+137 +56	+49 +17	+69 +17	+32 0	+52 0
280	315	+750 +540	+460 +330	+540 +330													
315	355	+830 +600	+500 +360	+590 +360	+299 +210	+350 +210	+440 +210	+182 +125	+214 +125	+265 +125	+98 +62	+119 +62	+151 +62	+54 +18	+75 +18	+36 0	+57 0
355	400	+910 +680	+540 +400	+630 +400													
400	450	+1010 +760	+595 +440	+690 +440	+327 +230	+385 +230	+480 +135	+198 +135	+232 +135	+290 +68	+108 +68	+165 +68	+165 +20	+60 +20	+83 +20	+40 0	+63 0
450	500	+1090 +840	+635 +480	+730 +480													

기준치수 구분(mm)		구멍의 공차범위 클래스																	
초과	이하	H8	H9	H10	JS6	JS7	K6	K7	M6	M7	N6	N7	P6	P7	R7	S7	T7	U7	X7
–	3	+14 0	+25 0	+40 0	±3	±3	0 −6	0 −10	−2 −8	−2 −12	−4 −10	−4 −14	−6 −12	−6 −16	−10 −20	−14 −24	–	−18 −28	−20 −30
3	6	+18 0	+30 0	+48 0	±4	±6	+2 −6	+3 −9	−1 −9	0 −12	−5 −13	−4 −16	−9 −17	−8 −20	−11 −23	−15 −27	–	−19 −31	−24 −36
6	10	+22 0	36 0	+58 0	±4.5	±7	+2 −7	+5 −10	−3 −12	0 −15	−7 −16	−4 −19	−12 −21	−9 −24	−13 −28	−17 −32	–	−22 −37	−28 −43
10	14	+27 0	+43 0	+70 0	±5.5	±9	+2 −9	+6 −12	−4 −15	0 −18	−9 −20	−5 −23	−15 −26	−11 −29	−16 −34	−21 −39	–	−26 −44	−33 −51
14	18																		−38 −56
18	24	+33 0	+52 0	+84 0	±6.5	±10	+2 −11	+6 −15	−4 −17	0 −21	−11 −24	−7 −28	−18 −31	−14 −35	−20 −41	−27 −48	–	−33 −54	−46 −67
24	30																−33 −54	−40 −61	−56 −77
30	40	+39 0	+62 0	+100 0	±8	±12	+3 −13	+7 −18	−4 −20	0 −25	−12 −28	−8 −33	−21 −37	−17 −42	−25 −50	−34 −59	−39 −64	−51 −76	–
40	50																−45 −70	−61 −86	
50	65	+46 0	+74 0	+120 0	±9.5	±15	+4 −15	+9 −21	−5 −24	0 −30	−14 −33	−9 −39	−26 −45	−21 −51	−30 −60	−42 −72	−55 −85	−76 −106	–
65	80														−32 −62	−48 −78	−64 −94	−91 −121	
80	100	+54 0	+87 0	+140 0	±11	±17	+4 −18	+10 −25	−6 −28	0 −35	−16 −38	−10 −45	−30 −52	−24 −59	−38 −73	−58 −93	−78 −113	−111 −146	–
100	120														−41 −76	−66 −101	−91 −126	−131 −166	
120	140	+63 0	+100 0	+160 0	±12. 5	±20	+4 −21	+12 −28	−8 −33	0 −40	−20 −45	−12 −52	−36 −61	−28 −68	−48 −88	−77 −117	−107 −147	–	–
140	160														−50 −90	−85 −125	−119 −159		
160	180														−53 −93	−93 −133	−131 −171		
180	200	+72 0	+115 0	+185 0	±14. 5	±23	+5 −24	+13 −33	−8 −37	0 46	22 5	14 60	41 70	33 68	−60 −106	−105 −151	–	–	–
200	225														−63 −109	−113 −159			
225	250														−67 −113	−123 −169			
250	280	+81 0	+130 0	+210 0	±16	±26	+5 −27	+16 −36	−9 −41	0 52	25 57	14 66	47 79	36 88	−71 −126	–	–	–	–
280	315														−78 −130				
315	355	+89 0	+140 0	+230 0	±18	±28	+7 −29	+17 −40	−10 −46	0 −57	26 62	16 73	51 87	41 98	−87 −144	–	–	–	–
355	400														−93 −150				
400	450	+97 0	+155 0	+250 0	±20	±31	+8 −32	+18 −45	−10 −50	0 −63	−27 −37	−17 −80	−55 −95	−45 −108	−103 −166	–	–	–	–
450	500														−109 −172				

2 허용한계 치수의 기입 방법

기능상(호환성을 포함)의 필요에 의하여 도면에 기입하는 치수에 치수의 허용한계를 지시하는 경우의 원칙은 다음에 따른다.

① 치수의 허용한계는 잘못 읽는 일이 없도록 명료하게 뚜렷이 써서 지시한다.
② 치수의 허용한계는 다음의 어느 한 가지에 따라 지시한다.
③ 치수의 허용한계는 특별한 지시가 없는 한 모양, 자세 또는 위치의 기하 편차를 규제하지 않는다. 그러나 기하편차를 규제 할 때에는 기하공차의 도시방법에 규정(KS B 0608)하는 방법으로 기하공차를 지정한다.
④ 치수의 허용한계와 기하공차 사이에 관련이 있는 경우에는 그것을 기호에 의하여 도시한다.

(1) 길이 치수의 허용한계 기입 방법

1) 치수의 허용한계를 수치에 의하여 지시하는 경우

허용편차를 표시하는 공차 등급과 숫자의 기호는 [그림 2-13]과 같이 기본 치수와 같은 서체 높이로 기입하여야 한다. 또한 기본 치수의 서체 높이보다 약간 작은 크기의 높이로 하여도 되나 2.5mm보다 커야 한다.

① 치수공차는 기본치수(호칭치수) 다음에 한계편차의 순서로 표시하여야 한다.
[그림 2-13(a), (c)]와 같이 한계편차는 아래 편차위에 위 편차를 표시하거나, [그림 2-13(b)]와 같이 아래 편차 앞에 위 편차를 "/"로 분리하여 표시하여야 한다.
두 개의 편차 중 하나가 0일 때에는 [그림 2-13(c)]와 같이 숫자 0으로 표시하여야 한다. 이 때 0에는 음, 양의 기호는 붙이지 않는다.
공차가 기본 치수에 관련하여 대칭일 경우에는 한계편차는 [그림 2-13(d)]와 같이 치수허용차의 수치를 하나로 하고, 그 수치 앞에 ±의 기호를 붙여서 표시한다.

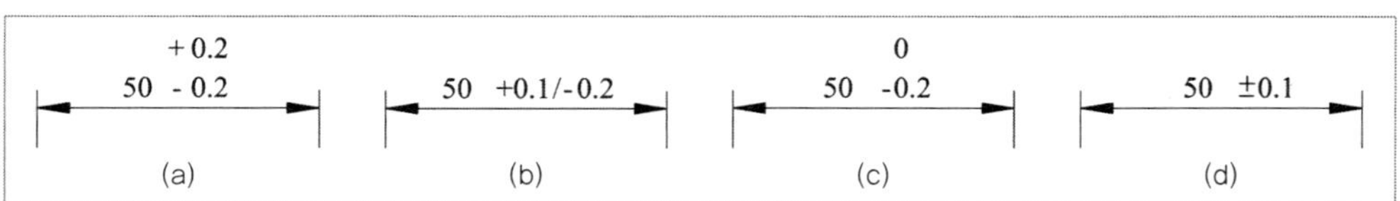

• 그림 2-13 • 허용한계 치수 기입법

② 치수의 한계는 최대값과 최소값으로 [그림 2-14(a)]와 같이 표시한다.

③ 한 쪽 방향으로만 치수를 제한하기 위해서는 [그림 2-14(c)]와 같이 치수의 수치 뒤에 "max"또는 "min"를 붙여서 표시하는 것이 좋다.

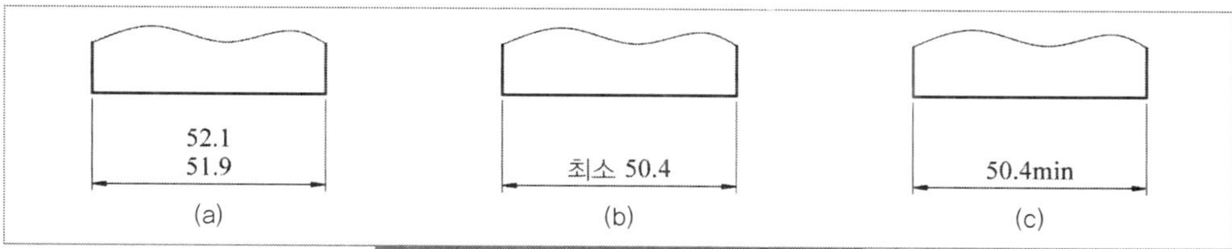

• 그림 2-14 • 허용한계 치수 기입법

2) 치수의 허용한계를 치수허용차의 기호에 의하여 지시하는 경우

치수의 허용한계를 치수허용차의 기호에 의하여 지시하려면 다음의 어느 한 가지를 따른다.

① 기준치수 뒤에 치수허용차의 기호를 기입하여 표시한다. [그림 2-15(a)]와 같이 문자 기호 크기의 호칭은 기준치수를 표시하는 숫자와 같게 한다.

② [그림 2-15(b)]와 같이 위·아래 치수허용차를 괄호 안에 부기하거나, [그림 2-15(c)]와 같이 허용한계치수를 괄호 안에 부기 한다.

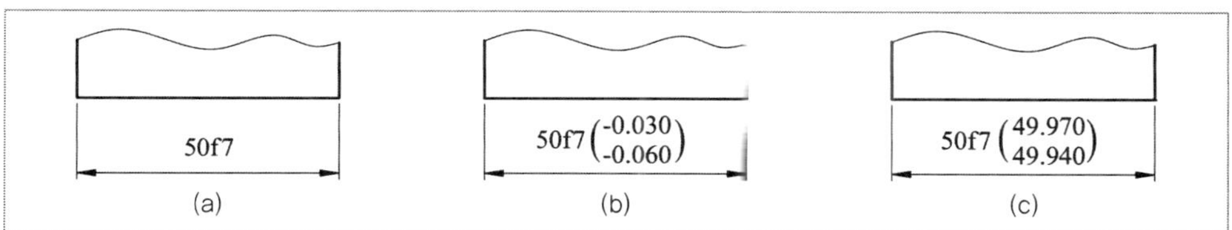

• 그림 2-15 • 허용한계 치수 기입법

3) 각도치수의 허용한계 지시

각도의 기본 치수 단위를 제외하고는 각도 치수에 똑같이 적용되며 한계 편차는 [그림 2-16]과 같이 항상 표시하여야 한다. 각도의 기본 치수나 각도의 한계 편차를 분이나 초로 나타내면, 분 또는 초 값은 0° 또는 0°0' 앞에 기입하는 것이 좋다.

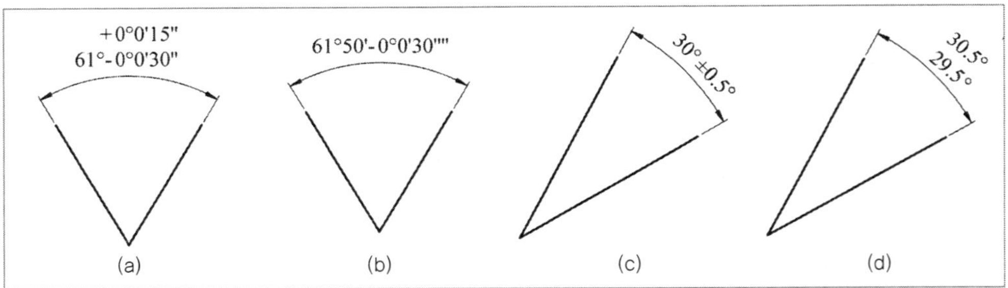

• 그림 2-16 • 각도치수의 허용한계 지시

능력단위 요소	치수공차 검토하기	1501020104_14v2.2

수행 준거	
2.1	요소부품에 요구되는 치수공차를 적용할 수 있다.
2.2	기능 및 성능을 충족시킬 수 있는 치수공차를 적용할 수 있다.
2.3	적용된 치수공차가 요구되는 기능 및 성능에 적합한지 검토할 수 있다.

2 치수공차

1 상용하는 끼워 맞춤

상용하는 끼워 맞춤은 H구멍을 기준 구멍으로 하고, 이에 적당한 축을 선택하여 필요한 죔새 또는 틈새를 주는 끼워 맞춤(구멍 기준 끼워 맞춤), 또는 h축을 기준 축으로 하여 이것에 적당한 구멍을 선택하여 필요한 죔새 또는 틈새를 주는 끼워 맞춤(축 기준 끼워 맞춤)의 어느 것으로 한다. 기준 치수 500mm 이하의 상용하는 0 끼워 맞춤에 사용하는 구멍·축의 조립은 [표 2-7, 8]과 같다.

상용하는 끼워 맞춤에 사용되는 구멍·축의 치수 허용차 및 끼워 맞춤에 관한 여러 가지 수치는 [표 2-9, 10]과 같다. [표 2-11]은 자주 사용하는 구멍 기준 끼워 맞춤의 적용 예이다.

표 2-7 자주 사용하는 구멍 기준 끼워 맞춤

기준 구멍	축의 공차 범위 클래스																
	헐거운 끼워맞춤							중간끼워맞춤			억지 끼워맞춤						
H6						g5	h5	js5	k5	m5							
					f6	g6	h6	js6	k6	m6	n6*	p6*					
H7					f6	g6	h6	js6	k6	m6	n6	p6*	r6*	s6	t6	u6	x6
				e7	f7		h7	js7									
H8					f7		h7										
				e8	f8		h8										
			d9	e9													
H9			d8	e8			h8										
		c9	d9	e9			h9										
H10	b9	e9	d9														

주 : * 이들의 끼워맞춤은 치수의 구분에 따라 예외가 생긴다.

표 2-8 자주 사용하는 축 기준 끼워 맞춤

기준축	구멍의 공차 범위 클래스																
	헐거운 끼워맞춤							중간끼워맞춤			억지 끼워맞춤						
h5							H6	JS6	K6	M6	N6*	P6					
h6					F6	G6	H6	JS6	K6	M6	N6	P6*					
					F7	G7	H7	JS7	K7	M7	N7	P7*	R7	S7	T7	U7	X7
h7				E7	F7		H7										
					F8		H8										
h8			D8	E8	F8		H8										
			D9	E9			H9										
h9			D8	E8			H8										
		C9	D9	E9			H9										
	B10	C10	D10														

주 : * 이들의 끼워맞춤은 치수의 구분에 따라 예외가 생긴다.

표 2-9 자주 사용하는 구멍 기준 끼워 맞춤에 있어서 공차역의 상호 관계

(그림은 기준 치수 30mm의 경우)

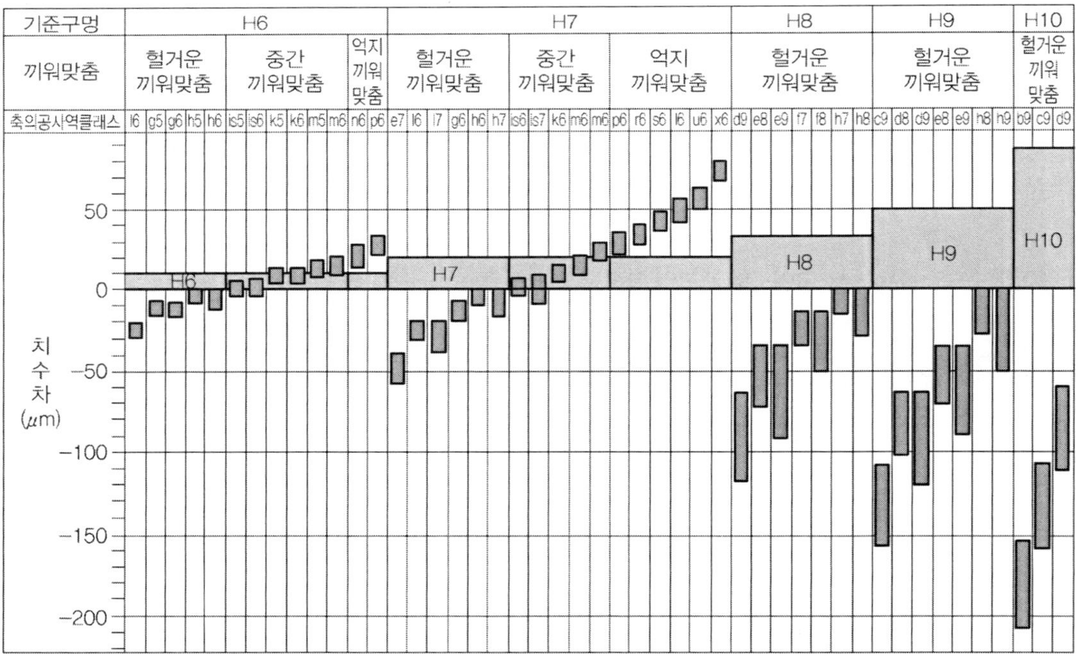

표 2-10 자주 사용하는 축 기준 끼워 맞춤에 있어서 공차역의 상호 관계

(그림은 기준 치수 30mm의 경우)

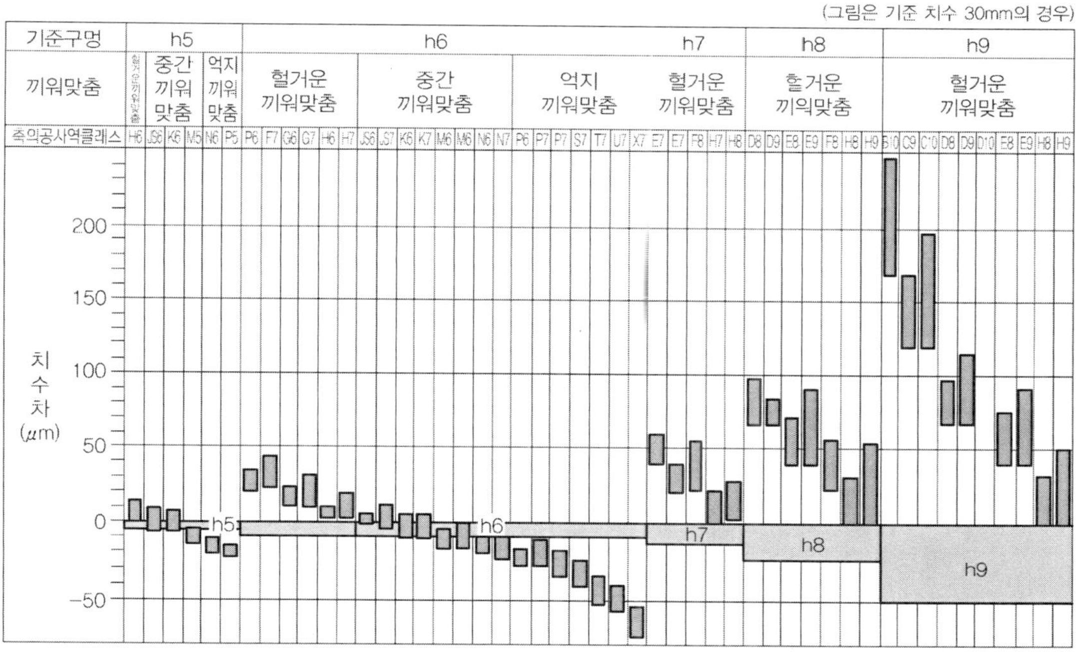

2 끼워 맞춤 적용

[표 2-11]은 끼워 맞춤에 사용되는 적용 예이다.

표 2-11 끼워 맞춤 적용 예

맞춤 조건	축 공차 적용														
	틈새(헐거운) 끼워 맞춤					중간 끼워 맞춤					죔새(억지) 끼워 맞춤				
구멍 기준	느슨한	일반회전		돌려 맞춤	정밀	수(손) 조립	압입	타입		경압입	압입		강압입(열박음, 냉각맞춤)		
H6				f6	g5	h5	h6	js5	k5	m5	n5	p5	r5		
H7			**e7**	**f7**	**g6**	**h6**	**js6**	**k6**	**m6**	**n6**	**p6**	**r6**	**s6**	**t6**	**u6**	**x6**
H8		**d9**	e8	f8		h7									
H9	**c9**	d9	e9			h9									

(1) 틈새(헐거운) 끼워 맞춤(부품을 상대적으로 움직일 수 있다)

1) 느슨한 맞춤(기능상 큰 틈새가 필요한 부분)

① 맞춤 조건 : H9/c9

② 적용부분

㉠ 틈새가 필요한 움직이는 부분

㉡ 조립을 쉽도록 틈새를 크게 해도 되는 부분

㉢ 고온 시에도 적당한 틈새가 있어야 하는 부분

㉣ 피스턴 링과 링홈 부분, 느슨한 고정핀 맞춤

2) 가볍게 돌려 맞춤(일반회전 부분)

① 맞춤조건

㉠ 큰 틈새 : H8/d9, H9/d9

㉡ 약간 큰 틈새 : H7/e7, H8/e8, H9/e9

② 큰 틈새(H8/d9, H9/d9) 적용부분

㉠ 큰 틈새가 필요한 부분

㉡ 제작비용 및 유지보수 비용을 줄이고자 하는 부분

㉢ 크랭크 웨이브와 핀 베어링, 피스턴 링과 링홈 부분

③ 약간 큰 틈새(H7/e7, H8/e8, H9/e9) 적용부분

㉠ 약간 큰 틈새가 필요한 움직이는 부분

㉡ 윤활이 좋은 베어링부

㉢ 고온·고속·고부하의 베어링부(강제 윤활부)

㉣ 윤활이 좋은 일반 회전 부분 및 슬라이드 부분

㉤ 배기 밸브 시트 맞춤

㉥ 크랭크 축용 메인 베어링

3) 돌려 맞춤(분해가 잦은 보통 맞춤부분)

① 맞춤 조건 : H6/f6, H7/f7, H8/f8

② 적용부분

㉠ 적당한 틈새가 있어 운동이 가능한 맞춤

㉡ 그리스 윤활의 일반 상온 베어링부

㉢ 링크 장치 레버와 부시, 일반적인 축과 부시

4) 정밀 돌려 맞춤(정밀한 운동부분)

① 맞춤 조건 : H6/g5, H7/g6

② 적용부분

㉠ 경하중인 정밀기기의 연속 회전부분

㉡ 정밀 슬라이드 부분

㉢ 링크장치 핀과 레버

㉣ 키와 키홈

(2) 중간 끼워 맞춤(부품을 손상시키지 않고 분해·조립)

1) 수(손) 조립 맞춤(고품질 위치 결정)

① 맞춤 조건 : H6/h5, H7/h6, H8/h7, H9/h9

② 적용부분

㉠ 윤활제를 사용하여 손으로 움직여 조립하는 맞춤

㉡ 정밀 슬라이드 부분

㉢ 중요하지 않은 정지 부분

㉣ 링과 보스 맞춤, 정밀기어의 맞춤

2) 압입 조립 맞춤(가벼운 해머 사용 맞춤)

① 맞춤 조건 : H6/h6, H7/js6

② 적용부분

㉠ 약간 느슨한 조립 부분

㉡ 사용 중 서로 움직이지 않게 하는 고정밀도 위치 결정

㉢ 가벼운 해머(나무 또는 납 등)로 조립·분해할 수 있는 정도의 맞춤

㉣ 플랜지 이음의 맞춤, 기어 림과 보스의 맞춤

3) 타입 조립 맞춤(철 해머 사용 맞춤)

① 맞춤 조건

㉠ 고 정밀도 맞춤 : H6/js5, H7/k6

㉡ 틈새가 허용되지 않는 고 정밀도 맞춤 : H6/k5, H7/m6

② 고 정밀도 맞춤(H6/js5, H7/k6) 적용부분

㉠ 철 해머를 사용하는 정도의 맞춤

㉡ 고정밀도 위치 결정

ⓒ 기어 펌프 축과 케이싱과의 고정
ⓔ 리머 볼트

③ 틈새가 허용되지 않는 고 정밀도 맞춤(H6/k5, H7/m6) 적용부분
ⓐ 철 해머를 사용하여 강한 정도의 맞춤
ⓑ 유압기기 피스턴과 축 고정
ⓒ 플랜지 이음의 축 맞춤
ⓔ 틈새가 없는 리머 볼트 맞춤

4) 경압입(조립·분해에 상당한 힘을 필요로 하는 맞춤)

① 맞춤 조건 : H6/m6, H7/n6

② 적용부분
ⓐ 고 정밀도의 고정 장착
ⓑ 흡입밸브 밸브 가이드 조립

(3) 죔새(억지) 끼워 맞춤

1) 압입(조립·분해에 큰 힘이 필요)

① 맞춤 조건
ⓐ 표준 압입 : H6/n6, H7/p6
ⓑ 약간 가열 압입 : H6/p5, H7/p6

② 표준 압입(H6/n6, H7/p6) 적용부분
ⓐ 표준적 압입 정도
ⓑ 큰 토크 전동에는 키 맞춤 적용 필요
ⓒ 작은 토크를 받는 기어와 축과의 고정

③ 약간 가열 압입(H6/p5, H7/p6) 적용부분
ⓐ 치수가 큰 부품에 약간 가열 끼워 맞춤 또는 냉각 끼워 맞춤
ⓑ 플랜지와 축 맞춤

2) 강압입(가열 끼움, 냉각 끼움)

① 맞춤 조건 : H6/r5, H7/s6, t6, u6, x6

② 적용부분
ⓐ 영구적인 조립부에 적용
ⓑ 부품을 손상시키지 않고 분해하는 것은 곤란하다.
ⓒ 베어링 부시의 맞춤 조립

㉣ 큰 토크를 받는 플랜지와 축 고정

㉤ 구동 기어 림과 보스와의 고정

(4) 자주 사용하는 구멍 기준 끼워 맞춤 적용 예

[표 2-12]는 자주 사용하는 구멍 기준 끼워 맞춤에 적용되는 예이다.

표 2-12 자주 사용하는 구멍 기준 끼워 맞춤 적용 예

기준 구멍	끼워맞춤의 종류		분해·조립작업 및 틈새 상태	적용 예	가공법
H6급 구멍	n5	억지	프레스	각종 계기, 항공 엔진 및 그 부속품, 고급 공작기계, 구름베어링, 정밀공작기계의 주요부분	연삭, 래핑 다듬질 등의 극히 정밀한 공작
	m5 m6	중간 끼움	손의 힘에 의한 타격으로 분해·조립		
	k5 k6				
	j5 j6				
	h5 h6	헐거운 끼움	윤활유를 사용하여 용이하게 손으로 이동 가능		
H7·8급 구멍	u6 ~ r6	억지 끼움	수압기 등에 의한 강력한 압입, 또는 열 박음	철도차륜의 축과 타이어, 대형 발전기의 발전자와 축의 결합부분	연삭, 또는 정밀공작
	t7 ~ r7				
	r6 p6 (p7)		수압기, 프레스 등에 의한 가벼운 압입	주철 축 중심에 청동 또는 강제바퀴를 억지 끼움하는 경우	
	m6 h6	중간 끼움	철 추에 의해 타입·타출	가끔 분해하는 축과 기어, 플랜지 이음, 조정바퀴, 볼 베어링 등이 결합되는 경우	
	j6		목 추 또는 연 추 사용	지그, 전동축, 지지점에 고정된 축, 베어링 케이스	
	h6 h7	헐거운 끼움	윤활유를 공급하며 손으로 이동	긴축에 회전 방지키	
	g6 g7		틈새가 작아 윤활유의 사용에 의해서만 운동함	연삭기의 스핀들 베어링이나, 정밀공작기계 등의 주축과 베어링, 고급 변속기의 축과 베어링	
	f7		작은 틈새, 윤활유의 사용에 의해서만 운동함	크랭크 축, 크랭크, 핀과 연결 베어링	
	e8		약간 큰 틈새	다소 저급한 축과 베어링, 소형발전기의 축과 베어링	
H8·9급 구멍	h8		약간의 활동이 가능하다.	유압부, 일반 접합부, 작은 베어링, 조작축 받침 베어링	보통공작
	f8		작은 틈새, 윤활유의 사용에 의해서만 운동함	내연기관의 크랭크축 저널 베어링	
	d9		큰 틈새로 윤활유의 사용으로 운동함	차륜 베어링, 일반 저급의 베어링, 요동베어링 등	
	c9 d8		대단히 큰 틈새로 윤활유의 사용으로 운동함		

3 일반공차 적용

(1) 기계 가공 적용

KS B ISO 2768-1 한국산업표준에서 일반적으로 도면에 공차기입이 별도로 기입하지 않은 치수에 대하여 선형치수 및 각도 허용편차를 4등급(정밀, 중간, 거침, 매우거침)으로 구분하여 적용한다.

1) 선형치수 일반공차(허용편차)

표 2-13 선형치수 일반공차(허용편차) (단위 : mm)

공차 등급		보통치수에 대한 허용 편차					
호칭	설명	0.5 ~ 3 이하	3 초과 ~ 6 이하	6 초과 ~ 30 이하	30 초과 ~ 120 이하	120 초과 ~ 400 이하	400 초과 ~ 1000 이하
f	정밀	±0.05	±0.05	±0.1	±0.15	±0.2	±0.3
m	중간	±0.1	±0.1	±0.2	±0.3	±0.5	±0.8
c	거침	±0.2	±0.3	±0.5	±0.8	±1.2	±2
v	매우 거침	–	±0.5	±1	±1.5	±2.5	±4

주 : 바깥지름 및 모따기 높이의 허용 편차는 표(2)에 따른다.

2) 바깥지름 및 모따기 높이(허용편차)

표 2-14 바깥지름 및 모따기 높이(허용편차) (단위 : mm)

공차 등급		보통치수에 대한 허용 편차		
호칭	설명	0.5 ~ 6 이하	3 초과 ~ 6 이하	6 초과
f	정밀	±0.2	±0.5	±1
m	중간			
c	거침	±0.4	±1	±2
v	매우 거침			

3) 각도 허용편차

표 2-15 각도 허용편차

공차 등급		각을 이루는 치수(단위 : mm)에 대한 허용 편차				
호칭	설명	10 이하	10 초과 ~ 50 이하	50 초과 ~ 120 이하	120 초과 ~ 400 이하	400 초과 ~
f	정밀	±1°	±0°30'	±0°20'	±0°10'	±0°05'
m	중간					
c	거침	±3°	±2°	±1°	±0°30'	±0°20'
v	매우거침					

능력단위 요소	표면조도 검토하기	1501020104_14v2.4

수행 준거	
3.1	요소부품의 표면 조도를 확인할 수 있다.
3.2	기능 및 성능을 충족시킬 수 있는 표면 조도를 적용할 수 있다.
3.3	적용된 표면 조도가 요구되는 기능 및 성능에 적합한지 검토할 수 있다.

3 표면조도

1 표면 거칠기의 지시

이 규격(KS A ISO 1302)은 제도에 사용되는 표면의 결에 대한 그림 기호와 부가적인 지시 방법에 대하여 규정한다.

(1) 대상면 지시 기호

기본 기호는 [그림 2-17]과 같이 대상 면을 나타내는 선으로서 60° 경사되게 서로 다른 길이의 2개 직선으로 구성된다. 이 그림 기호는 단독으로는 대상 면을 뜻하고 표면 거칠기에 대한 요구 사항을 규정하지 않는다.

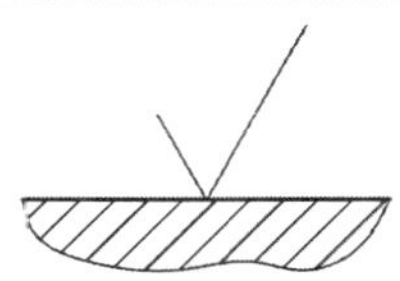

• 그림 2-17 • 대상면 지시 기호

(2) 제거 가공 지시 기호

① 제거(기계) 가공 지시 기호

기계 가공으로 재료의 면을 제거할 필요가 있을 때에는 [그림 2-18(a)]와 같이 대상면 지시 기호에 가로선이 추가된다. 이 그림 기호는 단독으로는 대상 면을 뜻하고 표면 거칠기에 대한 요구 사항을 규정하지 않는다.

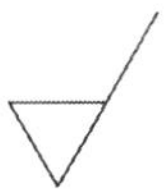

(a) 제거(기계) 가공 지시 기호

(b) 제거 가공이 없을 때의 지시 기호

• 그림 2-18 • 제거 가공 지시 기호(1)

② **제거 가공이 없을 때의 지시 기호**

재료의 제거가 허용되지 않을 때에는 [그림 2-18(b)]와 같이 원이 대상 면 지시 기호에 추가된다. 이 기호는 재료의 제거 가공으로 이루어진 상태든 아니든 앞 제조 공정에서의 결과로 나온 상태에서 그대로의 표면이라는 것을 지시하는 제조 공정과 관련된 제도에서 사용될 수도 있다.

③ **특수 표면의 결 특성을 지시하는 지시 기호**

특수한 표면의 결 특성이 지시되어야만 할 때에는 [그림 2-19(a)]와 같이 [그림 2-18]에서의 그림 기호보다 긴 선의 끝에 가로 선이 추가된다.

(a) 특수 표면의 결 특성을 지시 (b) 같은 표면의 결을 지시

• 그림 2-19 • 제거 가공 지시 기호(2)

④ **같은 표면의 결을 지시할 때의 지시 기호**

같은 표면의 결이 부품의 모든 표면에 요구될 때에는 [그림 2-19(a)]의 기호에 원이 추가, [그림 2-19(b)]와 같이 지시된다.

2 표면의 결 지시

(1) 기호에 부가되는 지시

표면의 결 지시는 [그림 2-20]과 같이 그 기호를 상대적 위치에 놓아 지시한다.

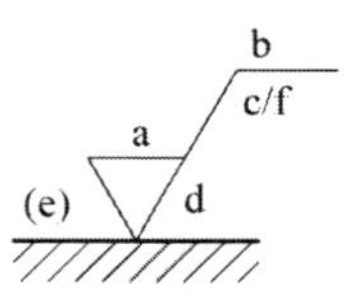

a : 거칠기 값(s), R_a, 단위는 μm, 범위의 기호 R_a 또는 거칠기 범위의 기호로 거칠기 값을 μm로 적음

b : 가공방법, 표면처리, 코팅 또는 가공 공정에 관한 다른 요구 사항 등

c : 파형의 높이 단위는 μm, 대응 범위의 기호, 또는 샘플링 길이로 단위는, mm(R_a, R_y, R_z에 대해서 이 값은 KS B ISO 4288에서 주어지는 값일 때 생략해야 한다.)

d : 표면의 줄무늬 방향

e : 가공 여유(기계가공 공차)

f : R_a가 아닌 다른 거칠기 값(μm), 범위의 기호(보기 R_y 0.4) 로 나타냄

• 그림 2-20 • 기호에 부가되는 지시

(2) 표면 거칠기 및 파형의 지시

① 중심선 평균 거칠기 표시

중심선 평균 거칠기 R_a의 값이 [그림 2-21]과 같이 [그림 2-17, 2-18]의 기호에 추가된다. 이 규격에서는 [그림 2-20] “a” 또는 “f” 위치에 R_a가 아닌 다른 거칠기 값의 지시도 허용한다.

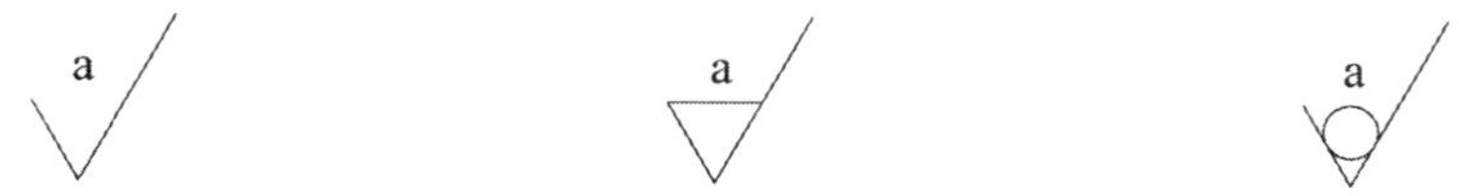

(a) 임의로 제조된 그대로의 것　　(b) 제거 가공이 있는 공정　　(c) 제거 가공이 없는 공정

• 그림 2-21 • 중심선 평균 거칠기 표시

② 표면 거칠기 범위의 상한 값 선정

하나의 값만 규정된 때에는 표면 거칠기 범위의 상한 값을 선정한다.

③ 거칠기 상·하한값 표시

거칠기 범위의 상·하한 값을 규정할 필요가 있을 때에는 양쪽 값을 [그림 2-22]와 같이 상한 값 a_1은 위에 하한 값 a_2는 아래에 쓴다.

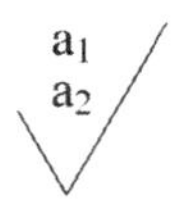

• 그림 2-22 • 상·하한 값 지시

④ 표면 거칠기 범위 지시

표면 거칠기 범위를 지시하기 위한 바람직한 수치 값(최대/최소값, 상/하한값, 또는 값의 범위)은 KS B ISO 4288(표준 조직 평가의 규칙 및 절차)에서 선택한다.

⑤ 파형 높이의 지시

파형 높이를 규정할 필요가 있을 때에는 [그림 2-23]과 같이 긴 선에 그어진 가로선 아래에 지시해야 한다.

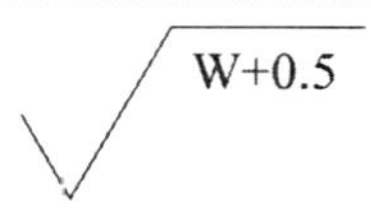

• 그림 2-23 • 파형 높이의 지시

(3) 특수 표면의 결 특성의 지시

어떤 환경에서 기능적 여유가 있는 경우에는 표면의 결에 관한 특수 요구 사항을 추가로 지시한다.

① 특수 기호 지시

요구 표면의 특정한 방법으로 제조될 때에는 그 방법은 [그림 2-24]와 같이 가로선 위에 단어로 지시한다.

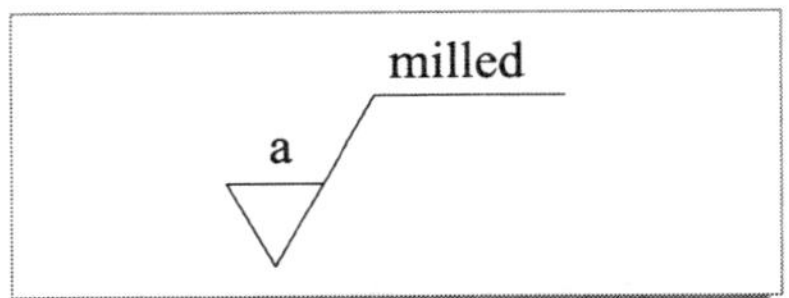

• 그림 2-24 • 특수 기호(밀링) 지시

② 표면처리 전후의 표면의 결 지시

표면처리나 코팅에 관련된 어떤 지시도 선 위에 지시한다. 다른 언급이 없으면 거칠기의 수치 값이 표면 처리나 코팅 후에 표면의 결에 적용된다.

표면처리 전후 모두에 표면의 결을 정의해 줄 필요가 있을 때에는 이것은 주서 또는 [그림 2-25]와 같이 설명한다.

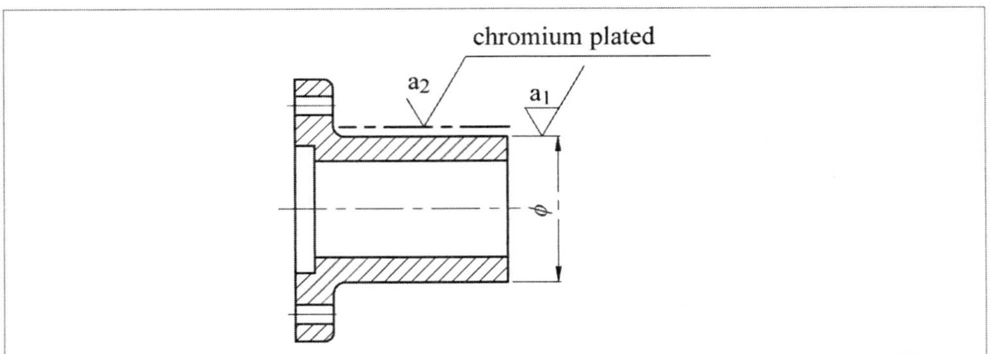

• 그림 2-25 • 표면처리 전후의 표면의 결 지시

③ 샘플링 길이 지시

샘플링 길이를 지시할 필요가 있을 때에는 KS B ISO 4288(표준 조직 평가의 규칙 및 절차)에서 주어진 적절한 수열에서 선택되어야 하고, [그림 2-26]과 같이 표시하고, 기호 단위는 mm를 사용한다.

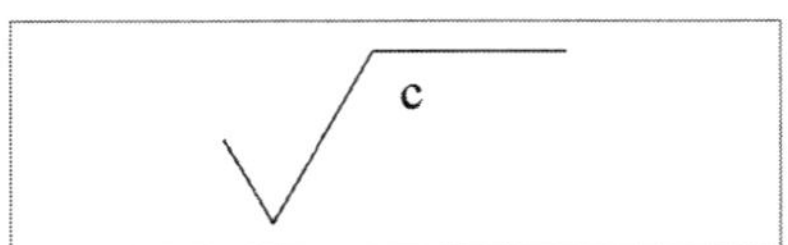

• 그림 2-26 • 샘플링 길이 지시

(4) 그림 기호의 비율 및 치수

① 그림 기호의 비율

기본 기호(대상 면 지시 기호)와 그 보조 기호는 [그림 2-25 ~ 27]에 따라 그린다. [그림 2-27(b)]에서 기호의 수평 행정 길이는 기호와 관련된 지시에 따른다.

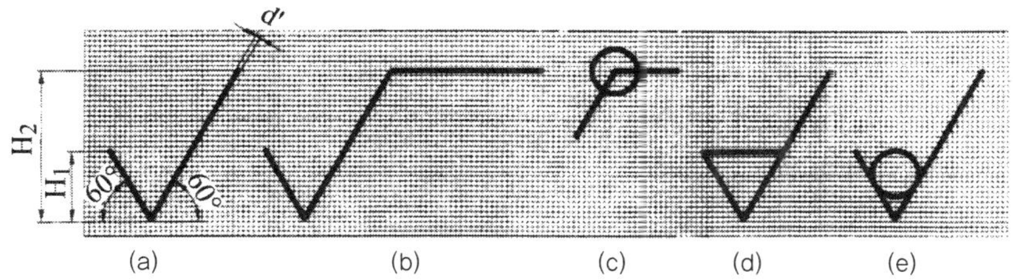

• 그림 2-27 • 기본 기호 및 보조 기호(1)

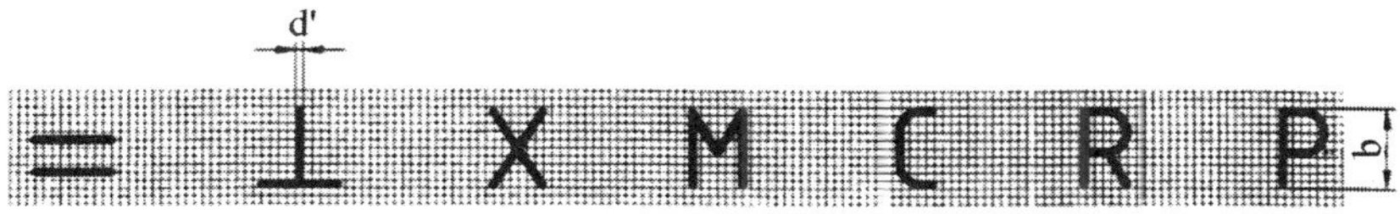

• 그림 2-28 • 기본 기호 및 보조 기호(2)

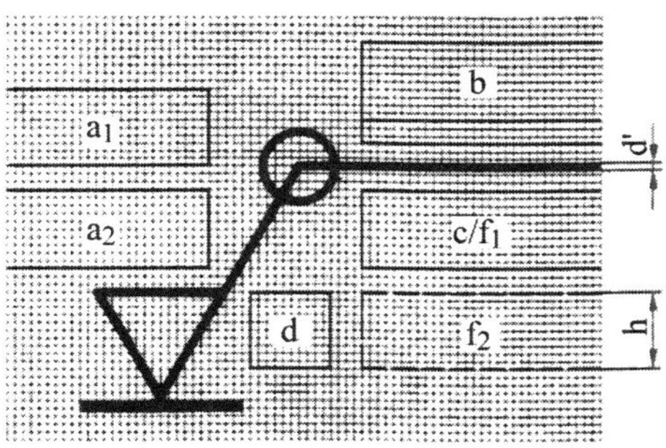

1) 구역 a_1, a_2, c, d의 모든 문자의 높이는 h와 같아야 한다.
2) 구역 b에서의 문자가 대문자나 아래 첨자를 포함하면 이 구역의 높이는 아래 첨자의 꼬리를 허용하기 위해 h보다 클 수도 있다.

• 그림 2-29 • 기본 기호 및 보조 기호(3)

② 그림 기호의 치수

기호 및 부가적 지시의 치수는 [표 2-16]에 규정된 대로 한다.

표 2-16 그림 기호의 치수 (단위 : mm)

항목	치수						
숫자와 문자의 높이 h	2.5	3.5	5	7	10	14	20
기호의 선 굵기 d' 문자의 선 굵기 d	0.25	0.35	0.5	0.7	1	1.4	2
높이 H_1	3.5	5	7	10	14	20	28
높이 H_2	8	11	15	21	30	42	60

(5) 중심선 평균 거칠기

[표 2-17]은 중심선 평균 거칠기의 구분 값에 따른 비교 표준편의 범위이다.

표 2-17 중심선 평균 거칠기의 구분 값에 따른 비교 표준편의 범위

거칠기 구분 값(μm)	표면 거칠기의 범위(μm)		거칠기 번호 (표준편 번호)
	최소값	최대값	
50	42	56	N12
25	21	28	N11
12.5	10	14	N10
6.3	5.2	7.1	N9
3.2	2.7	3.6	N8
1.6	1.3	1.8	N7
0.8	0.66	0.90	N6
0.4	0.33	0.45	N5
0.2	0.17	0.22	N4
0.1	0.08	0.11	N3
0.05	0.04	0.06	N2
0.025	0.02	0.03	N1

(6) 표면의 줄무늬 방향 그림 기호

① 표면의 줄무늬 방향 지시 기호

가공에 의한 줄무늬(가공 흔적), 특히 줄무늬 방향을 규정할 필요가 있으면, [그림 2-30]과 같이 적절한 기호를 표면의 결 기호에 추가한다.

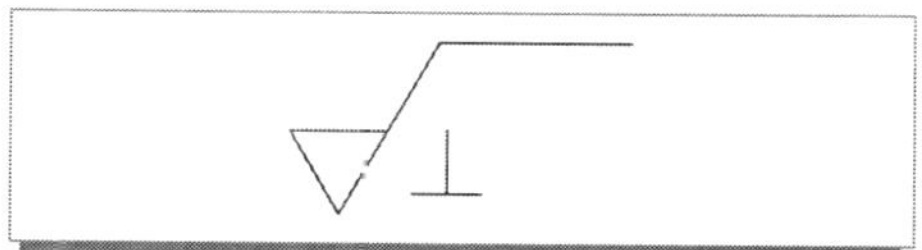

• 그림 2-30 • 표면의 줄무늬 방향 지시 기호

② 줄무늬 방향 그림 기호

일반적인 표면의 줄무늬 방향 그림 기호는 [표 2-18]에 규정한다.

표 2-18 일반적인 표면의 줄무늬 방향 지시 그림 기호

그림 기호	해설 및 보기	
=	기호가 사용되는 투상 면에 평행	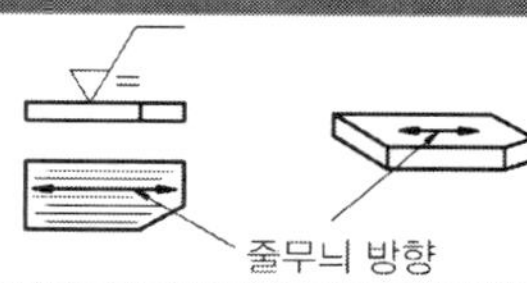
⊥	기호가 사용되는 투상 면에 수직	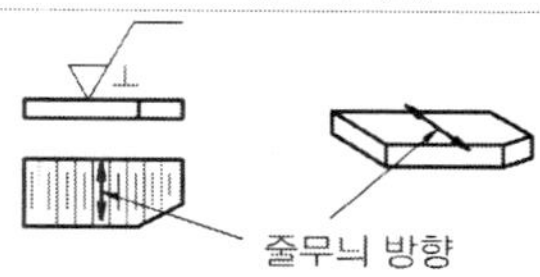
X	기호가 사용되는 투상 면에 관해 2개의 경사면에 수직	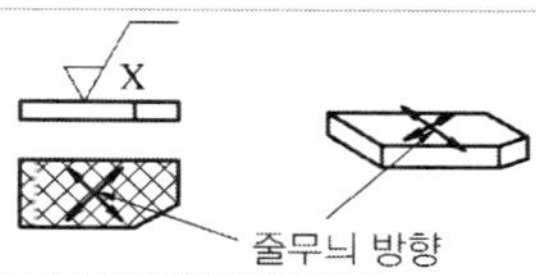
M	여러 방향	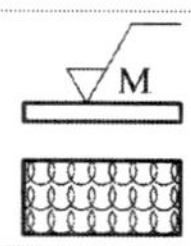
C	기호가 적용되는 표면의 중심에 대해 대략적으로 원	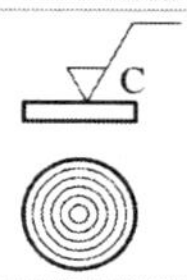
R	기호가 적용되는 표면의 중심에 대해 대략적으로 반지름 방향	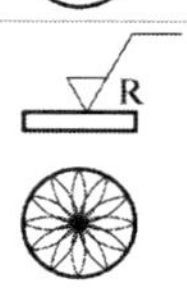
P	줄무늬 방향이 특별하여 방향이 없거나 돌출(돌기가 있는) 할 때	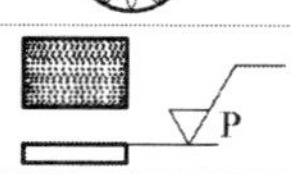

비고 : 위의 기호로 분명히 정의되지 않는 표면의 줄무늬를 규정할 필요가 있을 때에는, 도면에 적당한 주서를 추가하여 지시할 수 있다.

3 제도에서의 지시

(1) 제도에서 지시 기호

① 제도에서 지시 기호 읽는 방향의 일반 사항

관련 투상도와 함께 그림 기호는 [그림 2-31]과 같이 도면의 밑에서 읽을 수 있거나 오른쪽 옆면에서 읽을 수 있는 방향으로 하며, 이와 같은 경우에 중심선 평균 거칠기 R_a값을 표시하는 것은 항상 일반 사항에 따라서 기입한다.

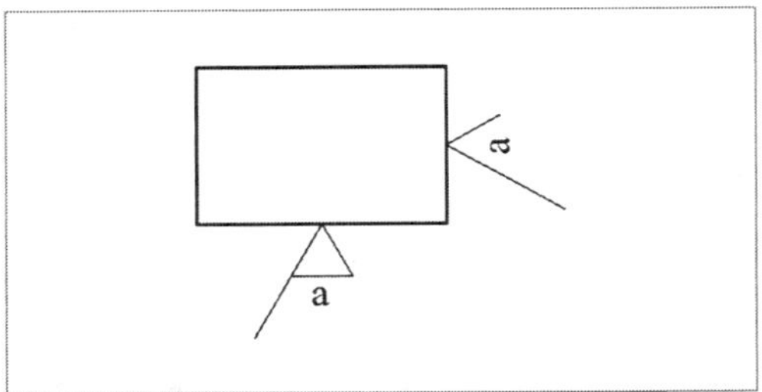

• 그림 2-31 • 지시 기호 읽는 방향

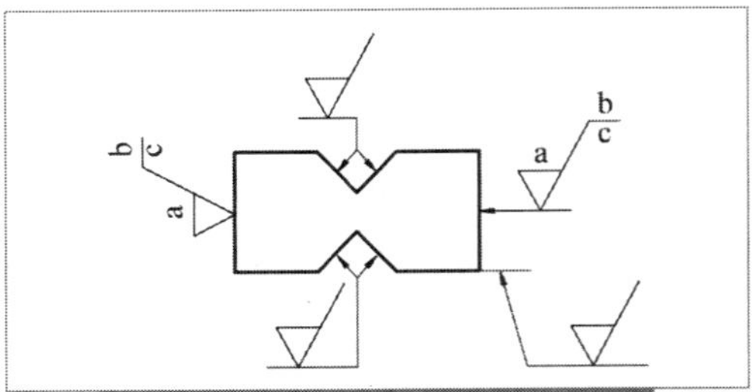

• 그림 2-32 • 그림 기호상의 지시

② 그림 기호상의 지시 또는 지시선상의 지시

그림 기호 또는 화살표 머리로 끝내는 지시선은 [그림 2-32]와 같이 단품 재료의 바깥으로부터 표면을 나타내는 선이나 그 연장선 위로 지시한다.

③ 치수와 함께 지시

이해하는데 오해할 위험이 없을 경우에는 표면 거칠기의 요구가 [그림 2-33]과 같이 주어진 치수와 함께 지시할 수 있다.

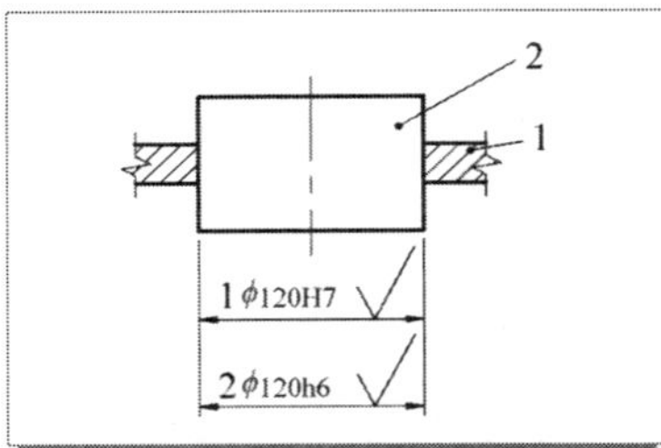

• 그림 2-33 • 치수와 함께 지시

(2) 그림 기호 주어진 표면의 지시

그림 기호는 주어진 표면에 한번만 사용되어야 하고, 가능하면 표면의 크기나 위치를 지시하는 치수와 같은 면에서 사용한다.

① 원통 또는 각기둥 표면의 지시

각 기둥의 표면뿐만 아니라 원통 표면은 중심선으로 지시되면 [그림 2-34]와 같이 한번만 지시한다.

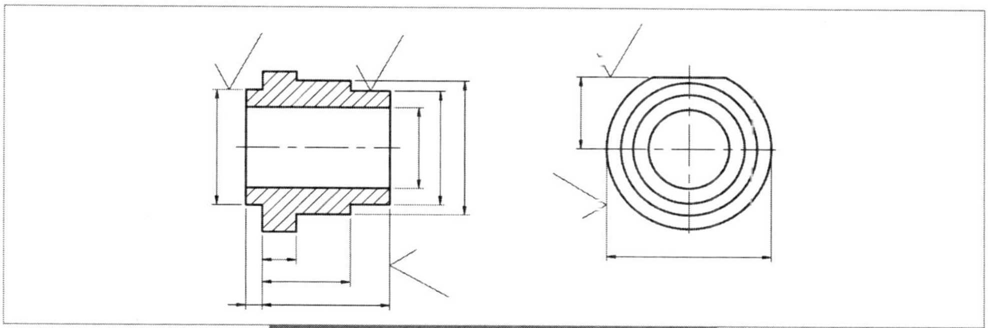

• 그림 2-34 • 원통 또는 각기둥 표면의 지시

② 각 기둥 표면의 특별한 지시

각 기둥의 표면은 다른 표면의 결이 요구되거나 특별한 요구 사항을 지시해야 한다면 [그림 2-35]와 같이 분리하여 지시할 필요가 있다.

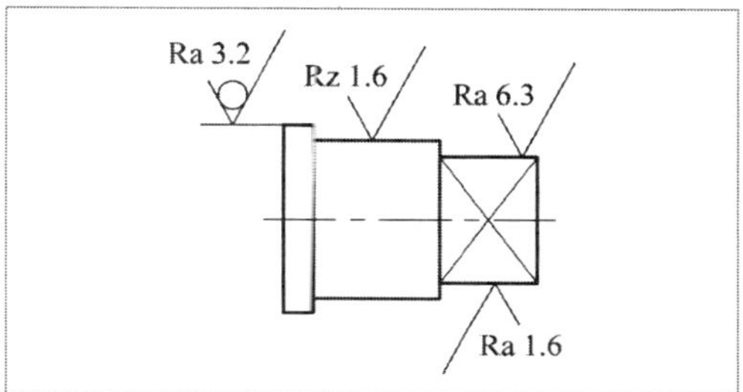

• 그림 2-35 • 각 기둥 표면의 특별한 지시

(3) 같은 표면의 결 지시

같은 표면의 결이 부품 표면의 대부분에 요구되면 이 표면의 결에 대응하는 일반적인 그림 기호는 다음 지시에 따른다.

① 지시하지 않은 기호를 괄호 안에 기입한 경우

괄호 안에 지시하지 않은 표면의 결 기호를 [그림 2-36(a)]와 같이 기입한다.

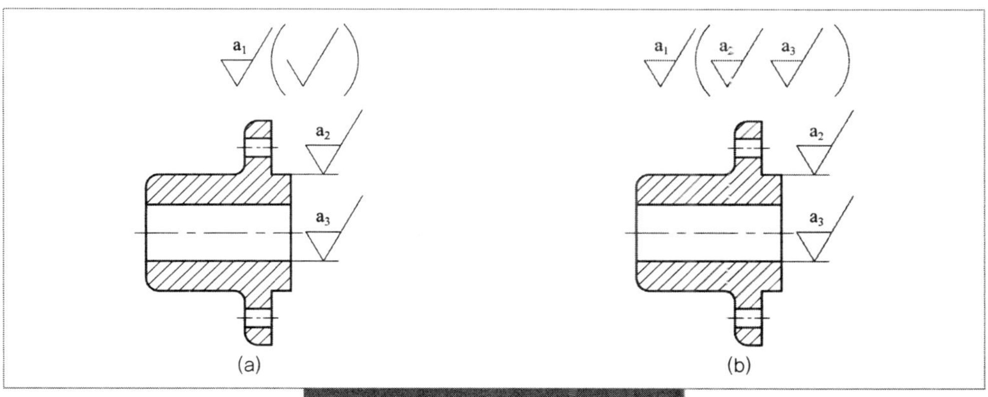

• 그림 2-36 • 같은 표면의 결 지시

② 지시한 기호를 괄호 안에 기입한 경우
괄호 안에 지시한 표면의 결 기호를 [그림 2-36(b)]와 같이 기입하며, 일반 기호들의 예외적인 표면의 결 기호는 대응하는 표면에 지시한다.

(4) 반복 지시의 경우 간략 지시

복잡한 지시를 여러 번 반복하는 것을 피하기 위해서나 또는 공간이 제한되는 곳에서는 간략화 된 지시가 부품도 가까이 또는 일반적인 주서에 주어지는 공간에 그 의미를 설명할 경우에는 표면에 그 간략 기호를 [그림 2-37]과 같이 사용할 수 있다.

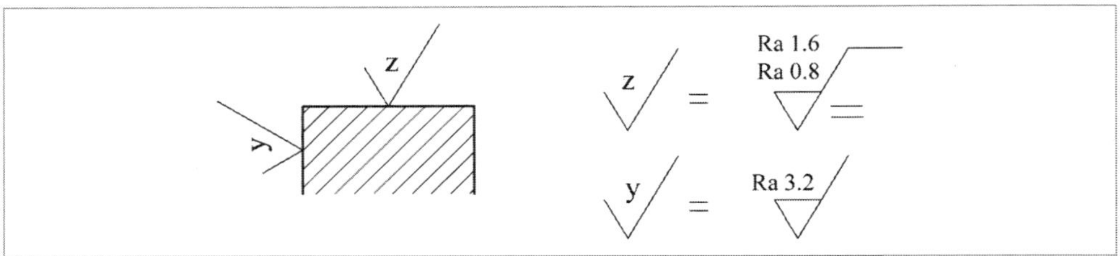

• 그림 2-37 • 반복 지시의 경우 의미 설명과 간략 지시 기호

(5) 적절한 표면 거칠기 지시

같은 표면의 결이 그 부품의 여러 표면에 요구되면 대응 기호가 적절한 표면에 간략 기호를 지시할 수 있고, 그 의미는 예를 들면 [그림 2-38]과 같이 도면에 주서로 설명할 수도 있다.

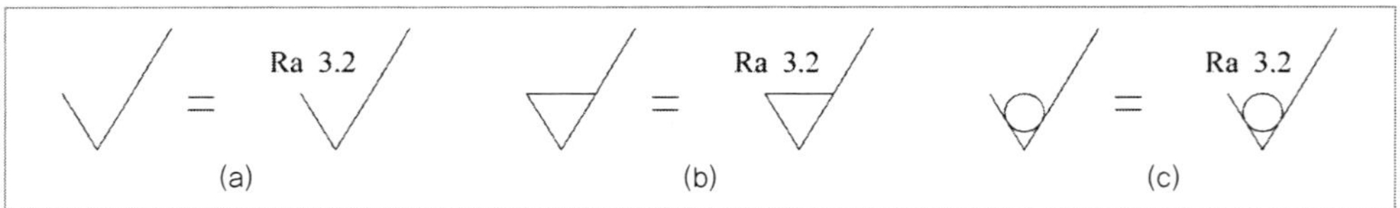

• 그림 2-38 • 적절한 표면 거칠기 지시

① [그림 2-38(a)]는 기본 기호, 그 의미가 "대상 면"또는 "주서로서 설명이 된다"일 때에만 단독으로 사용될 수 있으며, 여기서는 중심선 평균 거칠기 R_a3.2, 임의로 제조된 그래로의 것을 의미한다.

② [그림 2-38(b)]는 기계 가공 면으로 여기서는 중심선 평균 거칠기 R_a3.2, 정도의 기계 가공이 될 표면을 나타낸다.

③ [그림 2-38(c)]는 재료의 제거가 금지되는 표면으로 여기서는 중심선 평균 거칠기 R_a3.2, 정도로 앞 제조 공정에서 결과로 나온 상태의 표면 그대로를 의미한다.

4 표면 거칠기 지시 보기

[표 2-19]은 표면 거칠기의 보기에 대한 요구사항이다, [표 2-20]은 표면 거칠기 표준편의 표면 조도 보기, (구) 다듬질 기호와의 비교 관계 및 도면에 표면 조도 표기를 나타낸다.

표 2-19 표면 거칠기 지시 보기

번호	보기	요구사항
1	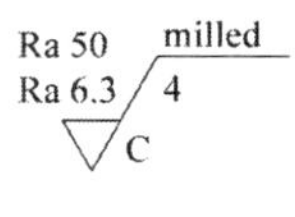	$R_a = 50\mu m \sim R_a = 6.3\mu m$ 사이의 표면 거칠기 중심에 대해 대략적으로 원(circle)인 줄무늬 방향 제조 공정은 밀링 샘플링 길이 4mm
2	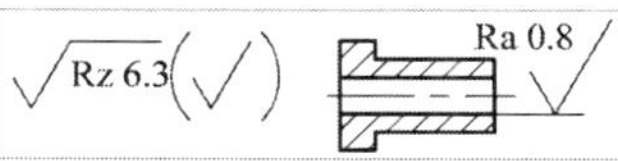	한 면의 표면 거칠기 $R_a = 0.8\mu m$를 제외한 나머지 모든 면의 표면 거칠기(10점 평균 거칠기) $R_z = 6.3\mu m$
3	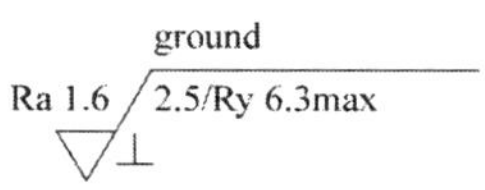	표면의 결은 연삭으로 제작 $R_a = 1.6\mu m$에서 최대높이 $R_y = 6.3\mu m$까지로 제한 샘플링 길이 2.5mm 투상 면에 대략 수직인 줄무늬 방향
4	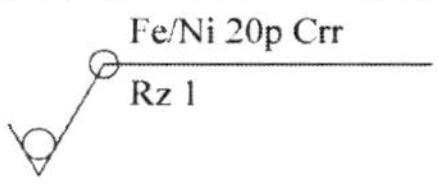	어떤 기계 가공도 없는 표면처리 니켈-크로뮴 도금 모든 면에서 거칠기(10점 평균 거칠기) $R_z = 1\mu m$
5	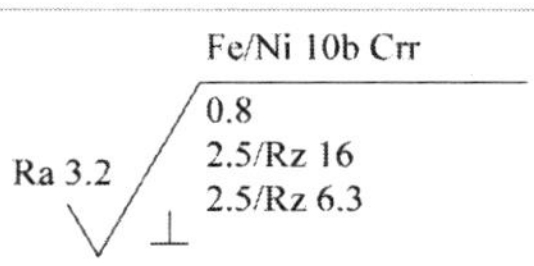	표면 처리, 전기 도금된 니켈-크로뮴 코팅 샘플링 길이 $0.8\mu m$에 대해 $R_a = 3.2\mu m$, 샘플링 길이 2.5mm에 대해 $R_z = 16 \sim 6.3\mu m$의 표면의 결 투상 면에 대략 수직인 줄무늬 방향
6	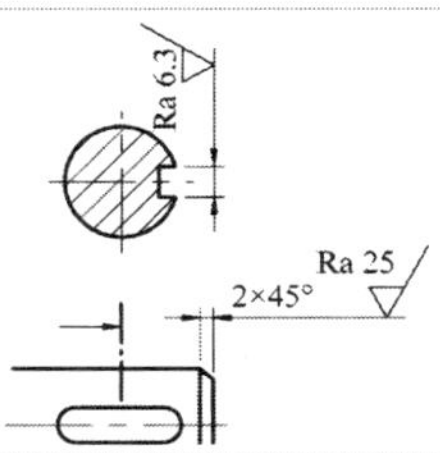	표면의 결 및 치수 기입의 지시는 같은 치수선을 사용하여 조합되어도 된다.
7	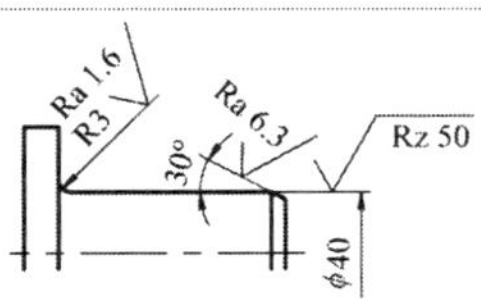	표면의 결 및 치수 기입은 다음과 같이 지시될 수도 있다. - 연장 치수선 위에 함께 지시 - 투상선과 치수선을 각각 분리하여 지시
8	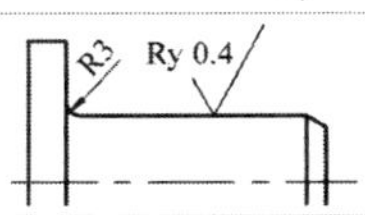	거칠기 지시가 하나뿐이면 반지름이나 모떼기에 연장되어도 유효하다. 이런 경우, 반지름이나 모떼기에 대한 기호와 부가적인 지시는 생략할 수 있다.
9	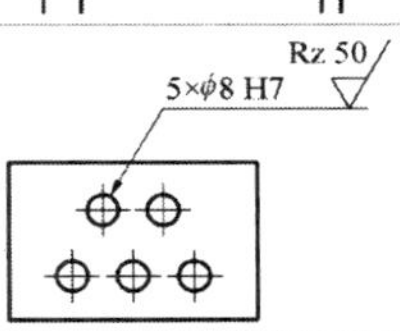	표면의 결 및 치수 기입은 같은 지시선을 사용하여 조합되어도 된다.

(1) 표면 거칠기 표준편

[표 2-20]은 표면 조도 표기 및 (구) 다듬질 기호와의 관계표를 나타낸다.

표 2-20 표면 조도 표기 및 (구) 다듬질 기호와의 관계표

중심선 평균 거칠기				최대 높이				(구) 다듬질 기호	도면 표면조도 표시
거칠기 구분 값	표면 거칠기의 범위(μmRa)		거칠기 번호	거칠기 구분 값	표면 거칠기의 범위(μmRa)		거칠기 번호		
	최소	최대			최소	최대			
0.025a	0.02	0.03	N1	0.1S	0.08	0.11	SN1	▽▽▽▽	z/▽ = 0.2/▽
0.05a	0.04	0.06	N2	0.2S	0.17	0.22	SN2		
0.1a	0.08	0.11	N3	0.4S	0.33	0.45	SN3		
0.2a	0.17	0.22	N4	0.8S	0.66	0.90	SN4		
0.4a	0.33	0.45	N5	1.6S	1.3	1.8	SN5	▽▽▽	y/▽ = 1.6/▽
0.8a	0.66	0.90	N6	3.2S	2.7	3.6	SN6		
1.6a	1.3	1.8	N7	6.3S	5.2	7.1	SN7		
3.2a	2.7	3.6	N8	12.5S	10	14	SN8	▽▽	x/▽ = 6.3/▽
6.3a	5.2	7.1	N9	25S	21	28	SN9		
12.5a	10	14	N10	50S	42	56	SN10	▽	w/▽ = 25/▽
25a	21	28	N11	100S	83	112	SN11		
50a	42	56	N12	200S	166	224	SN12	～	∀ = ∀

비고 : KS B 0507 표준기준 표면 거칠기의 최소 값 및 최대 값은 다음 식으로 구분한다.
최소 값 = 구분 값×0.83
최대 값 = 구분 값×1.12

능력단위 요소	기하공차 검토하기	1501020104_14v2.4

수행 준거	
4.1	요소부품에 기하공차를 적용할 수 있다.
4.2	기능 및 성능을 충족시킬 수 있는 필요한 기하공차를 적용할 수 있다.
4.3	적용된 기하공차가 요구되는 기능 및 성능에 적합한지 검토할 수 있다.

4 기하공차

1 기하공차 기초

제품 양산과정에서, 제품을 구성하고 있는 부품의 정밀도를 확보하는 것이 매우 중요하다. 부품의 제작, 조립과정을 보다 더 정밀한 제품이 되도록 하기 위하여 치수허용차나 표면 거칠기 등과 함께 모양, 자세, 위치 및 흔들림에 대하여 일정한 정밀도 유지를 위한 허용 값을 붙일 필요가 있다.

도면에 표기하는 대상물의 모양, 자세, 위치 및 흔들림의 공차를 총칭하여 기하공차(GT : Geometrical tolerance)라 하며 기호에 의한 표시와 그들의 도시방법에 대하여 규정(KSA ISO 1101, KS B 0608)하고 있으며, 기하공차 사용에 따른 장점은 다음과 같다.

① 경제적이고 효율적인 생산을 할 수 있다.
② 생산 원가를 절감할 수 있다.
③ 최대의 제작 공차를 통하여 생산성을 올릴 수 있다.
④ 결합 부품 상호간에 호환성을 주고 결합 상태를 보증할 수 있다.
⑤ 설계 치수 및 공차상의 요구가 명확하게 정해지고, 확실해진다.
⑥ 기능 게이지(functional gauge)를 사용하여 효율적으로 검사, 측정할 수 있다.
⑦ 도면의 안정성과 통일성으로 일률적인 설계를 할 수 있다.
⑧ 제품의 신뢰성, 내구성 등이 향상되고, 유지보수성이 용이하다.

(1) 기하 편차의 정의 및 도시

1) 용어의 뜻

① **형체** : 기하 편차의 대상이 되는 점, 선, 축선, 면 또는 중심면
② **단독 형체** : 데이텀에 관련 없이 기하 편차가 정하여지는 형체
③ **관련 형체** : 데이텀에 관련하여 기하 편차가 정하여지는 형체
④ **데이텀(datum)** : [그림 2-39]와 같이 관련 형체에 기하학적 공차(자세 편차, 위치 편차, 흔들림 등)를 지시할 때, 그 공차 영역을 규제하기 위하여 설정한 이론적으로 정확한 기하학적 기준. 예를 들어 기하학적 기준이 점, 직선, 축 직선, 평면 및 중심 평면인 경우에는 각각 데이텀 점, 데이텀 직선, 데이텀 축 직선(모양 편차가 없는 축선, 즉 기하학적으로 바른 직선인 축선), 데이텀 평면 및 데이텀 중심 평면이라 한다.

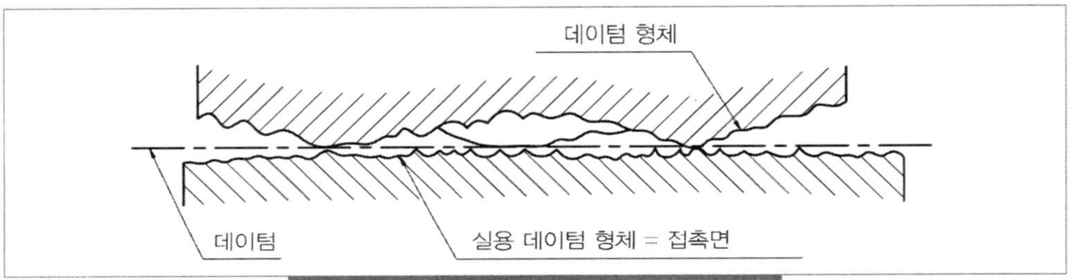

• 그림 2-39 • 데이텀, 데이텀 형체 및 접촉면

⑤ **데이텀 형체** : [그림 2-39]와 같이 데이텀을 설정하기 위하여 사용하는 대상물의 실제의 형체(부품의 표면, 구멍 등). 데이텀 형체에는 가공 오차 등이 있으므로, 필요에 따라서 데이텀 형체에 적합한 형상 공차를 지시한다.
⑥ **실용 데이텀 형체** : [그림 2-39]와 같이 데이텀 형체에 접하여 데이텀을 설정할 경우에 사용하는, 충분히 정밀한 모양을 갖는 실제의 표면(정반, 베어링, 맨드릴 등). 실용 데이텀 형체는 가공, 측정 및 검사를 할 경우에 지시한 데이텀을 실제로 구체화한 것이다.
⑦ **공통 데이텀** : 두 가지의 데이텀 형체에 따라서 설정되는 단일의 데이텀
⑧ **데이텀 시스템** : 공차를 갖는 형체를 기준으로 하기 위해, 개별로 두 가지 이상의 데이텀을 조합 시켜서 사용할 경우의 데이텀 그룹
⑨ **데이텀 표적** : 데이텀을 설정하기 위해서 가공, 측정 및 검사용의 장치, 기구 등에 접촉시키는 대상물 위의 점, 선 또는 한정된 영역

[표 2-21]은 데이텀 기호를 나타내며, [표 2-22]는 데이텀 표적의 기입 테두리 및 표적 기호이다.

표 2-21 데이텀 기호

표시하는 내용	기호	비고
직접 표시하는 경우	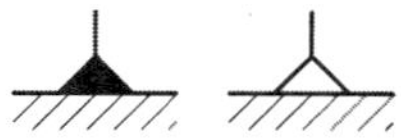	공차 기입틀과 삼각 기호를 직접 지시선에 의하여 연결함으로써 데이텀을 지시하는 문자기호를 생략할 수 있다.
문자 기호에 의하여 표시하는 경우	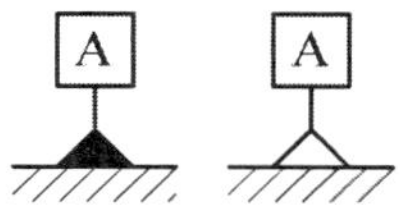	지시하는 문자에 의한 데이텀은 형체의 외형선 위 또는 외형선을 연장하는 가는선 위(치수선 위치를 피해서)에 데이텀 삼각기호를 붙인다.

표 2-22 데이텀 표적기입 테두리 및 표적기호

사항 / 용도		기호	비고
데이텀 표적기입 테두리		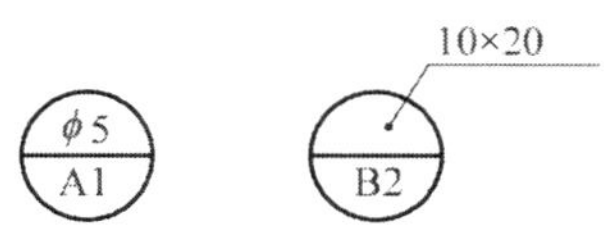	데이텀 표적 기입 테두리 하단에는 형체 전체의 데이텀과 같은 데이텀을 지시하는 문자 기호 및 데이텀 표적의 번호를 나타내는 숫자를 기입한다. 상단에는 보조사항(표전의 크기 등)을 기입하며, 기입이 어려울 대는 인출선을 그어 바깥쪽에 표시한다.
데이텀 표적기호	점		표적이 점일 때, 굵은 실선으로 ×표로 한다.
	선		표적이 선일 때, 2개의 ×표시를 가는 실선으로 연결한다.
	영역	원인 경우 	원칙적으로 가는 2점 쇄선으로 둘러싸고 해칭을 한다. 다만 도시하기 곤란한 경우에는 2점 쇄선 대신에 가는 실선을 사용해도 좋다.
		직사각형인 경우 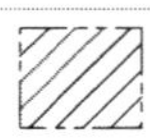	

(2) 데이텀 및 데이텀 시스템의 도시 방법

1) 데이텀을 지시하기 위한 도시 방법

① 데이텀 삼각 기호를 붙이는 방법

데이텀 삼각 기호를 붙이는 방법은 [그림 2-40 과 같다.

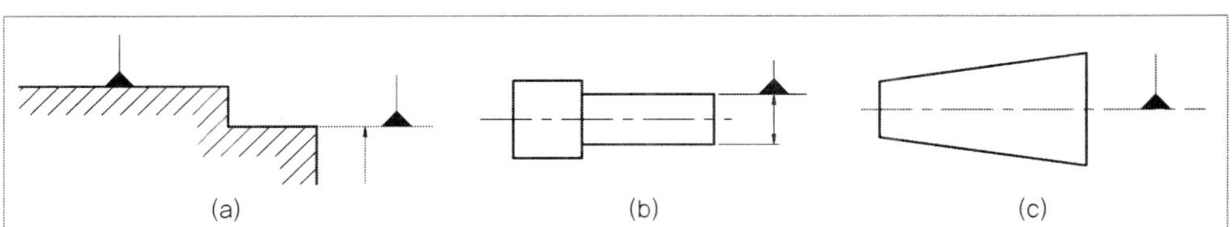

• 그림 2-40 • 데이텀 삼각 기호를 붙이는 방법

② 문자 기호에 의한 데이텀의 표시 방법

문자 기호에 의한 데이텀의 표시 방법은 [그림 2-41]과 같다.

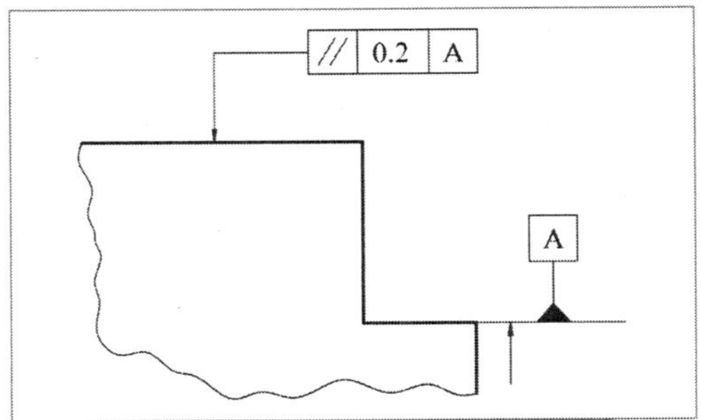

• 그림 2-41 • 문자 기호에 의한 데이텀의 표시 방법

2) 공차 기입 테두리에 데이텀 문자 기호의 기입 방법

데이텀 기호에 의해서 지시한 데이텀과 공차와의 관련을 나타내기 위해서, 공차 기입 테두리에 데이텀 문자 기호를 기입하는 방법은 다음에 따른다.

① 하나의 데이텀 형체에 의해서 설정하는 데이텀

데이텀을 하나의 형체에 의해서 설정할 경우에는 [그림 2-42(a)]와 같이 데이텀은 공차 기입 테두리의 왼쪽에서 3번째 구획 속에 지시한다.

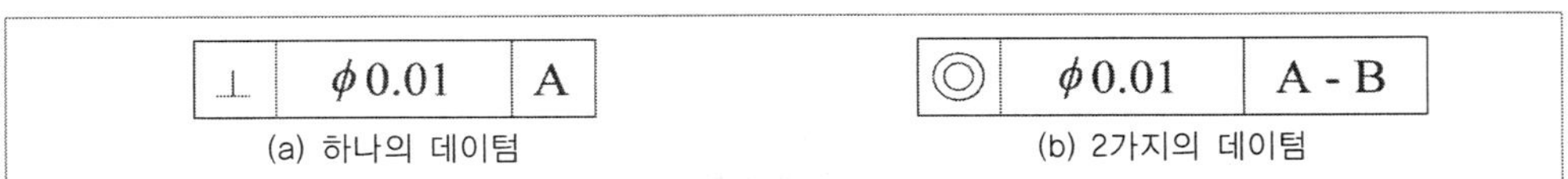

• 그림 2-42 • 데이텀 형체에 의해서 설정하는 데이텀

② 2가지의 데이텀 형체에 의해서 설정하는 공통 데이텀

하나의 데이텀을 2가지의 형체에 의해서 설정할 경우에는, [그림 2-42(b)]와 같이 데이텀은 하이픈으로 연결한 2개의 문자 기호에 의해서 공차 기입 테두리의 왼쪽에서 3번째 구획 속에 지시한다. 도시 보기를 [그림 2-43]과 같이 나타낸다.

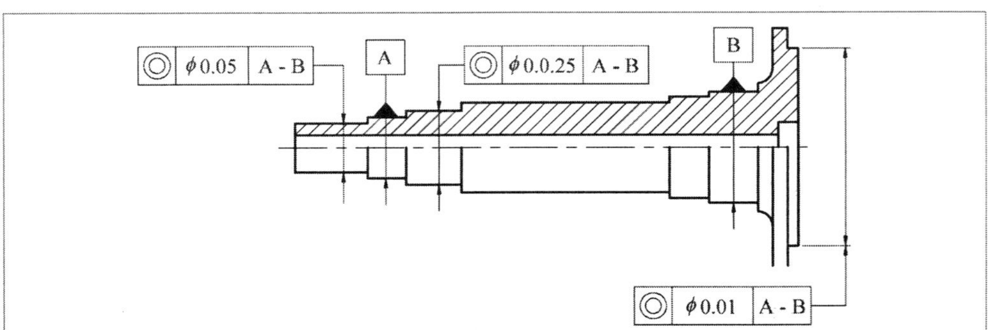

• 그림 2-43 • 2가지의 데이텀 형체에 의해서 설정하는 공통 데이텀 도시

③ 2개 이상의 데이텀에 의해서 설정하는 데이텀 시스템

2개 이상의 데이텀을 조합하여 설정하는 데이텀 시스템인 경우에는, [그림 2-44]와 같이 데이텀은 왼쪽에서 3번째 이후의 구획 속에 우선순위에 따라 기입한다. 도시 보기를 [그림 2-45]와 같이 나타낸다.

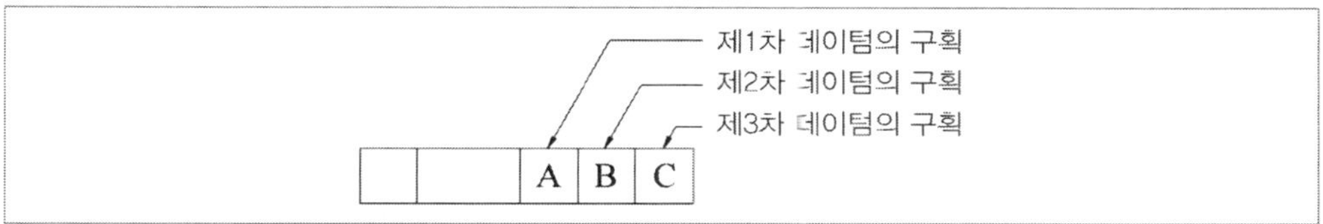

• 그림 2-44 • 2개 이상의 데이텀에 의해서 설정하는 데이텀 시스템

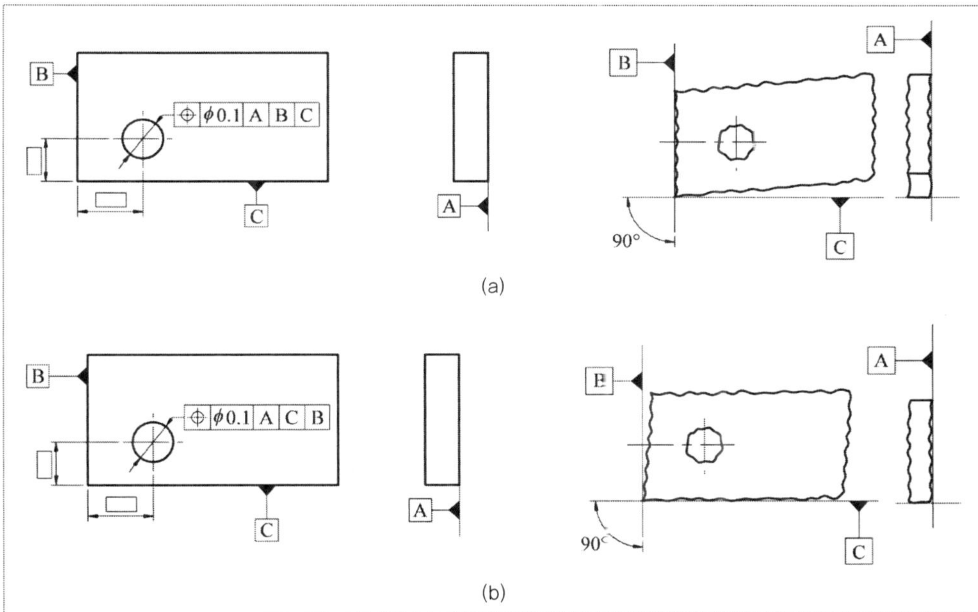

• 그림 2-45 • 2개 이상의 데이텀에 의해서 설정하는 데이텀 시스템 도시

(3) 데이텀 표적 도시 방법

1) 데이텀 표적을 지시할 경우의 기본적 사항

데이텀 형체가 면인 경우에는 그 면이 이상적인 도양과 크게 다를 경우가 있다. [그림 2-46]과 같이 온 표면을 데이텀 형체로서 지시하면 가공, 검사 등을 할 때 측정에 큰 오차가 생기거나 또 반복성·재현성이 나빠지는 경우가 있다. 이들을 방지하기 위해서 데이텀 표적을 지시한다.

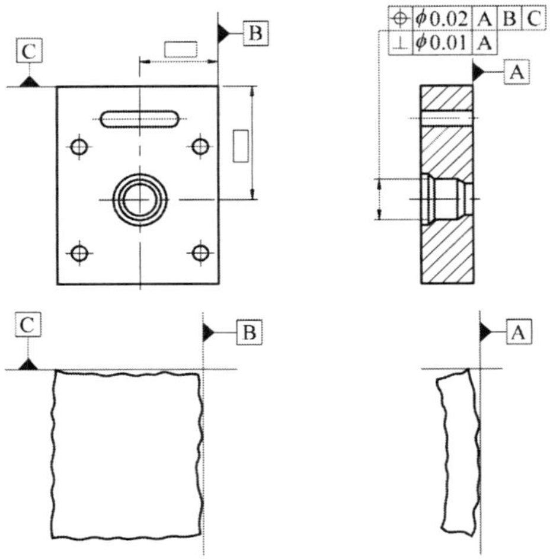

데이텀 표적을 지시할 경우, 형체의 온 표면을 데이텀으로 하는 대신에, 몇 개의 한정된 데이텀 표적만으로 지시함으로 인해 부품의 기능을 해치는지의 여부를 검토해 둘 필요가 있다. 이 경우에는 모양 편차 및 위치 편차의 영향을 고려하여야 한다.

• 그림 2-46 • 데이텀 표적을 면으로 지시할 경우

2) 데이텀 표적의 도시 보기

데이텀 표적의 도시 보기를 [그림 2-47, 48]과 같이 나타낸다.

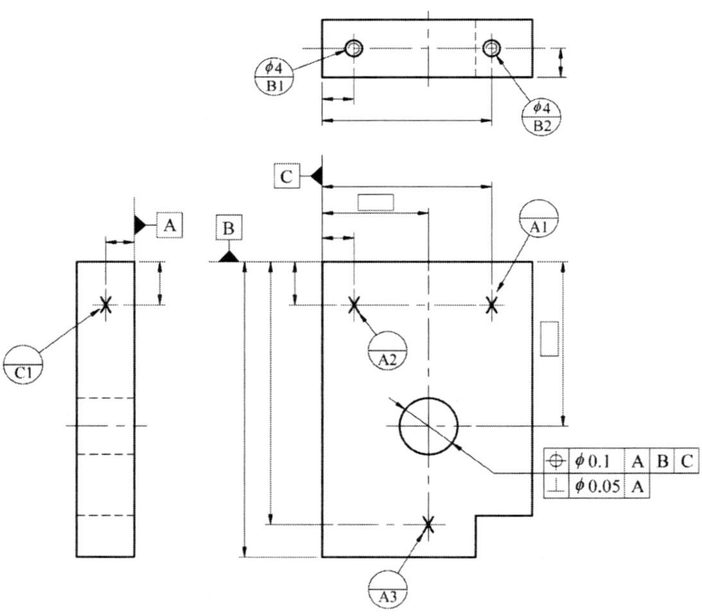

비고 : ① 데이텀 표적 A1, A2, A3 에 의해 데이텀 A를 설정한다.
② 데이텀 표적 B1, B2에 의해 데이텀 B를 설정한다.
③ 데이텀 표적 C1에 의해 데 이텀 C를 설정한다.

• 그림 2-47 • 데이텀 표적의 도시 보기

(4) 형체 그룹을 데이텀으로 하는 지시

복수의 구멍과 같은 형체 그룹의 실제의 위치를 다른 형체 또는 형체 그룹의 데이텀으로서 지시할 경우는 [그림 2-48]과 같이 공차 기입 테두리에 데이텀 삼각 기호를 붙인다.

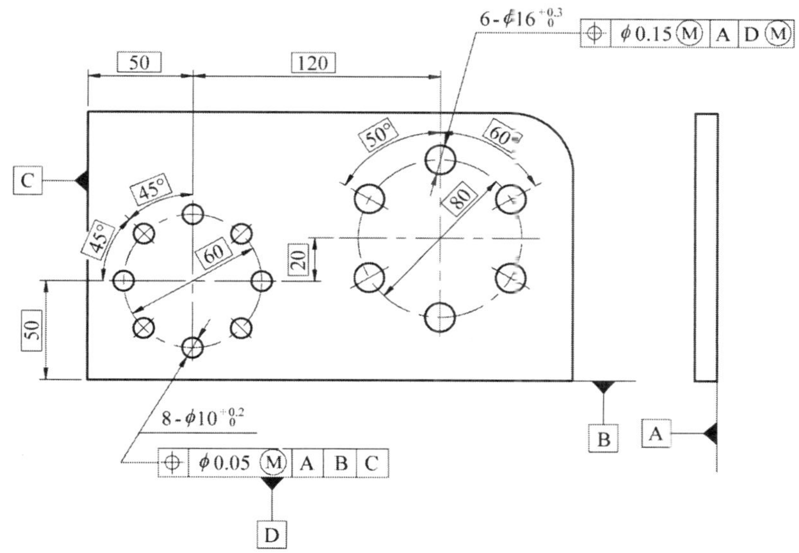

비고 : ① 이 도시 보기는 8개의 구멍을 "데이텀 D"로서 지정하고 있다.
② 6개 구멍의 위치도 공차는 기능 게이지를 사용하여 검사하면 좋다.

• 그림 2-48 • 형체 그룹을 데이텀으로 하는 지시

(5) 데이텀의 설정

데이텀 형체로서 지정된 형체에는 가공 공정에서 어느 정도의 오차가 생기는 것은 피할 수 없다. 그 형체는 볼록면 모양, 오목면 모양, 원추 모양과 같은 모양이 되는 것이 있으나, 이와 같은 모양에 대하여 데이텀을 설정하는 방법의 보기를 다음에 나타낸다.

1) 직선 또는 평면의 데이텀

데이텀 형체가 실용 데이텀 형체에 대하여 불안정한 경우에는, 이 틈새가 안정하도록 적당한 간격을 잡아서 받침을 놓고 데이텀을 설정한다. [그림 2-49]와 같이 선의 데이텀 형체에 대하여는 2개의 받침을 사용하며, 평면의 데이텀 형체에 대하여는 3개의 받침을 사용한다.

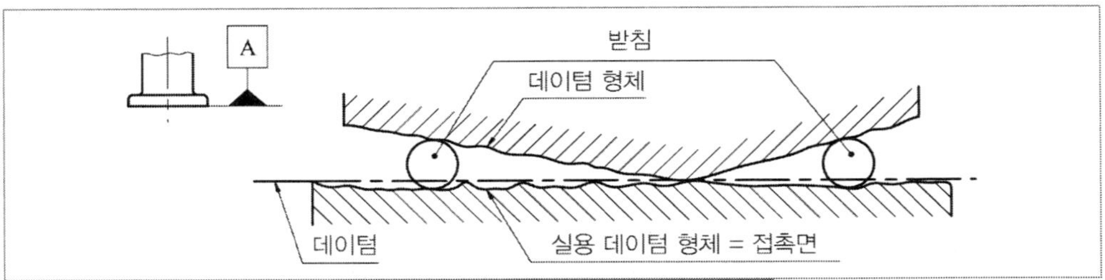

• 그림 2-49 • 직선 또는 평면의 데이텀

2) 원통 축선의 데이텀

원통의 구멍 또는 축의 축선을 데이텀으로서 지시한 경우, 이 데이텀은 구멍의 최대 내접 원통의 축 직선 또는 축의 최소 외접 원통의 축 직선에 의해서 설정한다.

데이텀 형체가 실용 데이텀 형체에 대하여 불안정한 경우에는 [그림 2-50]과 같이 원통을 어느 방향으로 움직여도 허용 값이 같아지는 자세가 나오도록 설정한다.

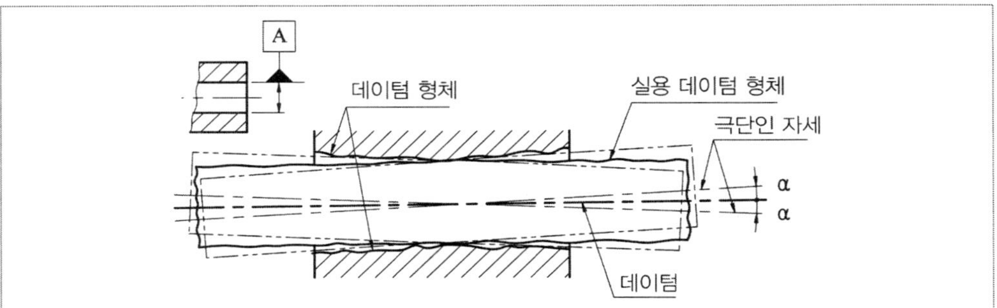

• 그림 2-50 • 원통 축선의 데이텀

3) 공통 데이텀

공통 축 직선 또는 공통 중심 평면의 데이텀은 개개의 데이텀 형체에 대하여, 공통의 실용 데이텀 형체에 의해서 데이텀을 설정한다. 실용 데이텀 형체인 2개의 최소 외접 동축 원통의 축 직선 선에 의해서 설정한 공통 축 직선의 데이텀은 [그림 2-51]과 같이 나타낸다.

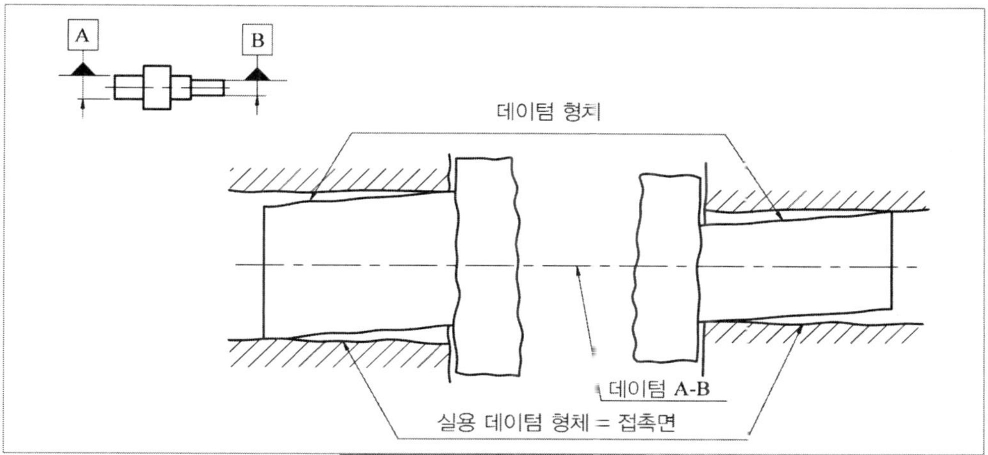

• 그림 2-51 • 공통 데이텀

4) 원통의 축선에서 평면에 수직인 데이텀

[그림 2-52]에서와 같이 데이텀 A는 데이텀 형체 A에 접하는 평탄한 평면에 의해서 설정한다. 데이텀 B는 데이텀 A에 수직으로 데이텀 형체 B에 내접하는 최대 원통의 축직선에 의해서 설정한다.

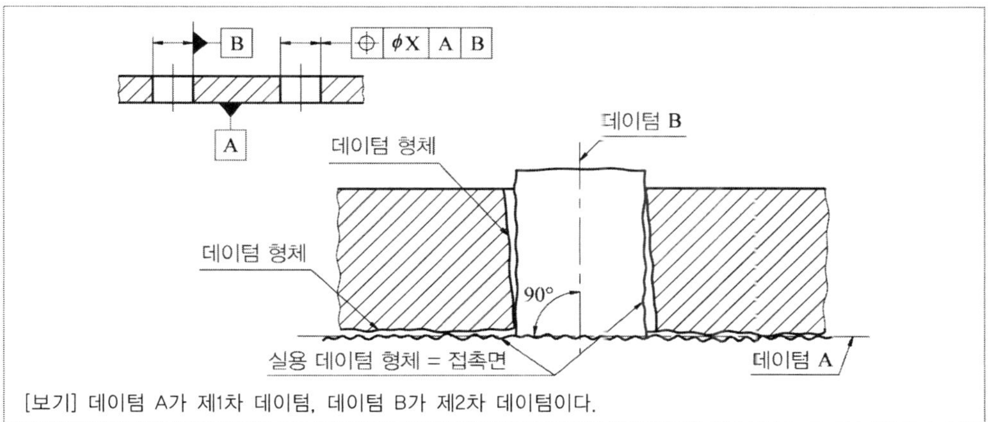

• 그림 2-52 • 원통의 축선에서 평면에 수직인 데이텀

(6) 데이텀의 적용

데이텀 및 데이텀 시스템은 관련되는 형체 사이에 기하학적 관계를 설정하기 위한 기준으로 사용한다. 서로 관련된 데이텀 형체 및 실용 데이텀 형체의 정밀도는 기능상의 요구를 충족시켜야 하기 때문에 데이텀 형체에는 형상 공차를 지정하는 것이 바람직하다.

데이텀의 도시 방법, 데이텀 형체 및 실용 데이텀 형체에 따라 데이텀을 설정하는 방법의 보기를 [표 2-23]과 같이 나타낸다.

표 2-23 데이텀 설정 방법 보기

데이텀의 도시	데이텀 형체	데이텀의 설정
1. 데이텀 – 점		
1.1 구의 중심 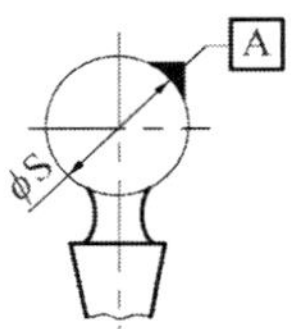 부표 그림 1.1 a)	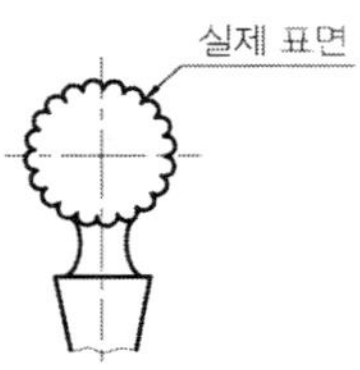 부표 그림 1.1 b)	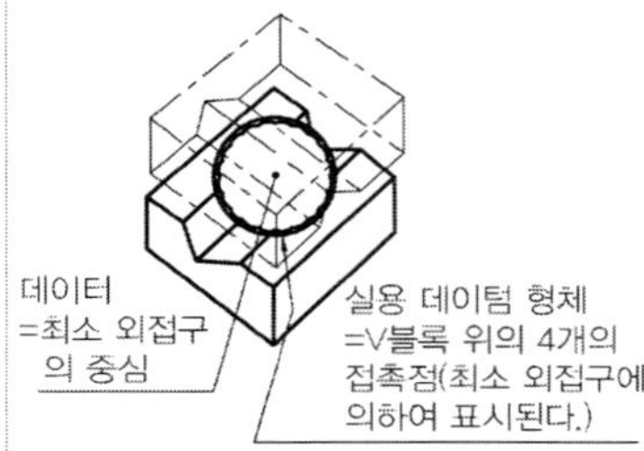 부표 그림 1.1 c)
1.2. 원의 중심 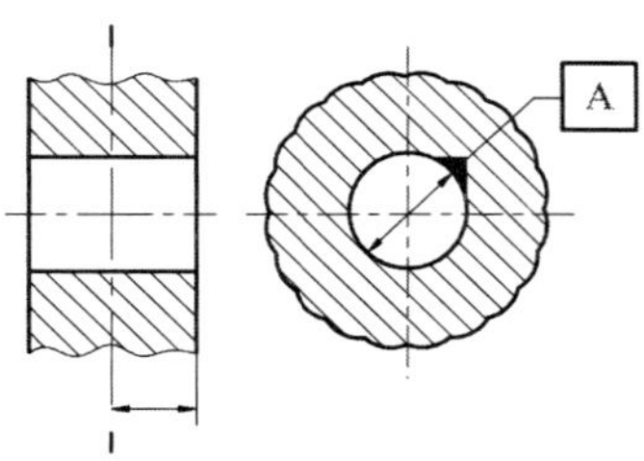 부표 그림 1.2 a)	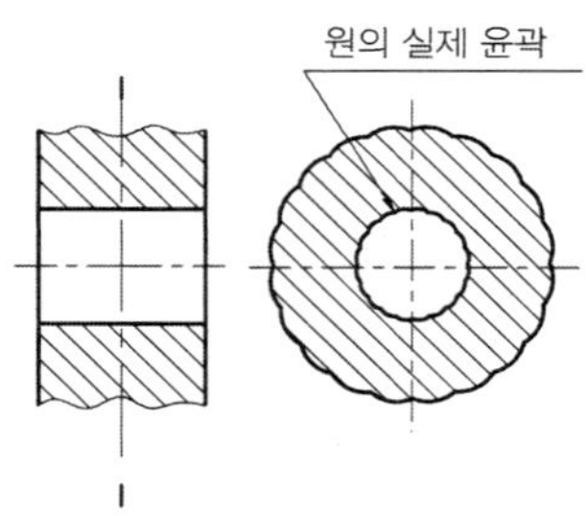 부표 그림 1.2 b)	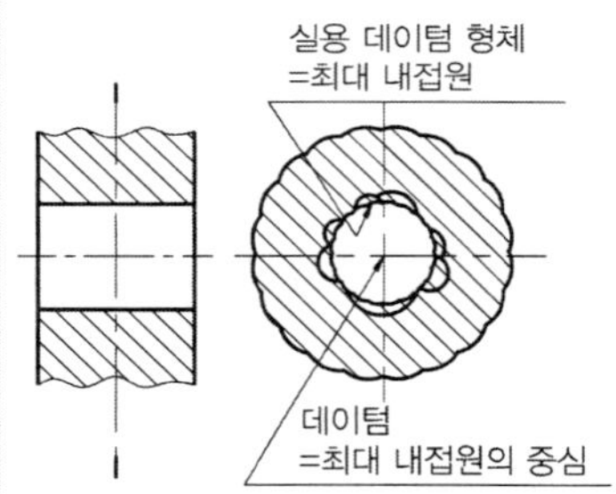 부표 그림 1.2 c)
1.3 원의 중심 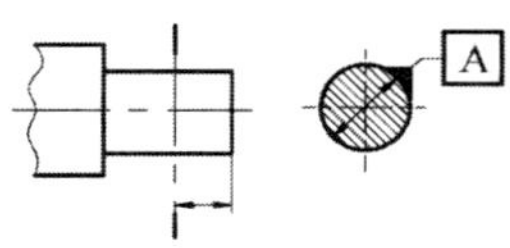 부표 그림 1.3 a)	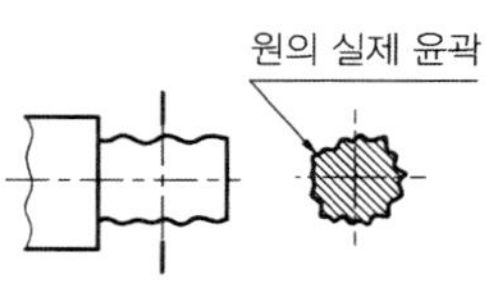 부표 그림 1.3 b)	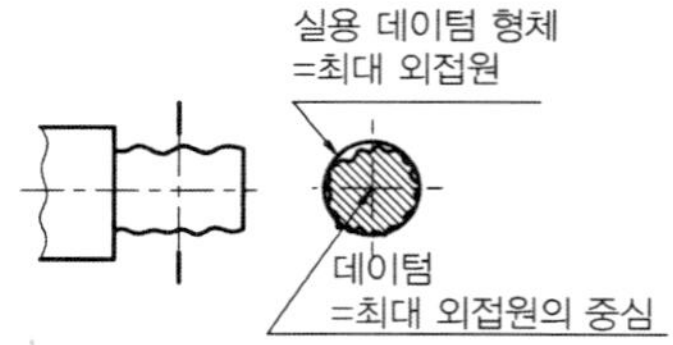 부표 그림 1.3 c)

데이텀의 도시	데이텀 형체	데이텀의 설정

2. 데이텀 – 선

2.1 구멍의 축선

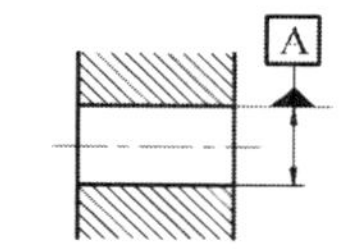

부표 그림 2.1 a)

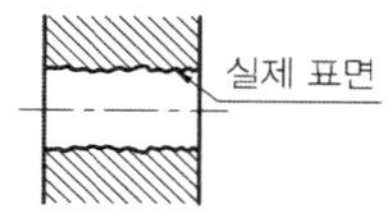

부표 그림 2.1 b)

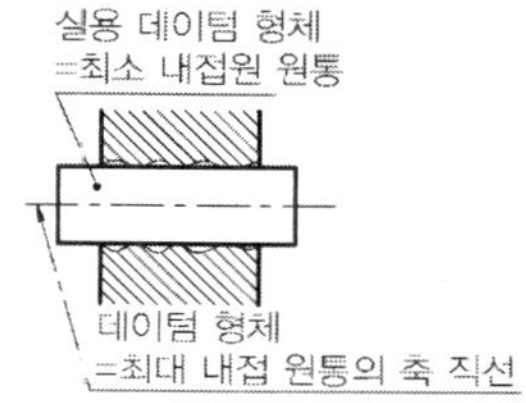

부표 그림 2.1 c)

2.2 축의 축선

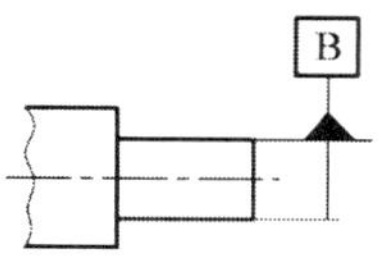

부표 그림 2.2 a)

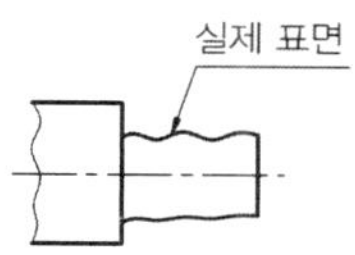

부표 그림 2.2 b)

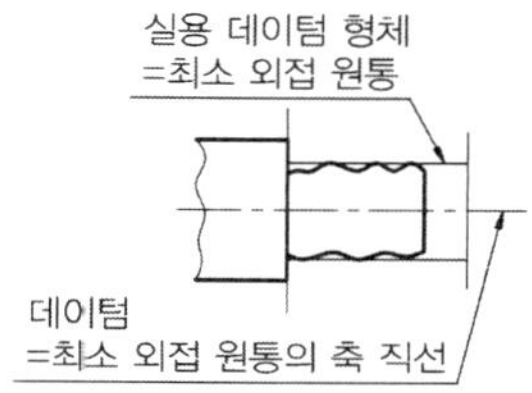

부표 그림 2.2 c)

3. 데이텀 – 평면

3.1 부품의 표면

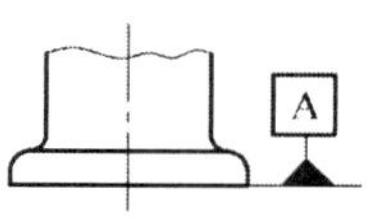

부표 그림 3.1 a)

부표 그림 3.1 b)

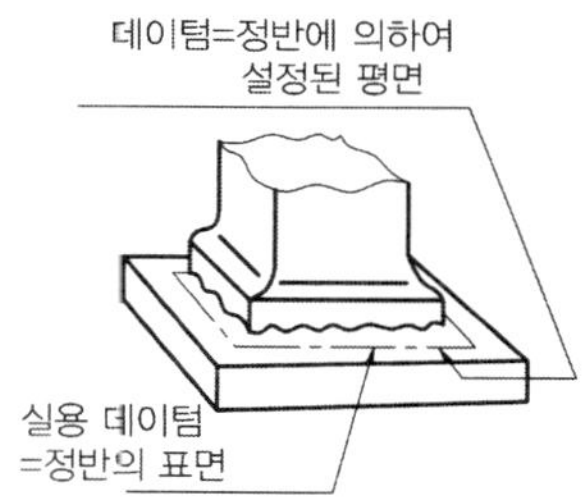

부표 그림 3.1 c)

3.2 부품 2개 표면의 중심 평면

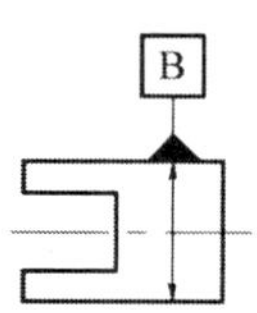

부표 그림 3.2 a)

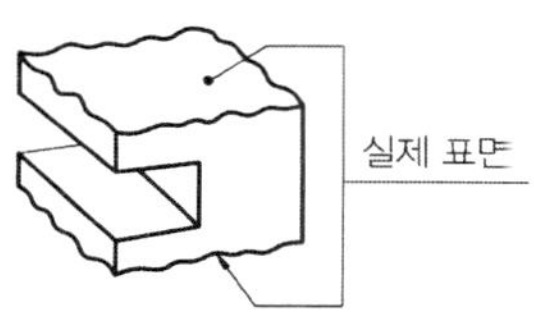

부표 그림 3.2 b)

부표 그림 3.2 c)

② 기하공차의 도시 방법

(1) 기하공차 지정할 때의 일반사항

① 도면에 지정하는 대상물의 모양, 자세 및 위치의 편차 그리고 흔들림의 허용 값에 대하여는 원칙적으로 기하공차에 의하여 도시한다.

② 형체에 지정한 치수의 허용한계는 특별히 지시가 없는 한, 기하 공차를 규제하지 않는다.

③ 기하 공차는 기능상의 요구, 호환성 등에 의거하여 불가결한 곳에만 지정한다.

④ 기하 공차의 지시는 생산 방식, 측정방법 또는 검사방법을 특정한 것에 한정하지 않는다.
다만, 특정한 경우에는 별도로 지시한다.

(2) 기하 공차의 종류와 그 기호

기하 공차의 종류와 기호는 [표 2-24]에 따른다.

표 2-24 기하 공차의 종류와 기호

적용하는 형체	공차의 종류		기호
단독 형체	모양 공차	진직도 공차	—
		평면도 공차	⏥
		진원도 공차	○
		원통도 공차	⌭
단독 형체 또는 관련 형체		선의 윤곽도 공차	⌒
		면의 윤곽도 공차	⌓
관련 형체	자세 공차	평행도 공차	//
		직각도 공차	⊥
		경사도 공차	∠
	위치 공차	위치도 공차	⌖
		동축도 공차 또는 동심도 공차	◎
		대칭도 공차	⌯
	흔들림 공차	원주 흔들림 공차	↗
		온 흔들림 공차	⌰

1) 단독 형체(모양 공차)

① **진직도**

㉠ 1방향 : [그림 2-53(a)]와 같이 기하학적으로 바른 평행한 2평면으로 그 직선 형체(L)를 끼웠을 때, 평행 2평면의 간격이 최소가 되는 경우의 2평면의 간격(f)으로 한다.

㉡ 2방향 : [그림 2-53(b)]와 같이 서로 직각인 2방향의 진직도는 그 2방향에 각각 수직인 2짝의 기하학적 평행 2평면으로 그 직선 형체(L)를 사이에 끼웠을 때, 2짝의 평행 2평면 각각의 간격이 최소가 되는 경우의 2평면의 간격(f_1f_2)으로 표시한다.

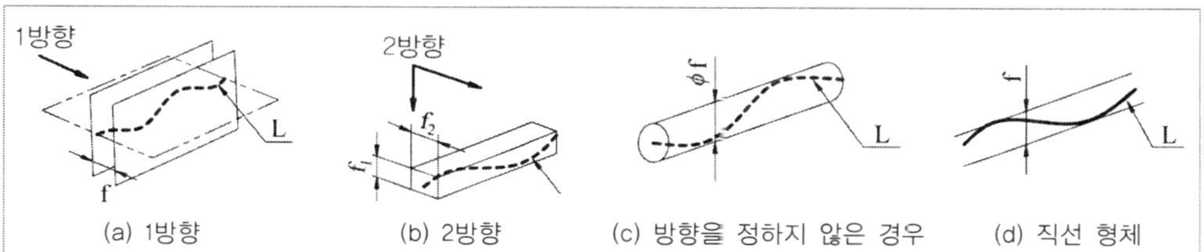

• 그림 2-53 • 진직도

㉢ 방향을 정하지 않은 경우 : [그림 2-53(c)]와 같이 직선 형체(L)를 모두 포함하는 기하학적 원통 중에서 가장 지름이 작은 원통의 지름(ϕf)으로 표시한다.

㉣ 직선 형체 : [그림 2-53(d)]와 같이 기하학적으로 정확한 평행 2직선으로 그 직선 형체(L)를 사이에 끼웠을 때, 평행 2직선의 간격이 최소가 되는 경우의 2직선의 간격(f)으로 표시한다.

② **평면도**

[그림 2-54]와 같이 평면 형체(P)를 기하학적 평행 2평면으로 사이에 끼웠을 때, 평행 2평면의 간격이 최소가 되는 경우의 2평면의 간격(f)으로 나타낸다.

③ **진원도**

[그림 2-55]와 같이 원형 형체(C)를 2개의 동심인 기하학적 원 사이에 끼웠을 때, 동심 2원의 간격이 최소가 되는 경우의 2원의 반지름의 차(f)으로 표시한다.

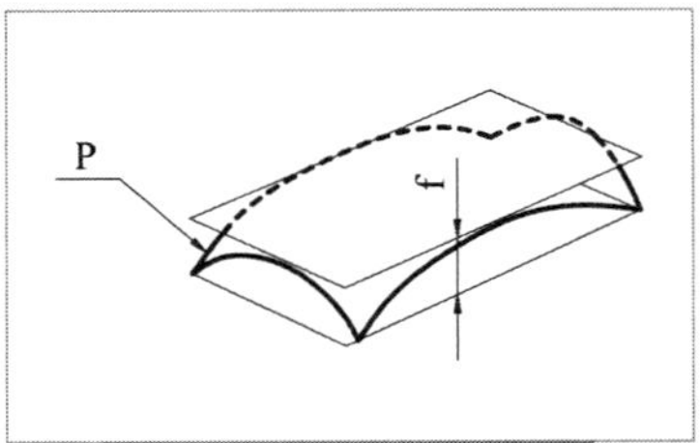

• 그림 2-54 • 평면도

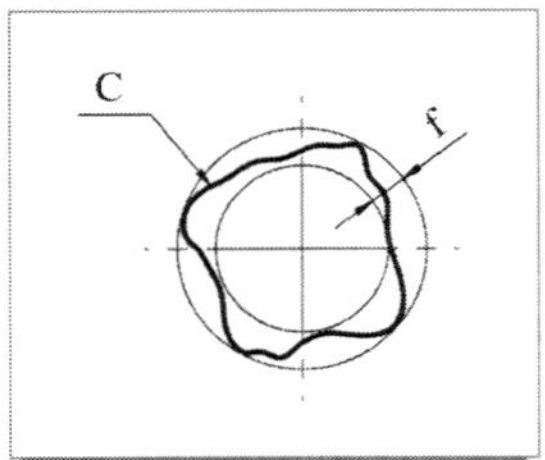

• 그림 2-55 • 진원도

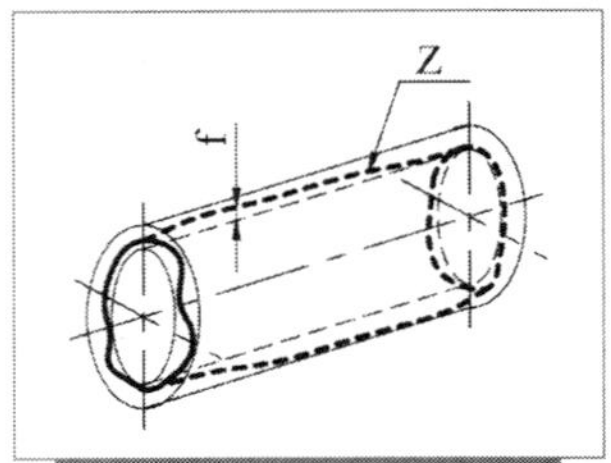

• 그림 2-56 • 원통도

④ **원통도**

[그림 2-56]과 같이 원통 형체(Z)를 2개의 동축인 기하학적 원통 사이에 끼웠을 때, 동축 2원통의 간격이 최소가 되는 경우의 2원통의 반지름의 차(f)으로 표시한다.

2) 단독 형체 또는 관련 형체(모양 공차)

① **선의 윤곽도**

[그림 2-57]과 같이 이론적으로 정확한 치수에 의하여 정해진 기하학적 윤곽선(K_T) 위에 중심을 갖는 동일한 지름의 기하학적 원의 2개의 포락선(규칙성을 갖는 곡선)으로 그 선의 윤곽(K)을 끼웠을 때, 2포락선의 간격(f)(원의 지름)으로 표시한다.

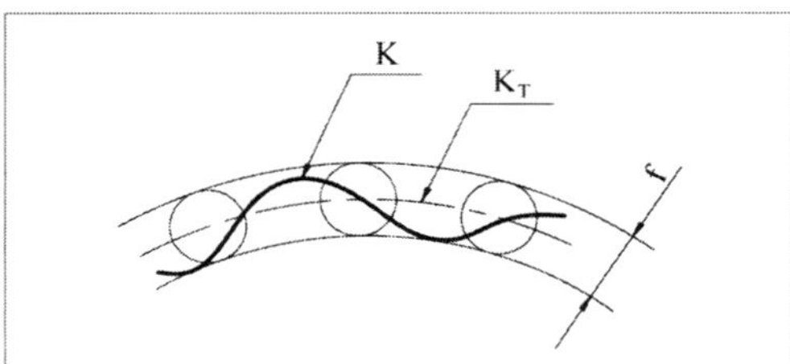

• 그림 2-57 • 선의 윤곽도

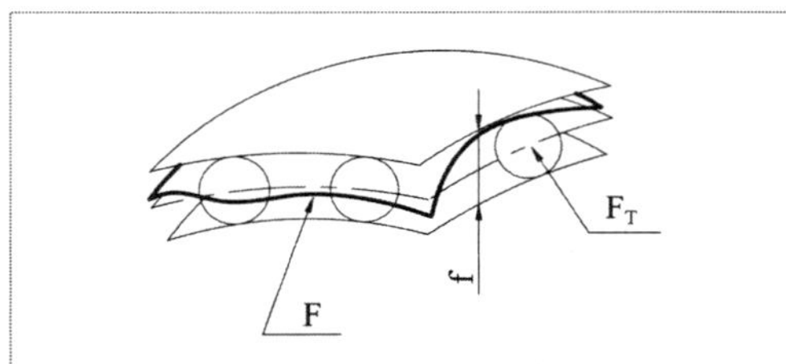

• 그림 2-58 • 면의 윤곽도

② **면의 윤곽도**

[그림 2-58]과 같이 이론적으로 정확한 치수에 따라 기하학적 윤곽면(F_T) 위에 중심을 갖는 동일한 지름의 기하학적으로 정확한 구의 2개의 포락면(규칙성을 갖는 곡면)으로 그 면의 윤곽(F)을 사이에 끼웠을 때, 2포락면의 간격(f)(구의 지름)으로 표시한다.

3) 관련 형체(자세 공차)

① **평행도**

직선 형체 또는 평면 형체가 데이텀 직선 또는 데이텀 평면에 대하여 수직인 방향에 있어서 차지하는 영역의 크기에 따라 다음에 표시하는 것과 같이 나타낸다.

㉠ 직선 형체의 데이텀 직선에 대한 평행도

ⓐ 한 방향의 평행도 : [그림 2-59(a)]와 같이 한 방향의 평행도는 그 방향에 수직이고 데이텀 직선(L_D)에 평행인 기하학적 평행 2평면으로 그 직선 형체(L)를 사이에 끼웠을 때, 2평면의 간격(f)으로 표시한다.

ⓑ 서로 직각인 2방향의 평행도 : [그림 2-59(b)]와 같이 2방향에 각각 수직인 데이텀 직선(L_D)에 평행인 2짝의 기하학적 평행 2평면으로 그 직선 형체(L)를 사이에 끼웠을 때, 2평면의 간격(f_1, f_2)으로 표시한다.

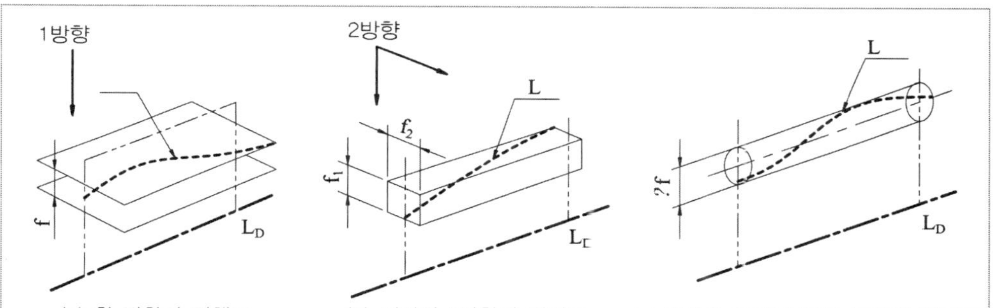

(a) 한 방향의 평행도 (b) 직각인 2방향의 평행도 (c) 방향을 정하지 않을 경우의 평행도

• 그림 2-59 • 직선 형체의 데이텀 직선에 대한 평행도

ⓒ 방향을 정하지 않을 경우의 평행도 : [그림 2-59(c)]와 같이 데이텀 직선(L_D)에 평행하고 그 직선 형체(L)를 포함하는 기하학적 원통 중에서 지름이 가장 작은 원통의 지름(ϕf)으로 표시한다.

㉡ 직선 형체 또는 평면 형체의 데이텀 : 평면에 대한 평행도 : [그림 2-60]과 같이 데이텀 평면(P_D)에 평행한 기하학적 평행 2평면으로 그 직선 형체(L) 또는 평행 형체(P)를 사이에 끼웠을 때, 2평면의 간격(f)으로 표시한다.

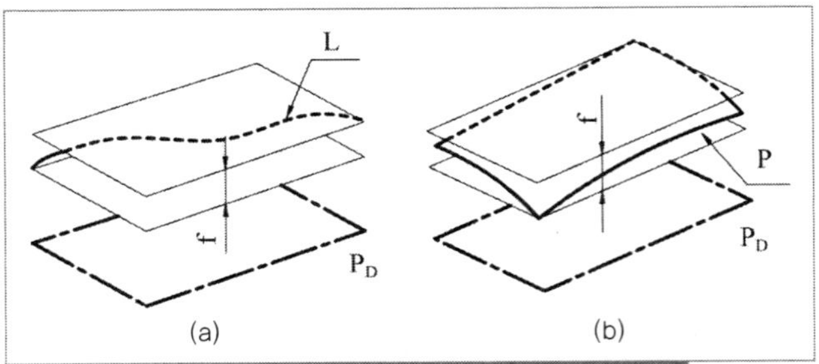

• 그림 2-60 • 직선 형체 또는 평면 형체의 데이텀 평면에 대한 평행도

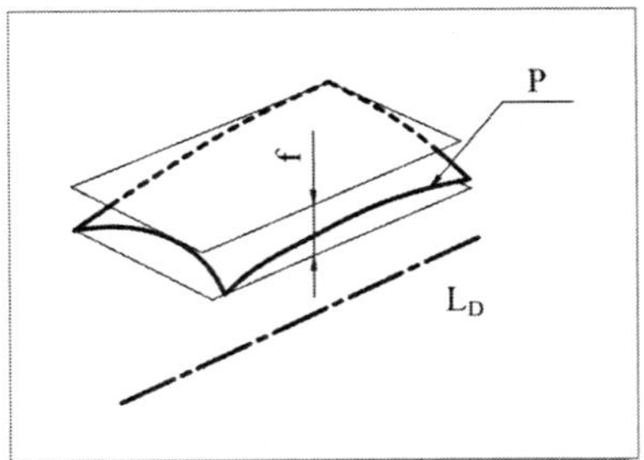

• 그림 2-61 • 평면 형체의 데이텀 직선에 대한 평행도

㉢ 평면 형체의 데이텀 직선에 대한 평행도 : [그림 2-61]과 같이 데이텀 직선(L_D)에 평행인 기하학적 평행 2평면으로 그 평면 형체(P)를 사이에 끼웠을 때, 평행 2평면의 간격이 최소가 되는 경우의 2평면의 간격(f)으로 표시한다.

② **직각도**

직각도는 직선 형체 또는 평면 형체가 데이텀 직선 또는 데이텀 평면에 대하여 평행인 방향에서 차지하는 영역의 크기에 따라 다음과 같이 나타낸다.

㉠ 직선 형체 또는 평면 형체의 데이텀 직선에 대한 직각도 : [그림 2-62]와 같이 직선 형체 또는 평면 형체의 데이텀 직선(L_D)에 수직인 기하학적 평행 2평면으로 그 직선 형체(L) 또는 평면 형체(P)를 끼웠을 때, 2평면의 간격(f)으로 표시한다.

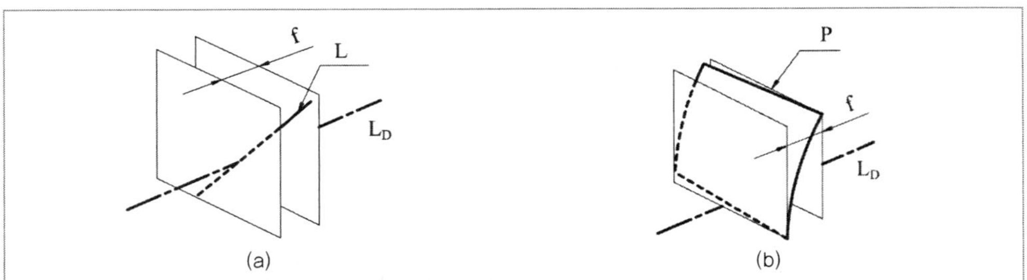

• 그림 2-62 • 직선 형체 또는 평면 형체의 데이텀 직선에 대한 직각도

㉡ 직선 형체의 데이텀 평면에 대한 직각도

ⓐ 한 방향의 직각도 : [그림 2-63(a)]와 같이 방향과 데이텀 평면(P_D)에 수직인 기하학적 평행 2평면으로 그 직선 형체(L)를 사이에 끼웠을 때, 2평면의 간격(f)으로 표시한다.

ⓑ 서로 직각인 2방향의 직각도 : [그림 2-63(b)]와 같이 2방향과 데이텀 평면(P_D)에 각각 수직인 2짝의 기하학적 평행 2평면으로 그 직선 형체(L)를 사이에 끼웠을 때, 2평면의 간격(f_1f_2)으로 표시한다.

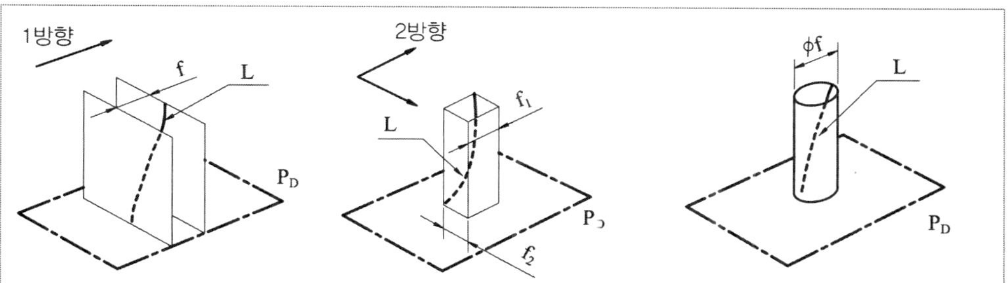

(a) 한 방향의 직각도 (b) 서로 직각인 2방향의 직각도 (c) 방향을 정하지 않을 경우의 직각도

• 그림 2-63 • 직선 형체의 데이텀 평면에 대한 직각도

ⓒ 방향을 정하지 않을 경우의 직각도 : [그림 2-63(c)]와 같이 데이텀 평면(P_D)에 수직이고, 그 직선 형체(L)를 모두 포함하는 기하학적 원통 중에서 지름이 가장 작은 원통의 지름(ϕf)으로 표시한다.

㉢ **평면 형체의 데이텀 평면에 대한 직각도**

: [그림 2-64]와 같이 데이텀 평면(P_D)에 수직인 기하학적 평행 2평면으로 그 평면 형체(P)를 사이에 끼웠을 때, 평행 2평면의 간격이 최소가 되는 경우의 2평면의 간격(f)으로 표시한다.

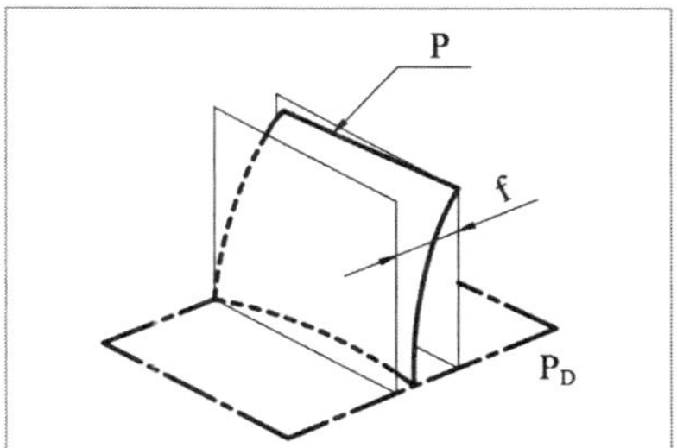

• 그림 2-64 • 평면 형체의 데이텀 평면에 대한 직각도

③ **경사도**

경사도는 직선 형체 또는 평면 형체가 데이텀 직선 또는 데이텀 평면에 대하여, 이론적으로 정확한 각도를 갖는 기하학적 직선 또는 기하학적 평면에 수직인 방향에 있어서 차지하는 영역의 크기에 따라 다음과 같이 나타낸다.

㉠ 직선 형체의 데이텀 직선에 대한 경사도

ⓐ 동일 평면 위에 있는 경우 : [그림 2-65(a)]와 같이 직선 형체(L)의 어느 한 끝과 데이텀 직선(L_D)에 대하여 이론적으로 정확한 각도(α)를 이루는 기하학적 평행 2평면으로 직선 형체(L)를 사이에 끼웠을 때, 2평면의 간격(f)으로 표시한다.

ⓑ 동일 평면 위에 없는 경우 : [그림 2-65(b)]와 같이 직선 형체(L)의 양 끝을 연결하는 기하학적 직선(L_A)에 평행하고, 데이텀 직선(L_D)을 포함하는 기하학적 평면(P_A)에 수직이며, 데이텀 직선(L_D)에 이론적으로 정확한 각도(α)를 이루는 기하학적 평행 2평면으로 그 직선 형체(L)를 사이에 끼웠을 때, 2평면의 간격(f)으로 표시한다.

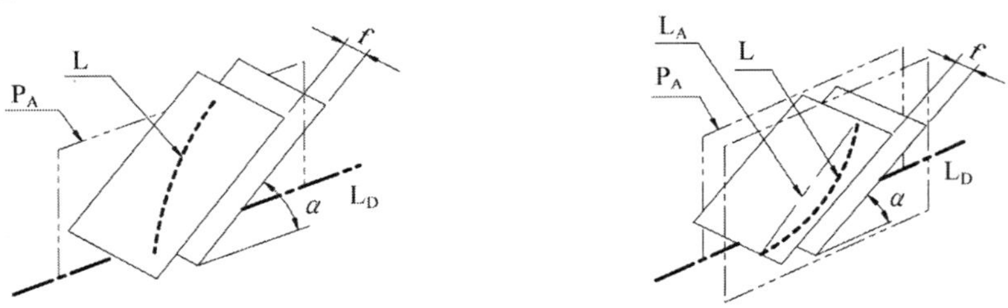

(a) 동일 평면 위에 있는 경우 (b) 동일 평면 위에 없는 경우

• 그림 2-65 • 직선 형체의 데이텀 직선에 대한 경사도

㉡ 직선 형체의 데이텀 평면에 대한 경사도 : [그림 2-66]과 같이 직선 형체(L)의 양 끝을 포함하고, 데이텀 평면(P_D)에 수직인 기하학적 평면(P_A)에 수직이며, 데이텀 직선(P_D)에 대하여 이론적으로 정확한 각도(α)를 이루는 기하학적 평행 2평면으로 직선 형체(L)를 끼웠을 때, 2평면의 간격(f)으로 표시한다.

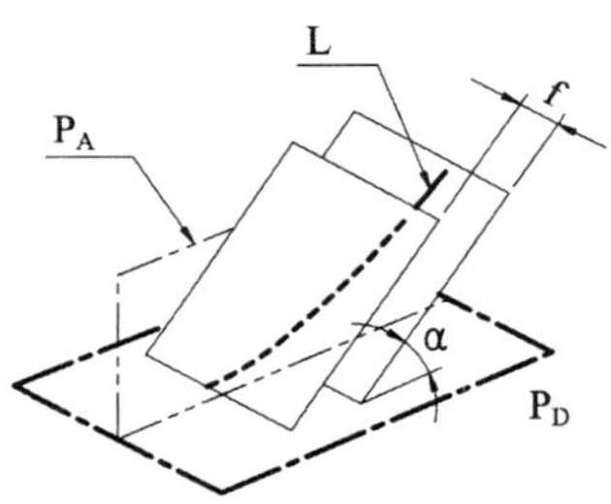

• 그림 2-66 • 직선 형체의 데이텀 평면에 대한 경사도

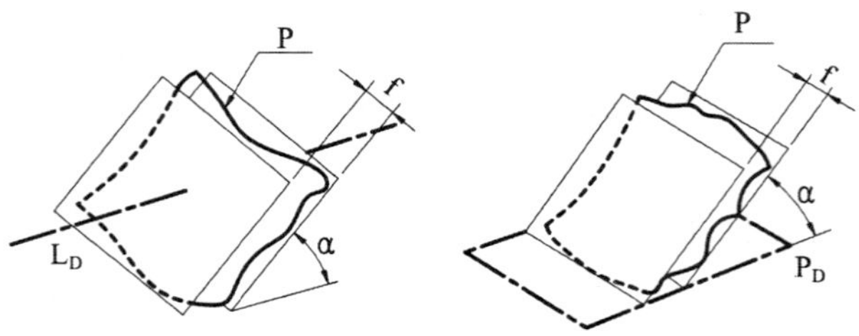

(a) (b)

• 그림 2-67 • 평면 형체의 데이텀 직선 또는 데이텀 평면에 대한 경사도

㉢ **평면 형체의 데이텀 직선 또는 데이텀 평면에 대한 경사도** : [그림 2-67(a), (b)]와 같이 데이텀 직선(L_D) 또는 데이텀 평면(P_D)에 대하여 이론적으로 정확한 각도(α)를 이루는 기하학적 평행 2평면으로 평면 형체(P)를 끼웠을 때, 평행 2평면의 간격이 최소가 되는 경우의 2평면의 간격(f)으로 표시한다.

4) 관련 형체(위치 공차)

① 위치도

위치도는 점, 직선 형체 또는 평면 형체가 이론적으로 정확한 위치에 대하여 차지하는 영역의 크기에 따라 다음과 같이 표시한다.

㉠ 점의 위치도 : [그림 2-68]과 같이 이론적으로 정확한 위치에 있는 점(E_T)을 중심으로 하고, 대상으로 하는 점(E)을 통과하는 기하학적 원 또는 기하학적 구의 지름(f, $S\phi f$)으로 표시한다.

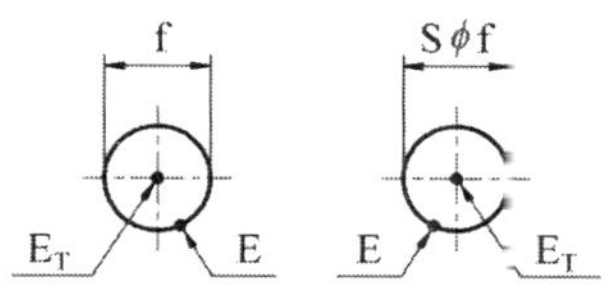

• 그림 2-68 • 점의 위치도

㉡ 직선 형체의 위치도

ⓐ 한 방향의 위치도 : [그림 2-69(a)]와 같이 그 방향에 수직이며 이론적으로 정확한 위치에 있는 기하학적 직선에 대하여 대칭인 기하학적 평행 2평면으로 그 직선 형체(L)를 사이에 끼웠을 대, 2평면의 간격(f)으로 표시한다.

ⓑ 서로 직각인 2방향의 위치도 : [그림 2-69(b)]와 같이 2방향이 각각 수직이며, 이론적으로 정확한 위치에 있는 기하학적 직선(L_T)에 대하여 대칭인 2짝의 기하학적 평행 2평면으로 그 직선 형체(L)를 사이에 끼웠을 때, 2평면의 간격(f_1, f_2)으로 표시한다.

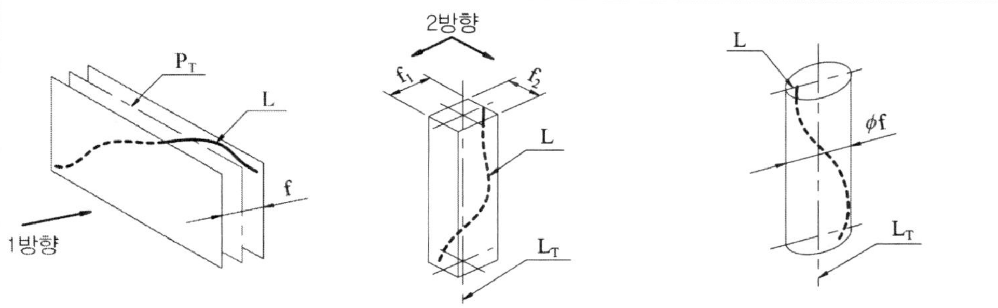

(a) 한 방향의 위치도 (b) 서로 직각인 2방향의 위치도 (c) 방향을 정하지 않은 경우의 위치도

• 그림 2-69 • 직선 형체의 위치도

ⓒ 방향을 정하지 않은 경우의 위치도 : [그림 2-69(c)]와 같이 이론적으로 정확한 위치에 있는 기하학적 직선(L_T)을 축으로 하고, 그 직선 형체(L)를 모두 포함하는 기하학적 원통 중에서 지름이 가장 작은 원통의 지름(ϕf)으로 표시한다.

㉢ 평면 형체의 위치도 : [그림 2-70]과 같이 이론적으로 정확한 위치에 있는 기하학적 평면(P_T)에 대하여 대칭인 기하학적 평행 2평면으로 그 평면 형체(P)를 사이에 끼웠을 때, 2평면의 간격(f)으로 표시한다.

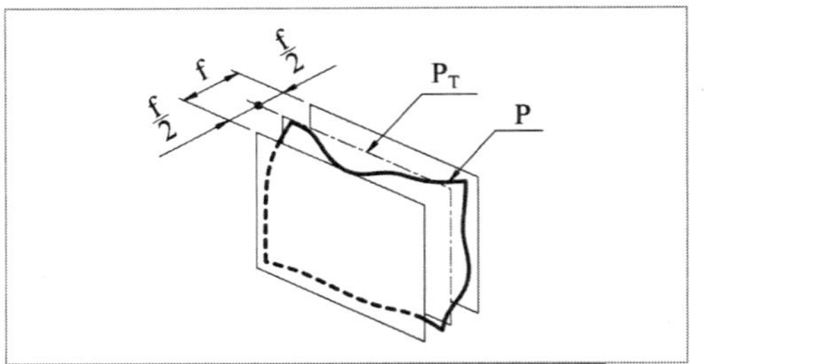

• 그림 2-70 • 평면 형체의 위치도

② 동축도

축선의 데이텀 축직선에 대한 동축도는 [그림 2-71(a)]와 같이 축선(A)을 모두 포함하는 데이텀 축직선(A_D)과 동축인 기하학적 원통 중에서 지름이 가장 작은 원통의 지름(ϕf)으로 표시한다. [그림 2-71(b)]와 같이 평면 도형으로서 2개의 원의 동심도는, 데이텀 원의 중심(E_D)과 동심이며, 원형 형체의 중심(E)를 통과하는 기하학적 원의 지름(f)으로 표시한다.

• 그림 2-71 • 동축도

③ 대칭도

대칭도는 축선 또는 중심면이 데이텀 축직선 또는 데이텀 중심 평면에 수직인 방향에서 차지하는 영역의 크기에 따라 나타낸다.

㉠ 축선의 대칭도

ⓐ 데이텀 중심 평면에 대한 대칭도 : [그림 2-72(a)]와 같이 데이텀 중심 평면(P_{MD})에 대하여 대칭인 기하학적 평행 2평면으로 그 축선을 사이에 끼웠을 때, 2평면의 간격(f)으로 표시한다.

ⓑ 데이텀 축직선에 대한 서로 직각인 2방향의 대칭도 : [그림 2-72(b)]와 같이 2방향에 각각 수직이며 데이텀 축직선(A_D)에 대하여 대칭인 기하학적 평행 2평면으로 그 축선(A)를 사이에 끼웠을 때, 2평면의 간격(f_1, f_2)으로 표시한다.

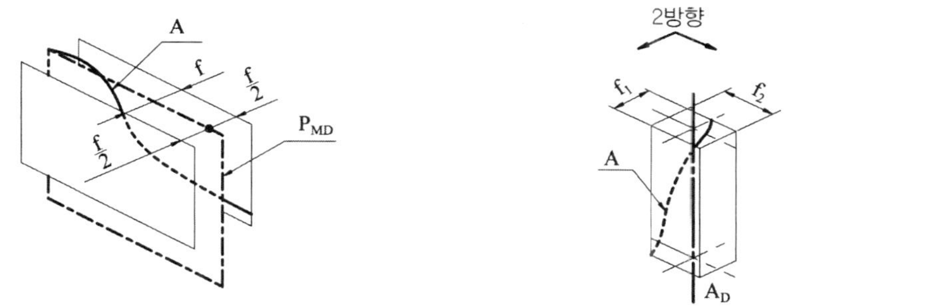

(a) 데이텀 중심 평면에 대한 대칭도 (b) 데이텀 축직선에 대한 서로 직각인 2방향의 대칭도

• 그림 2-72 • 축선의 대칭도

ⓛ 중심면의 대칭도

ⓐ 데이텀 축직선에 대한 한 방향의 대칭도 : [그림 2-73(a)]와 같이 그 방향에 수직이며 데이텀 축직선(A_D)에 대하여 대칭인 기하학적 평행 2평면으로 그 중심면(P_M)을 사이에 끼웠을 때, 2평면의 간격(f)으로 표시한다.

ⓑ 데이텀 중심 평면에 대한 대칭도 : [그림 2-73(b)]와 같이 데이텀 중심 평면(P_{MD})에 대하여 대칭인 기하학적 평행 2평면으로 그 중심면(P_M)을 사이에 끼웠을 때, 2평면의 간격(f)으로 표시한다.

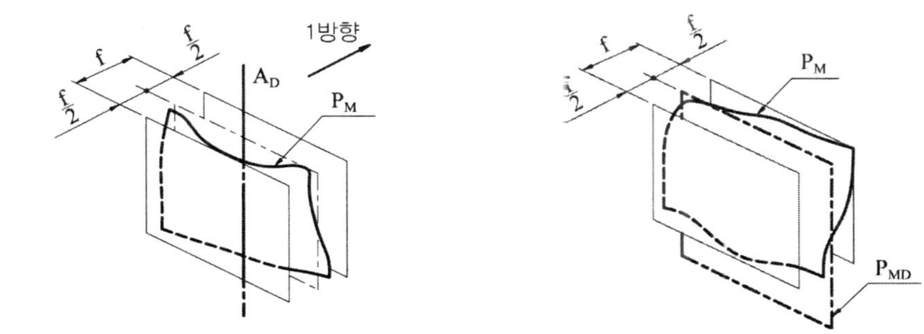

(a) 데이텀 축직선에 대한 한 방향의 대칭도 (b) 데이텀 중심 평면에 대한 대칭도

• 그림 2-73 • 중심면의 대칭도

5) 관련 형체(흔들림 공차)

① 원주 흔들림

원주 흔들림은 지정된 방향에 따라, 각각 다음에 표시하는 것과 같은 대상물 표면 상의 각 위치에 있어서의 흔들림 중에서 그 최대값으로 표시하는 것을 원칙으로 한다.

㉠ 반지름 방향의 원주 흔들림 : [그림 2-74(a)]와 같이 데이텀 축직선(A_D)에 대하여 수직인 한 평면 내에 있어서, 데이텀 축직선으로부터 대상으로 한 표면(K)까지의 거리의 최대값과 최소값의 차(f)로 표시한다.

㉡ 축방향의 원주 흔들림 : [그림 2-74(b)]와 같이 데이텀 축직선(A_D)으로부터 일정한 거리에 있는 원통면 위에 있어서, 데이텀 축직선에 수직인 1개의 기하학적 평면(P_A)에서 대상으로 한 표면(K)까지의 거리의 최대값과 최소값의 차(f)로 표시한다.

㉢ 경사 법선 방향의 원주 흔들림 : [그림 2-74(c)]와 같이 대상으로 한 표면에 대한 법선이 데이터 축직선에 대하여 어느 각도를 갖는 경우, 그 법선을 모선으로 하고 데이텀 축직선(A_D)을 축으로 하는 1개의 원추면 위에 있어서, 정점으로부터 대상으로 한 표면(K)까지의 거리의 최대값과 최소값의 차(f)로 표시한다.

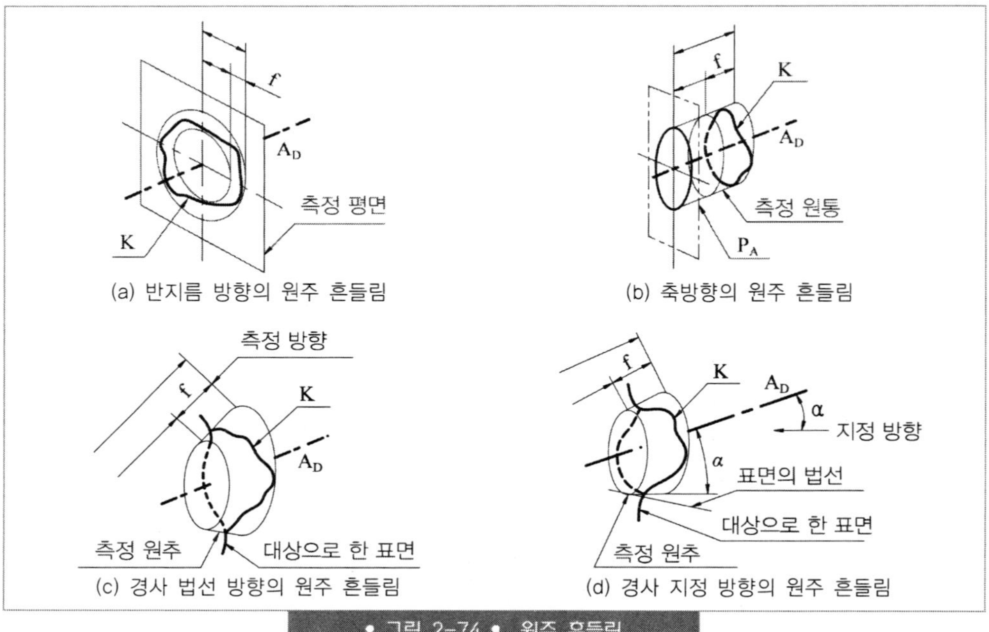

• 그림 2-74 • 원주 흔들림

㉣ 경사 지정 방향의 원주 흔들림 : [그림 2-74(d)]와 같이 지정된 방향을 대상으로 한 표면의 법선 방향에 관계없이 일정하고, 드 데이텀 축직선(A_D)에 대하여 어느 각도(α)를 갖는 경우, 그 방향을 주는 직선을 모선으로 하고, 데이텀 축직선을 축으로 하는 1개의 원추면 위의 정점에서 대상으로 한 표면(K)까지 거리의 최대값과 최소값의 차(f)로 표시한다.

② 온 흔들림

온 흔들림은 지정된 방향에 따라 아래와 같이 각각 나타낸다.

㉠ 반지름 방향의 온 흔들림 : 반지름 방향의 온 흔들림은 데이텀 축직선에 수직인 방향으로 데이텀 축직선으로부터 대상으로 한 표면까지 거리의 최대값과 최소값의 차로 표시한다.

㉡ 축방향의 온 흔들림 : 축방향의 온 흔들림은 데이텀 축직선에 평행인 방향으로 데이텀 축직선에 수직인 한 개의 기하학적 표면으로부터 대상으로 한 표면까지 거리의 최대값과 최소값의 차로 한다.

• 그림 2-75 • 온 흔들림

3 공차의 도시 방법

(1) 도시방법 일반

① 단독 형체에 기하 공차를 지시하기 위하여는 공차의 종류와 공차값을 기입한 직사각형의 틀(이하 공차 기입틀이라 한다.)과 그 형체를 지시선으로 연결해서 도시한다.

② 관련 형체에 기하 공차를 지시하기 위하여는 데이텀에 데이텀 삼각 기호(직각 이등변삼각형으로 한다.)를 붙이고, 공차 기입틀과 관련시켜서 도시한다.

(2) 공차 기입 틀에의 표시 사항

공차에 대한 표시사항은 공차 기입틀을 2구획 또는 그 이상으로 구분하여 그 안에 기입한다.

① [그림 2-76]과 같이 공차의 종류를 나타내는 기호, 공차값, 데이텀을 지시하는 문자 기호 또한, 규제하는 형체가 단독 형체인 경우에는 그림(a)와 같이 문자 기호를 붙이지 않는다.

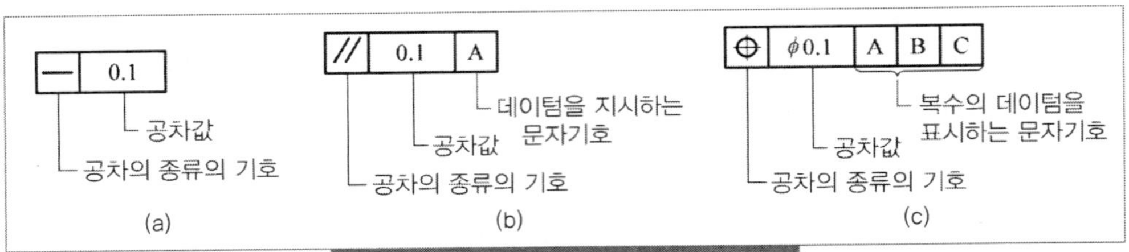

• 그림 2-76 • 공차 기입틀과 구획 구분

② "6구멍" 및 "4면"과 같은 공차붙이 형체에 연관시켜서 지시하는 주기는 [그림 2-77(a)]와 같이 공차 기입틀의 위쪽에 쓴다.

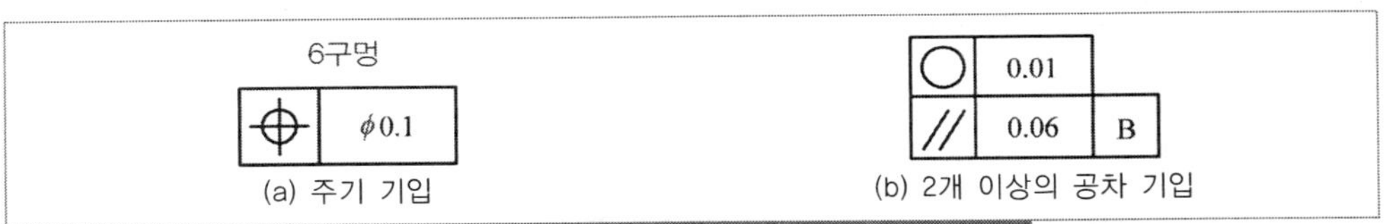

• 그림 2-77 • 주기 기입 및 2개 이상의 공차 기입

③ 1개의 형체에 2개 이상의 종류의 공차를 지시할 필요가 있을 때에는 [그림 2-77(b)]와 같이 이들의 공차 기입틀을 상하로 겹쳐서 기입한다.

(3) 공차에 의하여 규제되는 형체의 표시방법

공차에 의하여 규제되는 형체는 공차 기입틀로부터 끌어내어, 끝에 화살표를 붙인 지시선에 의하여 다음의 규정에 따라 대상으로 하는 형체에 연결해서 나타낸다. 또한 지시선에는 가는 실선을 사용한다.

① 선 또는 면 자체에 공차를 지정하는 경우에는 형체의 외형선 위 또는 외형선의 연장선 위에(치수선의 위치를 명확하게 피해서) [그림 2-78]과 같이 지시선의 화살표를 수직으로 한다.

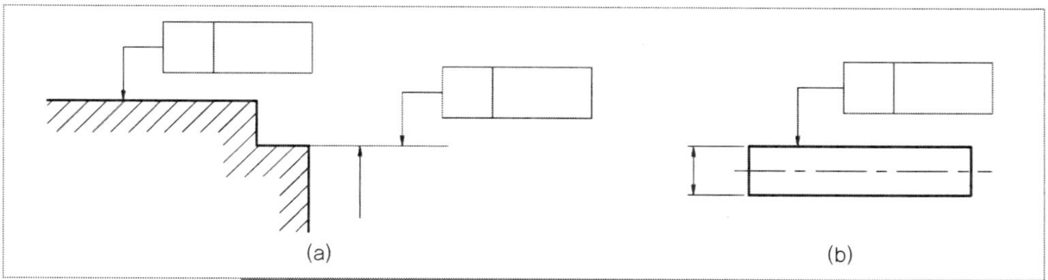

• 그림 2-78 • 선 또는 면 자체에 공차를 지정하는 경우

② 치수가 지정되어 있는 형체의 축선 또는 중심면에 공차를 지정하는 경우에는 [그림 2-79]와 같이 치수선의 연장선이 공차 기입틀로부터의 지시선이 되도록 한다.

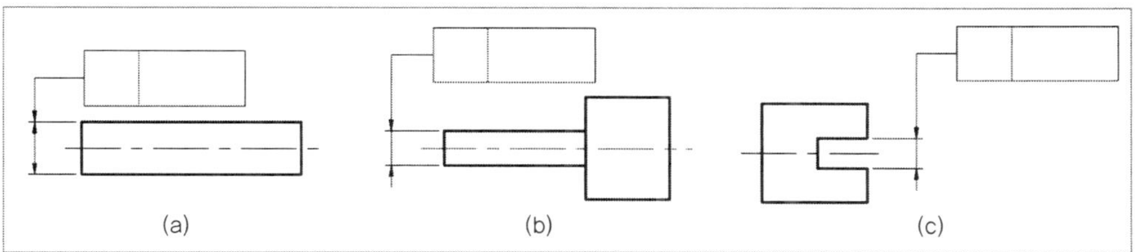

• 그림 2-79 • 치수가 지정된 형체에 공차를 지정하는 경우

③ 축선 또는 중심면이 공통인 모든 형체의 축선 또는 중심면에 공차를 지정하는 경우에는 [그림 2-80]과 같이 축선 또는 중심면을 나타내는 중심선에 수직으로, 공차 기입틀로부터의 지시선의 화살표를 댄다.

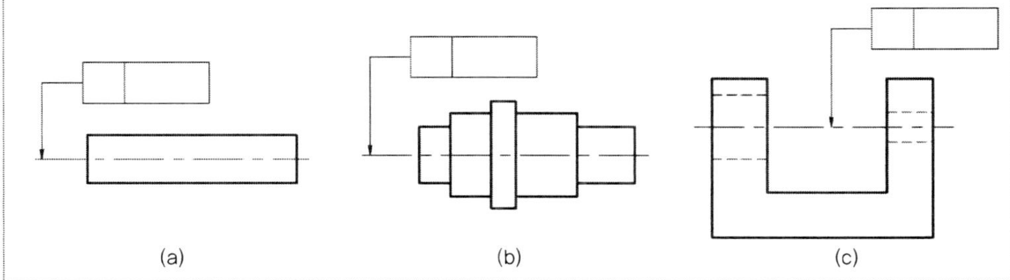

• 그림 2-80 • 모든 형체의 축선에 공차를 지정하는 경우

④ 여러 개의 떨어져 있는 형체에 같은 공차를 지정하는 경우에는 개개의 형체에 각각 공차 기입틀로 지정하는 대신에 공통의 공차 기입틀로부터 끌어낸 지시선을 [그림 2-81(a)]와 같이 각각의 형체에 분기해서 대거나, [그림 2-81(b)]와 같이 각각의 형체를 문자 기호로 나타낼 수 있다.

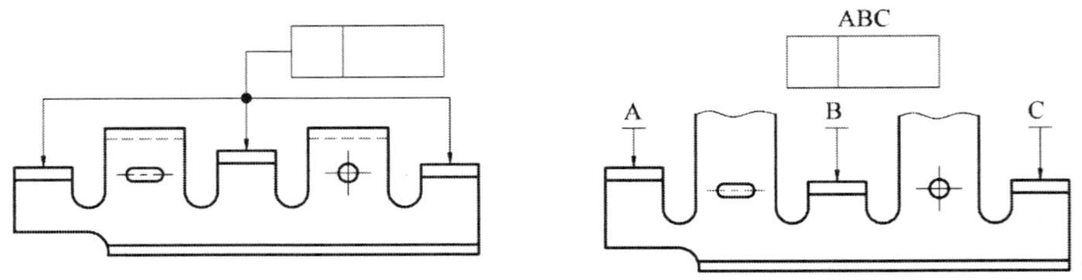

(a) (b)

• 그림 2-81 • 여러 개의 떨어져 있는 형체에 같은 공차를 지정하는 경우

(4) 도시방법과 공차역의 관계

1) 공차값 앞에 ∅유, 무에 따른 공차역의 관계

① 공차값 앞에 ∅가 없는 경우의 공차역 관계

[그림 2-82(a), (b)]와 같이 공차 값 앞에 기호 ∅가 없는 경우에는 공차 기입틀과 공차붙이 형체를 연결하는 지시선의 화살방향에 존재하는 것으로서 취급한다.

(a) 공차값 앞에 ∅가 없는 도시 (b) 공차값 앞에 ∅가 없는 도시의 공차역

• 그림 2-82 • 공차값 앞에 ∅가 없는 도시 및 공차역

② 공차값 앞에 ∅가 있는 경우의 공차역 관계

[그림 2-83(a), (b)]와 같이 기호 ∅가 부기되어 있는 경우에는 공차역은 원 또는 원통의 내부에 존재하는 것으로서 취급한다.

(a) 공차값 앞에 ∅가 있는 도시 (b) 공차값 앞에 ∅가 있는 도시의 공차역

• 그림 2-83 • 공차값 앞에 ∅가 있는 도시 및 공차역

2) 면의 법선방향 및 법선방향이 아닌 경우의 도시 및 공차역 관계

① 나비 면의 법선방향 도시 및 공차역

공차역의 나비는 [그림 2-84]와 같이 원칙적으로 규제되는 면에 대하여 법선방향에 존재하는 것으로서 취급한다.

(a) 나비 면의 법선방향 도시 (b) 나비 면의 법선방향의 공차역

• 그림 2-84 • 나비 면의 법선방향 도시 및 공차역

② 나비 면의 법선방향이 아닌 특정한 방향 도시 및 공차역

공차역을 면의 법선방향이 아니고 특정한 방향에 지정하고 싶을 때에는 [그림 2-85]와 같이 그 방향을 기울기(α)로 지정한다.

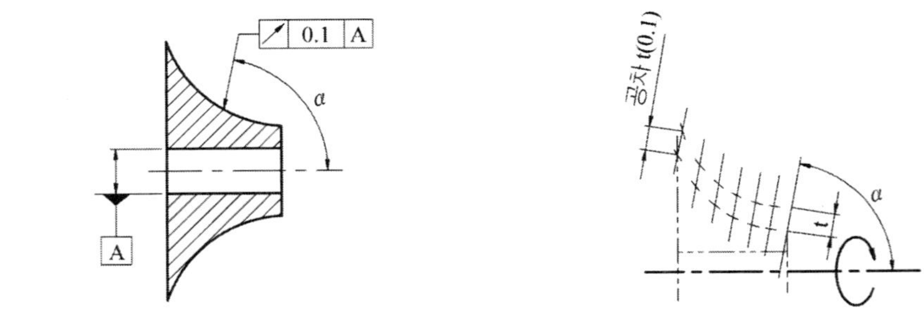

(a) 법선방향이 아닌 특정한 방향인 경우 도시 (b) 특정한 방향이 아닌 경우 공차역

• 그림 2-85 • 법선방향이 아닌 특정한 방향 도시 및 공차역

3) 여러개의 떨어져 있는 형체에 공차역 적용

① 형체에 같은 공차를 공통인 공차 기입틀을 사용 지정하는 경우

[그림 2-86]과 같이 같은 공차를 공통인 공차 기입틀을 사용하여 지정하는 경우에는 특별히 지정하지 않는 한 각각의 형체마다 지정하는 공차역을 적용한다.

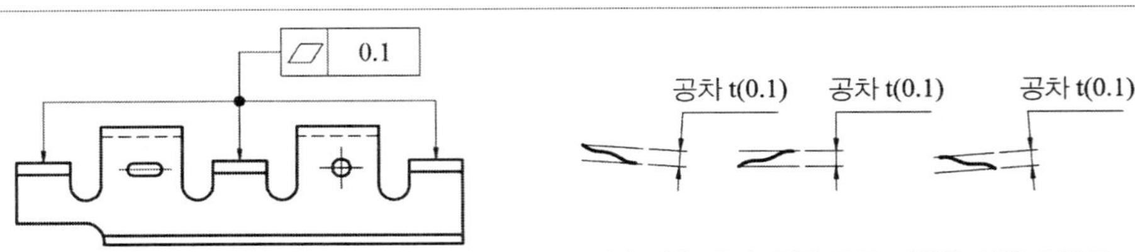

(a) 같은 공차 공통 공차 기입틀 사용 도시 (b) 같은 공차 공통 공차 기입틀 사용 공차역

• 그림 2-86 • 형체에 같은 공차를 공통인 공차 기입틀을 사용 지정하는 경우

② 형체에 공통의 영역을 갖는 공차값을 지정하는 경우

여러 개의 떨어져 있는 형체에 공통의 영역을 갖는 공차값을 지정하는 경우에는 [그림 2-87]과 같이 공통의 공차 기입틀의 위쪽에 "공통 공차역"이라고 기입한다.

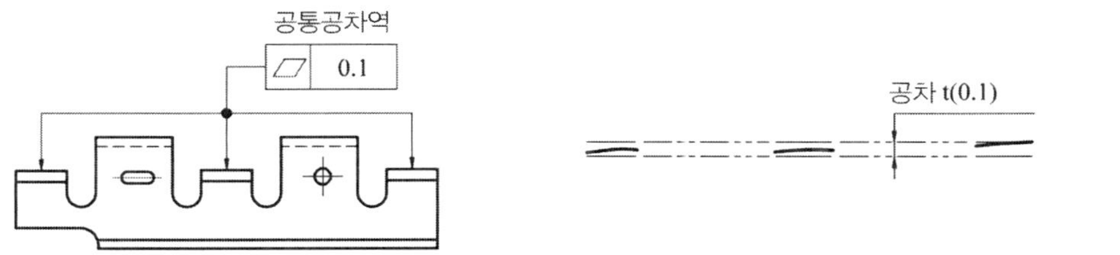

(a) 공통의 영역에 공차값 지정 경우 도시 (b) 공통의 영역을 갖는 공차값을 지정하는 경우의 공차역

• 그림 2-87 • 형체에 공통의 영역을 갖는 공차값을 지정하는 경우

(5) 공차 적용의 한정

① 선 또는 면의 한정된 범위에만 공차값을 적용하고 싶을 경우에는 [그림 2-88]과 같이 선 또는 면에 따라 그린 굵은 1점 쇄선으로 한정하는 범위를 나타내고 도시한다.

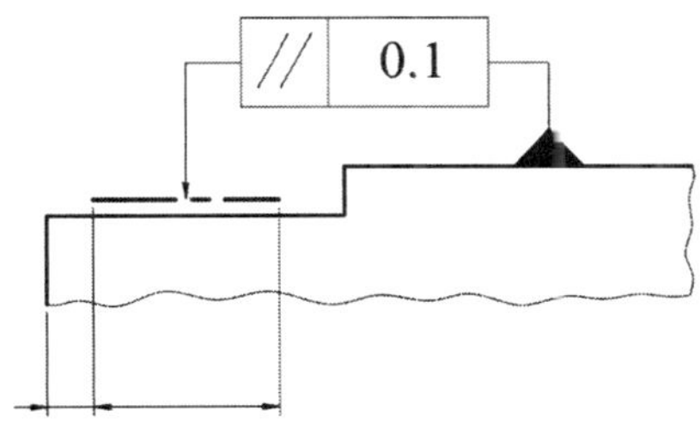

• 그림 2-88 • 한정 범위 공차 적용

② 대상으로 한 형체의 임의의 위치에서 특정한 길이마다에 대하여 공차를 지시하는 경우에는 [그림 2-89(a)]와 같이 공차값 뒤에 사선을 긋고 그 길이를 기입한다.

//	0.01/100	A

(a) 특정 길이마다에 대하여 공차 지시

<table><tr><td rowspan="2">//</td><td>0.1</td><td rowspan="2">A</td></tr><tr><td>0.05/200</td></tr></table>

(b) 전체 및 길이마다에 공차값 동시 지정

• 그림 2-89 • 특정 길이마다 공차 및 전체 공차 동시 지정

③ 대상으로 한 형체의 전체에 대한 공차 값과 그 형체의 어느 길이마다에 공차 값을 동시에 지정할 때에는 [그림 2-89(b)]와 같이 전자를 위쪽에, 후자를 아래쪽에 겹쳐서 기입하고, 상하를 가로선으로 구획 짓는다.

④ 공차역 내에서의 형체의 성질을 특별히 지시하고 싶을 때에는 공차 기입을 근처에 [그림 2-90(a)]와 같이 요구사항을 기입하거나 또는 [그림 2-90(b)]와 같이 인출선으로 연결한다.

• 그림 2-90 • 형체의 성질을 특별히 지시하고 싶을 때 공차 기입

(6) 이론적으로 정확한 치수의 도시방법

위치도, 윤곽도 또는 경사도의 공차를 형체에 지정하는 경우에는 [그림 2-91]과 같이 이론적으로 정확한 위치, 윤곽 또는 각도를 정하는 치수를 30과 같이 사각형 틀로 둘러싸서 나타내며, 사각형 틀 내에 나타내는 치수를 이론적으로 정확한 치수라 하고, 그 자체는 치수 허용차를 갖지 않는다.

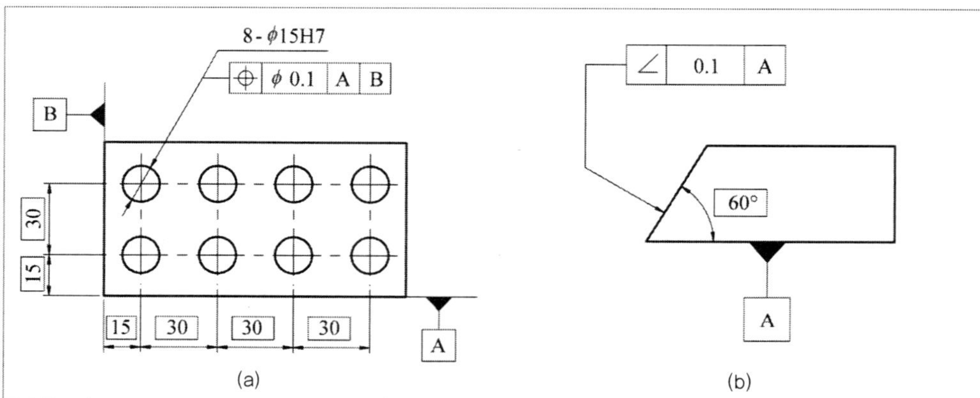

• 그림 2-91 • 이론적으로 정확한 치수의 도시방법

(7) 돌출 공차역의 지시방법

공차역을 그 형체 자체의 내부가 아니고, 그 외부에 지정하고 싶을 경우에는 그 돌출부를 가는 2점 쇄선으로 표시하고, [그림 2-92]와 같이 치수 숫자 앞 및 공차값 뒤에 기호 ⓟ를 기입한다.

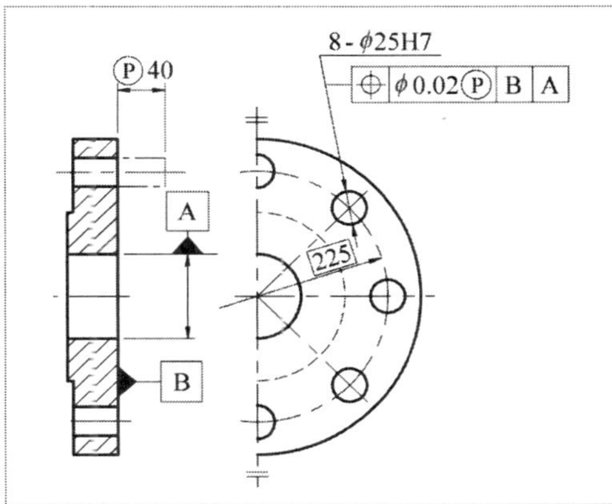

• 그림 2-92 • 돌출 공차역의 지시방법

4 공차역의 도시보기와 그 해석

(1) 진직도 공차(단독 형체, 모양 공차)

1) 선의 진직도 공차

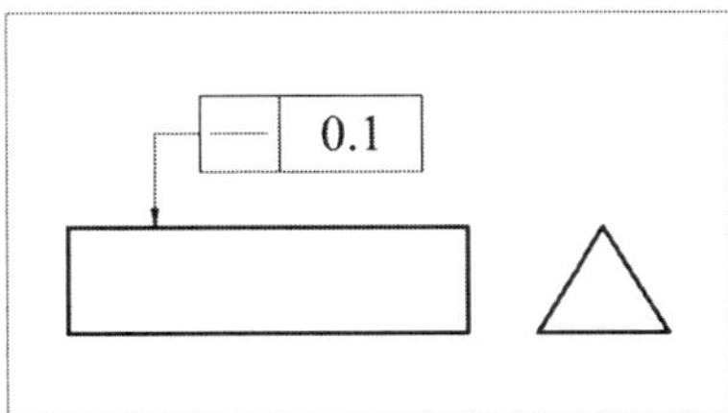

• 그림 2-93 • 선의 진직도 공차

지시선의 화살표로 나타낸 직선은, 화살표 방향으로 0.1mm단큼 떨어진 2개의 평행한 평면 사이에 있어야 한다.

2) 표면의 요소로서의 선의 진직도 공차

① 도시 보기 1

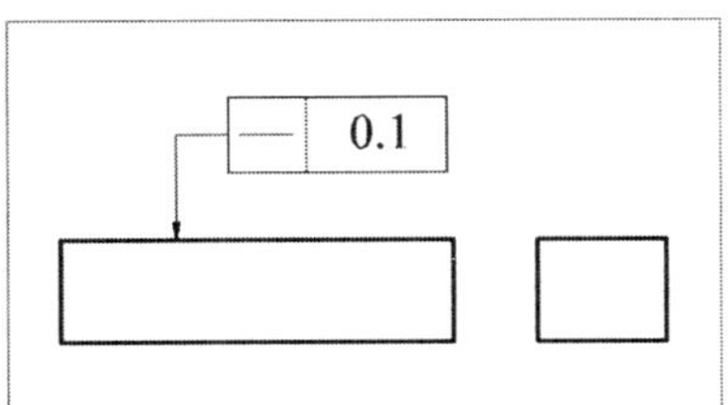

• 그림 2-94 • 표면의 요소로서의 선의 진직도 공차(1)

지시선의 화살표로 나타낸 면을, 공차 기입틀을 표시한 도형의 투상면에 평행한 임의의 평면으로 절단했을 때, 그 절단면에 나타난 선이 화살표 방향으로 0.1mm만큼 떨어진 2개의 평행한 직선 사이에 있어야 한다.

② 도시 보기 2

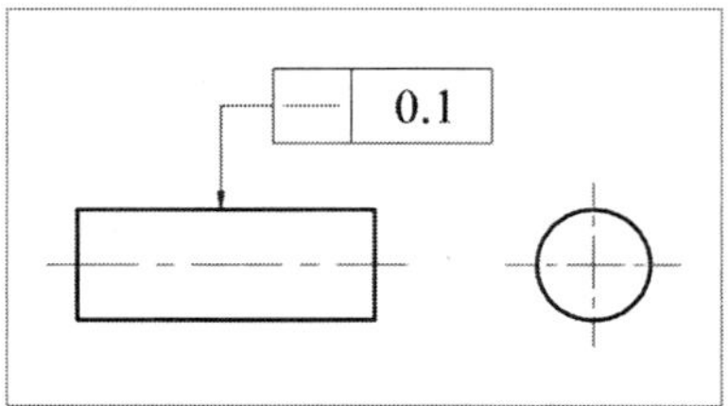

• 그림 2-95 • 표면의 요소로서의 선의 진직도 공차(2)

지시선의 화살표로 나타내는 원통면 위의 임의의 모선은, 그 원통의 축선을 포함하는 평면 내에 있어서 0.1mm만큼 떨어진 2개의 평행한 직선 사이에 있어야 한다.

③ 도시 보기 3

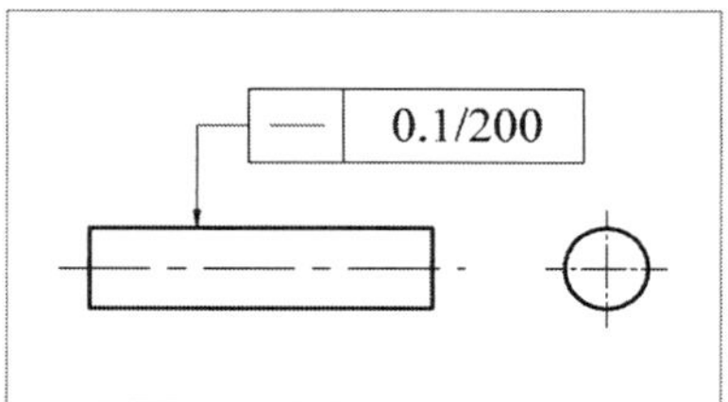

• 그림 2-96 • 표면의 요소로서의 선의 진직도 공차(3)

지시선의 화살표로 나타내는 원통면의 임의의 모선위에서 임의로 선택한 길이 200mm의 부분은 축선을 포함하는 평면 내에 있어서 0.1mm만큼 떨어진 2개의 평행한 직선 사이에 있어야 한다.

3) 축선의 진직도 공차

① 도시 보기 1

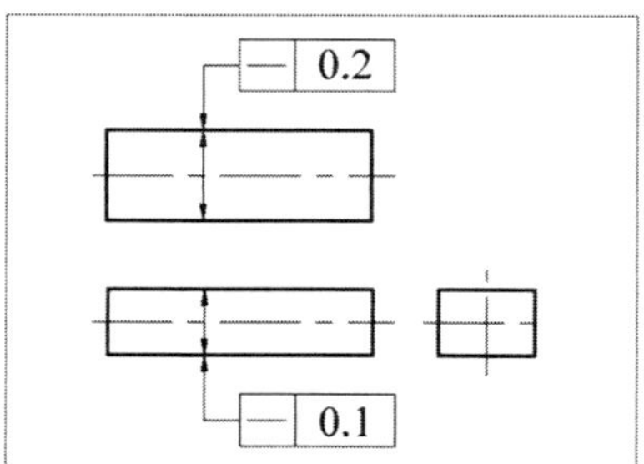

• 그림 2-97 • 축선의 진직도 공차(1)

이 각봉의 축선은 지시선의 화살표로 나타내는 방향으로 각각 0.1mm 및 0.2mm의 나비를 갖는 직육면체 내에 있어야 한다.

② 도시 보기 2

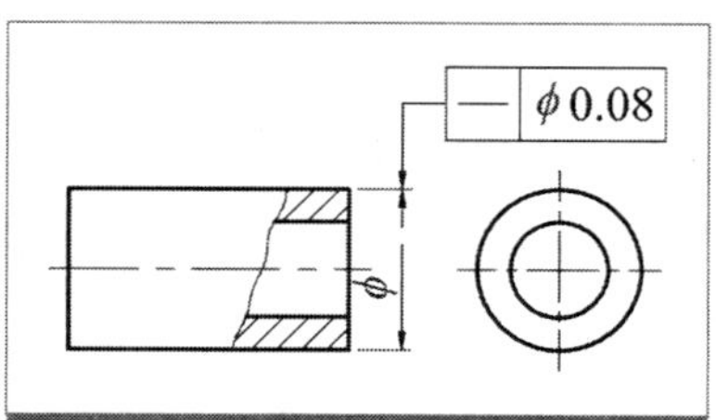

• 그림 2-98 • 축선의 진직도 공차(2)

원통의 지름을 나타내는 치수에 공차 기입틀이 연결되어 있는 경우에는 그 원통의 축선은 지름 0.08mm의 원통 내에 있어야 한다.

(2) 평면도 공차(단독 형체, 모양 공차)

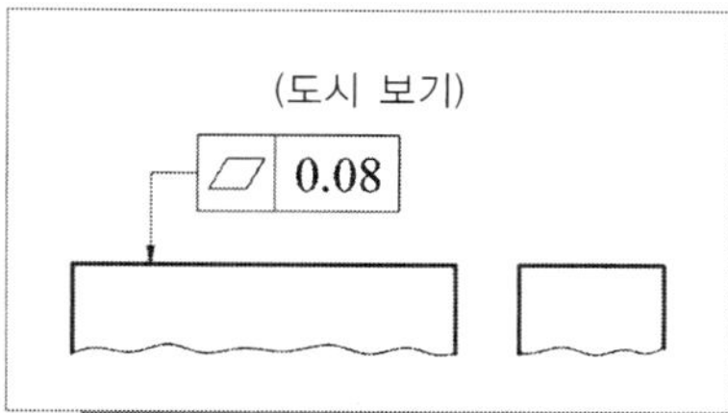

• 그림 2-99 • 평면도 공차

이 표면은 0.08mm만큼 떨어진 2개의 평행한 평면 사이에 있어야 한다.

(3) 진원도 공차(단독 형체, 모양 공차)

① 도시 보기 1

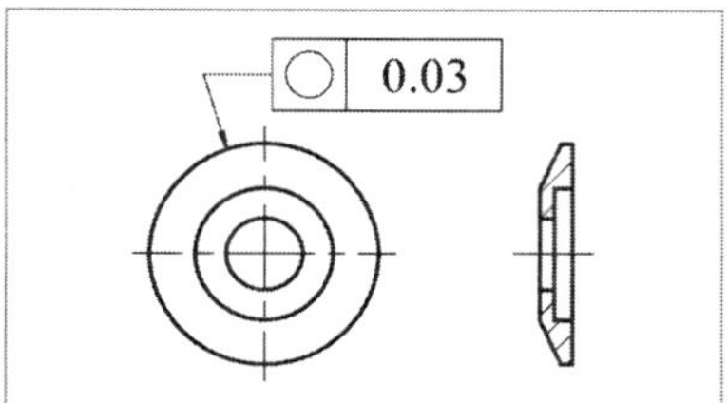

• 그림 2-100 • 진원도 공차(1)

바깥지름 면의 임의의 축직각 단면에 있어서의 바깥둘레는 동일 평면 위에서 0.03mm만큼 떨어진 2개의 동심원 사이에 있어야 한다.

② 도시 보기 2

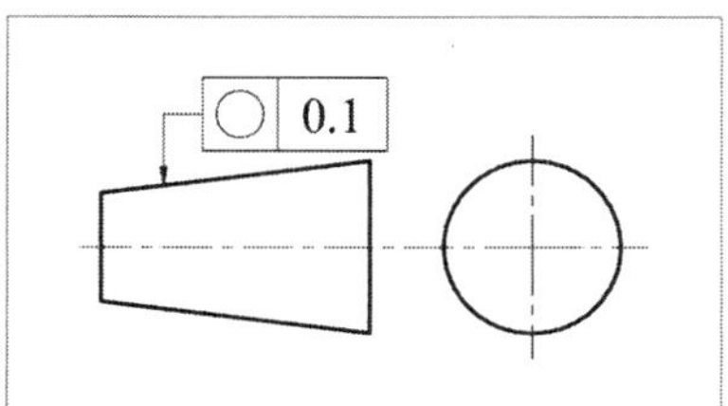

• 그림 2-101 • 진원도 공차(2)

임의의 축직각 단면에 있어서의 바깥둘레는 동일 평면 위에서 0.1mm만큼 떨어진 2개의 동심원 사이에 있어야 한다.

(4) 원통도 공차(단독 형체, 모양 공차)

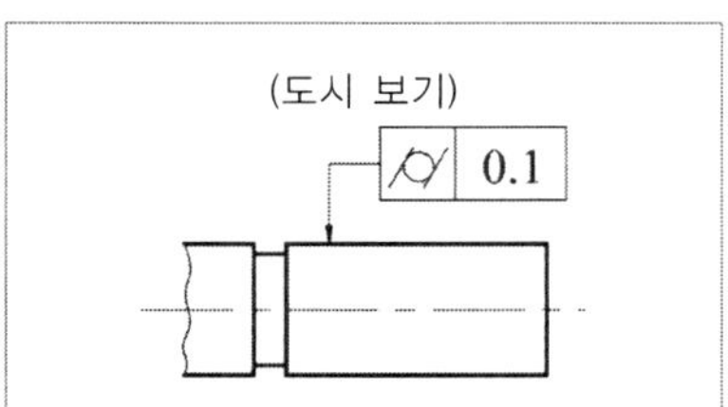

• 그림 2-102 • 원통도 공차

대상으로 하고 있는 면은 0.1mm만큼 떨어진 2개의 동축 원통면 사이에 있어야 한다.

(5) 선의 윤곽도 공차(단독 또는 관련 형체, 모양 공차)

1) 단독 형체의 선의 윤곽도 공차

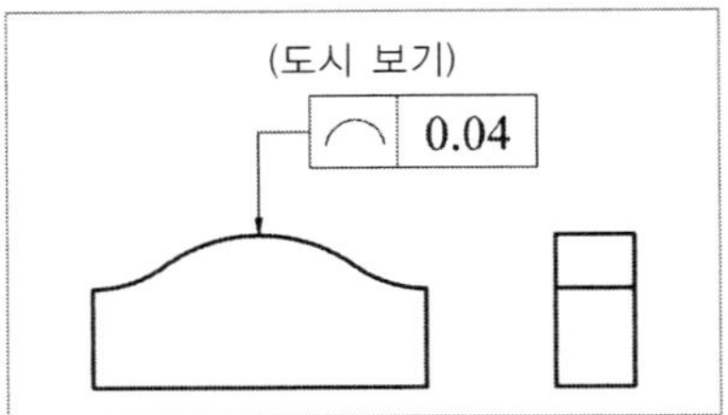

• 그림 2-103 • 단독 형체의 선의 윤곽도 공차

투상면에 평행한 임의의 단면에서 대상으로 하고 있는 윤곽은 이론적으로 정확한 윤곽을 갖는 선 위에 중심을 두는 지름 0.04mm의 원이 만드는 2개의 포락선 사이에 있어야 한다.

2) 관련 형체의 선의 윤곽도 공차

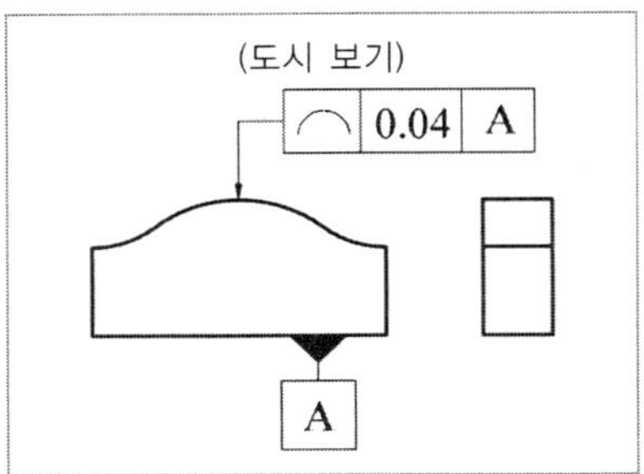

• 그림 2-104 • 관련 형체의 선의 윤곽도 공차

투상면에 평행한 임의의 단면에서 대상으로 하고 있는 윤곽은 데이텀 평면 A에 관련하여 이론적으로 정확한 윤곽을 갖는 선 위에 중심을 두는 지름 0.04mm의 원이 만드는 2개의 포락선 사이에 있어야 한다.

(6) 면의 윤곽도 공차(단독 또는 관련 형체, 모양 공차)

1) 단독 형체의 면의 윤곽도 공차

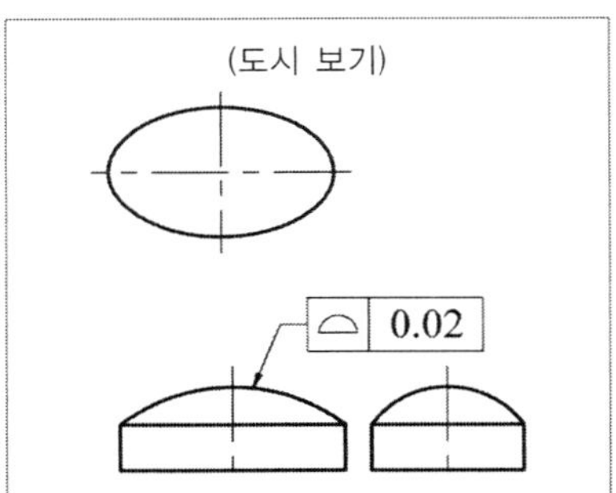

• 그림 2-105 • 단독 형체의 면의 윤곽도 공차

대상으로 하고 있는 면은 이론적으로 정확한 윤곽을 갖는 면 위에 중심을 두는 지름 0.02mm의 구가 만드는 2개의 포락면 사이에 있어야 한다.

2) 관련 형체의 면의 윤곽도 공차

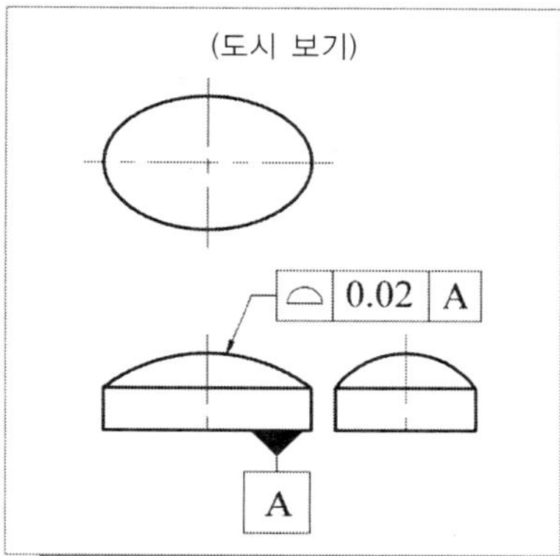

• 그림 2-106 • 관련 형체의 면의 윤곽도 공차

대상으로 하고 있는 면은 데이텀 A에 관련하여 이론적으로 정확한 윤곽을 갖는 면 위에 중심을 두는 지름 0.02mm의 구가 만드는 2개의 포락면 사이에 있어야 한다.

(7) 평행도 공차(관련 형체, 자세 공차)

1) 데이텀 직선에 대한 선의 평행도 공차

① 도시 보기 1

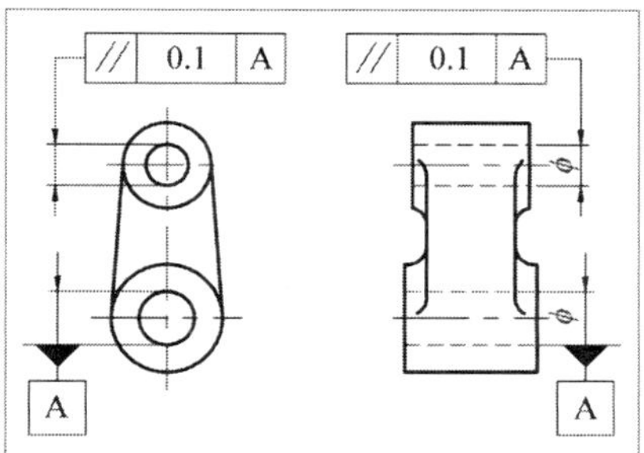

• 그림 2-107 • 데이텀 직선에 대한 선의 평행도 공차(1)

지시선의 화살표로 나타내는 축선은 데이텀 축직선 A에 평행하고 또한 지시선의 화살표 방향(수직한 방향)에 있는 0.1mm만큼 떨어진 2개의 평면 사이에 있어야 한다.

② 도시 보기 2

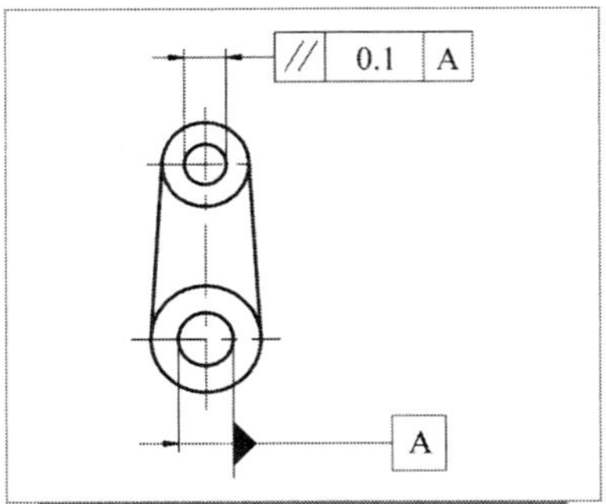

• 그림 2-108 • 데이텀 직선에 대한 선의 평행도 공차(2)

지시선의 화살표로 나타내는 축선은 데이텀 축직선 A에 평행하고 또한 지시선의 화살표 방향(수평한 방향)에 있는 0.1mm만큼 떨어진 2개의 평면 사이에 있어야 한다.

③ 도시 보기 3

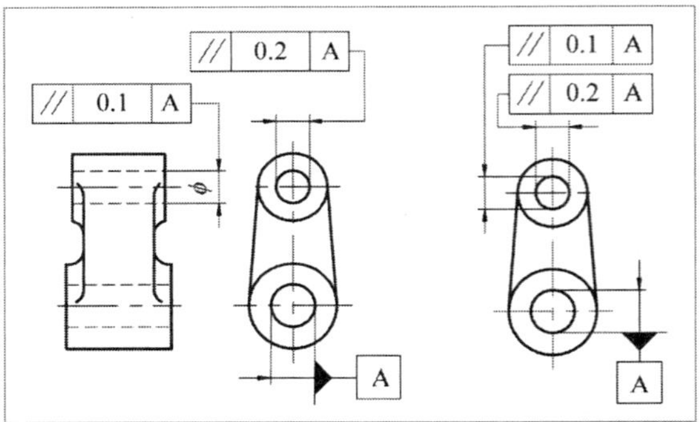

• 그림 2-109 • 데이텀 직선에 대한 선의 평행도 공차(3)

지시선의 화살표로 나타내는 축선은 각각의 지시선의 화살표 방향, 즉 수평 방향으로 0.2mm, 수직 방향으로 0.1mm의 나비를 갖고 데이텀 축직선 A에 평행한 직육면체 내에 있어야 한다.

④ 도시 보기 4

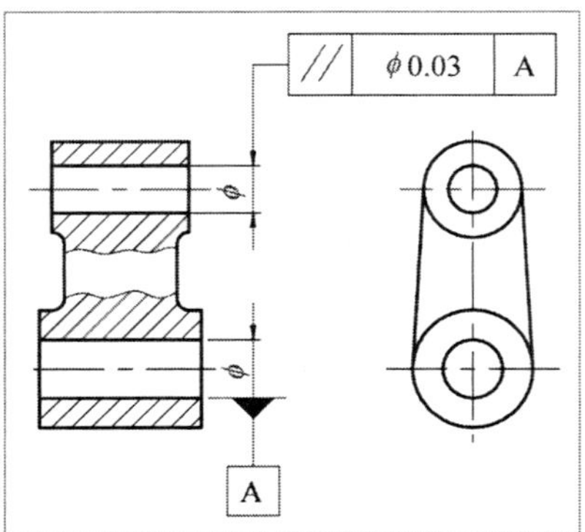

• 그림 2-110 • 데이텀 직선에 대한 선의 평행도 공차(4)

지시선의 화살표로 나타내는 축선은 데이텀 축직선 A에 평행한 지름 0.03mm의 원통 내에 있어야 한다.

2) 데이텀 평면에 대한 선의 평행도 공차

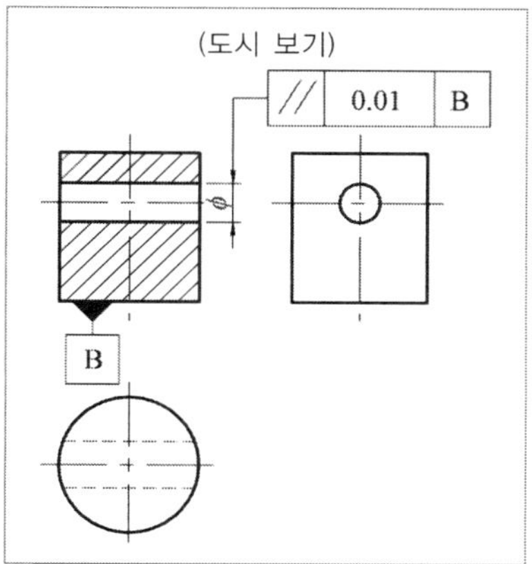

• 그림 2-111 • 데이텀 평면에 대한 선의 평행도 공차

지시선의 화살표로 나타내는 축선은 데이텀 평면 B에 평행하고 또한, 지시선의 화살표 방향으로 0.01mm만큼 떨어진 2개의 평면 사이에 있어야 한다.

3) 데이텀 직선에 대한 면의 평행도 공차

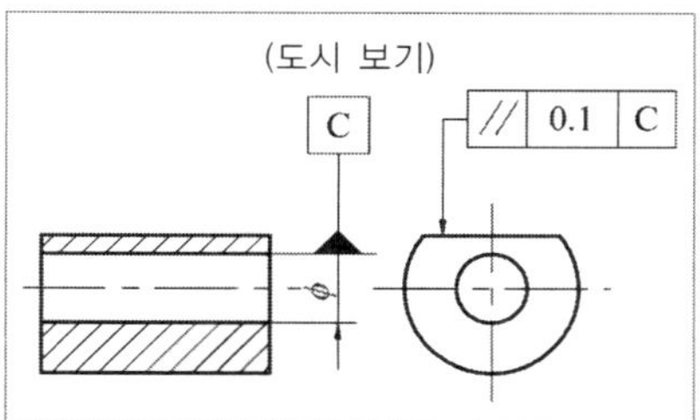

• 그림 2-112 • 데이텀 직선에 대한 면의 평행도 공차

지시선의 화살표로 나타내는 면은 데이텀 축직선 C에 평행하고 또한, 지시선의 화살표 방향으로 0.1mm만큼 떨어진 2개의 평면 사이에 있어야 한다.

4) 데이텀 평면에 대한 면의 평행도 공차

① 도시 보기 1

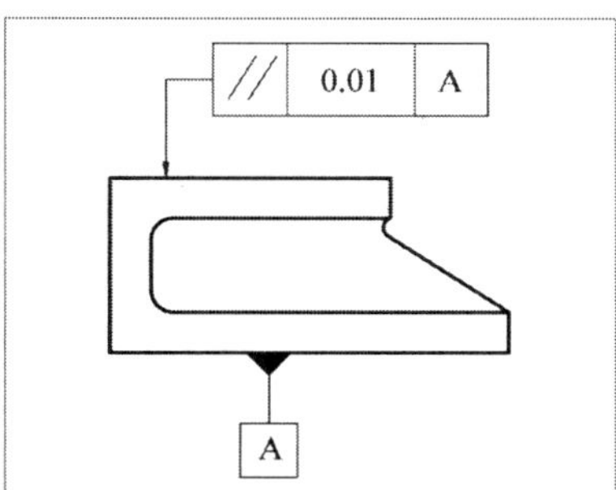

• 그림 2-113 • 데이텀 평면에 대한 면의 평행도 공차(1)

지시선의 화살표로 나타내는 면은 데이텀 평면 A에 평행하고 또한 지시선의 화살표 방향으로 0.01mm만큼 떨어진 2개의 평면 사이에 있어야 한다.

② 도시 보기 2

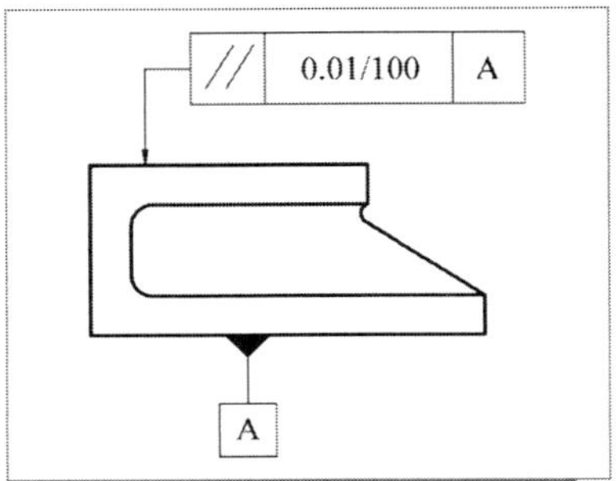

• 그림 2-114 • 데이텀 평면에 대한 면의 평행도 공차(2)

지시선의 화살표로 나타내는 면 위에서 임의로 선택한 길이 100mm 위의 모든 점은 데이텀 평면 A에 평행하고 또한 지시선의 화살표 방향으로 0.01mm만큼 떨어진 2개의 평면 사이에 있어야 한다.

(8) 직각도 공차(관련 형체, 자세 공차)

1) 데이텀 직선에 대한 선의 직각도 공차

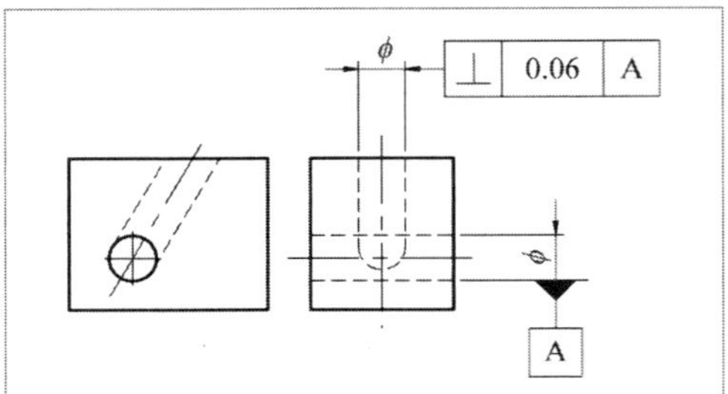

• 그림 2-115 • 데이텀 직선에 대한 선의 직각도 공차

지시선의 화살표로 나타내는 경사진 구멍의 축선은 데이텀 축직선 A에 수직하고 또한 지시선의 화살표 방향으로 0.06mm만큼 떨어진 평행한 평면 사이에 있어야 한다.

2) 데이텀 평면에 대한 선의 직각도 공차

① 도시 보기 1

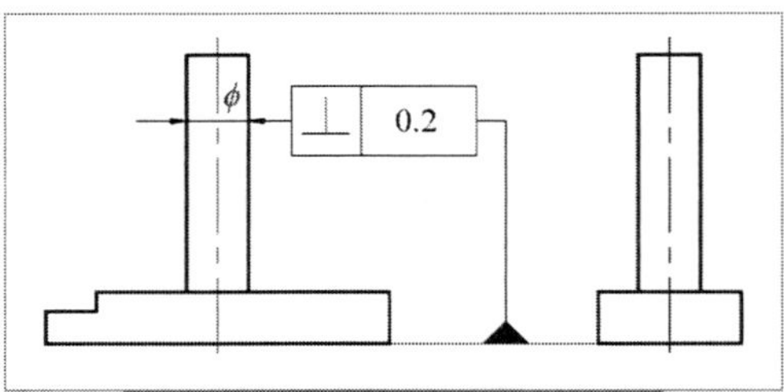

• 그림 2-116 • 데이텀 평면에 대한 선의 직각도 공차(1)

지시선의 화살표로 나타내는 원통의 축선은 데이텀 평면에 수직하고 또한 지시선의 화살표 방향으로 0.2mm만큼 떨어진 2개의 평행한 평면 사이에 있어야 한다.

② 도시 보기 2

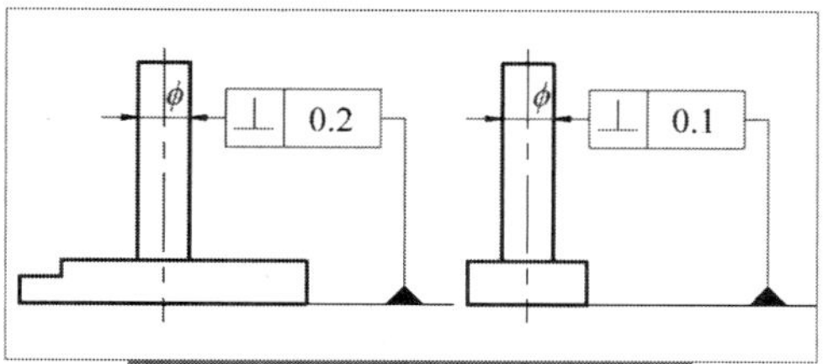

• 그림 2-117 • 데이텀 평면에 대한 선의 직각도 공차(2)

지시선의 화살표로 나타내는 원통의 축선은 각각의 지시선의 화살표 방향으로 각각 0.2mm, 0.1mm의 나비를 갖고 데이텀 평면에 수직한 직육면체 내에 있어야 한다.

③ 도시 보기 3

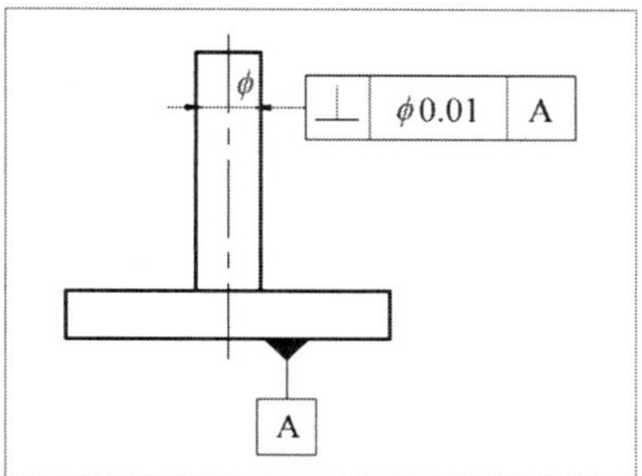

• 그림 2-118 • 데이텀 평면에 대한 선의 직각도 공차(3)

지시선의 화살표로 나타내는 원통의 축선은 데이텀 평면 A에 수직한 지름 0.01mm의 원통 내에 있어야 한다.

3) 데이텀 직선에 대한 면의 직각도 공차

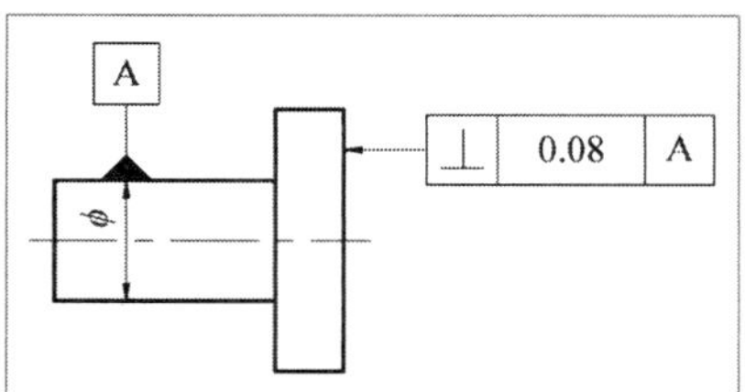

• 그림 2-119 • 데이텀 직선에 대한 면의 직각도 공차

지시선의 화살표로 나타내는 면은 데이텀 축직선 A에 수직하고 또한 지시선의 화살표 방향으로 0.08mm만큼 떨어진 2개의 평행한 평면 사이에 있어야 한다.

4) 데이텀 평면에 대한 면의 직각도 공차

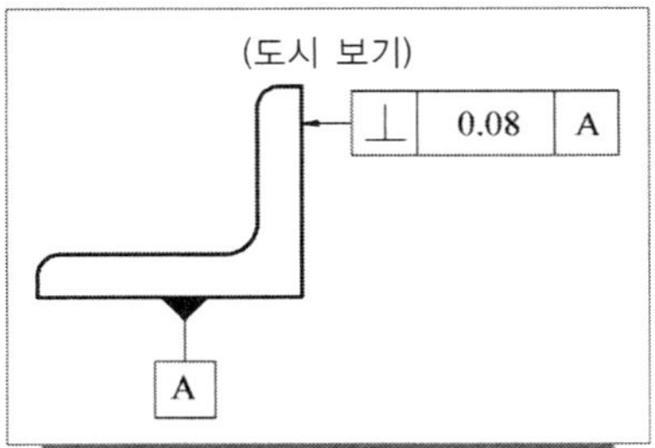

• 그림 2-120 • 데이텀 평면에 대한 면의 직각도 공차

지시선의 화살표로 나타내는 면은 데이텀 평면 A에 수직하고 또한 지시선의 화살표 방향으로 0.08mm만큼 떨어진 2개의 평행한 평면 사이에 있어야 한다.

(9) 경사도 공차(관련 형체, 자세 공차)

1) 데이텀 직선에 대한 선의 경사도 공차

① 동일 평면 내의 선과 데이텀 직선

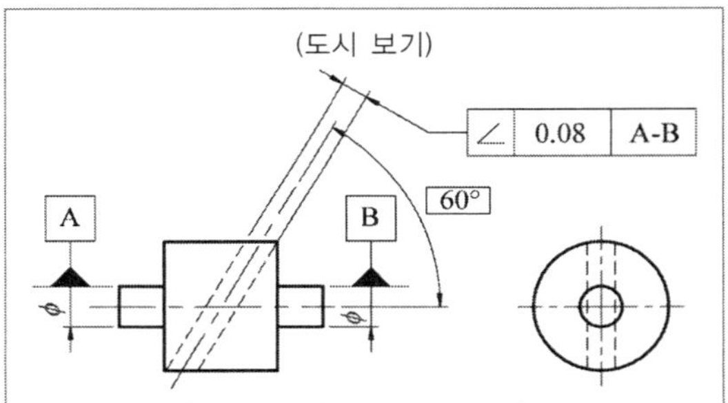

• 그림 2-121 • 데이텀 직선에 대한 선의 경사도 공차(동일 평면 내에 있을 때)

지시선의 화살표로 나타낸 구멍의 축선은 데이텀 축직선 A-B에 대하여 이론적으로 정확하게 60° 기울고 지시선의 화살표 방향으로 0.08mm만큼 떨어진 2개의 평행한 평면 사이에 있어야 한다.

② 동일 평면 내에 있지 않는 선과 데이텀 직선

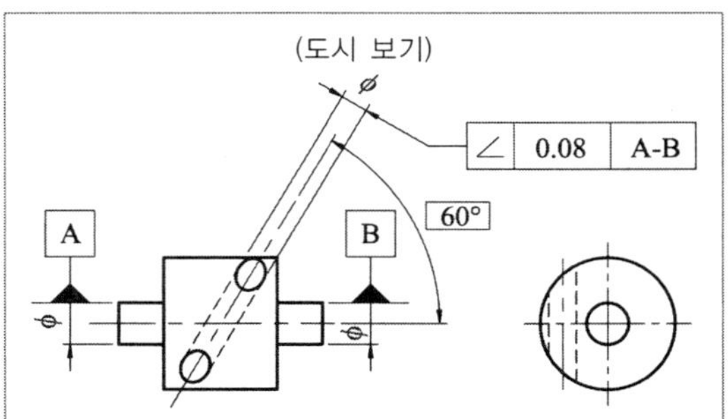

• 그림 2-122 • 데이텀 직선에 대한 선의 경사도 공차(동일 평면 내에 있지 않을 때)

데이텀 축직선 A-B를 포함하고 지시선의 화살표로 나타낸 구멍의 축선에 평행한 평면에서 구멍의 축선의 투상은 데이텀 축직선 A-B에 대하여 이론적으로 정확하게 60° 기울고 지시선의 화살표 방향으로 0.08mm만큼 떨어진 2개의 평행한 직선 사이에 있어야 한다.

2) 데이텀 평면에 대한 선의 경사도 공차

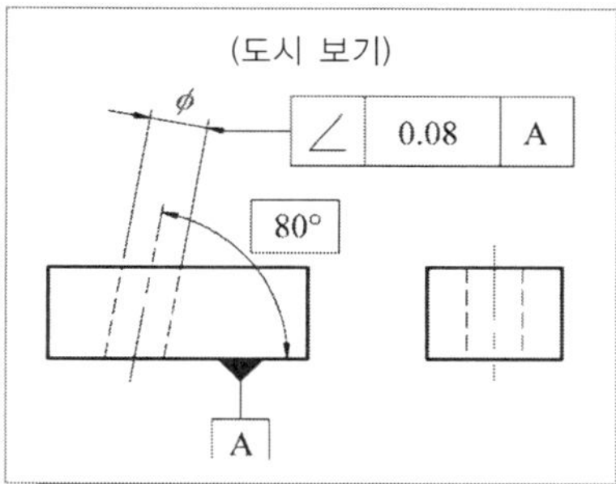

• 그림 2-123 • 데이텀 평면에 대한 선의 경사도 공차

지시선의 화살표로 나타내는 원통의 축선은 데이텀 평면에 대하여 이론적으로 정확하게 80°기울고 지시선의 화살표 방향으로 0.08mm만큼 떨어진 2개의 평행한 평면 사이에 있어야 한다.

3) 데이텀 직선에 대한 면의 경사도 공차

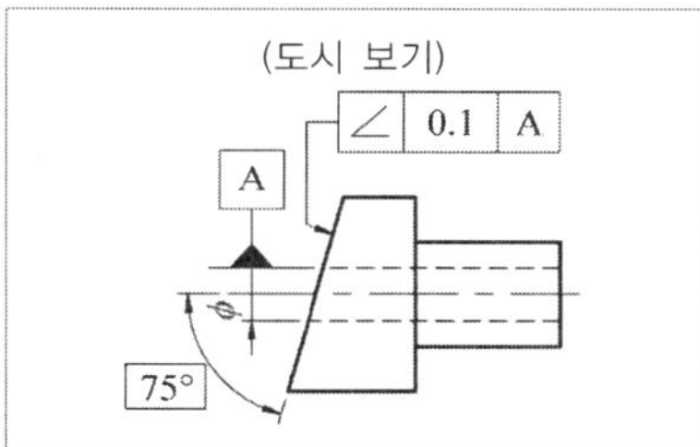

• 그림 2-124 • 데이텀 직선에 대한 면의 경사도 공차

지시선의 화살표로 나타내는 면은 데이텀 축직선 A에 대하여 이론적으로 정확하게 75°기울고 지시선의 화살표 방향으로 0.1mm만큼 떨어진 2개의 평행한 평면 사이에 있어야 한다.

4) 데이텀 평면에 대한 면의 경사도 공차

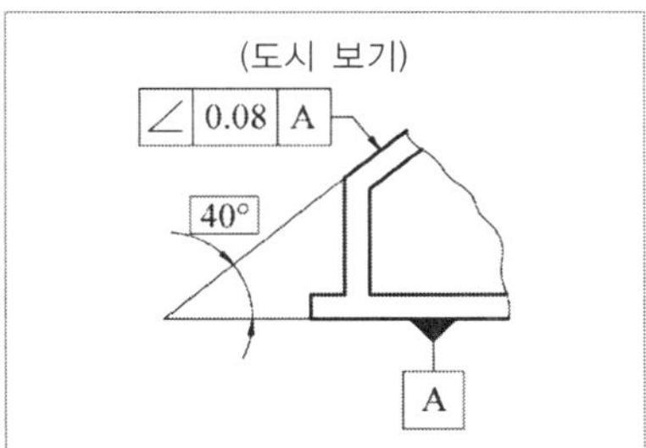

• 그림 2-125 • 데이텀 평면에 대한 면의 경사도 공차

지시선의 화살표로 나타내는 면은 데이텀 평면 A에 대하여 이론적으로 정확하게 40°기울고 지시선의 화살표 방향으로 0.08mm만큼 떨어진 2개의 평행한 평면 사이에 있어야 한다.

(10) 위치도 공차(관련 형체, 위치 공차)

1) 점의 위치도 공차

① 도시 보기 1

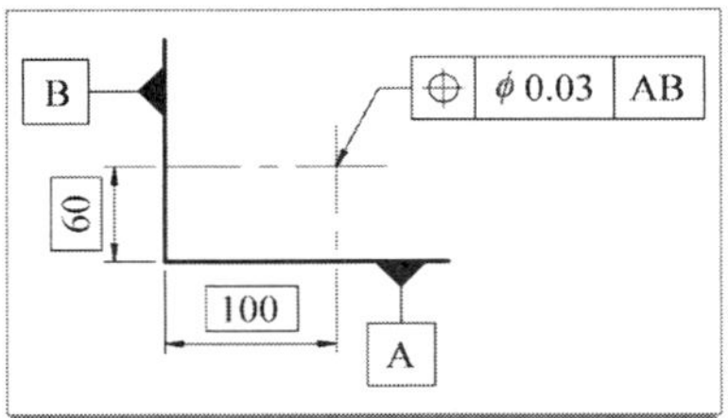

• 그림 2-126 • 점의 위치도 공차(1)

지시선의 화살표로 나타낸 점은 데이텀 직선 A로부터 60mm 데이텀 직선 B로부터 100mm 떨어진 진위치를 중심으로 하는 지름 0.03mm의 원 안에 있어야 한다. 또한 이 그림 보기의 경우는 데이텀 직선 A, B의 우선순위는 없다.

② 도시 보기 2

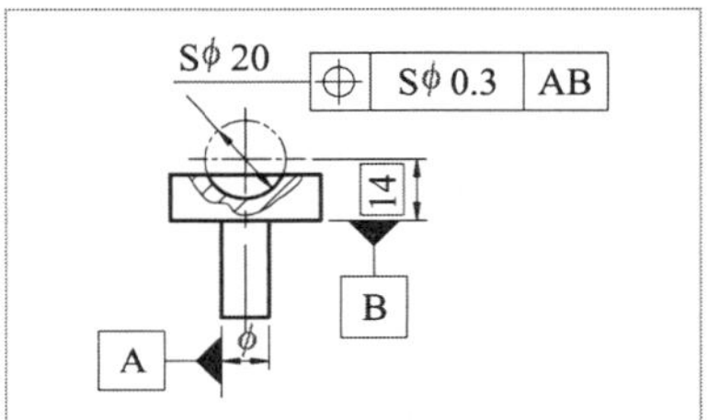

• 그림 2-127 • 점의 위치도 공차(2)

지시선의 화살표로 나타낸 구의 중심은 데이텀 직선 A의 선 위에서 데이텀 평면 B로부터 14mm 떨어진 진위치에 중심을 갖는 지름 0.3 mm의 구 안에 있어야 한다.

2) 선의 위치도 공차

① 도시 보기 1

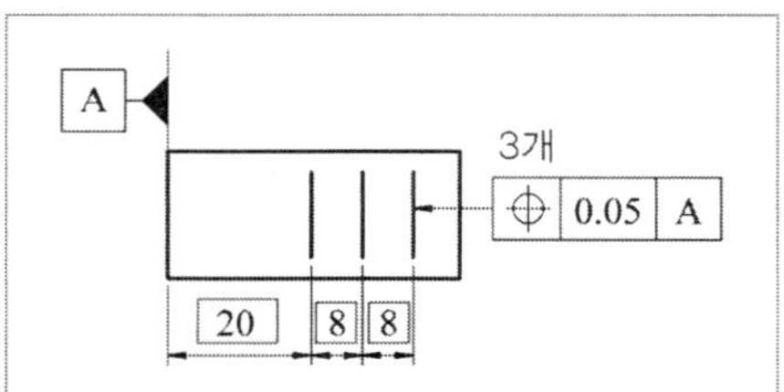

• 그림 2-128 • 선의 위치도 공차(1)

지시선의 화살표로 나타낸 각각의 선은 그들 직선의 진위치로서 지정된 직선에 대하여 대칭으로 배치되고 0.05mm의 간격을 갖는 2개의 평행한 직선 사이에 있어야 한다.

② 도시 보기 2

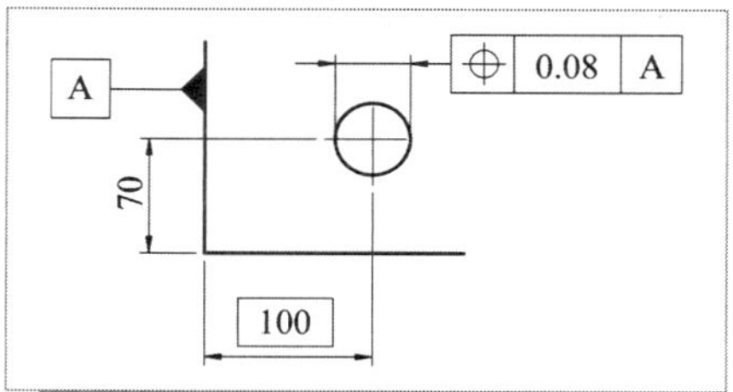

• 그림 2-129 • 선의 위치도 공차(2)

지시선의 화살표로 나타낸 축선은 데이텀 평면 A로쿠터 100mm만큼 떨어진 진위치에 있어서 지시선의 화살표로 나타낸 방향에 대칭으로 0.08mm의 간격을 갖는 평행한 2개의 평면 사이에 있어야 한다.

③ 도시 보기 3

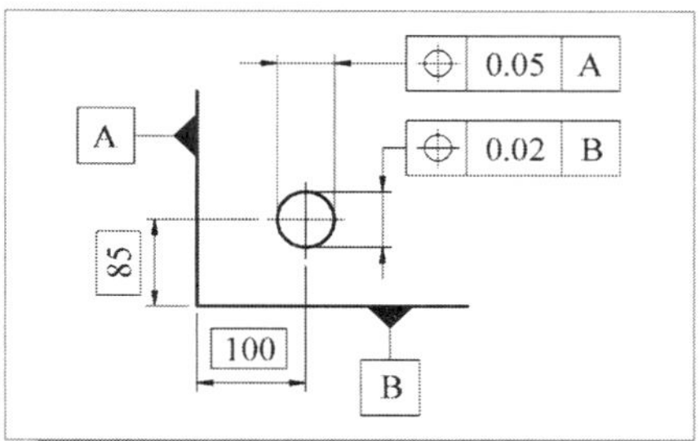

• 그림 2-130 • 선의 위치도 공차(3)

지시선의 화살표로 나타낸 축선은 데이텀 평면 A로브터 100mm, 데이텀 평면 B로부터 85mm 떨어진 진위치에 있어서 지시선의 화살표로 나타낸 방향에 대칭으로 0.05mm 및 0.02mm의 간격을 갖는 2쌍의 평행한 2개의 평면으로 둘러싸인 직육면체 안에 있어야 한다.

④ 도시 보기 4

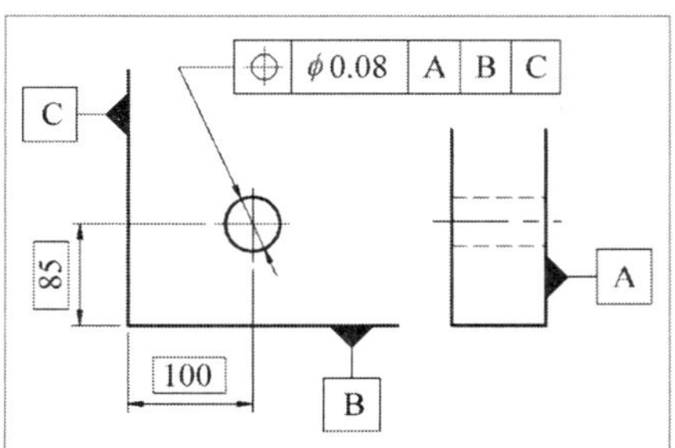

• 그림 2-131 • 선의 위치도 공차(4)

지시선의 화살표로 나타낸 축선은 데이텀 평면 A 위에 있어서 데이텀 평면 B로부터 85mm, 데이텀 평면 C로부터 100mm의 진위치를 지나고, 데이텀 평면 A에 수직한 직선을 축선으로 하는 지름 0.08mm인 원통 안에 있어야 한다.

⑤ 도시 보기 5

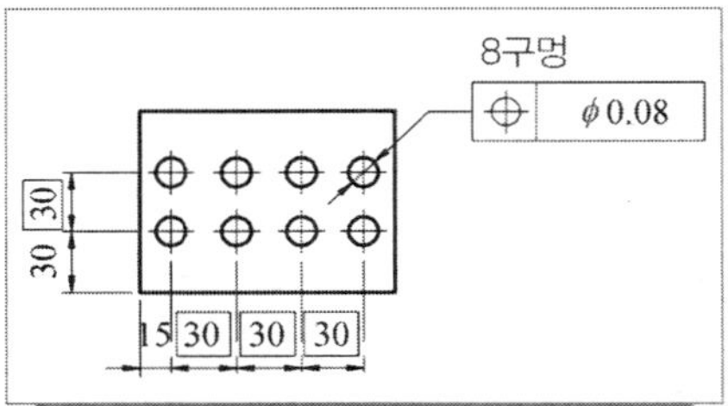

• 그림 2-132 • 선의 위치도 공차(5)

지시선의 화살표로 나타낸 8개의 구멍의 축선 상호간의 관계 위치는 서로 30mm 떨어진 진위치를 축선으로 하는 지름 0.08mm인 원통 안에 있어야 한다.

3) 면의 위치도 공차

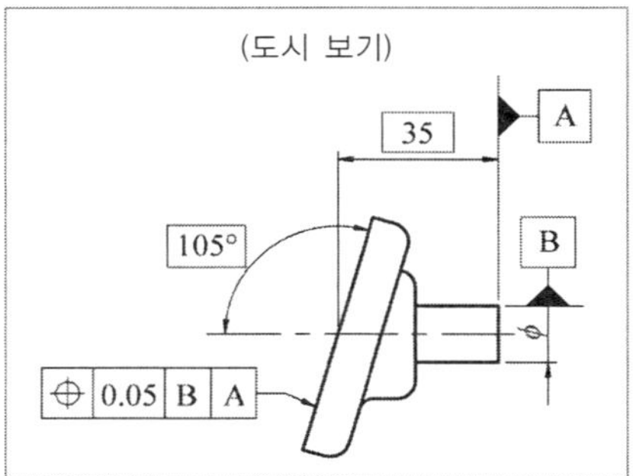

• 그림 2-133 • 면의 위치도 공차

지시선의 화살표로 나타낸 평면은 데이텀 축직선 B의 선 위에서 데이텀 평면 A로부터 35mm 떨어진 위치에 있어서 데이텀 축직선 B에 대하여 105° 기울어진 진위치에 대하여 지시선의 화살표 방향에 대칭으로 0.05mm의 간격을 갖는 평행한 2개의 평면 사이에 있어야 한다.

(11) 동축도 공차 또는 동심도 공차(관련 형체, 위치 공차)

1) 동축도 공차

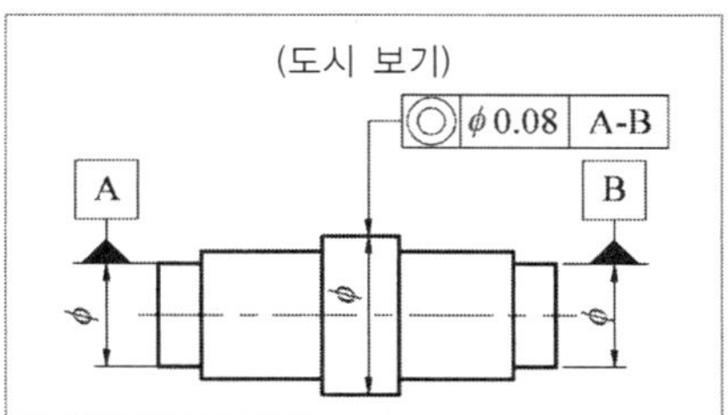

• 그림 2-134 • 동축도 공차

지시선의 화살표로 나타낸 축선은 데이텀 축직선 A-B를 축선으로 하는 지름 0.08mm인 원통 안에 있어야 한다.

2) 동심도 공차

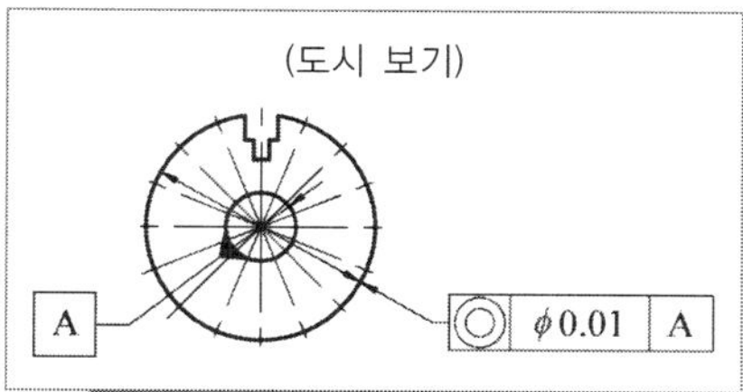

• 그림 2-135 • 동심도 공차

지시선의 화살표로 나타낸 원의 중심은 데이텀 점 A를 중심으로 하는 지름 0.01mm인 원 안에 있어야 한다.

(12) 대칭도 공차(관련 형체, 위치 공차)

1) 데이텀 중심 평면에 대한 면의 대칭도 공차

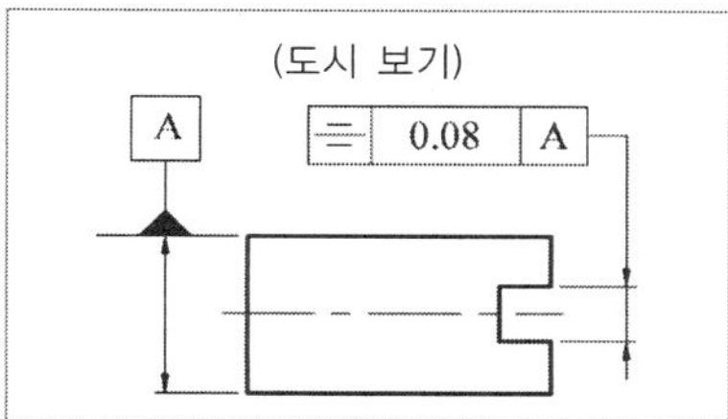

• 그림 2-136 • 데이텀 중심 평면에 대한 면의 대칭도 공차

지시선의 화살표로 나타낸 중심면은 데이텀 중심 평면 A에 대칭으로 0.08mm의 간격을 갖는 평행한 2개의 평면 사이에 있어야 한다.

2) 데이텀 중심 평면에 대한 선의 대칭도 공차

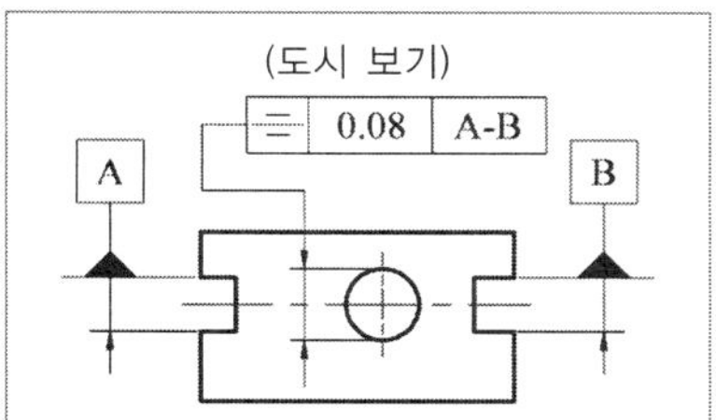

• 그림 2-137 • 데이텀 중심 평면에 대한 선의 대칭도 공차

지시선의 화살표로 나타낸 축선은 데이텀 중심 평면 A-B에 대칭으로 0.08mm의 간격을 갖는 평행한 2개의 평면 사이에 있어야 한다.

3) 데이텀 직선에 대한 면의 대칭도 공차

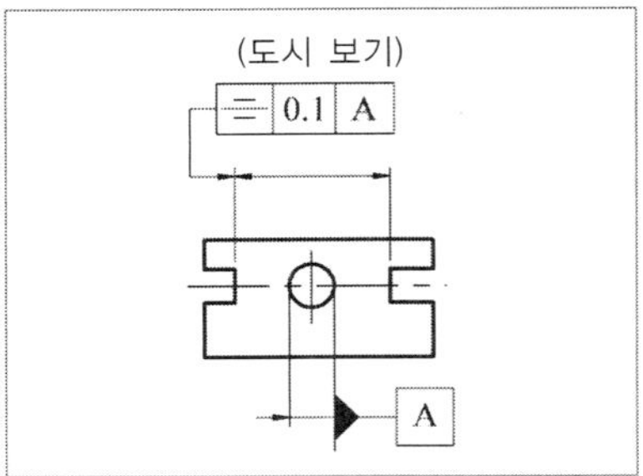

• 그림 2-138 • 데이텀 직선에 대한 면의 대칭도 공차

지시선의 화살표로 나타낸 중심면은 데이텀 축직선 A에 대칭으로 0.1mm의 간격을 갖는 평행한 2개의 평면 사이에 있어야 한다.

4) 데이텀 직선에 대한 선의 대칭도 공차

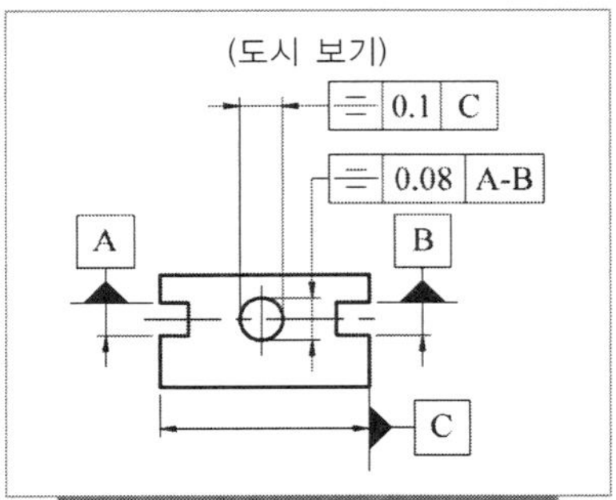

• 그림 2-139 • 데이텀 직선에 대한 선의 대칭도 공차

지시선의 화살표로 나타낸 축선은 데이텀 중심평면 A-B에 대칭으로 0.08mm, 데이텀 중심 평면 C에 대칭으로 0.1mm의 간격을 갖는 2쌍의 평행한 2개의 평면으로 둘러싸인 직육면체 안에 있어야 한다.

(13) 원주 흔들림 공차(관련 형체, 흔들림 공차)

1) 반지름 방향의 원주 흔들림 공차

① 도시 보기 1

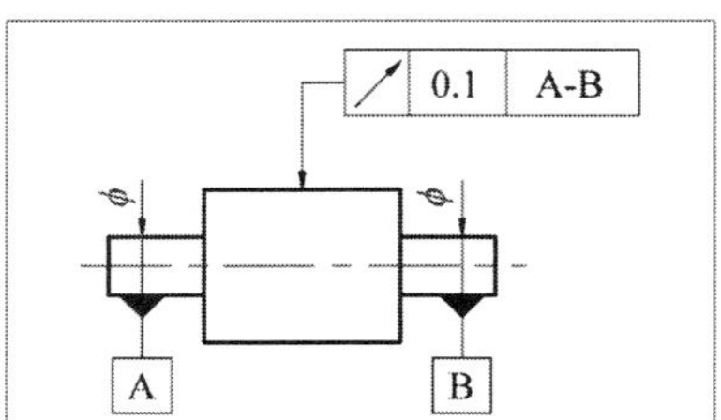

• 그림 2-140 • 반지름 방향의 원주 흔들림 공차(1)

지시선의 화살표로 나타내는 원통면의 반지름 방향의 흔들림은 데이텀 축직선 A-B에 관하여 1회전 시켰을 때, 데이텀 축직선에 수직한 임의의 측정 평면 위에서 0.1mm를 초과해서는 안 된다.

② 도시 보기 2

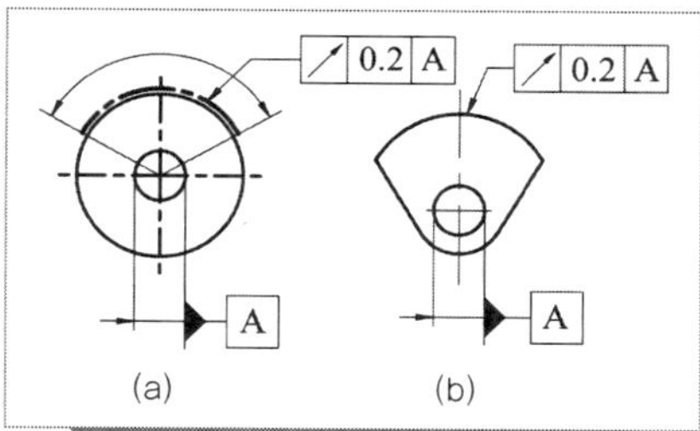

• 그림 2-141 • 반지름 방향의 원주 흔들림 공차(2)

지시선의 화살표로 나타내는 원통면의 일부분[그림(a)에서는 굵은 1점 쇄선으로 나타내는 범위, 그림(b)에서는 부채꼴의 원통 부분]의 반지름 방향의 흔들림은 공차붙이 형체 부분을 데이텀 축직선 A에 관하여 회전시켰을 때, 데이텀 축직선에 수직한 임의의 측정 평면 위에서 0.2mm를 초과해서는 안 된다.

2) 축 방향의 원주 흔들림 공차

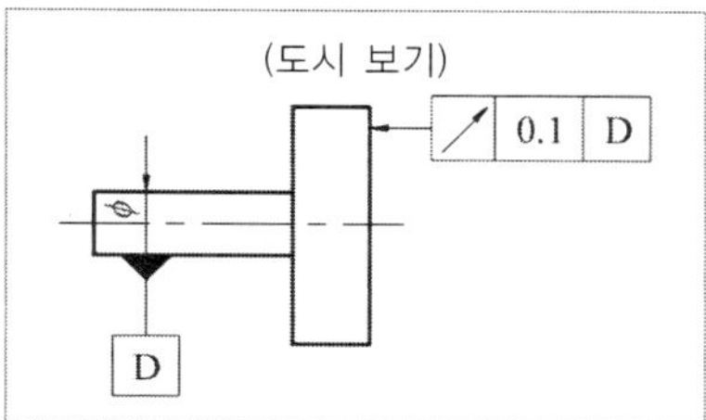

• 그림 2-142 • 축 방향의 원주 흔들림 공차

지시선의 화살표로 나타내는 원통 측면의 축 방향의 흔들림은 데이텀 축직선 D에 관하여 1회전 시켰을 때, 임의의 측정 위치(측정 원통면)에서 0.1mm를 초과해서는 안 된다.

3) 경사진 법선 방향의 원주 흔들림 공차

① 도시 보기 1

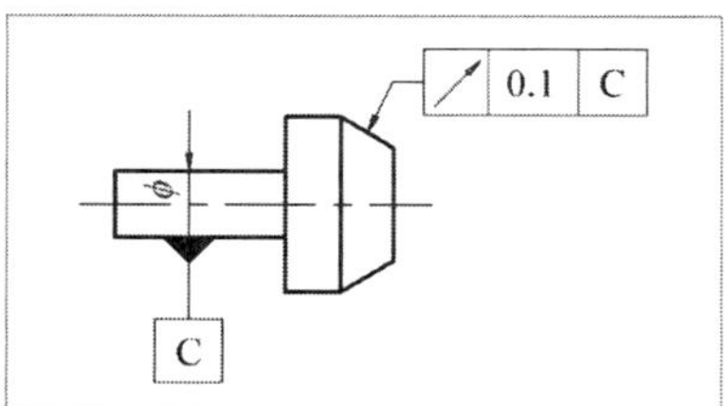

• 그림 2-143 • 경사진 법선 방향의 원주 흔들림 공차(1)

지시선의 화살표로 나타내는 방향의 이 원추면의 흔들림은 데이텀 축직선 C에 관하여 1회전 시켰을 때, 임의의 측정 원추면 위에서 0.1mm를 초과해서는 안 된다.

② 도시 보기 2

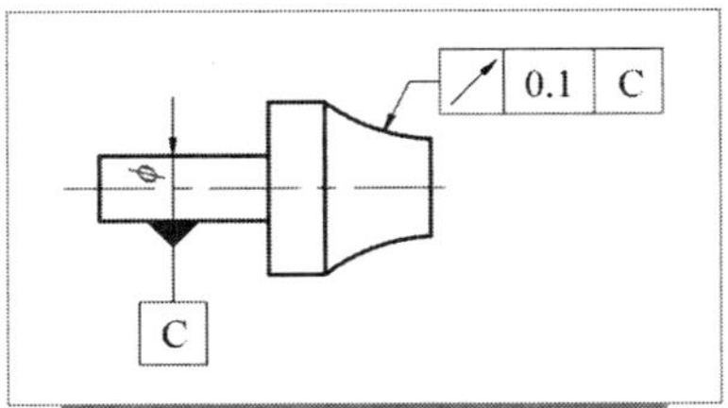

• 그림 2-144 • 경사진 법선 방향의 원주 흔들림 공차(2)

곡면 위의 모든 점의 접선에 수직한 방향의 이 곡면의 흔들림은 데이텀 축직선 C에 관하여 1회전 시켰을 때, 임의의 측정 원추곡면 위에서 0.1mm를 초과해서는 안 된다.

4) 지정 방향의 원주 흔들림 공차

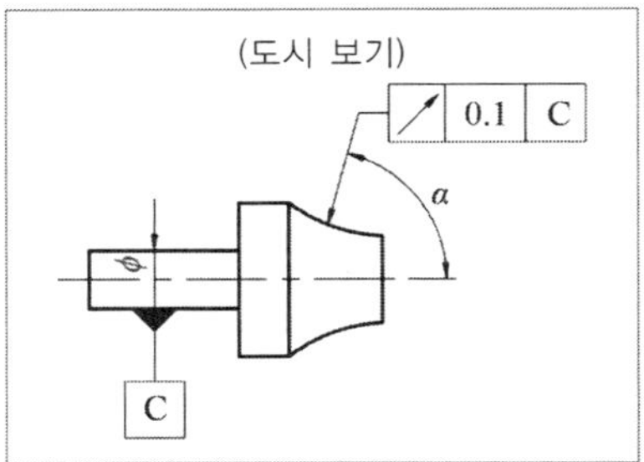

• 그림 2-145 • 지정 방향의 원주 흔들림 공차

데이텀 축직선과 α의 각도를 이루는 방향의 이 곡면의 흔들림은 데이텀 축직선 C에 관하여 1회전 시켰을 때, 임의의 측정 원추곡면 위에서 0.1 mm를 초과해서는 안 된다.

(14) 온 흔들림 공차(관련 형체, 흔들림 공차)

1) 반지름 방향의 온 흔들림 공차

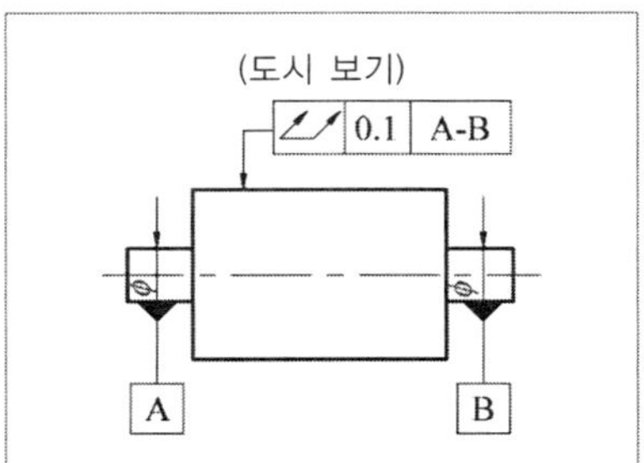

• 그림 2-146 • 반지름 방향의 온 흔들림 공차

지시선과 화살표로 나타낸 원통면의 반지름 방향의 온 흔들림은 이 원통 부분과 측정 기구 사이에서 축선 방향으로 상대 이동시키면서 데이텀 축직선 A-B에 관하여 원통 부분을 회전시켰을 때, 원통 표면 위의 임의의 점에서 0.1mm를 초과해서는 안 된다. 측정 기구 또는 대상물의 상대 이동은 이론적으로 정확한 윤곽선에 따르고, 데이텀 축직선에 대하여 정확한 위치에서 실시되어야 한다.

2) 축 방향의 온 흔들림 공차

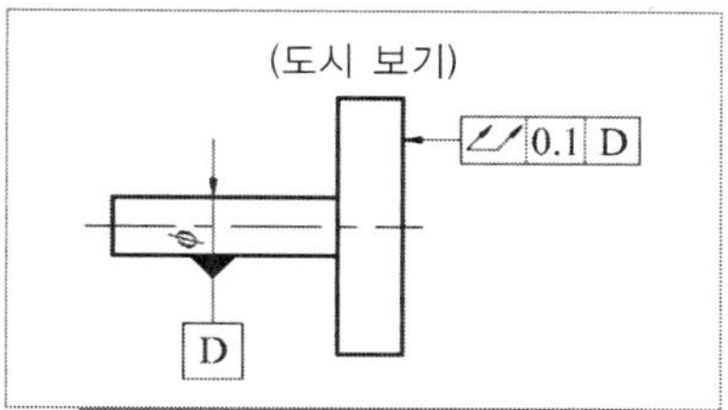

• 그림 2-147 •
축 방향의 온 흔들림 공차

지시선과 화살표로 나타낸 원통 측면의 축 방향의 온 흔들림은 이 측면과 측정 기구 사이에서 반지름 방향으로 상대 이동시키면서 데이텀 축직선 D에 관하여 원통 측면을 회전시켰을 때, 원통 측면 위의 임의의 점에서 0.1mm를 초과해서는 안 된다. 측정 기구 또는 대상물의 상대 이동은 이론적으로 정확한 윤곽선에 따르고, 데이텀 축직선에 대하여 정확한 위치에서 실시되어야 한다.

5 최대 실체, 최소 실체 및 상호 요구사항의 기하 공차 표시

(1) 적용범위

최대 실체 요구사항, 최소 실체 요구사항 및 상호 요구사항을 정의하고 그 적용을 규정한다. 요구사항은 예를 들면, 부품의 조립(최대 실체 요구사항에 대해) 및 최소 벽두께(최대 실체 요구사항에 대해) 기능을 충족시키기 위해 크기(size)와 기하학적 형상(geometry)이 상호 의존적인 가공물의 특정 기능을 제어하는 데 사용될 수 있다. 그러나 최대 실체 및 최소 실체 요구사항은 다른 설계 요구사항을 충족시키기 위해서도 사용될 수 있다.

(2) 용어와 정의

① 몸체 형체(feature of size)
어떤 크기가 있는 선(길이) 치수(linear dimension) 또는 각도 치수(angular dimension)로 정의한 기하학적 형상

② 유도 형체(derived feature)
중심점(centrepoint), 중앙선(median line) 또는 하나 이상의 통합 형체(integral feature)에서 얻은 중앙면(median surface)

③ 통합 형체(integral feature)
표면(surface) 또는 표면상의 선으로 구성 형체라고도 한다.

④ 최대 실체 조건(MMC : maximum material condition)
한계 치수에서 최소 구멍 지름과 최대 축 지름과 같이 몸체 형체의 실체가 최대인 조건

⑤ **최대 실체 크기(MMS : maximum material size)**

형체의 최대 실체 조건을 정의하는 치수

⑥ **최소 실체 조건(LMC : least material condition)**

한계 치수에서 최대 구멍 지름과 최소 축 지름과 같이 몸체 형체의 실체가 최소인 조건

⑦ **최소 실체 크기(LMS : least material size)**

형체의 최소 실체 조건을 정의하는 치수

⑧ **최대 실체 가상(실효) 크기(MMVS : maximum material virtual size)**

같은 몸체 형체의 유도 형체에 대해 주어진 몸체 형체와 기하 공차(형상, 방향 또는 위치)의 최대 실체 크기(MMS)의 집합적 효과에 의해서 만들어진 크기

㉠ MMVS(최대 실체 가상크기)는 외측 형체(external feature)에 대해 MMS와 기하 공차의 합이고, 내측 형체(internal feature)에 대해서 MMS와 기하 공차 사이의 차이다.

㉡ 외측 몸체 형체에 대한 $l_{MMVS,e}$

$l_{MMVS,e} = l_{MMS} + \delta$

여기서 l_{LMVS} : 최대 실체 크기 δ : 기하 공차

내측 몸체 형체에 대한 $l_{MMVS,i}$

$l_{MMVS,i} = l_{MMS} - \delta$

여기서 l_{LMVS} : 최대 실체 크기 δ : 기하 공차

⑨ **최대 실체 가상(실효) 조건(MMVC : maximum material virtual condition)**

최대 실체 가상(실효) 크기(MMVS)의 관련 형체의 조건

⑩ **최소 실체 가상(실효) 크기(LMVS : least material virtual size)**

같은 몸체 형체의 유도 형체에 대해 주어진 몸체 형체와 기하 공차(형상, 방향 또는 위치)의 최소 실체 크기(LMS)의 집합적 효과에 의해서 만들어진 크기

㉠ LMVS는 외측 형체에 대해 LMS와 기하 공차의 차이고, 내측 형체에 대해서 LMS와 기하 공차 사이의 합이다.

㉡ 외측 몸체 형체에 대한 $l_{LMVS,e}$

$l_{LMVS,e} = l_{LMS} - \delta$

여기서 l_{LMVS} : 최소 실체 크기 δ : 기하 공차

내측 몸체 형체에 대한 $l_{LMVS,i}$

$l_{LMVS,i} = l_{LMS} - \delta$

여기서 l_{LMVS} : 최소 실체 크기 δ : 기하 공차

⑪ **최소 실체 가상(실효) 조건(LMVC : least material virtual condition)**

최소 실체 가상(실효) 크기(LMVS)의 관련 형체의 조건

⑫ **최대 실체 요구사항(MMR : maximum material requirement)**

MMVS(최대 실체 가상 크기)와 같은 본질적 특성(치수)에 대해 주어진 값을 가지고 있으며, 같은 형식과 완전한 형상의 기하학적 형체를 정의하는 몸체 형체에 대한 요구사항으로 실체의 외부에 비이상적(non-ideal) 형체를 제한한다.

⑬ **최소 실체 요구사항(LMR : least material requirement)**

LMVS(최소 실체 가상 크기)와 같은 본질적 특성(치수)에 대해 주어진 값을 가지고 있으며, 같은 형식과 완전한 형상의 기하학적 형체를 정의하는 몸체 형체에 대한 요구사항으로 실체의 내부에 비이상적 형체를 제한한다.

⑭ **상호 요구사항(reciprocity requirement)**

최대 실체 요구사항(MMR) 또는 최소 실체 요구사항(LMR)에 부가함으로써 사용되는 몸체 형체에 대한 부가적 요구사항으로, 치수(크기) 공차가 기하 공차와 실제 기하 편차 사이의 차에 의해 증가됨을 나타내기 위함이다.

(3) 최대 실체 요구사항(MMR)과 최소 실체 요구사항(LMR)

최대 실체 요구사항(MMR)과 최소 실체 요구사항(LMR)은 서로 관계있는 형체(interrelated feature)의 크기와 기하 공차의 상호 관계를 고려한다. 이 요구사항은 전적으로 몸체 형체의 크기에 대한 요구사항과 몸체 형체의 유도 형체에 대한 기하 공차를 집합시키기 위해 적용될 수 있다.

1) 최대 실체 요구사항(MMR)

① **공차가 있는 형체에 대한 최대 실체 요구사항**

㉠ 국소 크기(local size)의 상한에 대한 요구사항〈규칙 A a), b) 참조〉

㉡ 국소 크기의 하한에 대한 요구사항〈규칙 E a), b) 참조〉

㉢ MMVC의 표면의 비방해(surface non-violation)에 대한 요구사항〈규칙 C 참조〉

㉣ 하나 이상의 형체가 포함될 때에 대한 요구사항〈규칙 D 참조〉

규칙 A

공차가 있는 형체의 추출 국소 크기(extracted local size)는 다음과 같아야 한다.
a) 외측 형체에 대해서는 최대 실체 크기(MMS)와 같거나 더 작다.
b) 내측 형체에 대해서는 최대 실체 크기(MMS)와 같거나 더 크다.
이 규칙은 기호 Ⓜ 뒤에 기호 Ⓡ을 붙여 상호 요구사항의 지시로 변경할 수 있다. 〈그림 A1 참조〉

규칙 B

공차가 있는 형체의 추출 국소 크기는 다음과 같아야 한다.
a) 외측 형체에 대해서는 최소 실체 크기(LMS)와 같거나 더 크다. 〈그림 A2 a), 그림 A3 a), 그림 A4 a), 그림 A6 a), 그림 A7 a), 그림 A10 및 그림 A11 참조〉
b) 내측 형체에 대해서는 최소 실체 크기(LMS)와 같거나 더 작다. 〈그림 A2 b), 그림 A3 b), 그림 A4 b), 그림 A6 b), 그림 A7 b), 그림 A10 및 그림 A11 참조]

규칙 C

공차가 있는 형체의 최대 실체 가상(실효) 조건(MMVC)은 추출(통합) 형체에 의해 방해(violate)되어서는 안 된다. 〈그림 A2, 그림 A3, 그림 A4, 그림 A6, 그림 A7, 그림 A10 및 그림 A11 참조〉

규칙 D

공차가 있는 형체(하나 이상의 형체의 경우)가 같은 공차 지시에 의해 제어될 때 또는 기하학적 형상 명세가 방향이거나 위치일 때에 공차가 있는 형체의 최대 실체 가상(실효) 조건(MMVC)은 서로 관련되고 데이텀에 관련된 이론적으로 정확한 위치와 방향에 있다. 〈그림 A6, 그림 A7, 그림 A10 및 그림 A11 참조〉

② **관련 데이텀 형체에 대한 최대 실체 요구사항**

㉠ MMVC(최대 실체 가상 조건)의 표면 비방해에 대한 요구사항〈규칙 E 참조〉

㉡ 기하 공차가 없을 때나 기하 공차가 기호 Ⓜ의 다음에 오지 않을 때의 MMS에 대한 요구사항〈규칙 F 참조〉

㉢ 기호Ⓜ의 다음에 오는 형상의 기하 공차가 있을 때의 MMS에 대한 요구사항〈규칙 G〉

규칙 E

관련 데이텀 형체의 최대 실체 가상(실효) 조건(MMVC)은 데이텀이 유도된 추출(통합) 데이텀 형체에 의해 방해되어서는 안 된다. 〈그림 A6와 그림 A7 참조〉

규칙 F

관련 데이텀 형체가 기하 공차가 없거나 또는 기호 Ⓜ 다음에 오지 않는 형상의 기하 공차가 있을 때에는 관련 데이텀 형체의 최대 실체 가상(실효) 조건(MMVC)의 크기는 최대 실체 크기(MMS)이다. 〈그림 A6 참조〉

규칙 G

관련 데이텀 형체가 형상의 기하 공차가 있고 이 공차가 기호 Ⓜ 다음에 올 때에는 관련 데이텀 형체의 최대 실체 가상(실효) 조건(MMVC)의 크기는 최대 실체 크기(MMS)에 기하 공차를 더하거나(+ : 외측 몸체 형체) 뺀다(- : 내측 몸체 형체) 〈그림 A7 참조〉

이 경우에 외측 및 내측 몸체 형체에 대한 I_{MMVS}

$I_{MMVS} = I_{MMS} \pm 0 = I_{MMS}$

> 여기서 I_{MMS} : 최대 실체 크기

최대 실체 요구사항(MMR)이 데이텀 형체에 적용될 때에는 기호 Ⓜ을 데이텀 문자 다음에 지시한다.

2) 최소 실체 요구사항(LMR)

① 공차가 있는 형체에 대한 최소 실체 요구사항

최소 실체 요구사항(LMR)이 공차가 있는 형체에 적용될 때에는 몸체 형체(공차가 있는 형체)의 유도 형체의 기하 공차 뒤에 기호 Ⓛ로 도면에 지시되며, 다음 규칙이 적용된다.

규칙 H

공차가 있는 형체의 추출 국소 크기는 다음과 같아야 한다.
a) 외측 형체에 대해서는 최소 실체 크기(LMS)와 같거나 더 크다.
b) 내측 형체에 대해서는 최소 실체 크기(LMS)와 같거나 더 작다.

규칙 I

공차가 있는 형체의 추출 국소 크기는 다음과 같아야 한다.
a) 외측 형체에 대해서는 최대 실체 크기(MMS)와 같거나 더 작다. 〈그림 A5 a), 그림 A8 및 그림 A9 참조〉
b) 내측 형체에 대해서는 최대 실체 크기(MMS)와 같거나 더 크다. 〈그림 A5 b), 그림 A8 참조〉

규칙 J

공차가 있는 형체의 최소 실체 가상(실효) 조건(LMVC)은 추출(통합) 형체에 의해 방해되어서는 안 된다. 〈그림 A5, 그림 A8 및 그림 A9 참조〉

규칙 K

하나 이상의 공차가 있는 형체가 같은 공차 지시에 의해 제어될 때 또는 기하학적 형상 명세가 방향이거나 위치일 때에, 공차가 있는 형체의 최소 실체 가상(실효) 조건(LMVC)은 서로 관련되고 데이텀에 관련된 이론적으로 정확한 위치와 방향에 있다. 〈그림 A8 및 그림 A9 참조〉

② 관련 데이텀 형체에 대한 최소 실체 요구사항

최소 실체 요구사항(LMR)이 데이텀 형체에 적용될 때에는 기호 Ⓛ을 데이텀 문자 다음에 지시하며, 다음 규칙이 적용된다.

규칙 L

관련 데이텀 형체의 최소 실체 가상(실효) 조건(LMVC)은 데이텀이 유도된 추출(통합) 데이텀 형체에 의해 방해되어서는 안 된다. 〈그림 A9 참조〉

규칙 Ⓜ

관련 데이텀 형체가 기하 공차가 없거나 또는 기호 Ⓛ 다음에 오지 않는 형상의 기하 공차가 있을 때에는, 관련 데이텀 형체의 최소 실체 가상(실효) 조건(LMVC)의 크기는 최소 실체 크기(LMS)이다. 〈그림 A5 참조〉

규칙 Ⓝ

데이텀 형체가 형상의 기하 공차가 있고 이 공차가 기호 Ⓛ 다음에 올 때에는 관련 데이텀 형체의 최소 실체 가상(실효) 조건(LMVC)의 크기는 최소 실체 크기(LMS)에 기하 공차를 빼거나(− : 외측 몸체 형체에 대해) 더한다(+ : 내측 몸체 형체에 대해) 〈그림 A9 참조〉

이 경우에 외측 및 내측 몸체 형체에 대한 I_{LMVS}

$$I_{LMVS} = I_{LMS} \pm 0 = I_{LMS}$$

여기서 I_{LMS} : 최소 실체 크기

(4) 상호 요구사항(RPR)

상호 요구사항(RPR)은 기호 Ⓜ 다음에 기호 Ⓡ을 놓거나 또는 기호 Ⓛ 다음에 기호 Ⓡ을 최대 실체 요구사항(MMR) 또는 최소 실체 요구사항(LMR)에 부가 요구사항으로 도면에 지시한다. 상호 요구사항은 지시 "0 Ⓜ"으로 같은 가공품 기능을 나타낼 수 있다.

1) 상호 요구사항과 최대 실체 요구사항

상호 요구사항(RPR)은 기호 Ⓜ 다음에 기호 Ⓡ을 지시하며 [몸체 형체(공차가 있는 형체)의 유도형체의 기하 공차 다음에 놓아], 몸체 형체의 표면에 대해 최대 실체 요구사항을 다음과 같이 변경시킨다. 〈그림 A1 b) 참조〉

2) 상호 요구사항과 최소 실체 요구사항

상호 요구사항(RPR)은 기호 Ⓛ 다음에 기호 Ⓡ을 지시하며 [몸체 형체(공차가 있는 형체)의 유도형체의 기하 공차 다음에 놓아], 몸체 형체의 표면에 대해 최소 실체 요구사항을 다음과 같이 변경시킨다. 〈그림 A5 e) 및 A5 f) 참조〉

(5) 용어와 개념에 대한 개념 도표(최대 실체 요구사항 및 최소 실체 요구사항 관련)

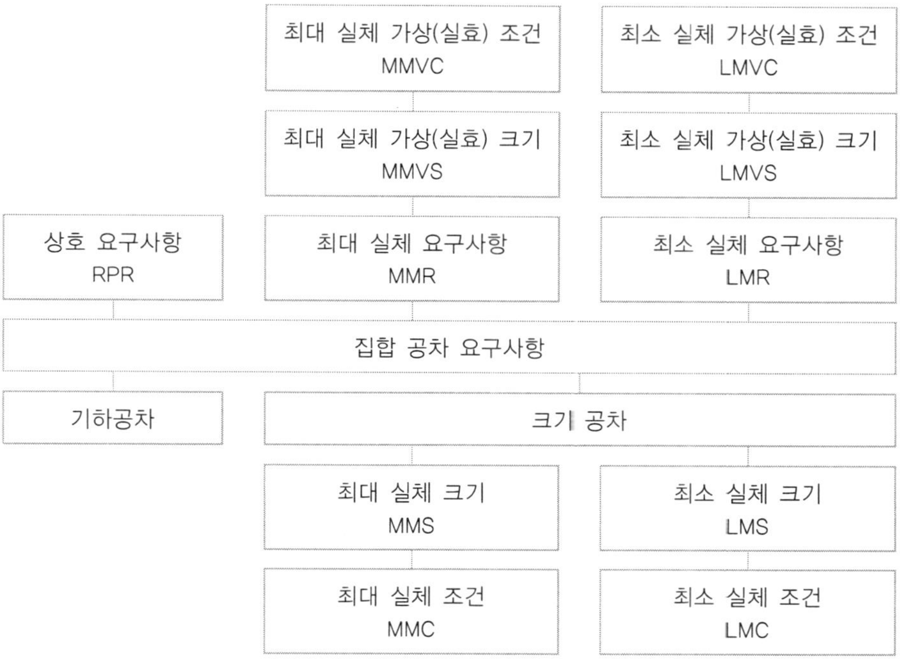

(6) Ⓜ, Ⓛ 및 Ⓡ 공차 지시의 보기

그림은 사용자가 최대 실체 요구사항, 최소 실체 요구사항 그리고 상호 요구사항을 이해하는 데 도움을 주기 위한 설명으로만 의도하고 있다. 몇몇 보기에서는 그림은 강조하기 위해 상세사항을 추가하고 있다. 다른 보기에서 그림은 고의적으로 불완전한 조건으로 두었다. 치수와 공차의 수치 값은 설명 목적으로만 주어지고 있다.

도면에 주어진 모든 치수는 밀리미터(mm)이고 모든 그림은 제3각법이다.

그림 A1 a) 크기 및 직각도(방향; orientation) 요구사항에 근거한 2개의 외측 원통 형체에 대한 RPR(상호 요구사항)이 없는 MMR(최대 실체 요구사항) (단위 : mm)

도면 지시	설명
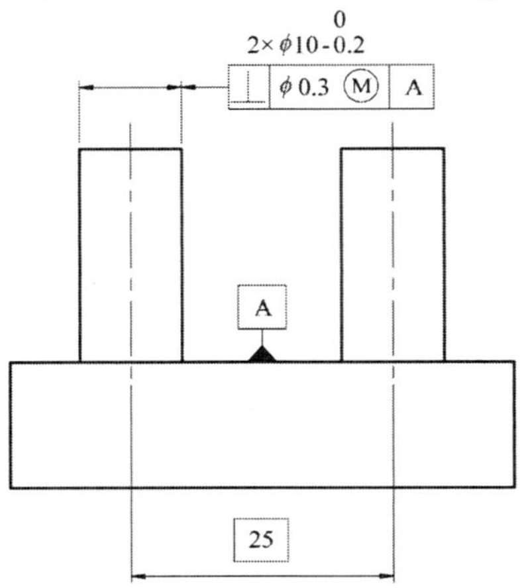	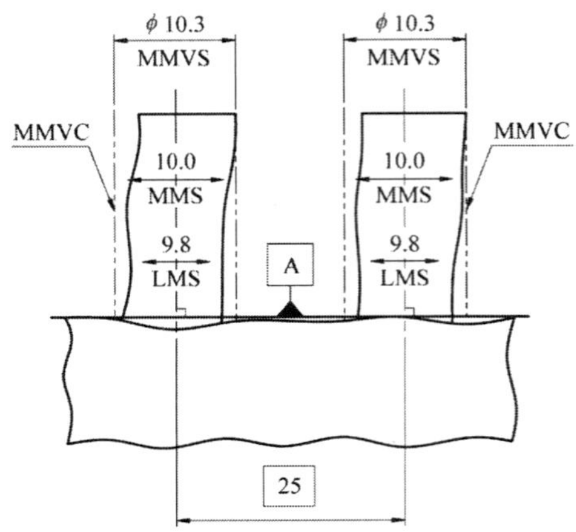

설명한 부품에서 의도하는 기능은 따로따로 25mm의 2개 구멍이 있는 판의 조립품(구멍은 판의 접촉면에 수직이 되도록 요구)

▶▷ 설명

① 공차가 있는 핀의 추출 형체는 최대 실체 가상(실효) 조건(MMVC)을 방해하지 않아야 하고, 그 지름은 MMVS = 10.3mm 〈규칙 C, 용어와 정의 "아, 자"항 참조〉

② 공차가 있는 핀의 추출 형체는 어디에서나 LMS = 9.8mm보다 큰 국소 지름이 되어야 하고 〈규칙 B, a)와 용어와 정의 "마"항 참조〉, MMS = 10mm보다 작아야 한다. 〈규칙 A, a) 및 용어와 정의 "다"항 참조〉

③ 2개 MMVC의 위치는 서로 상대적인 거리 25mm에 있어야 하고, 데이텀 A에 수직이어야 한다. 〈규칙 D 및 용어와 정의 "사"항 2)를 참조〉

▶▷ 기하공차 설명

2개의 외측 형체들 간의 간격은 25mm를 정확하게 유지하고 외측 형체들의 축선은 데이텀 A 평면에 수직한 지름 0.3mm 원통 내에 있어야 한다.

▶▷ 최대 실체 가상 크기(MMVS, 외측 형체)

(단위 : mm)

공차 및 기하공차 적용(외측 형체)						MMR
크기	크기 공차		기하공차	MMS (최대실체크기)	LMS (최소실체크기)	MMVS (최대실체가상크기)
(지름)	위 공차 값	아래 공차 값	(δ)	지름+위 공차 값	지름-아래 공차 값	$l_{MMS}+\delta$
10	0	0.2	⌀0.3	10.0+0 = 10.0	10.0−0.2 = 9.8	10.0+0.3 = 10.3

그림 A1 b) 크기 및 직각도(방향; orientation) 요구사항데 근거한 2개의 외측 원통 형체에 대한 RPR(상호 요구사항)이 없는 MMR(최대 실체 요구사항)

(단위 : mm)

도면 지시	설명
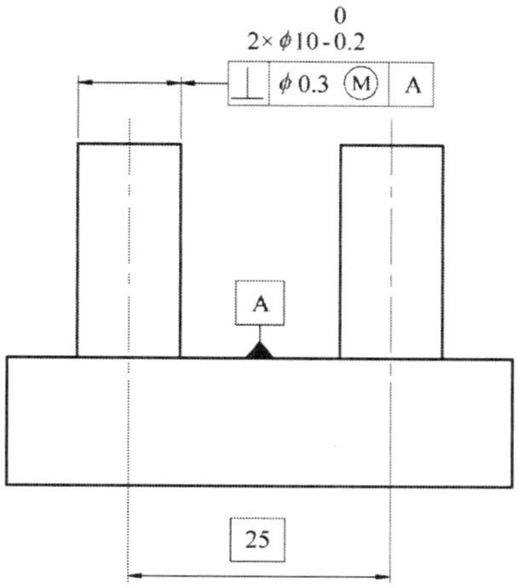	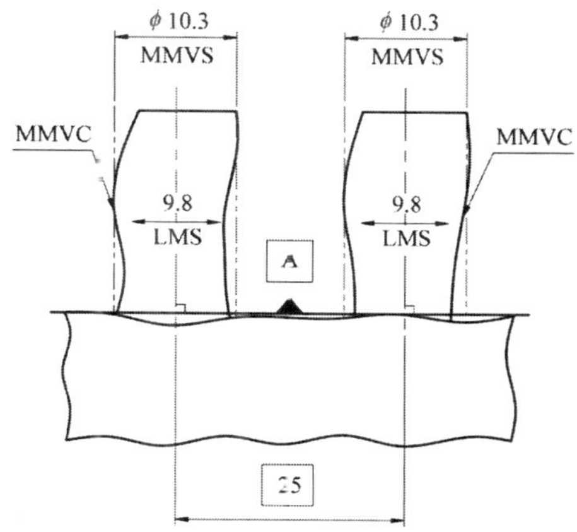

설명한 부품에서 의도하는 기능은 따로따로 25mm의 2개 구멍이 있는 판의 조립품(구멍은 판의 접촉면에 수직이 되도록 요구)

▶▷ 설명

① 공차가 있는 핀의 추출 형체는 최대 실체 가상(실효) 조건(MMVC)을 방해하지 않아야 하고, 그 지름은 MMVS = 10.3mm 〈규칙 C, 용어와 정의 "바, 사"항 및 "사"항 1) 참조〉

② 공차가 있는 핀의 추출 형체는 어디에서나 LMS = 9.8mm보다 큰 국소 지름이 되어야 하고 〈규칙 B, a)와 용어와 정의 "마"항 참조〉, MMS = 10mm보다 작아야 한다. 〈규칙 B, a) 및 용어와 정의 "다"항 참조〉

③ 2개 MMVC의 위치는 서로 상대적인 거리 25mm에 있어야 하고, 데이텀 A에 수직이어야 한다. 〈규칙 D 및 용어와 정의 "사"항 2)를 참조〉

▶▷ 기하공차 설명

2개의 외측 형체들 간의 간격은 25mm를 정확하게 유지하고 외측 형체들의 축선은 데이텀 A 평면에 수직한 지름 0.3mm 원통 내에 있어야 한다.

▶▷ 최대 실체 가상 크기(MMVS, 외측 형체)

(단위 : mm)

공차 및 기하공차 적용(외측 형체)						MMR
크기	크기 공차		기하공차	MMS (최대실체크기)	LMS (최소실체크기)	MMVS (최대실체가상크기)
(지름)	위 공차 값	아래 공차 값	(δ)	지름+위 공차 값	지름-아래 공차 값	$l_{MMS}+\delta$
10	0	0.2	⌀0.3	10.0+0 = 10.0	10.0−0.2 = 9.8	10.0+0.3 = 10.3

그림 A2 a) 크기 및 형상(진직도; straightness) 요구사항에 근거한 외측 원통 형체에 대한 MMR

(단위 : mm)

도면 지시	설명
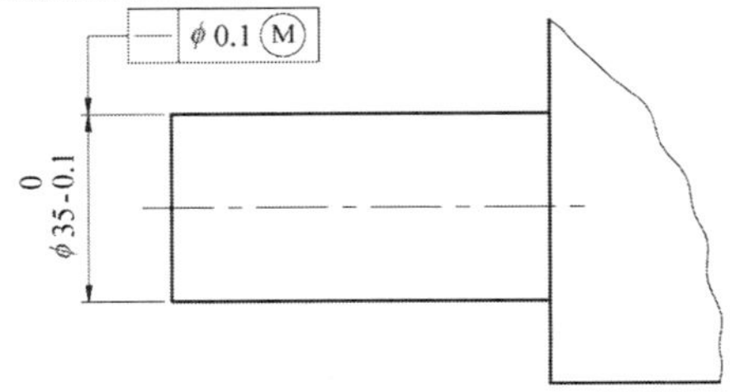	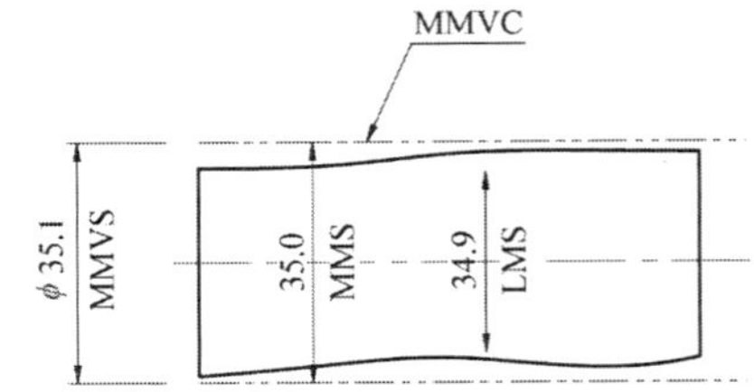

공차가 있는 부품에서 의도하는 기능은 공차가 있는 원통 형체와 같이 같은 길이의 구멍이 있는 헐거운 끼워맞춤

▶▷ 설명

① 추출 형체는 최대 실체 가상(실효) 조건(MMVC)을 방해하지 않아야 하고, 그 지름은 MMVS = 35.1mm이다. 〈규칙 C, 용어와 정의 "바, 사"항 및 "사"항 1) 참조〉

② 추출 형체는 어디에서나 LMS = 34.9mm보다 큰 국소 지름이 되어야 하고〈규칙 B, a)와 용어와 정의 "마"항 참조〉, MMS = 35mm보다 작아야 한다. 〈규칙 B, a) 및 용어와 정의 "다"항 참조〉

③ MMVC의 방향과 위치는 어떤 외부 구속에 의해서 제어되지 않는다. 〈용어와 정의 "사"항 2)를 참조〉

▶▷ 기하공차 설명

외측 형체의 진직도는 외측 형체의 축선 지름 0.1mm 원통 내에 있어야 한다.

▶▷ 최대 실체 가상 크기(MMVS, 외측 형체)

(단위 : mm)

공차 및 기하공차 적용(외측 형체)						MMR
크기	크기 공차		기하공차	MMS (최대실체크기)	LMS (최소실체크기)	MMVS (최대실체가상크기)
(지름)	위 공차 값	아래 공차 값	(δ)	지름+위 공차 값	지름-아래 공차 값	$l_{MMS}+\delta$
35	0	0.1	∅0.1	35.0+0 = 35.0	35.0−0.1 = 34.9	35.0+0.1 = 35.1

그림 A2 b) 크기 및 형상(진직도) 요구사항에 근거한 내측 원통 형체에 다한 MMR (단위 : mm)

도면 지시	설명

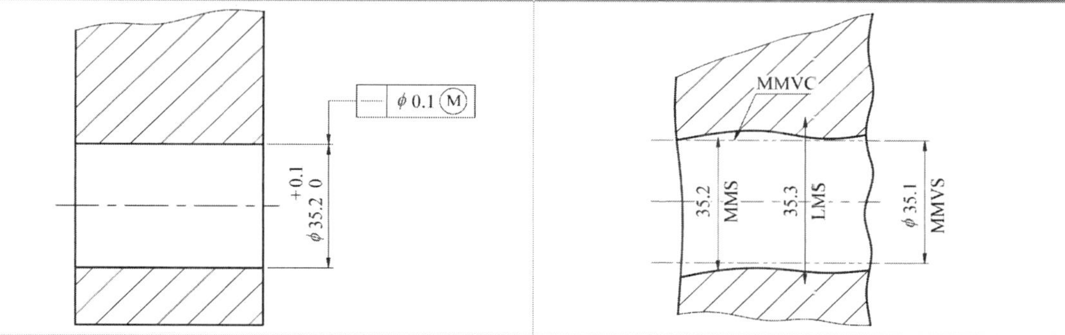

공차가 있는 부품에서 의도하는 기능은 공차가 있는 원통 형체와 같이 같은 길이의 축이 있는 헐거운 끼워맞춤

▶▷ 설명

① 추출 형체는 최대 실체 가상(실효) 조건(MMVC)을 침해하지 않아야 하고, 그 지름은 MMVS = 35.1mm이다. 〈규칙 C, 용어와 정의 "바, 사"항 및 "사"항 1) 참조〉

② 추출 형체는 어디에서나 LMS = 35.3mm보다 작은 국소 지름이 되어야 하고 〈규칙 B, b)와 용어와 정의 "마"항 참조〉, MMS = 35.2mm보다 커야 한다. 〈규칙 A, b) 및 용어와 정의 "다"항 참조〉

③ MMVC의 방향과 위치는 어떤 외부 구속에 의해서 제어되지 않는다. 〈용어와 정의 "사"항 2)를 참조〉

▶▷ 기하공차 설명

내측 형체의 진직도는 내측 형체의 축선 지름 0.1mm 원통 내에 있어야 한다.

▶▷ 최대 실체 가상 크기(MMVS, 내측 형체)

(단위 : mm)

공차 및 기하공차 적용(내측 형체)						MMR
크기	크기 공차		기하공차	MMS (최대실체크기)	LMS (최소실체크기)	MMVS (최대실체가상크기)
(지름)	위 공차 값	아래 공차 값	(δ)	지름-위 공차 값	지름+아래 공차 값	$l_{MMS}-\delta$
35.2	0.1	0	∅0.1	35.2−0 = 35.2	35.2+0.1 = 35.3	35.2−0.1 = 35.1

그림 A2 c) 크기 및 형상(진직도) 요구사항에 근거한 외측 원통 형체에 대한 MMR[값 0(M)]

(단위 : mm)

도면 지시	설명
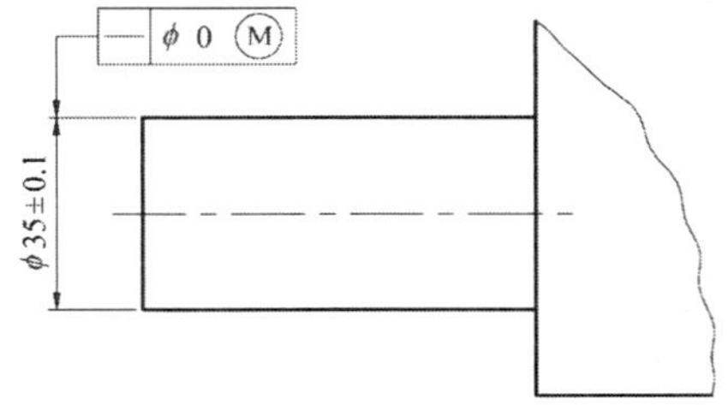	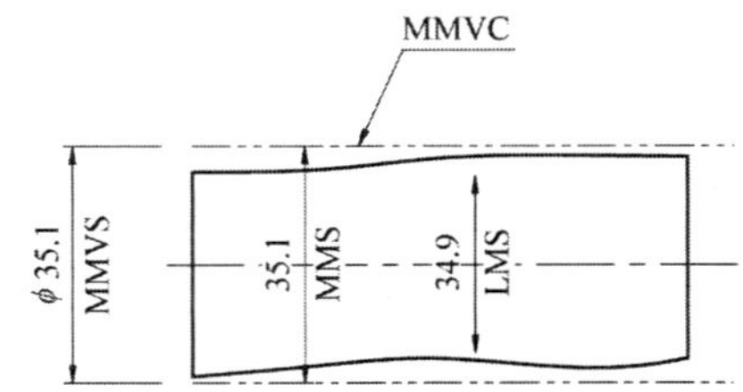

공차가 있는 부품에서 의도하는 기능은 공차가 있는 원통 형체와 같이 같은 길이의 축이 있는 헐거운 끼워맞춤

▶▷ 설명

① 추출 형체는 최대 실체 가상(실효) 조건(MMVC)을 방해하지 않아야 하고, 그 지름은 MMVS = 35.1mm이다. 〈규칙 C, 용어와 정의 "바, 사"항 및 "사"항 1) 참조〉

② 추출 형체는 어디에서나 LMS = 34.9mm보다 큰 국소 지름이 되어야 하고 〈규칙 B, a)와 용어와 정의 "마"항 참조〉, MMS = 35.1mm보다 작아야 한다. 〈규칙 A, a) 및 용어와 정의 "다"항 참조〉 [그림 A2 c)]와 [그림 A2 a)]의 차이는 국소 지름의 명세로, 이 경우 MMS이다.

③ MMVC의 방향과 위치는 어떤 외부 구속에 의해서 제어되지 않는다. 〈용어와 정의 "사"항 2)를 참조〉

▶▷ 기하공차 설명

외측 형체의 진직도는 외측 형체의 축선 지름 0mm 원통 내에 있어야 한다.(즉, 축선에 일치하여야 한다.)

▶▷ 최대 실체 가상 크기(MMVS, 외측 형체)

(단위 : mm)

공차 및 기하공차 적용(외측 형체)						MMR
크기	크기 공차		기하공차	MMS (최대실체크기)	LMS (최소실체크기)	MMVS (최대실체가상크기)
(지름)	위 공차 값	아래 공차 값	(δ)	지름+위 공차 값	지름−아래 공차 값	$l_{MMS}+\delta$
35	0.1	0.1	∅0	35.0+0.1 = 35.1	35.0−0.1 = 34.9	35.1+0 = 35.1

그림 A2 d) 크기 및 형상(진직도) 요구사항에 근거한 외측 원통 형체에 대한 MMR[값 0(M)]

(단위 : mm)

도면 지시	설명
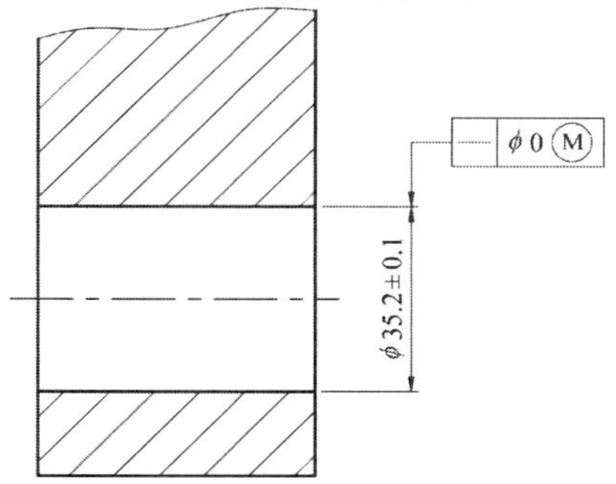	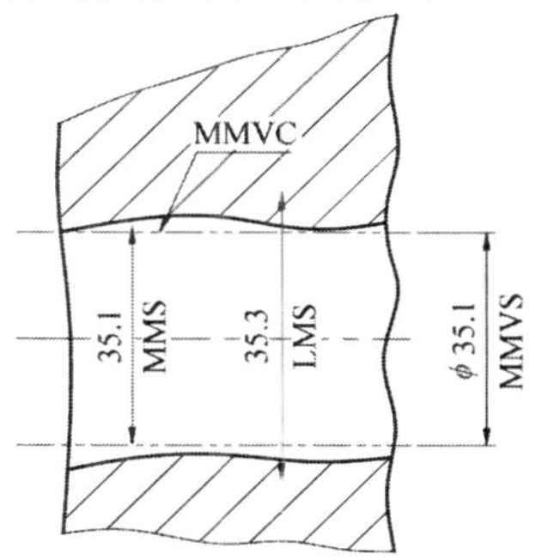

공차가 있는 부품에서 의도하는 기능은 공차가 있는 원통 형체와 같이 같은 길이의 축이 있는 헐거운 끼워맞춤

▶▷ 설명

① 추출 형체는 최대 실체 가상(실효) 조건(MMVC)을 방해하지 않아야 하고, 그 지름은 MMVS = 35.1mm이다. 〈규칙 C, 용어와 정의 "바, 사"항 및 "사"항 1) 참조〉

② 추출 형체는 어디에서나 LMS = 35.3mm보다 작은 국소 지름이 되어야 하고 〈규칙 B, b)와 용어와 정의 "마"항 참조〉, MMS = 35.1mm보다 커야 한다. 〈규칙 A, b) 및 용어와 정의 "다"항 참조〉 [그림 A2 d)]와 [그림 A2 b)]의 차이는 국소 지름의 명세로, 이 경우 MMS이다.

③ MMVC의 방향과 위치는 어떤 외부 구속에 의해서 제어되지 않는다. 〈용어와 정의 "사"항 2)를 참조〉

▶▷ 기하공차 설명

내측 형체의 진직도는 내측 형체의 축선 지름 0mm 원통 내에 있어야 한다.(즉, 중심에 일치 하여야 한다.)

▶▷ 최대 실체 가상 크기(MMVS, 내측 형체)

(단위 : mm)

공차 및 기하공차 적용(내측 형체)						MMR
크기	크기 공차		기하공차	MMS (최대실체크기)	LMS (최소실체크기)	MMVS (최대실체가상크기)
(지름)	위 공차 값	아래 공차 값	(δ)	지름-위 공차 값	지름+아래 공차 값	$l_{MMS}-\delta$
35.2	0.1	0.1	∅0	35.2−0.1 = 35.1	35.2+0.1 = 35.3	35.1−0 = 35.1

그림 A3 a) 크기 및 방향(직각도 : perpendicularity) 요구사항에 근거한 외측 원통 형체에 대한 MMR

(단위 : mm)

도면 지시	설명
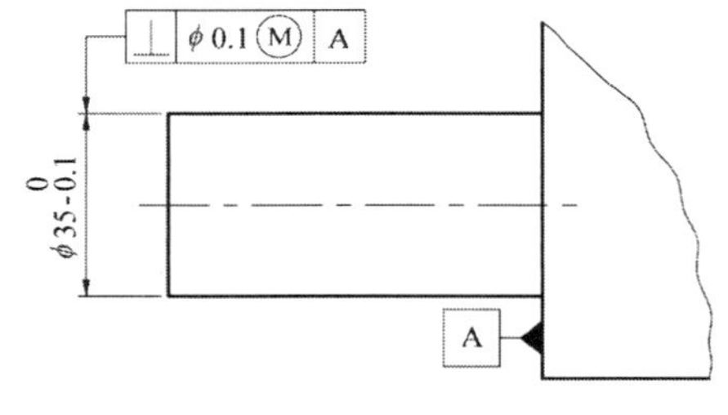	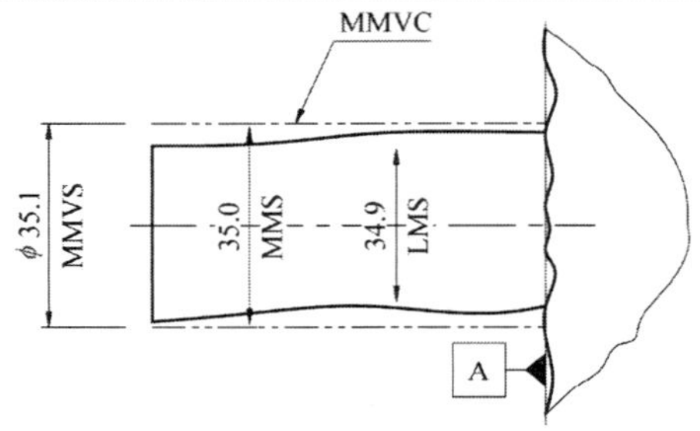

공차가 있는 부품에서 의도하는 기능은 그림 A3 b)와 같은 부품과의 조립품, 기능적 요구사항은 2개의 평평한 면이 접촉하면서 핀은 구멍에 동시에 끼워맞춤

▶▷ 설명

① 추출 형체는 최대 실체 가상(실효) 조건(MMVC)을 방해하지 않아야 하고, 그 지름은 MMVS = 35.1mm이다. 〈규칙 C, 용어와 정의 "바, 사"항 및 "사"항 1) 참조〉

② 추출 형체는 어디에서나 LMS = 34.9mm보다 큰 국소 지름이 되어야 하고 〈규칙 B, a)와 용어와 정의 "마"항 참조〉, MMS = 35.0mm보다 작아야 한다. 〈규칙 A, a) 및 용어와 정의 "다"항 참조〉

③ MMVC의 방향은 데이텀에 수직이고 MMVC의 위치는 어떤 외부 구속에 의해서 제어되지 않는다. 〈규칙 D 및 용어와 정의 "사"항 2)를 참조〉

▶▷ 기하공차 설명

외측 형체의 축선은 데이텀 A평면에 수직한 외측 형체의 축선 지름 0.1mm 원통 내에 있어야 한다.

▶▷ 최대 실체 가상 크기(MMVS, 외측 형체)

(단위 : mm)

공차 및 기하공차 적용(외측 형체)						MMR
크기	크기 공차		기하공차	MMS (최대실체크기)	LMS (최소실체크기)	MMVS (최대실체가상크기)
(지름)	위 공차 값	아래 공차 값	(δ)	지름+위 공차 값	지름-아래 공차 값	$l_{MMS}+\delta$
35	0	0.1	⌀0.1	35.0+0 = 35.0	35.0−0.1 = 34.9	35.0+0.1 = 35.1

그림 A3 b) 크기 및 방향(직각도) 요구사항에 근거한 내측 원통 형체에 대한 MMR (단위 : mm)

도면 지시	설명
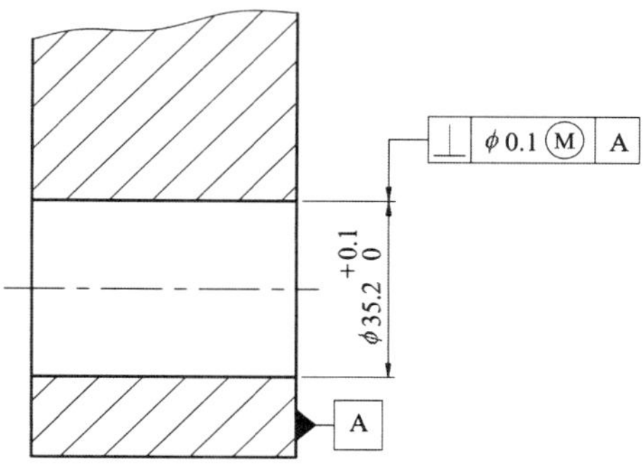	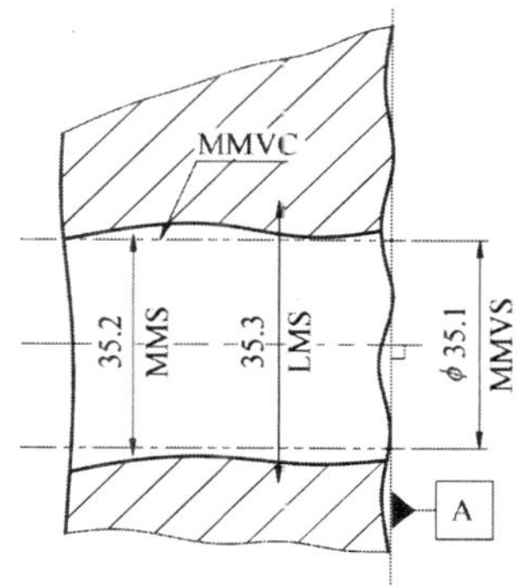

공차가 있는 부품에서 의도하는 기능은 그림 A3 a)와 같은 부품과의 조립품. 기능적 요구사항은 2개의 평평한 면이 접촉하면서 핀은 구멍에 동시에 끼워맞춤

▶▷ 설명

① 추출 형체는 최대 실체 가상(실효) 조건(MMVC)을 방해하지 않아야 하고, 그 지름은 MMVS = 35.1mm이다. 〈규칙 C, 용어와 정의 "바, 사"항 및 "사"항 1) 참조〉

② 추출 형체는 어디에서나 LMS = 35.3mm보다 작은 국소 지름이 되어야 하고 〈규칙 B, b)와 용어와 정의 "마"항 참조〉, MMS = 35.2mm보다 커야 한다. 〈규칙 A, b) 및 용어와 정의 "다"항 참조〉

③ MMVC의 방향은 데이텀에 수직이고 MMVC의 위치는 어떤 외부 구속에 의해서 제어되지 않는다. 〈규칙 D 및 용어와 정의 "사"항 2)를 참조〉

▶▷ 기하공차 설명

내측 형체의 축선은 데이텀 A평면에 수직한 내측 형체의 축선 지름 0.1mm 원통 내에 있어야 한다.

▶▷ 최대 실체 가상 크기(MMVS, 내측 형체)

(단위 : mm)

공차 및 기하공차 적용(내측 형체)						MMR
크기	크기 공차		기하공차	MMS (최대실체크기)	LMS (최소실체크기)	MMVS (최대실체가상크기)
(지름)	위 공차 값	아래 공차 값	(δ)	지름-위 공차 값	지름+아래 공차 값	$l_{MMS}-\delta$
35.2	0.1	0	∅0.1	35.2−0 = 35.2	35.2+0.1 = 35.3	35.2−0.1 = 35.1

그림 A4 a) 크기 및 위치(position) 요구사항에 근거한 외측 원통 형체에 대한 MMR (단위 : mm)

도면 지시	설명
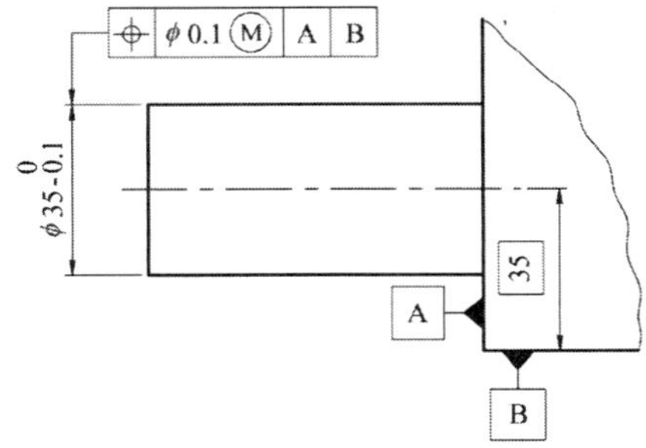	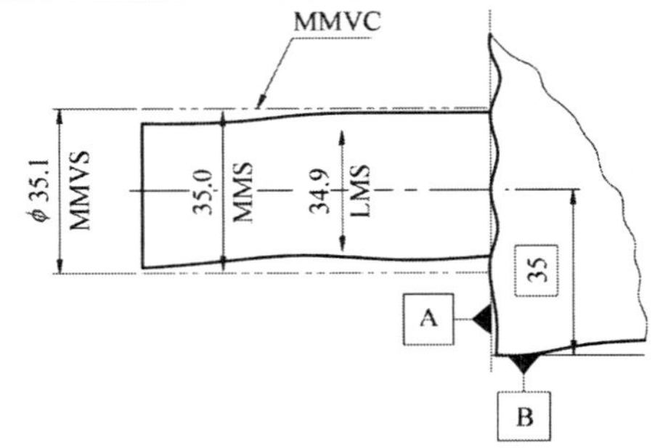

공차가 있는 부품에서 의도하는 기능은 그림 A4 b)와 같은 부품과의 조립품, 기능적 요구사항은 2개의 평평한 면 A가 접촉하면서 2개의 평평한 면 B는 동시에 한 평면으로 접촉(부품상에서는 보이지 않음)

▶▷ 설명

① 추출 형체는 최대 실체 가상(실효) 조건(MMVC)을 방해하지 않아야 하고, 그 지름은 MMVS = 35.1mm이다. 〈규칙 C, 용어와 정의 "아, 자"항 참조〉

② 추출 형체는 어디에서나 LMS = 34.9mm보다 큰 국소 지름이 되어야 하고 〈규칙 B, a)와 용어와 정의 "마"항 참조〉, MMS = 35.0mm보다 작아야 한다. 〈규칙 A, a) 및 용어와 정의 "다"항 참조〉

③ MMVC의 방향은 데이텀 A에 수직이고 MMVC의 위치는 데이텀 B로부터 이론적으로 정확히 35mm에 위치한다. 〈규칙 D 및 용어와 정의 "사"항 2)를 참조〉

▶▷ 기하공차 설명

외측 형체의 축선은 데이텀 A평면에 위에 B면으로부터 35mm의 진위치를 지나고 A면에 수직한 핀의 축선 지름 0.1mm 원통 내에 있어야 한다.

▶▷ 최대 실체 가상 크기(MMVS, 외측 형체)

(단위 : mm)

공차 및 기하공차 적용(외측 형체)						MMR
크기	크기 공차		기하공차	MMS (최대실체크기)	LMS (최소실체크기)	MMVS (최대실체가상크기)
(지름)	위 공차 값	아래 공차 값	(δ)	지름+위 공차 값	지름-아래 공차 값	$l_{MMS}+\delta$
35	0	0.1	∅0.1	35.0+0 = 35.0	35.0−0.1 = 34.9	35.0+0.1 = 35.1

그림 A4 b) 크기 및 위치 요구사항에 근거한 외측 원통 형체에 대한 MMR (단위 : mm)

도면 지시	설명

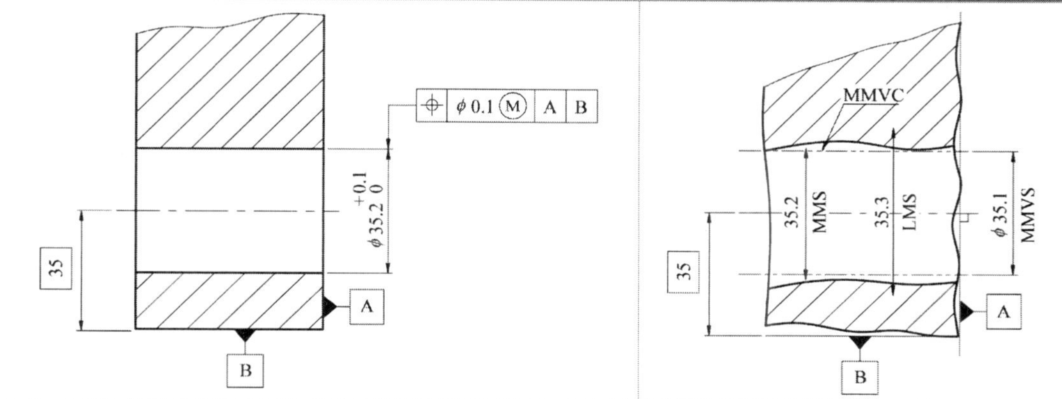

공차가 있는 부품에서 의도하는 기능은 그림 A4 a)와 같은 부품과의 조립품, 기능적 요구사항은 2개의 평평한 면 A가 접촉하면서 2개의 평평한 면 B는 동시에 한 평면으로 접촉(부품상에서는 보이지 않음)

▶▷ 설명

① 추출 형체는 최대 실체 가상(실효) 조건(MMVC)을 방해하지 않아야 하고, 그 지름은 MMVS = 35.1mm이다. 〈규칙 C, 용어와 정의 "바, 사"항 및 "사"항 1) 참조〉

② 추출 형체는 어디에서나 LMS = 35.3mm보다 작은 최소 지름이 되어야 하고 〈규칙 B, b)와 용어와 정의 "마"항 참조〉, MMS = 35.2mm보다 커야 한다. 〈규칙 A, b) 및 용어와 정의 "다"항 참조〉

③ MMVC의 방향은 데이텀에 수직이고 MMVC의 위치는 어떤 외부 구속에 의해서 제어되지 않는다. 〈규칙 D 및 용어와 정의 "사"항 2)를 참조〉

▶▷ 기하공차 설명

내측 형체의 축선은 데이텀 A평면에 위에 B면으로부터 35mm의 진위치를 지나고 A면에 수직한 내측 형체의 축선 지름 0.1mm 원통 내에 있어야 한다.

▶▷ 최대 실체 가상 크기(MMVS, 내측 형체) (단위 : mm)

공차 및 기하공차 적용(내측 형체)						MMR
크기	크기 공차		기하공차	MMS (최대실체크기)	LMS (최소실체크기)	MMVS (최대실체가상크기)
(지름)	위 공차 값	아래 공차 값	(δ)	지름-위 공차 값	지름+아래 공차 값	$l_{MMS}-\delta$
35.2	0.1	0	∅0.1	35.2−0 = 35.2	35.2+0.1 = 35.3	35.2−0.1 = 35.1

그림 A5 a) 데이텀으로써 내측 몸체 형체와 동심인 외측 몸체에 대한 최소 실체 요구사항 (LMR 사용의 보기 1)

(단위 : mm)

도면 지시	설명
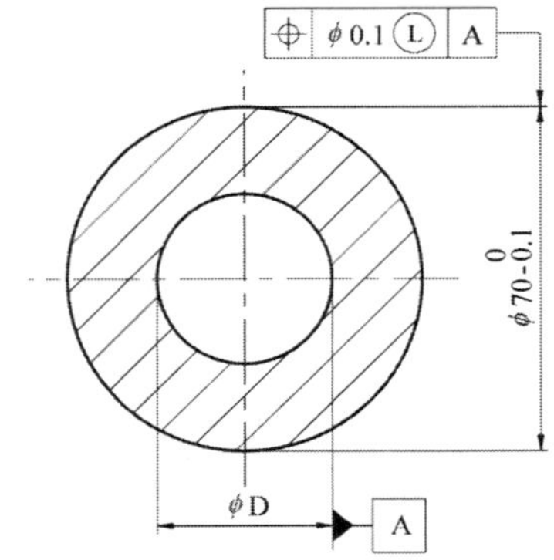	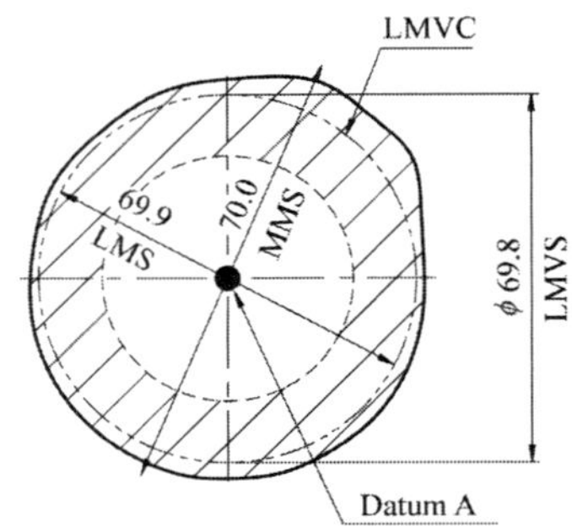

이 그림은 최소 실체 요구사항에 대한 몇몇 규칙을 설명할 뿐이다. 이 도면 지시는 불완전하고 최소 벽 두께를 제어하지 않는다. 최소 실체 요구사항은 다른 형체에서 없는 것이다. 따라서 기능을 지시하는 것은 불가능하다. 위치 및 동축도/동심도는 이 경우에 같은 뜻으로 사용할 수 있다.

▶▷ 설명

① 최소 실체 가상(실효) 조건(LMVC)은 지름 LMVS = 69.8mm이고, 그 실체 안에 완전히 포함되어야 한다. 〈규칙 J, 용어와 정의 "사, 아"항 참조〉

② 추출 형체는 어디에서나 MMS = 70.0mm보다 작은 국소 지름이 되어야 하고[규칙 I, a)와 용어와 정의 "마"항 참조], LMS = 69.9mm보다 커야 한다. 〈규칙 H, a) 및 용어와 정의 "다"항 참조〉

③ LMVC의 방향은 데이텀에 평행하고 MMVC의 위치는 이론상 정확한 위치에서 데이텀 A와 동축이다. 〈규칙 K 및 용어와 정의 "자"항 2)를 참조〉

▶▷ 기하공차 설명

지시선의 화살표로 나타낸 외측 형체의 중심은 데이텀 점 A를 중심으로 하는 지름 0.1mm인 원 안에 있어야 한다.

▶▷ 최소 실체 가상 크기(LMVS, 외측 형체)

(단위 : mm)

공차 및 기하공차 적용(외측 형체)						LMR
크기	크기 공차		기하공차	MMS (최대실체크기)	LMS (최소실체크기)	LMVS (최소실체가상크기)
(지름)	위 공차 값	아래 공차 값	(δ)	지름+위 공차 값	지름-아래 공차 값	$l_{LMS}-\delta$
70	0	0.1	⌀0.1	70.0+0 = 70.0	70.0−0.1 = 69.9	69.9−0.1 = 69.8

그림 A5 b) 데이텀으로써 외측 몸체 형체와 동심인 내측 몸체에 대한 최소 실체 요구사항 (LMR 사용의 보기 1)

(단위 : mm)

도면 지시	설명
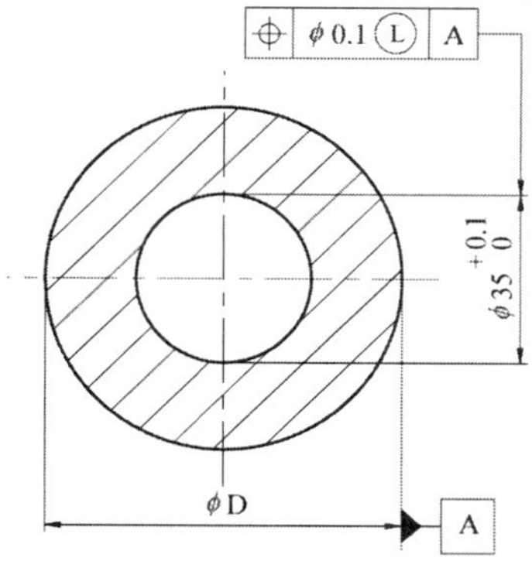	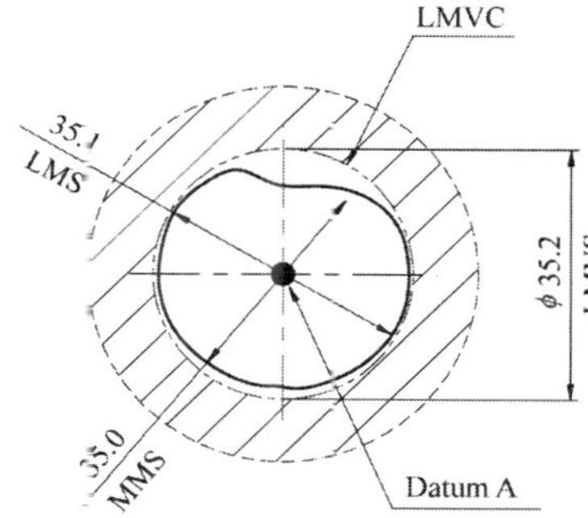

이 그림은 최소 실체 요구사항에 대한 몇몇 규칙을 설명할 뿐이다. 이 도면 지시는 불완전하고 최소 벽 두께를 제어하지 않는다. 최소 실체 요구사항은 다른 형체에서 없는 것이다. 따라서 기능을 지시하는 것은 불가능하다. 위치 및 동축도/동심도는 이 경우에 같은 뜻으로 사용할 수 있다.

▶▷ 설명

① 최소 실체 가상(실효) 조건(LMVC)은 지름 LMVS = 35.2mm이고, 그 실체 안에 완전히 포함되어야 한다. 〈규칙 J, 용어와 정의 "사, 아"항 참조〉

② 추출 형체는 어디에서나 MMS = 35.0mm보다 큰 국소 지름이 되어야 하고 〈규칙 I, b)와 용어와 정의 "다"항 참조〉, LMS = 35.1mm보다 작아야 한다. 〈규칙 H, b) 및 용어와 정의 "마"항 참조〉

③ LMVC의 방향은 데이텀에 평행하고 MMVC의 위치는 이론상 정확한 위치에서 데이텀 A와 동축이다. 〈규칙 K 및 용어와 정의 "자"항 2)를 참조〉

▶▷ 기하공차 설명

지시선의 화살표로 나타낸 내측 형체의 중심은 데이텀 점 A를 중심으로 하는 지름 0.1mm인 원 안에 있어야 한다.

▶▷ 최소 실체 가상 크기(LMVS, 내측 형체)

(단위 : mm)

공차 및 기하공차 적용(내측 형체)						LMR
크기	크기 공차		기하공차	MMS (최대실체크기)	LMS (최소실체크기)	LMVS (최소실체가상크기)
(지름)	위 공차 값	아래 공차 값	(δ)	지름-위 공차 값	지름+아래 공차 값	$l_{LMS}+\delta$
35	0.1	0	∅0.1	35.0−0 = 35.0	35.0+0.1 = 35.1	35.1+0.1 = 35.2

그림 A5 c) 데이텀으로써 내측 몸체 형체와 동심인 외측 몸체에 대한 최소 실체 요구사항 (LMR 사용의 보기 2)

(단위 : mm)

도면 지시	설명
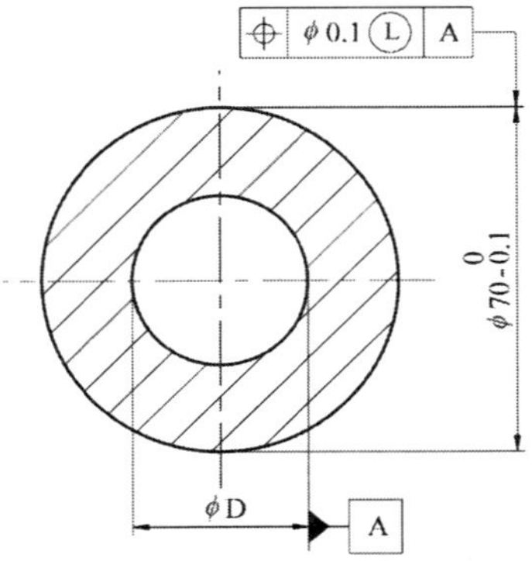	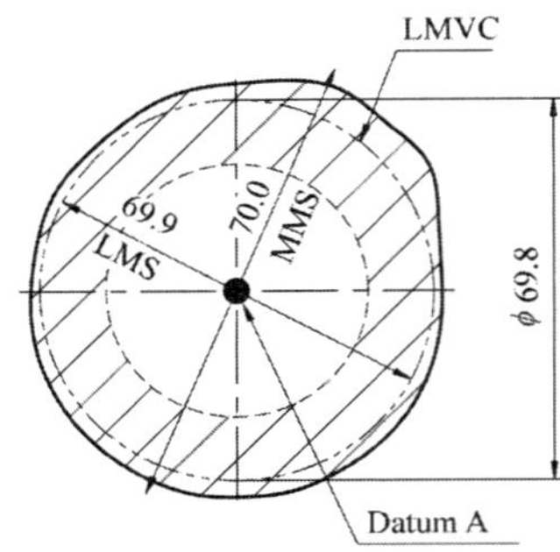

이 그림은 최소 실체 요구사항에 대한 몇몇 규칙을 설명할 뿐이다. 이 도면 지시는 불완전하고 최소 벽 두께를 제어하지 않는다. 최소 실체 요구사항은 다른 형체에서 없는 것이다. 따라서 기능을 지시하는 것은 불가능하다. 위치 및 동축도/동심도는 이 경우에 같은 뜻으로 사용할 수 있다.

▶▷ 설명

① 최소 실체 가상(실효) 조건(LMVC)은 지름 LMVS = 69.8mm이고, 그 실체 안에 완전히 포함되어야 한다. 〈규칙 J, 용어와 정의 "사, 아"항 참조〉

② 추출 형체는 어디에서나 MMS = 70.0mm보다 작은 국소 지름이 되어야 하고 〈규칙 I, a)와 용어와 정의 "다"항 참조〉, LMS = 69.9mm보다 커야 한다. 〈규칙 H, a) 및 용어와 정의 "마"항 참조〉 [그림 A5 c)]와 [그림 A5 a)]의 차이는 국소 지름의 명세로, 이 경우 LMS이다.

③ LMVC의 방향은 데이텀에 평행하고 MMVC의 위치는 이론상 정확한 위치에서 데이텀 A와 동축이다. 〈규칙 K 및 용어와 정의 "자"항 2)를 참조〉

▶▷ 기하공차 설명

지시선의 화살표로 나타낸 외측 형체의 중심은 데이텀 점 A를 중심으로 하는 지름 0.1mm인 원 안에 있어야 한다.

▶▷ 최소 실체 가상 크기(LMVS, 외측 형체)

(단위 : mm)

공차 및 기하공차 적용(외측 형체)						LMR
크기	크기 공차		기하공차	MMS (최대실체크기)	LMS (최소실체크기)	LMVS (최소실체가상크기)
(지름)	위 공차 값	아래 공차 값	(δ)	지름+위 공차 값	지름-아래 공차 값	$l_{LMS}-\delta$
70	0	0.1	∅0.1	70.0+0 = 70.0	70.0−0.1 = 69.9	69.9−0.1 = 69.8

그림 A5 d) 데이텀으로써 내측 몸체 형체와 동심인 외측 몸체에 대한 최소 실체 요구사항 (LMR 사용의 보기 2)

(단위 : mm)

도면 지시	설명
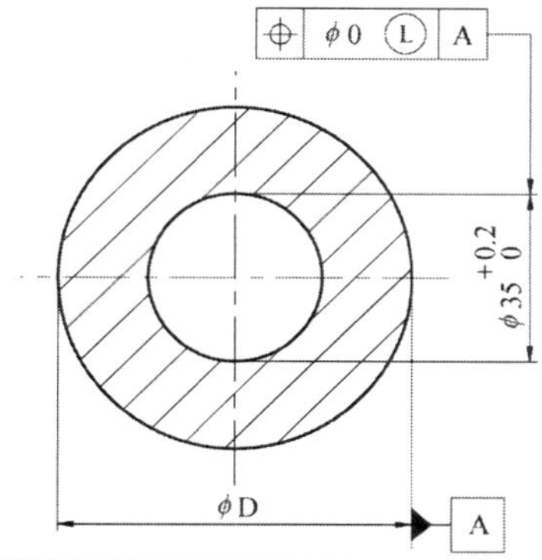	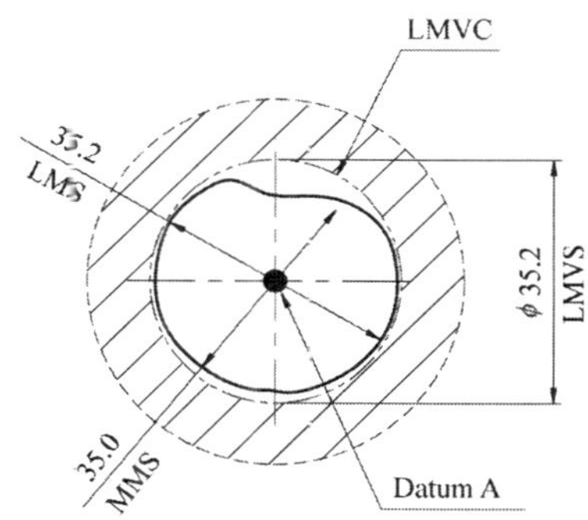

이 그림은 최소 실체 요구사항에 대한 몇몇 규칙을 설명할 뿐이다. 이 도면 지시는 불완전하고 최소 벽 두께를 제어하지 않는다. 최소 실체 요구사항은 다른 형체에서 없는 것이다. 따라서 기능을 지시하는 것은 불가능하다. 위치 및 동축도/동심도는 이 경우에 같은 뜻으로 사용할 수 있다.

▶▷ 설명

① 최소 실체 가상(실효) 조건(LMVC)은 지름 LMVS = 35.2mm이고, 그 실체 안에 완전히 포함되어야 한다. 〈규칙 J, 용어와 정의 "사, 아"항 참조〉

② 추출 형체는 어디에서나 MMS = 35.0mm보다 큰 국소 지름이 되어야 하고 〈규칙 I, b)와 용어와 정의 "다"항 참조〉, LMS = 35.2mm보다 작아야 한다. 〈규칙 H, b) 및 용어와 정의 "마"항 참조〉 그림 A5 d)와 그림 A5 b)의 차이는 국소 지름의 명세로, 이 경우 LMS이다.

③ LMVC의 방향은 데이텀에 평행하고 MMVC의 위치는 이론상 정확한 위치에서 데이텀 A와 동축이다. 〈규칙 K 및 용어와 정의 "자"항(2)를 참조〉

▶▷ 기하공차 설명

지시선의 화살표로 나타낸 내측 형체의 중심은 데이텀 점 A를 중심으로 하는 지름 0mm인 원 안에 있어야 한다.(즉, 중심에 일치 하여야 한다.)

▶▷ 최소 실체 가상 크기(LMVS, 내측 형체)

(단위 : mm)

공차 및 기하공차 적용(내측 형체)						LMR
크기	크기 공차		기하공차	MMS (최대실체크기)	LMS (최소실체크기)	LMVS (최소실체가상크기)
(지름)	위 공차 값	아래 공차 값	(δ)	지름-위 공차 값	지름+아래 공차 값	$l_{LMS}+\delta$
35	0.2	0	Ø0	35.0−0 = 35.0	35.0+0.2 = 35.2	35.2+0 = 35.2

그림 A5 e) 데이텀으로써 내측 몸체 형체와 동심인 외측 몸체에 대한 최소 실체 요구사항 (LMR 사용의 보기)

(단위 : mm)

도면 지시	설명
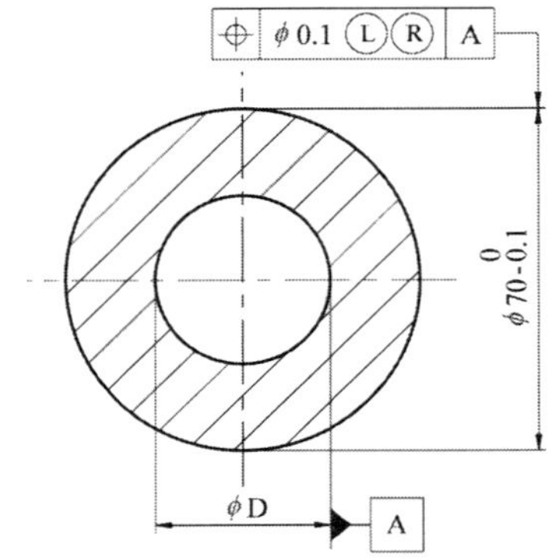	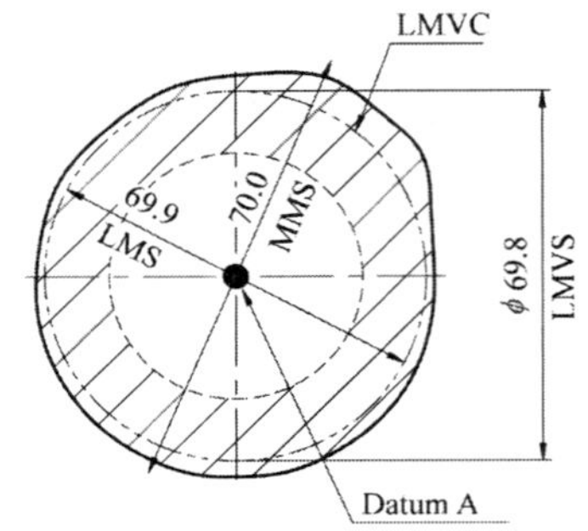

이 그림은 최소 실체 요구사항에 대한 몇몇 규칙을 설명할 뿐이다. 이 도면 지시는 불완전하고 최소 벽 두께를 제어하지 않는다. 최소 실체 요구사항은 다른 형체에서 없는 것이다. 따라서 기능을 지시하는 것은 불가능하다. 위치 및 동축도/동심도는 이 경우에 같은 뜻으로 사용할 수 있다.

▶▷ 설명

① 최소 실체 가상(실효) 조건(LMVC)은 지름 LMVS = 69.8mm이고, 그 실체 안에 완전히 포함되어야 한다. 〈규칙 J, 용어와 정의 "사, 아"항 참조〉

② 추출 형체는 어디에서나 MMS = 70.0mm보다 작은 국소 지름이 되어야 한다. 〈규칙 I, a)와 용어와 정의 "바"항 참조〉, RPR은 크기 공차 한계가 LMS에서 감소하도록 허용한다. (국소 지름은 69.9mm보다 작아질 수 있고 LMVS까지이다).

③ LMVC의 방향은 데이텀에 평행하고 MMVC의 위치는 이론상 정확한 위치에서 데이텀 A와 동축이다. 〈규칙 K 및 용어와 정의 "자"항 2)를 참조〉

▶▷ 기하공차 설명

지시선의 화살표로 나타낸 외측 형체의 중심은 데이텀 점 A를 중심으로 하는 지름 0.1mm인 원 안에 있어야 한다.

▶▷ 최소 실체 가상 크기(LMVS, 외측 형체)

(단위 : mm)

공차 및 기하공차 적용(외측 형체)						LMR
크기	크기 공차		기하공차	MMS (최대실체크기)	LMS (최소실체크기)	LMVS (최소실체가상크기)
(지름)	위 공차 값	아래 공차 값	(δ)	지름+위 공차 값	지름-아래 공차 값	$l_{LMS}-\delta$
70	0	0.1	⌀0.1	70.0+0 = 70.0	70.0−0.1 = 69.9	69.9−0.1 = 69.8

그림 A5 f) 데이텀으로써 외측 몸체 형체와 동심인 내측 몸체에 대한 최소 실체 요구사항 (LMR 사용의 보기)

(단위 : mm)

도면 지시	설명
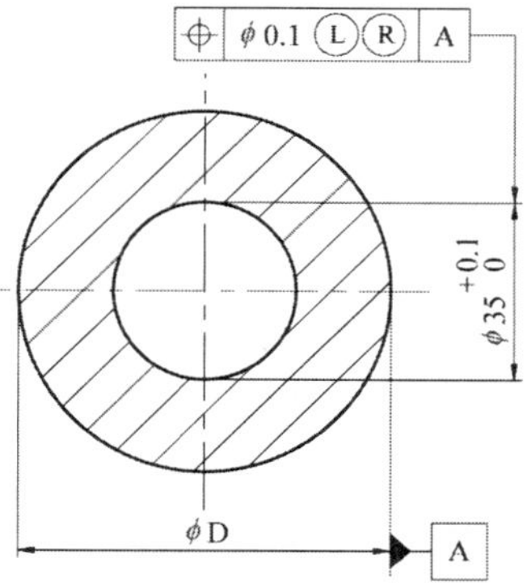	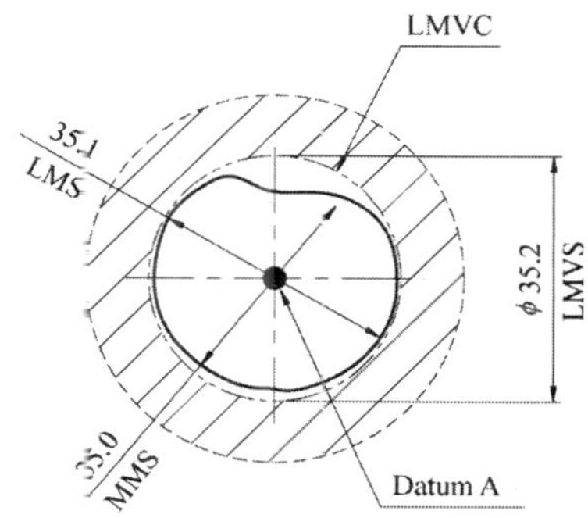

이 그림은 최소 실체 요구사항에 대한 몇몇 규칙을 설명할 뿐이다. 이 도면 지시는 불완전하고 최소 벽 두께를 제어하지 않는다. 최소 실체 요구사항은 다른 형체에서 없는 것이다. 따라서 기능을 지시하는 것은 불가능하다. 위치 및 동축도/동심도는 이 경우에 같은 뜻으로 사용할 수 있다.

▶▷ 설명

① 최소 실체 가상(실효) 조건(LMVC)은 지름 LMVS = 35.2mm이고, 그 실체 안에 완전히 포함되어야 한다. 〈규칙 J, 용어와 정의 "사, 아"항 참조〉

② 추출 형체는 어디에서나 MMS = 35.0mm보다 작은 국소 지름이 되어야 한다. 〈규칙 I, b)와 용어와 정의 "바"항 참조〉, RPR은 크기 공차 한계가 LMS를 넘어 증가하도록 허용한다.(국소 지름은 35.1mm보다 커질 수 있고 LMVS까지이다).

③ LMVC의 방향은 데이텀에 평행하고 MMVC의 위치는 이론상 정확한 위치에서 데이텀 A와 동축이다. 〈규칙 K 및 용어와 정의 "자"항 2)를 참조〉

▶▷ 기하공차 설명

지시선의 화살표로 나타낸 내측 형체의 중심은 데이텀 점 A를 중심으로 하는 지름 0.1mm인 원 안에 있어야 한다.

▶▷ 최소 실체 가상 크기(LMVS, 내측 형체)

(단위 : mm)

공차 및 기하공차 적용(내측 형체)						LMR
크기	크기 공차		기하공차	MMS (최대실체크기)	LMS (최소실체크기)	LMVS (최소실체가상크기)
(지름)	위 공차 값	아래 공차 값	(δ)	지름-위 공차 값	지름+아래 공차 값	$l_{LMS}+\delta$
35	0.1	0	∅0.1	35.0−0 = 35.0	35.0+0.1 = 35.1	35.1+0.1 = 35.2

그림 A6 a) 데이텀 및 MMR이 있는 원통 형체의 축 — 크기 요구사항을 갖춘 — 이 있는 크기 및 위치(동축도 : coaxiality) 요구사항에 근거한 외측 원통 형체에 대한 MMR (단위 : mm)

도면 지시	설명

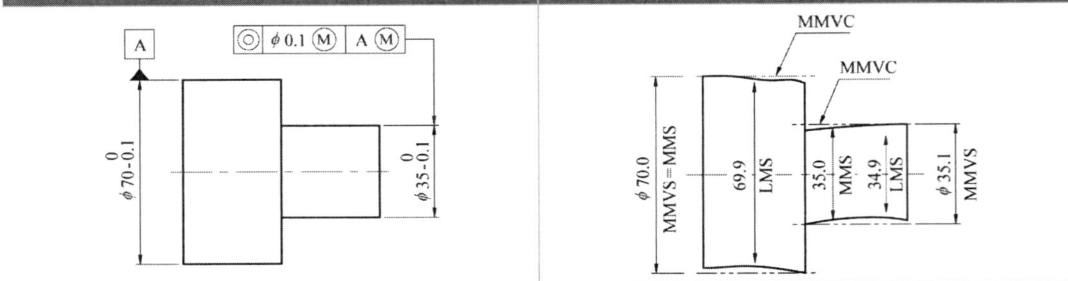

공차가 있는 부품에서 의도하는 기능은 그림 A6. b)와 유사한 부품과의 조립품

▶▷ 설명

① 공차가 있는 형체의 추출 형체는 최대 실체 가상(실효) 조건(MMVC)을 방해하지 않아야 하고, 그 지름은 MMVS = 35.1mm이다.〈규칙 C, 용어와 정의 "바, 사"항 및 사항의 1) 참조〉

② 공차가 있는 형체의 추출 형체는 어디에서나 LMS = 34.9mm보다 큰 국소 지름이 되어야 하고 〈규칙 B, a)와 용어와 정의 "마" 참조〉, MMS = 35.0mm보다 작아야 한다. 〈규칙 A, a)와 용어와 정의 "다" 참조〉

③ MMVC의 위치는 데이텀 형체의 MMVC 축에 동축이다. 〈규칙 D 및 용어와 정의 "사"항의 2) 참조〉

④ 데이텀 형체의 추출 형체는 최대 실체 가상(실효) 조건(MMVC)을 방해하지 않아야 하고, 그 지름은 MMVS = MMS = 70.0mm이다.〈규칙F, 용어와 정의 "바, 사"항 및 사항의 1) 참조〉

⑤ 데이텀 형체의 추출 형체는 어디에서나 LMS = 69.9mm보다 큰 국소 지름이 되어야 한다. 〈규칙 B, a)와 용어와 정의 "마" 참조〉

▶▷ 기하공차 설명

지시선의 화살표로 나타낸 부품의 외측 형체 축선은 데이텀 A의 중심 축직선으로 하는 지름 0.1mm인 원통 안에 있어야 한다.

▶▷ 최대 실체 가상 크기(MMVS, 외측 형체)

(단위 : mm)

공차 및 기하공차 적용(외측 형체)						MMR
크기	크기 공차		기하공차	MMS (최대실체크기)	LMS (최소실체크기)	MMVS (최대실체가상크기)
(지름)	위 공차 값	아래 공차 값	(δ)	지름+위 공차 값	지름-아래 공차 값	$l_{MMS}+\delta$
70	0	0.1		70.0+0 = 70.0	70.0−0.1 = 69.9	= MMS
35	0	0.1	⌀0.1	35.0+0 = 35.0	35.0−0.1 = 34.9	35.0+0.1 = 35.1

그림 A6 b) 데이텀 및 MMR이 있는 원통 형체의 축 — 크기 요구사항을 갖춘 — 이 있는 크기 및 위치(동축도) 요구사항에 근거한 내측 원통 형체에 대한 MMR (단위 : mm)

도면 지시	설명
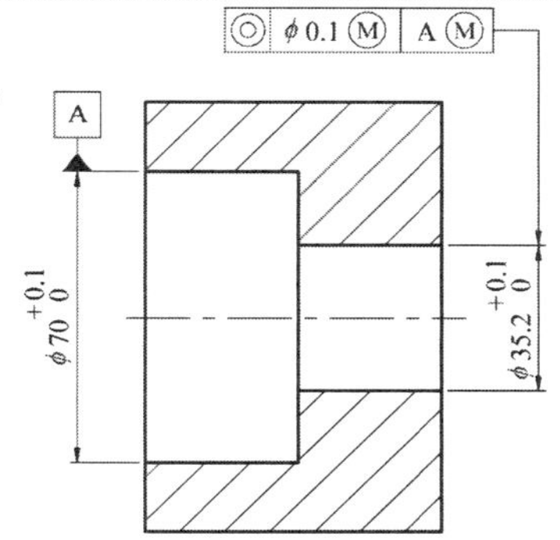	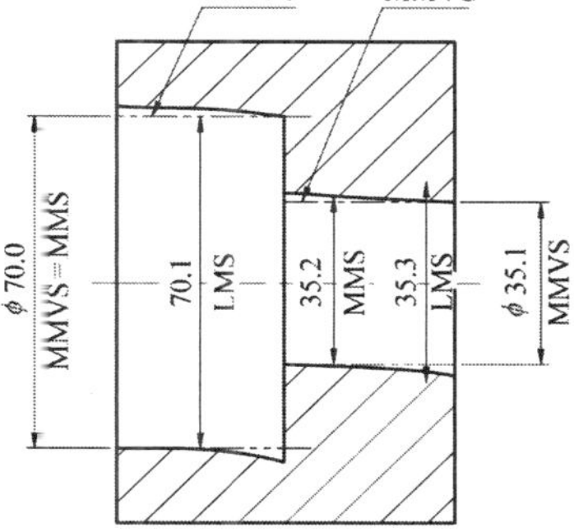

공차가 있는 부품에서 의도하는 기능은 그림 A6. a)와 유사한 부품과의 조립품

▶▷ 설명

① 공차가 있는 형체의 추출 형체는 최대 실체 가상(실효) 조건(MMVC)을 방해하지 않아야 하고, 그 지름은 MMVS = 35.1mm이다.〈규칙 C, 용어와 정의 "바, 사"항 및 사항의 1) 참조〉

② 공차가 있는 형체의 추출 형체는 어디에서나 LMS = 35.3mm보다 작은 국소 지름이 되어야 하고 〈규칙 B, b)와 용어와 정의 "마" 참조〉, MMS = 35.2mm보다 커야 한다. 〈규칙 A, b)와 용어와 정의 "다" 참조〉

③ MMVC의 위치는 데이텀 형체의 MMVC 축에 동축이다. 〈규칙 D 및 용어와 정의 "사"항의 2) 참조〉

④ 데이텀 형체의 추출 형체는 최대 실체 가상(실효) 조건(MMVC)을 방해하지 않아야 하고, 그 지름은 MMVS = MMS = 70.0mm이다.〈규칙F, 용어와 정의 "바, 사"항 및 사항의 1) 참조〉

⑤ 데이텀 형체의 추출 형체는 어디에서나 LMS = 70.1mm보다 작은 국소 지름이 되어야 한다. 〈규칙 B, b)와 용어와 정의 "마" 참조〉

▶▷ 기하공차 설명

지시선의 화살표로 나타낸 부품의 내측 형체 중심선은 데이텀 A의 중심 축직선으로 하는 지름 0.1mm 원통 내에 있어야 한다.

▶▷ 최대 실체 가상 크기(MMVS, 내측 형체)

(단위 : mm)

공차 및 기하공차 적용(내측 형체)						MMR
크기	크기 공차		기하공차	MMS (최대실체크기)	LMS (최소실체크기)	MMVS (최대실체가상크기)
(지름)	위 공차 값	아래 공차 값	(δ)	지름-위 공차 값	지름+아래 공차 값	$l_{MMS}-\delta$
70	0.1	0		70.0-0 = 70.0	70.0+0.1 = 70.1	= MMS
35.2	0.1	0	⌀0.1	35.2-0 = 35.2	35.2+0.1 = 35.3	35.2-0.1 = 35.1

그림 A7 a) 데이텀 및 MMR이 있는 원통 형체의 축 — 크기 요구사항 및 형상 공차를 갖춘 — 이 있는 크기 및 위치(동축도) 요구사항에 근거한 외측 원통 형체에 대한 MMR 〈설명〉 (단위 : mm)

도면 지시	설명
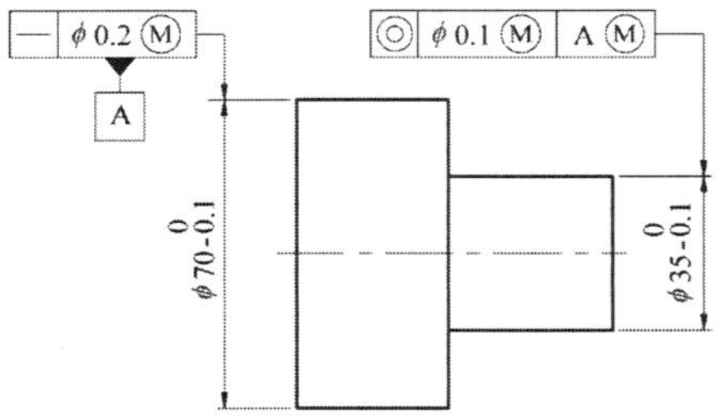	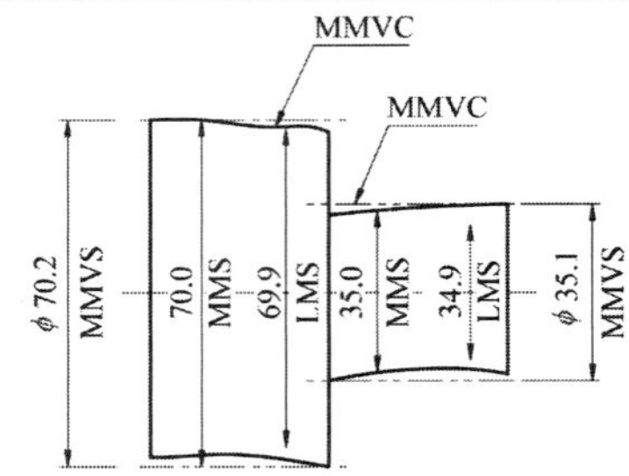

공차가 있는 부품에서 의도하는 기능은 그림 A7, b)와 유사한 부품과의 조립품

▶▷ 설명

① 공차가 있는 형체의 추출 형체는 최대 실체 가상(실효) 조건(MMVC)을 방해하지 않아야 고, 그 지름은 MMVS = 35.1mm이다.〈규칙 C, 용어와 정의 "바, 사"항 및 사항의 1) 참조〉

② 공차가 있는 형체의 추출 형체는 어디에서나 LMS = 34.9mm보다 큰 국소 지름이 되어야 하고 〈규칙 B, a)와 용어와 정의 "마" 참조〉, MMS = 35.0mm보다 작아야 한다. 〈규칙 A, a)와 용어와 정의 "다" 참조〉

③ MMVC의 위치는 데이텀 형체의 MMVC 축에 동축이다. 〈규칙 D 및 용어와 정의 "사"항의 2) 참조〉

④ 데이텀 형체의 추출 형체는 최대 실체 가상(실효) 조건(MMVC)을 방해하지 않아야 하고, 그 지름은 MMVS = MMS = 70.2mm이다.〈규칙G, 용어와 정의 "바, 사"항 및 사항의 1) 참조〉

⑤ 데이텀 형체의 추출 형체는 어디에서나 LMS = 69.9mm보다 큰 국소 지름이 되어야 한다. 〈규칙 B, a)와 용어와 정의 "마" 참조〉, MMS = 70.0mm보다 작아야 한다. 〈규칙 A, a)와 용어와 정의 "다" 참조〉

▶▷ 기하공차 설명

데이텀 A 원통 외측의 축선은 지름 0.2mm 원통 내에 있어야 하며, 지시선의 화살표로 나타낸 부품의 축선은 데이텀 A의 중심 축직선으로 하는 지름 0.1mm인 원통 안에 있어야 한다.

▶▷ 최대 실체 가상 크기(MMVS, 외측 형체)

(단위 : mm)

공차 및 기하공차 적용(외측 형체)						MMR
크기	크기 공차		기하공차	MMS (최대실체크기)	LMS (최소실체크기)	MMVS (최대실체가상크기)
(지름)	위 공차 값	아래 공차 값	(δ)	지름+위 공차 값	지름-아래 공차 값	$l_{MMS}+\delta$
70	0	0.1	∅0.2	70.0+0 = 70.0	70.0−0.1 = 69.9	70+0.2 = 70.2
35	0	0.1	∅0.1	35.0+0 = 35.0	35.0−0.1 = 34.9	35.0+0.1 = 35.1

그림 A7 b) 데이텀 및 MMR이 있는 원통 형체의 축 — 크기 요구사항 및 형상 공차를 갖춘 — 이 있는 크기 및 위치(동축도) 요구사항에 근거한 나측 원통 형체에 대한 MMR (단위 : mm)

도면 지시	설명
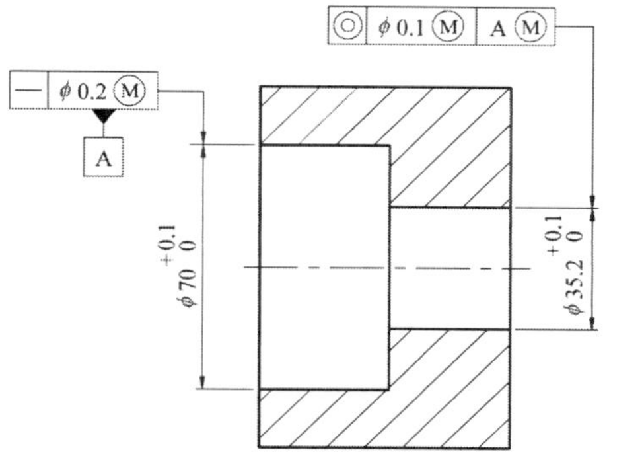	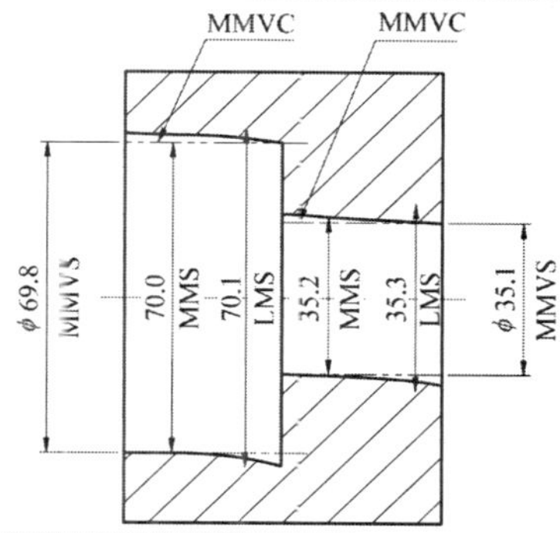

공차가 있는 부품에서 의도하는 기능은 그림 A7. a)와 유사한 부품과의 조립품

▶▷ 설명

① 공차가 있는 형체의 추출 형체는 최대 실체 가상(실효) 조건(MMVC)을 방해하지 않아야 하고, 그 지름은 MMVS = 35.1mm이다. 〈규칙 C, 용어과 정의 "바, 사"항 및 사항의 1) 참조〉

② 공차가 있는 형체의 추출 형체는 어디에서나 LMS = 35.3mm보다 작은 국소 지름이 되어야 하고 〈규칙 B, b)와 용어와 정의 "마" 참조〉, MMS = 35.2mm보다 커야 한다. 〈규칙 A, b)와 용어와 정의 "다" 참조〉

③ MMVC의 위치는 데이텀 형체의 MMVC 축에 동축이다. 〈규칙 D 및 용어와 정의 "사"항의 2) 참조〉

④ 데이텀 형체의 추출 형체는 최대 실체 가상(실효) 조건(MMVC)을 방해하지 않아야 하고, 그 지름은 MMVS = 69.8mm이다. 〈규칙 G, 용어와 정의 "바, 사"항 및 사항의 1) 참조〉

⑤ 데이텀 형체의 추출 형체는 어디에서나 LMS = 70.1mm보다 작은 국소 지름이 되어야 한다. 〈규칙 B, b)와 용어와 정의 "마" 참조〉, MMS = 70.0mm보다 커야 한다. 〈규칙 A, b)와 용어와 정의 "다" 참조〉

▶▷ 기하공차 설명

데이텀 A 원통내측의 중심선은 지름 0.2mm 원통 내에 있어야 하며, 지시선의 화살표로 나타낸 부품의 중심선은 데이텀 A의 중심 축직선으로 하는 지름 0.1mm 원통 내에 있어야 한다.

▶▷ 최대 실체 가상 크기(MMVS, 내측 형체)

(단위 : mm)

공차 및 기하공차 적용(내측 형체)						MMR
크기	크기 공차		기하공차	MMS (최대실체크기)	LMS (최소실체크기)	MMVS (최대실체가상크기)
(지름)	위 공차 값	아래 공차 값	(δ)	지름-위 공차 값	지름+아래 공차 값	$l_{MMS}-\delta$
70	0.1	0	∅0.2	70.0−0 = 70.0	70.0+0.1 = 70.1	70.0−0.2 = 69.8
35.2	0.1	0	∅0.1	35.2−0 = 35.2	35.2+0.1 = 35.3	35.2−0.1 = 35.1

그림 A8 — 같은 데이텀 시스템 A와 B에 대한 크기와 배치에 의해 제어된 2개 동심 원통 형체(내측 및 외측)에 대한 LMR

(단위 : mm)

도면 지시	설명
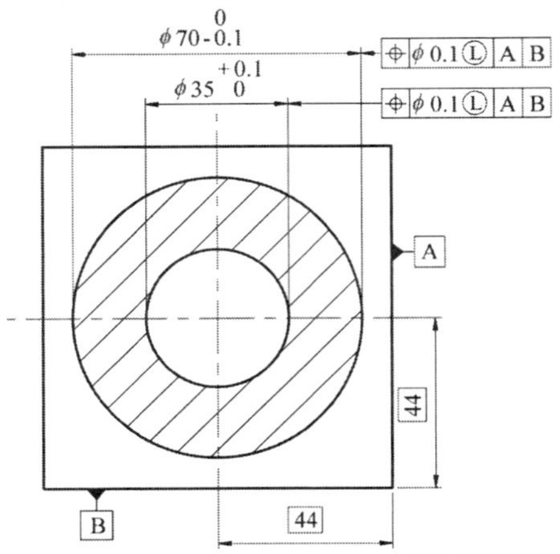	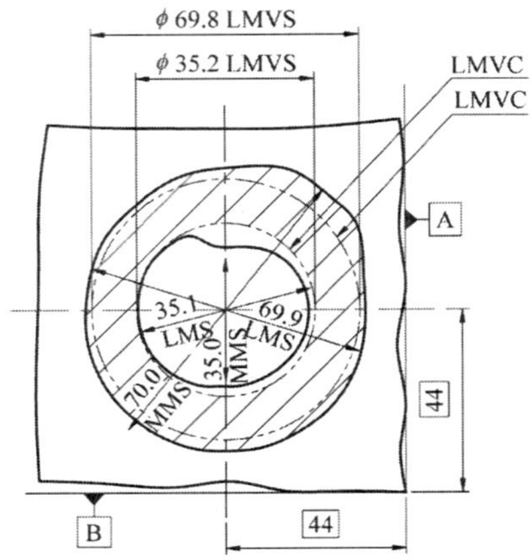

부품에서 의도하는 기능은 내압에 견디고, 폭발을 방지

▶▷ 설명

① 외측 형체의 최소 실체 가상(실효) 조건(LMVC)은 그 실체에 완전히 포함되어야 한다. 지름은 LMVS = 69.8mm이다. 〈규칙 J, 용어와 정의 "바 및 사"항 참조〉

② 외측 형체의 추출 형체는 어디에서나 MMS = 70.0mm보다 작은 국소 크기가 되어야 하고〈규칙 I, b)와 용어와 정의 "나" 참조〉, LMS = 69.9mm보다 커야 한다. 〈규칙 H, a)와 용어와 정의 "마" 참조〉

③ 내측 형체의 최소 실체 가상(실효) 조건(LMVC)은 그 실체에 완전히 포함되어야 한다. 지름은 LMVS = 35.2mm이다. 〈규칙 J, 용어와 정의 "바 및 사"항 참조〉

④ 내측 형체의 추출 형체는 어디에서나 MMS = 35.0mm보다 큰 국소 크기가 되어야 하고〈규칙 I, b) 및 용어와 정의 "나"항 참조〉, LMS = 35.1mm보다 작아야 한다. 〈규칙 H, b)와 용어와 정의 "마"항 참조〉

⑤ 외측 및 내측 형체의 최소 실체 가상(실효) 조건(LMVC)은 이론상 정확한 방향과 위치 44mm×44mm에서의 데이텀 시스템에 관련된다. 〈규칙 K 및 용어와 정의 "아"항 2) 참조〉

▶▷ 기하공차 설명

구멍 내측과 외측 지름면의 축선은 데이텀 A면에서 44mm, B면으로부터 44mm의 진위치를 지나는 축선 지름 0.1mm 원통 내에 있어야 한다.

▶▷ 최소 실체 가상 크기(LMVS, 내측 및 외측 형체)

(단위 : mm)

공차 및 기하공차 적용(내측 형체)						LMR
크기	크기 공차		기하공차	MMS (최대실체크기)	LMS (최소실체크기)	LMVS (최소실체가상크기)
(지름)	위 공차 값	아래 공차 값	(δ)	지름-위 공차 값	지름+아래 공차 값	$l_{LMS}+\delta$
35	0.1	0	⌀0.1	35.0−0 = 35.0	35.0+0.1 = 35.1	35.1+0.1 = 35.2

공차 및 기하공차 적용(외측 형체)						LMR
크기	크기 공차		기하공차	MMS (최대실체크기)	LMS (최소실체크기)	LMVS (최소실체가상크기)
(지름)	위 공차 값	아래 공차 값	(δ)	지름+위 공차 값	지름-아래 공차 값	$l_{LMS}-\delta$
70	0	0.1	⌀0.1	70.0+0 = 70.0	70.0−0.1 = 69.9	69.9−0.1 = 69.8

그림 A9 — 크기와 LMR에 의해 제어된 데이텀으로 사용된 내측 원통 형체에 관련된 크기와 위치(동축도)에 의해 제어된 외측 원통 형체에 대해 사용된 LMR (단위 : mm)

도면 지시	설명
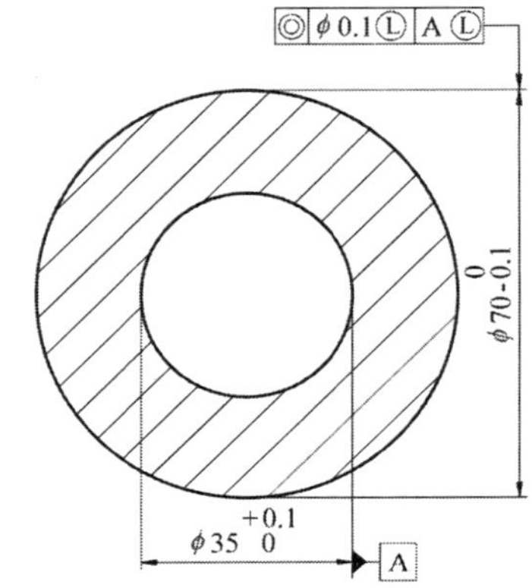	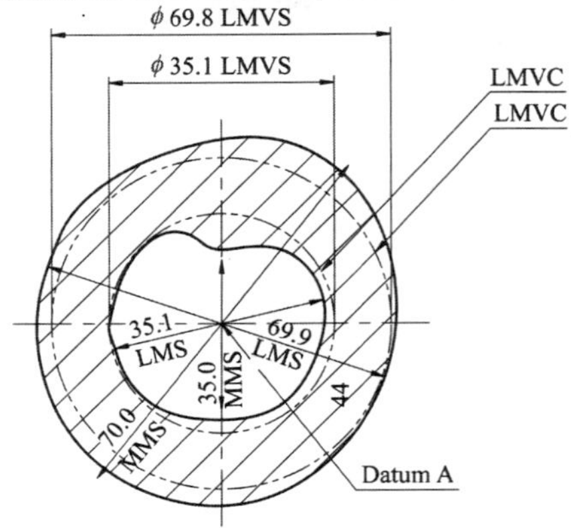

부품에서 의도하는 기능은 내압에 견디고, 폭발을 방지

▶▷ 설명

① 외측 형체의 최소 실체 가상(실효) 조건(LMVC)은 그 실체에 완전히 포함되어야 한다. 지름은 LMVS = 69.8mm이다. 〈규칙 J, 용어와 정의 "바 및 사"항 참조〉

② 외측 형체의 추출 형체는 어디에서나 MMS = 70.0mm보다 작은 국소 크기가 되어야 하고〈규칙 I, b)와 용어와 정의 "나" 참조〉, LMS = 69.9mm보다 커야 한다. 〈규칙 H, a)와 용어와 정의 "마" 참조〉

③ 내측 형체의 최소 실체 가상(실효) 조건(LMVC)은 그 실체에 완전히 포함되어야 한다. 지름은 LMVS = 35.1mm이다. 〈규칙 J, 용어와 정의 "바 및 사"항 참조〉

④ 내측 형체의 추출 형체는 어디에서나 MMS = 35.0mm보다 큰 국소 크기가 되어야 하고〈규칙 I, b) 및 용어와 정의 "나"항 참조〉, LMS = 35.1mm보다 작아야 한다. 〈규칙 H, b)와 용어와 정의 "마"항 참조〉

⑤ 외측 형체의 최소 실체 가상(실효) 조건(LMVC)은 이론상 정확한 위치에서 내측 형체의 최고 실체 가상(실효) 조건(LMVC)의 축에 관련된다.〈규칙 K 및 용어와 정의 "아"항 2) 참조〉

▶▷ 기하공차 설명

지시선의 화살표로 나타낸 바깥 형체의 중심은 데이텀 점 A를 중심으로 하는 지름 0.1mm인 원통 내에 있어야 한다.

▶▷ 최소 실체 가상 크기(LMVS, 내측 및 외측 형체)

(단위 : mm)

공차 및 기하공차 적용(내측 형체)						LMR
크기	크기 공차		기하공차	MMS (최대실체크기)	LMS (최소실체크기)	LMVS (최소실체가상크기)
(지름)	위 공차 값	아래 공차 값	(δ)	지름-위 공차 값	지름+아래 공차 값	$I_{LMS}+\delta$
35	0.1	0		35.0−0 = 35.0	35.0+0.1 = 35.1	= LMS

공차 및 기하공차 적용(외측 형체)						LMR
크기	크기 공차		기하공차	MMS (최대실체크기)	LMS (최소실체크기)	LMVS (최소실체가상크기)
(지름)	위 공차 값	아래 공차 값	(δ)	지름+위 공차 값	지름-아래 공차 값	$I_{LMS}-\delta$
70	0	0.1	∅0.1	70.0+0 = 70.0	70.0−0.1 = 69.9	69.9−0.1 = 69.8

그림 A10 — 데이텀이 없는 이론상 정확한 치수와 위치 공차에 의해 서로 간에 위치한 구멍과 핀의 형태에 대해 사용된 MMR

(단위 : mm)

도면 지시

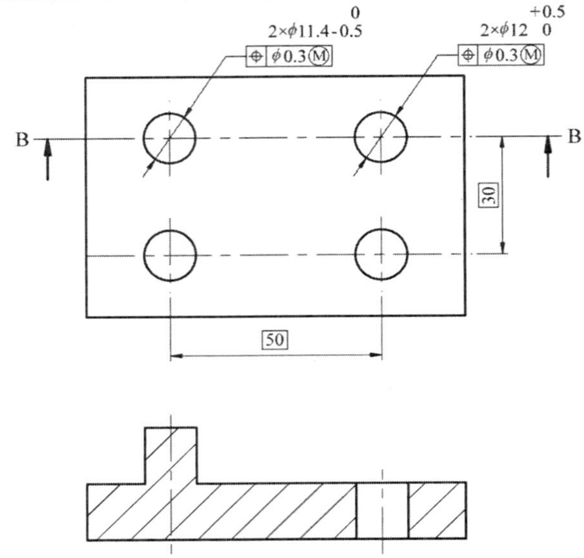

설명

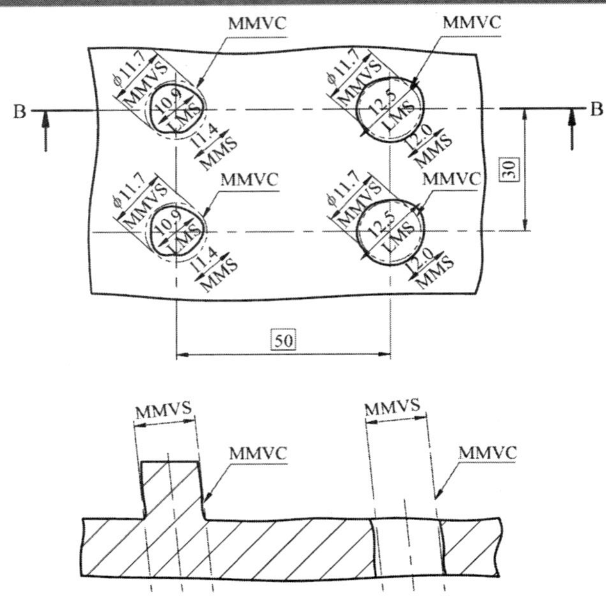

부품에서 의도하는 기능은 유사한 부품과의 헐거운 끼워맞춤을 이룰 수 있다.2개 부품의 평평한 표면이 접촉해야 하는 기능적 요구사항이 아니다.

▶▷ 설명

① 공차가 있는 핀의 추출 형체는 최대 실체 가상(실효) 조건(MMVC)을 방해하지 않아야 하고, 그 지름은 MMVS = 11.7mm이다. 〈규칙 C, 용어와 정의 "바, 사"및 "사"항 1) 참조〉

② 공차가 있는 핀의 추출 형체는 어디에서나 LMS = 10.9mm와 같거나 더 큰 국소 지름이 되어야 하고 〈규칙 B, a)와 용어와 정의 "마" 참조〉, MMS = 11.4mm와 같거나 더 작아야 한다. 〈규칙 A, a)와 용어와 정의 "다" 참조〉

③ 공차가 있는 구멍의 추출 형체는 최대 실체 가상(실효) 조건(MMVC)을 방해하지 않아야 하고, 그 지름은 MMVS = 11.7mm이다.〈규칙 C, 용어와 정의 "바, 사" 및 "사"항 1) 참조〉

④ 공차가 있는 구멍의 추출 형체는 어디에서나 LMS = 12.5mm와 같거나 더 작은 국소 지름이 되어야 하고 〈규칙 B, b)와 용어와 정의 "마" 참조〉, MMS = 12.0mm와 같거나 더 커야 한다. 〈규칙 A, b)와 용어와 정의 "다" 참조〉

⑤ 4개 MMVC의 위치는 30mm×50mm의 형태 안에서 서로 상대적이고 서로 평행함이 이론상 옳다. 나머지 부품에 대한 방향 또는 위치 요구사항은 없다. 〈규칙 D 및 용어와 정의 "사"항 2) 참조〉

▶▷ 기하공차 설명

2개의 외측 형체와 2개의 내측 형체들 간의 간격은 30mm, 외측 형체와 내측 형체와의 간격을 50mm 정확하게 유지한 위치에 수직한 지름 0.3mm 원통 내에 있어야 한다.

▶▷ 최대 실체 가상 크기(MMVS, 외측 형체)

(단위 : mm)

공차 및 기하공차 적용(외측 형체)						MMR
크기	크기 공차		기하공차	MMS (최대실체크기)	LMS (최소실체크기)	MMVS (최대실체가상크기)
(지름)	위 공차 값	아래 공차 값	(δ)	지름+위 공차 값	지름-아래 공차 값	$l_{MMS}+\delta$
11.4	0	0.5	⌀0.3	11.4+0 = 11.4	11.4−0.5 = 10.9	11.4+0.3 = 11.7

공차 및 기하공차 적용(내측 형체)						MMR
크기	크기 공차		기하공차	MMS (최대실체크기)	LMS (최소실체크기)	MMVS (최대실체가상크기)
(지름)	위 공차 값	아래 공차 값	(δ)	지름-위 공차 값	지름+아래 공차 값	$l_{MMS}-\delta$
12	0.5	0	⌀0.3	12.0−0 = 12.0	12.0+0.5 = 12.5	12.0−0.3 = 11.7

그림 A11 — 데이텀이 있는 이론상 정확한 치수와 위치 공차에 의해 서로 간에 위치한 구멍과 핀의 형태에 대해 사용된 MMR

(단위 : mm)

도면 지시

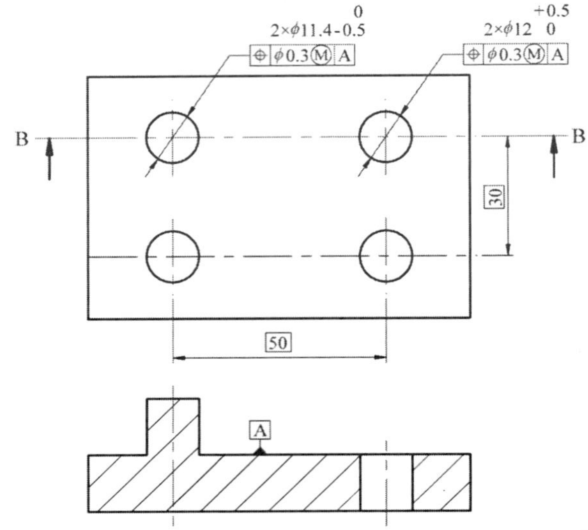

설명

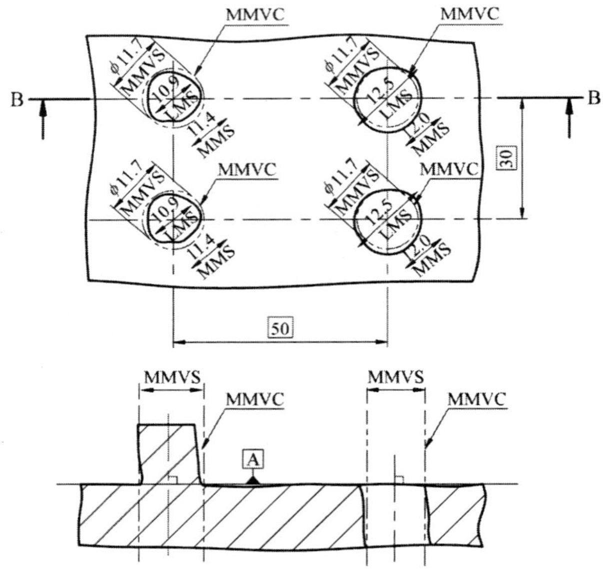

데이텀이 있는 이론상 정확한 치수와 위치 공차에 의해 서로간에 위치한 구멍과 핀의 형태에 대한 MMR

▶▷ 설명

① 공차가 있는 핀의 추출 형체는 최대 실체 가상(실효) 조건(MMVC)을 방해하지 않아야 하고, 그 지름은 MMVS = 11.7mm이다. 〈규칙 C, 용어와 정의 "바, 사"및 "사"항 1) 참조〉

② 공차가 있는 핀의 추출 형체는 어디에서나 LMS = 10.9mm와 같거나 더 큰 국소 지름이 되어야 하고 〈규칙 B, a)와 용어와 정의 "마" 참조〉, MMS = 11.4mm와 같거나 더 작아야 한다. 〈규칙 A, a)와 용어와 정의 "다" 참조〉

③ 공차가 있는 구멍의 추출 형체는 최대 실체 가상(실효) 조건(MMVC)을 방해하지 않아야 하고, 그 지름은 MMVS = 11.7mm이다.〈규칙 C, 용어와 정의 "바, 사"및 "사"항 1) 참조〉

④ 공차가 있는 구멍의 추출 형체는 어디에서나 LMS = 12.5mm와 같거나 더 작은 국소 지름이 되어야 하고 〈규칙 B, b)와 용어와 정의 "마" 참조〉, MMS = 12.0mm와 같거나 더 커야 한다. 〈규칙 A, b)와 용어와 정의 "다" 참조〉

⑤ 4개 MMVC의 위치는 30mm×50mm의 형태 안에서 서로 상대적이고 서로 데이텀(형체) A에 수직임이 이론상 옳다. 〈규칙 D 및 용어와 정의 "사"항 2) 참조〉

▶▷ 기하공차 설명

2개의 외측 형체와 2개의 내측 형체들 간의 간격은 30mm, 외측 형체와 내측 형체와의 간격을 50mm 정확하게 유지한 위치에 데이텀 A면에 수직한 지름 0.3mm 원통 내에 있어야 한다.

▶▷ 최대 실체 가상 크기(MMVS, 외측 형체)

(단위 : mm)

공차 및 기하공차 적용(외측 형체)						MMR
크기	크기 공차		기하공차	MMS (최대실체크기)	LMS (최소실체크기)	MMVS (최대실체가상크기)
(지름)	위 공차 값	아래 공차 값	(δ)	지름+위 공차 값	지름-아래 공차 값	$l_{MMS}+\delta$
11.4	0	0.5	∅0.3	11.4+0 = 11.4	11.4−0.5 = 10.9	11.4+0.3 = 11.7

공차 및 기하공차 적용(내측 형체)						MMR
크기	크기 공차		기하공차	MMS (최대실체크기)	LMS (최소실체크기)	MMVS (최대실체가상크기)
(지름)	위 공차 값	아래 공차 값	(δ)	지름-위 공차 값	지름+아래 공차 값	$l_{MMS}-\delta$
12	0.5	0	∅0.3	12.0−0 = 12.0	12.0+0.5 = 12.5	12.0−0.3 = 11.7

그림 A12 공통 데이텀에 적용된 최대 실체 요구사항 사용 (단위 : mm)

도면 지시

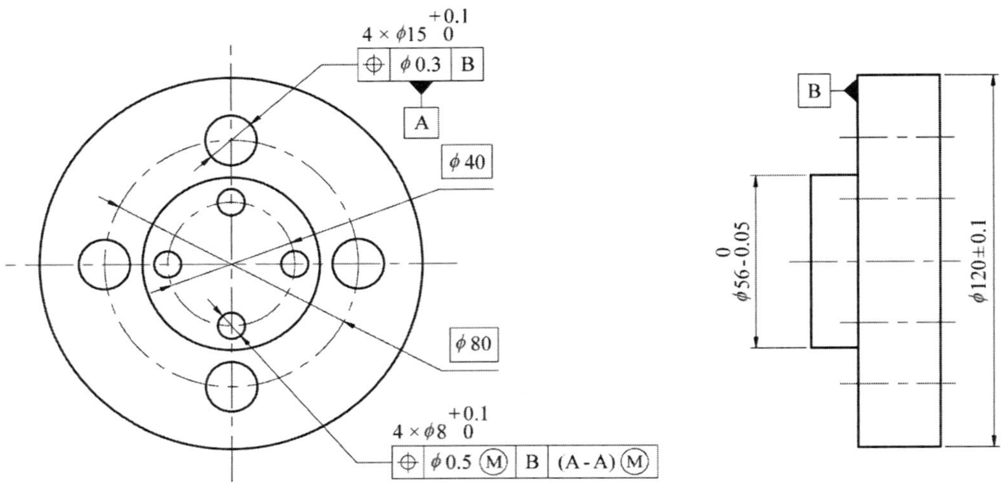

설명

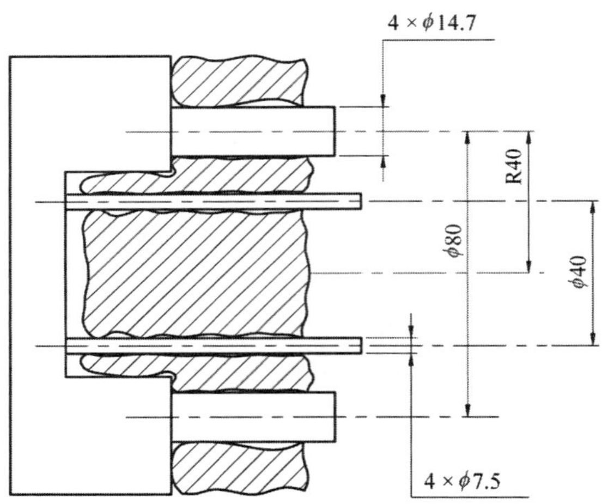

공통 데이텀에 적용된 최대 실체 요구사항

▶▷ 설명

① 공차가 있는 형체의 추출 형체는 최대 실체 가상(실효) 조건(MMVC)을 방해하지 않아야 하고, 그 지름은 MMVS = 7.5mm이다. 〈규칙 C, 용어와 정의 "바, 사" 및 "사"항 1) 참조〉

② 공차가 있는 형체의 추출 형체는 어디에서나 LMS = 8.1mm보다 작은 국소 지름이 되어야 하고 〈규칙 B, b)와 용어와 정의 "마" 참조〉, MMS = 8.0mm보다 커야 한다. 〈규칙 A, b)와 용어와 정의 "다" 참조〉

③ MMVC의 위치는 데이텀 형체에 대해 관련(associated) 형체의 집합의 장소(situation) 형체(MMS와 같은 고정 크기의 구속)에 위치한다.(또한 방향지워진다) 〈규칙 D 및 용어와 정의 "사"항 2) 참조〉

④ 데이텀 형체의 추출 형체는 최대 실체 가상(실효) 조건(MMVC)을 방해하지 않아야 하고, 그 지름은 MMVS = MMS = 14.7mm인 4개 원통이다. 〈규칙 G, 용어와 정의 "바, 사" 및 "사"항 1) 참조〉

⑤ 데이텀 형체의 추출 형체는 어디에서나 LMS = 15.1mm보다 작은 국소 지름이 되어야 하고 〈규칙 B, b)와 용어와 정의 "마" 참조〉, MMS = 15.0mm보다 커야 한다.

▶▷ 기하공차 설명

외측 핀 구멍은 구멍 중심간 지름 80mm에 4개의 등 간격을 유지한 데이텀 B평면에 수직한 위치에 지름 0.3mm 원통 내에 있어야 하며, 내측 핀 구멍은 구멍 중심간 지름 40mm의 4개 등 간격으로 데이텀 B평면에 수직하고 외측 핀 구멍간 중심 데이텀 A-A와 교차하는 위치에 지름 0.3mm 원통 내에 있어야 한다.

▶▷ 최대 실체 가상 크기(MMVS, 내측 형체)

(단위 : mm)

공차 및 기하공차 적용(내측 형체)						MMR
크기	크기 공차		기하공차	MMS (최대실체크기)	LMS (최소실체크기)	MMVS (최대실체가상크기)
(지름)	위 공차 값	아래 공차 값	(δ)	지름-위 공차 값	지름+아래 공차 값	$l_{MMS}-\delta$
15	0.1	0	∅0.3	15.0−0=15.0	15.0+0.1=15.1	15.0−0.3=14.7
8	0.1	0	∅0.5	8.0−0=8.0	8.0+0.1=8.1	8.0−0.5=7.5

memo

3

C·H·A·P·T·E·R

전개도

NCS 기계제도

CHAPTER 03

전개도

1 전개도의 기초

1 평면도법 / 선

제도에 필요한 기초 지식의 하나로서 자·컴퍼스 등의 제도 용구를 사용하여 평면 위에 도형을 기하학적으로 그리는 방법을 평면도법이라 한다.

(1) 직선에 관한 도법

1) 주어진 직선 및 원호의 수직 2등분선

① [그림 3-1]의 AB는 주어진 직선 및 원호이다.
② 점 A를 중심으로 $\overline{AB}$ 길이의 1/2보다 큰 임의의 반지름 R인 원호를 그린다.
③ 점 B를 중심으로 같은 반지름 R인 원호를 그린다.
④ 두 원호가 서로 만나는 점 C, D를 이으면 구하는 수직선이 되며, 이때 AB와의 교점 E, F가 원호 및 직선의 2등분점이 된다.

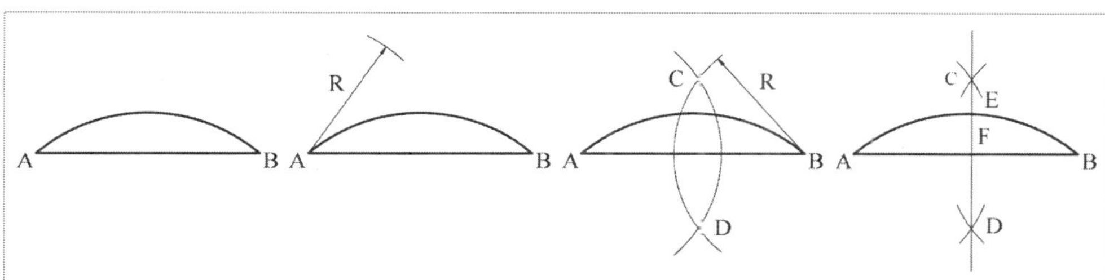

• 그림 3-1 • 주어진 직선 및 원호의 2등분

(2) 직선 밖의 점에서의 수직선

1) 삼각자에 의한 방법

① [그림 3-2(a)]와 같이 빗면을 일치시킨 두 삼각자의 윗변을 직선과 일치 시킨다.

② 삼각자 n의 빗변을 따라 m을 끌어내려 고정시킨다.

③ 삼각자 n을 이용하여 점 P를 지나는 직선을 그으면 구하는 수직선이 된다.

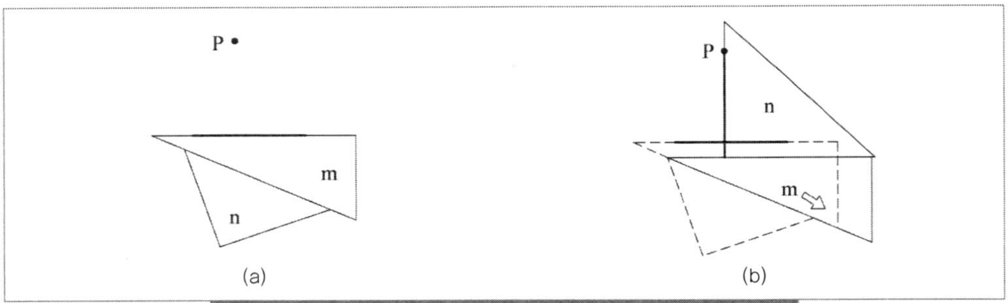

• 그림 3-2 • 직선 밖의 점에서의 수직선(삼각자에 의한 방법)

2) 컴퍼스에 의한 방법

① [그림 3-3]과 같이 점 P를 중심으로 $\overline{AB}$에 두 개의 점으로 교차하는 임의의 원호를 그려 교점 C와 D를 구한다.

② 점 C와 D를 중심으로 동일 치수의 반경으로 원호를 그려 교점 E를 구한다.

③ 점 P와 E를 연결한 $\overline{PE}$는 $\overline{AB}$에 직교한다.

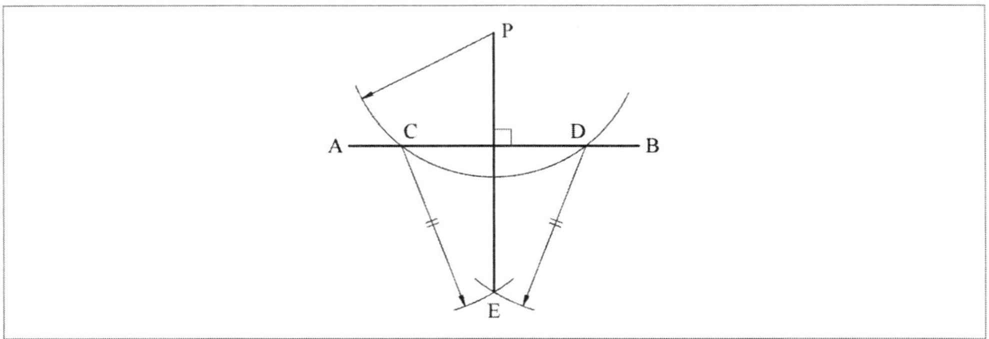

• 그림 3-3 • 직선 밖의 점에서의 수직선(컴퍼스에 의한 방법)

(3) 직선의 n등분(5등분)

① [그림 3-4]에서와 같이 선분 $\overline{AB}$를 5 등분할 경우 점A에서 임의의 $\overline{AC}$를 그린다.

② $\overline{AC}$위에 디바이더로 점 A로부터 동일한 치수로 1, 2, 3, 4, 5의 점을 정한다.

③ 마지막 등분점 5와 점 B를 직선으로 연결하고 4, 3, 2, 1의 점에서 $\overline{5B}$와 평행한 직선을 그어 만나는 점을 B_4, B_3, B_2, E_1이라 하면 이들이 직선 AB를 5등분 하는 점들이다.

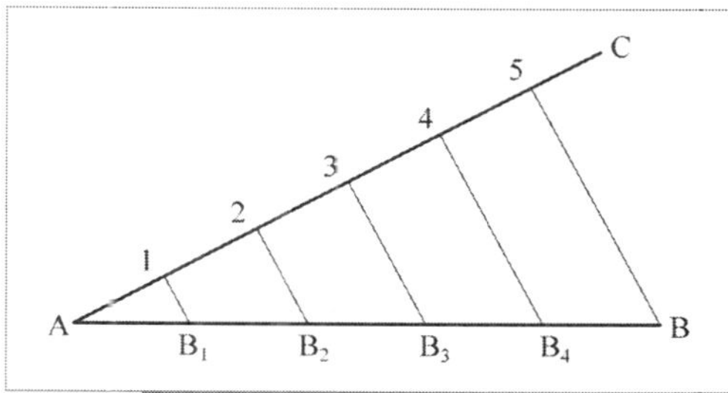

• 그림 3-4 • 직선의 5등분

(4) 직선 끝에서의 수직선

① [그림 3-5]와 같이 직선의 끝 점 P에서 임의의 반지름 R인 원호를 그리고 직선과의 교점 A를 정한다.

② 동일한 반경으로 점 A에서 점 B를 구하고, 같은 방법으로 점 B에서 점 C를 구한다.

③ 점 B와 C를 중심으로 동일 반경의 원호를 그려 교점 D를 구한다.

④ 점 D와 P를 직선으로 연결하면 $\overline{DP}$는 $\overline{AP}$에 수직한 직선이다.

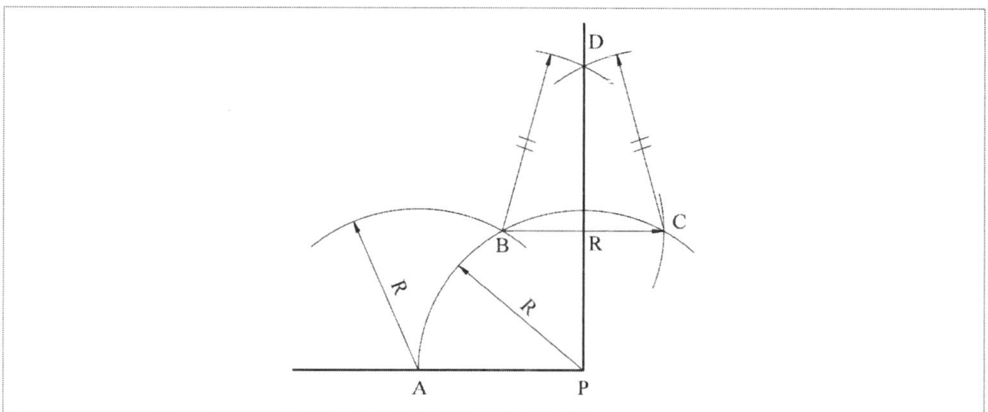

• 그림 3-5 • 직선 끝에서의 수직선

(5) 주어진 원주와 같은 길이의 직선(근사법)

① [그림 3-6]과 같이 주어진 원의 지름 $\overline{AB}$를 긋는다.
② 점 A에서 접선 AE = 3$\overline{AB}$가 되도록 점 E를 구한다.
③ ∠BOC = 30°가 점 C를 구한다.
④ 점 C에서 $\overline{AB}$에 수직선을 긋고 $\overline{AB}$의 만나는 점 D를 구한다.
⑤ 점 D와 E를 이으면 $\overline{DE}$의 길이는 원의 원주와 근사적으로 같은 직선이 된다.

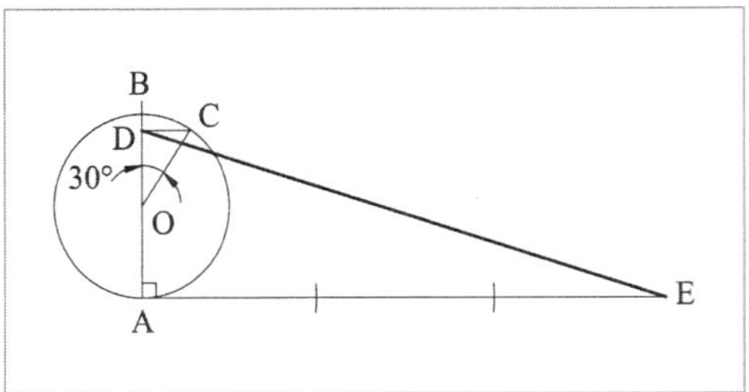

• 그림 3-6 • 원주와 같은 길이의 직선

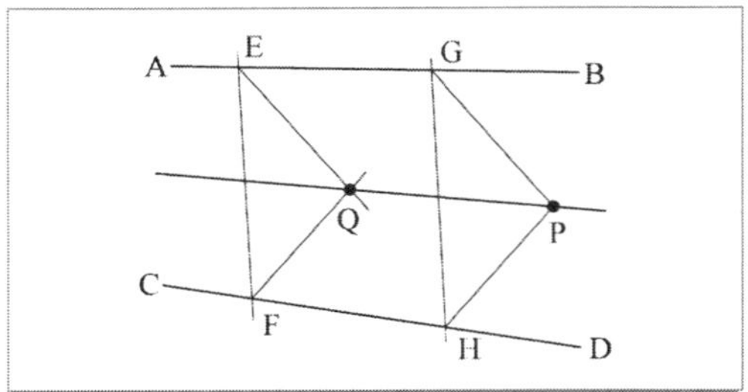

• 그림 3-7 • 두 직선의 교점과 정점을 지나는 직선

(6) 임의의 두 직선의 교점과 주어진 점 P를 지나는 직선

① [그림 3-7]과 같이 직선 $\overline{AB}$와 $\overline{CD}$에 교차하는 임의의 평행선을 긋고 만나는 점을 각각 E, F, G, H라 한다.
② 점 P에서 점 G와 점 H에 직선으로 연결한다.
③ $\overline{GP}$와 $\overline{HP}$에 각각 평행하도록 점 E와 점 F에서 직선을 그어 그 교차점을 Q라 한다.
④ 점 P와 Q를 연결하면 구하는 직선이 된다.

2 평면도법 / 각

(1) 각의 2등분

① [그림 3-8]과 같이 주어진 각의 중심 B에서 임의의 반경으로 원호를 그린다.
② 두 변의 교점을 D, E라 하고, 점 D, E를 중심으로 같은 반경의 원호를 그린 교점을 F라 할 때, 점 B, F를 연결하면 ∠ABC를 2등분하게 된다.

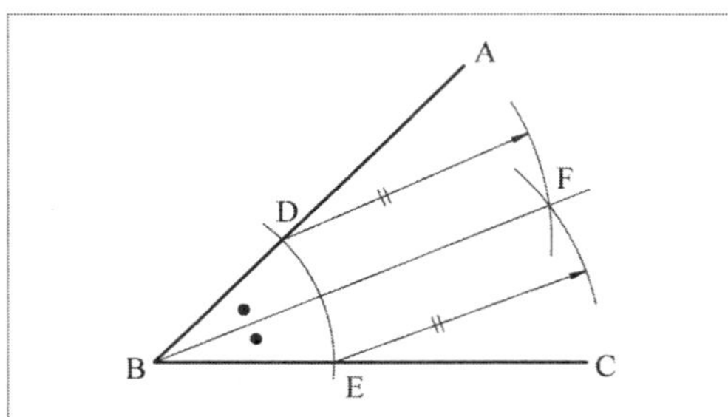

• 그림 3-8 • 각의 2등분

(2) 직각의 3등분

① [그림 3-9(a)]와 같이 주어진 직각 BAC를 3등분하려면, 꼭지점 A를 중심으로 하여 임의의 반지름으로 원호를 그리고, 교점을 D, E라고 한다.

② D, E 2점을 중심으로 같은 반지름의 원호를 긋고, 원호 $\overset{\frown}{DE}$와의 교점을 F, G라 한다.

③ 점 F, G를 꼭지점 A와 이으면 직각이 3등분 된다. [그림 3-9(b)]와 같이 삼각자를 이용하여 쉽게 직각을 3등분 할 수 있다.

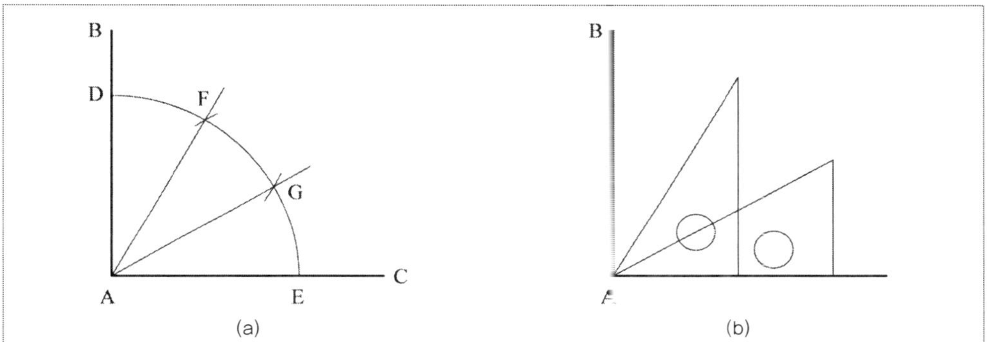

• 그림 3-9 • 직각의 3등분

(3) 각의 n등분(5등분)

① ∠ABC를 [그림 3-10]과 같이 평면에서 5등분 할 경우 $\overline{BC}$의 연장선을 긋고 점 B를 중심으로 임의의 원호를 그려 그 교점을 각각 D, A', C'라 한다.

② 점 C'와 D를 중심으로 $\overline{C'D}$를 반지름으로 하는 원호의 교점 E와 점 A'를 연결하여 DC'와의 교점을 F라 한다.

③ 선분 $\overline{C'F}$를 구하고자 하는 5등분으로 나누어 그 등분점을 1, 2…5라 한다.

④ 점 E에서 등분점 1, 2…5를 지나 원호와 만나는 점을 1', 2'…5'라 한다.

⑤ 점 B에서 점 1', 2'…5'와 연결하는 직선을 그으면 ∠ABC는 5등분 된다.

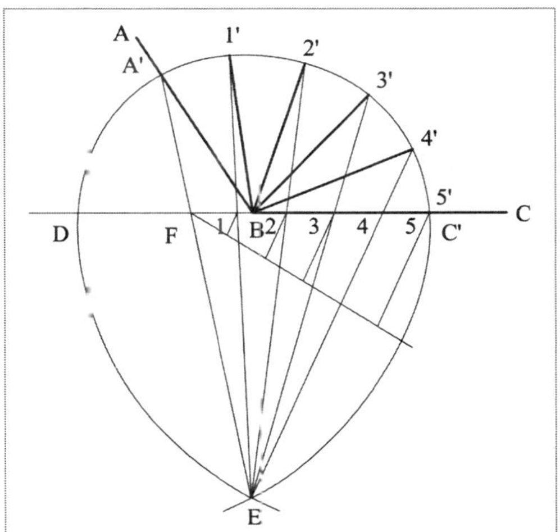

• 그림 3-10 • 각의 5등분

3 평면도법 / 다각형

(1) 원에 내접하는 정삼각형

① [그림 3-11]과 같이 중심 O를 지나는 지름 $\overline{AB}$를 긋는다.(그러나 중심이 나타나지 않을 때는 원의 중심부터 구한다. 임의의 두 개의 현 $\overline{E'E}$와 $\overline{F'F}$의 수직 이등분선의 교점 O가 원의 중심이다.)

② 점 B를 중심으로 $\overline{OB}$를 반지름으로 하는 원호를 그려 원주와의 교점 C, D를 정하여 점 A, C, D를 연결하면 된다.

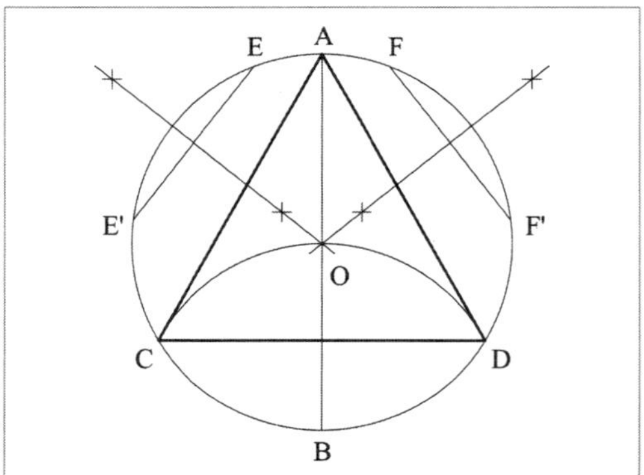

• 그림 3-11 • 원에 내접하는 정삼각형

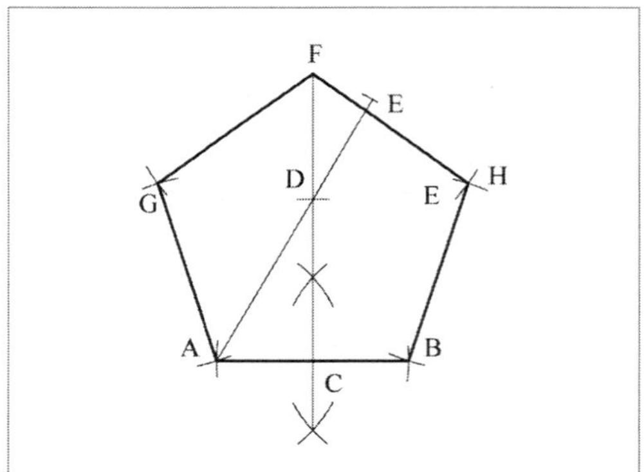

• 그림 3-12 • 한 변이 주어진 정오각형

(2) 한 변이 주어진 정오각형

① [그림 3-12]와 같이 $\overline{AB}$를 수직 이등분하고 $\overline{AB}$선상에 이등분점을 C라고 한다.

② $\overline{AB}$의 크기로 점 C에서 수직선상에 점 D를 잡는다.

③ 점 A에서 점 D를 통과하는 직선을 긋고 $\overline{AC}$크기로 점 D에서 점 E를 잡는다.

④ $\overline{AE}$의 크기로 점 A에서 원호를 그려 선분 $\overline{CD}$연장선상과 만나는 점 F를 잡는다.

⑤ $\overline{AB}$의 크기로 점 A, B, F에서 원호를 그어 만나는 점을 G, H라 한다.

⑥ 점 A, G, F, H, B를 연결하면 $\overline{AB}$ 길이의 변을 가진 정오각형이 된다. 한 변이 주어진 정오각형을 그릴 때 다음 사항에 유의해야 한다.

㉠ $\overline{AB} = \overline{CD} = \overline{AG} = \overline{GF} = \overline{FH} = \overline{HB} \neq \overline{AD}$

㉡ $\overline{AC} = \overline{CB} = \overline{DE} \neq \overline{DF}$

㉢ $\overline{AE} = \overline{AF} \neq \overline{CF}$

(3) 원에 내접하는 정오각형

① [그림 3-13]과 같이 지름 $\overline{AB}$에 수직선을 그어 원주와 만나는 점을 C, D라 한다.
② $\overline{OB}$를 수직 이등분한 점을 E라 한다.
③ $\overline{EC}$ 길이를 반지름으로 하여 점 E를 중심으로 $\overline{AB}$상에 점 F를 구한다.
④ $\overline{CF}$ 길이를 반지름으로 하여 점 C를 중심으로 원주상에 점 G, J를 구한다.
⑤ 점 G, J에서 다시 점 H, I를 구하여 각각 연결하면 원에 내접하는 정오각형이 된다.

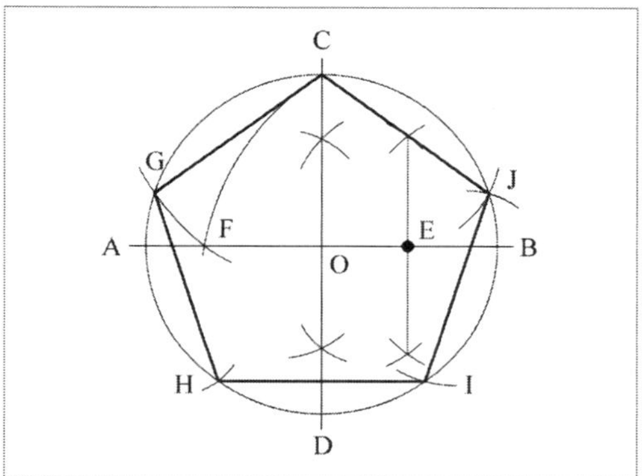

• 그림 3-13 • 원에 내접하는 정오각형

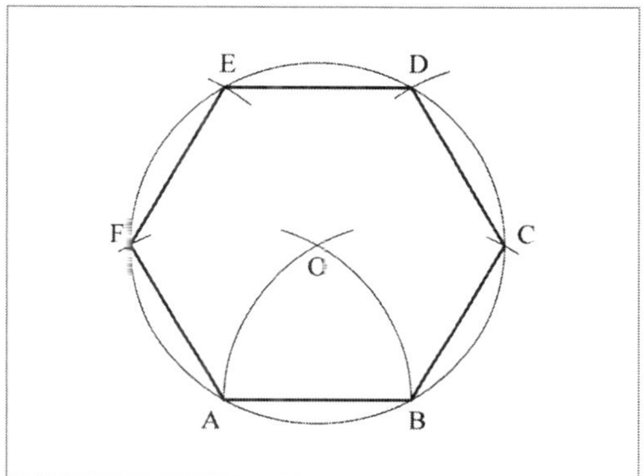

• 그림 3-14 • 한 변이 주어진 정육각형

(4) 한 변이 주어진 정육각형

① [그림 3-14]와 같이 주어진 선분 $\overline{AB}$를 각각 중심으로 하여 $\overline{AB}$의 길이를 반지름으로 하는 원호를 그려 점 O를 구한다.
② 점 O를 중심으로 하여 $\overline{OB}$의 길이를 반지름으로 하는 원을 그린다.
③ 주어진 한 변 $\overline{AB}$의 길이로 원주를 점 B에서 차례로 나누어 점 C, D, E, F를 구한다.
④ 점 A, B, C, D, E, F를 차례로 연결하면 정육각형이 된다.

(5) 한 변이 주어진 정n각형(근사법)

① 선분 $\overline{AB}$를 한 변으로 하는 정 7각형을 그릴 경우 [그림 3-15]와 같이 주어진 선분 $\overline{AB}$의 점 B를 중심으로 선분 $\overline{AB}$를 반지름으로 하는 반원을 그려 점 C를 구하고 또 선분 $\overline{AC}$를 7등분 한다.
② 점 A와 C에서 선분 $\overline{AC}$를 반지름으로 하는 원호를 그려 만나는 점 M을 구한다.
③ 점 M과 등분점 2를 연결하여 반원 $\overset{\frown}{AC}$와 만나는 점 D를 구한다.
④ 점 A, B, D를 지나는 원의 중심 O를 구하여 선분 $\overline{OA}$를 반지름으로 하는 원을 그린다.

⑤ 이 원주를 점 D에서 차례로 선분 $\overline{AB}$의 길이로 등분한 점을 이으면 구하는 정 7각형이 된다. 7각형 이상의 다각형도 같은 방법으로 그릴 수 있다.

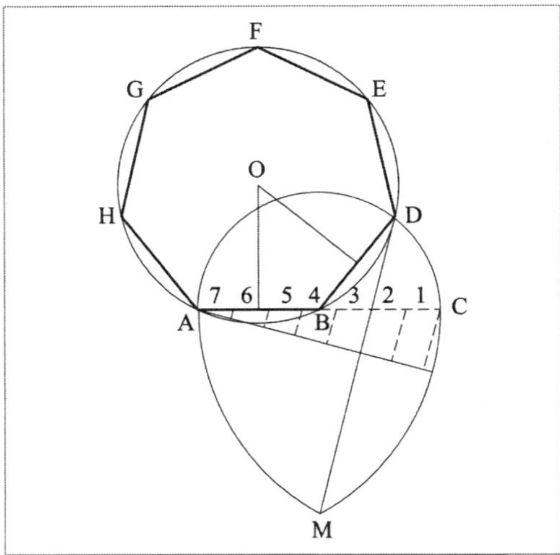

• 그림 3-15 • 한 변이 주어진 정 7각형

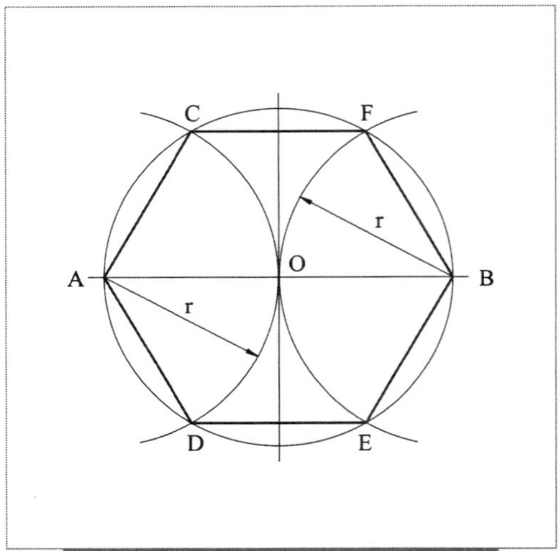

• 그림 3-16 • 원에 내접하는 정육각형

(6) 원에 내접하는 정육각형

① [그림 3-16]과 같이 주어진 원의 지름 $\overline{AB}$를 긋는다.
② 점 A, B를 각각 중심으로 하여 원의 반지름으로 원호를 그려 원주와의 만나는 점 C, D, E, F를 구한다.
③ 점 A, D, E, B, F, C를 연결하면 주어진 원에 내접하는 정육각형이 된다. 또한 원에 외접하는 정육각형은 T자와 삼각자를 사용하여 원에 접선을 그어서 정육각형을 그린다.

4 평면도법 / 원과 타원

(1) 삼각형에 내접하는 원

① [그림 3-17]과 같이 두 개의 각∠A와 ∠B의 이등분선을 그어 교점을 O라 한다.
② 점 O를 중심으로 한 변 $\overline{AB}$에 수직한 거리를 반지름으로 하는 원을 그리면 이 원은 △ABC에 내접한다. 삼각형에 내접한 원의 중심 O를 삼각형의 내심(內心)이라고 한다.

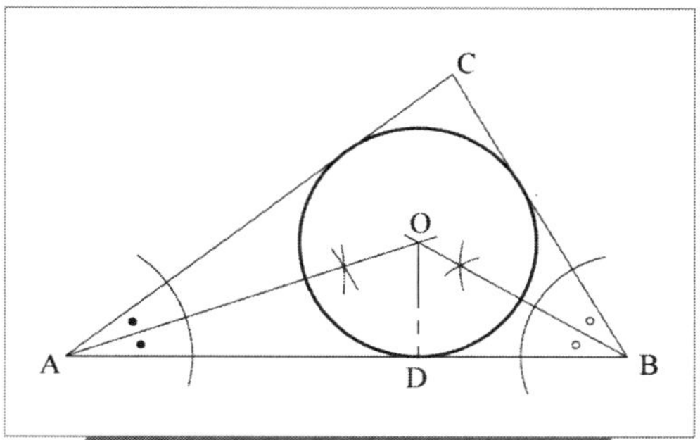

• 그림 3-17 • 삼각형에 내접하는 원

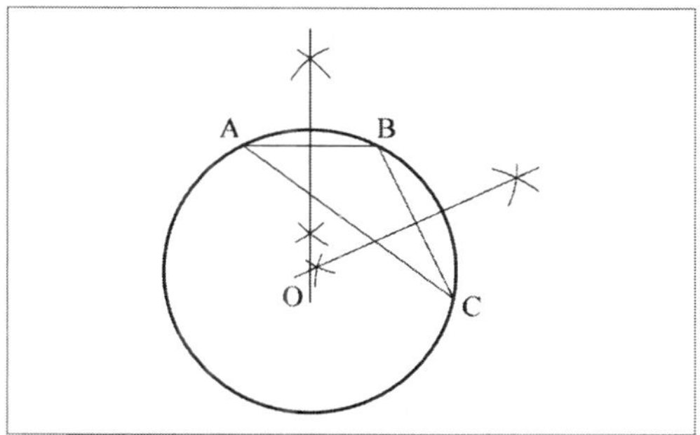

• 그림 3-18 • 주어진 세 점을 지나는 원

(2) 주어진 세 점을 지나는 원

① [그림 3-18]과 같이 주어진 3점 A, B, C에서 점 A와 B, 점 B와 C를 연결한다.

② 선분 $\overline{AB}$와 $\overline{BC}$에 각각 수직 이등분선을 그어 만나는 점 O를 구한다.

③ 점 O를 중심으로 하여 선분 $\overline{OA}$를 반지름으로 하는 원을 그리면 구하는 원이 된다.

(3) 장축이 주어진 타원

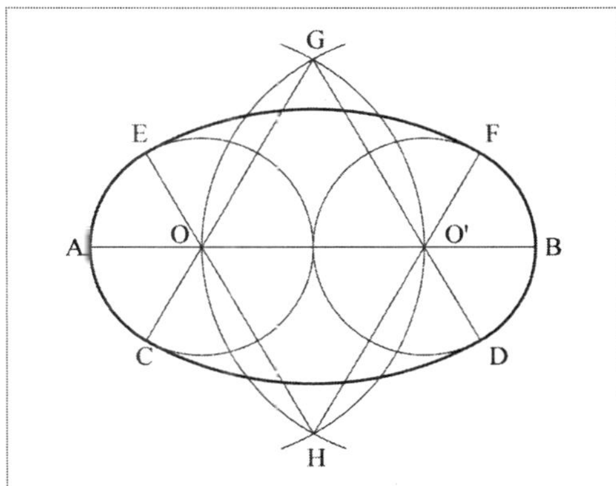

• 그림 3-19 • 장축이 주어진 타원

① [그림 3-19]와 같이 주어진 선분(장축) $\overline{AB}$를 4등분하여 점 O, O'를 구하고, 점 O, O'를 중심으로 하여 선분 $\overline{OA}$, $\overline{O'B}$를 반지름으로 하는 원호를 그린다.

② 점 O, O'를 각각 중심으로 하여 선분 $\overline{OO'}$를 반지름으로 하는 원호를 그려 이들이 만나는 점 G, H를 구한다.

③ 점 G와 점 O, O'를 이어 원주와 만나는 점 C, D를 구한 다음, 점 G를 중심으로 하여 $\overline{GC}$를 반지름으로 하는 원호 $\overset{\frown}{CD}$를 그리면 근사적으로 구하는 타원곡선이 된다.

④ 위와 같은 방법으로 점 H를 중심으로 하여 $\overline{HE}$를 반지름으로 하는 원호 $\overset{\frown}{EF}$를 그리면 근사적으로 구하는 타원이 된다.

(4) 장축과 단축이 주어진 타원

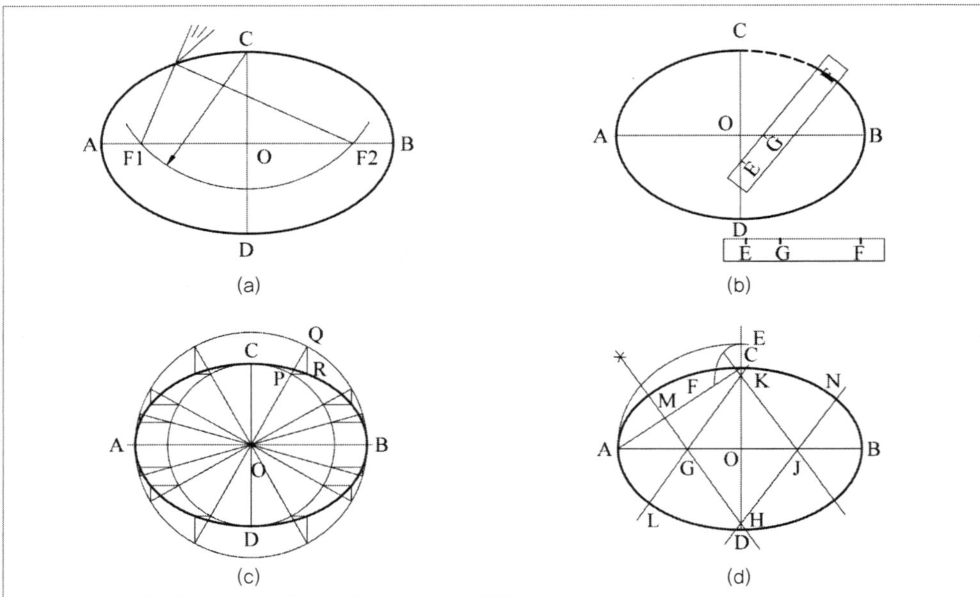

• 그림 3-20 • 장축과 단축이 주어진 타원

① 실에 의한 방법

[그림 3-20(a)]와 같이 점 C를 중심으로 선분 $\overline{AB}$의 1/2길이를 반지름으로 하여 원호를 그리고 $\overline{AB}$와의 교점 F1, F2를 구한다. 점 F1, F2에 바늘을 세우고 실의 길이가 $\overline{AB}$의 길이가 되도록 바늘에 묶고 실이 늘어지지 않도록 하여 연필로 그리면 구하는 타원이 된다.

② 타원 컴퍼스에 의한 방법

[그림 3-20(b)]와 같이 얇은 판이나 두꺼운 종이 등에 장축 $\overline{AB}$의 1/2을 EF로 표시하고 단축 $\overline{CD}$의 1/2을 점 G, F가 되게 표시한다. 점 E는 단축을 따라 움직이고 점 G는 장축을 따라 움직이면서 점 F를 표시한다. 그 점들을 자연스럽게 연결한다. 이때 운형자를 사용하면 좋다.

③ 컴퍼스와 자에 의한 방법

[그림 3-20(c)]와 같이 주어진 장축 $\overline{AB}$를 지름으로 한 원과 단축 $\overline{CD}$를 지름으로 한 원을 그린다. 중심 O를 지나는 임의의 지름을 그리고 교점 P와 Q를 구한다. 점 P에서 $\overline{AB}$에 평행선을 점 Q에서 $\overline{CD}$에 평행선을 그리고 그 교점 R을 구한다. 이 조각을 되풀이해서 구한 점을 곡선으로 연결하면 장축 $\overline{AB}$, 단축 $\overline{CD}$의 타원을 얻는다.

④ 컴퍼스로 그리는 근사 타원

[그림 3-20(d)]와 같이 장축과 단축의 끝 점 A와 C를 연결하고 점 O를 중심으로 반지름 $\overline{AO}$의 원호를 그려 단축의 연장선과 만난 점 E를 정한다. 점 C를 중심으로 반지름 $\overline{CE}$의 원호를 그려 $\overline{AC}$와의 교점을 F라 하고 $\overline{AF}$의 수직 이등분선과 장축과의 교점을 G, 단축과의 교점을 H라 한다. 점 C를 중심으로 점 G, H의 대칭점 J와 K를 구하면 점 G, H, J, K는 근사 타원의 네 개의 중심이 된다. 점 G와 H, H와 J, G와 K, K와 J를 각각 연결 연장하여 점 G에서는 $\overline{AG}$를 반지름으로 원호 $\widehat{LM}$을 그리고, 점 H에서는 $\overline{CH}$를 반지름으로 원호 $\widehat{MN}$을 그린다. 점 J와 K에서도 같은 방법으로 완성한다.

2 판뜨기 전개도법

입체의 표면을 하나의 평면 위에 펼쳐 놓은 도형을 전개도라 한다. 전개도는 투상도를 기본으로 하여 작도하며, 2개 이상의 입체가 결합하여 있을 때는 상관선을 구하여 작도한다. 전개도를 그리는 방법에는 크게 나누어 평행선 전개법, 방사선 전개법, 삼각형 전개법의 3가지 방법이 있다.

1 평행선 전개법

평행선 전개법은 [그림 3-21]과 같이 각기둥과 원기둥을 연직 평면 위에 펼쳐 놓은 것으로 능선(모서리)이나 직선면소(直線面素)에 직각방향으로 전개되어 있다. 전개도의 능선이나 면소는 실제 길이이며 서로 평행하다. 이 간격은 능선이나 면소를 점으로 보는 투상도에서 점 사이의 길이와 같다.

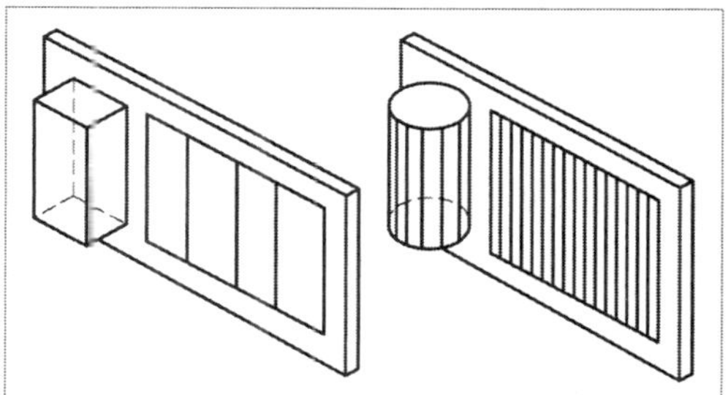

• 그림 3-21 • 각기둥과 원기둥

[그림 3-22]는 정육각 기둥의 상부를 정면, 수직, 평면으로 경사지게 절단하여 전개를 한 것이다. 모서리의 실제 길이는 정면도에 나타나 있고 모서리 간의 거리는 평면도에 나타나 있으므로 쉽게 전개도를 완성할 수 있다.

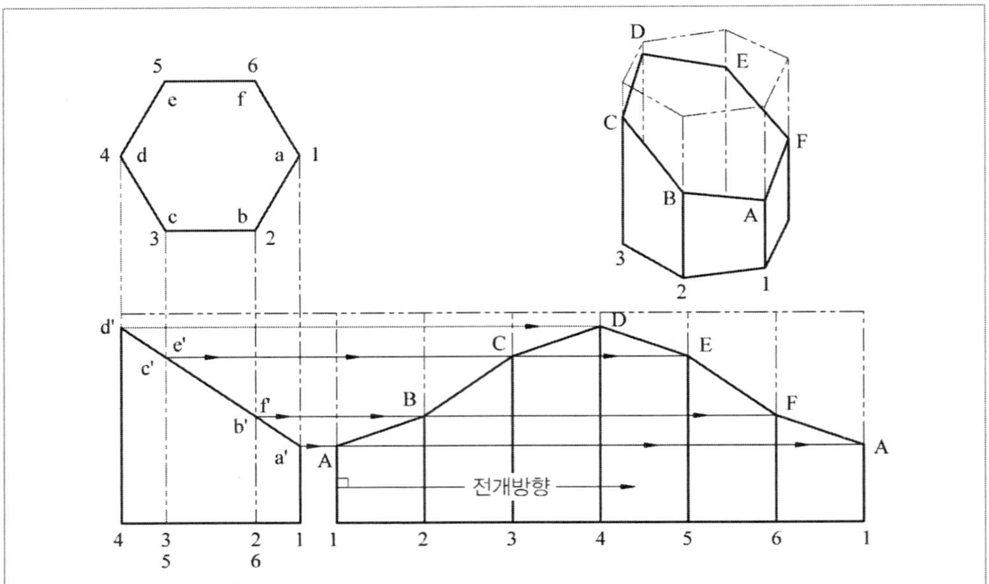

• 그림 3-22 • 경사지게 잘린 육각기둥

[그림 3-23]은 경사지게 절단한 직원기둥의 전개도를 나타낸 것으로 평면도의 원둘레를 12등분하여 면소를 그리면 정면도에 면소의 실제 길이가 나타난다. 한편 면소의 간격은 원둘레를 12등분한 길이와 같게 취하면 되며 작도 순서는 다음과 같다.

① 평면도의 원둘레를 12등분하여 정면도에 면소 a'0, b'1, c'2 … g'6을 그린다.
② 원둘레의 길이를 직선으로 나타내고 정면도 0, 6의 연장선 위에 원둘레의 길이를 잡는다.(평면도의 점선은 반원둘레의 실장을 구하는 작도법이다.)
③ 원둘레의 길이(00)를 12등분하고 번호를 0, 1, 2 … 11, 0로 하고 정면도의 면소에 평행하게(전개 방향에 수직) 전개도의 면소를 그린다.
④ 정면도의 각 면소의 위 끝 a', b', c … g'로부터 전개 방향과 평행한 선을 그어 각 면소의 길이를 전개도 위에 잡아 ABC … FGF … BA를 정한다.
⑤ 운형자로 ABC … A를 원활한 곡선으로 연결한다.

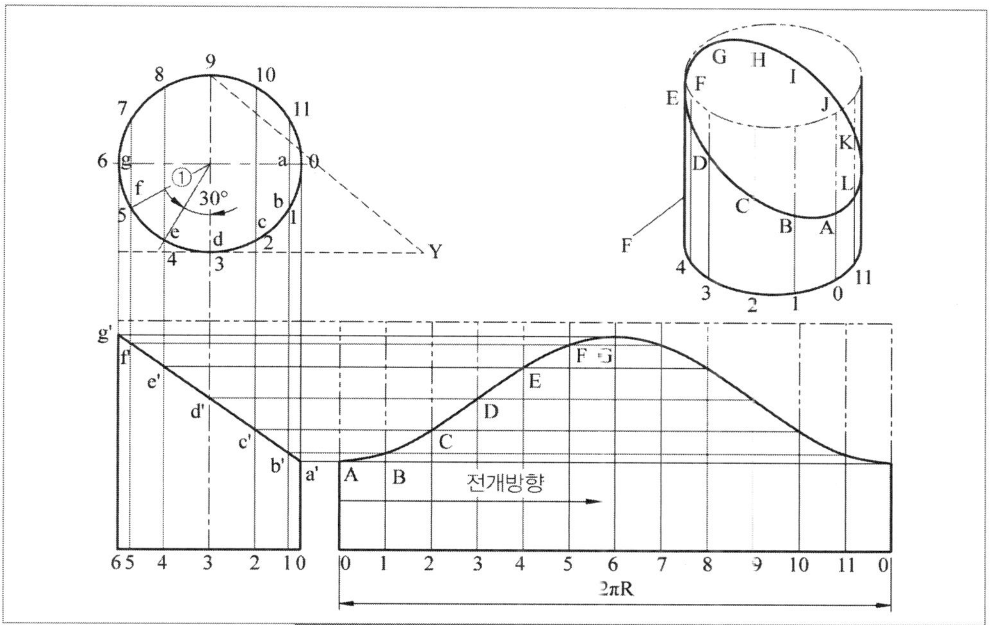

• 그림 3-23 • 경사지게 절단된 원기둥

[그림 4-22, 23]은 모서리나 면소가 연직이기 때문에 전개 방향이 수평이다. 일반적으로 기둥이나 원기둥은 실제 길이가 나타나 있는 모서리나 면소에 직각 방향으로 표시된다.

전개도에 있어서 면소의 간격은 평면도에 등분된 현으로 근사(近似)하게 해도 된다. (즉, 평면도에서 $\overline{01} = \overline{01}$로 본다.) 그러나 원주를 12등분하면 1.15%, 16등분하면 0.64%, 24등분하면 0.31%의 오차가 생긴다는 점을 고려해야 한다.

2 방사선 전개법

방사선 전개법은 각뿔이나 원뿔의 끝 지점을 중심으로 하여 방사상으로 전개시킨다.

(1) 정육각뿔

[그림 3-24]와 같이 정면도에서 옆면의 이등변삼각형에 대한 빗변 실장이 $\overline{AO_1}$으로 나타나 있고(6개의 빗변 실장이 모두 동일) 밑변의 실장은 평면도 $\overline{AB}$, $\overline{BC}$, … $\overline{FA}$로 나타난다.

작도 순서는 다음과 같다.

① 평면도의 정면도를 작도하고 각 면소를 그린다.

② 정면도에서 실장 $\overline{AO_1}$길이를 잡아 전개 방향에 따라 원을 그린다.

③ 평면도 $\overline{AB}$, $\overline{BC}$, … $\overline{FA}$를 원호에 잡아 전개도 A, B, … A를 정한다.

④ 전개도 $\overline{AB}$, $\overline{BC}$, … $\overline{FA}$를 직선으로 연결하고, 각 면소 $\overline{O_2A}$, $\overline{O_2B}$, … $\overline{O_2A}$를 작도하여 전개도를 완성한다.

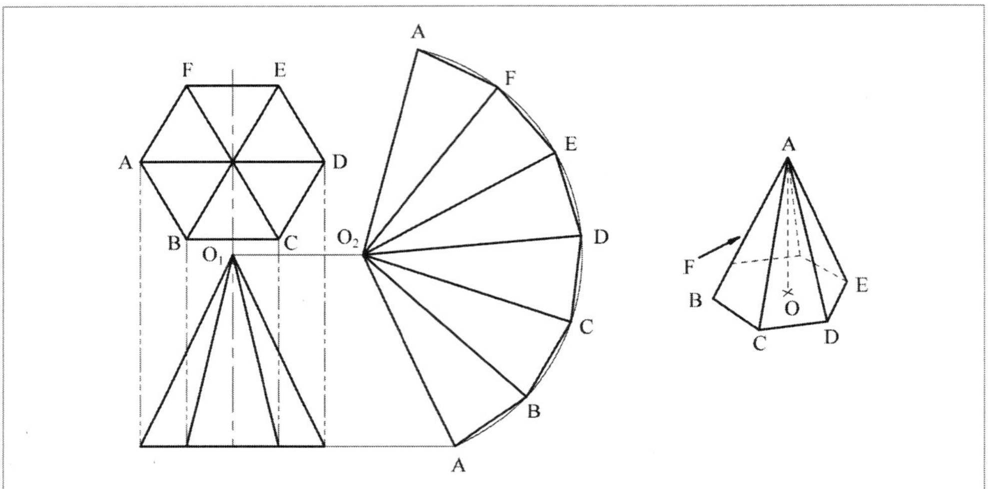

• 그림 3-24 • 정육각뿔

(2) 직원뿔

직립 직원뿔에서는 각뿔의 옆모서리에 해당하는 직선 면소의 길이는 모두 같고, 그 실장은 정면도의 외형선에 나타나 있다. 그러므로 면소의 실장을 반지름으로 하고 중심각이 [그림 3-25]에서와 같이 값을 취하는 부채꼴을 만들면 된다.

- 부채꼴의 각도 $\theta°$는 다음 식으로 구한다.

$$\underbrace{\pi D}_{\text{바닥원의 둘레}} = \underbrace{2 \times \pi \times \overline{OA} \times \frac{\theta°}{360°}}_{\text{부채꼴의 호의 길이}}$$

라는 등식이 성립되므로 부채꼴의 각도 $\theta°$는

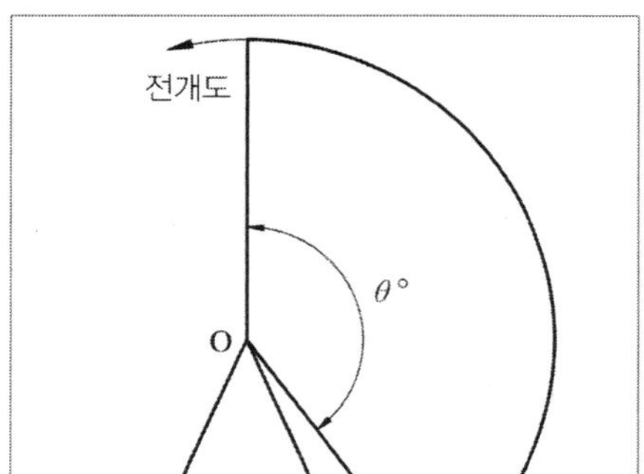

• 그림 3-25 • 직원뿔

$$\frac{\theta°}{360°} = \frac{\pi D}{(2\times\overline{OA})\pi} = \frac{D}{2\times\overline{OA}}$$

$$\theta° = \frac{D}{2\times\overline{OA}}\times 360°\text{(단, D는 바닥원의 지름)}$$

그러나 판금 전개의 실제에 있어서 계산에 의해서 $\theta°$를 구하는 방법은 많은 어려움과 실제 적용상에 문제점이 있어 별로 사용되지 않는다.

[그림 3-26]은 직원뿔의 전개도이다.

작도 순서는 다음과 같다.

① 평면도의 정면도를 작도하고 평면도에서 12등분법으로 1, 2, … 12점을 정한다. 정면도에 $\overline{O_11}$, $\overline{O_12}$, … $\overline{O_17}$의 면소 길이를 그린다.

② 정면도의 각 면소 길이 $\overline{O_11}$, $\overline{O_12}$, … $\overline{O_17}$의 실장은 모두 $\overline{O_11}$이나 $\overline{O_17}$로 나타나므로 $\overline{O_11}$을 반지름으로 하는 원호를 그린다.

③ 평면도의 밑원 위의 면소 사이의 호 $\overset{\frown}{12}$길이가 같게 작도한다. 근사적으로는 평면도의 현 $\overline{12}$와 전개도의 현 $\overline{12}$가 같은 것으로 보고 작도한다.

④ 전개도의 $\overline{O_11}$, $\overline{O_12}$, …를 그어 완성한다.

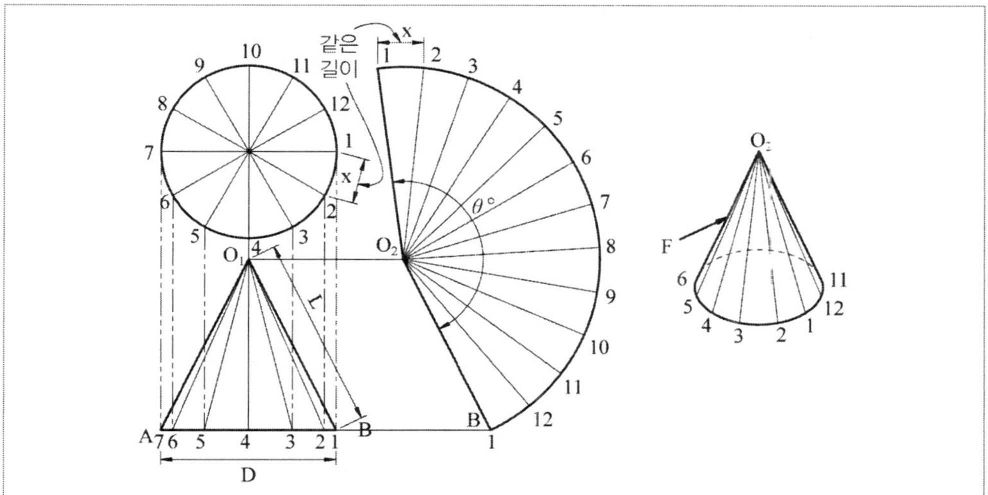

• 그림 3-26 • 직원뿔의 전개도

3 삼각형 전개법

[그림 3-27]과 같이 꼭지점이 지면 밖으로 나가거나 또는 전개용 공구가 부족하거나 적합하지 않을 때에는 서로 인접한 면소와 아래의 원과 위쪽 원의 호로 둘러싸인 부분을 사변형이라 생각하여 전개하면 된다. 사변형의 실형을 구하는 데는 대각선으로 이것을 2개의 삼각형으로 2등분하여 작도하면 된다.

작도 순서는 다음과 같다.

① 평면도와 정면도를 그리고 평면도상에 12개의 면소를 그린다.

② 각각의 면소 1'1, 2'2, … 원호 $\widehat{1'2}$, $\widehat{1\ 2}$ …로 둘러싸인 부분을 사변형이라 생각하여 대각선 1'2를 긋는다. 같은 방법으로 2'3, 3'4, …12'1을 긋는다.

③ 면소와 대각선의 실제 길이를 회전법에 의하여 구한다. 즉 평면도상의 면소 및 대각선 길이를 임의의 수직선상에서 밑변으로 위치하여 놓고, 정면도에서 물체의 수직 높이를 잡아 삼각면을 구하여 빗변에 위치하는 것이 각 면소의 실장이다.

④ 면소의 실제 길이와 대각선의 실제 길이를 그리고, 평면도 밑변의 원호 $\widehat{1\ 2}(\fallingdotseq \overline{1\ 2})$를 잡아 △1'12를 작도한다. 다시 위 원호 $\widehat{1'2}(\fallingdotseq \overline{1'2})$와 면소의 실제 길이로 △1'2'2를 만든다.

⑤ 위와 같은 방법으로 삼각면을 작도하여 접속한 후 1, 2, 3, …12와 1', 2', 3', …12'를 곡선으로 이어 완성한다.

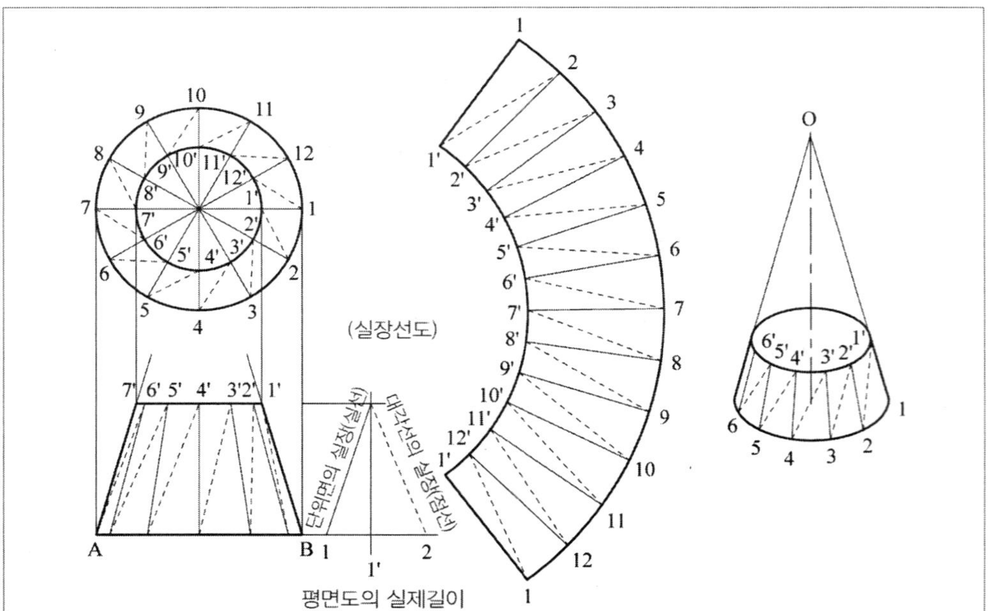

• 그림 3-27 • 원뿔대

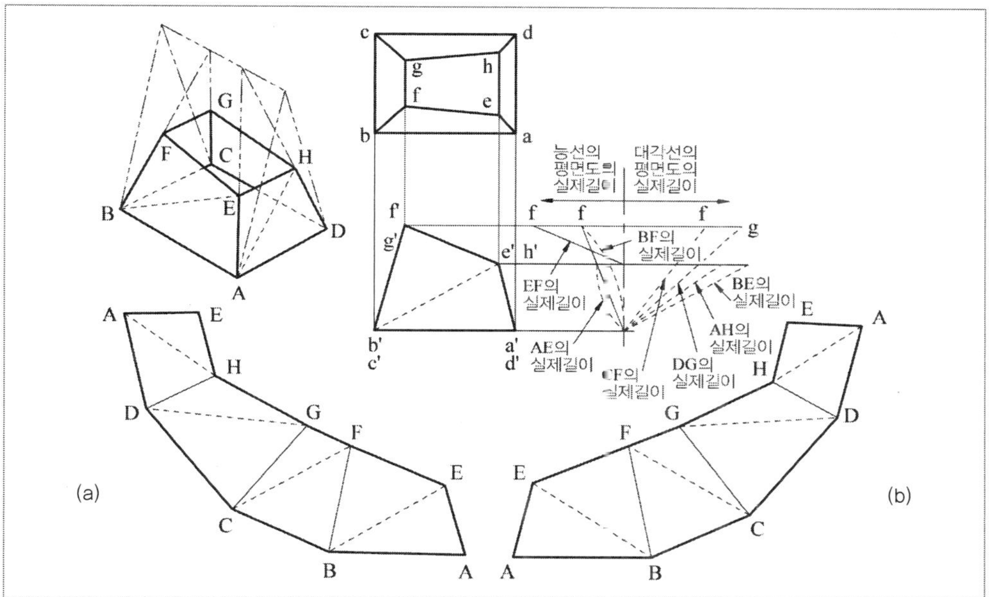

• 그림 3-28 • 윗면이 경사지게 잘린 사각뿔

[그림 3-28]은 다면체의 일반적인 전개법을 나타낸 것이다. 측면의 사변형을 대각선으로 2등분하여 각 능선과 대각선의 실제 길이를 구하여 사변형의 실형을 작도한다. 이때까지 나타난 전개의 보기에서는 거의 입체의 안쪽 면이 표면에 나타나 있게 전개하였으나 [그림 3-28(b)]와 같이 바깥쪽이 표면에 나타나게 전개하여도 무방하다.

4 직립원통에 경사지게 만나는 원뿔 전개

① [그림 3-29]에서 정면도의 원뿔을 적당히 연장하여 원뿔의 중심선에 대해 수선을 긋고 원뿔의 밑면에 반원주를 그린 후 6등분하여 0, 1, … 6을 표시하고, 꼭지점 V와 각 점을 연결한다. 원뿔의 밑면을 평면도의 타원으로 작도하여 대응되는 각 점에 0', 1', … 6'로 표시하고 각 점을 V'와 연결한다.

② 평면도에 상관선이 나타나 있으므로 V'와 연결된 각 선이 지나는 점을 상관점으로 하여 a', b', … g'로 표기하고 각 점에서 수선을 내려 정면도의 상관선을 구한다. 예를 들면, V'1'가 원주를 지나면서 교차되는 점을 b'로 하고 정면도의 $\overline{V1}$에 수선을 내려 b를 정하여 같은 방법으로 상관선을 구한다.

③ 실장은 정원뿔이므로 밑면에 평행하게 원뿔의 외형선에 각 점을 이동시킨다.

④ V를 중심으로 V 6으로 원호를 돌려 밑원의 1/12등분 길이로 분할하여 0", 1", … 6" 등을 정하고 꼭지점 V와 연결한다. 연결된 선 위에 상관점 및 원뿔의 상부 타원의 실장으로 각각 원호를 돌려 순서대로 펼치면 원뿔의 전개도가 완성된다.(원통 전개 생략)

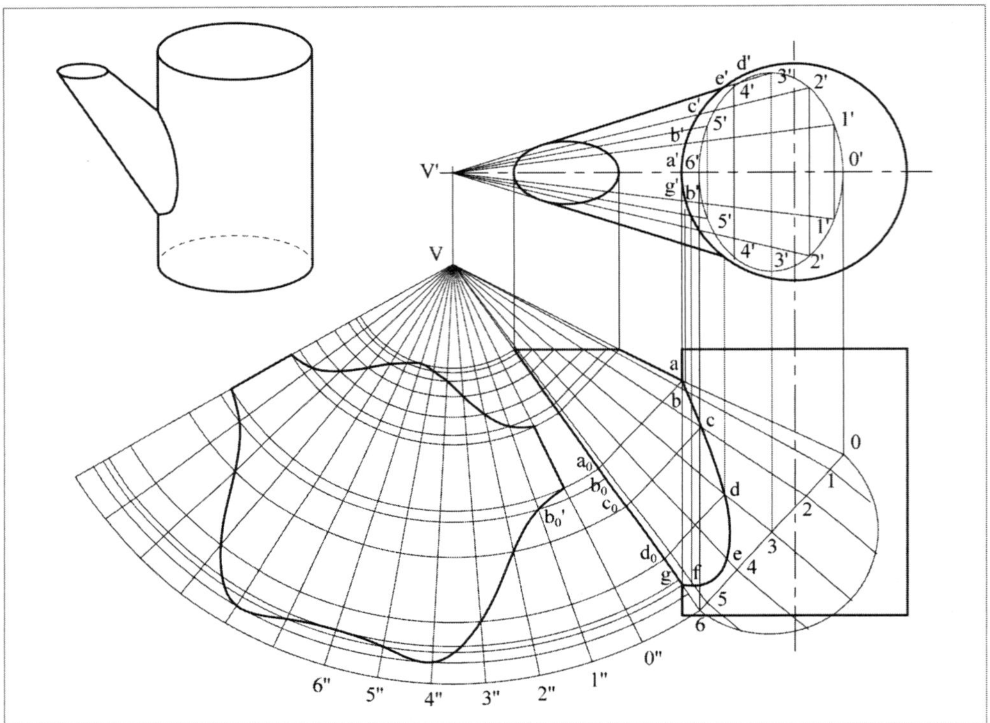

• 그림 3-29 • 직립원통에 경사지게 만나는 원뿔 전개도

5 타출 전개법

(1) 반구

① [그림 3-30(a)]의 정면도를 그리고 a와 b를 잇는다.

② $\overline{Oa}$에 수직되는 선을 a에서 그려 ㉮-㉯로 정하고, a에서 $\overline{ab}$를 반지름으로 하는 원호를 돌려 ㉮, ㉯와 만나는 점을 b'라 한다.

③ b'에서 수선을 내려 전개도상의 중심에 b"를 정하고 O'를 중심으로 하여 $\overline{O'b''}$를 반지름으로 하는 원을 그리면 전개도가 완성된다.

④ [그림 3-30(b)]는 그림(a)와 비교할 때 늘리기를 많이 하고 오므리기 가공을 적개 하기위해 임의의 선 ⓟⓠ를 그어(보통은 $\overline{Oa}$으 1/3정도로 한다.) b점에서 수선을 내리고, b에서 $\overset{\frown}{bc}$로 원호를 돌려 c'를 정하여 c'에서 수선을 내린다.

⑤ 전개도의 중심선에 b, c'에서 내린 b', c''점을 정하고 O'에서 O'b', O'c''로 원을 돌리면 전개도가 완성된다. O'b'의 원은 늘리기부, b'c''의 폭은 오므리기 부분이다.

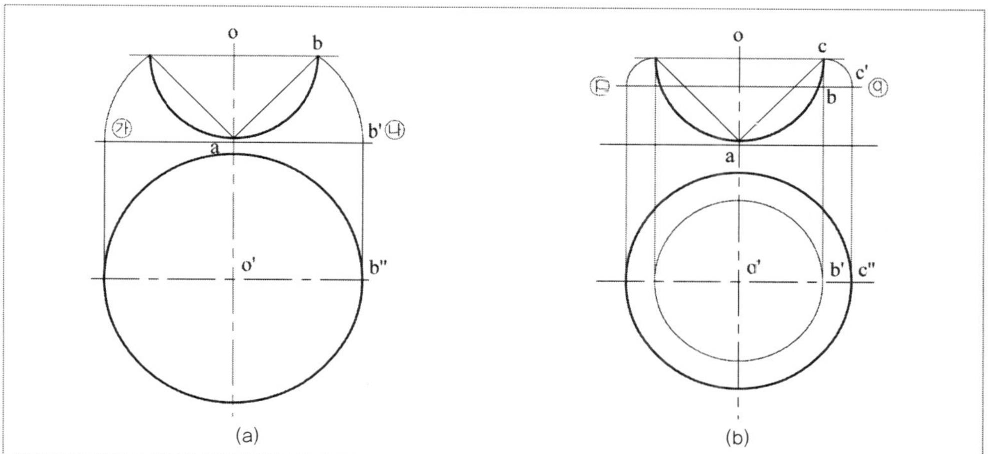

• 그림 3-30 • 반구 타출 전개도

(2) 원형 받침대

① [그림 3-31] 정면도의 곡면부에서 만나는 경계를 b로 표시하고 윗면을 a로 밑면을 c로 표시 한다.

② b를 중심으로 ba의 원호를 돌려 Ⓐ점을 정하고, bc의 원호를 돌려 Ⓒ를 정하고 Ⓐ, b, Ⓒ에서 수선을 내리고 A', b', C'를 표시한다.

③ O'에서 O'A', O'b', O'C'를 반지름으로 하는 원을 그리면 전개도가 완성된다. b'A'와 b'C'는 모두 늘리는 작업을 해야 한다.

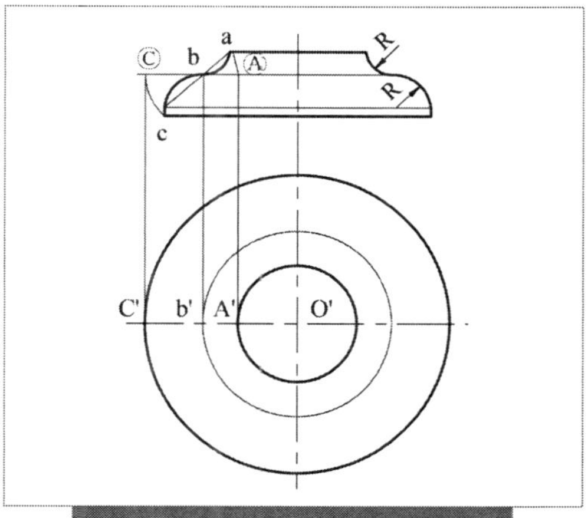

• 그림 3-31 • 원형 받침대 전개도

6 판 두께를 고려한 전개법

일반적으로 판재를 원통형으로 급히 구부리면 판재의 중심선을 기준으로 하여 외측은 늘어나고 내측은 줄어들며, 또한 중심선은 신축이 없이 그대로 굽혀질 뿐이다. 이 중심선을 중립선이라고 하며 판뜨기 전개를 할 경우 이 중립선을 기준으로 한다.

(1) 90° 원통 R굽힘의 판뜨기 전개

[그림 3-32]와 같이 90°원통 굽힘에 필요한 판뜨기 전개의 길이 L은 원통 굽힘의 판뜨기 전개 길이의 1/4로 구하면 된다.

즉 90°굽힐 때

R부분의 길이 L을 구하면,

$$\ell = \frac{(2R+t)\pi}{4} = \frac{(2\times 50+6)\times\pi}{4} \fallingdotseq 83.3$$

$$\text{또는 } \ell = \frac{(R+t/2)\pi}{2} = \frac{(50+6/2)\pi}{2}$$

$$= \frac{(50+3)\times\pi}{2} \fallingdotseq 83.3$$

그러므로 전체의 길이 L은

$L = 50+83.3+70 = 203.3$

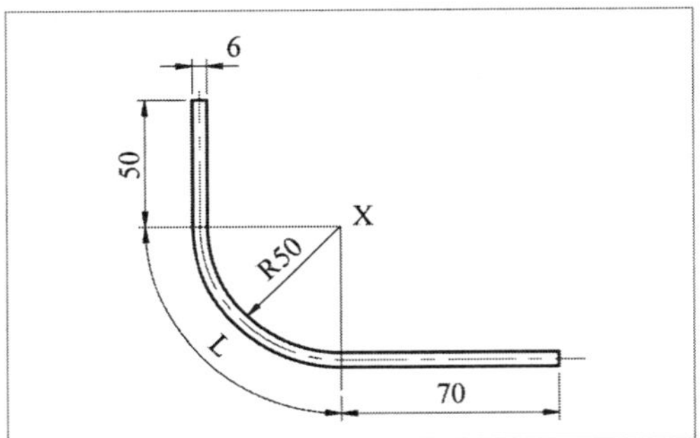

• 그림 3-32 • 90° 굽힘의 판뜨기 전개

(2) 130° 원통 R굽힘의 판뜨기 전개

[그림 3-33]은 130°굽힘의 판뜨기 전개이다. 일반적으로 90°이외의 θ°로 굽힐 때의 길이 L은 원주$\times\frac{180°-\theta°}{360°}$로 계산하면 된다.

R부분의 길이 L은

$$L_1 = \frac{(2R+t)\pi\times(180°-\theta°)}{360°}$$

$$= \frac{(2\times 50+6)\times\pi\times(180-130)}{360}$$

$$= \frac{106\times\pi\times 50}{360} \fallingdotseq 46.3$$

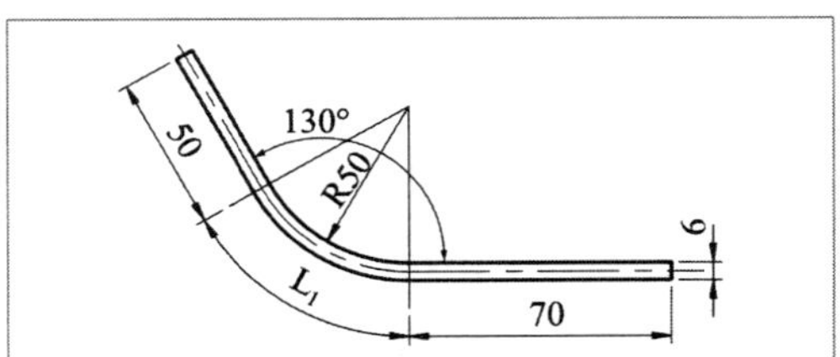

• 그림 3-31 • 140° 굽힘의 판뜨기 전개

또는 $L_2 = \frac{(R+t/2)\pi \times (180° - \theta°)}{180°} = \frac{(50+6/2) \times \pi \times (180-130)}{180} = \frac{53 \times \pi \times 50}{180} \fallingdotseq 46.3$

L = 50+46.3+70 = 166.3

(3) 90° 절곡 굽힘의 전개

굽힘 반경 R이 판 두께의 5배 이하이고, 굽힘이 날카로워질수록 중립면은 점차 안쪽(압축)으로 이동된다. 실험에 따른 이동량 α는 [표 3-1]과 같다.

표 3-1 외측 기준에 의한 90° 절곡 굽힘시 판두께의 고려표

판 두께	1.6	2.3	3.2	4.5	6
이동량(α)	1.4	2	2.8	4	5

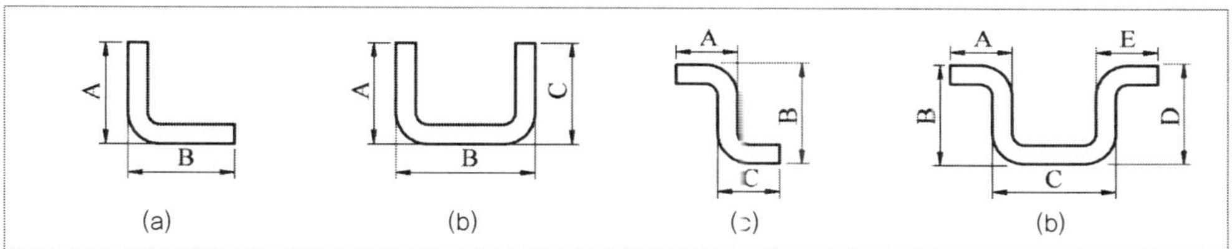

• 그림 3-34 • 여러 가지 90° 절곡 굽힘

[그림 3-34]는 여러 가지 90°절곡 굽힘의 판뜨기 전개를 나타내며, 계산은 다음과 같이 한다.

[그림 3-34(a)]의 전개 치수 L = A+B - 2α

[그림 3-34(b)]의 전개 치수 L = A+B+C - 4α

[그림 3-34(c)]의 전개 치수 L = A+B+C - 4α

[그림 3-34(d)]의 전개 치수 L = A+B+C+D+E - 8α

(4) L형 90° 절곡 굽힘의 판뜨기 전개

[그림 3-35]는 L형 90°절곡 굽힘의 판뜨기 전개를 나타낸 것으로 판 두께가 6mm라고 하면 [표 3-1]에서 α = 5를 적용한다.

그러므로 L = 55+95 - 2×5 = 140

따라서, 판뜨기 전개 길이는 [그림 3-35(b)]에서 그려진 것과 같이 140mm이다.

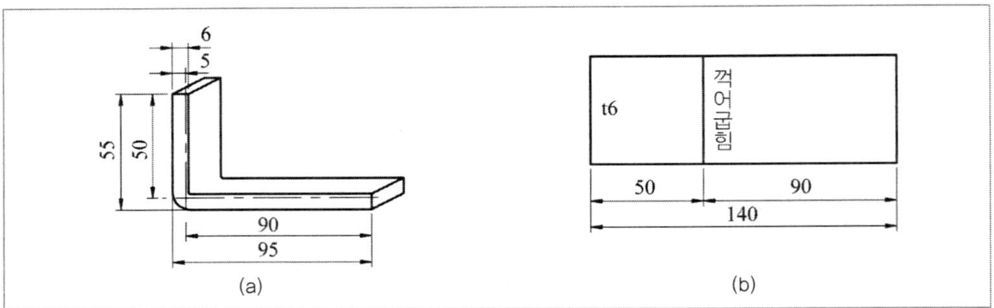

• 그림 3-35 • L형 90° 절곡 굽힘의 판뜨기 전개

(5) ㄷ형 90° 절곡 굽힘의 판뜨기 전개

[그림 3-36]에서 판 두께를 2.3mm라고 하면 [표 3-1]에서 α = 2를 적용한다.

그러므로 L = 34+70+34 - 4×2 = 130

따라서, 판뜨기 전개 길이는 [그림 3-36(b)]에서 그려진 것과 같이 130mm이다.

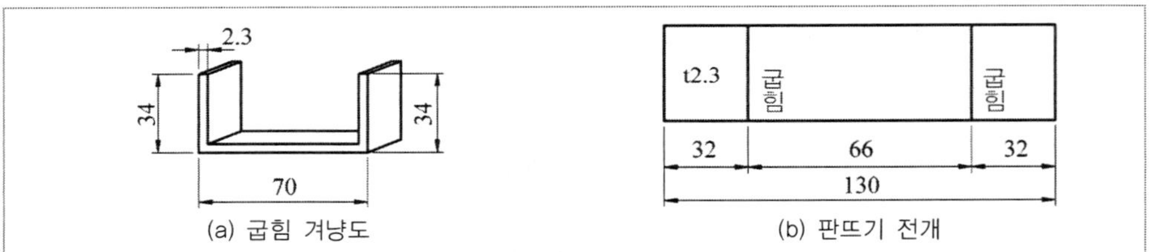

• 그림 3-36 • ㄷ형 90° 절곡 굽힘의 판뜨기 전개

(6) ㄱ형 90° 절곡 굽힘의 판뜨기 전개

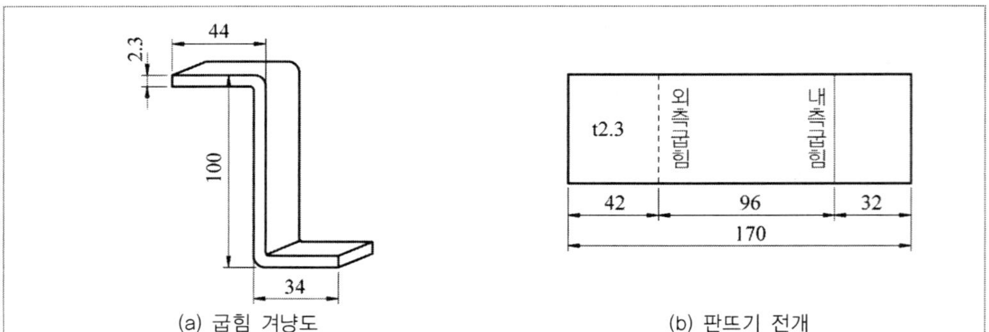

• 그림 3-37 • ㄱ형 90° 절곡 굽힘의 판뜨기 전개

[그림 3-37]에서 판 두께를 2.3mm라고 하면 [표 3-1]에서 α = 2를 적용한다.

그러므로 L = 44+100+34 - 4×2 = 170

따라서, 판뜨기 전개 길이는 [그림 3-37(b)]에서 그려진 것과 같이 170mm이다.

(7) ⊔형 90° 절곡 굽힘의 판뜨기 전개

[그림 3-38]에서 판 두께를 3.2mm라고 하면 [표 3-1]에서 α = 2.8을 적용한다.

그러므로 L = 30+35+90+35+30 - 8×2.8 = 197.6

따라서, 판뜨기 전개 길이는 [그림 3-38(b)]에서 그려진 것과 같이 197.6mm이다.

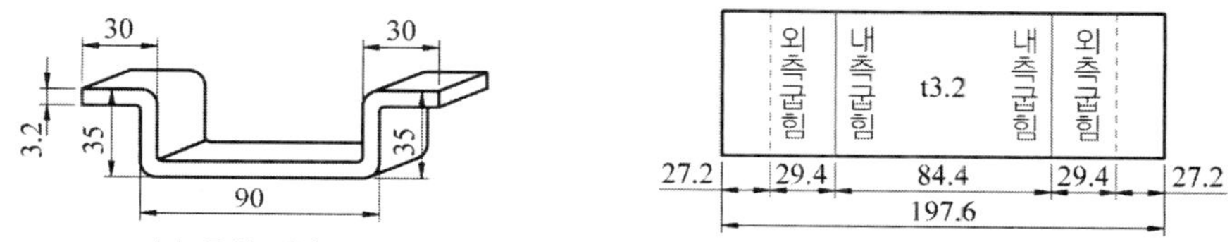

(a) 굽힘 겨냥도 (b) 판뜨기 전개

• 그림 3-38 • ⊔형 90° 절곡 굽힘의 판뜨기 전개

(8) 각틀의 판뜨기 전개

[그림 3-39]와 같이 판 두께 t, 안 치수 A×B의 각틀을 만들 때에도 중립면에 대해서 판뜨기를 하면 된다.

구부러진 부분을 제외한 직선 부분의 중립면 길이는 2(A-2r)+2(B-2r) = 2(A+B-4r)이다.

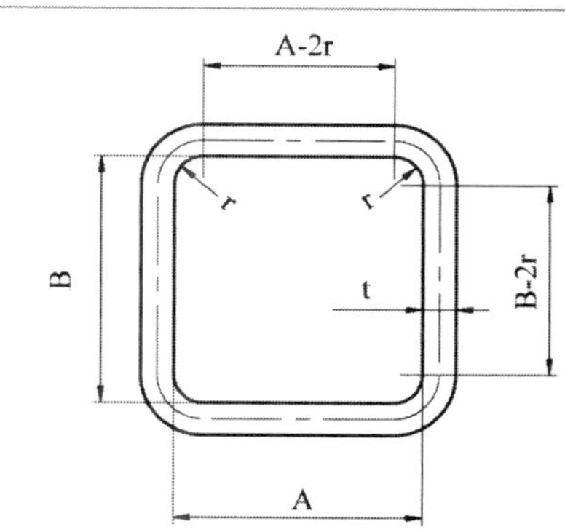

• 그림 3-39 • 각틀의 판뜨기

원호로 된 부분의 중심 길이는

$\frac{4\times1}{4\times2\pi(r+\frac{t}{2})} = \pi(2r+t)$가 된다.

따라서 판뜨기의 길이 L을 구하면 L = 2(A+B-4r)−π(2r+t)가 된다.

(9) L형강의 전개 길이

[그림 3-40]과 같이 바깥지름 D가 되도록 안으로 굽힐할 때의 필요한 길이 L을 구할 때에도 중립면의 지름 D_0의 길이를 계산하면, 중립면의 위치는 대략 바깥지름으로부터 L형강의 모서리의 두께 t_0만큼 내측으로 들어온 곳에 중립면이 있는 것을 알고 있으므로 다음 식으로 필요한 길이를 계산하면 된다.

$L = \pi(D_2 - 2t_0)$

[그림 3-41]에 나타난 것과 같은 L형강을 밖으로 굽힐할 때도 같은 방법으로

$L = \pi(D_1+2t_0)$가 된다.

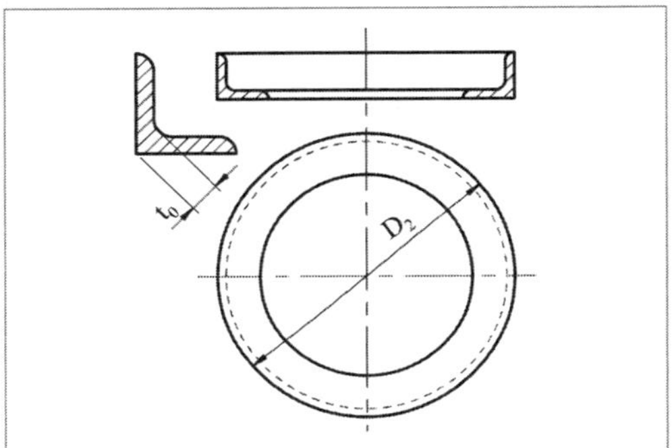

• 그림 3-40 • L형강의 안쪽 굽힘

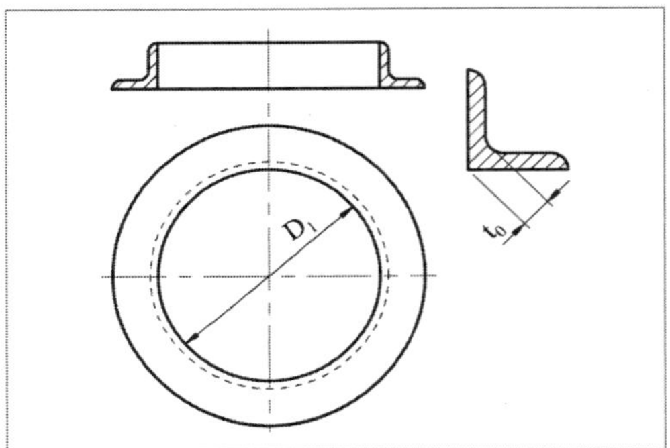

• 그림 3-41 • L형강의 바깥 굽힘

4

C·H·A·P·T·E·R

능력단위 코드 1501020106_14v2

체결요소 설계

분류번호	1501020106_14v2
능력단위 명칭	체결요소 설계
능력단위 정의	체결요소설계란 각 기계 구성품의 체결을 목적으로 강도, 강성, 경제성, 수명을 고려하여 체결요소를 설계하는 능력이다.

능력단위요소	수행준거
1501020106_14v2.1 요구기능 파악하기	1.1 기계 구성품의 체결 요구 기능을 파악하여 문서로 작성할 수 있다. 1.2 요구 기능의 적합성을 판단할 수 있다. 1.3 요구 기능 미 충족시 대응 방안을 수립할 수 있다.
	[지식] • 체결요소별 기계적 특성 및 적용 범위에 관한 지식 • 체결요소의 적용 방법 및 비용에 관한 지식 • 기계 유지보수에 관한 지식 **[기술]** • 설계사양서 작성 기술 • 도면해독 능력 **[태도]** • 세심하게 검토하는 성실한 태도 • 전체 기계시스템의 특성 및 제반 조건을 이해하려는 태도
1501020106_14v2.2 체결요소 선정하기	2.1 기계 시스템의 운동관계, 설치환경 및 유지보수 조건에 부합하는 방식의 체결요소를 선정할 수 있다. 2.2 선정된 체결 방식에 따른 필요 목록을 작성할 수 있다. 2.3 선정된 체결 방식에 관한 자료를 정리하여 체결요소 설계에 반영하기 위한 준비자료를 작성할 수 있다.
	[지식] • 체결요소별 기계적 특성 및 적용 범위에 관한 지식 • 체결요소의 적용 방법 및 비용에 관한 지식 • 기계 유지보수에 관한 지식 **[기술]** • 체결요소의 적용에 관한 공수 산정 기술 • 체결요소 설계 기술 **[태도]** • 요소를 선정하는 세심한 태도 • 기계 시스템 전체를 이해하려는 파악력

능력단위요소	수행준거
1501020106_14v2.3 체결요소 설계하기	3.1 자립조건을 만족하는 체결요소의 풀림방지 방안을 고려하여 설계할 수 있다. 3.2 체결요소의 강도를 고려하여 설계할 수 있다. 3.3 체결요소의 강도, 강성, 피로, 부식방지 등을 고려하여 설계할 수 있다.
	[지식] • 기계요소 설계 및 기계 재료 • 기계 부품 표면처리 방법 • KS 및 ISO 규격 등 산업규격의 이해와 활용방법 • 강도, 강성, 피로 등 재료역학적 지식 [기술] • 요구 강도 및 강성에 부합하는 설계계산서 작성 • 체결요소 도면 및 BOM(Bill of material) 작성 [태도] • 설계 불량을 최소화 하려는 책임감 • 안전과 직결되는 체결요소의 중요성을 알고 완벽하게 설계하려는 태도

◎ 적용범위 및 작업상황 ◎

[고려사항]

- 이 능력단위는 기계시스템의 내·외부 조건을 고려하여 각 구성도소간의 결합에 관한 구조적 건전성을 확보하는 업무에 적용한다.
- 체결요소의 종류에는 나사, 볼트, 너트, 키, 핀, 코터, 리벳, 용접 및 접착(제) 등을 포함한다.
- 체결 방식에 따른 필요 목록은 비용, 제작시간, 설치 도구 등을 말한다.
- 체결요소의 강도에는 전단, 인장, 압축, 굽힘, 좌굴 등을 포함한다.
- 도면의 작성은 KS 및 ISO 등의 규격에 따라 작성되어야 한다.
- 내부조건이란 시스템 자체에서 발생하는 발열, 진동, 소음 등이 있으며 외부조건에는 주위환경의 온·습도 풍하중, 설하중 등의 조건이 있다.

◎ 평가지침 ◎

[평가방법]

- 평가자는 능력단위 체결요소설계의 수행준거에 제시되어 있는 내용을 평가하기 위해 이론과 실기를 나누어 평가하거나 종합적인 결과물의 평가 등 다양한 평가 방법을 사용할 수 있다.
- 피 평가자의 과정평가 및 결과평가 방법

평가방법	평가유형	
	과정평가	결과평가
A. 포트폴리오	✔	✔
B. 문제해결 시나리오	✔	✔
C. 서술형시험		
D. 논술형시험		
E. 사례연구	✔	✔
F. 평가자 질문	✔	✔
G. 평가자 체크리스트	✔	✔
H. 피평가자 체크리스트		
I. 일지/저널		
J. 역할연기		
K. 구두발표	✔	✔
L. 작업장평가		
M. 기타		

[평가시 고려사항]

- 수행준거에 제시되어 있는 내용을 성공적으로 수행할 수 있는지를 평가해야 한다.
- 평가자는 다음 사항을 평가해야 한다.
  - 체결요소설계 능력
  - 현장 조건에 맞는 체결요소를 선정하는 능력
  - 경제적 타당성을 갖고 설계하는 능력

CHAPTER 04

체결요소 설계

능력단위 요소	체결요소설계 요구기능 파악하기	1501020106_14v2.1

수행 준거	
1.1	기계 구성품의 체결 요구 기능을 파악하여 문서로 작성할 수 있다.
1.2	요구 기능의 적합성을 판단할 수 있다.
1.3	요구 기능 미 충족시 대응 방안을 수립할 수 있다.

1 체결요소설계 기초

1 나사

(1) 나사 및 나사부품의 제도

1) 나사의 실형도시

취급설명서에서 단일품 또는 조립된 부품의 설명을 위하여, 나사를 측면에서 본 그림(나사의 축선에 직각인 방향에서 본 그림) 또는 [그림 4-1]에서와 같이 그 단면도의 실형도시가 필요한 때가 있다. 나사의 피치 또는 모양의 어느 것이나 일반적으로 정확한 척도로 그릴 필요는 없다. 제도에서는 [그림 4-1]과 같은 나사의 실형 도시는 절대적으로 필요한 경우에만 사용하는 것이 좋으며, 나선은 [그림 4-1(b)]와 같이 가능한 한 직선으로 표시하는 것이 좋다.

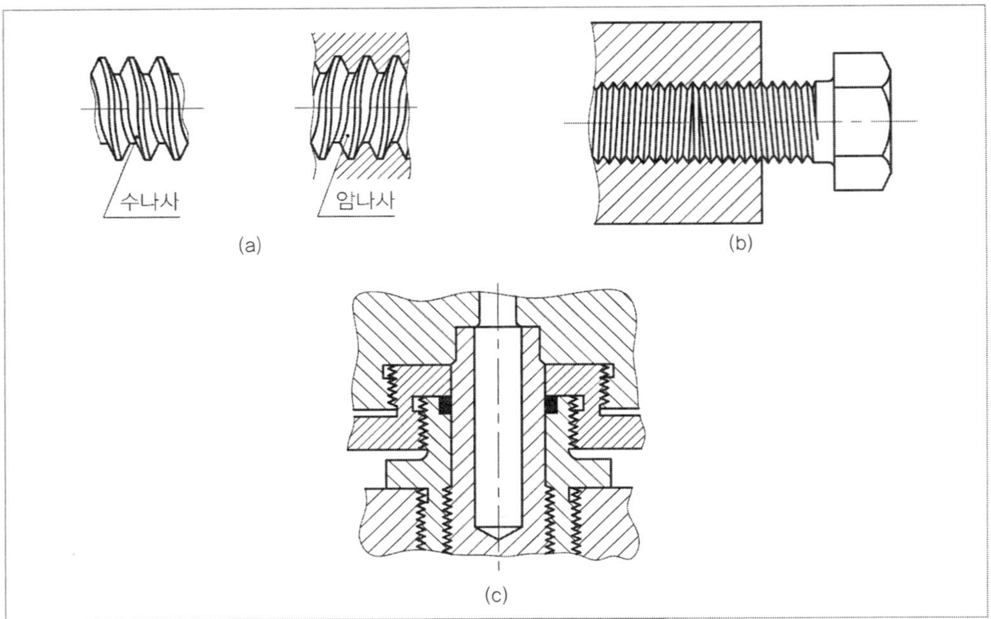

• 그림 4-1 • 나사의 실형 도시

2) 일반 도시

일반적으로는 모든 종류의 제도에서 나사 및 나사부품의 도시는 관례에 따라 [그림 4-2, 4-3]과 같이 단순화한다.

① 나사의 겉모양 및 단면도

측면에서 본 그림 및 그 단면도에서 보이는 상태의 나사는 [그림 4-2~4-5]와 같이 나사산의 봉우리(수나사의 바깥지름 및 암나사의 안지름)를 굵은 실선으로, 나사의 골 밑(수나사의 골지름 및 암나사의 골지름)을 가는 실선으로 표시한다.

나사산의 봉우리와 골 밑을 표시하는 선의 간격은 나사산의 높이와 가능한 같게 하는 것이 좋다. 다만, 이 선 사이의 틈새는 어떠한 경우에도 다음의 어느 것 중 큰 값 이상이 되도록 한다.

㉠ 굵은 선의 굵기의 2배

㉡ 0.7mm

> **[비고]** CAD에서는 다음과 같이 한다.
> 1) 호칭 지름 8mm 이상의 나사에 대하여는 일반적으로 1.5mm의 간격이 받아들여지고 있다.
> 2) 호칭 지름 6mm 이하의 나사에 대하여는 간략 도시가 권장되고 있다.

② 나사의 끝면에서 본 그림

나사의 끝면에서 본 그림에서는 나사의 골 밑은 가는 실선으로 그린 원주의 3/4에 거의 같은 원의 일부로 [그림 4-2(a), (b)]와 같이 표시하고, 가능하면 오른쪽 위에 4분원을 열어두는 것이 좋다. 모떼기 원을 표시하는 굵은 선은, 일반적으로 끝면에서 본 그림에서는 [그림 4-2(a), (b)]와 같이 생략한다.

결원(欠圓)의 부분은 직교하는 중심선에 대하여는 [그림 4-2(c)]와 같이 다른 위치에 있어도 좋다.

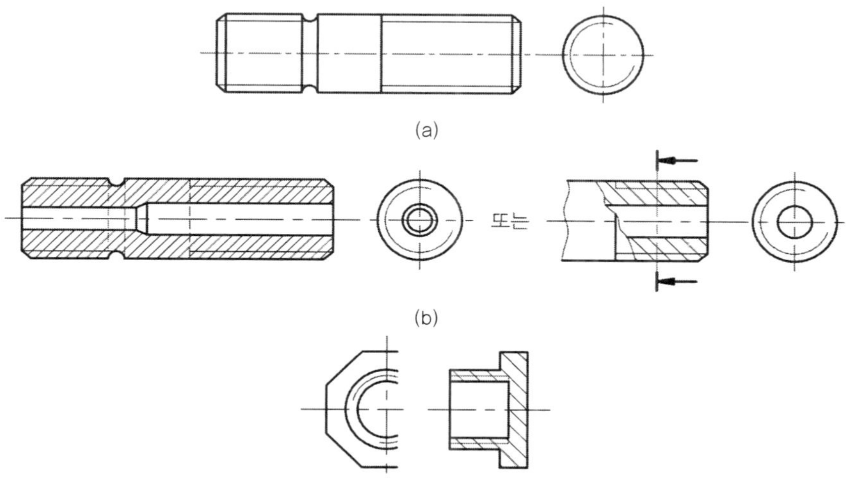

(a) (b)

참고 : 나사를 가공할 때에 필요한 불완전 나사부 또는 언더컷을 도시하는 것이 좋다

(c)

• 그림 4-2 • 나사의 일반 도시

③ 숨겨진 나사

숨겨진 나사를 표시하는 것이 필요한 곳에서는 산의 봉우리와 골 밑은 [그림 4-3]과 같이 가는 파선으로 표시한다.

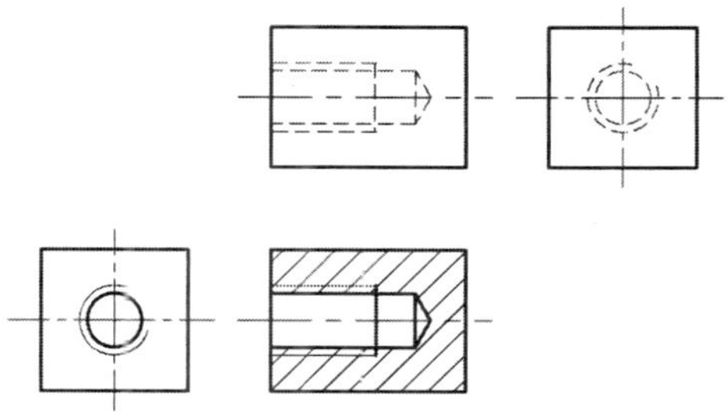

• 그림 4-3 • 숨겨진 나사의 표시

④ 나사 부품의 단면도의 해칭

단면도에 나타내는 나사 부품에서 해칭은 [그림 4-2(b), (c)], [그림 4-3], [그림 4-4]와 같이 나사산의 봉우리를 나타내는 선까지 긋는다.

⑤ 나사부의 길이 경계

나사부의 길이 경계는 다음에 따른다.

㉠ 보이는 경우에는 경계를 표시한다. 도시에는 굵은 실선을 사용한다.

㉡ 숨어 있는 경우에는 경계를 표시하여도 좋다. 도시에는 가는 파선을 사용한다.

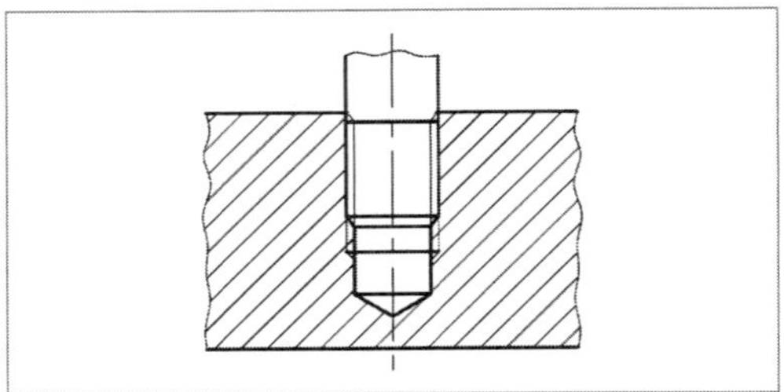

• 그림 4-4 • 나사부의 길이 경계(1)

이들의 경계선은 [그림 4-4], [그림 4-5]와 같이 나사의 큰 지름(수나사의 바깥지름 또는 암나사의 골지름)을 표시하는 선에서 끝낸다.

⑥ 불완전 나사부

불완전 나사부는 스터드 볼트의 몸체 삽입측을 제외하고 나사부의 종단을 넘어선 곳이다. 불완전 나사부는 [그림 4-4]와 같이 기능상 필요한 경우, 또는 [그림 4-5(d)]와 같이 치수 지시를 하기 위하여 필요한 경우에는 경사된 가는 실선으로 표시한다. 다만 불완전 나사부는 생략 가능하면 [그림 4-2(a), (b)], [그림 4-3]과 같이 표시하여도 좋다.

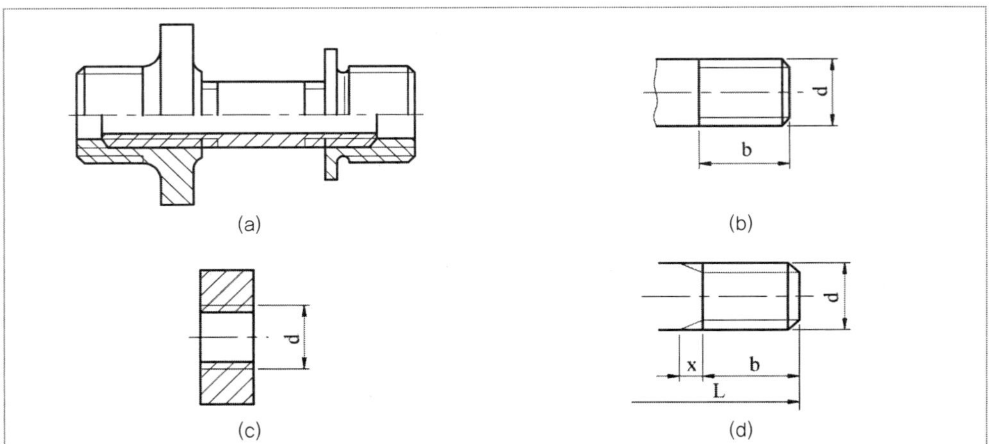

• 그림 4-5 • 나사부의 길이 경계(2)

3) 조립된 나사부품

나사부품의 조립에 적용하며, 수나사부품은 항상 암나사부품을 감춘 상태에서 표시하고, [그림 4-4], [그림 4-5(a)]와 같이 암나사부품으로 가리지 않는다. 암나사의 완전 나사부의 한계를 표시하는 굵은 선은 [그림 4-4]와 같이 암나사의 골 밑까지 그린다. [그림 4-6]은 나사의 완전 나사부와 불완전 나사부를 나타낸다.

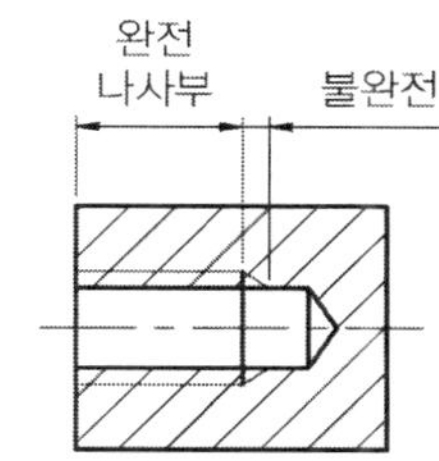

• 그림 4-6 • 나사의 완전 나사부 및 불완전 나사부

(2) 나사부품의 지시 및 치수 기입

1) 호칭 방법

나사의 종류 및 그 치수는 나사에 관한 표준에 규정하는 호칭 방법에 따라 지시를 한다. 도면에 호칭 방법을 지시하는 경우에는 명칭 및 표준 번호는 생략한다.

일반적으로 나사의 호칭 방법은 다음 사항을 포함한다.

① 나사 종류의 약호(표준화된 기호, 예를 들면 M, G, Tr, HA 등)

② 호칭 지름 또는 크기(예를 들면 20, 1/2, 40, 4.5 등)

만약 필요하다면, 다음 사항을 추가한다.

㉠ 밀리미터에 의한 리드(L)

㉡ 밀리미터에 의한 피치(P)

㉢ 나사산의 감김 방향

㉣ 공차 등급

㉤ 나사의 끼워 맞춤 길이(S = 단, L = 장, N = 보통)

㉥ 줄 수

[보기] 1) M20×2-6G/6h-LH
2) M20×L3-P1.5-6H-N
3) G 1/2 A
4) Tr 40×7
5) HA 4.5

2) 치수 기입

나사의 호칭 지름 d는 [그림 4-5(b), (d)]와 같이 항상 수나사의 산봉우리 또는 그림 4-5(c)와 같이 암나사의 골밑에 대하여 기입한다. 불완전 나사가 기능상 필요한 경우(예를 들면, 스터드 볼트), 또는 [그림 4-4 및 4-5(d)]와 같이 명확하게 도시하는 경우 이외에는 나사 길이의 치수는 [그림 4-5(b)]와 같이 일반적으로 나사부 길이에 대하여 기입한다.

[비고] 나사 끝의 치수는 나사부 길이(b) 또는 호칭 길이(ℓ)에 포함시킨다.

3) 나사 길이 및 멈춤 구멍 깊이

나사 길이 치수는 일반적으로 필요하나, 멈춤 구멍 깊이는 보통 생략하여도 좋다. 멈춤 구멍 깊이 표시의 필요성은 주로 부품 자체 또는 나사 가공에 사용하는 공구 여하에 달렸다. 구멍 깊이의 치수를 지정하지 않는 경우에는 [그림 4-7(a)]와 같이 나사 길이의 1.25배 정도로 그린다. 또 [그림 4-7(b)]와 같이 간단한 표시를 사용하여도 좋다.

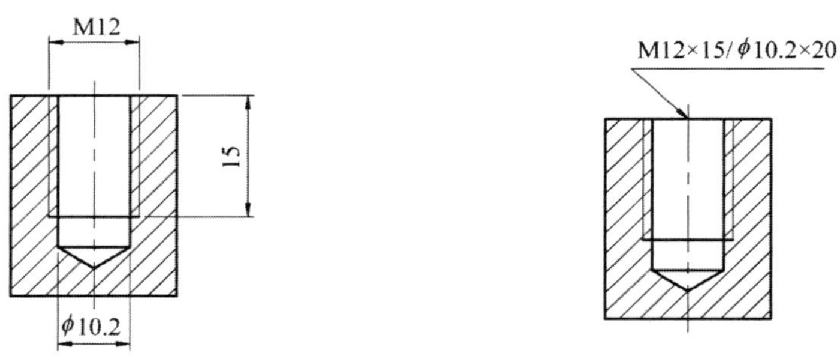

(a) (b)

• 그림 4-7 • 나사의 길이 및 멈춤 구멍 깊이

4) 나사산의 감김 방향의 지시

오른나사는 일반적으로 특기할 필요가 없다. 왼나사는 나사의 호칭 방법에 약호 LH를 추가하여 표시한다. 동일 부품에 오른 나사와 왼나사가 있을 때는 각각 쌍방에 표시한다. 오른나사는 필요하면 나사의 호칭 방법에 약호 RH를 추가하여 표시한다.

(3) 나사의 종류별 호칭 및 등급 표시

1) ISO표준에 있는 나사

표 4-1 나사의 종류별 기호, 나사의 호칭 및 등급 표시(1)

<table>
<tr><th colspan="2" rowspan="2">나사의 종류</th><th rowspan="2">나사의 종류별 기호</th><th rowspan="2">나사의 호칭 표시</th><th rowspan="2">나사의 종류</th><th colspan="3">나사의 등급 표시</th></tr>
<tr><th colspan="2">암나사·수나사의 구별</th><th>등급 표시</th></tr>
<tr><td colspan="2">미터 보통 나사[1]</td><td rowspan="2">M</td><td>M8</td><td rowspan="5">미터 나사</td><td>암나사</td><td>유효 지름과 안지름의 등급이 같은 경우</td><td>6H</td></tr>
<tr><td colspan="2">미터 가는 나사[2]</td><td>M8×1</td><td rowspan="3">수나사</td><td>유효 지름과 안지름의 등급이 같은 경우</td><td>6g</td></tr>
<tr><td colspan="2">유니파이 보통나사</td><td>UNC</td><td>3/8–16UNC</td><td rowspan="2">유효 지름과 바깥지름의 등급이 같은 경우</td><td rowspan="2">5g, 6g</td></tr>
<tr><td colspan="2">유니파이 가는나사</td><td>UNF</td><td>No.8–36UNF</td></tr>
<tr><td colspan="2">미터 사다리꼴 나사</td><td>Tr</td><td>Tr 10×2</td><td colspan="2">암나사와 수나사를 조립한 것[4]</td><td>6H/6g
5H/5g, 6g</td></tr>
<tr><td rowspan="3">관용 테이퍼 나사</td><td>테이퍼 수나사</td><td>R</td><td>R3/4</td><td rowspan="3">미터 사다리꼴 나사</td><td colspan="2">암나사</td><td>7H</td></tr>
<tr><td>테이퍼 암나사</td><td>Rc</td><td>Rc3/4</td><td colspan="2">수나사</td><td>7e</td></tr>
<tr><td>평행 암나사[3]</td><td>Rp</td><td>Rp3/4</td><td colspan="2">암나사와 수나사를 조립한 것[5]</td><td>7H/7e</td></tr>
<tr><td colspan="2">관용 평행나사</td><td>G</td><td>G1/2</td><td>관용 평행나사</td><td colspan="2">수나사</td><td>A</td></tr>
</table>

주 : 1) 미터 보통 나사중 M1.7, M2.3 및 M2.6은 ISO 규격에 규정되어 있지 않다.
2) 가는 나사임을 특별히 명확하게 나타낼 필요가 있을 때에는 피치 다음에 "가는나사"의 글자를( )에 넣어서 기입할 수 있다. 보기 : M8×1(가는나사)
3) 이 평행 암나사 Rp는 테이퍼 수나사 R에 대해서만 사용한다.
4) 이 조합에 대한 등급의 표시 방법은 KS B 0235에 따른다.
5) 이 조합에 대한 등급의 표시 방법은 KS B 0237에 따른다.

2) ISO표준에 없는 나사

표 4-2 나사의 종류별 기호, 나사의 호칭 및 등급 표시(2)

<table>
<tr><th colspan="2" rowspan="2">나사의 종류</th><th rowspan="2">나사의 종류별 기호</th><th rowspan="2">나사의 호칭 표시</th><th rowspan="2">나사의 종류</th><th colspan="3">나사의 등급 표시</th></tr>
<tr><th colspan="2">암나사·수나사의 구별</th><th>등급 표시</th></tr>
<tr><td colspan="2">29도 사다리꼴 나사</td><td>TW</td><td>TW 18</td><td rowspan="3">미터 나사</td><td>암나사 수나사</td><td>암나사와 수나사의 등급 표시가 같은것</td><td>2급 혼동될 우려가 없을 경우에는 “급”의 문자를 생략해도 좋다.</td></tr>
<tr><td rowspan="2">관용 테이퍼 나사</td><td>테이퍼 나사</td><td>PT</td><td>PT7</td><td colspan="2" rowspan="2">암나사와 수나사를 조합한 것[2]</td><td rowspan="2">2급 혼동될 우려가 없을 경우에는 3/2로 해도 좋다.</td></tr>
<tr><td>평행 암나사[1]</td><td>PS</td><td>PS7</td></tr>
<tr><td colspan="2">관용 평행 나사</td><td>PF</td><td>PF7</td><td rowspan="4">유니파이 나사</td><td colspan="2" rowspan="2">암나사</td><td rowspan="2">2B</td></tr>
<tr><td rowspan="5">특수용</td><td rowspan="2">전구 나사</td><td rowspan="2">E</td><td rowspan="2">E 10</td></tr>
<tr><td colspan="2" rowspan="2">수나사</td><td rowspan="2">2A</td></tr>
<tr><td rowspan="3">자동차용 타이어 밸브 나사</td><td rowspan="3">TR</td><td rowspan="3">8V1</td></tr>
<tr><td rowspan="2">관용 평행나사</td><td colspan="2">암나사</td><td>B</td></tr>
<tr><td colspan="2">수나사</td><td>A</td></tr>
</table>

주 : 1) 이 평행 암나사 PS는 테이퍼 수나사 PT에 대해서만 사용한다.
2) 이 조합에 대한 등급의 표시 방법은 KS B 0235에 의거 “암나사의 등급/수나사의 등급”으로 한다.

(4) 나사 및 나사부품 간략 도시방법

1) 간략 도시

간략 도시에서는 나사 부품의 필요 최소한의 특징만을 나타낸다. 간략화의 정도는 표시하는 대상물의 종류, 그림의 척도 및 관련 문서의 목적에 따른다. 따라서 다음의 특징은 나사 부품의 간략 도시에서는 그리지 않는다.

- 너트 및 머리부의 모떼기부 각도
- 불완전 나사부
- 나사끝의 모양
- 언더컷

① **나사 및 너트**

나사 머리의 모양, 드라이버용 구멍 등의 모양 또는 너트의 모양을 반드시 나타내야 하는 경우에 [표 4-3]에 나타내는 간략 도시의 보기를 사용하며, 표에 나타나지 않은 특징의 조합을 사용하여도 무방하다. 반대쪽(나사쪽) 끝면의 간략 도시는 필요하지 않다.

표 4-3 나사 및 너트의 간략 도시의 보기

No.	명칭	간략 도시	No.	명칭	간략 도시
1	6각 볼트	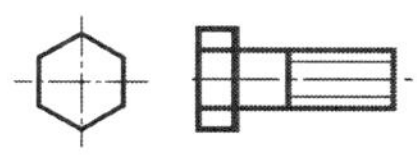	9	십자 구멍붙이 접시머리 스크루	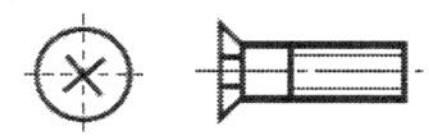
2	4각 볼트	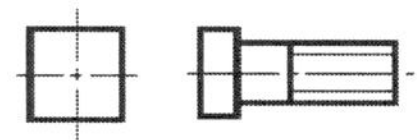	10	홈붙이 멈춤 나사	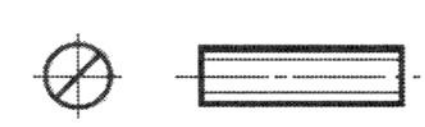
3	6각 구멍붙이 볼트	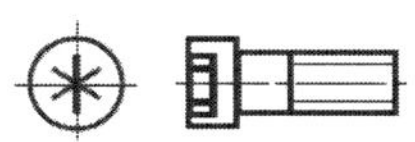	11	홈붙이 나사 못 및 드릴링 나사	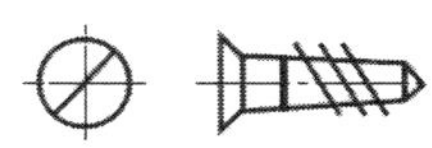
4	홈붙이 납작머리 스크루	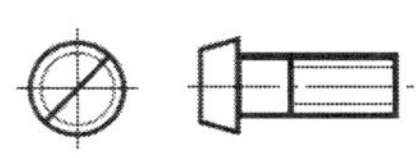	12	나비 볼트	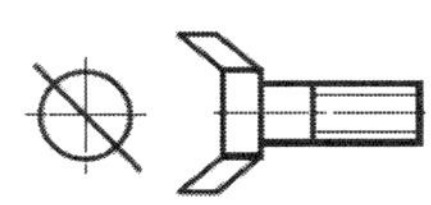
5	십자 구멍붙이 납작머리 스크루	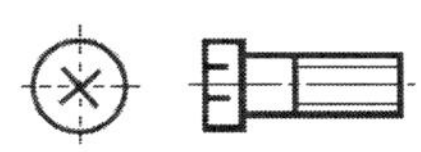	13	6각 너트	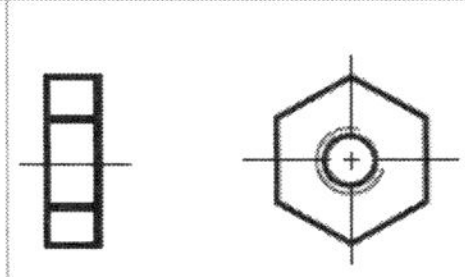
6	홈붙이 둥근 접시머리 스크루	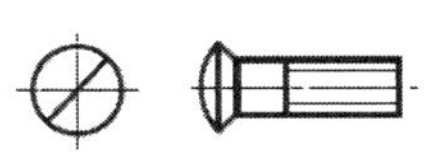	14	홈붙이 6각 너트	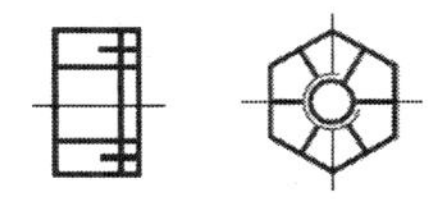
7	십자 구멍붙이 둥근 접시머리 스크루	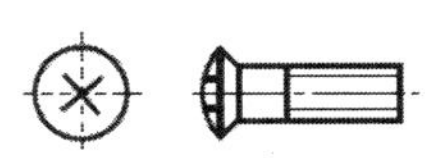	15	4각 너트	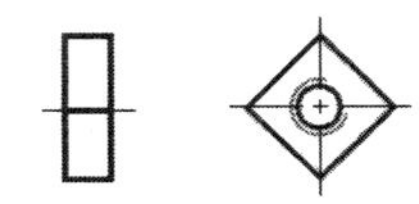
8	홈붙이 접시머리 스크루	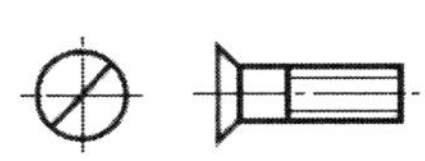	16	나비 너트	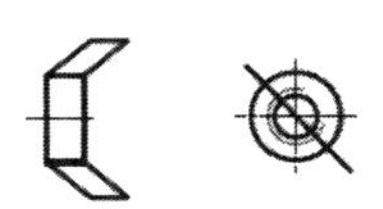

② 작은 지름의 나사

다음의 경우에는 도시 및 /또는 치수 지시를 간략히 하여도 좋다.

㉠ 지름(도면상의)이 6mm 이하

㉡ 규칙적으로 배열된 같은 모양 및 치수의 구멍 또는 나사

표시에는 일반 도시 및 /또는 치수 기입으로, 보통 나타내는 모든 필요한 특징을 포함하여야 한다. 표시는 [그림 4-8]과 같이 화살표가 구멍의 중심선을 가리키는 인출선 위에 나타낸다.

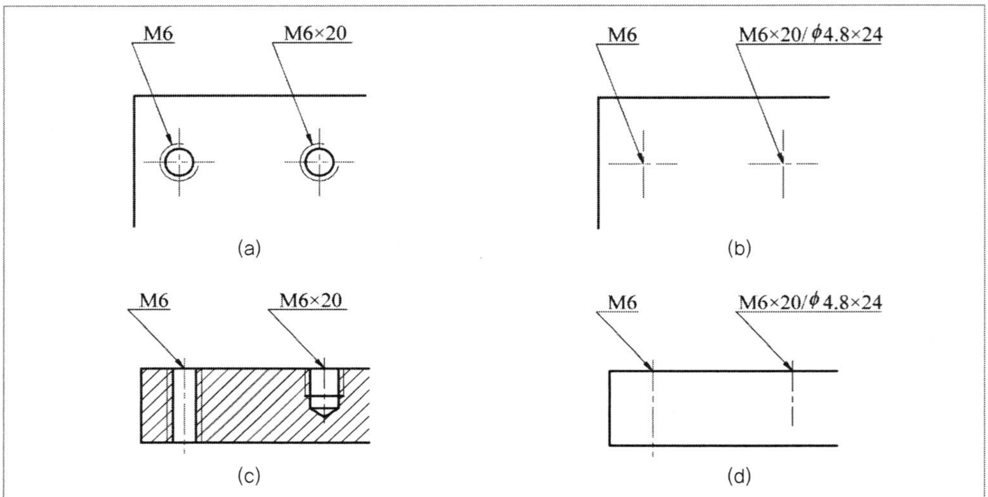

• 그림 4-8 • 작은 지름의 나사 표시

2 볼트 · 너트

(1) 볼트의 종류

1) 일반 볼트

① 용도에 의한 분류

㉠ 관통볼트(through bolt) : [그림 4-9(a)]와 같이 조이려는 부분을 관통하여 볼트 지름보다 약간 큰 구멍을 뚫고, 여기에 머리 붙이 볼트를 끼워 넣은 후 너트로 결합하는 볼트이다.

㉡ 탭 볼트(tap bolt) : [그림 4-9(b)]와 같이 관통볼트를 사용하기 어려울 때 결합하려는 상대 쪽에 암나사를 내고, 머리붙이 볼트를 조여 부품을 결합하는 볼트이다.

㉢ 스터드 볼트(stud bolt) : [그림 4-9(c)]와 같이 양쪽 끝 모두 수나사로 되어있는 나사로서 관통하는 구멍을 뚫을 수 없는 경우에 사용한다. 한쪽 끝은 상대 쪽에 암나사를 만들어 미리 반영구적으로 나사 박음하고, 다른 끝에 너트를 끼워 죄도록 하는 볼트이다.

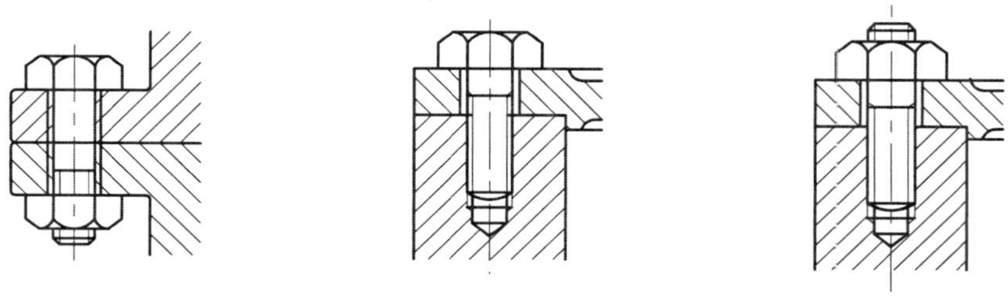

(a) 관통 볼트 (b) 탭 볼트 (c) 스터드 볼트

• 그림 4-9 • 용도에 의한 일반용 볼트 분류

② 볼트머리부에 따른 분류

㉠ 6각 볼트 : [그림 4-10(a)]와 같이 머리모양이 정6각형인 볼트로서 일반적으로 가장 많이 사용하며, 머리 접촉면이 넓어 강력한 조임력이 얻어진다.

㉡ 4각 볼트 : [그림 4-10(b)]와 같이 볼트 머리모양이 정4각형인 볼트로서, 볼트머리 자리면이 6각 볼트의 2배이므로 스패너를 이용 회전 모멘트를 크게 할 수 있으므로 고착되어 있는 경우 볼트를 쉽게 풀어 분리 할 수 있다.

㉢ 6각 구멍붙이 볼트 : [그림 4-10(c)]와 같이 볼트의 머리를 원통형으로 하고, 머리 가운데에 6각 렌치를 넣고 죌 수 있는 구멍이 있는 볼트다. 볼트 재질로는 강도가 우수한 합금강(SCM 430 : 크로뮴몰리브데넘강)이 사용된다.

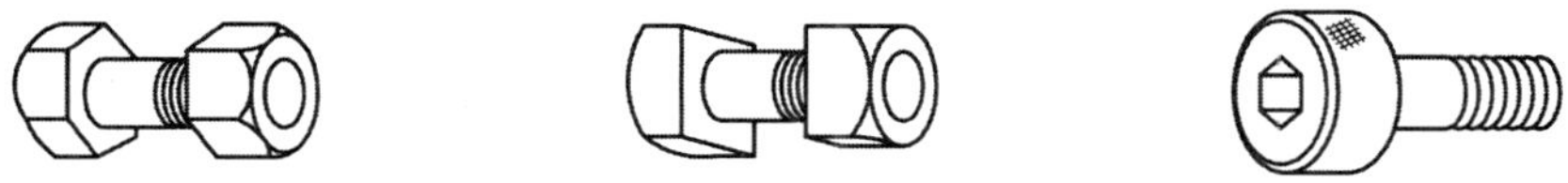

(a) (b) (c)

• 그림 4-10 • 볼트머리부에 따른 분류

2) 특수 볼트

① 아이 볼트(eye bolt)

볼트의 머리부에 핀을 끼울 구멍이 있어 자주 탈착하는 뚜껑의 결합에 사용된다. [그림 4-11]과 같이 아이 볼트 중 고리볼트(lifting bolt)는 무거운 물체를 달아 올리기 위하여 훅(hook)을 걸 수 있는 고리가 있는 볼트이다.

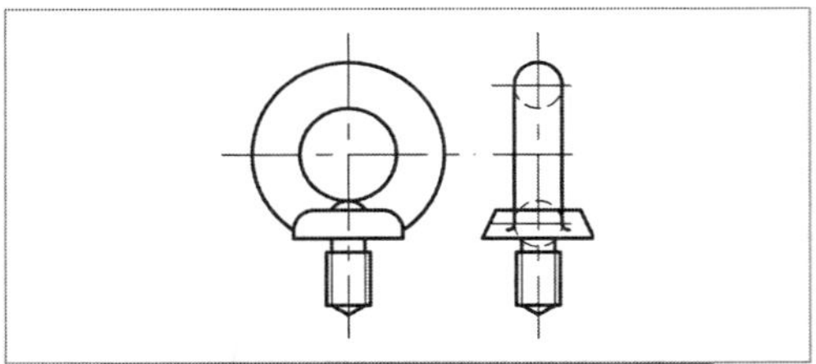

• 그림 4-11 • 아이 볼트(eye bolt)

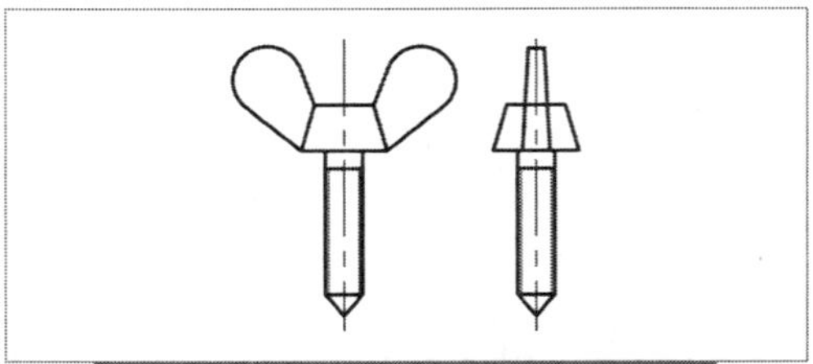

• 그림 4-12 • 나비 볼트(wing bolt)

② 나비 볼트(wing bolt)

[그림 4-12]와 같이 볼트의 머리부를 나비 모양으로 만들어 스패너 없이 손으로 조이거나 풀 수 있어, 별도의 공구 없이 손으로 탈착이 가능하다.

③ 간격유지 볼트

스테이 볼트(stay bolt)라고도 하며, 두 물체 사이의 거리를 일정하게 유지시키면서 결합하는 데 사용하며, [그림 4-13]과 같이 중간에 링을 끼우는 방법과 볼트에 간격유지 턱을 양쪽에 만드는 방법 등이 있다.

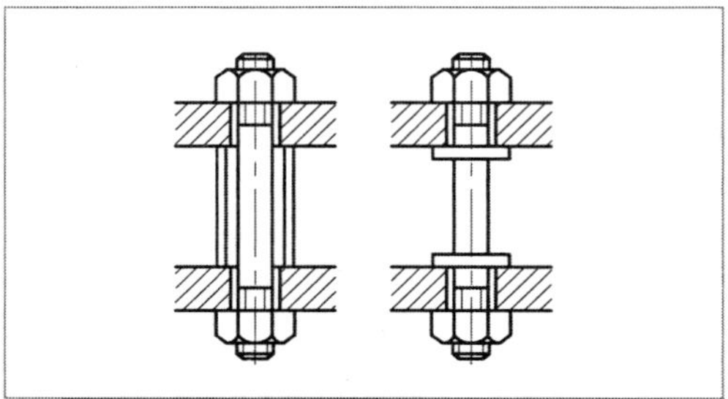

• 그림 4-13 • 간격유지 볼트(stay bolt)

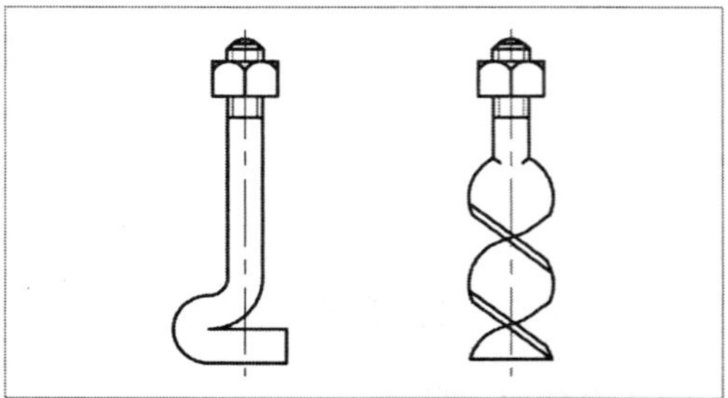

• 그림 4-14 • 기초 볼트(foundation bolt)

④ 기초 볼트(foundation bolt)

기계, 구조물 등을 콘크리트 기초에 고정시키기 위하여 사용하는 볼트이다. [그림 4-14]와 같이 이 볼트의 한쪽은 콘크리트 기초에 묻혔을 때 빠지지 않도록 하기 위하여 여러 가지 형태로 되어 있으며, 또 반대쪽은 수나사로 나사산이 되어 있어 기계를 고정시키는데 사용한다.

⑤ T 볼트(T-bolt)

공작기계 테이블 또는 정반은 다른 물체를 용이하게 고정시킬 수 있도록 T자형 홈이 파져 있다. [그림 4-15]와 같이 볼트의 머리를 사각형으로 만들어 T자형 홈에 끼우면 너트를 조일 때 볼트 머리가 회전하지 않게 된다.

⑥ 리머 볼트(reamer bolt)

볼트가 끼워지는 구멍은 볼트 지름보다 크므로 전단력이 작용하면 볼트가 파손되기 쉽기 때문에 큰 전단력이 작용할 때는 볼트의 맞춤이 중간 끼워 맞춤 또는 억지 끼워 맞춤이 되도록 볼트 구멍을 리머로 다듬질한 다음, 정밀 가공된 리머 볼트를 끼워 결합한다. [그림 4-16(a)]와 같이 볼트부분을 테이퍼지게 하여 움직이지 않도록 결합하거나, [그림 4-16(b)]와 같이 전단력이 발생하는 부분에 링을 끼워 링으로 하여금 전단력을 받도록 결합한다.

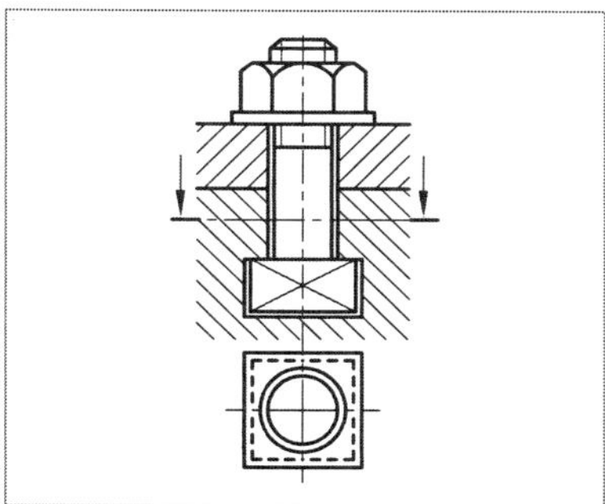

• 그림 4-15 • T 볼트(T-bolt)

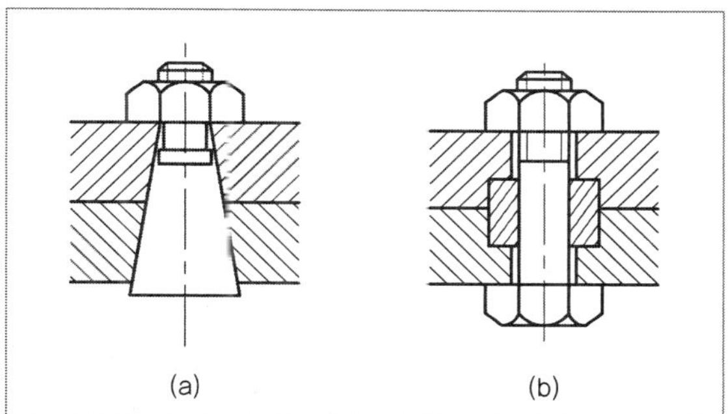

• 그림 4-16 • 리마 볼트(reamer bolt)

(2) 너트의 종류

① 6각 너트(hexagon nut)

6각 모양으로 되어 있으며, 가장 널리 사용되는 너트이다. 6각 너트에는 [그림 4-17(a)]와 같이 너트의 호칭 높이가 호칭지름에 대하여 0.8배 이상인 너트(일반 6각 너트)와 [그림 4-17(b)]와 같이 0.8배 이하인 너트(6각 낮은 너트)가 있다.

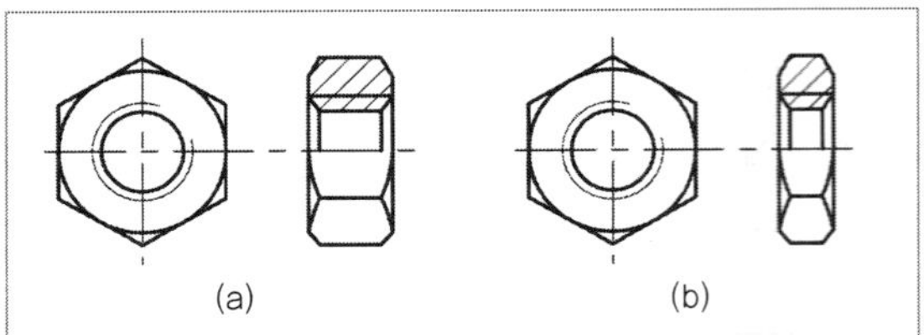

• 그림 4-17 • 6각 너트(hexagon nut)

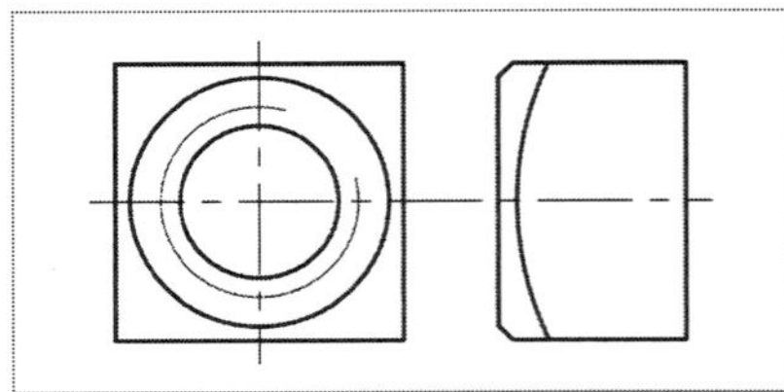
• 그림 4-18 • 4각 너트(square nut)

② 4각 너트(square nut)

[그림 4-18]과 같이 사각 모양으로 되어 있으며, 주로 목재 결합에 많이 사용되고 기계류의 결합에도 사용된다.

③ 둥근 너트(circular nut)

회전체의 균형을 좋게 하거나 너트를 외부에 돌출 시키지 않으려고 할 때 주로 사용하며, 너트를 죄는 데는 특수한 스패너가 필요하다.

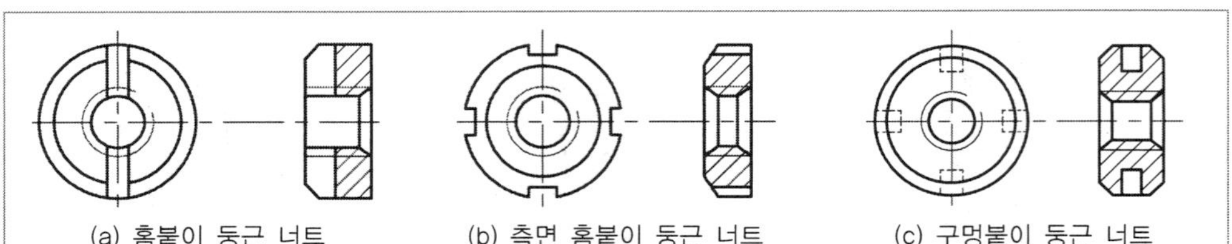

• 그림 4-19 • 둥근 너트(circular nut)

④ 플랜지붙이 6각 너트(hexagon nut with flange)

[그림 4-20]과 같이 너트의 밑면에 넓은 원형 플랜지가 붙어있는 6각 너트는 볼트 구멍이 큰 경우 또는 접촉하는 물체와의 접촉면적을 크게 함으로써 접촉 압력을 작게 하려고할 때 주로 사용하며, 너트 하나로 와셔의 역할을 겸한 너트이다.

⑤ **6각 캡 너트(hexagon cap nut)**

[그림 4-21]과 같이 너트의 한쪽을 관통되지 않도록 만든 것으로 나사면을 따라 증기나 기름 등이 누출되는 것을 방지하는 부위 또는 외부로부터 먼지 등의 오염물 침입을 막는데 주로 사용한다.

⑥ **스프링 판 너트(spring plate nut)**

[그림 4-22]와 같이 스프링 판을 굽혀서 만들며, 나사 박음을 하지 않고 간단하게 끼울 수 있기 때문에 사용이 간단하여 스피드 너트(speed nut)라고도 한다.

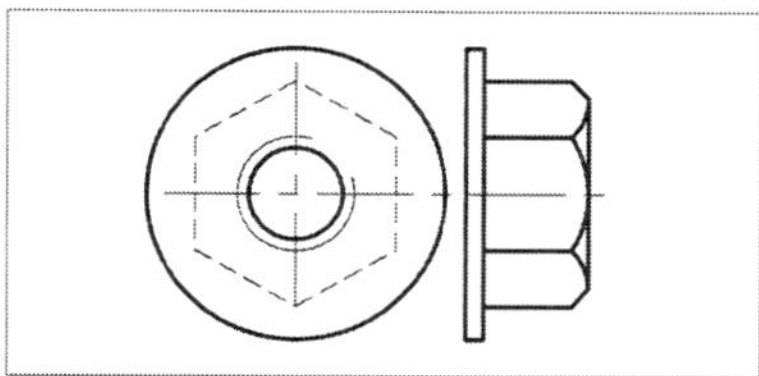

• 그림 4-20 • 플랜지붙이 6각 너트

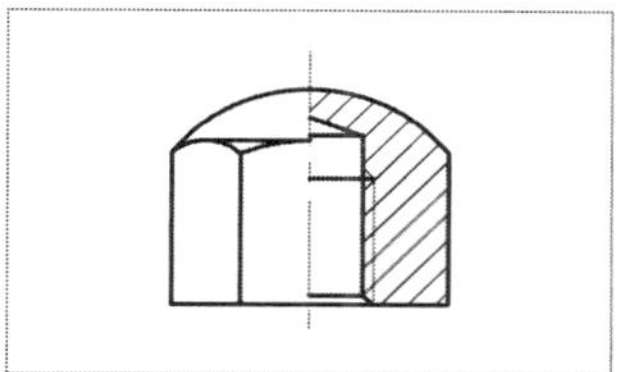

• 그림 4-21 • 6각 캡 너트

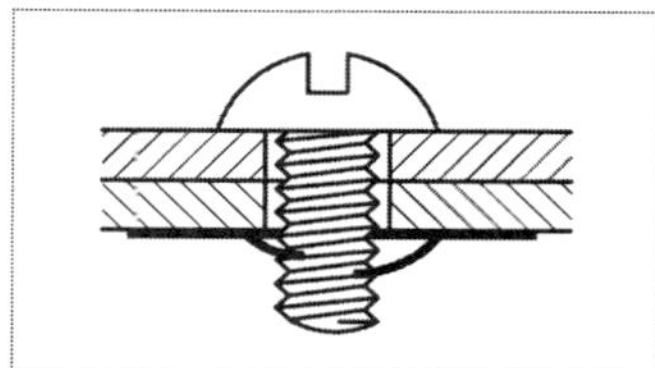

• 그림 4-22 • 스프링 판 너트

(3) 6각 볼트(hexagon head bolt)

1) 종류와 등급

6각 볼트의 종류에는 호칭지름 6각 볼트, 유효지름 6각 볼트, 온나사 6각 볼트 등 3 종류가 있다. 또 등급은 부품 등급(나사 등급)과 기계적 성질의 강도 구분을 조합한 것으로 나타낸다.

① **호칭지름 6각 볼트** : [그림 4-23(a)]와 같이 볼트의 축부가 나사부의 바깥지름과 동일한 볼트이다.

② **유효지름 6각 볼트** : [그림 4-23(b)]와 같이 볼트의 축부가 나사부의 바깥지름보다 작은 볼트이다.

③ **온나사 6각 볼트** : [그림 4-23(c)]와 같이 볼트의 축부가 나사부의 바깥지름과 동일하며, 축부 전체가 나사부로 원통부가 없는 볼트이다.

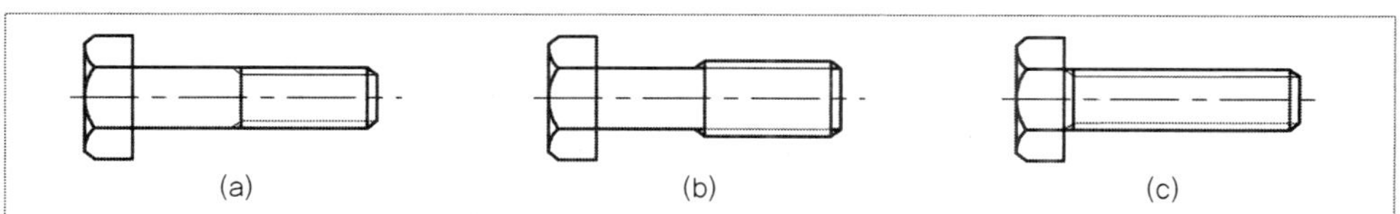

• 그림 4-23 • 6각 볼트 종류

[표 4-4]에서 등급 A, B, C는 일반용 나사부품의 등급에 따르며, 강도 구분은 나사의 호칭 지름 1.6~39mm인 강제 볼트의 기계적 성질을 나타낸 것이다.

표 4-4 6각 볼트 부품 등급과 강도 구분

볼트의 종류	재료에 따른 구분	등급		비고
		부품 등급	강도 구분	
호칭지름 6각 볼트	강	A	8.8	1. 강 재료 볼트 강도 구분 강도는 4.6, 4.8, 5.8, 8.8 등의 숫자로 구분, 숫자는 인장 강도와 항복점을 나타낸다. [예] 강도 8.8 8은 호칭 인장강도(N/mm^2)의 1/100인 8로서 볼트의 인장강도는 800N/mm^2 이상인 것을 나타내고, 소숫점 아래 8은 호칭 항복점(N/mm^2) 또는 내력(N/mm^2)이 호칭 인장강도의 80%를 의미한다. 인장강도800N/mm^2 이상은 고장력 볼트로 사용한다. 2. 스테인리스강 재료 볼트 강도 구분 강도는 A2-70, A4-80 등의 숫자로 구분, 스테인리스강의 강종과 화학조성 범위 및 인장강도를 나타낸다. [예] A2-70 A는 스테인리스강의 강종 Austenite, F(Ferrite), C(Martensite)이며, 숫자 2는 화학조성의 범위를 나타내며, A1~A5가 있다. 숫자 70은 최소 인장강도 700(N/mm^2)의 1/10 의미, 고장력 80, 연강 50, 냉간가공 70
		B		
		C	4.6, 4.8	
	스테인리스강	A	A2-70	
		B		
	비철 금속	A	-	
		B		
유효지름 6각 볼트	강	B	5.8, 8.8	
	스테인리스강		A2-70	
	비철 금속		-	
온나사 6각 볼트	강	A		
		B	8.8	
		C	4.6, 4.8	
	스테인리스강	A	A2-70	
		B		
	비철 금속	A	-	
		B		

(4) 여러 가지 나사류

1) 홈붙이 스크루(slotted head screw)

나사의 바깥지름이 1~9mm인 홈붙이 스크루, 볼트의 머리부에는 드라이버로 돌릴 수 있도록 홈이 파져 있다. 홈의 모양은 -자형과 +자형이 있다. [그림 4-24]와 같이 나사 머리의 외부 돌출 여부 및 볼트 머리 자리의 모양 등에 따라 여러 종류의 머리모양이 있다. 드라이버를 사용하여 조이므로 볼트에 비하여 조임력이 작다.

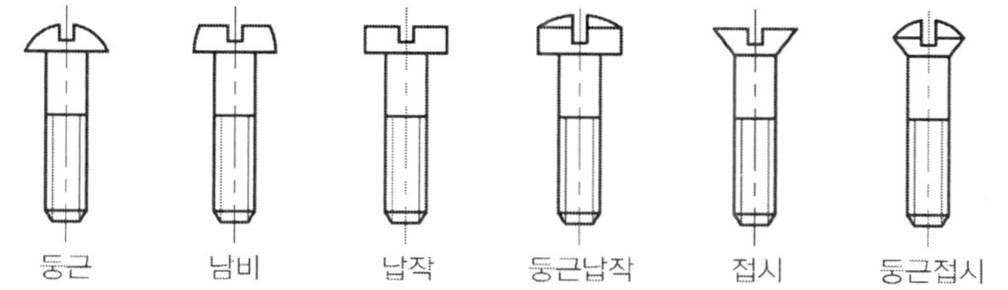

• 그림 4-24 • 머리모양에 따른 홈붙이 스크루

2) 멈춤 나사(set screw)

나사를 밀어 박음으로써 나사 끝에 발생하는 마찰저항으로 두 물체 사이에 회전이나 미끄럼이 생기지 않도록 사용하는 나사로 키(key)의 대용 역할을 한다. 회전체의 보스부분을 축에 고정시키는데 많이 사용한다. [그림 4-25]와 같이 홈붙이, 6각 구멍붙이, 4각 머리붙이 등으로 구분하며, 또 나사 끝의 모양에 따라 납작 끝, 둥근 끝, 원통 끝, 뾰족 끝, 오목 끝 등으로 구분한다.

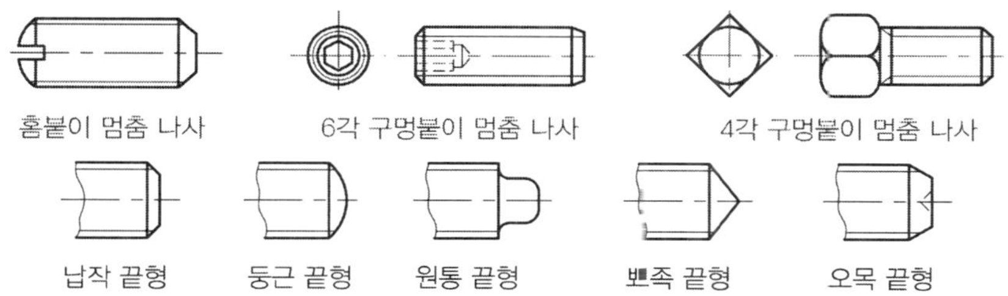

• 그림 4-25 • 멈춤 나사의 형상에 따른 분류

(5) 와셔(washer)

와셔는 볼트 결합부의 구멍이 크거나 너트의 자리 면이 고르지 못할 때, 또는 자리면의 재료가 너무 연하여 볼트의 체결 압력에 견딜 수 없거나, 너트의 풀림을 방지할 때 사용한다. [그림 4-26(a)] 스프링 와셔, [그림 4-26(b)] 접시 스프링 및 [그림 4-26(c)] 고무와셔는 진동에 의한 풀림을 줄이는 역할을 하며, [그림 4-26(d)] 톱니붙이 와셔, [그림 4-26(e)] 폴(pawl) 와셔와 [그림 4-26(f)] 노드 록(Nord lock) 와셔는 너트의 풀림을 방지하는데 사용하며, 특히 [그림 4-26(g)] 혀붙이 와셔 [그림 4-26(h)] 갈퀴붙이 와셔는 물체를 고정시키는 역할을 하는데 사용한다.

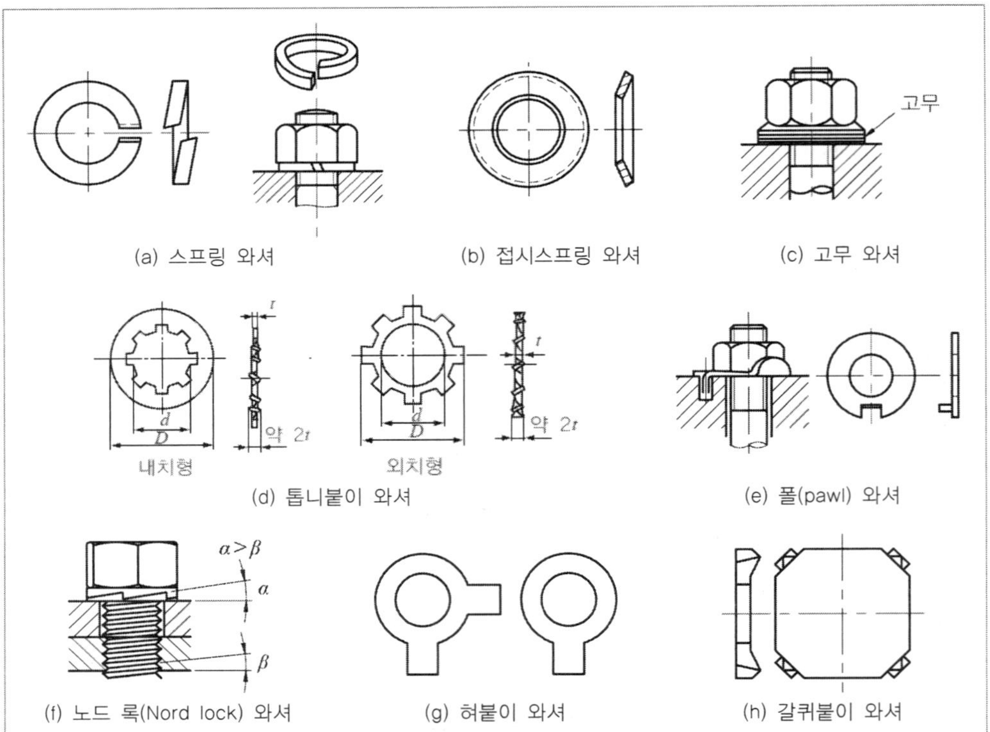

• 그림 4-26 • 와셔의 종류

3 볼트의 체결 및 시공

(1) 볼트의 체결(결합)

1) 마찰접합

마찰접합은 응력의 흐름이 원활하며 접합부의 강성이 높다. 마찰접합은 부재의 접합면에서 응력이 전달되기 때문에 국부적인 응력집중이 생길 염려가 없다.

① 고장력 볼트의 종류

고장력 6각 볼트는 강구조물의 마찰접합에 주로 사용하며, 고장력 6각 볼트, 6각 너트, 평 와셔의 세트에 대하여 [표 4-5]와 같이 세트의 종류 및 사용하는 구성부품의 기계적 성질에 따른 등급을 규정하고 있다.

표 4-5 고장력 볼트 세트의 종류(KS B 1010)

세트의 종류		사용하는 구성 부품의 기계적 성질에 따른 등급		
기계적 성질에 따른 종류	토크 계수값에 따른 종류	볼트	너트	와셔
1종	A	F8T	F10(F8)	F35
	B			
2종	A	F10T	F10	
	B			
3종	A	(F11T)		
	B			
4종	A	F13T	F13	
	B			

A : 표면윤활처리(토크계수 0.110 ~0.150), B : 방청제 처리(토크계수 0.15C ~0.190)
비고 : 표에서( )를 붙인 것은 되도록 사용하지 않는다.

② 고장력 볼트의 기계적 성질

표 4-6 고장력 볼트의 기계적 성질

등 급	항복강도 (N/mm^2)	인장강도 (N/mm^2)	장기응력(N/mm^2)	
			허용인장응력	허용전단응력
F8T	640	800~1000	245	120
F10T	900	1000~1200	305	150
F11T	990	1100~1300	325	160
F13T	1170	1300~1500	380	180

- 볼트의 강도 표시 : 10.9의 경우 10은 최소 인장강도 1000N/mm^{2}의 1/100과, 소수점 아래 9는 항복점 또는 내력(하 항복점이 명확하지 않은 경우 영구 신장율 0.2%의 내력) 으로 최소 인장강도의 90%를 의미한다.

③ 고장력 볼트의 체결 토크 산정

볼트의 접합을 조임 토크에 의해 제어하는 방법으로 볼트가 탄성 범위내에 있다고 가정하고, 조임력과 볼트의 축력이 비례한다는 것을 이용하는 방법이다.

T＝k×d×n	여기서, T : 조임력(Torque) k : 토크계수값(0.11~0.15) d : 볼트나사 바깥지름의 기준치수(m) n : 볼트 축력(N)

[보기] M16×2, 고장력 볼트 등급 F10T(10.9)

볼트의 축력 산정, 축력(n) = $\sigma_y A_e$

여기서, 항복강도(σ_y) : 900N/mm², A_e : 볼트의 유효 단면적(mm²)

KS B 0249 표준에 따라 $A_e = \frac{\pi}{4}[16 - \frac{13}{12}(0.866025\,p)]^2 \fallingdotseq 156\text{mm}^2$

축력(n) = 900×156 = 140400N

축력 표준값 = 축력×82.5%(최소값 70%~최대값 95% 사이의 평균값)

= 140400×0.825 = 115830N

≒ 115.8kN(최소 98.3kN~최대 133.4kN)

조임 표준 토크 T＝k×d×n = 0.13×0.016×115830 ≒ 240N-m

① 임시 조임 토크(표준 토크×1/3 이상) = 240×1/3 = 80N·m

② 1차 조임 토크(표준 토크×60% 이상) = 240×0.6 = 144N·m

③ 2차 조임 토크(표준 토크×100%) = 240×1.0 = 240N·m

> 단, 토크미터의 눈금량은 10[N·m]이하이며, 그 기기오차는 측정하려고하는 토크값의 범위 에서 각 눈금이 나타내는 값의 1% 이하로 한다.
> 축력계의 눈금량은 측정하려고 하는 축력 1% 이하이며, 그 기기오차는 측정하려고 하는 축력값의 범위 에서 각 눈금이 표시하는 값의 2% 이하로 한다.

2) 인장접합

충분한 축력에 의하여 체결된 이음부에 인장 외력이 작용할 때 부재간 압축력과 평형상태를 이루기 때문에 볼트에 부가되는 축력은 작게 된다. 장기 하중시 허용 인장력은 설계 볼트장력의 60%이다.

① 고장력 볼트의 기계적 성질

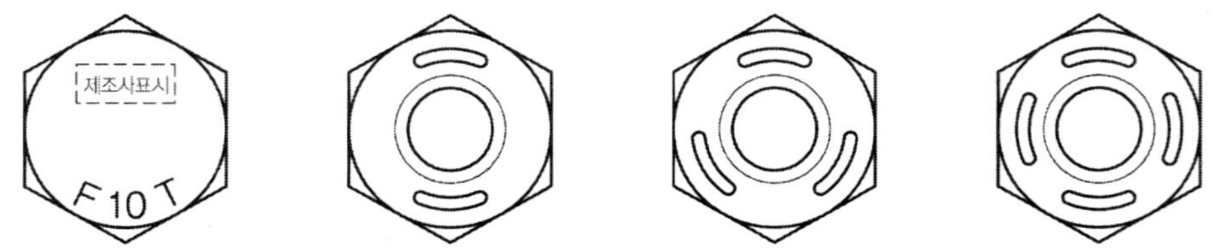

(a) 고장력 6각 볼트 (b) F8T 6각 너트 (c) F10T 6각 너트 (d) F13T 6각 너트

• 그림 4-27 • 고장력 볼트 머리부 및 너트부 표시

표 4-7 고장력 볼트의 기계적 성질

볼트 등급	최소 인장 하중 kN							경도
	볼트 사이즈							
	M12	M16	M20	M22	M24	M27	M30	
F8T	67.4	125.4	195.8	242.7	282.0	367.0	449.0	HRC 18~31
F10T	84.3	156.7	244.8	303.4	352.5	458.8	561.3	HRC 27~38
F11T	92.7	172.4	269.3	333.7	387.8	504.7	617.4	HRC 30~40
F13T	109.6	203.7	318.2	394.4	458.3	596.4	729.7	HRC 40~45

② 너트의 기계적 성질

표 4-8 너트의 기계적 성질

너트의 기계적 성질에 따른 등급	경 도		보증 하중
	최소	최대	
F8	HRB 85	HRB 100	볼트 인장하중 (최소)과 같다.
F10	HRB 95	HRC 35	
F13	HRC 30	HRC 40	

③ 와셔의 경도

표 4-9 와셔의 경도

와셔의 기계적 성질에 따른 등급	경 도
F35	HRC 35~45(HRB 327~421)

(2) 볼트의 시공

1) 볼트의 길이 계산

부재 접합에 사용되는 볼트길이는 결합길이에 추가길이를 합한 길이를 표준으로 한다. [그림 4-28]과 같이 추가 길이는 너트 1개와 와셔 2개에 볼트나사 3산 정도의 여유길이를 말한다.

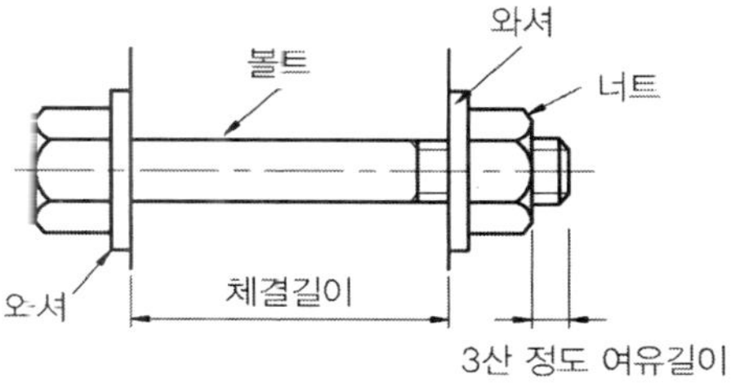

볼트의 길이(L) = ℓ+2t+h+3p(mm)

여기서, ℓ : 체결길이(mm)

t : 와셔의 두께(mm)

h : 너트의 높이(mm)

p : 볼트의 피치(mm)

• 그림 4-28 • 볼트의 길이

2) 볼트의 결합부 구멍 가공

볼트 결합부의 구멍 가공은 부재 표면에 직각으로 드릴가공을 원칙으로 하며, 볼트 결합부 구멍 가공은 호칭지름에 여유 1~1.5mm 이내로 제한한다. 단, 도로교 표준시방서는 여유 2.5mm까지 허용된다.

(3) 볼트·너트의 풀림 방지

1) 로크너트에 의한 방법

[그림 4-29]와 같이 2개의 너트를 사용하여 충분히 죈 다음, 두개의 스패너를 사용하여 바깥쪽 너트를 스패너로 고정하고, 안쪽의 너트를 다른 스패너로 풀리는 방향으로 15~20° 정도 돌려 조인다. 이 경우 두 너트는 서로 미는 상태가 되고 나사 축은 두 너트 사이에서 인장을 받도록 되어 진동이 발생하더라도 너트가 결합상태를 유지하게 된다. 이 때 안쪽(그림에서 아래쪽) 너트를 로크너트(lock nut)라 한다.

2) 자동 죔 너트에 의한 방법

[그림 4-30]과 같이 너트의 끝을 안쪽으로 변형시키면 굽혀지는 성질을 이용한 방법이다. 볼트에 너트를 결합시킬 때 나사부가 강하게 압착되도록 역할을 하지만, 반복하여 사용하는 경우 압착력이 약해지는 단점이 있다.

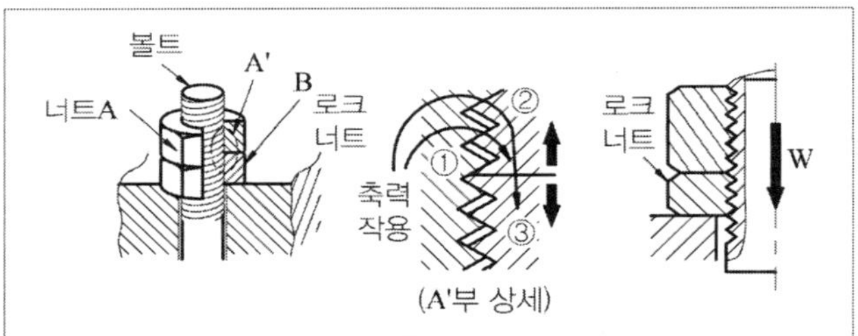

• 그림 4-29 • 로크 너트(Lock nut)

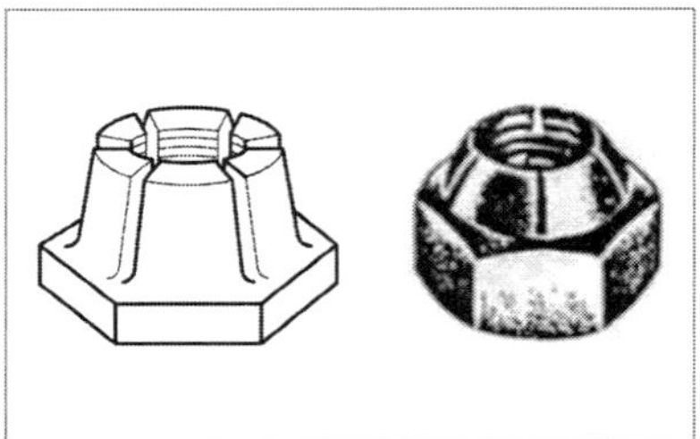

• 그림 4-30 • 자동 죔 너트

3) 분할 핀(split pin)에 의한 방법

[그림 4-31]과 같이 볼트의 끝 부분에 구멍을 뚫어 분할 핀을 사용하는 방법이다.

4) 중지 판(locking plate) 사용에 의한 방법

[그림 4-32]와 같이 너트의 옆이나 밑에 중지 판을 설치하여 고정하는 방법이다.

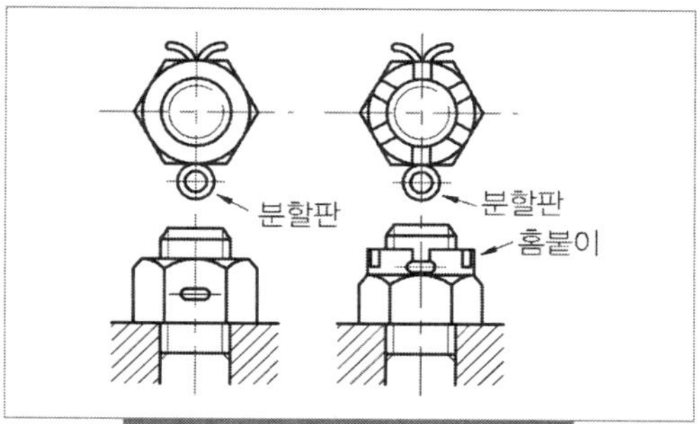

• 그림 4-31 • 분할 핀 사용

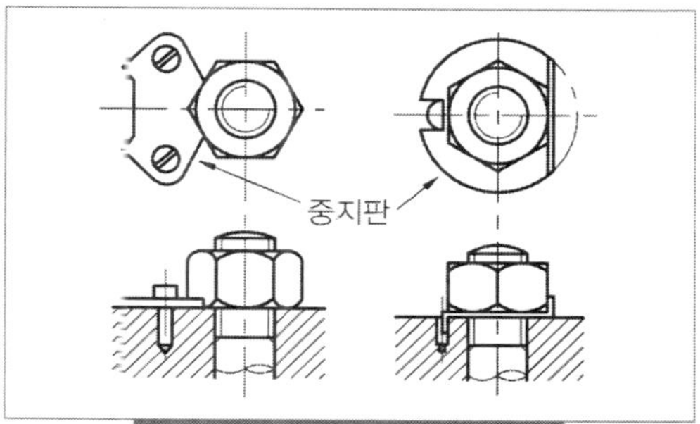

• 그림 4-32 • 중지판 사용

5) 멈춤 나사에 의한 방법

[그림 4-33]과 같이 볼트와 너트의 나사 부 사이에 또는 너트의 옆에 멈춤 나사로서 고정하는 방법이다.

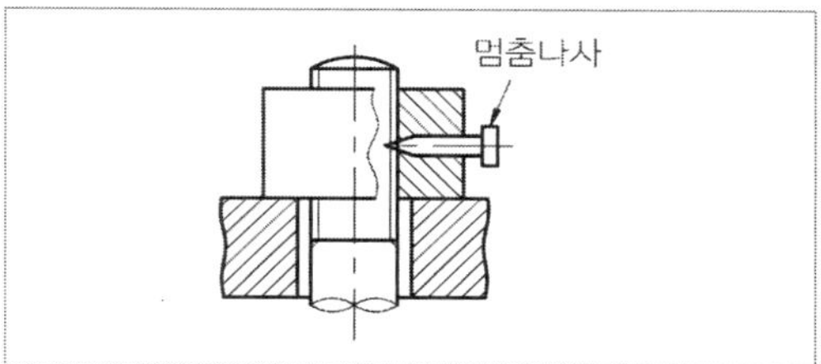

• 그림 4-33 • 멈춤 나사

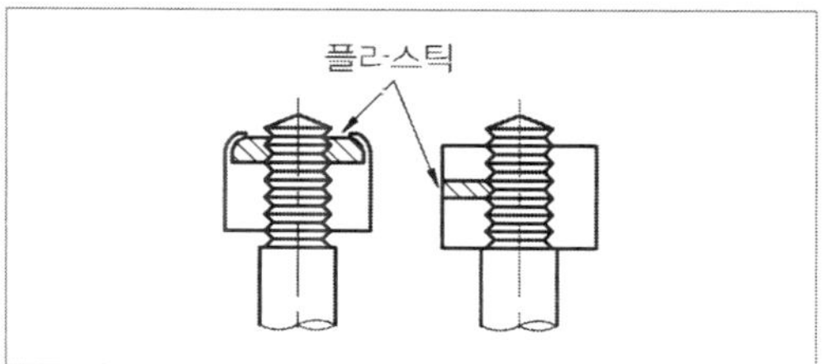

• 그림 4-34 • 플라스틱 플러그

6) 플라스틱 플러그에 의한 방법

[그림 4-34]와 같이 나사면에 플라스틱이 들어간 너트를 사용하면 나사면의 마찰 계수가 크게 되어 풀림이 방지된다.

7) 철사를 이용하는 방법

[그림 4-35]와 같이 핀(pin) 대신에 철사를 감아서 풀림을 방지한다.

• 그림 4-35 • 철사를 이용하는 방법

4 키, 핀, 코터 및 스플라인

(1) 키

키(key)는 축에 기어, 풀리, 플라이 휠, 커플링, 클러치 등의 회전체를 고정시켜서 회전 운동을 전달시키는 결합용과 보스를 축에 고정하지 않고 축 방향으로 이동 할 수 있게 한 것이 있다. 키의 재료는 전단력을 받으므로 축의 재질보다 약간 경도가 높은 것으로 사각 마봉강(SGD 1~SGD 4), 탄소강 단강 품(SF 540A), 기계 구조용 탄소강(SM 20C ~SM 45C) 등을 주로 사용한다. 키 홈 절삭 방법으로 축에는 밀링커터(milling cutter), 엔드 밀(end mill)로 가공하고, 보스(boss)쪽 홈 가공에는 브로치(broach) 또는 슬로터(slotter)가공에 의한다.

1) 키의 종류

키의 종류에는 용도에 따라 성크 키, 평 키, 안장 키, 둥근 키, 미끄럼 키, 반달 키, 접선 키, 원뿔 키 등이 있다.

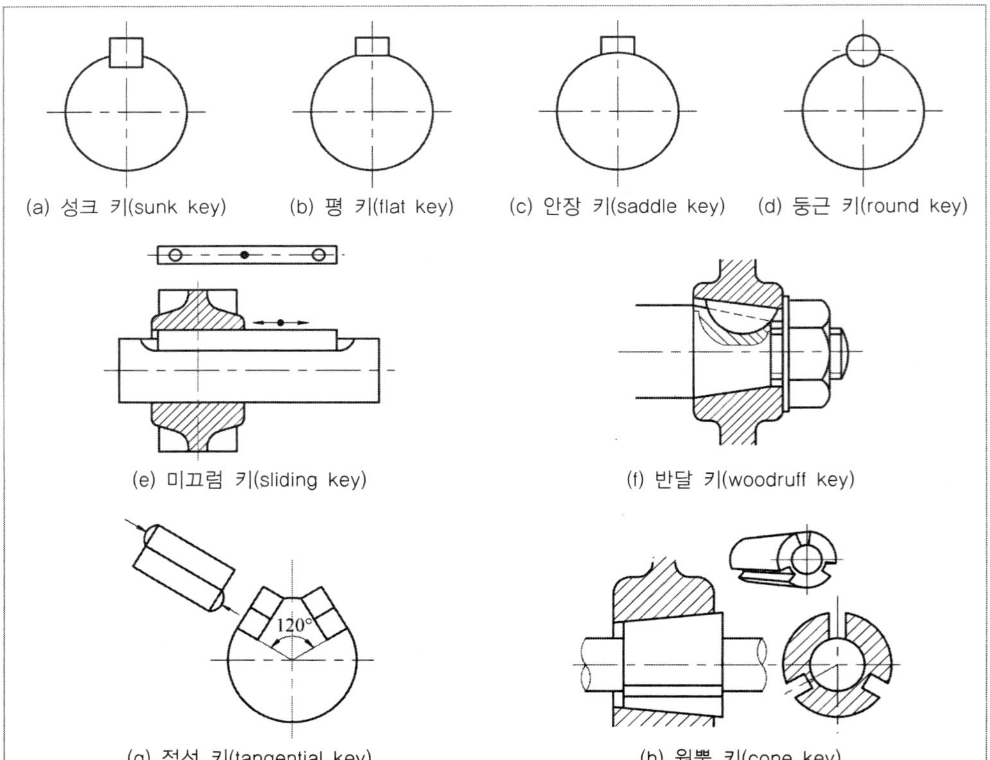

(a) 성크 키(sunk key) (b) 평 키(flat key) (c) 안장 키(saddle key) (d) 둥근 키(round key)
(e) 미끄럼 키(sliding key) (f) 반달 키(woodruff key)
(g) 접선 키(tangential key) (h) 원뿔 키(cone key)

• 그림 4-36 • 키의 종류

① 성크 키(sunk key)

가장 널리 사용하는 일반적인 키로서 묻힘 키라고도 하며, [그림 4-36(a)]와 같이 축과 보스의 양쪽에 모두 키 홈을 파고, 여기에 성크 키를 끼워 토크를 전달시키며, 성크 키의 종류는 윗면이 평행한 평행 키(parallel key), 윗면에 1/100 정도의 경사를 붙인 경사키(taper key)가 있다. 또, 때려 박기위하여 머리를 만들어 붙인 머리달린 경사키(gib slope headed key)가 있다.

② 평 키(flat key)

납작 키라고도 하며 키에는 기울기가 없다. [그림 4-36(b)]와 같이 키의 너비만큼 축을 평평하게 깍고 보스에 기울기 1/100의 테이퍼진 키 홈을 만들어서 때려 박는다. 축 방향으로 이동할 수 없고, 안장키보다 약간 큰 토크 전달이 가능하다.

③ 안장 키

새들 키(saddle key)라고도 하며 키에는 기울기가 없다. [그림 4-36(c)]와 같이 축에는 키 홈을 가공하지 않고, 보스에만 기울기 1/100의 테이퍼진 키 홈을 만들어서 때려 박는다. 축의 강도 저하가 없고, 축의 임의의 위치에 부착시켜 사용하는 이점이 있으나, 큰 토크를 전달할 때는 미끄러지기 쉬우므로 부적당하다.

④ 둥근 키(round key)

축과 보스를 끼워 맞춤하고 [그림 4-36(d)]와 같이 축과 보스 사이에 구멍을 가공하여 원형 단면의 평행핀 또는 테이퍼핀으로 때려 박은 키로서 사용법은 간단하나 전달 토크가 작다.

⑤ 미끄럼 키(sliding key)

미끄럼 키는 페더 키(feather key) 또는 안내키라고도 하며, 축 방향으로 보스를 미끄럼 운동을 시킬 필요가 있을 때에 사용한다. [그림 4-36(e)]와 같이 키의 고정 방식은 키를 축에 고정시키는 방식과 보스에 고정시키는 방식이 있다.

⑥ 반달 키(woodruff key)

축에 반달모양의 홈을 만들어 반달모양으로 가공된 키를 끼운다. [그림 4-36(f)]와 같이 축에 키 홈을 깊게 파기 때문에 축의 강도가 약하게 되는 결점이 있으나, 키가 홈 속에서 자유로이 기울어질 수가 있어 키가 축과 보스에 조정되는 장점이 있다. 테이퍼 축에 회전체를 결합할 때 편리하고, 고속회전, 저 토크의 축에 주로 사용되며, 공작기계, 자동차 등에 많이 쓰인다.

⑦ 접선 키(tangential key)

[그림 4-36(g)]와 같이 축의 접선 방향으로 끼우는 키로서 1/100의 기울기를 가진 2개의 키를 한 쌍으로 하여 사용한다. 2개의 키를 한 홈에 때려 박으면 그 단면은 직사각형이 되어 성크키 보다 축의 강도를 덜 저하 시키면서 큰 회전력을 전달할 수가 있다. 회전 방향이 양쪽 방향일 때는 중심각이 120° 되는 위치에 두 쌍을 설치한다. 접선키는 아주 큰 회전력을 전달하는데 적합하다.

⑧ 원뿔 키(cone key)

[그림 4-36(h)]와 같이 축과 보스와의 사이에 2~3 곳을 축 방향으로 쪼갠 원뿔을 때려 박아 축과 보스를 헐거움 없이 고정이 가능하고 축과 보스의 편심이 적다.

2) 키의 모양

키의 모양은 [그림 4-37]과 같이 한끝 둥근형, 양쪽 둥근형, 양쪽 네모형의 3종류로 한다. 지정이 없는 경우에는 네모형으로 한다.

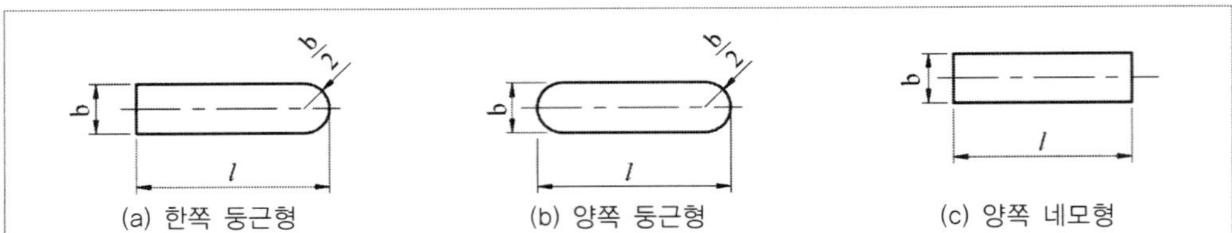

• 그림 4-37 • 키의 모양

3) 키의 적용

① 평행 키의 키홈 및 키의 적용

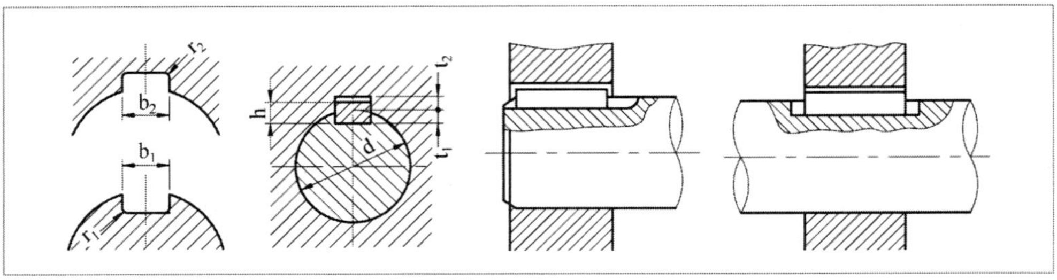

표 4-10 평행 키의 키홈 치수 적용 (단위 : mm)

<table>
<tr><th>축</th><th>키</th><th colspan="12">키 홈</th></tr>
<tr><th rowspan="4">적용 지름 (d)</th><th rowspan="4">단면 치수 (b × h)</th><th colspan="6">폭(b)</th><th colspan="4">깊이</th><th colspan="2" rowspan="3">홈부 반경 (r_1 및 r_2)</th></tr>
<tr><th colspan="6">조립 구분 공차</th><th colspan="2" rowspan="2">축(t_1)</th><th colspan="2" rowspan="2">보스(t_2)</th></tr>
<tr><th rowspan="2">기준</th><th colspan="2">활동형</th><th colspan="2">보통형</th><th>조립형</th></tr>
<tr><th>축 (h9)</th><th>보스 (D10)</th><th>축 (h9)</th><th>보스 (JS9)</th><th>축/보스 (P9)</th><th>기준</th><th>공차</th><th>기준</th><th>공차</th><th>최대</th><th>최소</th></tr>
<tr><td>22~30</td><td>8 × 7</td><td>8</td><td rowspan="2">+0.036
0</td><td rowspan="2">+0.098
+0.040</td><td rowspan="2">0
−0.036</td><td rowspan="2">+0.018
−0.018</td><td rowspan="2">−0.015
−0.051</td><td>4</td><td rowspan="6">+0.2
0</td><td>3.3</td><td rowspan="6">+0.2
0</td><td>0.25</td><td>0.16</td></tr>
<tr><td>30~38</td><td>10 × 8</td><td>10</td><td>5</td><td>3.3</td><td rowspan="5">0.40</td><td rowspan="5">0.25</td></tr>
<tr><td>38~44</td><td>12 × 8</td><td>12</td><td rowspan="4">+0.043
0</td><td rowspan="4">+0.120
+0.050</td><td rowspan="4">0
−0.043</td><td rowspan="4">+0.0215
−0.0215</td><td rowspan="4">−0.018
−0.061</td><td>5</td><td>3.3</td></tr>
<tr><td>44~50</td><td>14 × 9</td><td>14</td><td>5.5</td><td>3.8</td></tr>
<tr><td>50~58</td><td>16 × 10</td><td>16</td><td>6</td><td>4.3</td></tr>
<tr><td>58~65</td><td>18 × 11</td><td>18</td><td>7</td><td>4.4</td></tr>
</table>

표 4-11 평행 키의 치수 적용 (단위 : mm)

<table>
<tr><th colspan="2">폭(b)</th><th colspan="2">높이(h)</th><th colspan="2">모따기(c)</th><th rowspan="2">길이 범위 (ℓ)</th></tr>
<tr><th>기준</th><th>공차(h9)</th><th>기준</th><th>공차(h11)</th><th>최소</th><th>최대</th></tr>
<tr><td>8</td><td rowspan="2">0
−0.036</td><td>7</td><td rowspan="6">0
−0.090</td><td>0.25</td><td>0.40</td><td>18~90</td></tr>
<tr><td>10</td><td>8</td><td rowspan="5">0.40</td><td rowspan="5">0.60</td><td>22~110</td></tr>
<tr><td>12</td><td rowspan="4">0
−0.043</td><td>8</td><td>28~140</td></tr>
<tr><td>14</td><td>9</td><td>36~160</td></tr>
<tr><td>16</td><td>10</td><td>45~180</td></tr>
<tr><td>18</td><td>11</td><td>50~200</td></tr>
</table>

(2) 핀(pin)

핀(pin)은 2개 이상의 부품을 결합시키는데 주로 사용하며, 나사 및 너트의 이완 방지, 핸들을 축에 고정하거나 힘이 적게 걸리는 부품을 설치할 때, 분해 조립할 부품의 위치를 결정하는데에 많이 사용한다. 핀은 강재로 만드나 황동, 구리, 알루미늄 등으로 만들기도 한다.

1) 핀의 종류

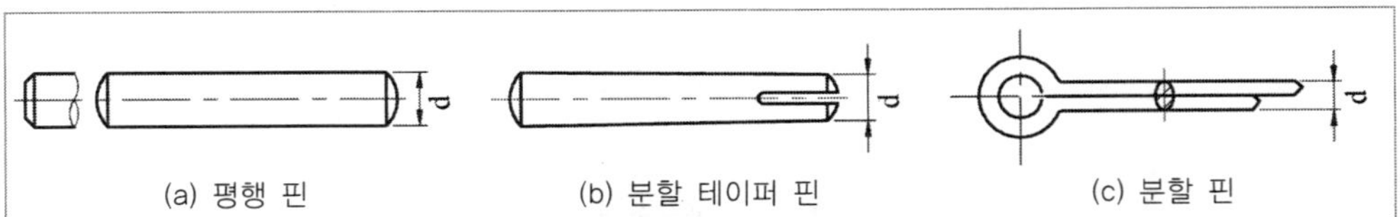

• 그림 4-38 • 핀의 종류

2) 핀의 호칭 방법

핀의 호칭은 [표 4-12]와 같이 부품 표에 기입한다.

표 4-12 핀의 호칭 방법(KS B ISO 2338, 1234, KS B 1323)

명칭	호칭 방법	보기
평행 핀[1] (KS B ISO 2338)	규격 번호 또는 명칭, 종류, 형식, 호칭 지름 공차×호칭 길이, 재료	6m6×30-St 6m6×30-Al
분할 테이퍼 핀 (KS B 1323)	규격 번호 또는 규격 명칭, 호칭 지름×호칭 길이 재료, 지정 사항	분할 테이퍼 핀 6×70-St 갈라짐의 깊이 10
분할 핀 (KS B ISO 1234)	규격 번호 또는 규격 명칭, 호칭 지름×길이, 재료	분할 핀 5×50-St

주 : 1) 종류는 끼워맞춤 종류에 따른 m6, h8의 2종류, 형식은 끝면의 모양이 납작한 것이 A, 둥근 것이 B이다.

(3) 코터(cotter)

코터는 한쪽 또는 양쪽에 기울기를 갖는 평판 모양의 쐐기로서 인장력이나 압축력을 받는 2개의 축을 연결하는 결합용 기계요소이다. [그림 4-39]와 같이 평행한 쐐기로 된 강철편의 코터를 로드(rod)와 소켓(socket)을 연결한 후 수직으로 끼워 두 축을 연결한다. 이 이음을 코터이음(cotter joint)이라 한다. 이 이음은 두 축을 해체할 필요가 있을 때 사용한다.

코터는 한쪽 기울기와 양쪽 기울기가 있고, 가공이 쉬운 한쪽 기울기가 더 많이 사용되며, 주로 피스턴 로드, 커넥팅 로드의 결합에 이용한다.

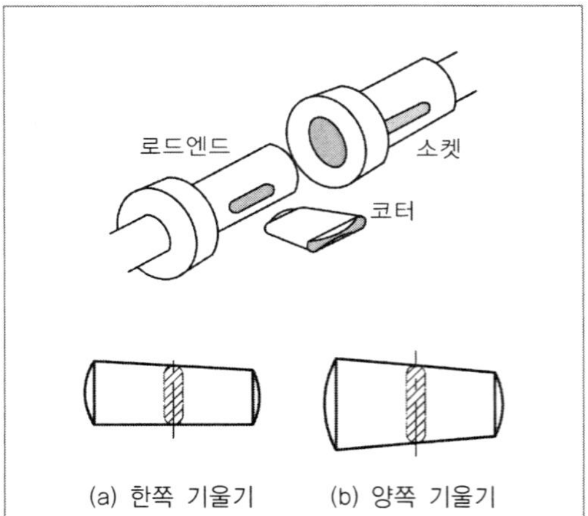

• 그림 4-39 • 코터 이음

① 사용 상태에 따른 코터의 기울기

[표 4-13]은 사용 상태에 따른 코터의 기울기 적용표이다

표 4-13 사용 상태에 다른 코터의 기울기

사용 상태	기울기(α)	빠짐 방지
반영구적인 설치	1/20 ~ 1/40	-
자주 분리할 때	1/15 ~ 1/10	핀 사용
	1/10 ~ 1/5	너트 사용

CHAPTER 4 체결요소설계

(4) 스플라인(spline)

스플라인은 축에 여러 개의 같은 키 홈을 파서 여기에 맞는 한 짝의 보스 부분을 만들어 서로 잘 미끄러져 운동할 수 있게 한 것이다. 키 보다 큰 토크를 전달할 수 있으며, 스플라인에는 고정용과 축 방향으로 미끄러질 수 있는 활동용이 있다.

용도는 선반의 변속 장치, 자동차의 변속기, 클러치, 항공기, 공작 기계 등의 속도 변환기구 등에 사용 되고 있다.

1) 스플라인 종류

스플라인은 형상에 따라 각형 스플라인, 인벌류트 스플라인, 세레이션으로 구분된다.

① 각형 스플라인

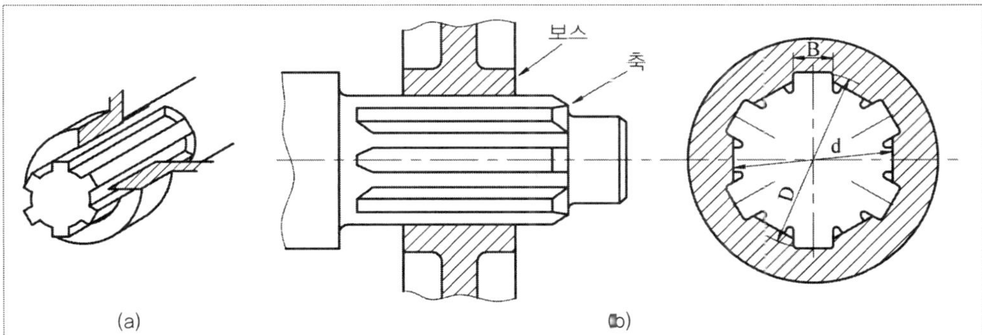

• 그림 4-40 • 각형 스플라인

[그림 4-40]과 같이 치형의 측면이 각형을 하고 있으며, 이에 홈을 각각 축과 보스에 같은 간격으로 깍아낸 것으로, 정밀한 다듬질, 표면 경화, 연마 등의 방법에 따라 공작한 것이다. 홈의 수에 따라 6, 8, 10의 3가지가 있고, 가공 공차에 따라

활동용(축 방향이동)과 전동용이 있고, 또 형식에 따라 경하중(輕荷重)용과 중하중(重荷重)용이 있다. 용도는 자동차, 차량 등과 일반기계에서 동력을 전달하는 축과 구멍을 결합하는데 주로 사용된다.

② 인벌류트 스플라인(involute spline)

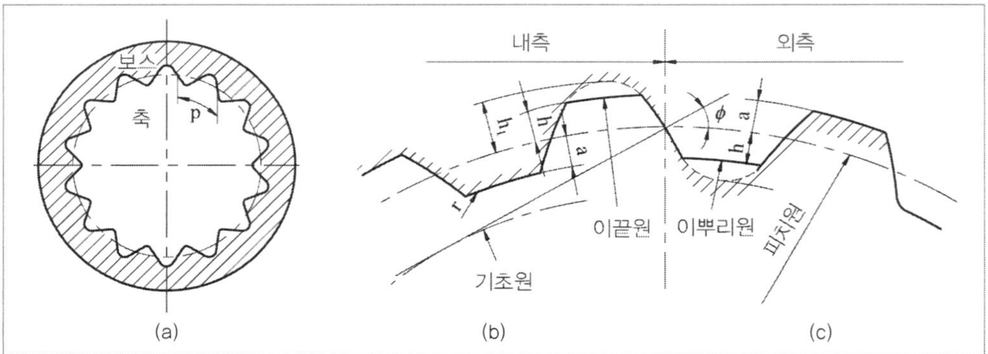

• 그림 4-41 • 인벌류트 스플라인

[그림 4-41]과 같이 치형이 인벌류트곡선으로 되어 있는 것으로, 잇수 6~60, 모듈 0.5, 0.75, 1.0, 1.5, 2.0, 2.5의 6종류가 있다. 이 치형은 각형보다 가공정도를 높일 수 있으며, 이 뿌리의 강도가 크다. 또한 잇면이 인벌류트로 가공되고, 회전력을 원활히 전달할 수 있으며, 큰 동력의 전달에 적합하다.

③ 세레이션(serration)

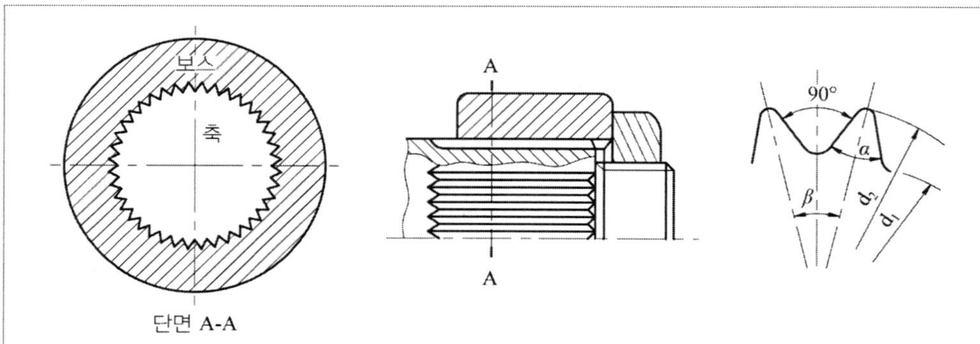

• 그림 4-42 • 세레이션

[그림 4-42]와 같이 수많은 작은 3각형의 스플라인을 세레이션이라 하고, 세레이션을 깎은 축과 보스의 끼워 맞춤을 세레이션 이음이라고 한다. 축과 보스사이에 상대각 위치를 되도록 세밀히 조절해서 고정하려고 할 때 사용된다.

이의 높이가 낮고 잇수가 많으므로 측압 강도가 크게 되고, 같은 축지름에서 스플라인 축 보다 큰 회전력을 전달시킬 수가 있다.

5 리벳(rivet)

(1) 리벳 이음

리벳은 강판 또는 형강 등을 영구적으로 결합하는데 사용하는 기계요소로서 구조가 비교적 간단하고 잔류변형이 없기 때문에 응용 범위가 넓다. 기밀을 요하는 압력용기, 보일러 등에 사용되기도 하며, 철제 구조물, 경합금 구조물(항공기의 기체) 또는 교량 등에 사용하고 있다.

1) 리벳의 분류

리벳은 제조 방법에 따라 열간 성형 리벳, 냉간 성형 리벳으로 구분하며, 용도에 따라 일반용, 보일러용, 선반용으로 나뉘고, [표 4-14]와 같이 머리의 모양에 따라 둥근머리, 둥근 접시머리, 납작머리 및 접시머리 등으로 분류한다.

2) 리벳의 호칭

규격번호(생략할 수 있음)	종류	호칭지름×길이	재료

[보기] KS B 1102 둥근머리 리벳 16×40 SV330

표 4-14 리벳의 머리 모양에 따른 분류

종류·형상		종별	재료	종류·형상		종별	재료
둥근 머리	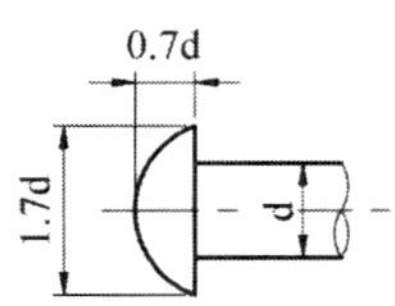	열간	SV330 SV440	둥근 접시 머리	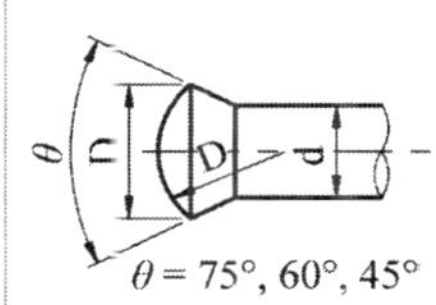	열간	SV330 SV400
		보일러용	SV440			보일러용	SV400
		냉간	MSWR 12, 15, 17			냉간	SV330
		소형열간	B_s W				
납작 머리	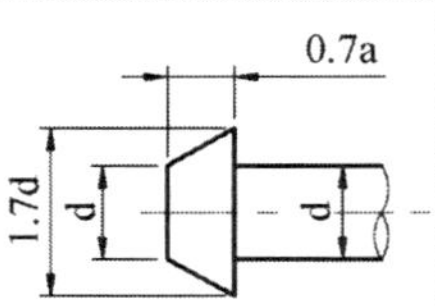	열간	SV330 SV400	접시 머리	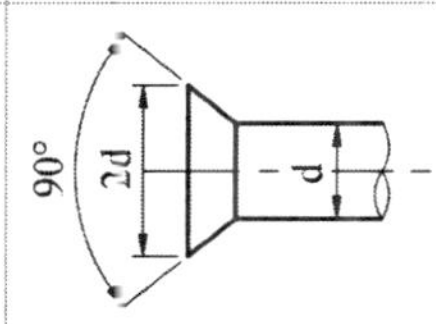	열간	SV330
						냉간	SV400

(2) 리벳 이음의 종류

1) 겹치기 이음

[그림 4-43]과 같이 결합할 2판재를 직접 겹쳐 죄는 이음으로서, 힘의 전달이 동일 평면이 아닌 편심 하중으로 된다. 기체와 액체 용기의 이음 또는 보일러의 원둘레 이음에 사용된다.

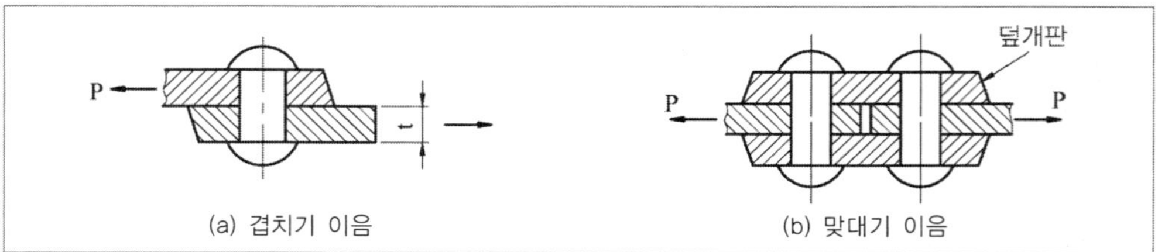

• 그림 4-43 • 겹치기 이음과 맞대기 이음

2) 맞대기 이음(butt joint)

[그림 4-43]과 같이 결합할 2판재의 양끝을 맞대어 덮개판을 한쪽 또는 양쪽에다 대고 리벳팅하는 방법으로서, 동일 평면 내에서 결합되며, 양쪽 덮개판의 경우에는 마찰저항을 받는 면이 2배로 증가된다. 보일러의 세로 방향 이음에 사용되며, 피 접합물 전체의 두께를 리벳의 죔 두께라고 부른다.

3) 평행 형 리벳이음과 지그재그 형 리벳이음

[그림 4-44]와 같이 리벳이음이 2줄 이상일 때에는 평행형 리벳이음이나 지그재그형 리벳이음으로 한다.

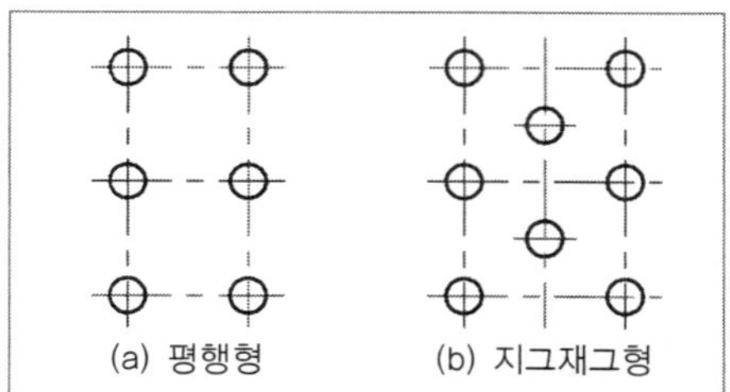

• 그림 4-44 • 리벳의 배열

4) 리베팅, 코킹 및 풀러링

① 리베팅(riveting)

리벳 구멍은 지름 20mm까지는 펀칭으로 구멍을 뚫지만, 중요한 이음과 연성이 없는 강판에는 알맞지 않으므로 드릴링 또는 리머로 다듬질을 한다. 리벳 구멍은 리벳의 지름보다 1~1.5mm 크게 뚫는다. [그림 4-45]와 같이 구멍을 겹쳐 놓고 가열된 리벳 섕크(rivet shank)를 끼우고 머리를 스냅(snap)으로 받친 다음 섕크의 끝에 머리를 대고 손이나 기계력에 의하여 두드려 제2의 리벳 머리를 만들어 죈다. 일반적으로 리벳 축의 길이 ℓ은 축 지름 d의 5배 정도로 하며 접합부의 그립(grip : 죔 두께)으로부터 1.3~1.6d 정도 긴 것이 좋다.

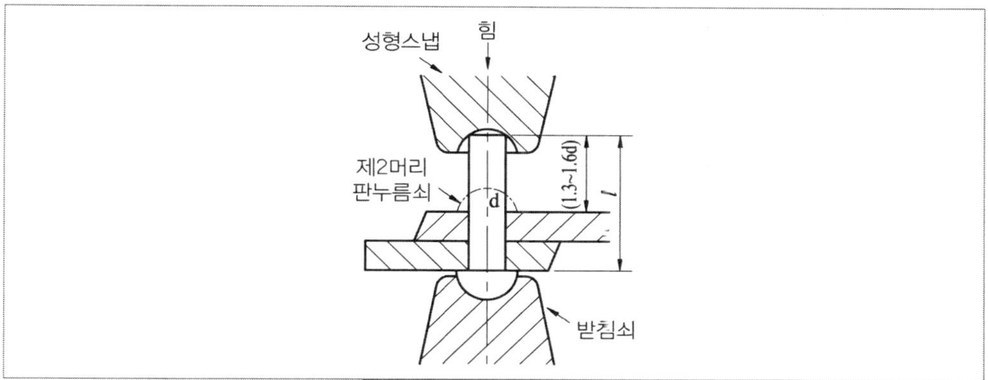

• 그림 4-45 • 리벳팅

• 그림 4-46 • 코킹과 풀러링

② 코킹(caulking)과 풀러링(fullering)

고압 탱크, 보일러 등과 같이 기밀을 필요로 할 때에는 [그림 4-46]과 같이 리베팅이 끝난 뒤에 리벳머리의 주위 또는 강판의 가장자리를 정(chisel)으로 때려 그 부분을 밀착시켜서 틈을 없앤다. 이와 같은 작업을 코킹이라 하며, 강판의 가장자리는 75~85°기울어지게 절단한다. 기밀을 더욱 완전하게 하기 위하여 끝이 넓은끌로 때려 리벳과 판재의 안쪽 면을 완전히 밀착시키는데 이것을 풀러링이라 한다.

5) 리벳 이음의 제도

도면에서의 리벳 이음은 능률을 위해 다음과 같이 간략도로 표시한다.

① [그림 4-47]과 같이 리벳의 위치만을 표시할 때에는 중심선만 그으면 된다.

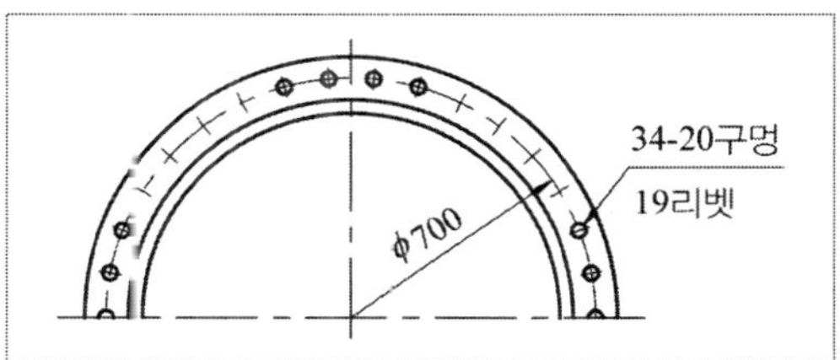

• 그림 4-47 • 리벳의 위치 표시

② 리벳이음 치수 기입 보기

[그림 4-48]은 리벳 이음의 치수 기입 보기이다.

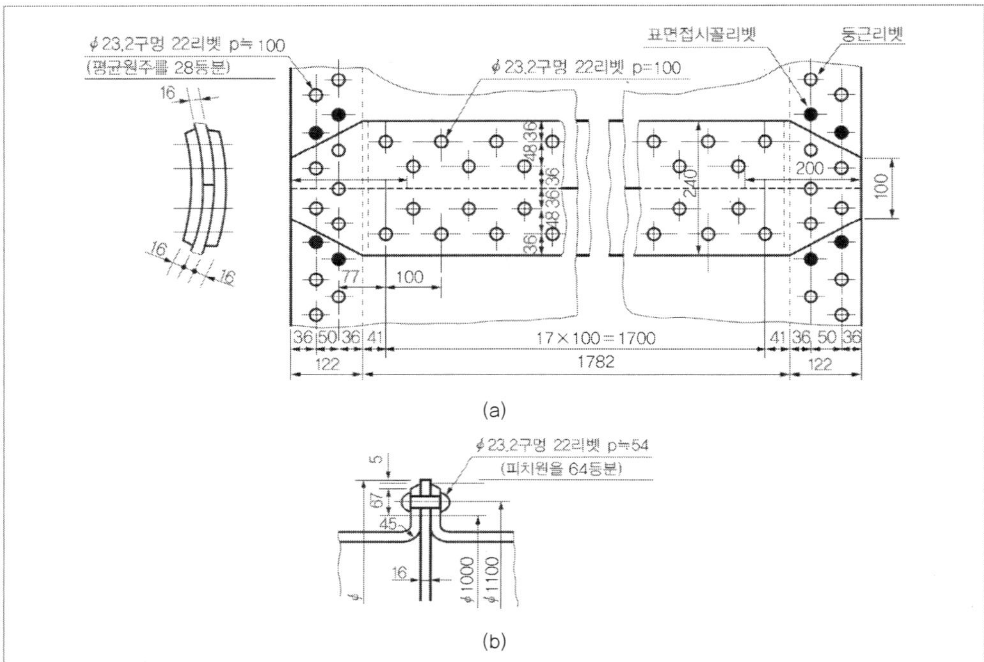

• 그림 4-48 • 리벳 이음에 대한 치수기입법의 보기

6 용접(welding)

(1) 용접의 개요

1) 개요

용접은 2개의 금속을 용융 온도 이상으로 가열하여 접합하는 영구적 결합법이다. 최근에는 용접 기술의 현저한 발달로 기계 부품, 구조물, 선박과 종래의 주조와 단조로 제작한 기계 부품 등에 널리 사용되고 있으며, 리벳 이음이나 주조물, 단조물에 비하여 여러 가지의 장점이 있는 반면에, 해결되지 않은 문제점도 많으므로 용접 설계시에는 용접에 관한 지식을 충분히 가지고 이 결점을 보완하는데 노력해야 한다.

2) 용접부의 구성

용접부는 [그림 4-49]와 같이 구성되며 용접봉과 도재의 일부가 용융하여 응고된 부분을 용착부(weld metal zone)라 하고, 그 부분의 금속을 용접 금속(weld metal)이라 한다.

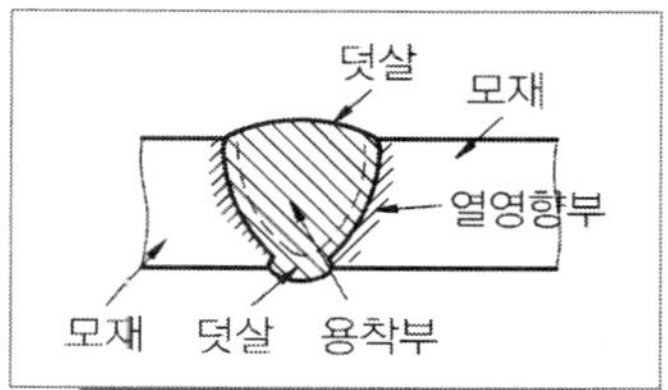

• 그림 4-49 • 용접부

용접 금속중에서 용접봉이 녹아서 된 것을 용착 금속(deposit metal)이라 하며, 용융은 되지 않지만 열에 의해서 조직과 특성이 변화한 모재의 부분을 열 영향부(heat-affected zone)라 하고, 용착부와 합해서 용접부(weld zone)라 한다. 또, 용접부에서 치수 이상으로 표면으로부터 올라온 용착 금속을 덧살(reinforcement)이라 한다.

(2) 용접의 종류

용접은 가열 방법, 처리 방법, 모재의 상대적 위치에 따라 다르나, 그 종류를 크게 분류하면 용접(fusion welding), 압접(pressure welding), 경납 땜(brazing)이 있다. 가장 널리 사용되는 용접에는 가스(gas) 용접과 아크(arc)용접이 있으며, 최근 많이 사용되는 고에너지 밀도 용접에는 전자 빔 용접, 레이저 용접, 플라스마 용접 등이 있다.

1) 가스 용접(gas welding)

가스와 산소가 화합하여 발생하는 높은 온도의 연소열을 이용하여 용접하는 방법이며, 산소-아세틸렌의 불꽃이 가장 널리 사용된다. 기계적 성질 및 용접 속도는 아크 용접보다는 못하지만, 약 3mm 이하의 얇은 강판의 용접, 일부 특수강, 주철 또는 구리 합금 등의 비철 금속 용접, 작은 지름의 파이프, 얇은 파이프 등에 있어서는 가스 용접이 아크 용접보다 우수하다.

2) 아크 용접(arc welding)

아크 용접에는 금속 아크 용접이 가장 많이 쓰인다. 낮은 전압으로 전류를 많이 통해줌으로써 아크를 발생시켜 이를 이용하는 용접으로 압력 용기, 구조물, 선박, 공작 기계, 배관 등의 분야에 보통강이나 특수강의 강판 또는 형강을 용접하는데 쓰인다. 불활성 가스 아크 용접은 알루미늄과 마그네슘, 크롬, 니켈 합금에 적용되고 불활성 가스로는 아르곤(Ar)이 주로 사용된다.

3) 전자 빔 용접

금속에 전자선을 조사하면 금속에 열이 발생하는 원리를 이용하는 방법으로 이 방법은 최근 금속의 정밀 용접에 응용되어 각종 강재, 알루미늄 합금, 압력 용기를 비롯하여 티탄 합금 등 내식 내열성이 높은 항공 우주 재료 등 넓은 범위의 정밀 용접에 응용되고 있다.

4) 레이저 용접

레이저는 파장이 극히 짧은 빛의 일종으로 이를 이용하면 수십 kW급의 고출력 용접이 가능하여 금속, 세라믹스 등의 용접에 널리 이용되고 있다. 용접에 이용되는 레이저로는 많은 종류가 있으나, 고체 레이저인 Nd, YAG 레이저와 CO_2레이저가 가장 많이 사용되고 있다.

5) 플라스마 용접(plasma welding)

기체를 수천도의 높은 온도로 가열하면 그 속의 가스 원자가 원자핵과 전자로 유리되어 양(+), 음(-)이온(ion) 상태가 된다. 이것을 플라스마(plasma)라고 한다. 플라스마 용접은 스테인리스강을 비롯하여 각종 내열강 및 티탄 합금, 세라믹스 등 고융해점 재료에 대해 그 효과를 나타내고 있다.

(3) 용접부의 분류 및 이음의 종류

1) 용접부의 분류

① 그루브 용접(groove weld)

[그림 4-50]과 같이 접합할 모재 사이에 홈(groove)을 만들며, 이 부분에 용가재를 녹여 붙이는 용접을 홈 용접(groove welding)이라 한다. [그림 4-51]과 같이 홈의 표준형은 한면 홈과 양면 홈이 있으며, 홈의 모양과 치수는 모재의 재질, 두께, 용접 조건에 적합한 것을 택한다.

• 그림 4-50 • 홈의 각부 명칭

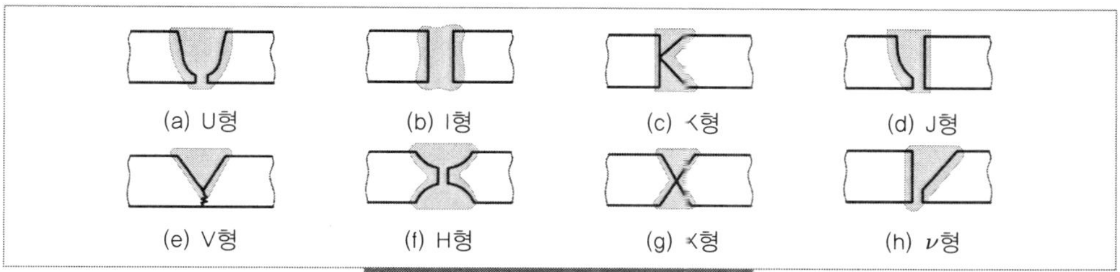

• 그림 4-51 • 용접 홈의 형상

② 필릿 용접(fillet weld)

[그림 4-52]와 같이 거의 직교(直交)하는 두 면을 결합하는 용접을 필릿 용접이라 하며, 용접부는 삼각형 모양의 단면을 가진다. [그림 4-53]에 표시한 것처럼 설계상 필릿 용접의 크기는 용접 다리 길이로 표시한다. 이음의 루트(root)로부터 삼각형의 빗변에 이르는 거리를 목두께(throat)라 하며, 용접부 강도 계산에 사용된다.

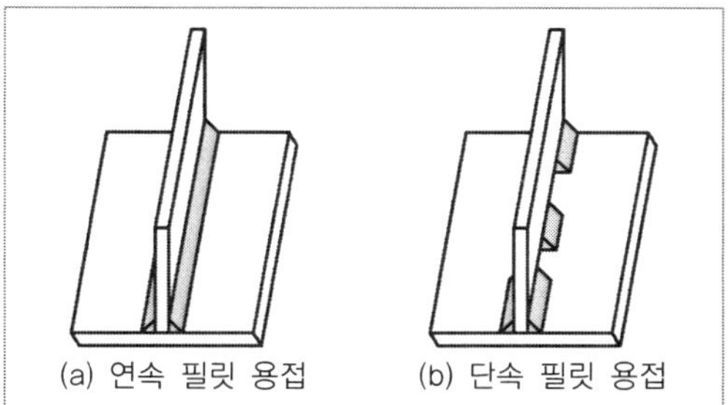

• 그림 4-52 • 필릿 용접

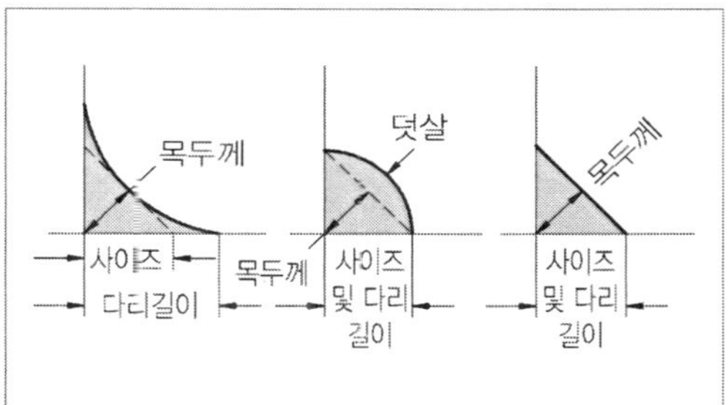

• 그림 4-53 • 필릿 용접부 목두께의 형상

(4) 용접 기호 표시법

1) 기본 기호

각종 이음은 일반적으로 제작에서 사용되는 용접브의 형상과 비슷한 기호로 표시한다. [표 4-15]의 용접이음의 기본 기호를 나타낸다.

표 4-15 용접부의 기본 기호

번호	명칭	그림	기호
1	돌출된 모서리를 가진 평판사이의 맞대기 용접* 에지 플랜지형 용접(미국)/돌출된 모서리는 완전 용해	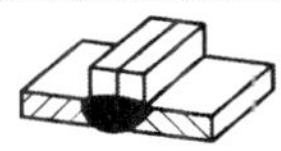	
2	평행(I형) 맞대기 용접		||

번호	명칭	그림	기호
3	V형 맞대기 용접		
4	일면 개선형 맞대기 용접		
5	넓은 루트면이 있는 V형 맞대기 용접	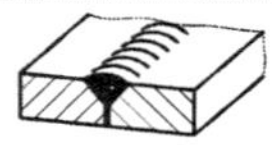	
6	넓은 루트면이 있는 한 면 개선형 맞대기 용접	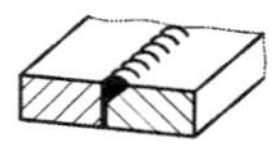	
7	U형 맞대기 용접 (평행면 또는 경사면)	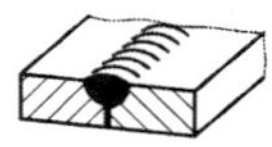	
8	J형 맞대기 용접	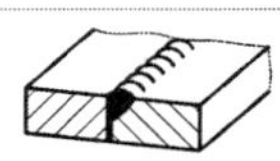	
9	이면 용접	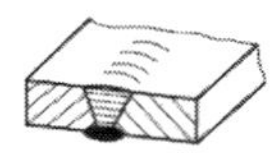	
10	필릿 용접	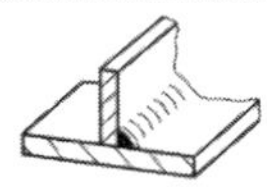	
11	플러그 용접 : 플러그 또는 슬롯 용접(미국)		
12	점 용접		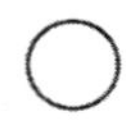
13	심(seam) 용접	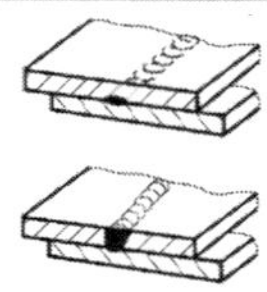	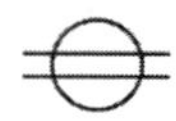
14	개선각이 급격한 V형 맞대기 용접		
15	개선각이 급격한 일면 개선형 맞대기 용접	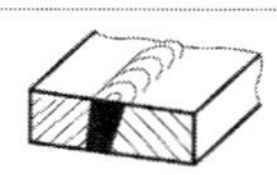	
16	가장자리(edge) 용접		
17	표면 육성	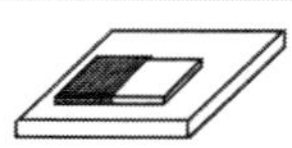	

번호	명칭	그림	기호
18	표면(surface) 접합부	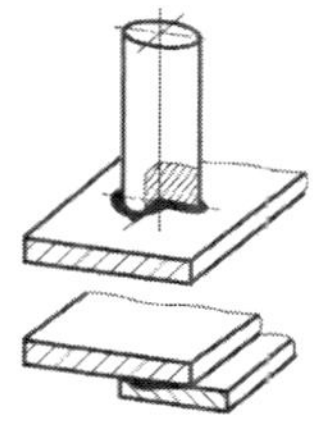	=
19	경사 접합부		//
20	겹침 접합부		

번호 1) *에서와 같이 돌출된 모서리를 가진 평판 맞대기 용접부는 완전 용융이 안되면 용입 깊이가 s인 평형 맞대기 용접부 번호 2)로 표시한다.

2) 기본 기호의 조합

[표 4-16]과 같이 필요한 경우에는 기본 기호를 조합하여 사용할 수 있다. 부재의 양면을 용접하는 경우에는 적당한 기본 기호를 기준선에 대칭되게 조합하여 사용한다.

표 4-16 양면 용접부의 조합 기호

명칭	그림	기호
양면 V형 맞대기 용접(X용접)	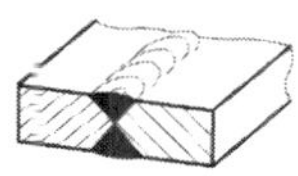	X
K형 맞대기 용접	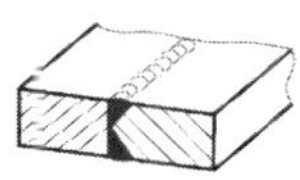	K
넓은 루트면이 있는 양면 V형 용접	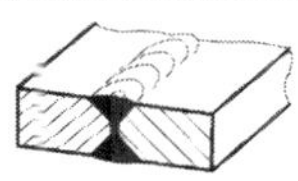	
넓은 루트면이 있는 K형 맞대기 용접	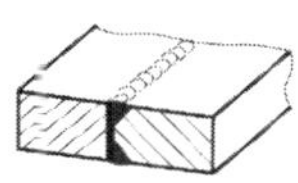	
양면 U형 맞대기 용접	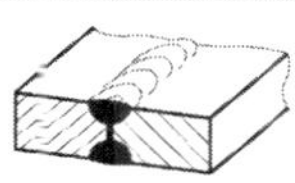	

3) 보조 기호

기본 부호는 용접부 표면의 모양이나 형상의 특징을 나타내는 기호에 따른다. 권장하는 보조 기호를 [표 4-17]와 같이 나타낸다. 보조 기호가 없는 경우에는 용접부 표면의 형상을 자세히 나타낼 필요가 없다는 것을 의미한다. 보조 기호의 적용 보기를 [표 4-18]과 같이 나타낸다.

표 4-17 보조 기호

용접부 표면 또는 용접부 형상	기호
(a) 평면(동일한 면으로 마감처리)	—
(b) 볼록형	
(c) 오목형	
(d) 토우를 매끄럽게 함	
(e) 영구적인 이면 판재(backing strip) 사용	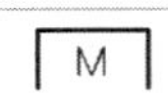
(f) 제거 가능한 이면 판재 사용	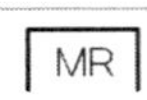

표 4-18 보조 기호의 적용 보기

명칭	그림	기호
평면 마감 처리한 V형 맞대기 용접		
블록 양면 V형 용접		
오목 필릿 용접	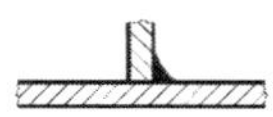	
이면 용접이 있으며 표면 모두 평면 마감 처리한 V형 맞대기 용접		
넓은 루트면이 있고 이면 용접된 V형 맞대기 용접		
평면 마감 처리한 V형 맞대기 용접		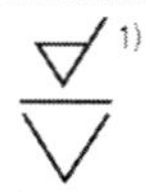
매끄럽게 처리한 필릿 용접	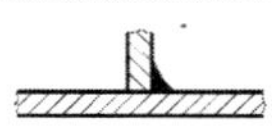	

주 : 1) ISO 1302에 따른 기호 : 이 기호 대신 주 기호 √를 사용할 수 있음

(5) 도면에서 기호의 위치

1) 일반 사항

다음의 규정에 근거하여 [그림 4-54]와 같이 3가지 기호로 구성된 기호는 모든 표시 방법 중 단지 일부분이다.

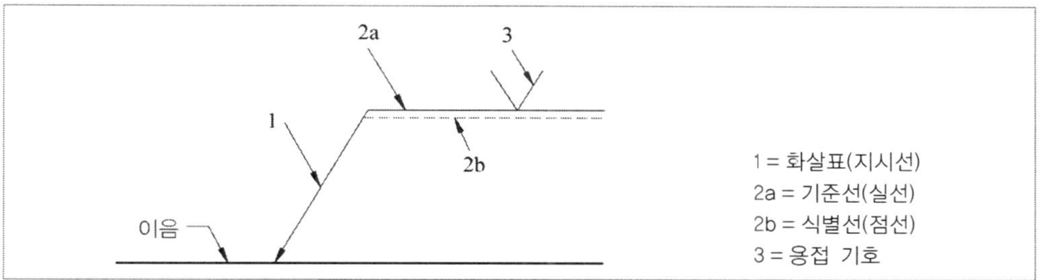

• 그림 4-54 • 용접 기호의 표시 방법

① [그림 4-54]와 같이 접합부당 하나의 화살표
② 2개의 선 실선과 점선의 평행선으로 된 이 중 기준선
③ 특정한 숫자의 치수와 통상의 부호

[비고 1] 점선은 실선의 위 또는 아래에 있을 수 있다. 대칭 용접의 경우 점선은 불필요하며 생략할 수도 있다.

[비고 2] 화살표, 기준선, 기호, 글자의 굵기는 각각 ISO 128과 ISO 3098-1에 의거하여 치수를 나타내는 선 굵기에 따른다.

다음 규칙의 목적은 각각의 위치를 명확히 하여 접합부의 위치를 정의하기 위한 것이다.

① 화살표의 위치
② 기준선의 위치
③ 기호의 위치

화살표 및 기준선에는 참고 사항을 완전하게 구성하고 있다. 예를 들면, 용접 방법, 허용 수준, 용접 자세, 용접재료 및 보조재료 등과 같은 상세정보가 주어지면, 기준선 끝에 덧붙인다.

2) 화살표와 접합부의 관계

[그림 4-55, 4-56]에 나타낸 보기는 용어의 의미를 설명한 것이다.

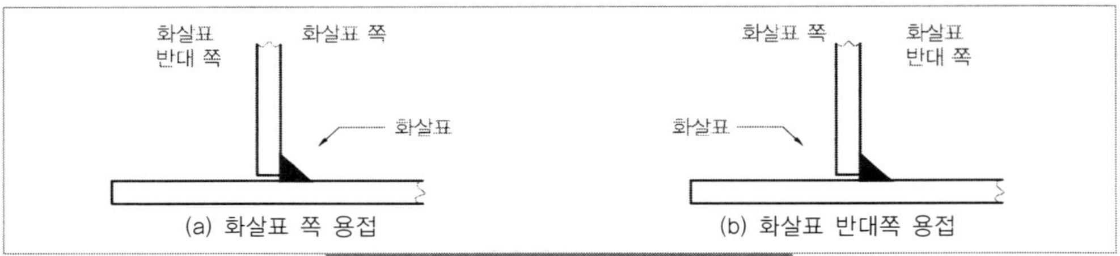

• 그림 4-55 • 한쪽면 필릿 용접의 T

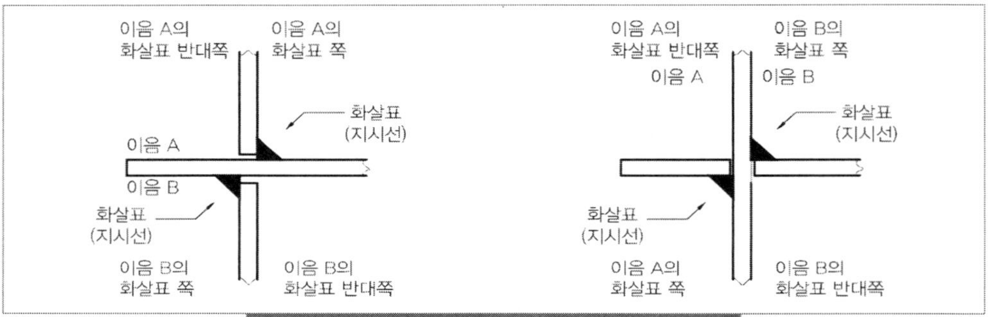

• 그림 4-46 • 양면 필릿 용접의 십자(+)형 접합부

① 접합부의 "화살표 쪽"
② 접합부의 "화살표 반대쪽"

[그림 4-55, 56]에서는 화살표의 위치를 명확하게 표시한다. 일반적으로 접합부의 바로 인접한 곳에 위치한다.

3) 화살표의 위치

[그림 4-57(a), (b)]에서 용접부에 관한 화살표의 위치는 일반적으로 특별한 의미가 없다. 또한, [표 4-15]에 나타낸 번호 4, 6, 8의 이음인 경우에는 화살표는 [그림 4-57(c), (d)]와 같이 화살표가 준비된 판 방향으로 표시된다.

① 기준선이 한쪽 끝에 각을 이루며 연결된다.
② 화살표시가 붙어 완성된다.

4) 기준선의 위치

기준선은 우선적으로 도면 아래 모서리에 평행하도록 표시하거나 또는 그것이 불가능한 경우에는 수직되게 표시한다.

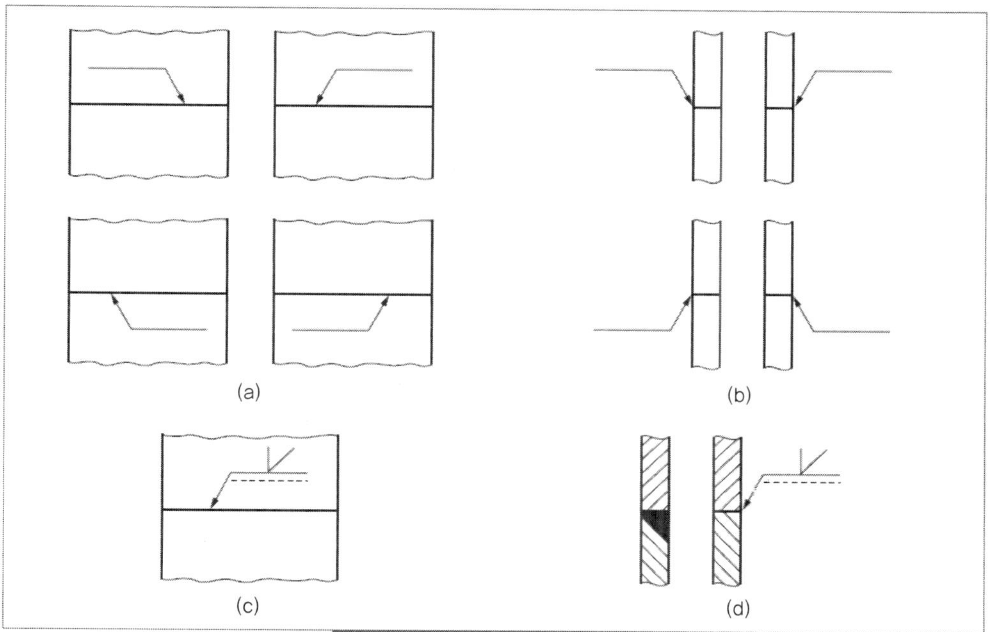

• 그림 4-57 • 화살표의 위치

5) 기준선에 대한 기호 위치

기호는 다음과 같은 규칙에 따라 기준선의 위 또는 아래에 표시하여야 한다.

① [그림 4-58(b)]와 같이 용접부(용접 표면)가 접합부의 화살표 쪽에 있다면 기호는 기준선의 실선 쪽에 표시한다.
② [그림 4-58(c)]와 같이 용접부(용접 표면)가 접합부의 화살표 반대쪽에 있다면 기호는 점선 쪽에 표시한다.

[비고] 프로젝션 용접법에 의한 점 용접부의 경우 프로젝션 표면을 용접부 외부 표면으로 간주한다.

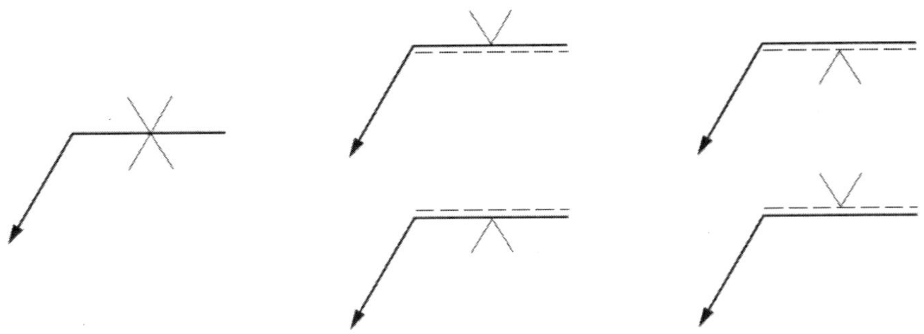

(a)) 양면 대칭 용접　　(b) 화살표 쪽의 용접　　(c) 화살표 반대쪽의 용접

• 그림 4-58 • 기준선에 따른 기호의 위치

(6) 용접부 치수 표시

1) 일반 규칙

각 용접 기호에는 특정한 치수를 덧붙인다. 이와 같은 치수는 [그림 4-59]에 따라서 다음과 같이 표시한다.

• 그림 4-59 • 원칙적인 치수 표시의 보기

① 가로 단면에 대한 주요 치수는 기호의 왼편(즉 기호의 앞)에 표시한다.
② 세로 단면의 치수는 기호의 오른편(기호의 뒤)에 표시한다.

용접부의 주요 치수 표시 방법은 [표 4-6]에서 보여주고 있다. 주요 치수를 표시하는 규칙 역시 이 표에서 볼 수가 있다. 기타 다른 치수도 필요에 따라 표시할 수 있다.

2) 표시해야 할 주요 치수

판 모서리 용접에서 치수는 도면 외에는 기호로 표시되지 않는다.

① 기호에 이어서 어떤 표시도 없는 것은 용접부재의 전체 길이로 연속 용접한다는 의미이다.
② 별도 표시가 없는 경우는 완전 용입되는 맞대기 용접을 나타낸다.

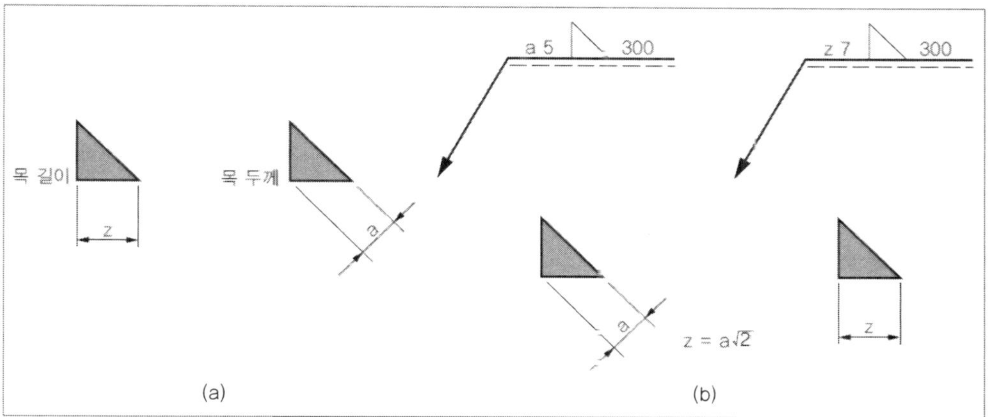

• 그림 4-60 • 필릿 용접부의 치수 표시 방법

③ 필릿 용접부에서는 치수 표시에 [그림 4-60]과 같이 2가지 방법이 있다. 그러므로 문자 a 또는 z는 항상 치수의 앞에 다음과 같이 표시한다.
필릿 용접부 깊은 용입을 나타내는 경우 목두께는 [그림 4-61]에 s가 된다.

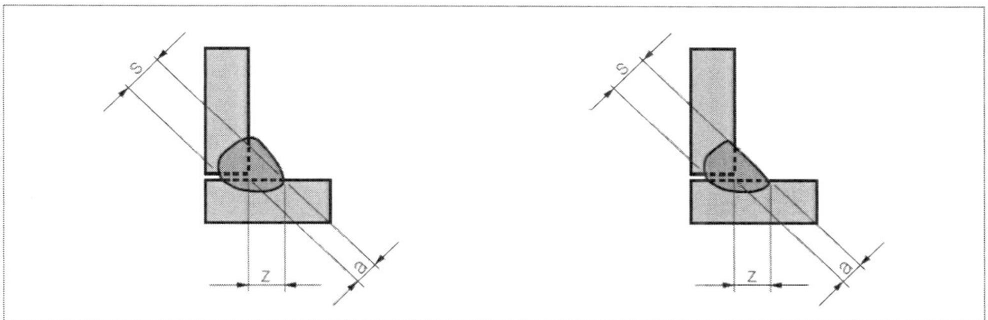

• 그림 4-61 • 필릿 용접부 용입 깊이의 치수 표시 방법

④ 경사면이 있는 플러그 또는 슬롯 용접의 경우에는 해당 구멍의 아래에 치수를 표시한다.

[비고] 필릿 용접부의 용입 깊이에 대해서는 s8a6◺와 같이 표시한다.

표 4-19 주요 치수

번호	명칭	그림 및 정의	표시
1	맞대기 용접	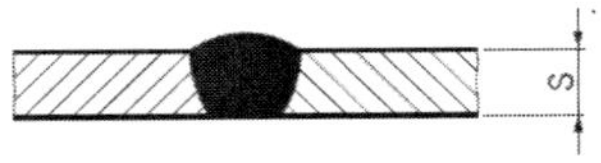 s : 얇은 부재의 두께보다 커질 수 없는 거리로서, 부재의 표면부터 용입 바닥까지의 최소 거리	V
		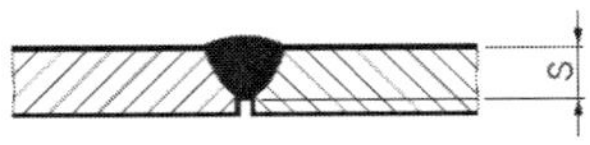 s : 얇은 부재의 두께보다 커질 수 없는 거리로서, 부재의 표면부터 용입 바닥까지의 최소 거리	s‖
		 s : 얇은 부재의 두께보다 커질 수 없는 거리로서, 부재의 표면부터 용입 바닥까지의 최소 거리	sY
2	플랜지형 맞대기 용접	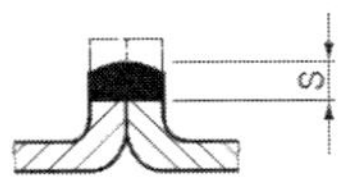 s : 용접부 외부 표면부터 용입 바닥까지의 최소 거리	s‖
3	연속 필릿 용접	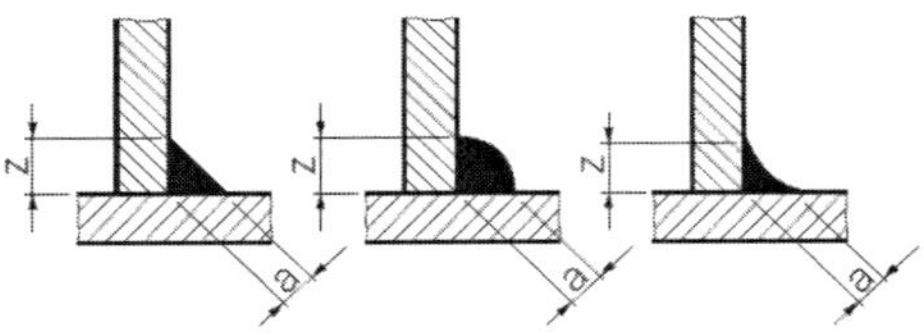 a : 단면에 표시될 수 있는 최대 이등변삼각형의 높이 z : 단면에 표시될 수 있는 최대 이등변삼각형의 변	a◺ z◺
4	단속 필릿 용접	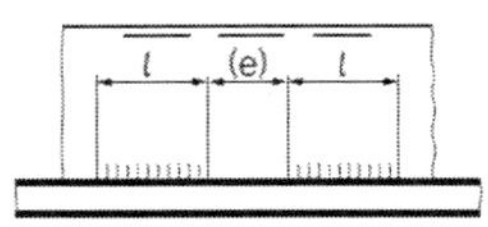 l : 용접 길이(크레이터 제외)(e) : 인접한 용접부 간격 n : 용접부 수 a : 번호 3 참조, z : 번호 3 참조	a◺ n × l (e) z◺ n × l (e)
5	지그재그 단속 필릿 용접	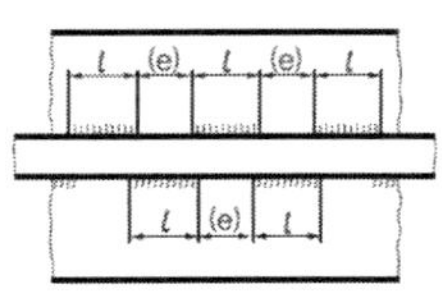 l : 번호 4 참조, (e) : 번호 4 참조, n : 번호 4 참조 a : 번호 3 참조, z : 번호 3 참조	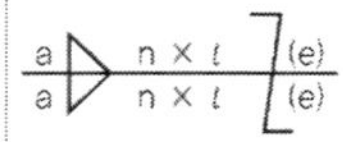 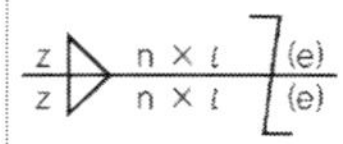

번호	명칭	그림 및 정의	표시
6	플러그 또는 스롯 용접	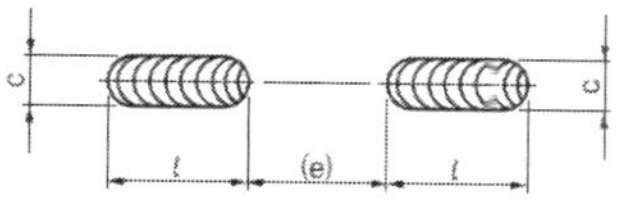 l : 번호 4 참조, (e) : 번호 4 참조, n : 번호 4 참조, c : 슬롯의 너비	c ⊓ n × l(e)
7	심 용접	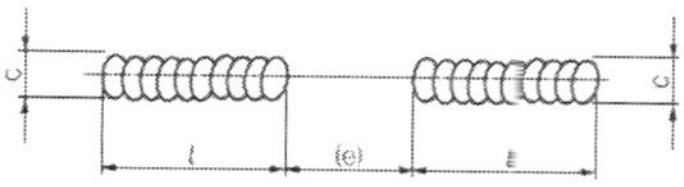 l : 번호 4 참조, (e) : 번호 4 참조, n : 번호 4 참조, c : 용접부 너비	c ⊖ n × l(e)
8	플러그 용접	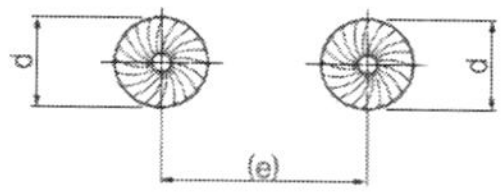 n : 번호 4참조, (e) : 간격, d : 구멍의 지름	d ⊓ n (e)
9	점 용접	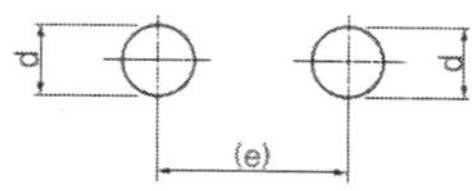 n : 번호 4참조, (e) : 간격, d : 점(용접부)의 지름	d ○ n (e)

(7) 보조 지시

보조 지시는 다음 보기와 같이 용접부의 각종 특성을 상세히 지시하기 위해 필요하다.

1) 일주 용접

용접이 부재의 전체를 둘러서 용접하는 경우에는 [그림 4-62]와 같이 원으로 표시한다.

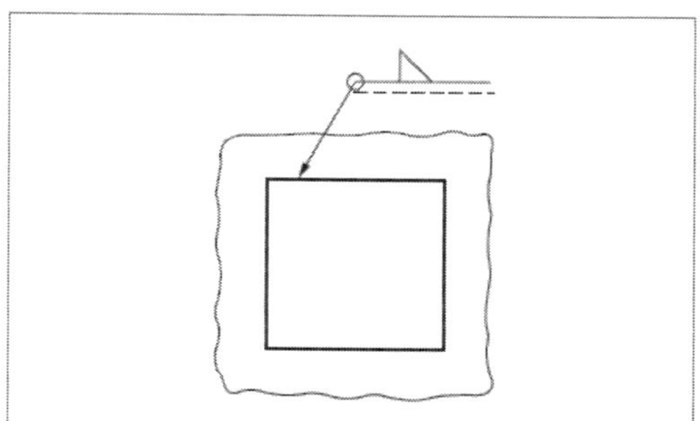

• 그림 4-62 • 일주 용접 표시

2) 현장 용접

현장 용접을 표시할 때는 [그림 4-63]과 같이 깃발 기호를 사용한다.

3) 용접 방법의 표시

용접 방법의 표시가 필요한 경우에는 기준선의 끝에 2개 선 사이에 숫자로 표시한다. [그림 4-64]와 같이 각 용접 방법에 대한 숫자 표시는 ISO 4063에 나타나 있다.

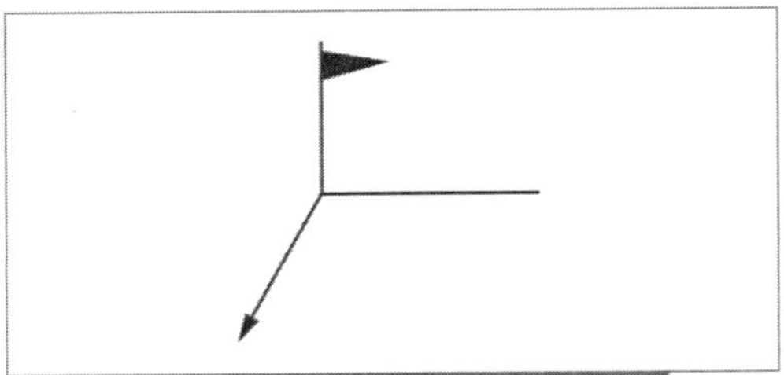

• 그림 4-63 • 현장 용접의 표시

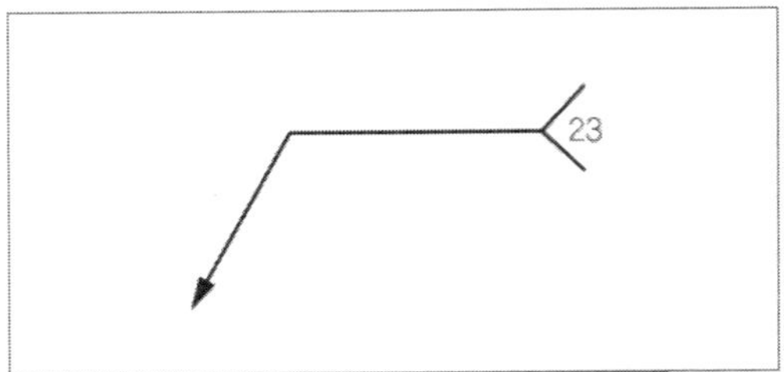

• 그림 4-64 • 용접 방법의 표시

4) 참고 표시의 끝에 있는 정보의 순서

용접부와 치수에 대한 정보는 다음과 같은 순서에 따라 기준선 끝에 더 많은 정보를 보충할 수 있다.

① 용접 방법(예를 들면 ISO 4063에 따름)
② 허용 수준(예를 들면 KS B ISO 5817 및 KS B ISO 10042에 따름)
③ 용접 자세(예를 들면 ISO 6947에 따름)
④ 용접 재료(예를 들면 ISO 544, ISO 2560, ISO 3581에 따름)

개별 항목은 사선(/)으로 구분한다.

그 외에 [그림 4-65]와 같이 기준선 끝 상자 안에 특별한 지침을 표시할 수 있다.

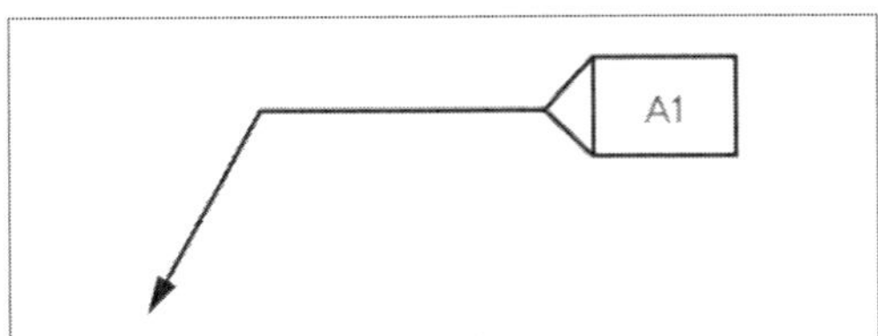

• 그림 4-65 • 참고 정보

[보기] KS B ISO 5817에 따른 요구 허용 수준, ISO 6947에 따른 아래보기 자세 PA, 피복 용접봉 ISO 2560-E51 2 RR 22를 사용하여 피복 아크 용접(ISO 4063에 따른 참고 번호111)으로 [그림 4-66]과 같이 이면 용접이 있는 V형 맞대기 용접부

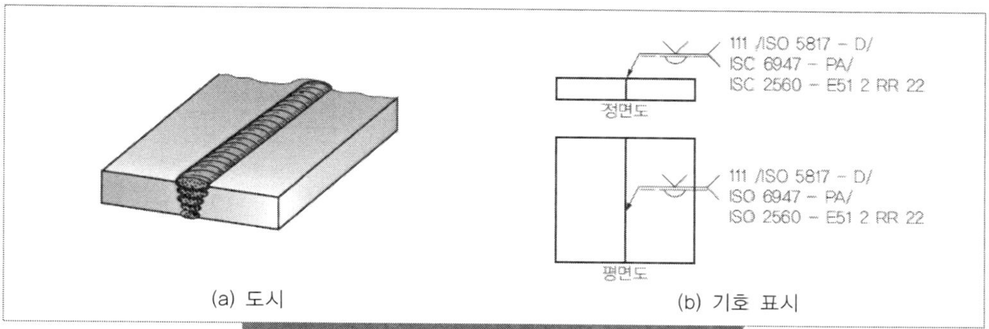

• 그림 4-66 • 이면 용접이 있는 V형 맞대기 용접부

(8) 점 및 심 용접부에 대한 적용의 예

[그림 4-67, 4-68]과 같이 점 및 심 접합부(용접, 브레이징 또는 솔더링)의 경우에는 2개의 겹쳐진 부재 계면이나 2개의 부재중에서 하나가 용해되어 접합을 이루게 된다.

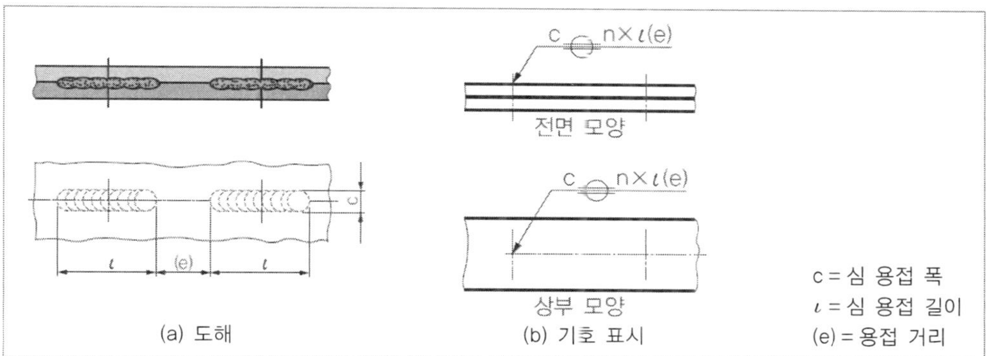

• 그림 4-67 • 단속 저항 심 용접

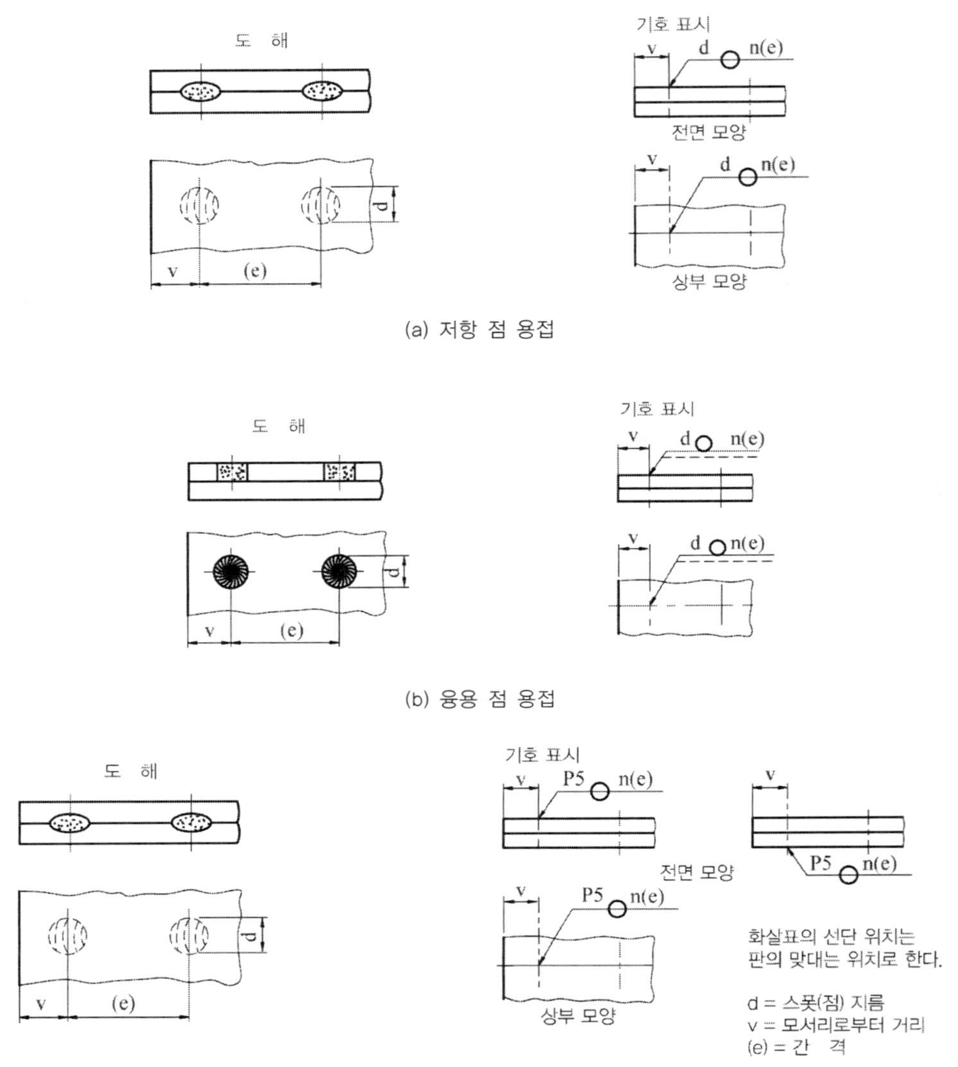

(a) 저항 점 용접

(b) 융용 점 용접

(c) 프로젝션 용접

* 위에 그림은 ISO 8167에 따른 프로젝션의 지름 d = 5mm, 용접개수(n), 프로젝션 간격(e)의 표시 보기이다.

• 그림 4-68 • 점 용접

5

C·H·A·P·T·E·R

능력단위 코드 1501020107_14v2

동력전달요소 설계

분류번호	1501020107_14v2
능력단위 명칭	동력전달요소 설계
능력단위 정의	동력전달요소 설계란 동력전달시스템에서 요구되는 동력전달요소의 구조와 기능을 파악하여 설계하는 능력이다.

능력단위요소	수행준거
1501020107_14v2.1 요구기능 파악하기	1.1 동력전달요소설계에 요구되는 특성 및 기구적 동작에 관한 내용을 분석할 수 있다. 1.2 동력전달시스템에서 요구되는 동력전달요소를 파악하여 사용 용도와 목적을 작성할 수 있다. 1.3 시스템이 사용되는 장소와 요구되는 기구적 조건을 분석할 수 있다.
	[지식] • 동력전달요소에 관한 지식 • 축, 베어링, 마찰차, 기어, 캠, 벨트, 로프, 체인, 브레이크 등의 특성에 관한 지식 • KS 및 ISO 규격 등 산업규격의 이해와 활용방법 • 기계의 상대 운동에 관한 지식 • 기계·기구 도면 파악에 관한 지식 • 신기술 동향에 관한 지식 **[기술]** • 사용장소와 요구되는 기구적 조건 분석 • 동력전달요소의 선별 및 구분 능력 **[태도]** • 안전규칙 준수 • 요구사항을 충족시키는 세심함 • 도면파악 및 규격에 관한 분석적 의지
1501020107_14v2.2 동력전달요소 선정하기	2.1 시스템에 포함되는 동력전달요소를 파악하여 기능별로 분류할 수 있다. 2.2 시스템도면을 확인하여 용도에 맞는 동력전달요소의 크기와 형태를 구성할 수 있다. 2.3 기능별 분류와 상호연결을 고려하여 기능별 연결방법과 요소를 선정할 수 있다. 2.4 요소부품에 따라 단면계수, 강도, 강성 등을 고려하여 재질을 선정할 수 있다.
	[지식] • KS 및 ISO 규격 등 산업규격의 이해와 활용방법 • 동력전달요소의 기능 및 장단점 • 적합한 동력전달요소의 선별 및 구분에 관한 지식 • 운동학적 특성에 따른 변형 특성 **[기술]** • 개념적 설계를 위한 동력전달요소 구조파악 기술 • 요구하는 기능에 맞는 동력전달요소의 선정 능력 **[태도]** • 사고예방을 위한 안전의식 • 세밀한 자료검토 및 분석태도 • 합리적인 가격으로 요구사항의 구성노력 • 기술기준 준수의지

능력단위요소	수행준거
1501020107_14v2.3 동력전달요소 설계하기	3.1 시스템 기능을 고려하여 동력전달요소를 설계할 수 있다. 3.2 목적과 용도에 따른 동력전달 사양을 설정하고 구현방법을 작성할 수 있다. 3.3 동력의 입출력을 정의하고 동력전달요소를 구성할 수 있다. 3.4 동력전달요소 기능에 맞는 부품의 형상과 크기를 결정할 수 있다.
	[지식] • KS 및 ISO 규격 등 산업규격의 이해와 활용방법 • 내구성 및 경제적 수명에 관한 지식 • 동력전달요소의 기구적 특성에 관한 지식 [기술] • 최적시스템 구성능력 • 동력전달요소의 동력전달력 계산 능력 • 데이터 수집 능력 • 형상 및 강도 계산 능력 [태도] • 사고예방을 위한 안전의식 • 각 요소의 효율적인 구성을 위한 탐색적 자세

◎ 적용범위 및 작업상황 ◎

[고려사항]

- 이 능력단위는 동력전달요소를 설계하는 업무에 적용한다.
- 도면의 작성은 KS 및 ISO 등의 규격에 따라 작성되어야 한다.
- 재질 선정이란 동력전달요소에 요구되는 기계의 강도를 고려하여 규격에 맞는 형상, 재질, 치수 등을 선정하는 것을 말한다.

◎ 평가지침 ◎

[평가방법]

- 평가자는 능력단위 요소공차검토의 수행준거에 제시되어 있는 내용을 평가하기 위해 이론과 실기를 나누어 평가하거나 종합적인 결과물의 평가 등 다양한 평가 방법을 사용할 수 있다.
- 피 평가자의 과정평가 및 결과평가 방법

평가방법	평가유형	
	과정평가	결과평가
A. 포트폴리오	✔	✔
B. 문제해결 시나리오	✔	✔
C. 서술형시험		
D. 논술형시험		
E. 사례연구	✔	✔
F. 평가자 질문	✔	✔
G. 평가자 체크리스트	✔	✔
H. 피평가자 체크리스트		
I. 일지/저널		
J. 역할연기		
K. 구두발표	✔	✔
L. 작업장평가		
M. 기타		

[평가시 고려사항]

- 수행준거에 제시되어 있는 내용을 성공적으로 수행할 수 있는지를 평가해야 한다.
- 평가자는 다음 사항을 평가해야 한다.
  - 요구조건을 분석하여 사용할 동력전달요소의 우선순위 선정능력
  - 동력전달요소별 특징 및 사용 구분 능력
  - 사용 장소와 요구되는 특징(조건)에 맞는 동력전달요소 선정능력
  - 동력전달요소(축, 베어링, 마찰차, 기어, 캠, 벨트, 체인, 브레이크 등)의 부하에 따른 형상 및 재질 선정능력
  - 시스템의 도면을 분석하여 용도에 맞는 동력전달요소 구성능력
  - 동력전달요소간의 기구적 조건 분석 능력
  - 동력전달요소간의 상대적 크기부하 및 재질 선정능력
  - KS 및 ISO 등 국내외 규격에 맞는 크기 및 재질 선정
  - 동력전달요소 설계결과 검토능력

CHAPTER 05

동력전달요소 설계

능력단위 요소	동력전달요소설계 요구기능 파악하기	1501020107_14v2.1

수행 준거	
1.1	동력전달요소설계에 요구되는 특성 및 기구적 동작에 관한 내용을 분석할 수 있다.
1.2	동력전달시스템에서 요구되는 동력전달요소를 파악하여 사용 용도와 목적을 작성할 수 있다.
1.3	시스템이 사용되는 장소와 요구되는 기구적 조건을 분석할 수 있다.

1 동력전달요소설계 기초

1 축계 기계요소

(1) 축

1) 축의 분류

축은 동력이나 운동을 전달하는 기계요소이며 기어, 풀리, 스프로킷 휠, 플라이 휠 등이 설치되어 있다. 축의 단면은 원형을 주로 사용하고, 특별한 용도로 사각 단면을 사용하는 경우도 있다. 축의 용도로는 공작기계의 전동축, 자동차용 차축, 철도 차량의 차축, 터빈용 축, 일반 범용 기계의 축 등에 사용되고 있다.

① 직선축

㉠ 전동축(transmission shaft) : 전동축은 회전에 의해 동력을 전달하는 축으로 주로 비틀림과 굽힘 모멘트를 동시에 받는다. 전동축은 주로 동력을 전달시키는 회전축으로 일반 공장용축이 이에 해당된다. 전동축은 [그림 5-1]과 같이 주축, 선축, 중간축으로 구성된다.

ⓐ 주축 : 원동기에서 직접 동력을 받는 축이다.

ⓑ 선축 : 주축에서 동력을 받아 각 공장에 분배하는 축이다.

ⓒ 중간축 : 선축에서 동력을 받아 각각의 기계에 동력을 전달하는 축이다.

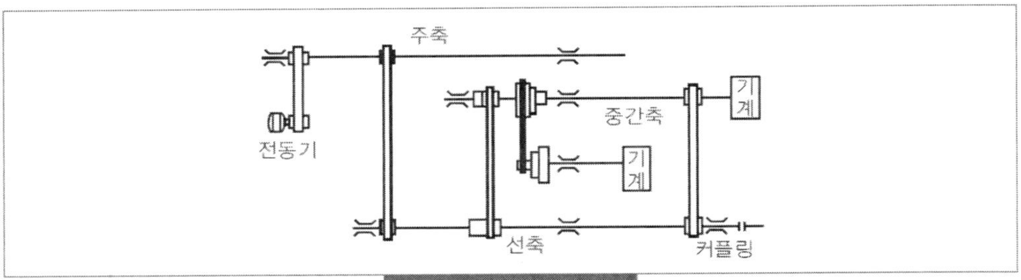

• 그림 5-1 • 전동축

㉡ 차축(axle shaft) : 차축은 주로 굽힘 모멘트를 받는 축으로, [그림 5-1]과 같이 철도 차량의 차축과 같이 그 자체가 회전하는 회전축과 자동차의 바퀴축과 같이 바퀴는 회전하지만 축은 회전하지 않는 정지축이 있다.

• 그림 5-2 • 차축

㉢ 스핀들(spindle) : 스핀들은 주로 비틀림 모멘트를 받으며 직접 일을 하는 회전축으로 치수가 정밀하고 변형량이 작으며, [그림 5-3]과 같이 길이가 짧은 선반, 밀링 머신 등 공작기계의 주축으로 사용된다.

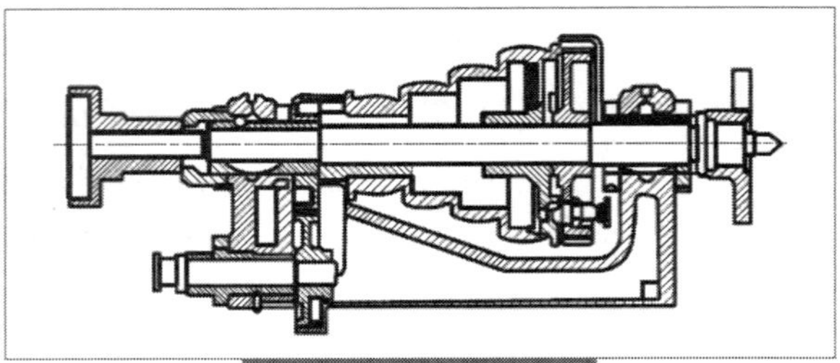

• 그림 5-3 • 스핀들

② 크랭크 축(crank shaft)

[그림 5-4]와 같이 크랭크축은 왕복 운동기관 등에서 직선 운동과 회전 운동을 상호 변환시키는 축으로, 자동차 엔진에서 볼 수 있으며, 피스턴의 왕복 운동을 회전 운동의 형태로 바꾸어 출력시킨다.

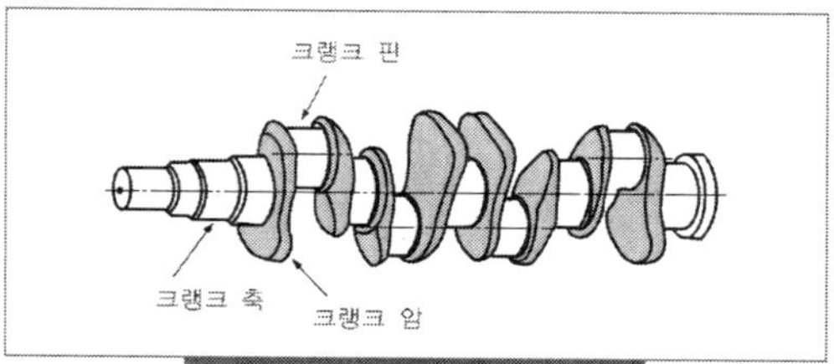

• 그림 5-4 • 크랭크 축

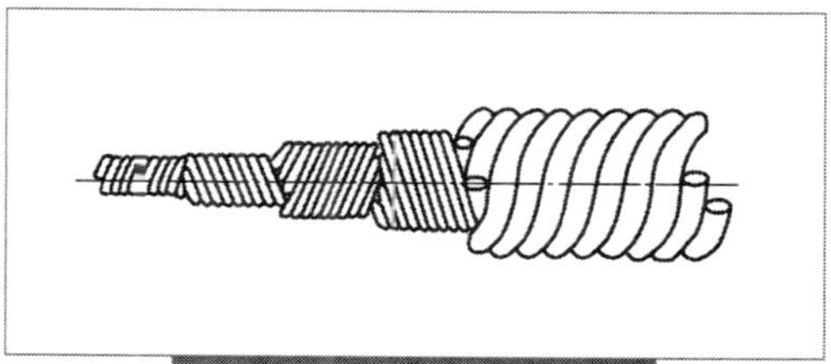
• 그림 5-5 • 플렉시블 축

③ 플렉시블 축(flexible shaft)

[그림 5-5]와 같이 플렉시블 축은 자유롭게 휠 수 있도록 강선을 2중, 3중으로 감은 나사 모양의 축이며, 공간상의 제한으로 일직선 형태의 축을 사용할 수 없을 때 이용된다.

2) 축의 재료와 용도

회전축의 재료는 동력전달에 의한 비틀림이나 굽힘에 대한 충분한 강도가 있어야 한다. 반복하중에 대비한 내피로성, 내마모성, 충격 등에 대비한 인성을 고려하여야 한다. 재료의 성질이 열처리 및 표면경화를 하기 쉽고 충분한 경도를 낼 수 있어야 한다.

① 기계구조용 탄소강(SM) : 열처리 효과가 크기 때문에 크랭크 축, 일반 전동축에 사용한다.

② 크로뮴강(SCr) : 탄소강보다 담금질성과 인성이 좋고, 열처리로 인한 경화 균열이 적으므로 굵은 축에 사용한다.

③ 니켈 크로뮴강(SNC) : 강인성, 담금질성이 우수, 크랭크 축, 프로펠러 축 등에 사용한다.

④ 니켈 크로뮴 몰리브데넘강(SNCM) : 구조용 합금강중 강인성과 담금질성이 가장 좋다. 크랭크 축, 대형 축류, 강도와 정밀도를 요하는 긴 축류, 중소형 축 등에 사용한다.

⑤ 크로뮴 몰리브데넘강(SCM) : 인성, 인장강도와 충격값을 필요로 할 때 또는 내부까지 완전한 담금질 조직을 얻고자 할 때 주로 사용한다.

[표 5-1]은 축의 재료와 용도를 나타낸 것이다.

표 5-1 축의 재료와 용도

재료	기호	용도	인장강도(N/mm^2)
기계구조용 탄소강	SM 10C ~ SM 25C	소형축, 모터축	315 ~ 440
	SM 35C ~ SM 40C	차축, 일반축	510 ~ 610
	SM 45C	크랭크축, 일반축	570 ~ 690
	SM 15CK	캠축, 피스턴 핀	490 이상
크롬강	SCr 415, 420	캠축, 스플라인 축	740 ~ 1080
	SCr 430, 435, 440, 445	중, 대형 일반축	
니켈 크로뮴강	SNC 236, 415	소형축, 피스턴 핀	740 ~ 930
	SNC 631, 815, 836	크랭크축, 추진축	
니켈 크로뮴 몰리브데넘강	SNCM 220, 240	소형축, 중형축	830 ~ 1080
	SNCM 415, 420	일반축	
	SNCM 431 ~ 815	크랭크축, 대형축	
크로뮴 몰리브데넘강	SCM 415	피스턴 핀	830 ~ 1030
	SCM 420, 421	일반축, 피스턴 핀	
	SCM 430 ~ 440	크랭크축, 차축	
	SCM 445, 822	대형축	

3) 축의 표준 지름

짝이 될 구름 베어링의 안지름, 표준 수, 재료로 사용될 봉의 표준 지름 등을 참고하여 표준으로 규정한 지름을 말한다. [표 5-2]는 규정한 회전축의 표준 지름을 나타낸다.

표 5-2 회전축의 표준 지름 (단위 : mm)

4, **4.5**, **5**, **5.6**, 6, **6.3**, 7, **8**, **9**, **10**, 11, **11.2**, 12, **12.5**, **14**, 15, **16**, 17, **18**, 19, **20**, 22, **22.4**, 24, **25**, **28**, 30, **31.5**, 32, 35, **35.5**, 38, **40**, **42**, 45, 50, 55, **56**, 60, **63**, 65, 70, **71**, 75, **80**, 85, **90**, 95, **100**, 105, 110, 112, 120, **125**, 130, **140**, 150, **160**, 170, **180**, 190, **200**, 220, **224**, 240, **250**, 260, **280**, 300, **315**, 320, 340, **355**, 360, 380, **400**, 420, 440, **450**, 460, 480, **500**, 530, **560**, 600

주 : 1. 끼워맞춤 부분의 지름을 규정한 것이다.
2. 4 mm 이상 630 mm 이하의 축 지름을 규정한 것이다.

4) 축의 제도

축단, 보스(boss)내면 단부의 라운드 가공부의 상세는 [그림 5-6]과 같이 부품도 옆에 확대도로 표기한다.

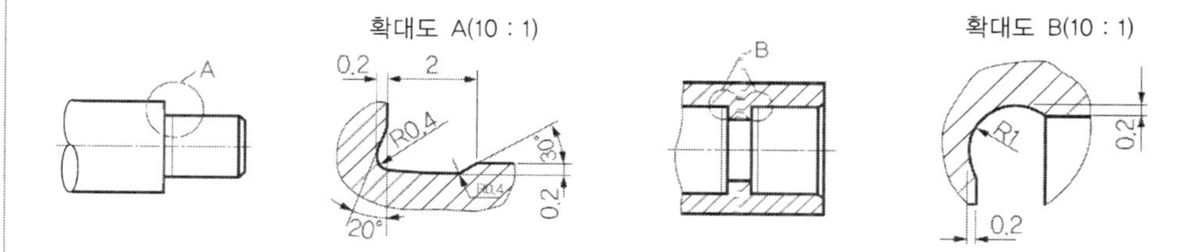

(a) 축단부 라운드 가공부 상세　　(b) 보스 내면 라운드 가공부 상세

• 그림 5-6 • 축과 보스의 구석 라운드 가공부

축은 일반적으로 길이 방향으로 절단하지 않으며, [그림 5-7(a)]와 같이 필요에 따라서는 부분 단면은 가능하다. [그림 5-7(b)]와 같이 긴축은 단축하여 그릴 수 있으나, 길이는 실제 길이를 기입하며, 긴축을 단축할 때는 [그림 5-7(c)]와 같이 표기한다.

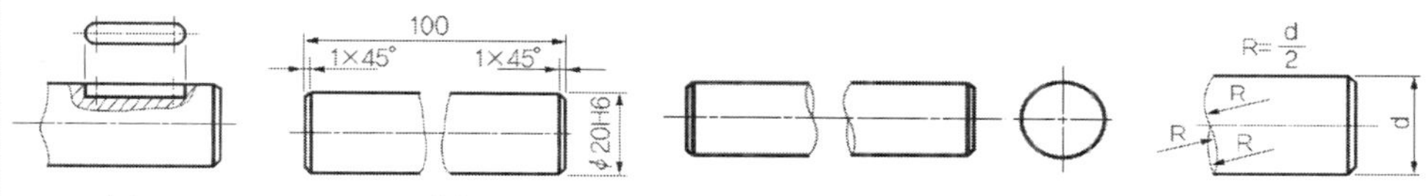

(a)　(b)　(c)

• 그림 5-7 • 축의 제도

(2) 축 이음

1) 축이음의 분류

축의 길이는 구조상 또는 가공상의 제한으로 축을 하나로 제작하지 못하는 경우가 있다. 이럴 때에는 여러 개의 짧은 축을 제작한 후 이음하여 사용하게 된다. 이와 같이 축을 연결하는데 사용하는 기계요소를 축 이음(shaft coupling)이라 한다. 축 이음에는 운전 중 두 축을 분리할 수 없는 커플링과 운전 중 떼어 놓을 수 있도록 한 클러치(clutch)가 있다.

2) 커플링(coupling)의 종류

① 플랜지형 고정 축 커플링

[그림 5-8]과 같이 주철 또는 주강제의 플랜지형 고정 축 커플링은 두 축이 동일선상에 있도록 한 이음으로 축과 커플링은 볼트나 키를 사용하여 결합한다. [표 5-3]은 플랜지형 고정 축커플링의 각부의 치수를 표시한 것이다.

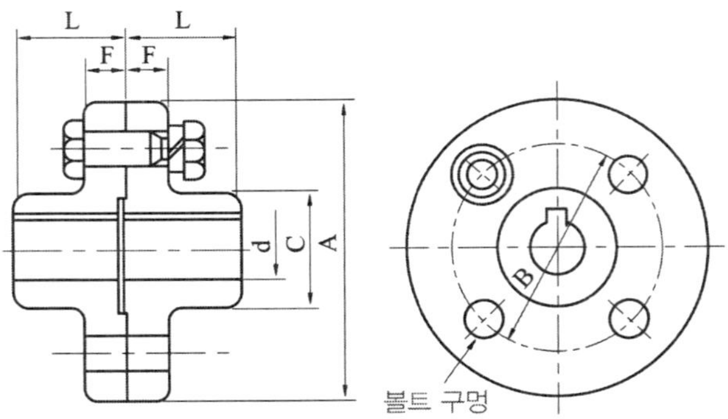

• 그림 5-8 • 플랜지형 고정 축 커플링

표 5-3 플랜지형 고정 축 커플링의 치수표 (단위 : mm)

이음 바깥지름 A	d		L	C	B	F	볼트 수 Z	볼트지름 δ
	최대 축 구멍지름	최소 축 구멍지름						
112	28	16	40	50	75	16	4	10
125	32	18	45	56	85	18	4	14
140	38	20	50	71	100	18	6	14
160	45	25	56	80	115	18	8	14
180	50	28	63	90	132	18	8	14
200	56	32	71	100	145	22.4	8	16
224	63	35	80	112	170	22.4	8	16
250	71	40	90	125	180	28	8	20
280	80	50	100	140	200	28	8	20
315	90	63	112	160	236	28	10	20
355	100	71	125	180	260	5.5	8	25

② 플렉시블 커플링(flexible coupling)

플렉시블 커플링은 두 축이 동일선 상에 있는 것을 원칙으로 하며, 두 축 사이에 약간의 상호 이동을 허용할 수 있는 축 이음이다. 또, 온도 변화로 축이 신축되거나 탄성 변형에 의하여 두 축이 일직선상에 있지 않을 때도 원활한 전동을 할 수 있도록 한 축이음으로 기어형 축이음, 체인 축이음, 그리드형 축이음, 고무 축이음 등이 있다.

㉠ 기어형 축이음(geared type shaft) : [그림 5-9]와 같이 연결하고자 하는 두 축의 끝에 한 쌍의 외접기어를 각각 키 박음하여 결합한다.

㉡ 체인 축이음(chain coupling) : [그림 5-10]과 같이 결합할 두 축의 끝에 스프로킷 휠을 키 박음하여 장착하고, 2줄 체인을 사용하여 두 축에 끼워져 있는 스프로킷 휠을 이은 것이다.

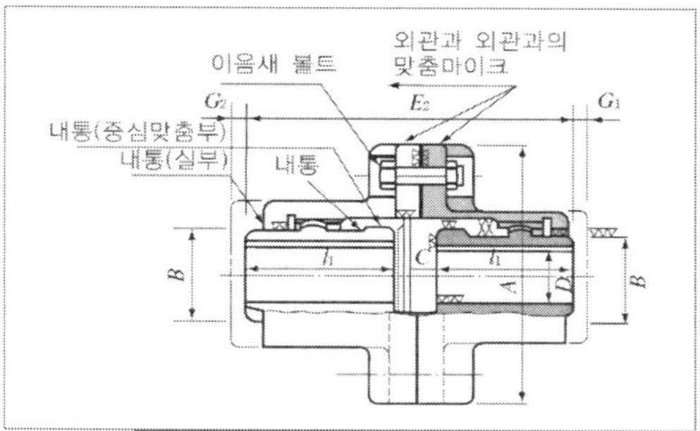

• 그림 5-9 • 기어형 축이음

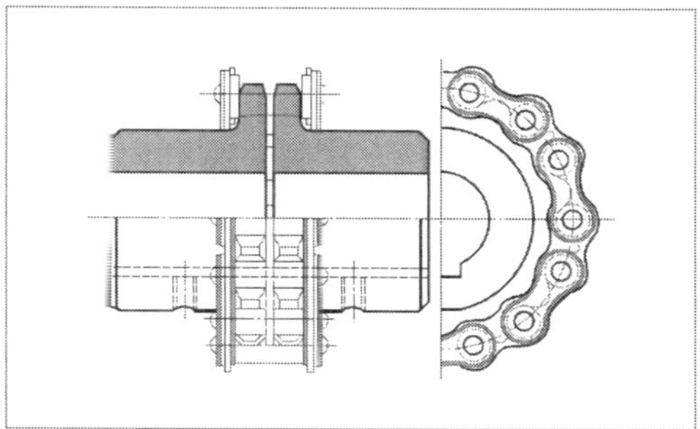

• 그림 5-10 • 체인 축이음

㉢ 그리드형 플렉시블 축이음(grid type flexible shaft coupling) : [그림 5-11]과 같이 결합하고자 하는 두 축의 끝부분에 축 방향으로 홈(groove)이 파져 있는 한 쌍의 원통(허브)을 키박음하여 각각 고정시킨다. 이음 분할형식에 따라 수평 분할형과 수직 분할형이 있다.

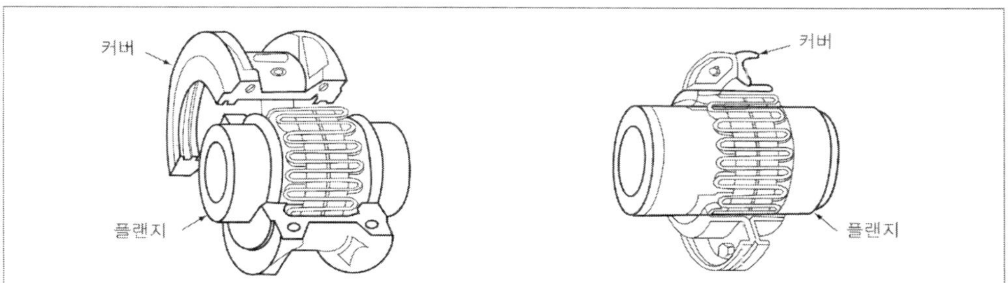

(a) 수평 분할형 (b) 수직 분할형

• 그림 5-11 • 그리드형 플렉시블 축이음

㉣ 고무 축이음(rubber coupling) : [그림 5-12]와 같이 타이어형 고무 축이음은 구조가 비교적 간단하고 어느 한도 이내에서 축심의 어긋남을 허용할 수 있으며, 진동 및 충격을 잘 흡수한다. 결합하고자 하는 2축단에 키 박음하여 고정시킨다.

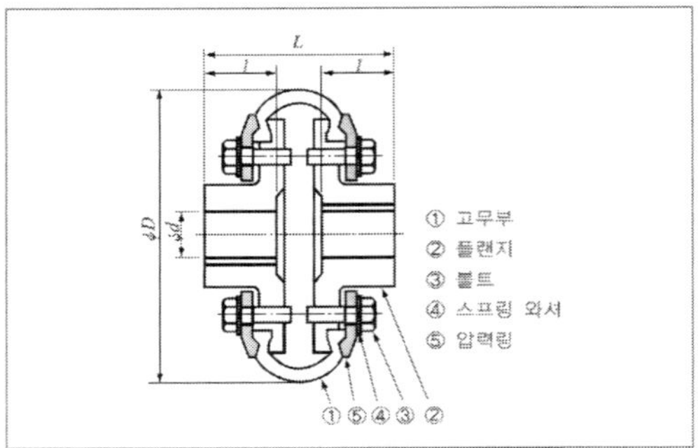

• 그림 5-12 • 고무 축이음

3) 클러치(clutch)의 종류

① 맞물림 클러치(claw clutch)

[그림 5-13]과 같이 맞물림 클러치는 클러치 중에서 가장 간단한 구조로 플랜지에 서로 물릴 수 있는 돌기 모양의 턱(claw)이 있어 서로 맞물려 동력을 단속하는 클러치이다.

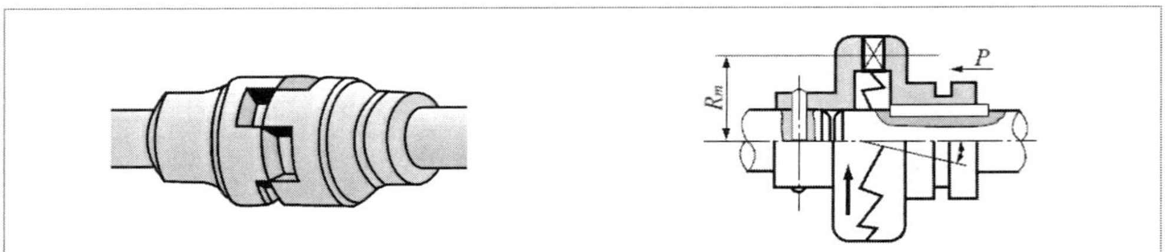

(a) 각형 클러치 (b) 산형 클러치

• 그림 5-13 • 맞물림 클러치

② 마찰 클러치(friction clutch)

[그림 5-14]와 같이 마찰 클러치는 마찰면을 밀어 붙여 마찰면에 생기는 마찰력으로 동력을 전달하는 클러치로 원판 마찰 클러치와 원추 마찰 클러치가 있다.

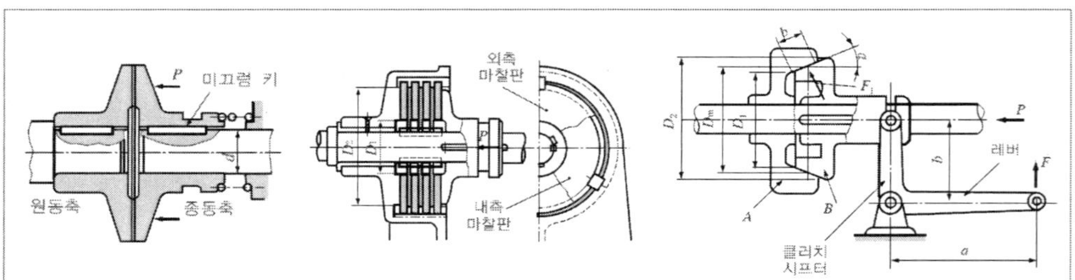

(a) 단판식 마찰 클러치 (b) 다판식 마찰 클러치 (c) 원추 마찰 클러치

• 그림 5-14 • 마찰 클러치

(3) 베어링

베어링은 축을 받쳐주면서 축의 회전을 원활하게 하는 기계요소로서 베어링의 종류에는 미끄럼 베어링과 구름 베어링이 있다. 축과 베어링 사이에는 마찰이 있기 때문에 동력손실이 생기고, 심하면 마찰열로 베어링이 손상될 수도 있다. 따라서 윤활유를 축과 베어링 사이에 급유함으로서 마찰 감소 및 마찰 열 발생을 줄여줄 수 있고 베어링의 온도를 일정하게 유지시켜줄 수 있어 소음과 진동이 없는 원활한 구동을 하게 된다.

1) 베어링의 종류

① 축과 베어링의 접촉에 따른 베어링 분류

㉠ 미끄럼 베어링(sliding bearing) : [그림 5-15]와 같이 저널과 베어링이 서로 미끄럼에 의해서 접촉한다.

㉡ 구름 베어링(rolling bearing) : [그림 5-16]과 같이 볼(ball), 롤러(roller)에 의해서 구름 접촉하는 것이다.

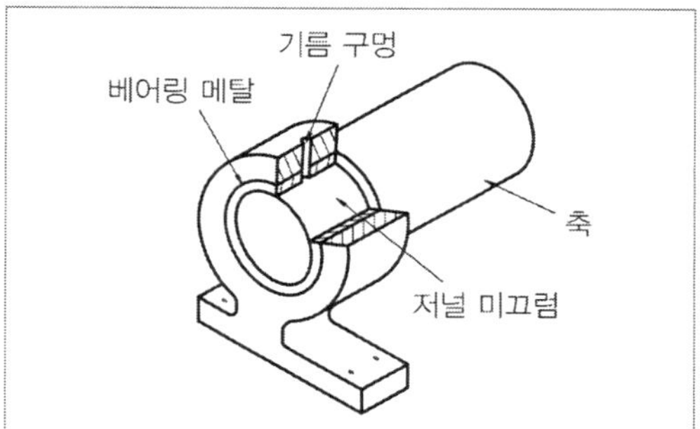

• 그림 5-15 • 미끄럼 베어링

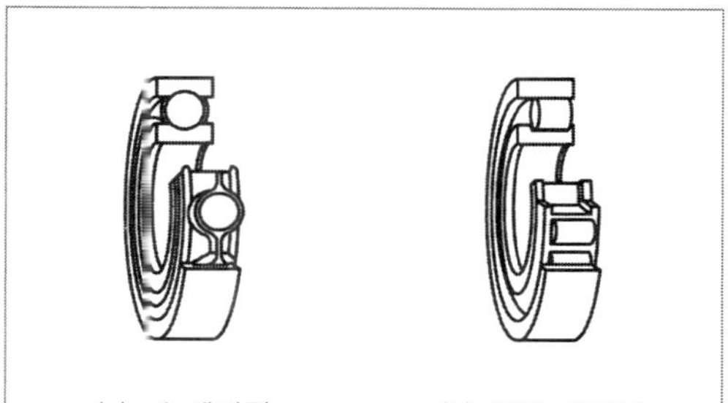

• 그림 5-16 • 구름 베어링

② 작용하중의 방향에 따른 베어링 분류

㉠ 레이디얼 베어링(radial bearing) : [그림 5-15, 5-16]과 같이 레이디얼 하중, 즉 축선에 직각으로 작용하는 하중을 받쳐준다. 미끄럼 베어링에선 저널 베어링(journal bearing)이라고도 한다.

㉡ 스러스트 베어링(thrust bearing) : [그림 5-17]과 같이 스러스트 하중, 즉 축선과 같은 방향으로 작용하는 하중을 받쳐준다.

㉢ 테이퍼 베어링(taper bearing) : [그림 5-18]과 같이 레이디얼 하중과 스러스트 하중이 동시에 작용하는 하중을 받쳐준다.

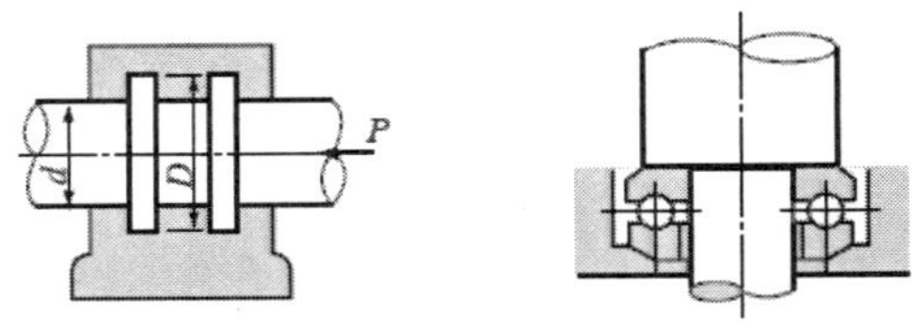

(a) 미끄럼(칼라 베어링) (b) 구름(볼)

• 그림 5-17 • 스러스트 베어링

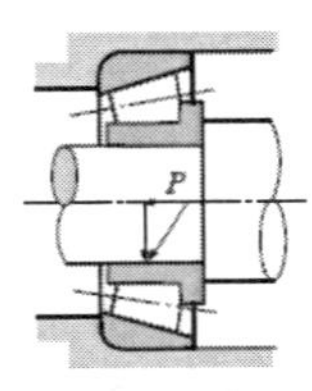

• 그림 5-18 • 테이퍼 베어링

2) 미끄럼 베어링과 구름 베어링의 비교

[표 5-4]는 미끄럼 베어링과 구름 베어링의 특성을 비교한 표이다.

표 5-4 미끄럼 베어링과 구름 베어링의 비교

항목 \ 종류	미끄럼 베어링	구름 베어링
크기	직경은 작으나 폭이 크게 된다.	폭은 작으나 직경이 크게 된다.
구조	일반적으로 간단하다.	전동체가 있어서 복잡하다.
충격 흡수	유막에 의한 감쇠력이 우수하다.	감쇠력이 작아 충격 흡수력이 작다.
고속회전	저항은 일반적으로 크게 되나 고속회전에 유리하다.	윤활유가 비산하고, 전동체가 있어 고속회전에 불리하다.
저속회전	유막 구성력이 낮아 불리하다.	유막의 구성력이 불충분하더라도 유리하다.
소음	특별한 고속이외는 정숙하다.	일반적으로 소음이 높다.
하중	추력하중은 받기 힘들다.	추력하중을 용이하게 받는다.
베어링 강성	정압 베어링에서는 축심의 변동 가능성이 있다.	축심의 변동은 적다.

3) 미끄럼 베어링 재료의 특성

미끄럼 베어링 재료는 마멸이 적고, 면압 강도와 내식성이 커야 되며, 녹아 붙음이 일어나기 어려운 성질이 요구되나, 이와 같은 성질을 모두 만족시킬 재료는 없으므로, 가장 가까운 성질을 갖고 있는 금속재료 또는 비금속 재료를 선택 사용한다.

① **금속 재료**

㉠ 주철, 황동, 청동 : 내마멸성이 높고, 충격에 강하다. 고속 회전에서는 녹아 붙음을 일으키기 쉽다. 공작기계의 메인(main) 베어링에 쓰이고, 단일체 베어링의 저·중속용에 주로 사용한다.

㉡ 화이트 메탈(white metal) : 주석계 화이트 메탈은 주석을 주성분으로 구리, 안티몬을 함유한 합금으로 배빗 메탈(babbitt metal)이라고도 하며, 성능이 가장 우수하여 내연기관을 비롯한 각종 기계의 베어링으로 널리 사용되고 있다. 단점으로는 피로 강도, 면압 강도가 부족하다.

㉢ 켈밋(kelmet) : 구리와 납의 합금이며, 피로 강도와 내열성이 높으므로 고속·고하중의 내연기관용 베어링으로 널리 사용된다.

㉣ 카드뮴 합금 : 화이트 메탈에 비하여 피로 강도와 내열성이 높으므로 고 하중 내연기관에 널리 사용된다.

㉤ 알루미늄 합금 : 내마멸성이 높아 고속·고하중 베어링에 주로 사용되나, 마찰에 의해 생기는 산화 피막 때문에 축이 손상되기 쉬운 단점이 있다.

㉥ 오일리스 베어링(oilless bearing) : 금속 분말을 가압·소결하여 성형한 뒤 윤활유를 입자 사이의 공간에 스며들게 한 것으로 급유가 곤란한 베어링이나 급유를 하지 않는 베어링에 사용한다. 오일리스 베어링에는 구리계와 철계가 있으며, 구리계는 고속 저압용에 사용하고, 철계는 저속 저압용에 사용한다.

② 비금속 재료

비금속 재료에는 흑연, 플라스틱, 고무, 등이 있다. 흑연은 고체 윤활제의 역할을 함으로서 별도의 윤활제가 필요하지 않다. 플라스틱은 윤활유가 없는 상태에서도 경계 윤활성이 좋아 베어링 재료로서 적합하다. 고무는 물과 같이 저점도 윤활제의 역할을 하며, 마찰계수가 작고 진동, 충격의 흡수성이 우수하여 백 메탈(back metal)에 부착하여 사용한다.

4) 구름 베어링(rolling bearing)

구름 베어링은 구름접촉을 하기 때문에 미끄럼 베어링에 비해 마찰이 작아서 마찰손실이 적고, 기동저항과 발열도 작으며, 고속회전을 할 수 있다. 그러나 전동체와 궤도륜이 점접촉이나 선접촉을 하기 때문에 충격에 약하고 소음이 생기기 쉬운 결점이 있다.

① 구름 베어링의 주요 치수와 호칭번호

구름 베어링은 사용하중에 따라 여러 가지가 있다. 즉, 하중에 따라 같은 축 지름의 베어링이라도 바깥지름이나 폭이 다르다.

주요치수는 [그림 5-19]와 같이 베어링 안지름(d), 베어링 바깥지름(D), 폭(B) 또는 높이(H), 모떼기(r) 등의 윤곽을 표시하는 치수로서, 베어링을 축 및 몸체에 끼울 때 필요한 베어링의 치수를 말한다.

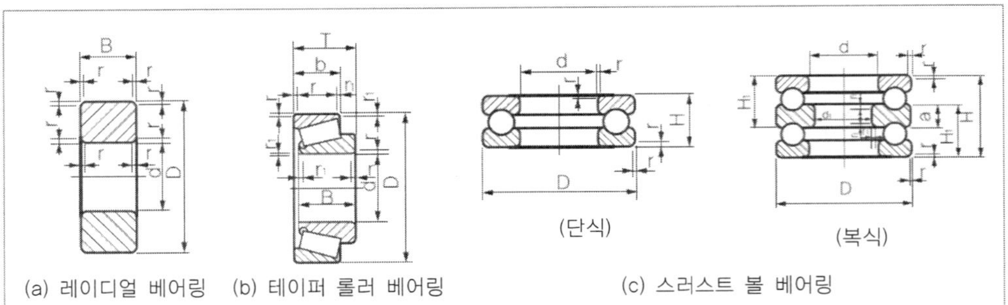

• 그림 5-19 • 구름 베어링의 주요 치수

㉠ 지름 계열(diameter series) : 베어링의 안지름에 대하여 바깥지름의 계열을 나타내는 것으로, 같은 베어링의 안지름에 대하여 단계적으로 몇 종의 베어링 바깥지름을 정하고, 한자리 숫자를 써서 나타낸다.

㉡ 폭 또는 높이 계열(width series) : 같은 베어링의 안지름과 바깥지름을 기준으로 하여 폭(높이)을 단계적으로 한자리 숫자를 써서 나타낸다.

㉢ 치수 계열(dimension series) : [그림 5-20]과 같이 안지름을 기준으로 하고 바깥지름 및 폭(높이)을 단계적으로 정한 치수의 계열로서, 폭(높이)과 지름을 표시하는 숫자를 이 순서로 조합한 두 자리의 숫자로 표시한다.

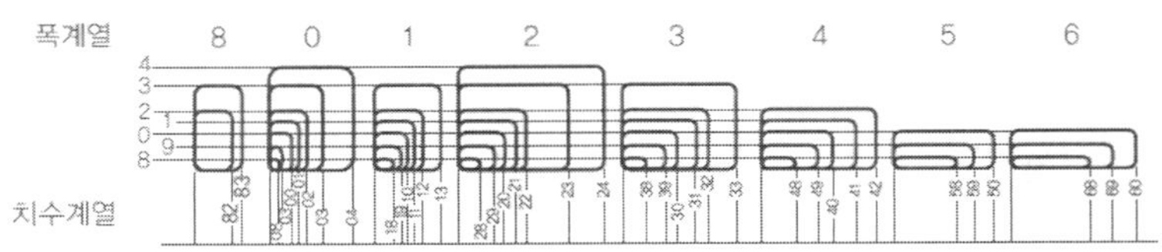

• 그림 5-20 • 레이디얼 베어링의 주요치수

② 호칭번호의 구성 및 배열(KS B 2012)

표 5-5 베어링 호칭 번호의 배열

기본번호			보조기호					
베어링 계열기호	안지름 번호	접촉각 기호	내부치수	밀봉기호 또는 실드기호	궤도륜 모양기호	조합기호	내부틈새 기호	정밀도 등급기호

구름 베어링의 호칭번호는 베어링의 형식, 주요치수와 그 밖의 사항을 표시하며, 기본 번호와 보조기호로 구성되고, 그 배열은 [표 5-5]에 따른다. 여기서 호칭번호는 숫자·글자로 나타내며 이것은 각각 숫자와 영문자의 대문자를 써서 나타낸다.

[보기] 6308 Z NR
63 : 베어링 계열기호 – 단열 깊은 홈 볼베어링 6, 치수 계열 03(너비 계열 0, 지름 계열 3)
08 : 안지름 번호(호칭 베어링 안지름 8×5 = 40mm)
Z : 실드기호(한쪽 실드)
NR : 궤도륜 모양기호(멈춤링 붙이)

㉠ 베어링 계열기호(series number) : 베어링의 계열기호는 베어링의 형식(접촉각은 제외)과 치수 계열을 나타내며, [표 5-8]에 따른다.

㉡ 안지름 번호(bore diameter number) : 안지름 번호는 구름 베어링 내륜의 안지름을 표시하는 것으로 안지름 부여 방법은 [표 5-6]과 같다.

표 5-6 안지름 번호부여 방법

안지름 범위(mm)	안지름 치수	안지름 기호	예
10mm 미만	안지름이 정수인 경우 안지름이 정수아닌 경우	안지름 /안지름	2mm이면 2 2.5mm이면 /2.5
10mm 이상 20mm 미만	10m 12mm 15mm 17mm	00 01 02 03	
20mm 이상 500mm 미만	5의 배수인 경우 5의 배수가 아닌 경우	안지름을 5로 나눈 수 /안지름	40mm이면 08 28mm이면 /28
500mm 이상		/안지름	560mm이면 /560

㉢ 접촉각 기호(contact angle number) : 접촉각은 내·외륜과 볼의 접촉점을 연결하는 직선이 레이디얼 방향과 이루는 각도로, 이 기호는 [표 5-7]에 따른다.

표 5-7 접촉각 기호(KS B 2012)

베어링 형식	호칭 접촉각	접촉각 기호
단열 앵귤러 볼 베어링	10° 초과 22° 이하	C
	22° 초과 32° 이하(보통 30°)	A*
	32° 초과 45° 이하(보통 40°)	B
테이퍼 롤러 베어링	17° 초과 24° 이하	C
	24° 초과 32° 이하	D

주 : *는 생략할 수 있다.

표 5-8 베어링의 계열기호(1)

베어링 형식						단면약도	형식 기호	치수 계열	베어링 계열기호
레이디얼 볼 베어링	레이디얼 콘택트 베어링	깊은 홈 볼 베어링	단열	비분리형	주유 홈 없음	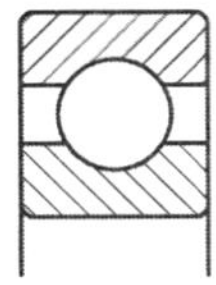	6	18 19 10 02 03 04	68 69 60 62 63 64
레이디얼 볼 베어링	앵귤러 콘택트 베어링	앵귤러 볼 베어링	단열	비분리형	주유 홈 없음	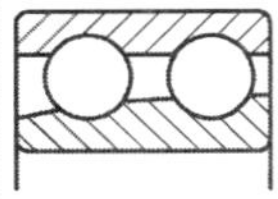	7	10 02 03 04	70 72 73 74
레이디얼 볼 베어링	앵귤러 콘택트 베어링	자동 조심 볼 베어링	복렬	비분리형	외륜 궤도면 구면	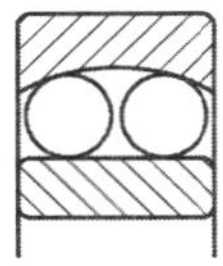	1	02 03	12 13
							2	22 23	22 23
레이디얼 롤러 베어링	레이디얼 콘택트 롤러 베어링	원통 롤러 베어링	단열	분리형	내륜 턱없음 / 외륜 양쪽 턱붙이	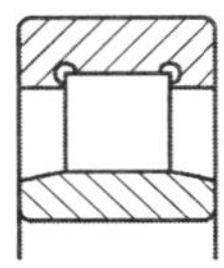	NU	10 02 22 03 23 04	NU 10 NU 2 NU 22 NU 3 NU 23 NU 4
					내륜 한쪽 턱붙이 / 외륜 양쪽 턱붙이	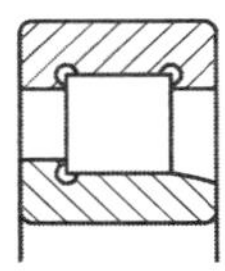	NJ	02 22 03 23 04	NJ 2 NJ 22 NJ 3 NJ 23 NJ 4
					내륜 한쪽 턱붙이 턱륜 조합 / 외륜 양쪽 턱붙이	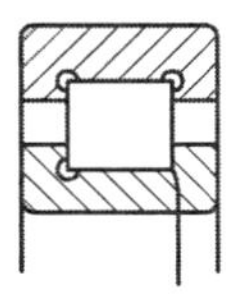	NUP	02 22 03 23 04	NUP 2 NUP 22 NUP 3 NUP 23 NUP 4
					내륜 한쪽 턱붙이 L형 턱륜 조합 / 외륜 양쪽 턱붙이	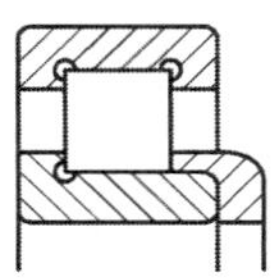	NH	02 22 03 23 04	NH 2 NH 22 NH 3 NH 23 NH 4
					내륜양쪽 턱붙이 / 외륜 턱없음	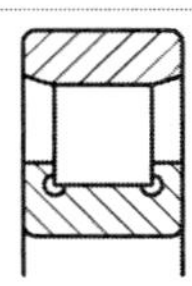	N	02 03 04	N2 N3 N4

베어링 형식							단면약도	형식 기호	치수 계열	베이링 계열기호
레이디얼 롤러 베어링	레이디얼 콘택트 베어링	원통 롤러 베어링	단열	분리형	내륜양쪽 턱붙이	외륜한쪽 턱붙이	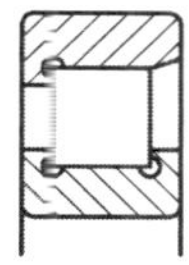	NF	02 03 04	NF2 NF3 NF4
			복렬		내륜 턱붙이	외륜 턱없음	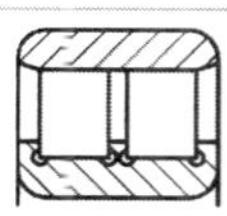	NN	30	NN30
		솔리드형 침상 롤러 베어링	단열		내륜 붙이 / 내륜 턱 없음	외륜 양쪽 턱붙이	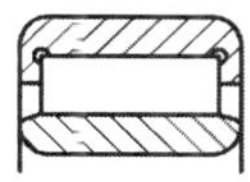	NA	48 49	NA48 NA49
					내륜 없음 / –		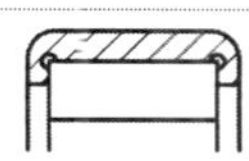	RNA	–	RNA 48[1)] RNA 49[1)]
	앵귤러 콘택트 베어링	테이퍼 롤러 베어링			–			3	20[2)] 02[2)] 22[2)] 03[2)] 23[2)]	320 302 322 303, 303D 323
		자동 조심 롤러 베어링	복렬	비분리형	외륜 궤도면 구면		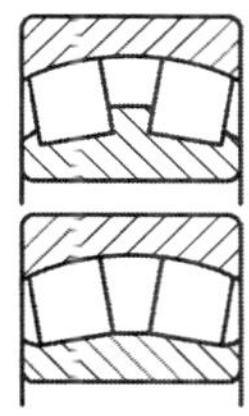	2	30 31 22 32 03 23	230 231 222 232 213 223
스러스트 볼 베어링	액시얼 콘택트 베어링	평면자리 스러스트 볼 베어링	단식	분리형	평면 자리형	–	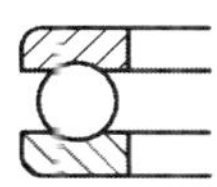	5	11 12 13 14	511 512 513 514
			복식			–	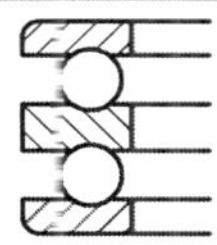		22 23 24	522 523 524
스러스트 롤러 베어링	앵귤러 콘택트 베어링	스러스트 자동 조심 롤러 베어링	단식			외륜 궤도면 구면	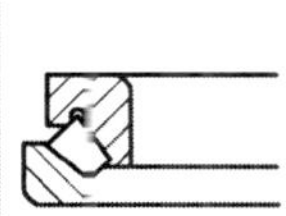	2	92 93 94	292 293 294

주 : 1) 베어링 계열 RNA 48 및 RNA 49의 베어링에서 내륜을 제외한 베어링의 계열 기호이다.

2) KS B 2013에 규정하는 원추 롤러 베어링의 2란의 치수계열이다. 또한 그 1란의 치수 계열에 의한 베어링 계열 기호는 규정하지 않는다.

㉣ 보조기호(supplementary number) : 보조기호는 내부치수, 밀봉기호, 또는 실드기호, 궤도륜 모양기호, 조합 표시기호, 틈새기호, 등급기호로 구성되어 있으며, [표 5-9]와 같이 형식과 주요치수 이외의 베어링 규격을 나타낸다.

표 5-9 보조기호(KS B 2012)

내부치수		실·실드		궤도륜 모양		베어링의 조합		레이디얼 내부 틈새		정밀도 등급	
내용	기호	내용	기호	내용	기호*	종류	기호	구	기호	등급	기호
내부 설계가 표준과 다른 베어링	A	양쪽 실붙이	UU	내륜 원통구멍	없음	뒷면 조합	DB	보통의 레이디얼 내부 틈새보다 작다	C2	0급	없음
		한쪽 실붙이	U	플랜지 붙이	F	정면 조합	DF	보통의 레이디얼 내부 틈새	CN	6X급	P6X
				내륜 테이퍼 구멍 (기준테이퍼 1/12)	K					6급	P6
ISO규정에 따라 제작된 테이퍼 롤러 베어링	J3	양쪽 실드붙이	ZZ	내륜 테이퍼 구멍 (기준테이퍼 1/30)	K30	병렬 조합	DT	보통의 레이디얼 내부 틈새보다 크다	C3	5급	P5
		한쪽 실드붙이	Z	링 홈붙이	N			C3 보다 크다	C4	4급	P4
				멈춤링 붙이	NR			C4 보다 크다	C5	2급	P2

주) * 표는 다른 기호로 사용할 수 있다.
J3 : 주요 치수 및 서브유닛의 치수가 ISO 355 표준과 일치함을 나타내는 기호

5) 구름 베어링의 종류

① 레이디얼 볼 베어링

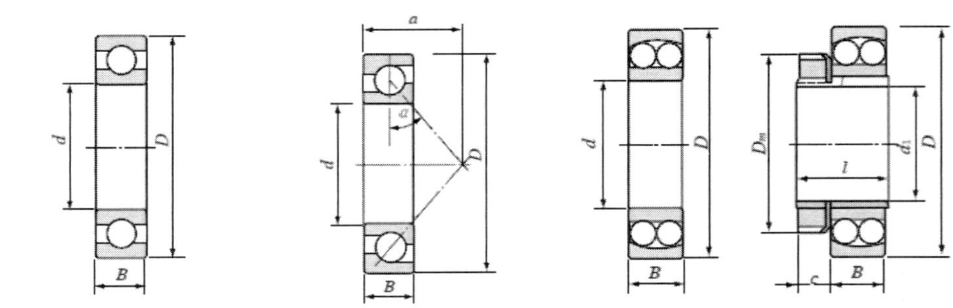

(a) 깊은 홈 볼 베어링 (b) 앵귤러 볼 베어링 (c) 자동 조심 볼 베어링

• 그림 5-21 • 레이디얼 볼 베어링

㉠ 깊은 홈 볼 베어링(deep groove ball bearing) : [그림 5-21(a)]와 같이 깊은 홈 볼 베어링은 구름 베어링 중에서 가장 널리 사용되는 것으로 궤도는 내륜, 외륜

모두 원호 모양의 깊은 홈이 있다. 축에 내륜을 압입하고, 외륜은 하우징에 고정하며, 내륜과 외륜을 분리 할수 없으며, 구조가 간단하고 정밀도가 높아서 고속 회전용으로 가장 적합하다.

㉡ 앵귤러 볼 베어링(angular contact ball bearing) : [그림 5-21(b)]와 같이 앵귤러 볼 베어링은 볼과 내외륜과의 접촉점을 잇는 직선이 레이디얼 방향에 대해서 어느 각도를 이루고 있기 때문에 앵귤러 볼 베어링이라 하며, 이 각도를 접촉각이라 한다. 구조상 레이디얼 하중 외에 한 방향의 스러스터 하중을 받는 경우에 적합하다.

㉢ 자동 조심 볼 베어링(self-aligning ball bearing) : [그림 5-21(c)]와 같이 자동 조심 볼 베어링은 외륜의 궤도면이 구면으로 되어 있어, 그 중심이 베어링 중심과 일치하고 있기 때문에 자동적으로 중심을 닻출 수 있다. 내경이 테이퍼진 경우에는 베어링 번호 뒤에 K가 붙으며 표준 테이퍼는 1/12이다.

② 레이디얼 롤러 베어링

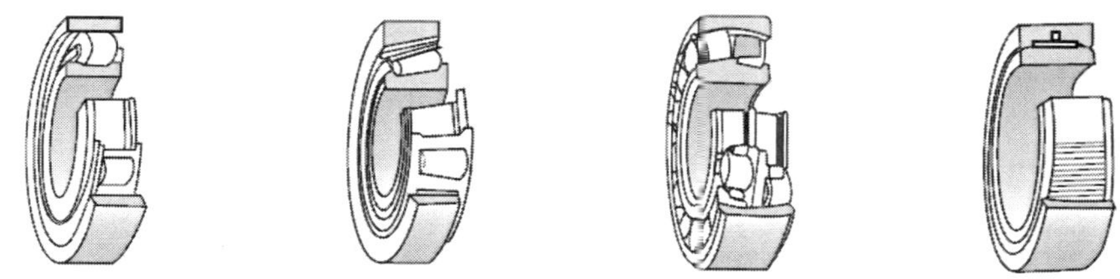

(a) 원통 롤러　(b) 테이퍼 롤러　(c) 자동조심 롤러　(d) 니들 롤러

• 그림 5-22 • 레이디얼 롤러 베어링

㉠ 원통 롤러 베어링(cylindrical roller bearing) : [그림 5-22(a)]와 같이 원통 롤러 베어링은 전동체로서 원통 롤러를 사용하는 베어링으로, 볼 베어링이 점접촉을 하는 데 비하여 선접촉을 하므로, 레이디얼 방향의 부하 용량이 크다. 따라서, 중하중, 고속회전에 적합하다.

㉡ 테이퍼 롤러 베어링(tapered roller bearing) : [그림 5-22(b)]와 같이 테이퍼 롤러 베어링은 전동체로 테이퍼 롤러를 사용한 베어링으로 내륜, 외륜 및 롤러 원추의 정점이 축선상의 한점에 집중되며, 롤러는 내륜의 턱에 의하여 안내된다. 따라서, 레이디얼 하중과 스러스트 하중의 합성 하중에 대한 부하능력이 크다.

㉢ 자동조심 롤러 베어링(self-aligning roller bearing) : [그림 5-22(c)]와 같이 구면 롤러 베어링은 표면이 구면으로 되어 있는 롤러를 전동체로 사용한 것으로서, 자

동조심 작용이 있어 축심의 어긋남을 자동적으로 조절한다. 레이디얼 부하용량이 크고, 구면을 이용하여 양 방향의 스러스트 하중에도 견딜 수 있으므로 중하중 및 충격 하중에 적합하다.

㉣ 니들 롤러 베어링(needle roller bearing) : [그림 5-22(d)]와 같이 니들 롤러 베어링은 지름 5mm 이하의 바늘 모양의 롤러를 사용한 것으로서 일반적으로 리테이너는 없으며, 내외륜이 있는 것과 내륜이 없고 축에 직접 접촉하는 구조의 것이 있다. 니들 롤러 베어링은 축지름에 비하여 바깥지름이 작고, 부하 용량이 크므로 다른 롤러 베어링을 사용할 수 없는 좁은 장소나 충격하중이 있는 곳에 사용된다.

③ **스러스트 볼 베어링(thrust ball bearing)**

[그림 5-23]과 같이 스러스트 볼 베어링은 스러스트 하중만을 받으므로 고속 회전에는 부적합하다. 단식은 스러스트 하중이 한 방향일 경우에, 복식은 양 방향일 경우에 쓰인다. 단식에서는 회전륜과 고정륜 사이에 볼을 넣어 사용하고, 고속 회전에는 부적합하다. 복식에서는 상하에 고정륜, 중간에 회전륜이 있으며, 고정륜과 회전륜 사이에는 볼이 있고, 축은 회전륜에 부착된다.

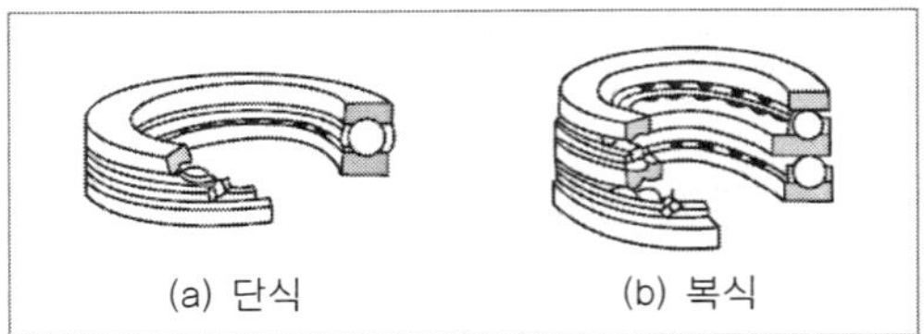

• 그림 5-23 • 스러스트 볼 베어링

④ **스러스트 자동조심 롤러 베어링(thrust self-aligning roller bearing)**

[그림 5-24]와 같이 스러스트 자동조심 롤러 베어링은 큰 축 방향 하중을 받을 수 있으나 고속회전에는 부적합하다. 스러스트 하중이 작용할 때 어느 정도의 레이디얼 하중을 받을 수도 있다. 궤도면은 구면이므로 자동조심 작용을 한다.

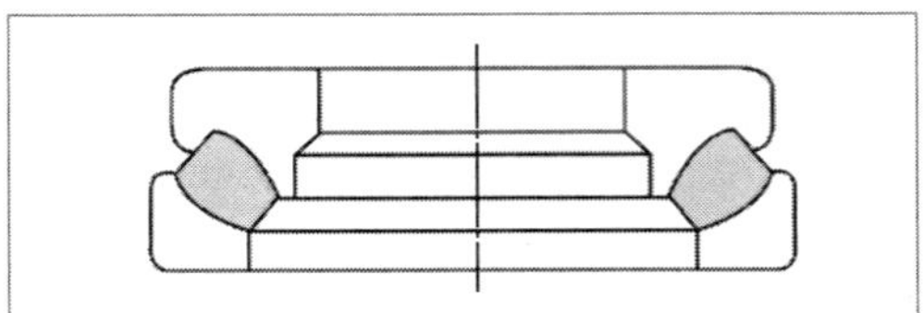

• 그림 5-24 • 스러스트 자동조심 롤러 베어링

6) 구름 베어링의 제도

구름 베어링은 일반적으로 전문 메이커의 제품을 그대로 사용하므로 베어링 형식(계열)이 이해될 수 있는 정도의 호칭번호 또는 간략도시를 표시하면 된다. 이때 베어링의 윤곽은 KS B 2013의 "구름 베어링의 주요치수"에 따라서 도시하고, 인접부분에 접하는 모떼기는 생략하지 않는다.

① 호칭 번호의 기입

베어링의 지정은 보통 규정된 베어링의 호칭 번호로 표시한다. 호칭 번호는 [그림 5-25]와 같이 지시선을 끌어내어 기입한다.

[그림 5-26]은 베어링의 약도 및 도시 기호법을 나타낸다.

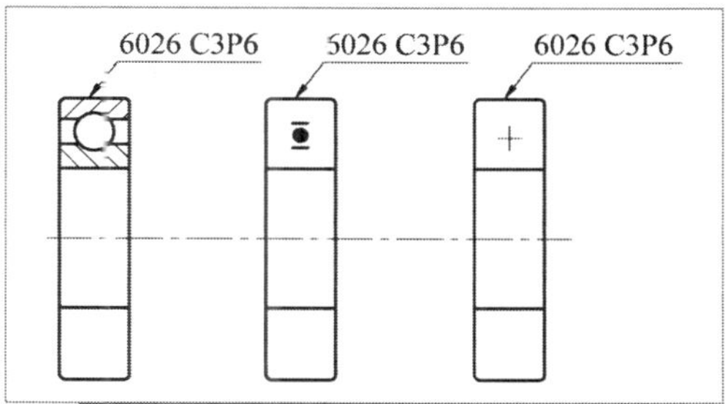

• 그림 5-25 • 호칭번호의 기입방법

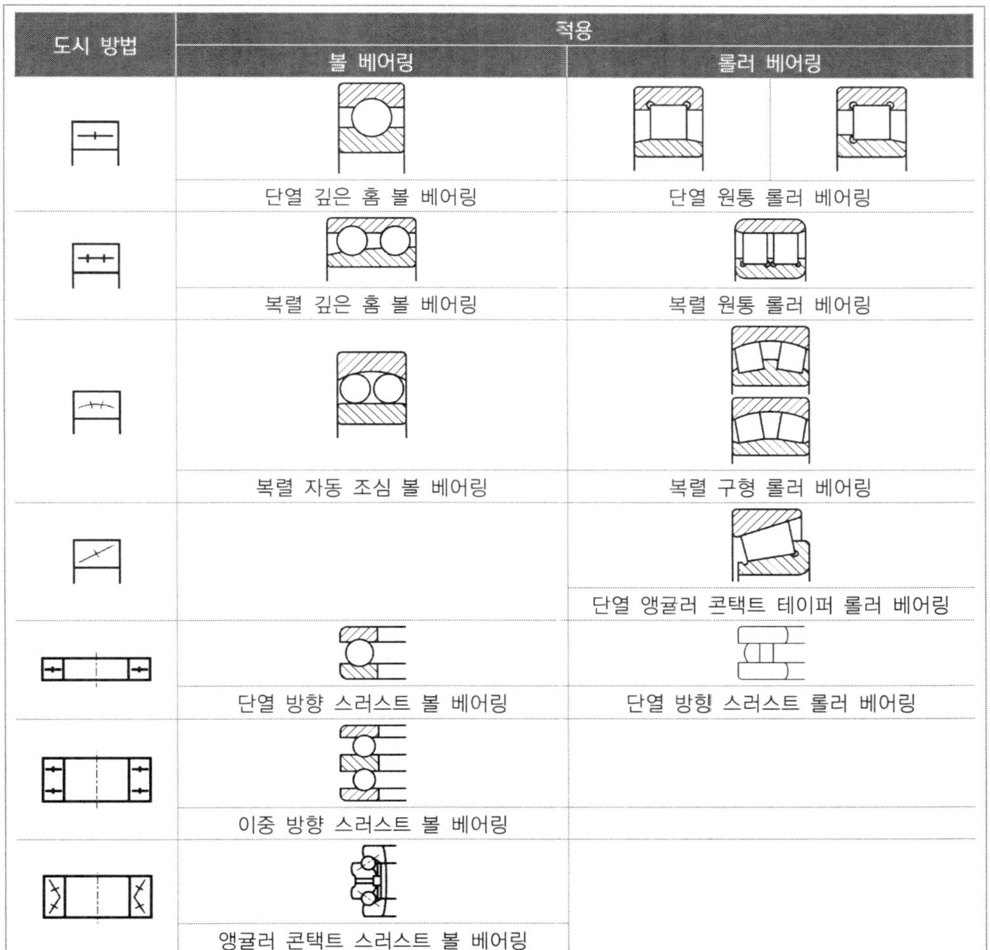

• 그림 5-26 • 구름 베어링의 약도와 도시기호

2 전동용 기계요소

(1) 기어(gear)

기어 전동 장치는 일정 속도비로 큰 회전력을 연속 적으로 전달할 수 있는 장점이 있어 가장 널리 사용되고 있다. 기어는 원통 마찰차나 원추 마찰차의 둘레에 이(teeth)를 같은 간격으로 만든 것이며, 구동 기어(driving gear)의 이가 회전함에 따라 종동 기어(driving gear)의 이 홈에 들어가 치(齒)면을 눌러 회전을 전하는 기계요소이다.

1) 기어의 종류

기어의 종류는 여러 가지 방법으로 나눌 수 있으며, [그림 5-27]과 같이 두 축의 상대 위치에 따라 분류하면 다음과 같다.

① 평행 축 기어

두 축이 서로 평행할 때 사용하는 기어이다.

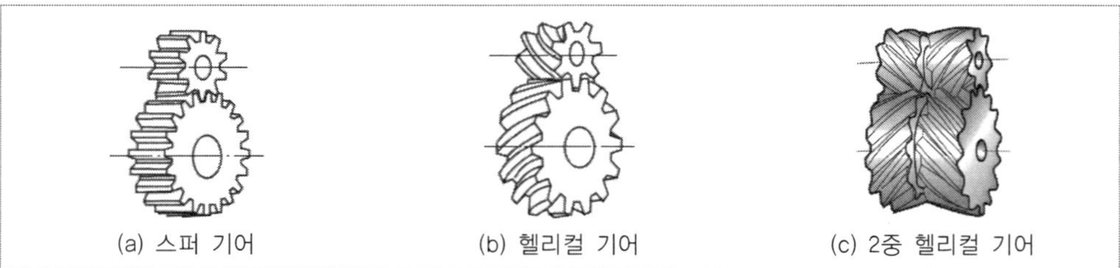

• 그림 5-27 • 평행축 기어(1)

㉠ 스퍼 기어(spur gear) : [그림 5-27(a)]와 같이 직선 치형을 가지며 잇줄이 축에 평행하다. 제작이 용이하며 가장 많이 쓰인다.

㉡ 헬리컬 기어(helical gear) : [그림 5-27(b)]와 같이 잇줄이 축 방향과 일치하지 않는 기어이다. 이의 물림이 좋아져 조용한 운전을 하나 축 방향 하중이 발생하는 단점이 있다.

㉢ 2중 헬리컬기어(double helical gear) : [그림 5-27(c)]와 같이 비틀림 각 방향이 서로 반대인 한 쌍의 헬리컬 기어를 조합한 것이다. 축 방향의 힘(추력)이 발생하지 않는다.

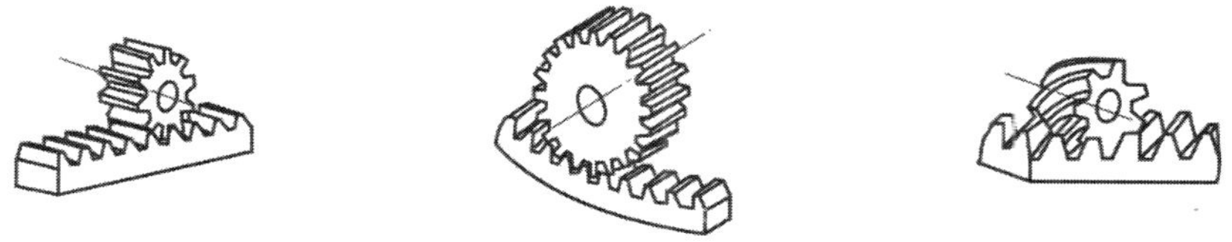

(a) 랙과 작은 기어 (b) 안 기어와 바깥 기어 (c) 헬리컬 랙과 작은 기어

• 그림 5-28 • 평행축 기어[2)]

㉣ 랙(rack) : [그림 5-28(a)]와 같이 작은 스퍼 기어와 맞물리고 잇줄이 축 방향과 일치한다. 곧은 막대에 같은 간격으로 동일한 형태의 이를 만든 것이다. 피치원의 반지름이 무한대인스퍼 기어로 생각할 수 있다. 회전운동을 직선운동으로 바꾸는데 사용된다.

㉤ 안기어와 바깥기어 : [그림 5-28(b)]와 같이 스퍼 기어와 맞물리며 원통의 안쪽에 이가 만들어져 있다. 잇줄이 축에 대하여 평행하며, 맞물린 기어와 회전방향이 같다. 유성기어 장치 또는 기어 형 축이음에 사용하며, 내접 기어(internal gear)라고도 한다.

㉥ 헬리컬 랙(helical rack) : [그림 5-28(c)]와 같이 헬리컬 기어와 맞물리고 잇줄이 축 방향과 일치하지 않는다. 피치원의 반지름이 무한대인 헬리컬 기어로 생각할 수 있다.

② 교차 축 기어

교차하는 두 축의 운동을 전달하기 위하여 원추형으로 만든 기어를 베벨 기어(bevel gear)라고 한다.

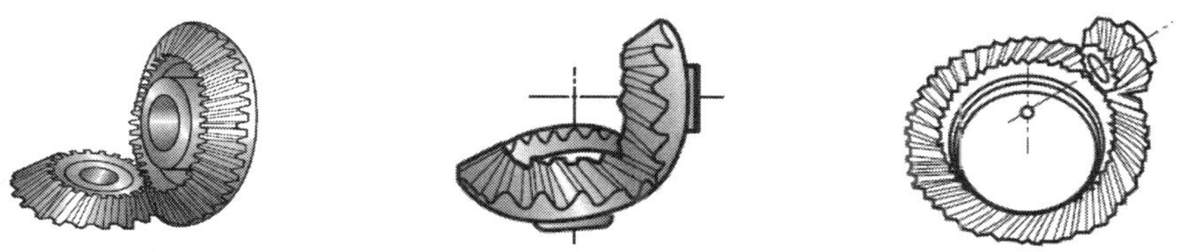

(a) 스퍼(직선) 베벨 기어 (b) 헬리컬 베벨 기어 (c) 스파이럴 베벨 기어

• 그림 5-29 • 교차 축 기어[1)]

㉠ 스퍼(직선) 베벨 기어(spur bevel gear) : [그림 5-29(a)]와 같이 잇줄이 피치원뿔의 모직선(母直線)과 일치하는 베벨 기어이다. 베벨 기어 중 제작이 가장 간단하여 많이 쓰인다.

㉡ 헬리컬 베벨기어(heli bevel gear) : [그림 5-29(b)]와 같이 잇줄이 직선이면서 경사진 기어로 물림이 원활하다.

㉢ 스파이럴 베벨기어(spiral bevel gear) : [그림 5-29(c)]와 같이 잇줄이 곡선이고 모직선에 대하여 나선형으로 비틀어져 있는 원추형 기어이다. 제작이 어려우나 이의 물림이 좋고 조용하게 회전한다.

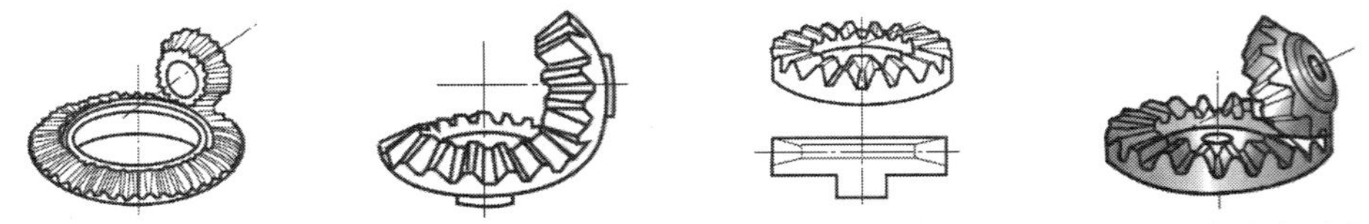

(a) 제롤 베벨 기어 (b) 마이터 기어 (c) 크라운 기어 (d) 앵귤러 베벨 기어

• 그림 5-30 • 교차 축 기어(2)

㉣ 제롤 베벨기어(zerol bevel gear) : [그림 5-30(a)]와 같이 스파이럴 베벨기어 중에서 이너비의 중앙에서 비틀림 각이 영(zero)인 베벨기어이다.

㉤ 마이터 기어(miter gear) : [그림 5-30(b)]와 같이 두 축이 직각으로 만나며 맞물리는 두기어의 잇수가 같은 베벨기어이다.

㉥ 크라운기어(crown gear) : [그림 5-30(c)]와 같이 피치면이 평면으로 된 베벨기어이다.

㉦ 앵귤러 베벨 기어(angular bevel gear) : [그림 5-30(d)]와 같이 두 축이 직각이 아닌 일정한 예각(90도 미만)으로 축각을 이루는 베벨 기어이다.

③ 엇갈림 축 기어

두 축이 평행하지도 않고, 만나지도 않는 축 사이의 동력을 전달하는 기어를 말한다.

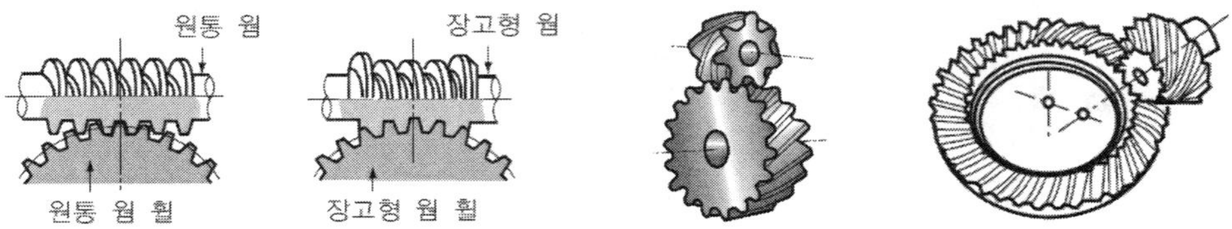

(a) 원통 웜 기어 (b) 장고형 웜 기어 (c) 나사 기어 (d) 하이포이드 기어

• 그림 5-31 • 엇갈림 축 기어

㉠ 원통 웜기어(worm gear) : [그림 5-31(a)]와 같이 두 축이 직각을 이루는 경우에 적용한다. 원통형 웜과 이에 맞물리는 웜휠을 총칭하는 말이다. 큰 감속을 얻

을 수 있으나 효율이 낮은 단점이 있다.

㉡ 장고형 웜기어(hourglass worm gear) : [그림 5-31(b)]와 같이 웜통 웜기어를 개선한 것으로서 웜을 장고형으로 만들어 웜휠과의 접촉면적을 크게 한 것이다.

㉢ 나사기어(screw gear) : [그림 5-31(c)]와 같이 서로 교차하지도 않고 평행하지도 않는 두 축 사이의 운동을 전달하는 기어로서 헬리컬 기어의 이 모양을 갖는다.

㉣ 하이포이드 기어(hypoid gear) : [그림 5-31(d)]와 같이 서로 교차하지도 않고 평행하지도 않는 두 축 사이의 운동을 전달하는 스파이럴 베벨기어로서 일반 스파이럴 베벨기어에 비하여 피니언의 위치가 이동된다.

2) 스퍼 기어의 각부 명칭

기어의 각부 명칭은 KS B 0102에 규정되어 있으며, [그림 5-32]는 기어의 각부 명칭을 나타내며, 그 용어의 설명은 다음과 같다.

① 피치원

평행한 두 축 사이에 일정 각속도비의 회전을 전달하는 스퍼 기어는 원통 마찰차의 마찰 면을 기준으로 하여 같은 간격의 이를 만든 것으로 생각할 수 있다. 따라서 이 마찰차에 해당하는 원을 피치원이라 하고, 랙과 같은 직선일 때는 피치선이라 한다. 이 접촉점을 피치점이라 한다.

② 이(teeth)끝 높이

피치원에서 이끝원까지의 거리를 이끝 높이(addendum)라 하며, 이끝원은 이끝을 연결한 원이다.

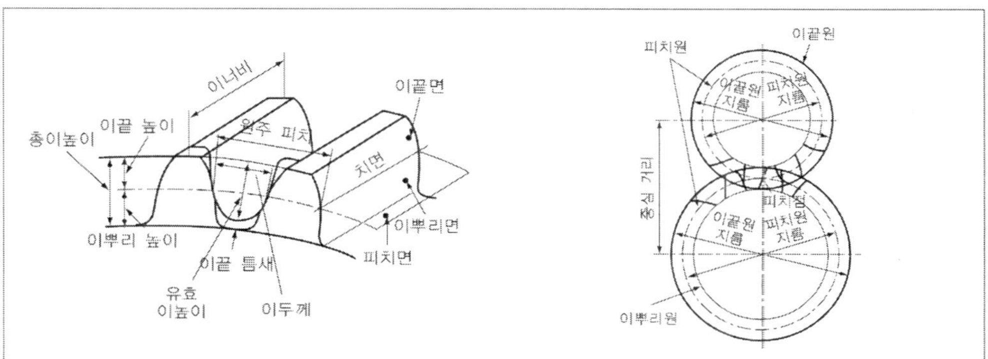

• 그림 5-32 • 스퍼 기어의 각부 명칭

③ 이(teeth)뿌리 높이

피치원에서 이뿌리원까지의 거리를 이뿌리 높이(dedendum)라 하며, 이뿌리원은 이뿌리를 연결한 원이다.

④ 총 이(teeth)높이

총 이(teeth)높이는 이끝 높이와 이뿌리 높이를 합한 크기이다.

⑤ 이(teeth)끝 틈새

이끝 틈새는 이끝원에서부터 이것과 맞물리고 있는 기어의 이뿌리원까지의 거리이다.

3) 이(teeth)의 크기

피치원의 크기가 같은 기어에서 잇수가 다르면 이의 크기가 달라지므로, 이의 크기를 결정하는 기준이 필요하다. 이의 크기를 나타내는 기준에는 모듈, 지름 피치 및 원주 피치가 있다.

① 모듈(module)

모듈은 피치원의 지름을 잇수로 나눈 값이며, 이 값을 기준으로 이끝 높이, 이뿌리 높이 등이 결정된다. [그림 5-33]과 같이 모듈이 클수록 잇수는 작고, 이는 커진다. [표 5-10]은 모듈의 표준을 나타낸다.

② 원주 피치(circular pitch)

원주 피치는 피치원의 둘레(원주율×피치원 지름)를 잇수로 나눈 값으로 mm로 표시된다.

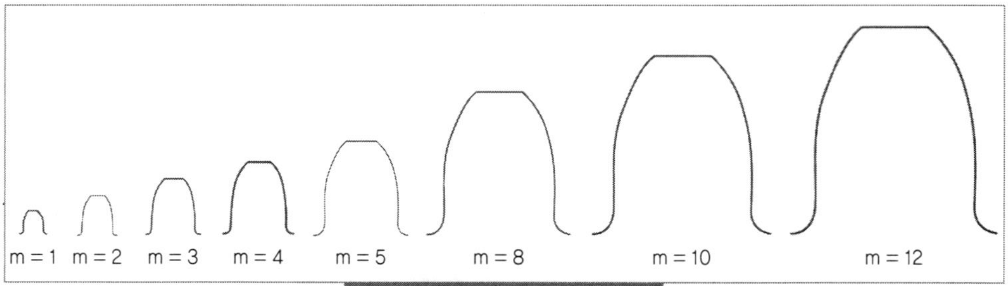

• 그림 5-33 • 치형의 크기

표 5-10 모듈의 표준값(KS B 1404) (단위 : mm)

제1계열	1 1.25 1.5 2 2.5 3 4 5 6 8 10 12 16 20 25 32 40 50
제2계열	1.125 1.375 1.75 2.25 2.75 3.5 4.5 5.5(6.5) 7 9 11 14 18 22 28 36 45

비고 : 제1계열을 우선 사용하고, 필요에 따라 제2계열을 사용한다.

[그림 5-34]는 이의 크기를 나타내는 기준이다.

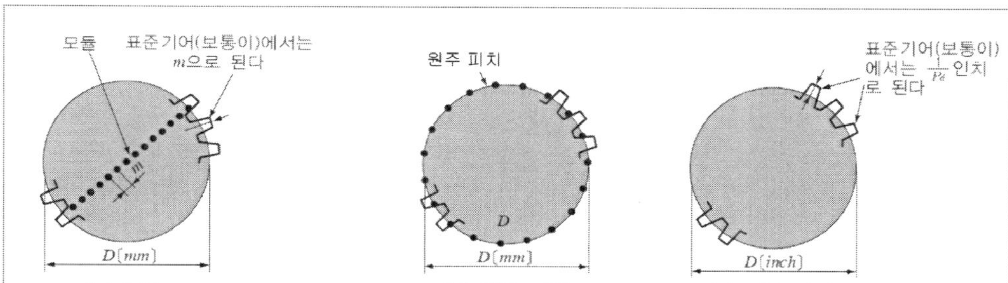

(a) 모듈 (b) 원주 피치 (c) 지름 피치

• 그림 5-34 • 이의 크기를 나타내는 기준

③ **지름 피치(diametral pitch)**

지름 피치는 잇수를 피치원의 지름(inch)으로 나눈 값으로 모듈의 역수가 되며, 단위로는 인치(inch)를 사용하므로 수치에서는 역수가 되지 않는다. 이 값이 작을수록 잇수는 작고 이는 커진다. [표 5-11]은 m(모듈), P_d(지름피치) 및 p(원주피치)와의 관계를 나타내는 표이다.

표 5-11 m(모듈), P_d(지름피치) 및 p(원주피치)와의 관계

재료	기호	p를 기준	m을 기준	P_d을 기준
원주 피치	P	$\frac{\pi D}{Z}$	πm	$\frac{25.4\pi}{P_d}$
모듈	m	$\frac{p}{\pi}$	$\frac{D}{Z}$	$\frac{25.4}{P_d}$
지름 피치	P_d	$\frac{25.4\pi}{p}$	$\frac{25.4}{m}$	$\frac{Z}{D}$

4) 기어의 제도

기어의 부품도는 기어의 그림과 요목표를 병용한다.

① 스퍼 기어(spur gear)의 제도

스퍼 기어를 도시 할 때에는 나사의 경우와 같이 치형은 생략하여 표시하는 간략법을 쓰며, [그림 5-35]와 같이 이끝원은 굵은 실선으로, 피치원은 가는 1점 쇄선으로, 이뿌리원은 가는 실선또는 굵은 실선으로 그리거나 완전히 생략하기도 한다. 제작도에서는 기어의 제작상 중요한 치형, 모듈, 압력각, 피치원 지름 등 기타 필요한 사항은 [표 5-12]와 같이 요목표를 만들어 기입한다.

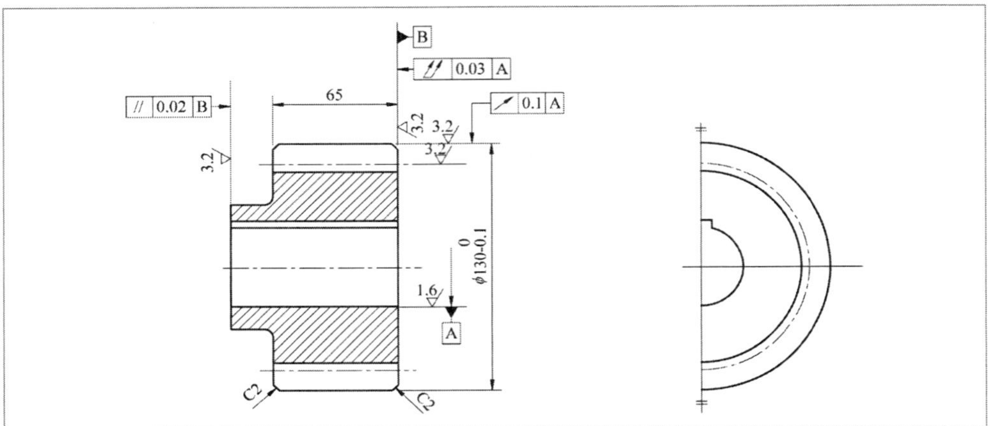

• 그림 5-35 • 스퍼 기어의 도시

표 5-12 스퍼 기어의 요목표

(단위 : mm)

스퍼 기어				
기어치형		전 위	다듬질 방법	호브 절삭
기준 랙	치형	보통이	정밀도	KS B ISO 1328-1 5급
	모듈	6	비고	상대 기어 전위량 0 상대 기어 잇수 52 중심 거리 215 백래시 0.2 ~ 0.89 *재료 SNCM415 *열처리 침탄 퀜칭 *경도(표면경도) HRC 55 ~ 61
	압력각	20°		
잇 수(개)		19		
기준 피치원 지름		114		
전위량		+2.14		
전체 이높이		13.34		
이두께	벌림 이두께	47.96 $^{-0.08}_{-0.38}$ (벌림 잇수 = 3)		

주 : * 표를 붙인 사항은 필요에 따라 기입한다.

기어의 암은 타원형, T자형,+자형, H자형 등이 있다. [그림 5-36]은 단면 형상에 따른 암의 치수 비율을 나타낸 것이다. [표 5-13]은 기어 각부에 대한 관계식을 나타낸다.

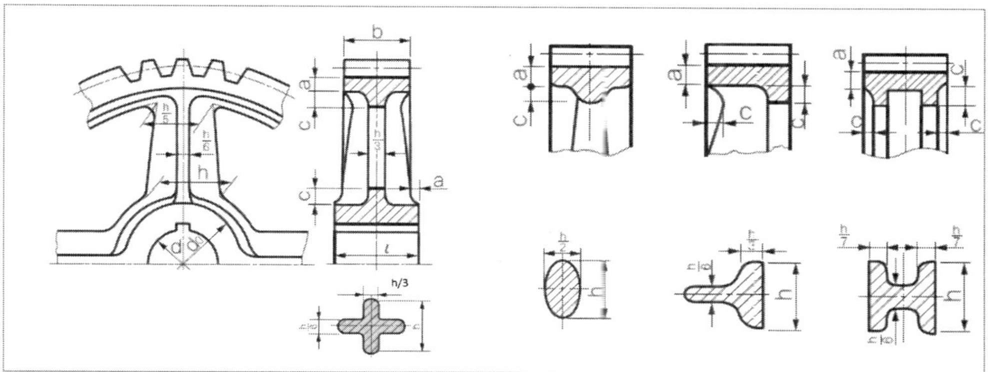

• 그림 5-36 • 스퍼기어 암의 치수 비율

표 5-13 기어 각부에 대한 관계식

각부의 명칭	미터식(mm)
모듈 m	$m = \frac{t}{\pi} = \frac{D}{Z} = \frac{D_o}{(Z+2)} = \frac{25.4}{P_d}$
원주피치 t	$t = \pi m = \pi \cdot \frac{D_o}{(Z+2)}$
피치원 지름 D	$D = mZ = \frac{t}{\pi} \cdot Z = \frac{D_o}{(Z+2)} \cdot Z$
이끝원 지름 D_o	$D_o = (Z+2)m = D+2m$
이뿌리원 지름 D_r	$D_r = D-2.31416m$
잇수 Z	$Z = \frac{D}{m} = \frac{D_o}{m} - 2$
이두께 S	$S = \frac{\pi m}{2} = \frac{t}{2} = 1.5708m$
이끝높이 a	$a = m = \frac{t}{\pi} = 0.3183t$
이뿌리높이 e	$e = a+c = m-0.15708m = 1.15708m$
이높이 h	$h = a+e = m+1.15708m = 2.15708m$
클리어런스 c	$c = 0.15708m = \frac{S}{10}$

② 헬리컬 기어(helical gear)의 제도

헬리컬 기어 치형의 크기를 표시하는 데는 치직각 방식과 축직각 방식이 있다. 전자는 이의 직각 방향에서 측정한 이의 크기이며, 후자는 축의 직각 방향에서 측정한 이의 크기를 말한다. [표 5-14]는 헬리컬 기어와 이중 헬리컬 기어의 각부 치수 계산식이다. 헬리컬 기어의 제도에서 측면도는 스퍼 기어와 같으나 정면도에서는 반드시 이의 비틀림 방향을 가는 실선을 이용하여 도시하여야 한다. 이 평행 사선은 나사각에 관계없이 30°방향으로 그려도 좋으며, 서로평행하게 3줄을 긋는다. [그림 5-37]과 같이 단면도시에는 가는 2점 쇄선을 사용하며 또한 [표 5-15]와 같이 요목표를 만들어 기입한다.

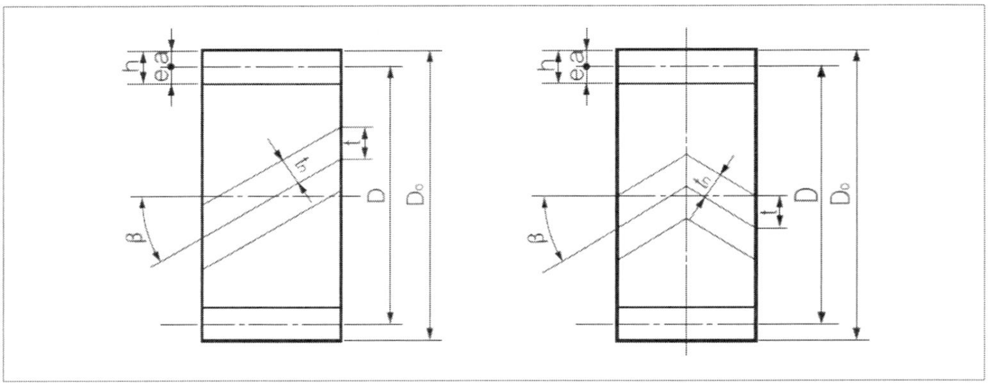

표 5-14 헬리컬 기어와 이중 헬리컬 기어의 각부 치수 계산식

명칭과 기호		헬리컬 기어 (치직각방식 m_n)	이중 헬리켈 기어 축직각방식	
			사이크스식 (β = 23° 또는 30°)	산더랜드식 (β = 22.5° 또는 30°)
이끝높이	a	$1m_n$	0.89m	0.8796m
이뿌리높이	e	$1.157m_n$	1.10m	1.0053m
이높이	h	$2.157m_n$	1.99m	1.8849m
치직각원주피치	t_n	πm_n	$\pi m \cos\beta$	$\pi m\cos\beta$
축직각원주피치	t	$t_n/\cos\beta$	πm	πm
치직각모듈	m_n	t_n/π	$m\cos\beta$	$m\cos\beta$
축직각모듈	m	$m_n/\cos\beta$	t/π	t/π
피치원지름	D	$Zm_n/\cos\beta$	Zm	Zm
바깥지름	D_o	D+2a	D+2a	D+2a
잇수	Z	$D \cos\beta/m_n$	D/m	D/m
상당잇수	Z_e	$Z/\cos^3\beta$	$Z/\cos^3\beta$	$Z/\cos^3\beta$
리드	l	$\pi D/\tan\beta$	$\pi D/\tan\beta$	$\pi D/\tan\beta$

주 : 사이크스(Sykes) 및 산더랜드(Sanderland)는 기어 제작회사의 명칭이다.

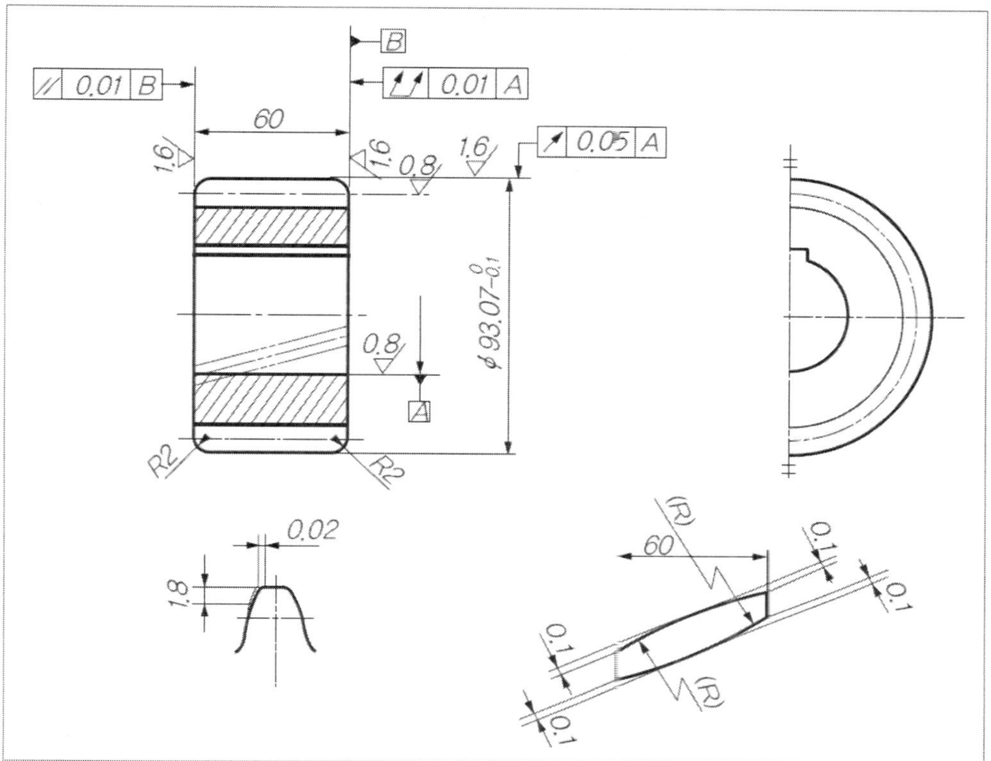

• 그림 5-37 • 헬리컬 기어의 도시

표 5-15 헬리컬 기어의 요목표

(단위 : mm)

헬리컬 기어					
기어치형		표준	전체 이높이		9.40
치형 기준 평면		치직각	이두께	오버핀(볼) 치수	95.19 −0.17 −0.29 (볼지름 = 7.144)
기준랙	치형	보통이			
	모듈	4	다듬질 방법		연삭 다듬질
	압력각	20°	정밀도		KS B ISO 1328-1 5급
잇수(개)		19	비고	상대 기어 이수 24 중심 거리 96.265 기초원 지름 78.783 *재료 SNCM 415 *열처리 침탄 퀜칭 *경도(표면) HRC 55~61 *유효 경화층 깊이 0.8~1.2 *백래시 0.15~0.31 치형수정 및 크라우닝을 할 것	
비틀림각		26.7° (26°42')			
비틀림 방향		왼쪽			
리드*		531.385			
기준 피치원 지름		85.071			

주 : *표를 붙인 사항은 필요에 따라 기입한다.

③ 베벨 기어(bevel gear)의 제도

베벨 기어의 각부 계산은 표준 베벨 기어에 대하여 [표 5-16]을 사용한다. [그림 5-38]과 같이 기어의 단면을 도시하며, 정면도에서는 이끝선과 이뿌리선은 굵은 실선, 피치선은 가는 일점쇄선으로 도시하고, 이끝과 이뿌리를 나타내는 원추선은 꼭지점에 오기전에 끝마무리 한다.

측면도의 이끝원은 외단부와 내단부를 모두 굵은 실선, 피치원은 외단부만 가는 1점 쇄선으로도시하고, 이뿌리원은 양쪽 끝을 모두 생략한다.

표 5-16 베벨 기어의 계산식

명칭	기호	큰기어	작은기어
피치원추각	δ	$\tan\delta_1 = \dfrac{\sin\theta}{\dfrac{Z_2}{Z_1}+\cos\theta}$	$\tan\delta_2 = \dfrac{\sin\theta}{\dfrac{Z_2}{Z_1}+\cos\theta}$
뒷면원추각	α	$\alpha = 90-\delta_1$	$\alpha = 90-\delta_2$
축각	Σ	$\Sigma = \delta_1+\delta_2$	
피치원지름	D	$D_1 = mZ_1$	$D_2 = mZ_2$
이끝원지름	d_k	$d_{k1} = D_1+2h_k\cos\delta_1$	$d_{k2} = D_2+2h_k\cos\delta_2$
이끝높이	h_k	$(h_k = m)$	
이뿌리높이	h_f	$h_f \geq 1.25$	
전체이높이	h	$h = h_k+h_f \geq 2.25$	
원추거리	R_a	$R_a = \dfrac{d_1}{2\sin\delta_1} = \dfrac{d_2}{2\sin\delta_2}$	
이봉우리 각	θ_k	$\tan\theta_k = \dfrac{h_k}{R_a}$	
이골 각	θ_f	$\tan\theta_f = \dfrac{h_f}{R_a}$	
이끝원추리각	θ_k	$\delta_{k1} = \delta_1+\theta_k$	$\delta_{k2} = \delta_2+\theta_k$
이뿌피원추리각	δ_t	$\delta_{t1} = \delta_1-\theta_f$	$\delta_{t2} = \delta_2-\theta_f$

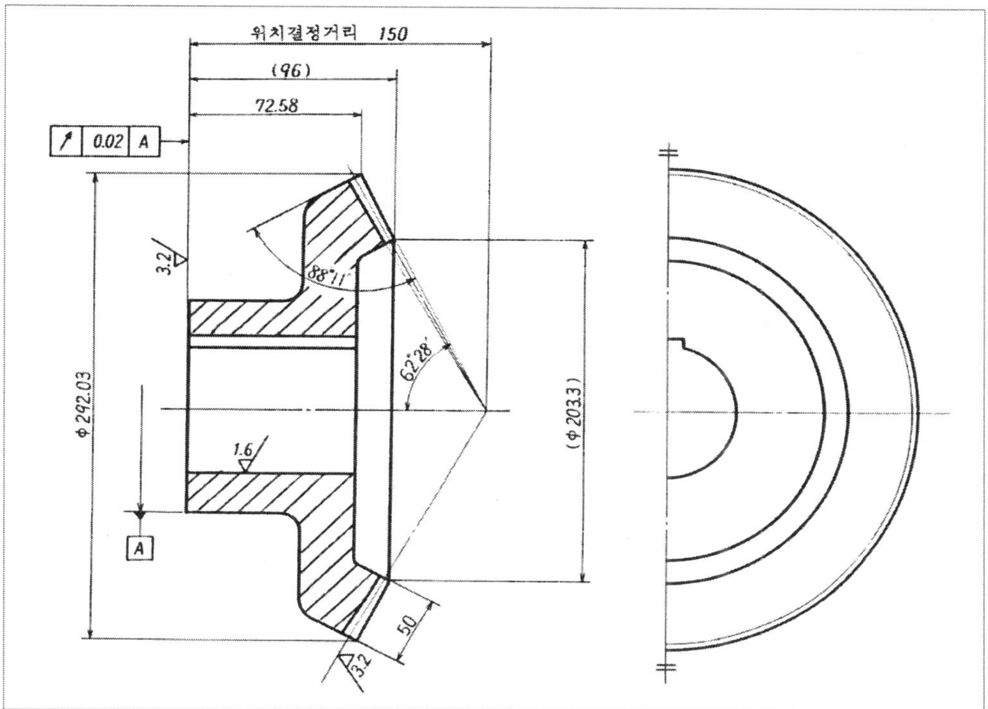

• 그림 5-38 • 직선 베벨 기어의 도시

표 5-17 베벨 기어의 요목표

(단위 : mm)

직선 벨베 기어						
구별	기어	(피니언)	구별		기어	(피니언)
치형	글리손식		기준 피치원추각		60°39'	(29°21')
모듈	6		이골 원추각		57°32'	
압력각	20°		잇봉우리 원추각		62°28'	
잇수(개)	48	(27)	이두께	측정 위치	바깥끝 잇봉우리원부	
축각	90°			활줄 이두께 (치직각)	$8.08^{-0.10}_{-0.15}$ 캘리퍼 4.14	
기준 피치원 지름	288	(162)	다듬질 방법		절삭	
이높이	13.13		정밀도		KS B 1412 4급	
이끝 뿌리	4.11		비고	백래시 0.2~0.5 이접촉 KS B 1417 구분 B		
이뿌리 높이	9.02			*재료 SCM 420 H *열처리		
원추 거리	165.22			*유효 경화층 깊이 0.9~1.4 *경도(표면) HRC 60±3		

주 : *표를 붙인 사항은 필요에 따라 기입한다.

④ 웜과 웜휠(worm & worm wheel)의 제도

웜과 웜휠의 각부 치수는 [표 5-18]과 같이 이의 크기는 축직각 방식의 축직각 피치를 기준으로 하며, 웜은 볼트, 웜휠은 나사와 같은 방법으로 정한다.

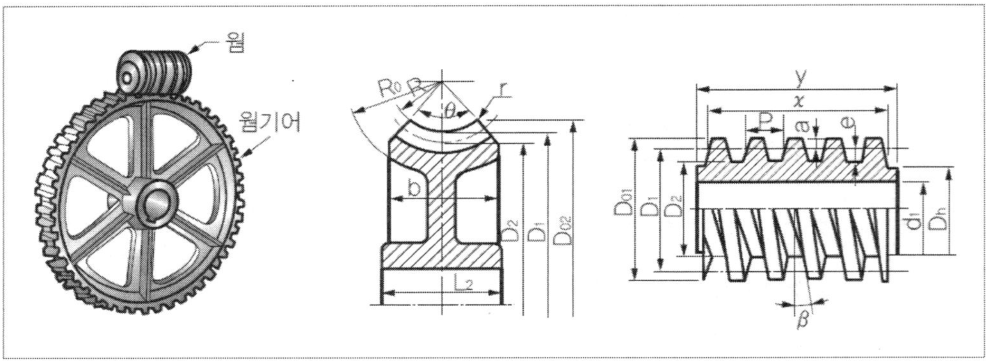

표 5-18 웜과 웜휠의 계산식

종별	번호	각부의 명칭	기호	1-2줄 나사	3-4줄 나사
웜	1	피치원지름	D_1	$2.4\pi m+2.8cm$(구멍붙이)	$2.4\pi m+2.8cm$
	2	바깥지름	D_{01}	D_1+2a	D_1+2a
	3	밑지름(저경)	D_2	D_1-2e	D_1-2e
	4	보스의 바깥지름	D_h	$1.664\pi m+2.5cm$	$1.726\pi m+2.5cm$
	5	보스의 구멍지름	d_1	$\pi m+1.6cm$	$\pi m+1.6cm$
	6	나사의 길이	χ	$(4.5+0.02\ Z_2)\pi m$	$(4.5+0.02\ Z_2)\pi m$
	7	보스의 길이	y	$\chi+2\pi m$	$\chi+2\pi m$
	8	나선각	β	$\tan\beta=\frac{Z_1 m}{D_1}=\frac{L}{\pi D_1}$	$\tan\beta=\frac{Z_1 m}{D_1}=\frac{L}{\pi D_1}$
	9	이드	l	$Z_1\pi m$	$Z_1\pi m$
	10	압력각	ϕ	14.5°, 20°	20°
웜휠	11	피치원즈림	D_2	mZ_2	mZ_2
	12	목지름	D_1	D_2+2a	D_2+2a
	13	바깥지름	D_{02}	$D_1+0.477\pi m$	$D_1+0.3183\pi m$
	14	이폭(이나비_	b	$1.5\pi m\sim2.5\pi m$	$1.5\pi m\sim2.5\pi m$
	15	보스의 길이	L_2	$b+0.5d_2$	$b+0.5d_2$
	16	면의 반지름	R	$0.882\pi m\sim1.4\pi m$	$0.914\pi m\sim1.4\pi m$
	17	면각	θ	60°~80°	60°~80°
	18	림의 반지름	R_o	$2.2\pi m+1.4cm$	$2.1\pi m+1.4cm$
	19	끝목골 반지름	γ	$0.25\pi m$	$0.25\pi m$
	20	축간거리	c	$(D_1+D_2)/2$	$(D_1+D_2)/2$
	21	압력각	ϕ	14.5°, 20°	20°

㉠ 웜의 제도 : 잇줄 방향과 비틀림각 및 비틀림 방향은 헬리컬 기어의 도시법에 준하여 표시하며, [그림 5-39]와 같이 필요에 따라 치직각 단면을 상세도로 도시할 수 있다. 이끝원은 굵은 실선으로 그리며, 이뿌리원은 나사를 도시할 때처럼 가는 실선으로 도시한다. 또한 피치선은 가는 일점쇄선으로 표시하며, 기타의 외형은 축의 제도법에 준하여 도시할 수 있다. [표 5-19]는 웜의 요목표 보기이다.

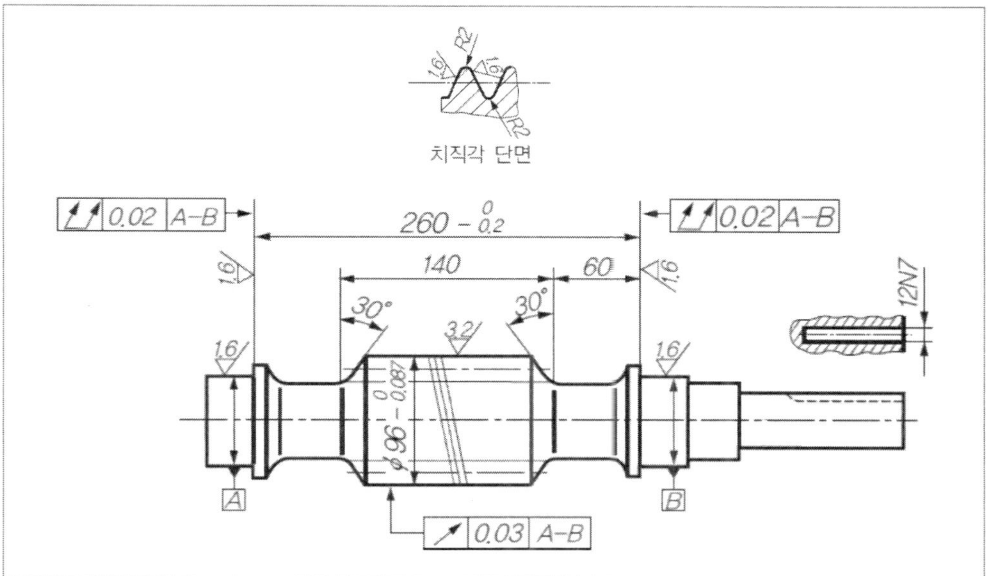

• 그림 5-39 • 웜의 도시법

표 5-19 웜의 요목표 (단위 : mm)

치형	KS B 1416 3형	이 두 께	활줄 이두께(치직각)	12.32 −0 / −0.15 캘리퍼 이높이 = 8
축방향 모듈	8			
줄수	2		오버핀 치수 핀 지름	
비틀림 방향	오른쪽			
기준 피치원 지름	80	비 고	백래시	0.21~0.35
지름 계수	10.00		중심거리	200
리드각	11°18'36"		이접촉	KS B 1417 구분 B
다듬질 방법	연삭		*재료	SM48C
정밀도*			*열처리	치면 고주파 담금질
			*경도(표면)	HRC 50~55

주 : *표를 붙인 사항은 필요에 따라 기입한다.

㉡ 웜휠의 제도 : [그림 5-40]과 같이 정면도의 이뿌리원, 이끝원, 피치원 등은 웜의 중심으로 부터 웜과 같은 방법으로 그린다. 측면도 기어의 이끝원은 굵은 실선, 피치원 지름은 가는 일점쇄선으로 도시하며, 이뿌리원 및 목의 지름원은 도시하지 않는다.

[표 5-20]은 웜휠의 요목표 보기이다.

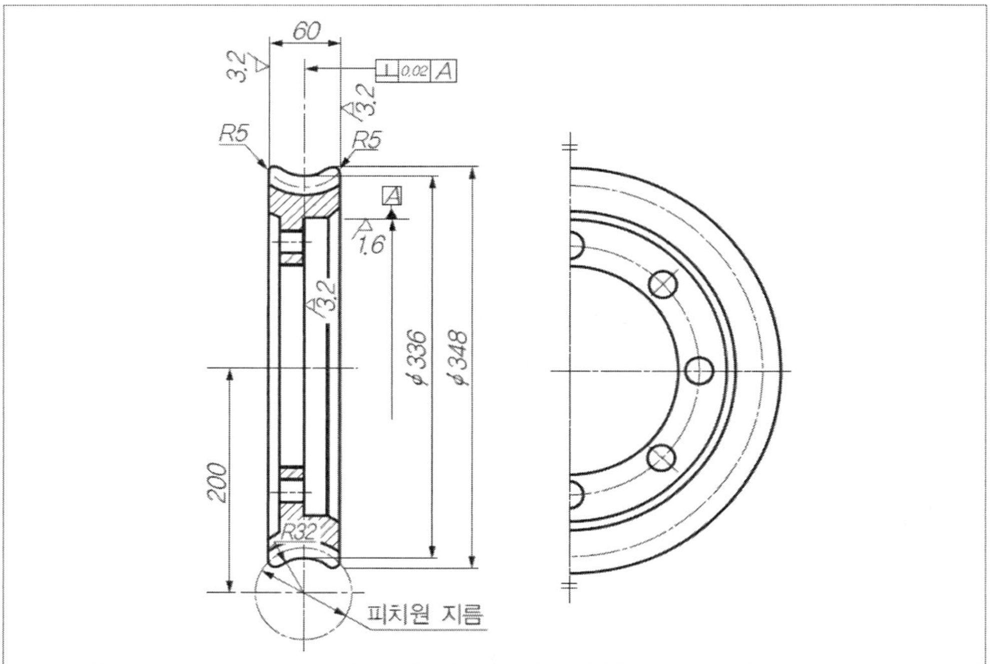

• 그림 5-40 • 웜휠의 도시법

표 5-20 웜휠의 요목표

(단위 : mm)

상대 웜 치형		KS B 1416 3형	다듬질 방법	호브 절삭
축방향 모듈		8	*정밀도	
잇수(개)		40	백래시 (피치 원둘레 방향)	0.21~0.35
기준 피치원 지름		320	참고 이두께 { 활줄 이두께(치직각)	12.32
상대웜	줄수	2	참고 이두께 { 캘리퍼 이높이	8.12
상대웜	비틀림 방향	오른쪽	전위량	0
상대웜	기준 피치원 지름	80	이접촉	KS B 1417 구분 B
상대웜	리드각	11°18'36"	*재료	PBC 2B

주 : *표를 붙인 사항은 필요에 따라 기입한다.

⑤ 랙 기어의 제도

[그림 5-41]과 같이 전체 길이의 양끝 일부분에 사다리꼴의 원형을 굵은 실선으로 표시하고 중간부분은 생략하며, 생략부의 이끝선은 굵은 실선, 피치선은 가는 1점 쇄선, 이뿌리선은 가는 실선으로 도시한다.

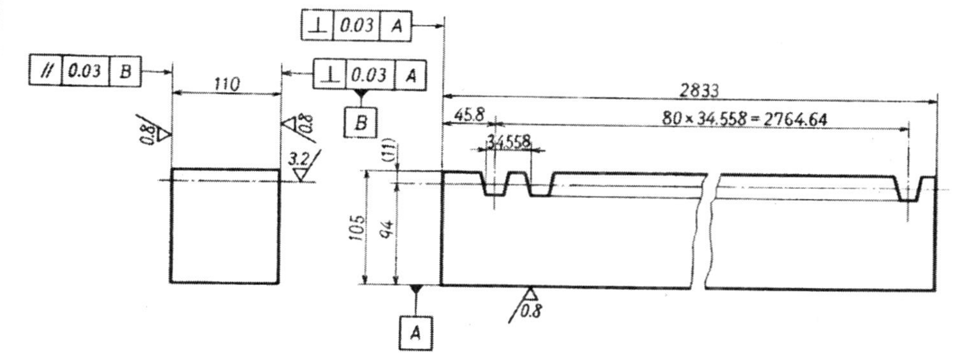

• 그림 5-41 • 랙의 도시법

5) 맞물리는 기어의 간략 도시법

조립도 등에 기어를 도시할 때는 제도의 능률을 위해 간략한 그림을 사용하며 요목표에 상세한 사항들을 기입한다. 맞물림부와 이끝원은 모두 굵은 실선으로 표시한다. 주투영도를 단면도로 표시할 때는 맞물림부의 한쪽 이끝원을 표시하는 원은 가는 파선 또는 굵은 파선을 사용하여 표시한다.

① 맞물리는 1쌍의 기어 간략 도시법

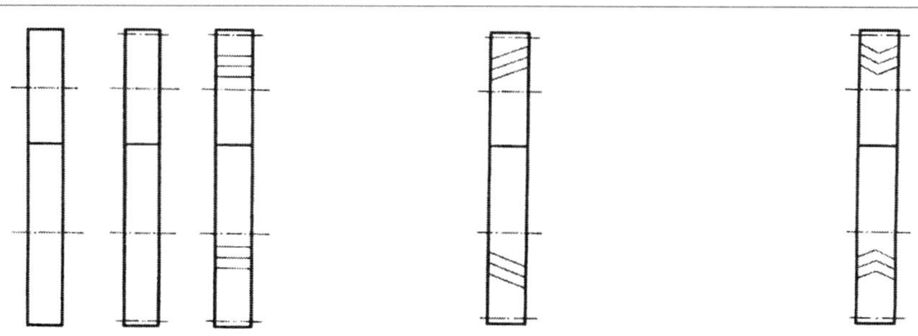

• 그림 5-42 • 맞물리는 1쌍의 기어 간략 도시법

② 일련의 스퍼 기어의 간략도

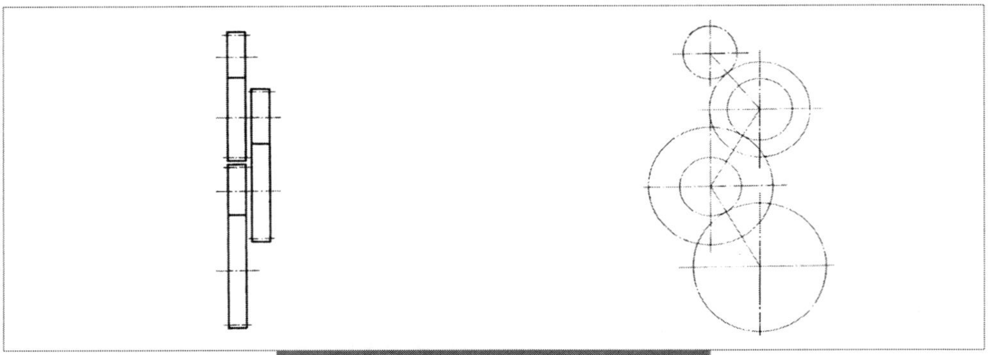

• 그림 5-43 • 일련의 스퍼 기어의 간략도

③ 맞물리는 나사 기어의 간략도

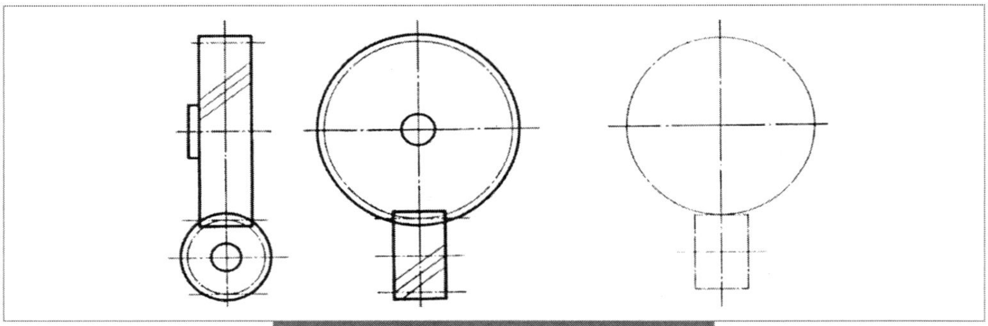

• 그림 5-44 • 맞물리는 나사 기어의 간략도

④ 베벨 기어의 간략도

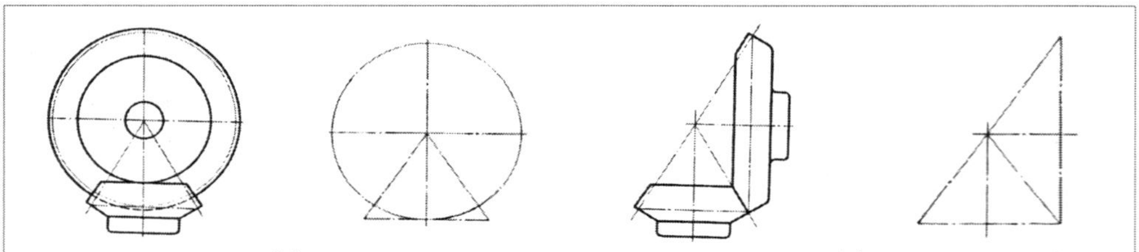

(a) (b)

• 그림 5-45 • 베벨 기어의 간략도

⑤ 스파이럴 베벨 기어 및 하이포이드 기어의 간략도

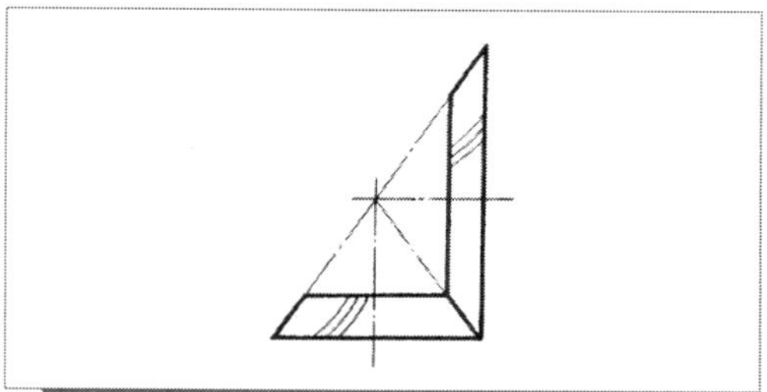

• 그림 5-46 • 스파이럴 베벨 기어의 간략도

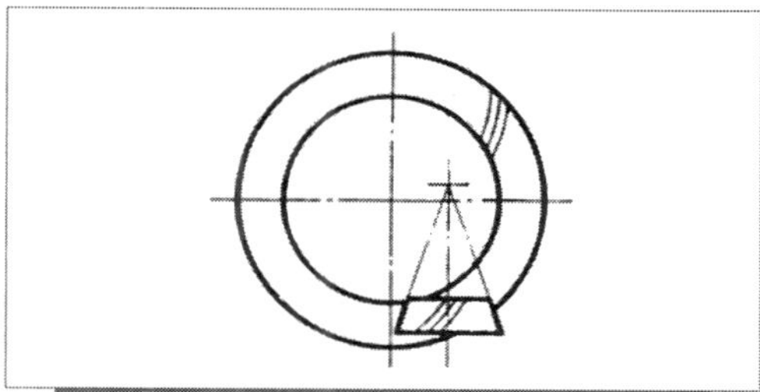

• 그림 5-47 • 하이포이드 기어의 간략도

⑥ 맞물리는 웜 및 웜휠의 간략도

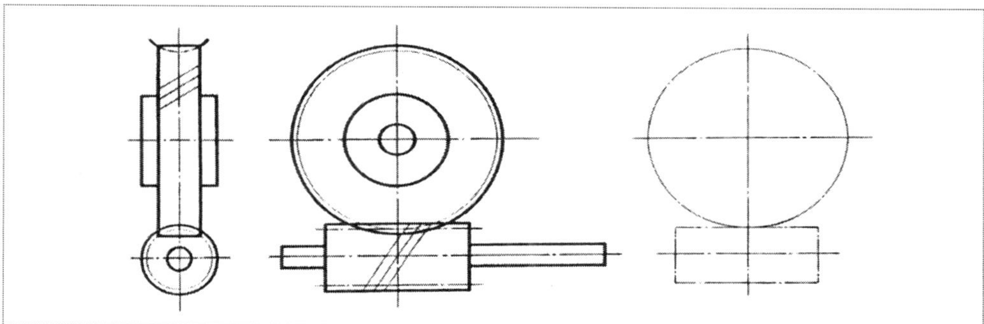

• 그림 5-48 • 맞물리는 웜 및 웜휠의 간략도

⑦ 체인 휠의 간략도

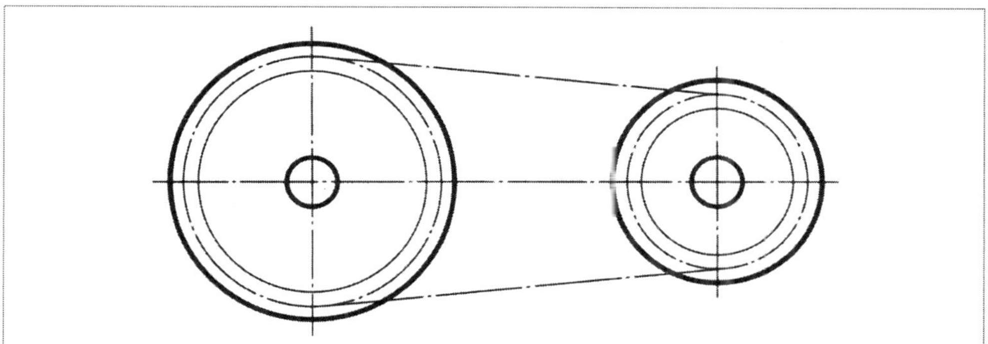

• 그림 5-49 • 체인 휠의 간략도

(2) 벨트 · 로프 · 체인 전동장치

벨트, 로프 및 체인 등을 사용하여 동력을 전달하는 장치를 전동장치(transmission)라 하며, 축간 거리와 속도비 등에 따라 [표 5-21]에서와 같이 적당한 것을 선택하여야 한다.

표 5-21 전동장치 적용 범위

종류		축간 거리(m)	속도비	속도(m/s)
벨트	평 벨트	10 이하	1 : 1~6, 최대 1 : 15	10~30 최대 50
	V 벨트	5 이하	1 : 1~7, 최대 1 : 10	10~18 최대 25
로프	섬유	10 ~ 30	1 : 1~2, 최대 1 : 5	15~30
	강철	50~100, 최대 150	보통 1 : 1	최대 25
체인	사일런트	4 이하	1 : 1~5, 최대 1 : 8	5 이하 최대 10
	롤러			7 이하 최대 10

1) 평 벨트(flat belt)

① 벨트의 종류

㉠ 가죽 벨트(leather flat belt) : 소가죽, 물소 가죽을 연하게 처리하여 두께 약 5~8mm 정도로 만든 벨트를 1겹 벨트라 하며, 2겹 벨트, 3겹 벨트가 있다.

㉡ 고무벨트(rubber belt) : 2장 이상의 직물 벨트에 고무를 포개 붙여 만든 것으로 유연하고, 풀리에 잘 접촉되므로 미끄럼이 적고, 비교적 수명이 길다.

㉢ 섬유 벨트(textile belt) : 섬유 벨트는 무명, 대마, 합성 섬유의 직물을 이음매 없이 짜서 만든 것으로 폭과 길이를 마음대로 만들 수 있으나, 가죽에 비하여 연결하기가 힘들다.

㉣ 강철 벨트(steel belt) : 강철 벨트는 압연한 얇은 강철판으로 만들며, 다른 벨트에 비하여 늘어나지도 않고 수명이 긴 장점이 있다.

② 평 벨트의 이음 방법

평 벨트는 반드시 연결해서 사용해야 하는데 [그림 5-50]과 같이 접착제로 압착하여 붙이는 방법, 가죽 끈이나 철사로 잇는 방법, 클램프(clamp) 이음 방법, 엘리게이터(alligator)를 이용한 이음 방법 등이 있다.

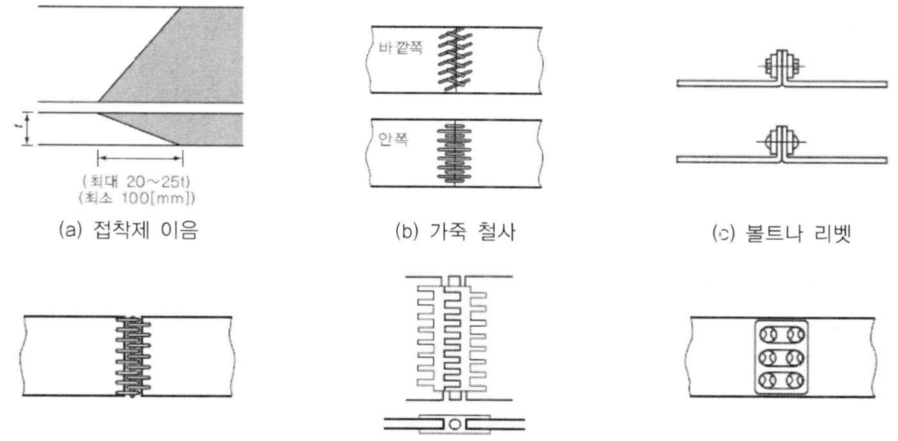

(a) 접착제 이음 (b) 가죽 철사 (c) 볼트나 리벳 (d) 클램프 이음 (f) 엘리게이터 이음 (g) 버튼형 이음

• 그림 5-50 • 평 벨트의 이음

③ **평 벨트 거는 방법**

평 벨트를 거는 방법에는 [그림 5-51]과 같이 회전 방향이 같은 평행 걸기(open belting)와 회전 방향이 반대인 십자 걸기(cross belting)가 있다. 평행 걸기의 경우 접촉각은 한쪽은 180°보다 작고, 다른 쪽은 180°보다 크다. 십자 걸기의 경우 접촉각은 양쪽이 180°보다 크며 각의 크기는 양쪽이 거의 같다.

(a) 평행 걸기 (b) 십자 걸기

• 그림 5-51 • 평 벨트 거는 방법

[그림 5-52(a)]와 같이 풀리가 회전하면 아래쪽 벨트는 인장력을 받아서 긴장 측(tight side)이 되고, 위쪽은 느슨해져서 이완측(slack side)이 된다. 이와 같이 벨트 전동에서는 긴장측을 아래로 이완측은 위쪽이 되도록 하여야 한다. 만일, 반대로 하면 아래 이완측에 벨트 자중으로 인한 처짐으로 접촉각이 작아져 마찰력 감소로 미끄럼이 생기기 쉽다.

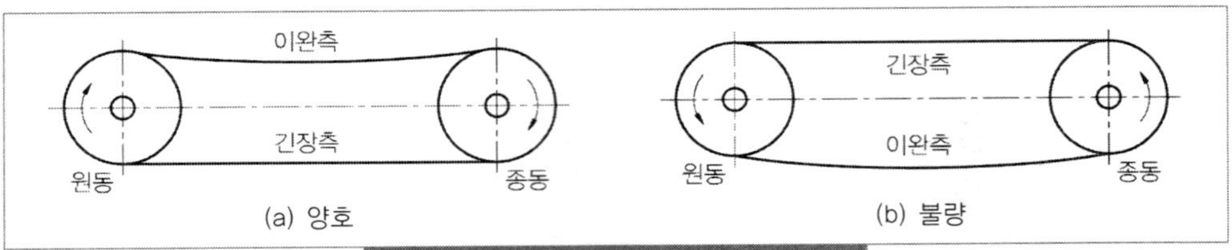

• 그림 5-52 • 벨트의 긴장측과 이완측

④ 평 벨트의 길이와 접촉각

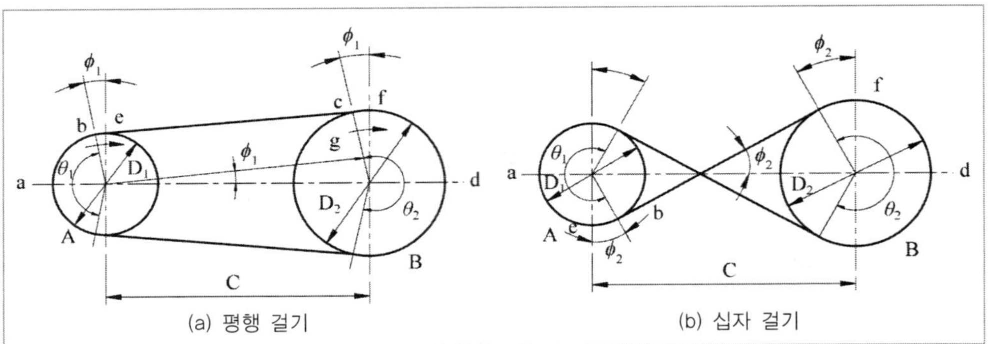

• 그림 5-53 • 평 벨트의 걸기에 다른 접촉각

[그림 5-53]과 같이 벨트 풀리의 지름이 각각 D_1, D_2이고, 축간 거리가 C인 2풀리에 벨트를 감았을 때 벨트의 이론적 길이는 다음과 같이 계산한다.

㉠ 평행 걸기의 경우 길이 계산

$$L = 2C + \frac{\pi}{2}(D_1 + D_2) + \frac{(D_2 - D_1)^2}{4C}$$

㉡ 십자 걸기의 경우 길이 계산

$$L = 2C + \frac{\pi}{2}(D_1 + D_2) + \frac{(D_2 + D_1)^2}{4C}$$

㉢ 평행 걸기의 경우 벨트의 접촉각

$$\theta_1 = 180° - 2\sin^{-1}\left(\frac{(D_2 - D_1)}{2C}\right)$$

$$\theta_2 = 180° + 2\sin^{-1}\left(\frac{(D_2 - D_1)}{2C}\right)$$

㉣ 십자 걸기의 경우 벨트의 접촉각

$$\theta_1 = \theta_2 = 180° + 2\sin^{-1}\left(\frac{(D_2 + D_1)}{2C}\right)$$

⑤ 평벨트 호칭법

명칭	등급 또는 종류	너비×플라이 수

[보기] 평고무 벨트 1종 50×3

⑥ 평벨트 풀리의 구조

㉠ 림(rim) : 풀리의 둘레를 구성하는 얇은 살을 가진 원통형의 바퀴둘레를 말한다.

㉡ 보스(boss) : 전동축을 끼울 수 있는 축구멍을 구성하는 가운데 부분을 말한다.

㉢ 암(arm) : 림과 보스 부분을 방사선의 형상으로 연결하는 몇 개의 막대 부분을 말한다. 재료는 일반적으로 주철로 된 것이 사용되며, 고속(원주 속도 30m/s 이상)일 때에는 주강으로 만든 것이 쓰인다.

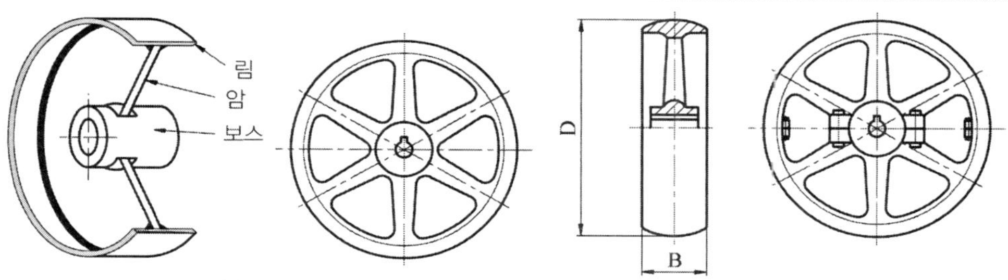

(a) 일체형 (b) 분할형

• 그림 5-54 • 평벨트 풀리의 구조

⑦ 평벨트 풀리의 치수

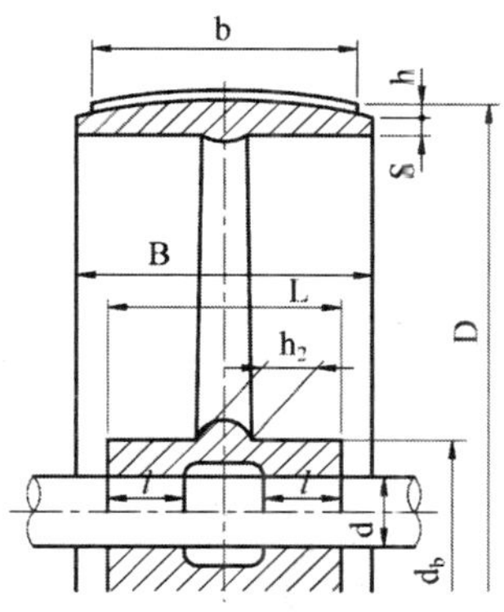

• 그림 5-55 • 평벨트 풀리의 치수

㉠ 벨트 풀리의 지름 : D는 요구 회전수에 따라 계산으로 산정한다.

㉡ 벨트의 폭 : b는 전달마력, 회전수, 벨트의 종류 등에 의하여 결정한다.

㉢ 보스 안지름 : d는 전달마력, 회전수 등에 의하여 결정한다.

㉣ 림의 폭 : B = 1.1b+10mm

㉤ 림 끝부분의 두께 : (평평한 것) $S = \frac{D}{300} + 3mm$

(크라운이 있는 것) $S = \frac{D}{200} + 2mm$

㉥ 보스 길이 : ℓ = B 또는 B+10mm(B가 특히 클 때 ℓ = 1.2 ~ 1.5d)

㉦ 보스 지름 : d_b = 2d

암의 수는 벨트 풀리의 지름에 따라 [표 5-22]와 같이 정해진다. 단면 형상은 일반적으로 타원이 사용되며, 긴지름과 짧은지름의 비는 2 : 1 ~ 2.5 : 1 정도로 한다.

표 5-22 평벨트 풀리의 암수

벨트 풀리의 지름(mm)	암수
100 이하	평판형
100 ~ 200	3, 4
200 ~ 400	4, 5, 6
400 이상	6, 8, 12

⑧ **벨트 풀리의 제도**

㉠ 벨트 풀리는 대칭형이므로 전부를 표시하지 않고 그 일부만을 표시할 수 있다.

㉡ 암은 길이 방향으로 절단하지 않으며, [그림 5-56]과 같이 단면형은 도형의 밖이나 도형속에 표시한다.

㉢ 테이퍼 부분의 치수는 치수보조선을 빗금방향(수평과 30°또는 60°)으로 그어도 좋다.

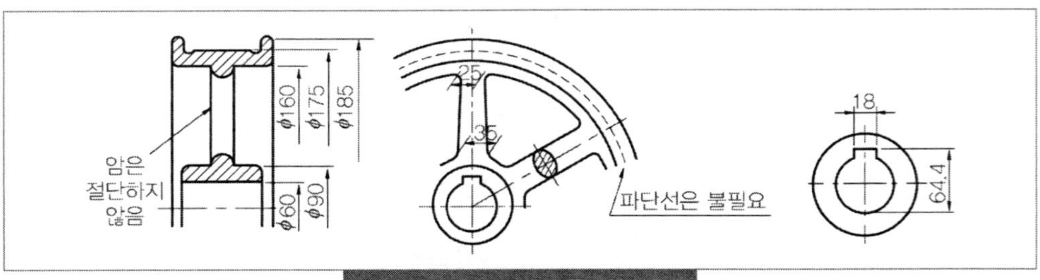

• 그림 5-56 • 벨트 풀리의 제도

2) V벨트 전동

V 벨트 전동 장치는 [그림 5-57]과 같이 고무나 가죽으로 된 사다리꼴 단면을 갖는 V 벨트를 풀리 홈에 끼워 마찰에 의해 전동한다. 다음과 같은 장점이 있다.

- 마찰력이 평 벨트보다 크고, 미끄럼이 적어 큰 회전력을 전달할 수 있다.
- 평 벨트와 같이 벗겨지는 일이 없다.
- 이음매가 없어 운전이 정숙하다.
- 지름이 작은 풀리에 사용할 수 있다.
- 설치 면적이 좁으므로 사용이 편리하다.

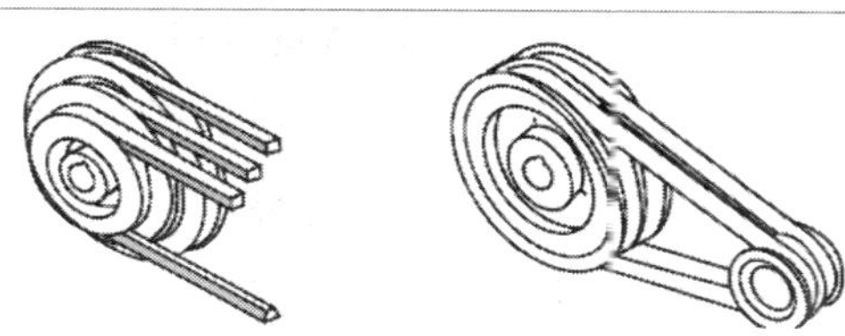

• 그림 5-57 • V 벨트와 풀리

① V 벨트 구조와 치수

[그림 5-58]과 같이 단면 구조는 전동할 때에 외측은 늘어나고 내측은 줄어들게 되므로 고무층에서 중간의 신축이 없도록 중앙부를 면이나 인조 섬유 등으로 만들고 상하에는 경질 고무층을 입힌다.

• 그림 5-58 • V 벨트의 구조

V벨트의 치수는 단면의 치수로 표시하며, 단면의 크기에 따라 M, A, B, C, D, E형으로 나눈다. 단면은 좌우 대칭이며 단면의 치수는 [표 5-23]과 같이 규격화되어 있다.

표 5-23 V벨트의 표준치수(KS M 6535)

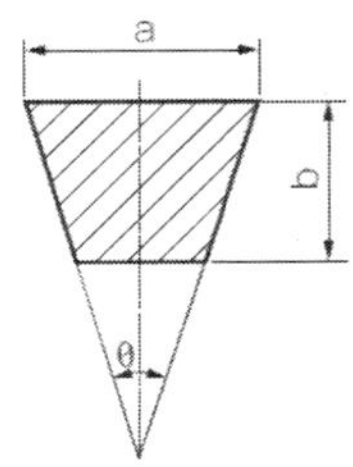

종류	a(mm)	b(mm)	θ(°)	인장강도(kN/개당)	신율(%)
M	10.0	5.5	40	1.2 이상	7 이하
A	12.5	9.0		2.4 이상	7 이하
B	16.5	11.0		3.5 이상	7 이하
C	22.0	14.0		5.9 이상	8 이하
D	31.5	19.0		10.8 이상	8 이하
E	38.0	24.0		14.7 이상	8 이하

② V벨트 제품의 호칭

일반용 V벨트 A 100 또는 A 2540

- 2540 — V벨트의 길이(mm)
- 100 — 호칭번호(inch)
- A — 종류
- 일반용 V벨트 — 명칭

[표 5-24]는 주철제 V벨트 풀리 홈부의 모양과 치수를 나타낸다.

표 5-24 주철제 V벨트 풀리 홈부의 모양과 치수 (단위 : mm)

종류	호칭지름	α(°)	l_0	k	k_0	e	f	r_1	r_2	r_3	V벨트의 두께(참고)
M	50 이상 71 이하 71 초과 90 이하 90을 초과	34 36 38	8.0	2.7	6.3	–[1]	9.5	0.2 ~0.5	0.5 ~1.0	1~2	5.5
A	71 이상 100 이하 100 초과 125 이하 125를 초과	34 36 38	9.2	4.5	8.0	15.0	10.0	0.2 ~0.5	0.5 ~1.0	1~2	9
B	125 이상 160 이하 160 초과 200 이하 200을 초과	34 36 38	12.5	5.5	9.5	19.0	12.5	0.2 ~0.5	0.5 ~1.0	1~2	11
C	200 이상 250 이하 250 초과 315 이하 315를 초과	34 36 38	16.9	7.0	12.0	25.5	17.0	0.2 ~0.5	1.0 ~1.6	2~3	14
D	315 이상 450 이하 450을 초과	36 38	24.6	9.5	15.5	37.0	24.0	0.2 ~0.5	1.6 ~2.0	3~4	19
E	500 이상 630 이하 630을 초과	36 38	28.7	12.7	19.3	44.5	29.0	0.2 ~0.5	1.6 ~2.0	4~5	25.5

주 : 1) M형은 원칙으로 한 줄만 걸친다.

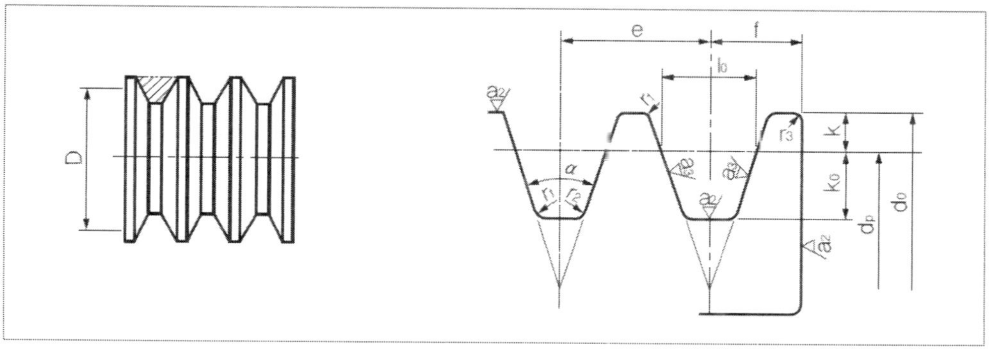

3) 치(齒)형 벨트(toothed belt) 전동

치형 벨트는 기계의 고속화, 자동화, 경량화로 성능이 매우 급속히 향상되고 있으며, 이와 같은 요구에 부응하여 만들어진 벨트로 타이밍 벨트(timing belt)라고도 한다.

[그림 5-59]와 같이 평 벨트 내측에 같은 피치의 사다리꼴 모양의 돌기를 만들고, 벨트 풀리도 이(teeth) 벨트가 물릴 수 있도록 치형이 만들어져 있다. 또한 굴곡성이 좋아 작은 풀리에도 사용되며, 축간거리가 짧아 좁은 장소에도 설치가 가능하다.

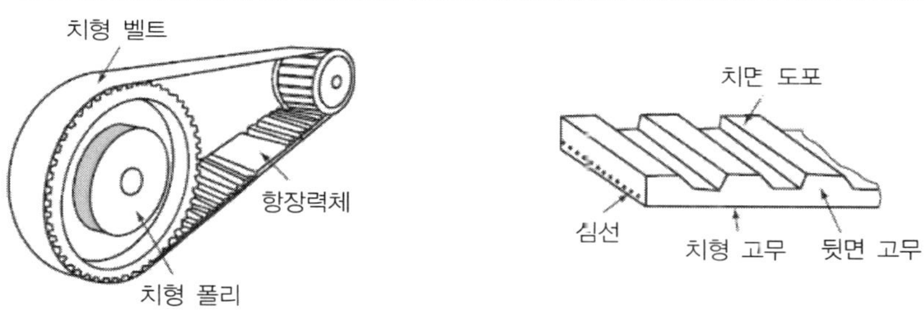

(a) 치형 벨트의 외관 (b) 치형 벨트의 구조

• 그림 5-59 • 치형 벨트의 외관 및 구조

① 치형 벨트의 종류

치형 벨트에는 피치에 따라 [표 5-25]와 같이 XL(extra light), L(light), H(heavy), XH(extra heavy), XXH(double extra heavy) 등이 있다. 벨트의 길이는 피치 선에 따라 측정한 길이로 가는 V벨트와 같이 그 길이를 인치(inch)의 10배 번호로 나타내지만, 길이와 잇수로 나타내는 경우도 있다. 또, 벨트의 너비(폭)도 인치의 10배 수로 나타낸다.

표 5-25 치형 벨트의 종류

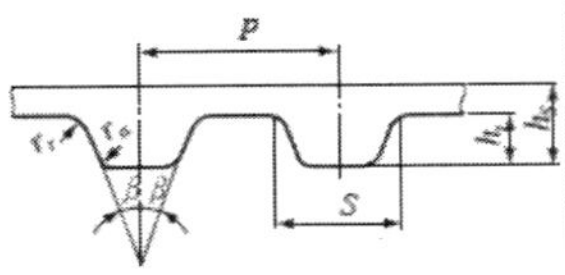

기호		종류				
		XL	L	H	XH	XXH
치수	p[mm]	5.080	9.525	12.700	22.225	31.750
	2β[°]	50	40	40	40	40
	S[mm]	2.57	4.65	6.12	12.57	19.05
	h_t[mm]	1.27	1.91	2.29	6.35	9.53
	h_s[mm]	2.3	3.6	4.3	11.2	15.7
	r_r[mm]	0.38	0.51	1.02	1.57	2.29
	r_a[mm]	0.38	0.51	1.02	1.19	1.52
인장 시험	인장강도 N/25.4[mm]	1960 이상	2646 이상	6762 이상	9310 이상	10780 이상
	신연율[%]	4.0 이하	4.0 이하	4.0 이하	4.0 이하	4.0 이하

4) 로프 전동

로프 전동 장치는 로프(rope)를 홈이 있는 로프 풀리(rope pulley)에 감아 로프와 풀리 사이의 쐐기 작용에 의한 마찰로 동력을 전달한다. 로프 전동은 옥외에서 먼 거리 전동에 적당하므로 토목공사, 광산 등에 널리 쓰이며, 여러 가닥의 로프를 사용하면 큰 동력을 전달할 수 있다.

① 와이어로프의 구성

[그림 5-60]은 와이어로프의 구성을 나타낸다.

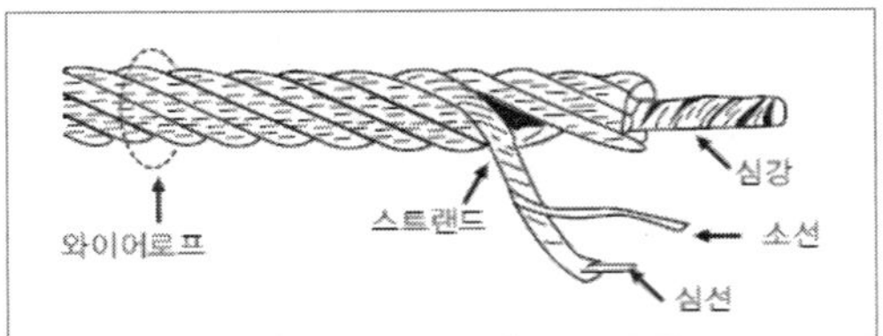

• 그림 5-60 • 와이어로프의 구성

② 와이어로프의 표기

IWRC 6× Fi(25) B종 30mm

- 30mm : 로프 지름
- B종 : 종별(소선의 공칭 인장강도별 구분 : E, G, A, B종)
- (25) : 스트랜드 구성 소선수
- Fi : 필러형, S : 시일형, W : 워링톤형, WS : 워링톤시일형
- 6× : 와이어로프 구성 스트랜드의 수
- IWRC : 심강의 종류

③ 와이어로프 꼬임 방향에 따른 분류

스트랜드와 와이어로프의 꼬임이 반대방향인 것을 보통 꼬임(common lay), 같은 방향인 것을 랭 꼬임(Lang's lay)이라고 한다. [그림 5-61]과 같이 Z꼬임, S꼬임이라고 구별하고 있다.

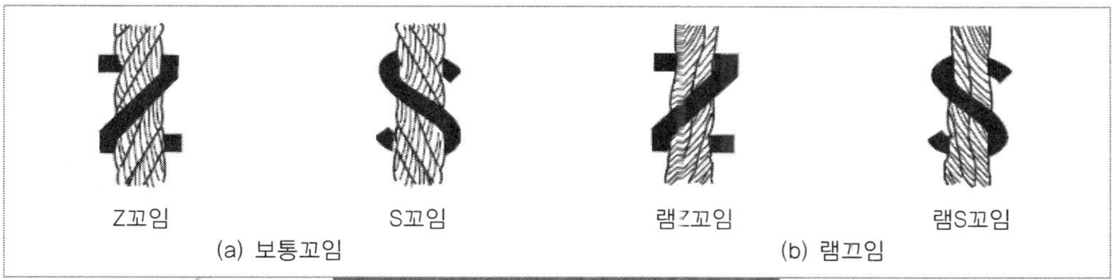

• 그림 5-61 • 꼬임 방향에 따른 분류

④ 로프 풀리

로프 풀리는 로프 시브(rope sheave)라고도 하며, 섬유 로프는 [그림 5-62(a)]와 같이 로프 풀리에 걸었을 때 홈의 밑 부분에 로프가 닿지 않고 양측 경사면에 닿게 되어 있으며, 홈의 각도는 보통 30 ~ 45° 정도로 한다. 그러나 와이어로프 풀리는 [그림 5-62(b)]와 같이 홈의 밑 부분에 닿게 되어 있으며, 홈 바닥의 둥글기의 반지름 r은 로프의 반지름보다 약간 크게(2r = 1.07d)하고, 바닥의 접촉각은 120° 정도로 하여 로프 지름 둘레의 1/3을 지지할 수 있게 한다. 로프 풀리의 피치원 지름 D_P는 로프의 수명을 고려하여 로프 지름 d의 40～50배로 한다.

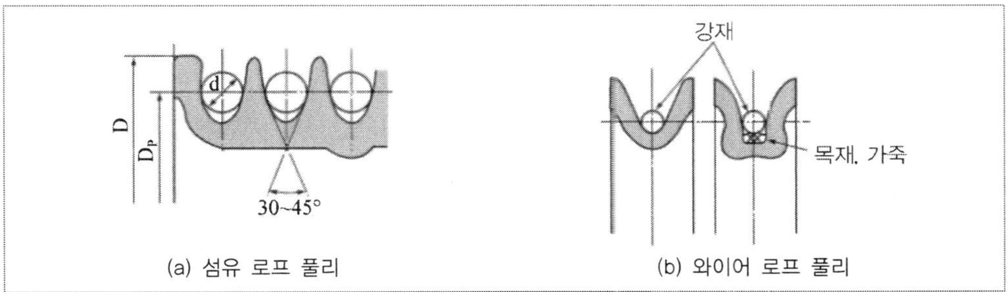

• 그림 5-62 • 로프 풀리

5) 체인 전동

체인 전동은 [그림 5-63]과 같이 체인을 2개의 스프로킷 휠(sprocket wheel)에 감아서 스프로킷 휠을 회전시켜 동력을 전달하는 장치로 미끄럼을 일으키지 않고 정확한 속도비를 전동시킬 수 있다.

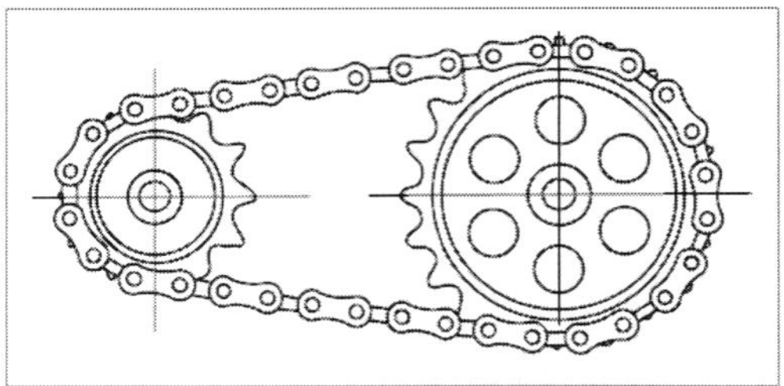

• 그림 5-63 • 체인 전동

① 체인의 종류

㉠ 롤러 체인(roller chain) : [그림 5-64]와 같이 롤러 체인은 일반적으로 널리 사용되는 동력 전달용 체인으로 저속회전에서 고속회전까지 넓은 범위에서 사용된다.

㉡ 부시 체인(bush chain) : [그림 5-65]와 같이 부시 체인은 롤러 체인에서 롤러를 없애고, 롤러와 부시를 일체화하여 구조를 간단하게 만든 것으로 경하중용으로 쓰인다.

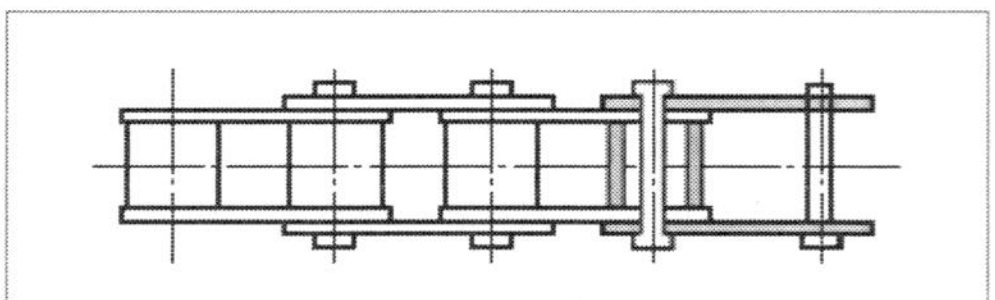

• 그림 5-64 • 롤러 체인

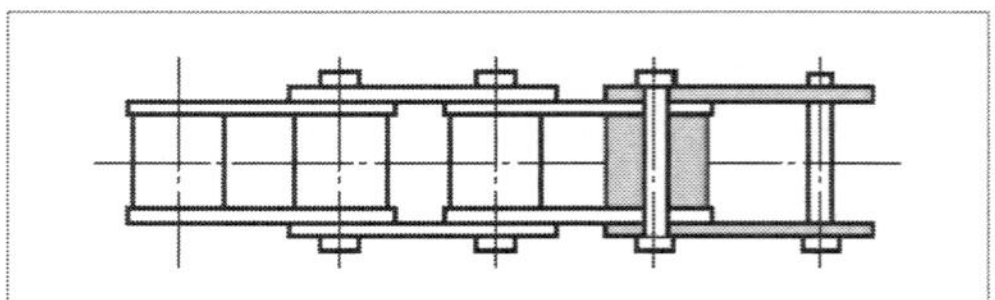

• 그림 5-65 • 부시 체인

㉢ 더블피치 롤러 체인(double pitch roller chain) : [그림 5-66]과 같이 더블피치 롤러 체인은 롤러 체인의 피치를 2배로 하여 부하가 적게 걸리는 반송용 체인으로 사용하고 있다.

㉣ 오프셋 체인(offset chain) : [그림 5-67]과 같이 오프셋 체인은 링크 판이 오프셋 모양으로 구부러진 형태를 하고 있으며, 저속전동에 적합하다.

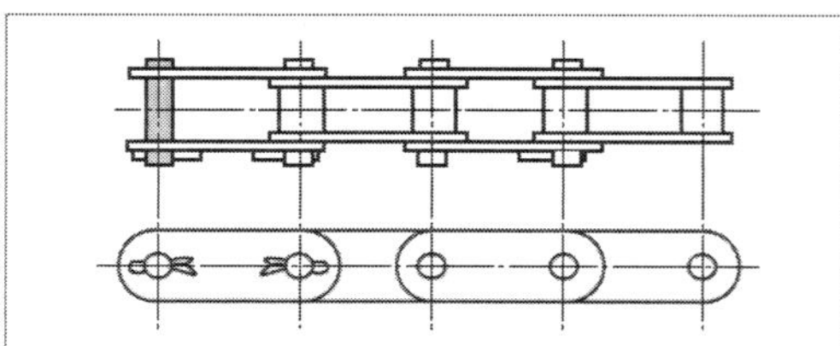

• 그림 5-66 • 더블피치 롤러 체인

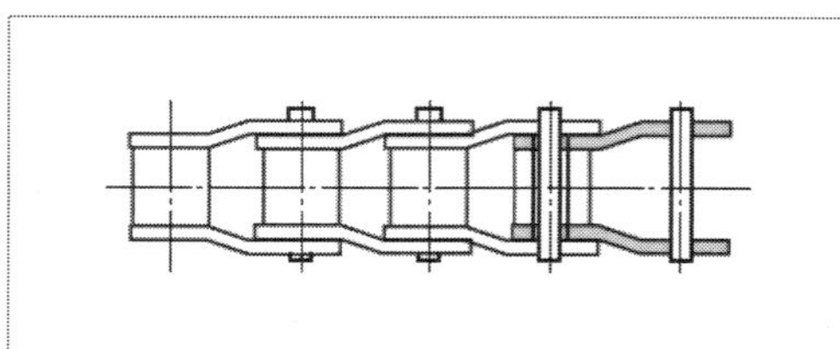

• 그림 5-67 • 오프셋 체인

Ⓜ 핀틀 체인(pintle chain) : [그림 5-68]과 같이 핀틀 체인은 오프셋 링크에서 링크판과 부시를 일체화시킨 것이다. 저속 중 용량의 컨베이어, 엘리베이터용에 사용된다.

ⓗ 사일런트 체인(silent chain) : [그림 5-69]와 같이 링크가 스프로킷에 비스듬히 미끄러져 들어가 맞물려 있어 롤러 체인보다 소음이 적다. 주로 고속용으로 쓰이며, 가격이 비싸다.

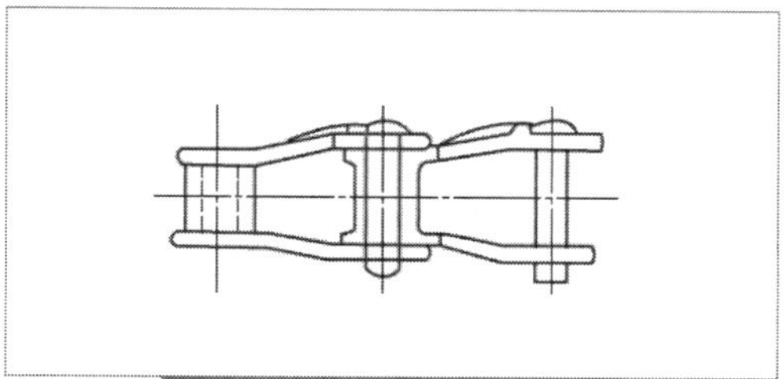

• 그림 5-68 • 핀틀 체인

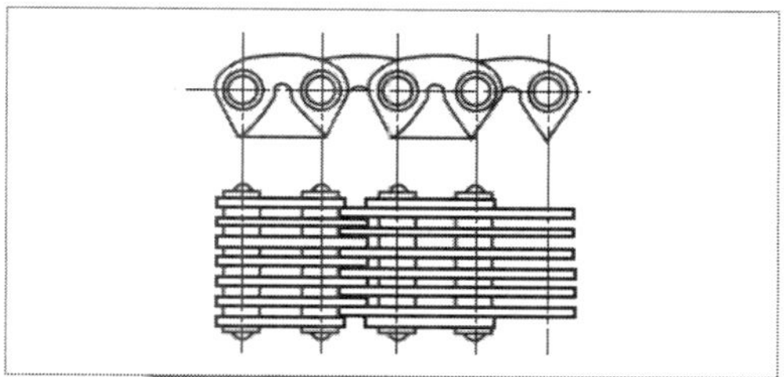

• 그림 5-69 • 사일런트 체인

ⓢ 리프 체인(leaf chain) : [그림 5-70]과 같이 몇 개의 링크판과 핀으로 구성된 것으로서 달아 내림용, 평형용, 운반전달용이 있으며 저속으로 사용되고 있다.

ⓞ 블록 체인(block chain) : [그림 5-71]과 같이 블록 체인은 플레이트(plate)의 링크를 핀으로 연결한 체인으로 저속에 주로 사용된다. 수송용, 견인용으로 사용되고 있다.

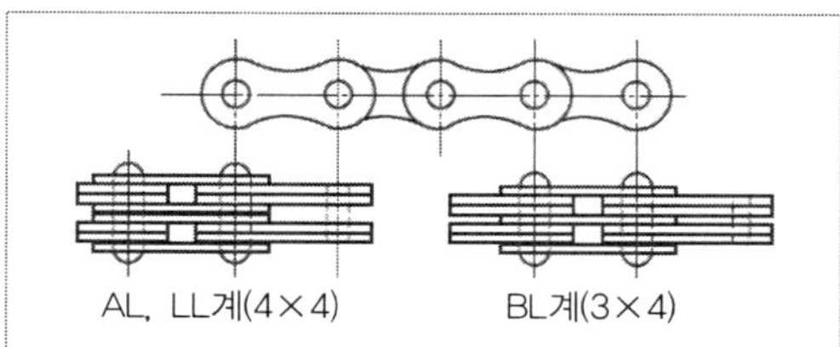

• 그림 5-70 • 리프 체인

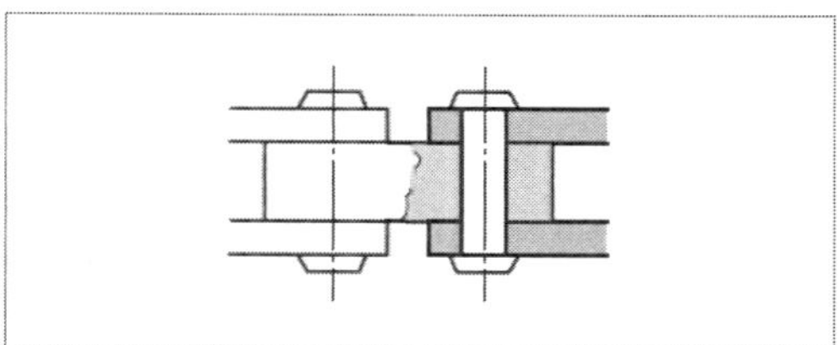

• 그림 5-71 • 블록 체인

② 롤러 체인 구조

[그림 5-72]와 같이 롤러 체인은 롤러 링크(roller link)와 핀 링크(pin link)를 교대로 연속적으로 연결한 것이다.

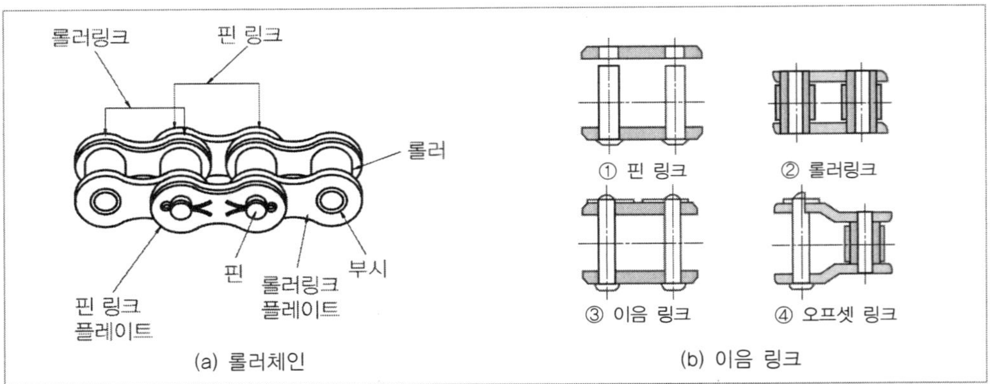

• 그림 5-72 • 롤러 체인 구조

③ 스프로킷 휠의 제도

[그림 5-73]과 같이 스프로킷의 제도에서 바깥지름은 굵은 실선, 피치원은 가는 1점 쇄선, 이골원은 가는 실선, 또는 굵은 파선으로 표시하나 이골원은 기입을 생략할 수 있다. 또한 축에 직각인 방향에서 본 그림을 단면으로 도시할 때에는 이골의 선은 굵은 실선으로 기입한다.

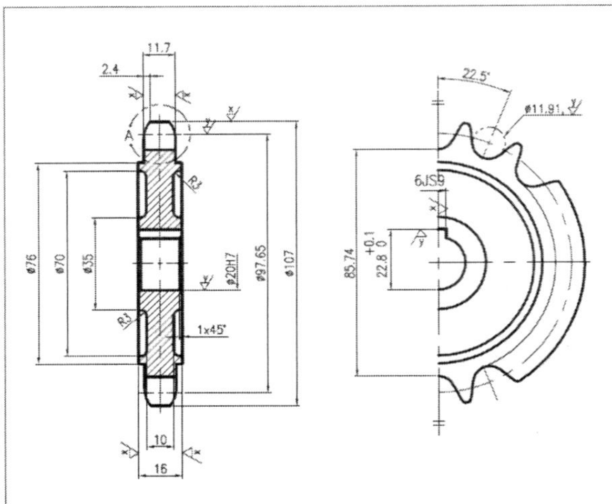

체인	호칭 번호	60
	원주 피치	19.05
	롤러 바깥지름	ϕ11.91
스프로킷	잇수	16
	치형	S
	피치원 지름	ϕ97.65

• 그림 5-73 • 스프로킷 휠의 도시법

④ 스프로킷의 치수

스프로킷의 치수는 [표 5-26]은 롤러 스프로킷의 가로 치형의 치수표이고, [그림 5-74]의 치수에 의하여 그려진다.

표 5-26 롤러 스프로킷의 가로 치형의 치수(단열)

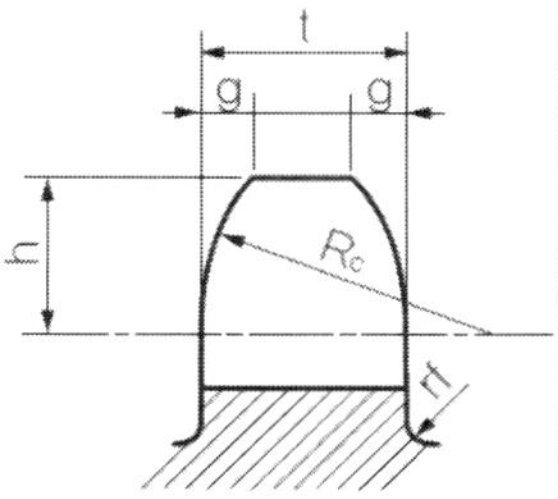

호칭번호	모떼기 나비 g(약)	모떼기 깊이 h(약)	모떼기 반지름 Rc(최소)	둥글기 rf(최대)	이나비 t(최대)
40	1.6	6.4	13.5	0.5	7.2
50	2.0	7.9	16.9	0.6	8.7
60	2.4	9.5	20.3	0.8	11.7
80	3.2	12.7	27.0	1.0	14.6
100	4.0	115.9	33.8	1.3	17.6
120	4.8	19.0	40.5	1.5	23.5
140	5.6	22.2	47.3	1.8	23.5
160	6.4	25.4	54.0	2.0	29.4
200	7.9	31.8	67.5	2.5	35.3

주 : 1) Rc는 일반적으로는 표에 표시한 최소값을 표시하지만 이 값 이상 무한대(이 때 원호는 직선이 된다)가 되어도 좋다.
2) 호칭번호 25, 35, 41 및 240은 생략하였다.

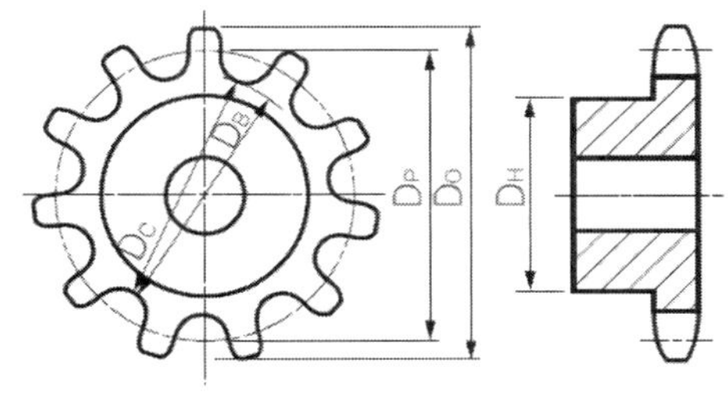

P : 롤러체인의 피치(mm)
Z : 잇수
D_r : 롤러체인의 롤러 바깥지름(mm)

피치원지름 $D_p = p \operatorname{cosec}\frac{180°}{Z}$

바깥지름 $D_C = p(0.6+\cot\frac{180°}{Z})$

이뿌리원 지름 $D_B = D_p - D_r$

이뿌리 거리(D_c)
- 짝수 톱니 $D_c = D_B$
- 홀수 톱니 $D_c = D_p \cos\frac{90°}{Z} - D_r = \dfrac{P}{2\sin\frac{180°}{2Z}} - D_r$

최대 보스 지름 및 최대 홈지름(D_H) $D_H \leqq P(\cot\frac{180°}{Z} - 1) - 0.76$

• 그림 5-74 • 스프로킷의 치수

3 기타 기계요소

(1) 캠

다양한 모양을 가진 원동절에 회전 운동 또는 직선 운동을 주어서 이것과 짝을 이루고 있는 종동절(follower)이 복잡한 왕복 직선 운동이나 왕복 각운동 등을 하게 하는 기구를 캠 기구(cam mechanism)라 하고, 원동절을 캠(cam)이라 한다. 캠을 이용한 장치는 내연기관 연료밸브 개폐장치, 자동 선반, 인쇄기 등에 널리 사용되고 있다.

1) 캠의 종류

① 평면 캠

[그림 5-75]와 같이 평면 캠에는 판 캠, 직선 운동 캠(translation cam), 정면 캠, 반대 캠 등이 있다.

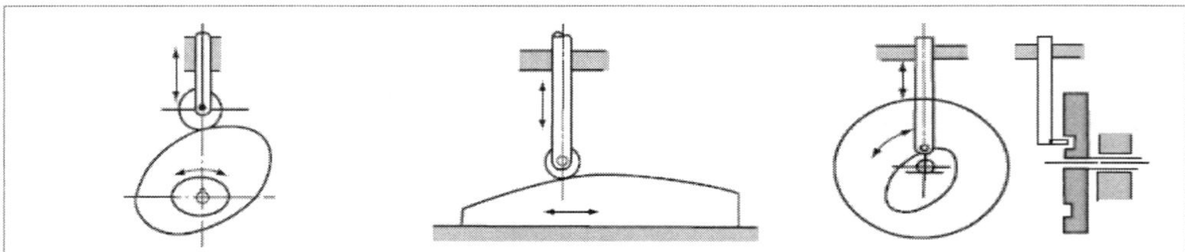

(a) 판 캠 (b) 직선 운동 캠 (c) 정면 캠

• 그림 5-75 • 평면 캠

② 입체 캠

[그림 5-76]과 같이 입체 캠에는 단면 캠, 경사판 캠, 구형 캠, 원통 캠, 원뿔 캠 등이 있다.

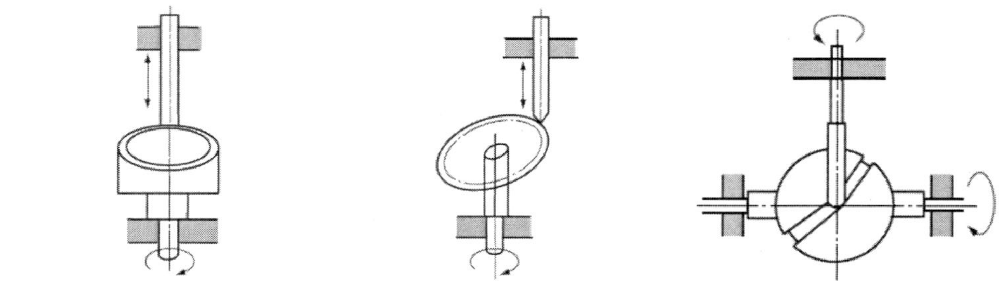

(a) 단면 캠 (b) 경사판 캠 (c) 구형 캠

(d) 원통 캠 (e) 원뿔 캠

• 그림 5-76 • 입체 캠

2) 캠의 각 부분의 이름과 캠 선도

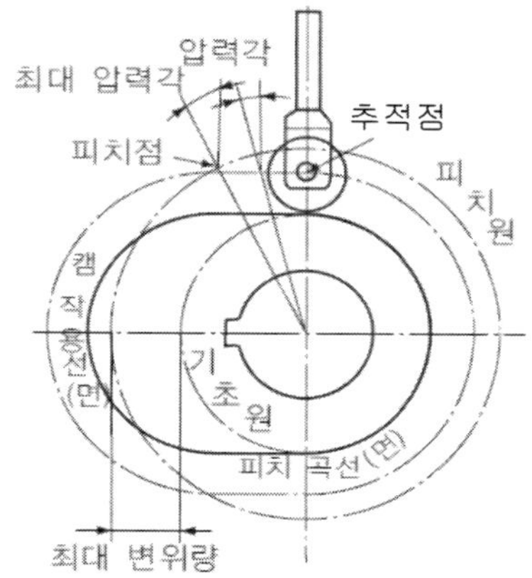

용어	설명
추적점	종동절 끝점 또는 롤러의 중심점
압력각	피치 곡선 위의 한 점에서의 법선과 종동절의 운동 방향이 이루는 각도
최대 압력각	최대의 압력각
피치원	캠의 중심과 피치점의 거리를 반지름으로 하는 원
피치점	최대 압력각 일 때의 추적점
캠 작용선(면)	롤러와 접촉되는 캠의 곡선, 즉 윤곽 곡선
기초원	윤곽 곡선에 내접하는 최소의 원
피치 곡선(면)	추적점의 자취
최대 변위량	윤곽 곡선의 최대 반지름과 최소 반지름의 차

• 그림 5-77 • 캠의 각 부분의 이름

3) 캠의 제도

① [그림 5-78(a)]와 같이 직교 좌표의 세로축에 등분점 a, b, c, …, g를 잡아 종동절의 변위를 잡아 정한다.

② 가로축에 같은 등분점을 잡고, 일정한 길이에 상승 운동을 0 ~ 180°, 하강운동을 180 ~ 360°로 잡는다.

③ 각 등분점에서 가로축과 세로축에 평행선을 그어 모눈을 만든다.

④ 점 a에서 180° 상승점과 360° 하강점을 그림과 같이 연결하여 캠 선도를 작성한다.

⑤ 캠 선도의 세로축 a-g에 평행하게 세운 수선과, 점 a, b, c, … g에서 수평으로 연장한 선과의 교점을 각각 a', b', c' …, g'라 한다.

⑥ 주어진 기초원의 R가 a'에 접하도록 캠의 중심 O를 잡고, 기초원을 그린다.

⑦ 기초원의 0 ~ 180° 사이를 6등분한 점을 각각 1, 2, 3, …, 6으로 한다.

⑧ 기초원의 중심 O에서 선분 Oa', O1, O2, …, O6의 연장선과 점 O를 중심으로 Oa', Ob', Oc' …, Og'를 각각 반지름으로 하여 그린 원호와의 점 a'', b'', c'' …, g''를 구한다.

⑨ a'', b'', c'' …, g''를 운형자를 대고 매끄럽게 연결한 다음, 같은 방법으로 왼쪽 반의 윤곽을 완성한다.

⑩ [그림 5-78(b)]와 같이 종동절의 끝이 뾰족하면 피치 곡선은 캠의 윤곽과 같고, 종동절이 롤러이면 [그림 5-78(c)]와 같이 롤러의 반지름 만큼 작아진 곡선으로 나타난다.

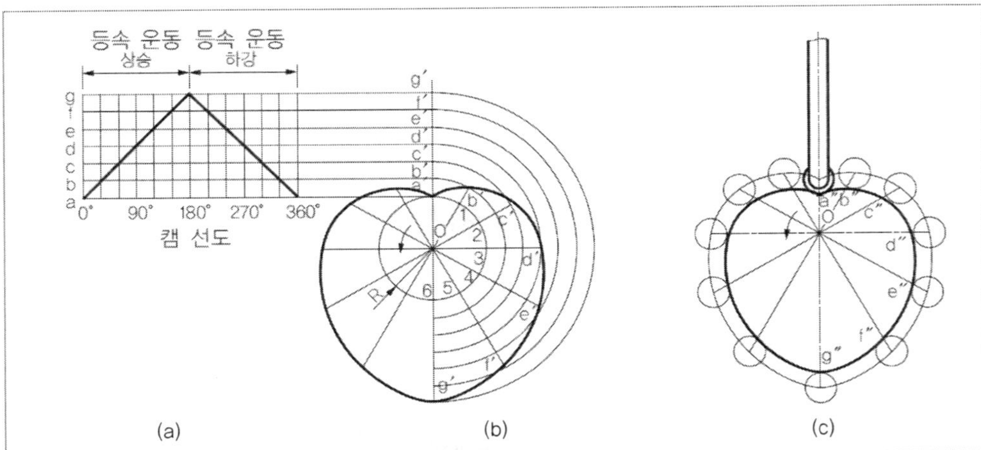

• 그림 5-78 • 캠의 도시법

(2) 스프링

코일스프링이 용의 수염과 비슷하다는 뜻으로 용수철(龍鬚鐵)이라고 부른다. 스프링은 탄성이 큰 재료로 만들어지며, 하중의 작용에 따라 변형한다. 스프링에 외력이 작용하면 변형되므로 외력은 일을 하는 셈이고, 이 일은 스프링에 변형에너지 형태로 저장된다. 이러한 특성과 기능을 이용한 기계요소를 스프링(spring)이라 한다. 용도로는 밸브 스프링, 저울, 시계태엽, 기타 진동 및 충격의 흡수 완화 등에 이용된다.

1) 스프링의 종류

① **코일 스프링(coil spring)**

하중의 방향에 따라 [그림 5-79]와 같이 압축코일 스프링(compressive coil spring)과 인장코일 스프링(tension coil spring)으로 분류하고, 스프링의 외형에 따라 원추형, 장고형, 드럼형, 비틀림 코일 스프링(torsion coil spring)이 있다.

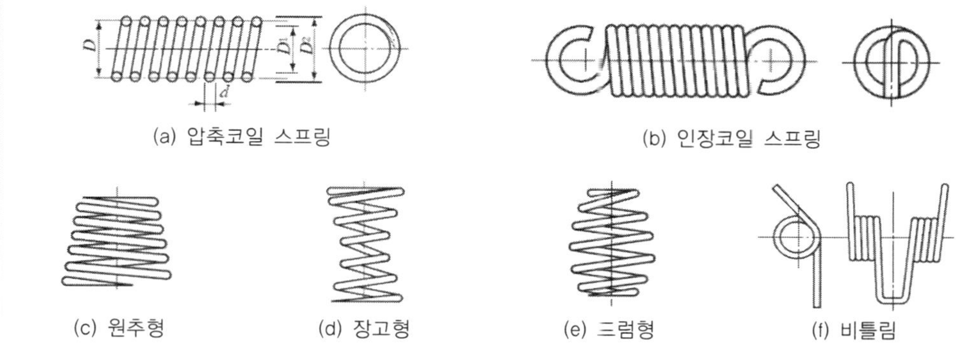

(a) 압축코일 스프링 (b) 인장코일 스프링

(c) 원추형 (d) 장고형 (e) 드럼형 (f) 비틀림

• 그림 5-79 • 코일 스프링

② **겹판 스프링(leaf spring)**

판 스프링은 [그림 5-80]과 같이 너비가 좁고 얇은 긴 보로서 하중을 지지한다. 여러 장 겹쳐서 사용하는 경우 겹판 스프링이라고 한다. 주로 자동차의 현가장치로 사용한다.

③ **토션바(torsion bar)**

[그림 5-81]과 같이 원형봉에 비틀림 모멘트를 가하면 비틀림 변형이 생기는 원리를 이용한 스프링으로 토션 바라 한다.

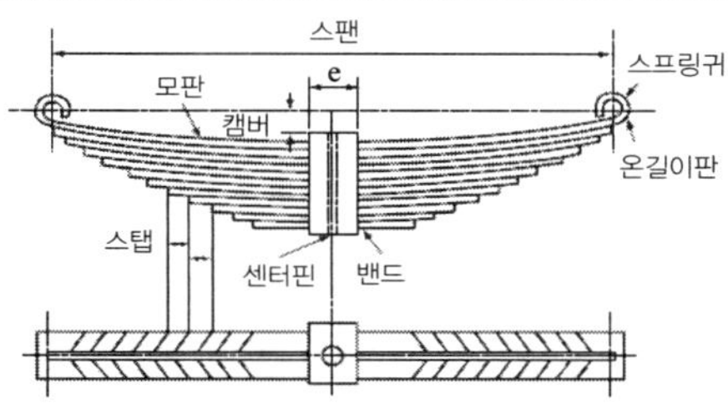

• 그림 5-80 • 겹판 스프링

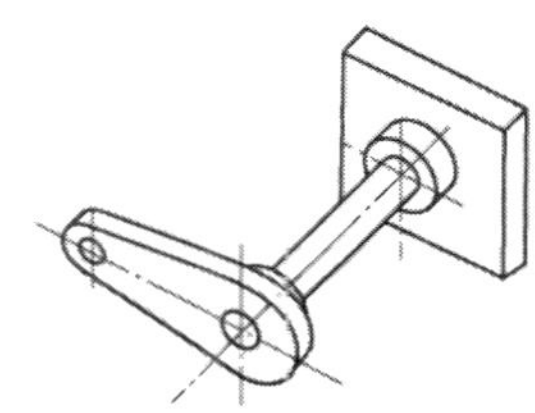

• 그림 5-81 • 토션바

④ **태엽 스프링(spiral spring)**

[그림 5-82]와 같이 변형 에너지를 저장하였다가 변형이 회복되면서 일을 한다. 시계의 태엽 등에 사용된다.

⑤ **벌루트 스프링(volute spring)**

[그림 5-83]과 같이 태엽 스프링을 축방향으로 감아올려 사용하는 것으로 압축용으로 쓰인다. 용도는 오토바이 자체 완충용으로 쓰인다.

⑥ 접시 스프링(disk spring)

원판 스프링이라고도 한다. [그림 5-84]와 같이 중앙에 구멍이 있고 원추형 모양이다. 스프링을 병렬 또는 직렬로 조합하여 강성을 쉽게 조정할 수 있다. 프레스의 완충장치, 공작기계 등에 쓰인다.

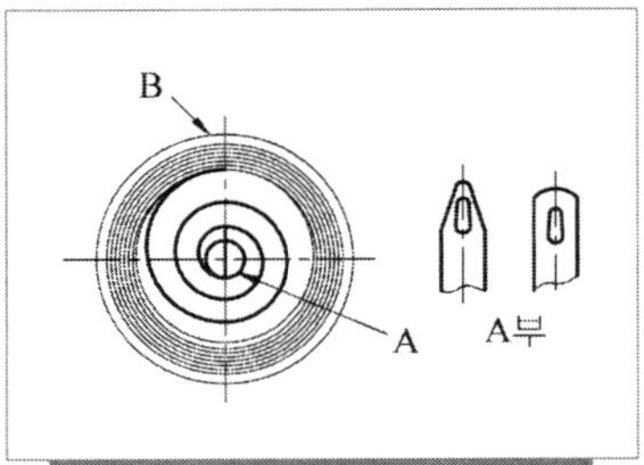

• 그림 5-82 • 태엽 스프링

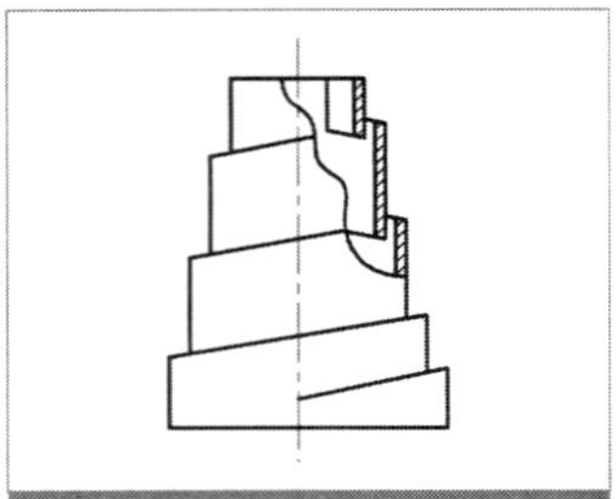
• 그림 5-83 • 벌루트 스프링

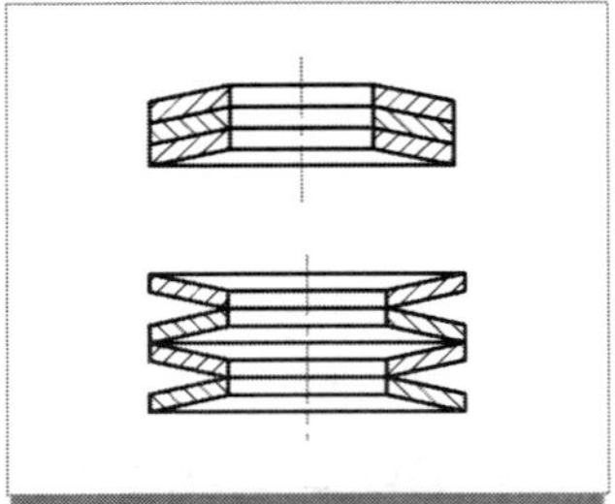
• 그림 5-84 • 접시 스프링

⑦ 와이어 스프링(wire spring)

[그림 5-85]와 같이 탄성이 강한 선형재료로 여러 가지 모양으로 만들어 탄성에 의한 복원력을 이용한 스프링이다.

⑧ 와셔 스프링(washer spring)

[그림 5-86]과 같이 볼트의 머리와 중간재 사이 또는 너트와 중간재 사이에 사용하며 충격을 흡수하는 역할을 한다.

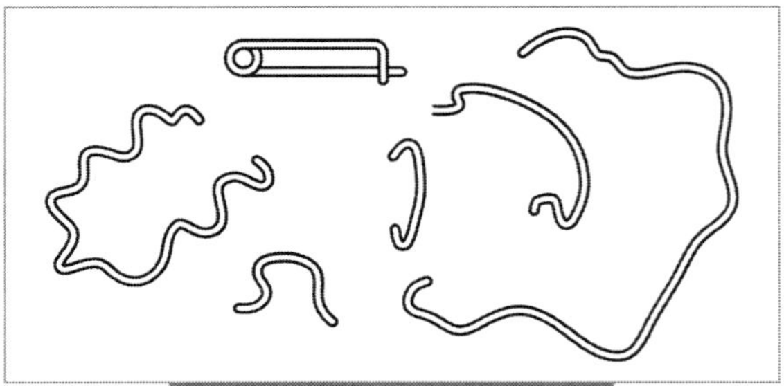
• 그림 5-85 • 와이어 스프링

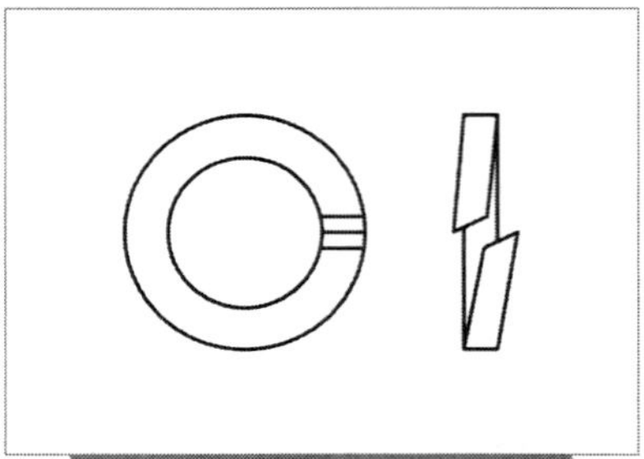
• 그림 5-86 • 와셔 스프링

2) 스프링의 제도

가장 많이 사용되는 스프링으로 단면의 모양이 원, 4각형, 기타 특수한 봉모양의 재료를 나사 모양으로 감은 것으로, 용도에 따라 인장코일 스프링(extension coil spring), 압축코일 스프링(compression coil spring), 비틀림코일 스프링(torsion coil spring)으로 나뉘어 진다.

① **스프링 도시의 일반사항**

㉠ 무 하중 상태에서 그리는 것을 원칙으로 한다. 만일, 하중이 걸린 상태에서 그린 경우에는, 치수를 기입할 때, 그때의 하중을 기입한다.

㉡ 하중과 길이 또는 처짐과의 관계를 표시할 필요가 있을 때에는 선도(diagram) 또는 표로 나타낸다. 또 선도로 표시하는 경우에는 하중과 길이 또는 처짐을 표시하는 좌표축과 그 관계를 표시하는 선은 스프링의 모양을 나타내는 선과 같은 굵은 실선으로 그린다.

㉢ 그림에서 단서가 없는 코일 스프링이나 벌루트 스프링은 모두 오른쪽으로 감은 것으로 나타낸다. 왼쪽으로 감은 경우에는 "감김 방향 왼쪽"이라고 표시한다.

㉣ 그림 안에 기입하기 힘든 사항은 [그림 5-87, 88]과 같이 일괄하여 요목표에 기입한다.

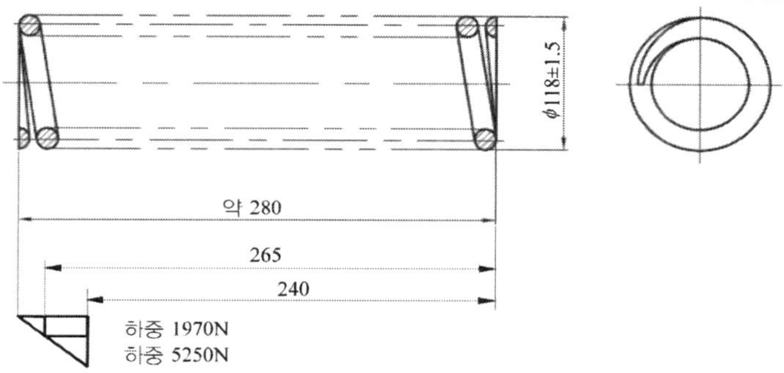

(단위 : mm)

요목표		
재료		SPS 6
재료의 지름		18
코일 평균 지름		100
코일 바깥 지름		118±1.5
유효감김수		8.0
총 감김수		10.0
감김 방향		왼쪽
자유 길이(mm)		280
지정	하중(N)	1970±5%
	길이(mm)	265
최대 압축	하중(N)	5250
	길이(mm)	240
스프링 상수(N/mm)		131.3
표면 처리	성형 후의 표면 가공	쇼트 피닝
	방청 처리	방청유 도포

• 그림 5-87 • 압축코일 스프링

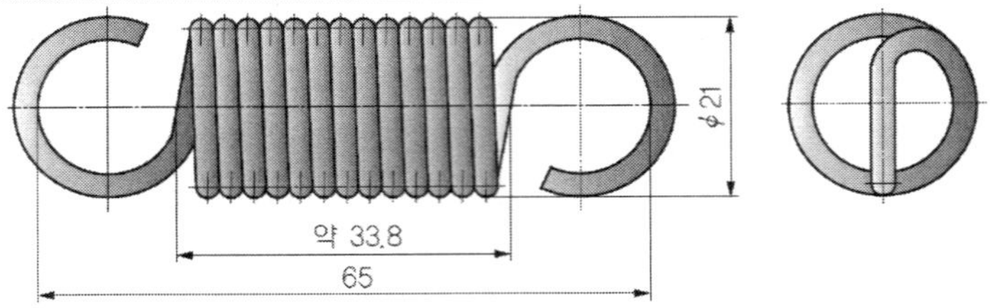

(단위 : mm)

요목표		
재료		SPS 6
재료의 지름(mm)		2.6
코일 평균 지름(mm)		18.4
코일 바깥 지름(mm)		21±0.3
총 감김수		11.5
감김 방향		오른쪽
자유 길이(mm)		65±1.6
초기 장력(N)		39
스프링 특성 지정	지정 길이(mm)	87
	지정길이 때의 하중(N)	170±5%
	길이 75～87 사이의 스프링 정수(N/mm)	6.0
지정 하중(길이)때의 응력(N/mm²)		560
시험 하중(N)		220
시험 하중 때의 응력(N/mm²)		712
최대 허용 인장 길이(mm)		95
고리의 모양		둥근 고리
방청 처리		방청유 도포

• 그림 5-88 • 인장코일 스프링

② 스프링의 모든 부분을 도시하는 경우 코일 스프링의 코일 부분은 나선의 투상이 되고, 또 시트에 근접한 부분은 피치 및 각도가 연속적으로 변하므로 이를 간단히 [그림 5-89]와 같이 직선으로 표시한다.

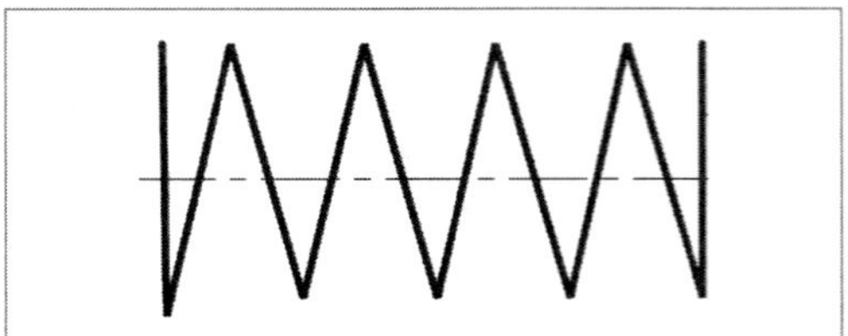

• 그림 5-89 • 코일 스프링의 모양 도시

③ 일부분을 생략하여 도시하는 경우

스프링의 양끝을 제외한 동일 모양 부분을 생략하는 경우에는, [그림 5-90]과 같이 생략된 부분을 가는 1점쇄선, 또는 가는 2점쇄선으로 그린다.

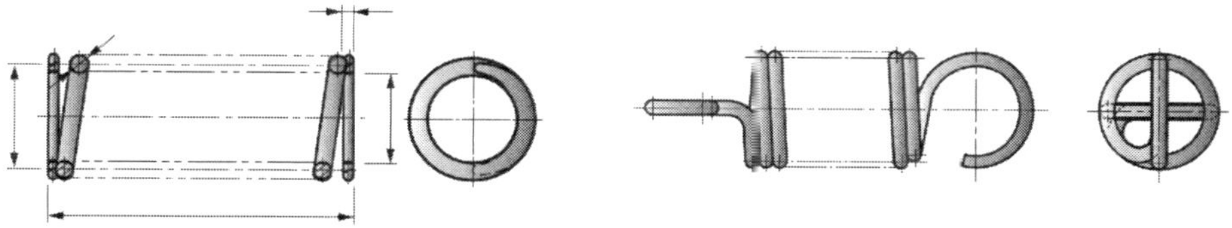

(a) 압축 코일 스프링 (b) 인장 코일 스프링

• 그림 5-90 • 코일 스프링의 중앙부를 생략한 그림 보기

④ 스프링의 간략 도시

[그림 5-91]과 같이 설명도 등에 그려진 가장 간단한 도시로서, 스프링 재료의 중심선을 굵은 실선으로 그린다.

(a) 압축 코일 스프링 (b) 인장 코일 스프링

• 그림 5-91 • 코일 스프링의 간략 도시

⑤ 스프링의 단면만을 도시하는 경우

조립도, 설명도 등에서 코일 스프링은 [그림 5-92]와 같이 그 단면만으로 도시하여도 좋다.

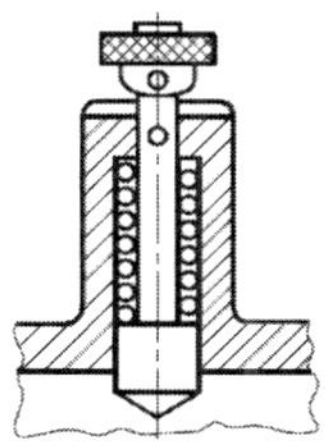

• 그림 5-92 • 스프링의 단면 도시

⑥ 겹판 스프링의 제도

겹판 스프링은 [그림 5-93]과 같이 스프링 판이 수평인 상태(하중 상태)에서 그린다. 단, 하중시의 상태에서 그리고 치수를 기입하는 경우에는 하중을 명기한다.

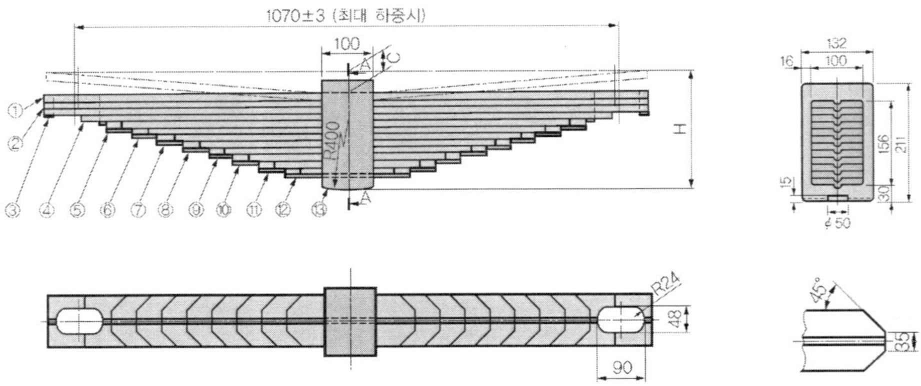

번호	품명	재료	수량	스프링 치수(mm) 전개길이	두께	너비
1			1	1200		
2			1	1200		
3			1	1200		
4			1	1050		
5			1	950		
6	판 스프링	SPS3	1	850	13	100
7			1	750		
8			1	650		
9			1	550		
10			1	450		
11			1	350		
12			1	250		
13	허리 죔띠	SM10C	1			

요목표

구분	하중 (N)	높이 (mm)	스팬 (mm)
무하중시	0	224	
상용 하중시	50,230		
최대 하중시	57,290	186±4	1070±3
시험 하중시	100,500		

• 그림 5-93 • 겹판 스프링의 제도

㉠ 하중과 처짐의 관계는 요목표에 나타낸다.

㉡ 종류 및 모양만을 도시할 때에는 [그림 5-94]와 같이 스프링의 외형만을 굵은 실선으로 그린다.

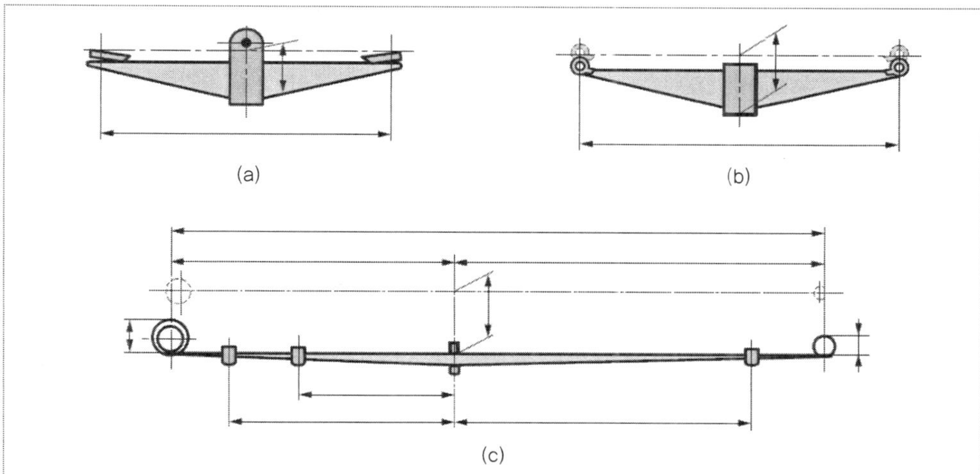

• 그림 5-94 • 겹판 스프링의 간략도

⑦ 벌루트(volute), 스파이럴(spiral), 접시 스프링의 도시

㉠ 벌루트 스프링, 스파이럴 스프링, 접시 스프링은 무 하중 상태에서 도시한다.

㉡ 벌루트 스프링의 치수는 [그림 5-95]와 같이 판의 단면치수, 스프링의 높이, 최대지름 및 최소지름 등을 표시한다.

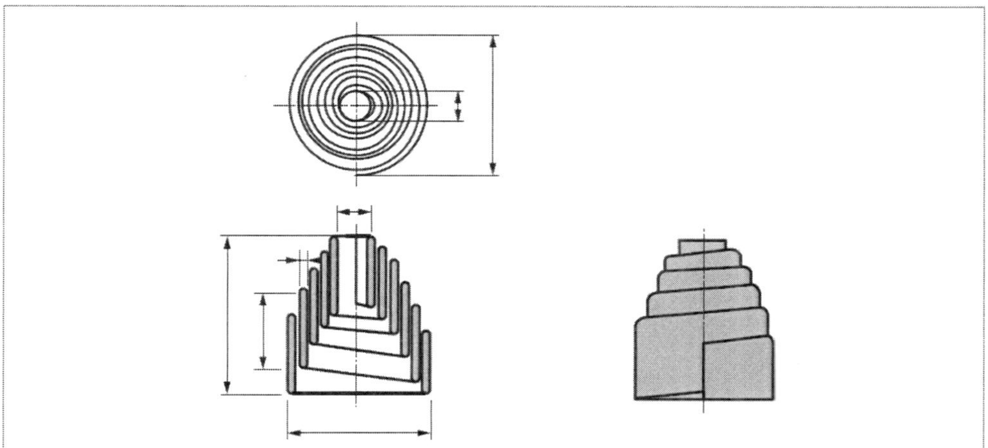
• 그림 5-95 • 벌루트 스프링의 제도

⑧ 스파이럴 스프링의 치수는 필요에 따라 끝 부분의 형상을 도시하고, 요목표에 스프링강의 두께, 폭, 길이, 피치, 감김 수 등을 기입한다. 또, 스파이럴 스프링의 도시에는 [그림 5-96]과 같이 바깥둘레 부분과 안쪽 면을 하나의 실선으로 표시하고, 중간부분은 생략하여 도시한다.

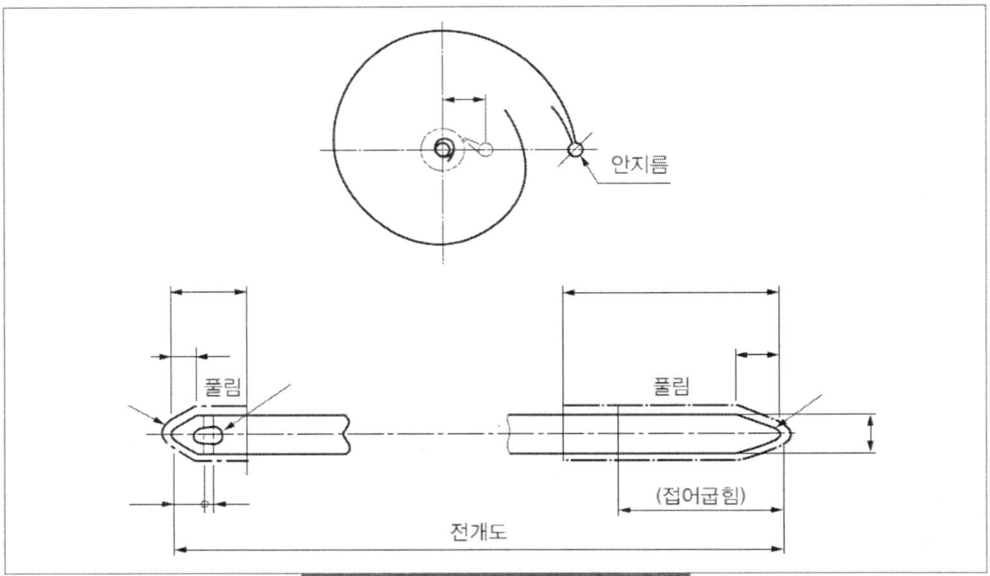

• 그림 5-96 • 스파이럴 스프링의 제도

⑨ 접시 스프링은 [그림 5-97]과 같이 도시한다.

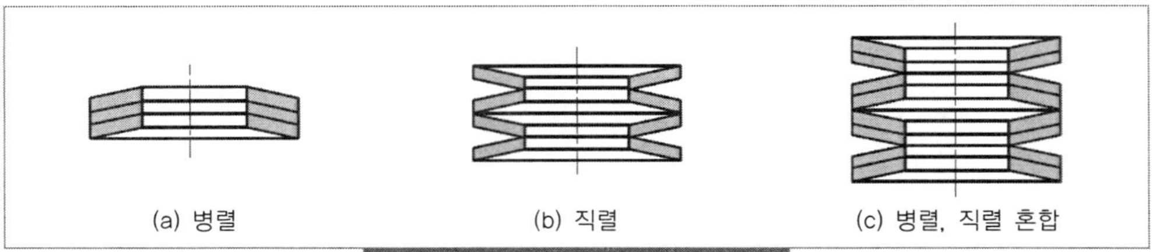

• 그림 5-97 • 접시 스프링의 도시

6

C·H·A·P·T·E·R

산업설비 제도

NCS기계제도

CHAPTER 06

산업설비 제도

1 배관 제도

1 배관 도시 기호

(1) 관 등의 도시 방법

① 척도

도면이 일정한 척도로 그려져 있을 때는 척도는 [표 1-4]의 KS A 0110에 따라 지시한다.

② 선

㉠ 선의 굵기 : 일반적으로 선의 굵기는 1종류단을 사용한다. 다만, 선의 굵기를 2종류 이상 사용하는 경우에는 선의 굵기의 상대비 a : b : c는 2 : $\sqrt{2}$: 1로 한다. 굵기가 다른 선들은 다음과 같이 사용한다.

- 선의 굵기 a : 주류선(主流線)
- 선의 굵기 b : 2차 유선, 문자
- 선의 굵기 c : 인출선, 치수선 등

㉡ 선의 종류 : [표 6-1]에 나타내는 종류 및 굵기의 선을 사용한다.

㉢ 선의 틈새 : 평행한 선(해칭을 포함한다.) 간의 틈새는 가장 굵은 선 굵기의 2배 이상으로 하며, 최소 틈새는 0.7mm로 한다.
인접하는 유선 간 및 유선과 그 밖의 선과의 틈새는 10mm로 하는 것이 좋다.

③ 문자

문자는 KS B ISO 3098-2에 따르는 것으로 하고, [그림 6-1]과 같은 B형 직립체 문자가 바람직하다. 문자의 굵기는 그 문자 가까이에 있는 또는 그 문자와 관련되는 도시 기호와 같은 굵기로 한다.

ABCDEFGHIJKLMNOPQRSTUVWXYZ
abcdefghijklmnopqrstuvwxyz
[(!?.,:;"-=+x√%&)]
0124567891VX

• 그림 6-1 • B형 직립체 문자

(2) 관의 치수 표시 방법

① 치수의 기입

일반적으로 치수의 기입에서 호칭 치수는 단축 기호 "DN"을 사용한다. 관의 바깥지름(d) 및 두께(t)는 [그림 6-2]와 같이 지시하여도 좋다. 필요하다면, 관련 설비를 포함하는 관에 대한 부가 정보를 기입한 부품표를 도면에 추가하여도 좋다. 길이는 그것이 적절한 경우에는 언제나 관의 말단부의 바깥 표면, 플랜지면 또는 이음의 중심부터로 한다.

[참고] 관의 호칭 지름에 대하여 배관에 관한 한국산업표준에서는 "A" 또는 "B"의 기호를 숫자 뒤에 붙여 구분하는 것도 있다. 또 "DN"은 표준 사이즈(nominal size)를 표시한다.

② 관 등의 도시

관 등을 도시하는 유선(입구 또는 출구 흐름의 유로, 또는 물질, 에너지 매체의 유로를 표시한 것)은 관의 지름과는 무관하게 관의 중심선에 일치하는 위치에 하나의 굵은 실선으로 [표 6-1]과 같이 표시하며, 만곡부는 [그림 6-2]와 같이 간략화하여 유선을 정점까지 똑바로 연장하여도 좋다. 다만 보다 명확하게 하기 위하여 [그림 6-3]에 나타내는 모양으로 하여도 좋다. 이 경우에 만곡부의 투영이 타원으로 나타나는 경우라도 이들 투영은 [그림 6-4]와 같이 간략화하여 원호로 그려도 좋다.

표 6-1 배관 도시 선의 종류 및 선의 적용

선의 종류		호칭 방법	선의 적용
A	(굵은 실선)	굵은 실선	A1 유선 및 결합 부품
B	(가는 실선)	가는 실선	B1 해칭 B2 치수 기입(치수선, 치수 보조선) B3 인출선 B4 등각 격자선
C	(파형선)	프리핸드의 파형의 가는 실선	C1, D1 파단선 (대상물의 일부를 파단한 경계 또는 일부를 제거한 경계를 표시함)
D	(지그재그선)	지그재그의 가는 실선	
E	(굵은 파선)	굵은 파선	E1 다른 도면에 명시된 유선
F	(가는 파선)	가는 파선	F1 바닥 F2 벽 F3 천장 F4 구멍(뚫린 구멍)
G	(가는 1점 쇄선)	가는 1점 쇄선	G1 중심선
EJ	(매우 굵은 1점 쇄선)	매우 굵은 1점 쇄선*	EJ1 도급 계약의 경계
K	(가는 2점 쇄선)	가는 2점 쇄선	K1 인접 부품의 윤곽 K2 절단면의 앞에 있는 형체

* : 선의 종류 G의 4배의 굵기

③ [그림 6-2, 6-3]과 같이 만곡부를 가지는 관은 일반적으로 배관의 중심선부터 중심선까지의 치수를 기입하는 것이 좋다.

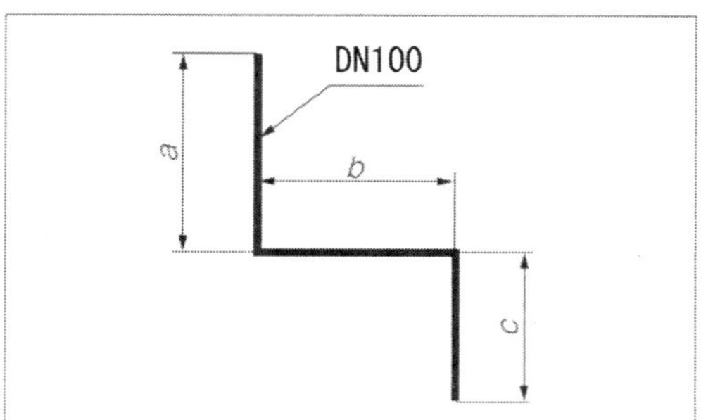

• 그림 6-2 • 만곡부 관의 치수 기입(1)

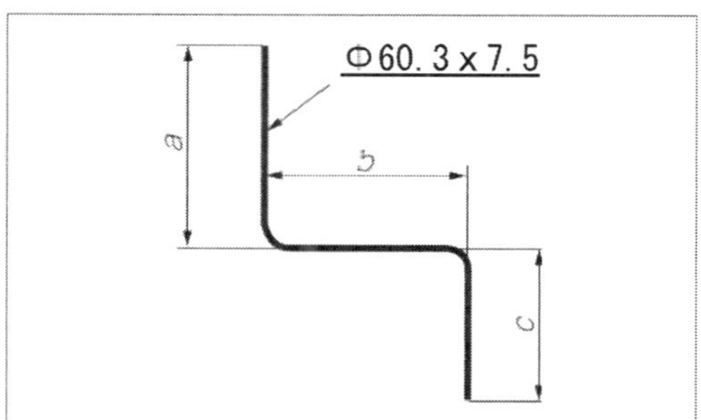

• 그림 6-3 • 만곡부 관의 치수 기입(2)

관의 바깥면 보호재의 바깥쪽, 혹은 안쪽 또는 관 표면의 바깥쪽 혹은 안쪽부터의 치수를 명기할 필요가 있는 경우에는 치수 보조선 또는 관을 표시하는 유선에 평행하고 짧은 가는 실선을 첨가하여 그 선에 [그림 6-4]와 같이 화살표를 붙여서 치수를 지정하여도 좋다. [그림 6-4의 (a), (b), (c)]는 바깥쪽에서 바깥쪽까지, 안쪽에서 안쪽까지 및 안쪽에서 바깥쪽의 정점까지의 치수를 각각 나타낸다.

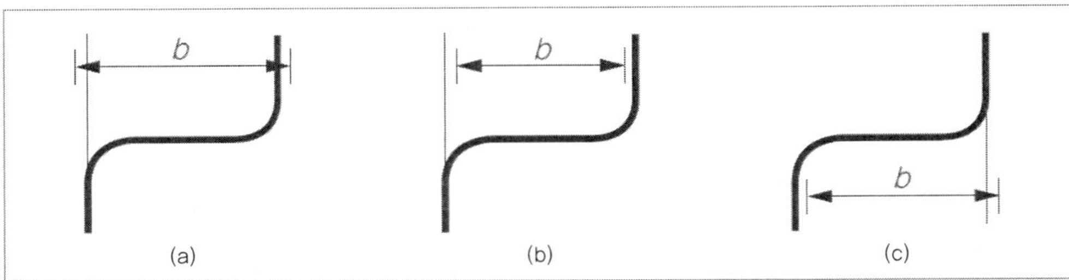

• 그림 6-4 • 만곡부 관의 치수 기입(3)

④ 만곡부의 반지름 및 각도는 [그림 6-5]와 같이 기능적인 각도를 기입하며, 일반적으로 90°는 지시하지 않는다.

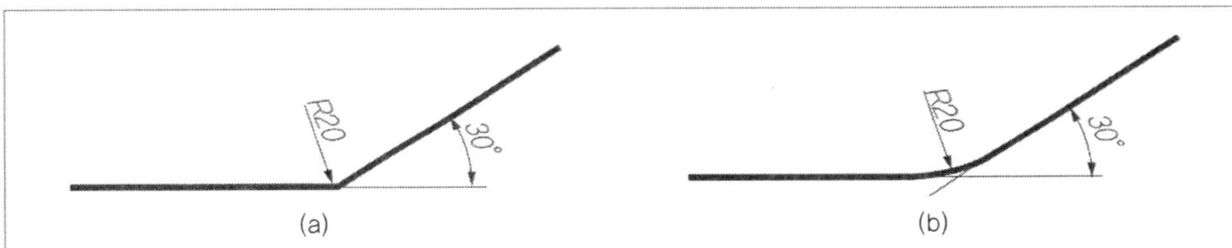

• 그림 6-5 • 만곡부 반지름 및 각도 기입

⑤ 배관의 높이는 일반적으로 [그림 6-6]과 같이 관의 중심에서 표시한다. 특별한 경우로서, 관의 아랫면까지 높이를 지정할 필요가 있는 경우에는 [그림 6-7(a)]와 같이 짧은 가는 실선에 붙여 놓은 기준 화살표(reference arrow)로 지시하며, 관의 윗면까지의 높이를 표시하는 경우도 [그림 6-7(c)]와 같은 규칙을 적용한다.

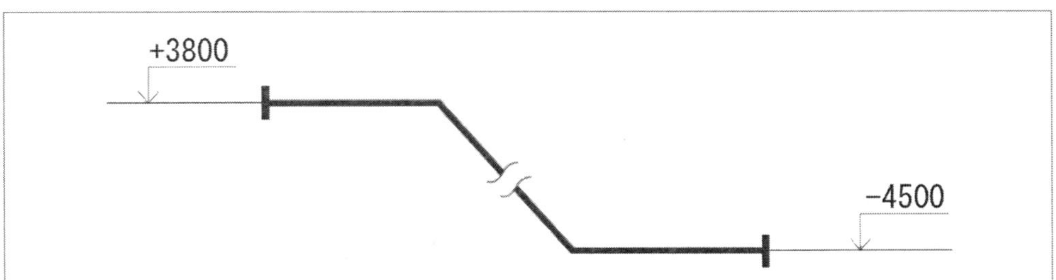

• 그림 6-6 • 관의 중심에 높이 표시

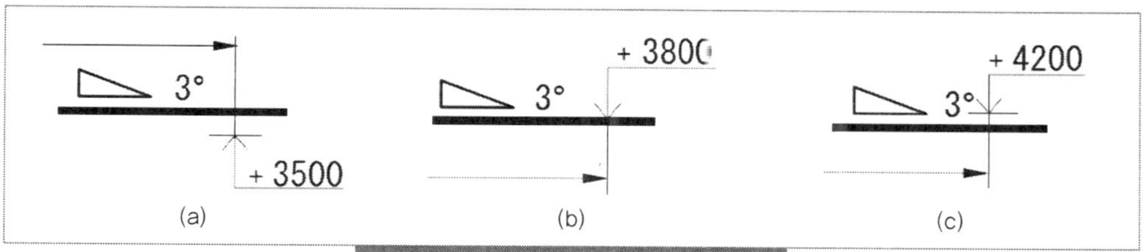

• 그림 6-7 • 관의 구배 및 높이 표시

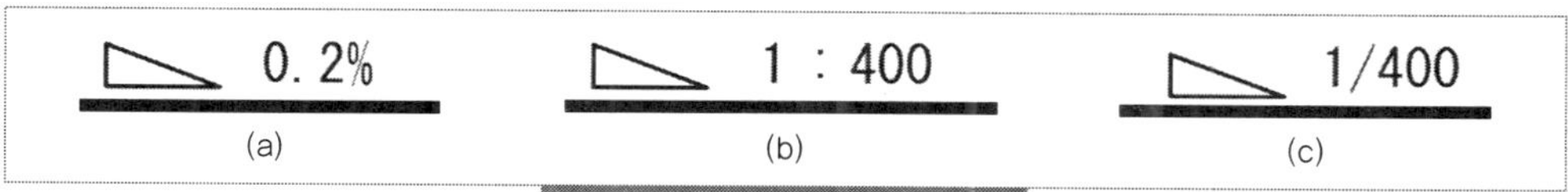

• 그림 6-8 • 관의 구배 표시

⑥ 구배 방향은 직각 삼각형의 뾰족한 끝이 높은 곳에서 낮은 곳을 가리키도록, 유선의 상부에 지시한다. 구배의 크기는 [그림 6-7, 6-8]에 나타내는 방법으로 지시한다. [그림 6-7]과 같이 경사진 관의 높이를 관의 높은 쪽의 끝, 혹은 낮은 쪽의 끝, 또는 어디에서나 편리한 점에서 기준으로 삼는 높이에 관련시켜 명기하면 유용한 경우가 있다.

(3) 관의 접속부 및 교차부 표시

① 접속하지 않는 교차부는 [그림 6-9(a)]와 같이 보통 뒤에 숨은 관을 표시하는 유선에 끊김을 두지 않고 교차시킨 채 그리며, [그림 6-9(b)]와 같이 어떤 관이 또 하나의 관의 배후를 지나야 한다는 것을 반드시 지시해야 하는 경우에는 뒤에 숨은 관을 표시하는 유선에 끊김을 표시한다. [그림 6-9(c)]에서와 같이 각각의 끊김의 나비는 실선 굵기의 5배 이상으로 한다.

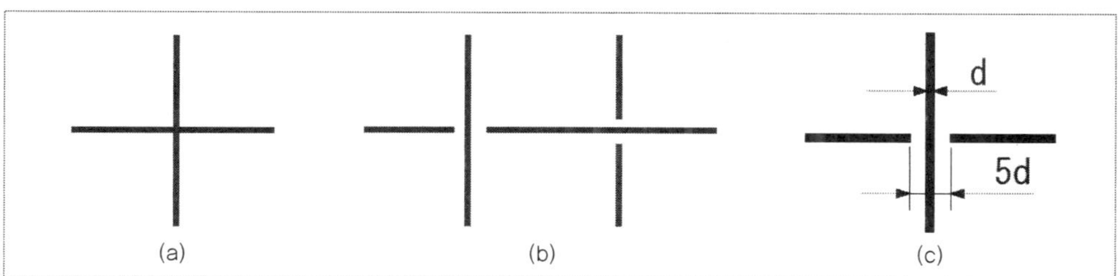

• 그림 6-9 • 관의 교차부 및 접속부 표시

② 영구 결합부(용접 또는 다른 공법에 의한다.)는 [그림 6-10]과 같이 눈에 띄는 크기의 점으로 표시하며, 점의 지름은 선 굵기의 5배로 한다.

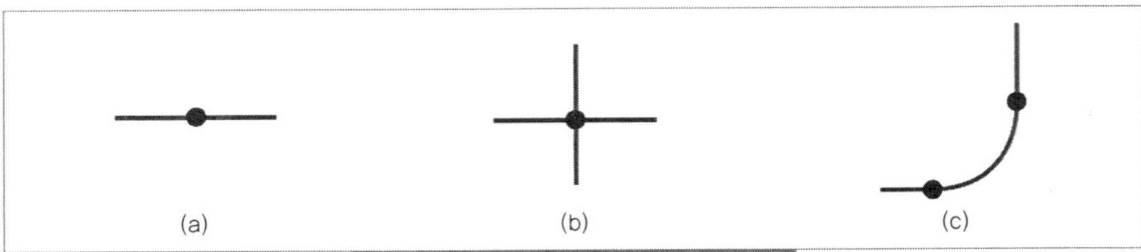

• 그림 6-10 • 관의 영구 결합부 표시

(4) 장치의 표시

장치, 기계류, 밸브 등 모든 것은 유선과 같은 굵기의 도시 기호를 도시한다.

① 관 이음

노즐, T, 벤드와 같은 관 이음은 유선과 같은 굵기로 그리며, 가로 단면을 변화시키기 위한 변환 부품은 [그림 6-11]과 같이 도시하며, 그 호칭 지름은 기호의 상부에 지시한다.

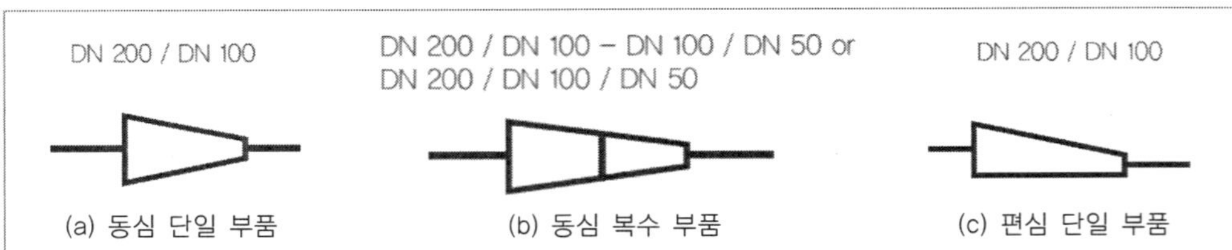

• 그림 6-11 • 관이음 표시

② 지지 장치 및 행어

지지 장치 및 행어는 [그림 6-12]와 같이 적당한 기호를 사용하여 표시하며, 반복하여 사용되는 부속물의 경우에는 [그림 6-13]과 같이 간략화하여 표시한다.

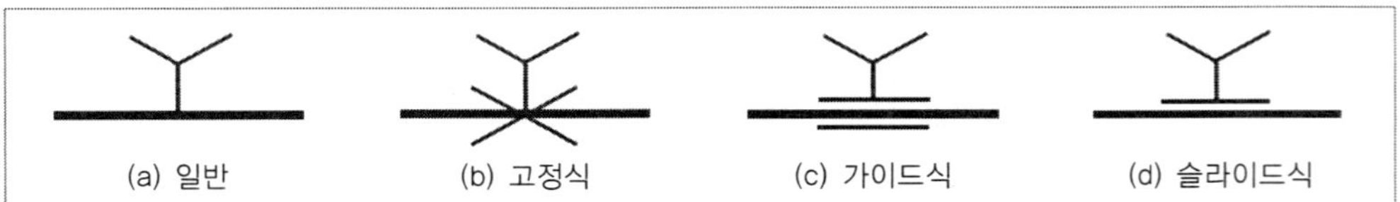

• 그림 6-12 • 관의 지지장치 및 행어 표시

• 그림 6-13 • 부속물의 간략도 표시

영문 숫자 기호에 일련번호를 붙여 [그림 6-14]과 같이 도면상 또는 부속 문서 중에 명시하여야한다.

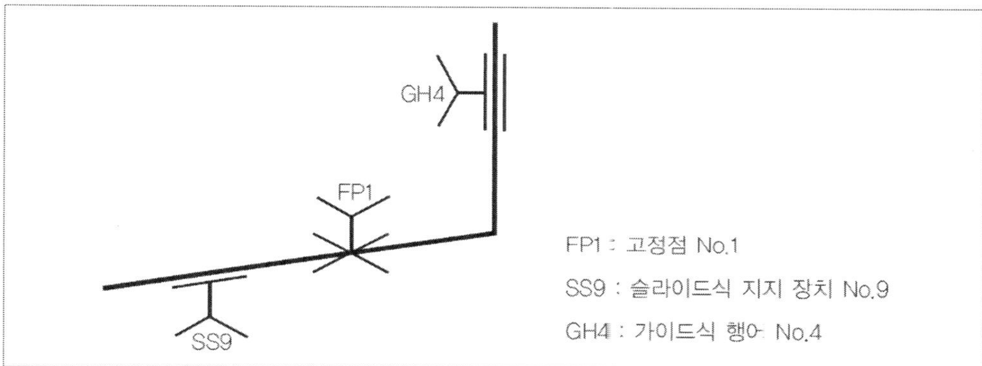

• 그림 6-14 • 관의 지지장치 및 행어의 일련번호 표시

③ 부대 설비

보온·보랭, 피복, 스트림 트레이서라인 등의 부대 설비를 적어 넣어 명시한다.

④ 인접장치

배관 자체에 포함되지 않는 인접장치(탱크, 기계류 등)는 [그림 6-15]와 같이 가는 2점 쇄선을 사용하여 그들의 윤곽을 도시한다.

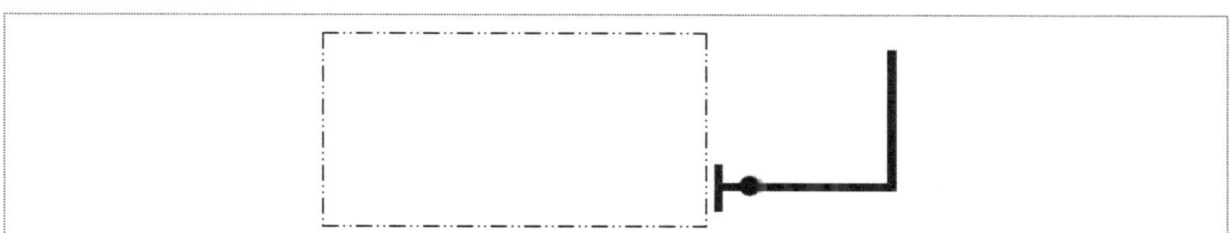

• 그림 6-15 • 인접장치의 도시

⑤ 흐름의 방향

흐름의 방향은 [그림 6-16]과 같이 유선(flow line)상 또는 밸브를 표시하는 도시 기호의 근처에 화살표로 도시한다.(유선 : 입구 또는 출구의 흐름의 유로, 또는 물질, 에너지 혹은 에너지 매체의 유로를 표시한 것)

• 그림 6-16 • 흐름의 방향 표시

⑥ 플랜지

플랜지는 종류 및 사이즈에 관계없이 관의 도시에 사용한 선과 같은 굵기의 선을 사용하여 [그림 6-17]과 같이 도시하며, 플랜지 볼트 구멍의 간략 도시 방법으로서 적당한 수의 기호를 그들의 중심선상에 그린다.

- 정면으로부터의 그림에 대하여는 동심인 2개의 원
- 배면으로부터의 그림에 대하여는 하나의 원
- 측면으로부터의 그림에 대하여는 짧은 하나의 선

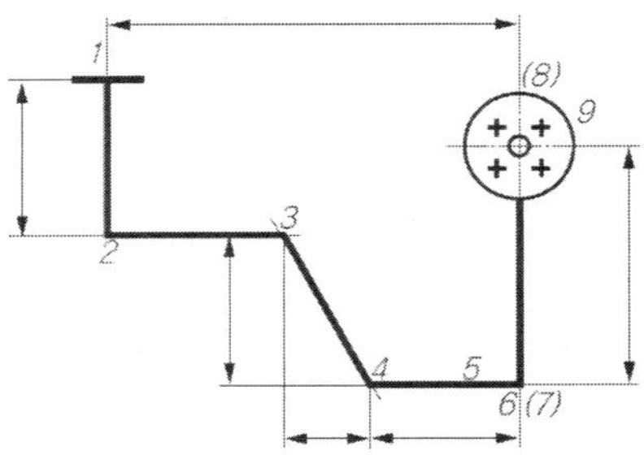

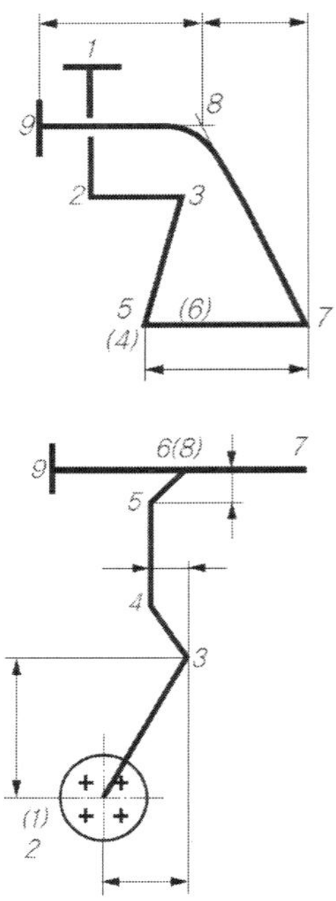

조회 번호	말단점의 좌표		
1	$X_1 = -8$	$Y_1 = +72$	$Z_1 = +50$
9	$X_9 = -20$	$Y_9 = 0$	$Z_9 = +40$

[비고] 관이 방향을 바꾸는 점 및 결합부를 조회번호로 나타냈다. 관 및 조회 번호는 [그림 6-27]에 나타내는 등각 투상도와 같다.
다른 점 뒤에 숨어 있는 점의 조회 번호는 괄호안에 나타낸다.

• 그림 6-17 • 배관 정투영도 및 플랜지의 도시

2 배관 등각 투영도

배관 등각 투영도는 배관에서 제도 작업의 경감 및 도시가 보다 명확해지기 때문에, 입찰용 도면, 제작도 및 설치도에 널리 채용되고 있으며, 등각 투영도는 3개의 좌표축의 각각을 투영면 위에 같은 각도로 기울이는 투영 방법에 의한 그림으로 그림의 치수 및 치수 공차는 모두 직립체 문자로 기입한다.

(1) 좌표

예를 들면 계산 또는 공작 기계의 수치 제어를 위하여 직교 좌표계를 사용할 필요가 있으면, 좌표축은 [그림 6-18]에 따른다.

모든 경우에서 개개의 관 또는 조립된 관의 좌표는 설치 전체에 대하여 채용된 좌표에 따르는 것이 좋으며, 그 좌표를 도면상 또는 부속 문서 중에 지시하여야 한다.

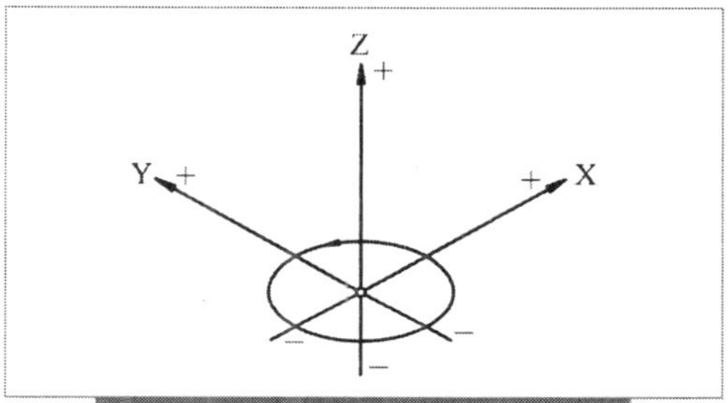

• 그림 6-18 • 좌표 축 설정 보기

(2) 좌표축 방향 이외의 배관의 도시 방법

좌표축에 평행하게 뻗은 관 또는 관의 부분은 특별한 지시를 하지 않고 그 축에 평행하게 그린다. 좌표축 방향 이외의 방향에 경사된 관 부분의 경우에는 [그림 6-19]와 같이 해칭을 한 보조 투영면을 사용하여 표시하는 것이 바람직하다.

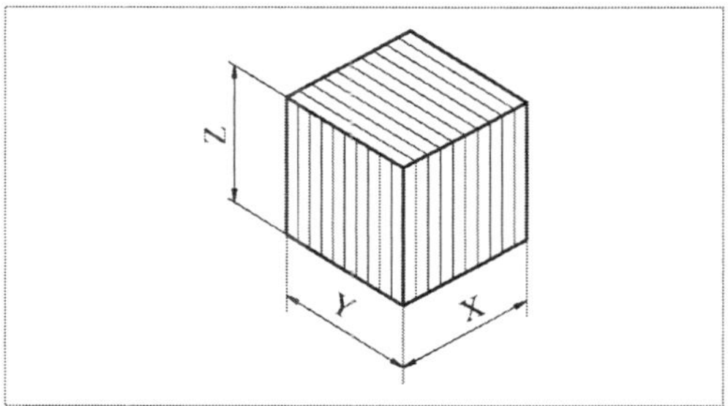

• 그림 6-19 • 좌표축 방향 이외의 배관 도시

① 연직면 내의 관

연직면 내에서 경사된 관 또는 관의 부분은 [그림 6-20(a)]와 같이 수평면 위에 그 투영면을 나타냄으로써 표시한다.

② 수평면 내의 관

수평면 내에서 경사된 관 또는 관의 부분은 [그림 6-20(b)]와 같이 연직면 위에 그 투영면을 나타냄으로써 표시한다.

③ 어느 좌표면에도 평행하지 않은 관

어느 좌표면에 대하여도 평행하지 않은 관 부분은 [그림 6-20(c)]와 같이 수평면 위 및 연직면 위의 양 방향에 그 투영을 나타냄으로써 표시한다.

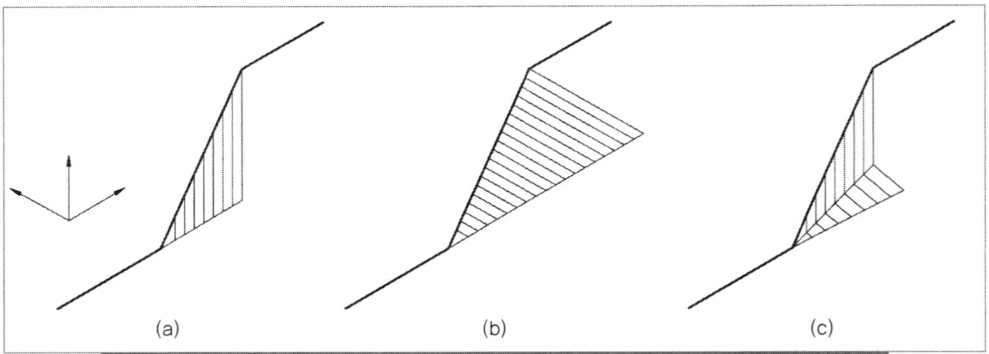

• 그림 6-20 • 연직면, 수평면 내의 관 및 어느 좌표에도 평행하지 않은 관의 표시

④ 보조 투영면

보조 투영면의 경계는 삼각형의 직각부를 사용하여 표시한다. 보조 투영면은 해칭으로 강조하는 경우, 해칭은 수평한 보조 투영면에 대하여는 X축 또는 Y축에 평행하게 그 밖의 보조 투영면에 대하여는 연직으로 실시한다. 이와 같은 해칭이 불편한 경우에는 생략하며, 그 경우에는 [그림 6-21(a)]와 같이 가는 실선을 사용하여 직사각형 또는 [그림 6-21(b)]와 같이 직육면체를 표시하는데 이 때, 직사각형 또는 직육면체의 대각선이 관에 상당하도록 그린다.

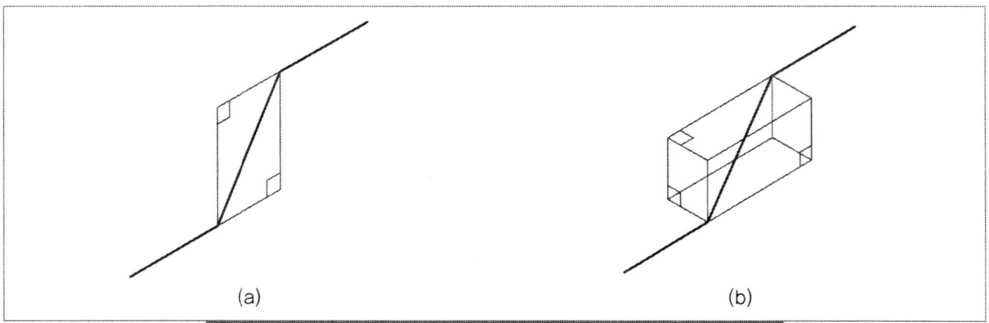

• 그림 6-21 • 보조 투영면의 직사각형 및 직육면체 표시

(3) 치수 기입 및 특별한 규칙

① 지름 및 두께

관의 바깥지름(d) 및 두께(t)의 호칭 치수는 단축 기호 "DN"을 사용하여 [그림 6-22]와 같이 지시한다.

② 길이 및 각도 치수

길이 및 각도 치수는 관의 끝부분의 바깥 표면, 플랜지면 또는 이음의 중심부터로 한다.

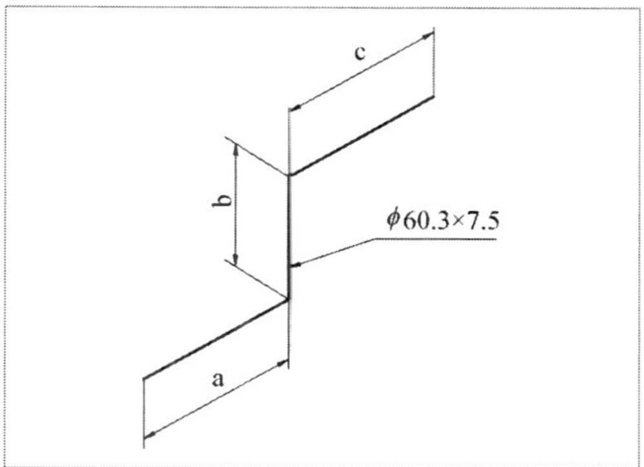

• 그림 6-22 • 치수 기입 표시

③ 만곡부를 가지는 관

만곡부를 가지는 관은 [그림 6-22]에서와 같이 중심선에서 중심선까지의 치수 또는 중심선에서 관의 끝부분까지의 치수를 기입한다.

④ 만곡부의 반지름 및 각도

만곡부의 반지름 및 각도는 [그림 6-23]과 같이 기능적인 각도를 지시한다.

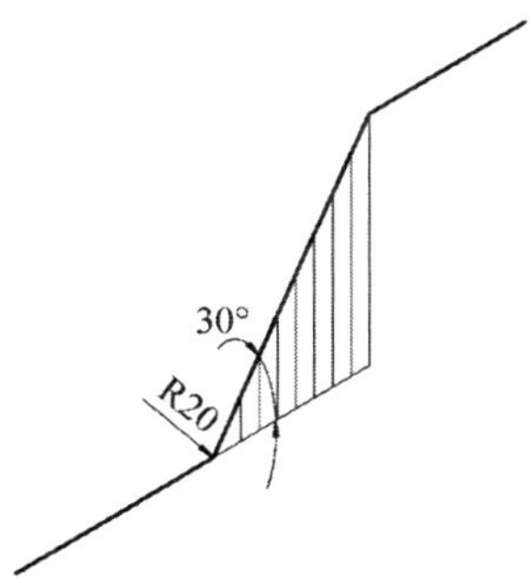

비고 : 만곡부는 간략화하고 관을 표시한 선을 정점까지 똑바로 뻗어나가게 한다.
보다 명확하게 표시하기 위하여 실제로 만곡부를 표시한다. 이때 만곡부의 투영을 타원으로 표시하여야 할 경우라도, 이들 투영은 간략하게 원호로 그린다.

• 그림 6-23 • 만곡부의 반지름 및 각도 표시

⑤ 배관의 높이

배관의 높이는 [그림 6-24]와 같이 인출선의 수평부는 그 유선(flow line)의 방향과 같게 하여야 한다.

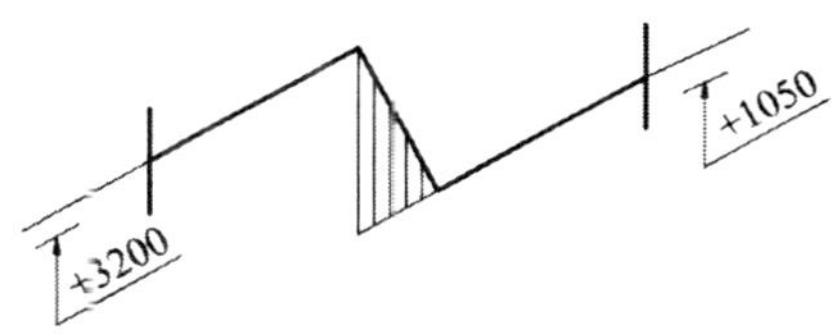

• 그림 6-24 • 배관의 높이 표시

⑥ 기울기의 방향

기울기의 방향은 직각 삼각형의 뾰족한 끝이 관의 높은 곳에서 낮은 곳을 가리키도록 유선(flow line)의 등각 방향을 변경시키지 않은 채 선의 위쪽에 표시한다. 기울기는 [그림 6-25]와 같은 방법으로 표시하며, 기울기는 기준으로 하는 높이에 관련시켜서 지정하면 유용하다.

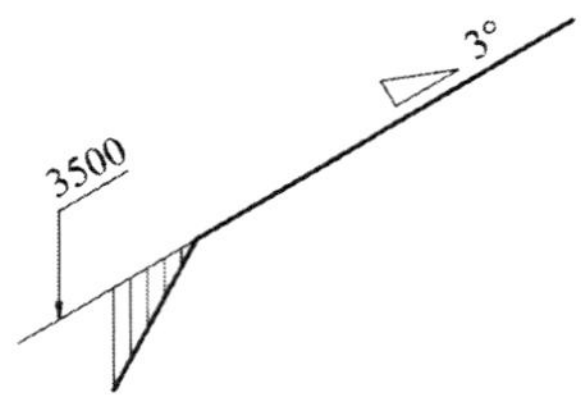

• 그림 6-25 • 기울기의 방향 표시

⑦ 관의 끝부분의 위치

관의 끝부분의 위치를 끝면의 중심을 표시하는 좌표로 지정하며, 인접하는 도면이 있는 경우에는 보기와 같이 참조할 것을 기재한다.

[보기] "도면 X에 이어짐"

⑧ 중복 치수의 기입

해칭을 한 보조 투영면의 치수를 [그림 6-26]과 같이 기입하며, 제조상 및 기술상의 이유로 치수를 중복하여 기입할 필요가 있는 경우에는 그 중 한 쪽을 괄호 안에 지시한다.

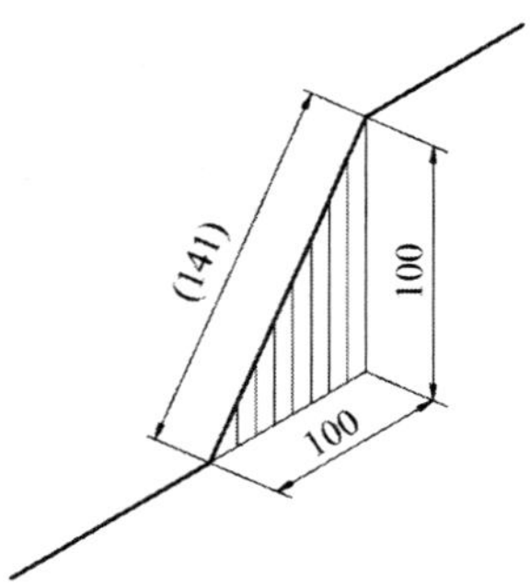

• 그림 6-26 • 중복 치수의 기입

⑨ 관 굽힘 가공기를 위한 치수 기입 방법

[그림 6-27]의 등각 투상도의 치수 기입은 원점을 기준으로 치수를 기입한다.

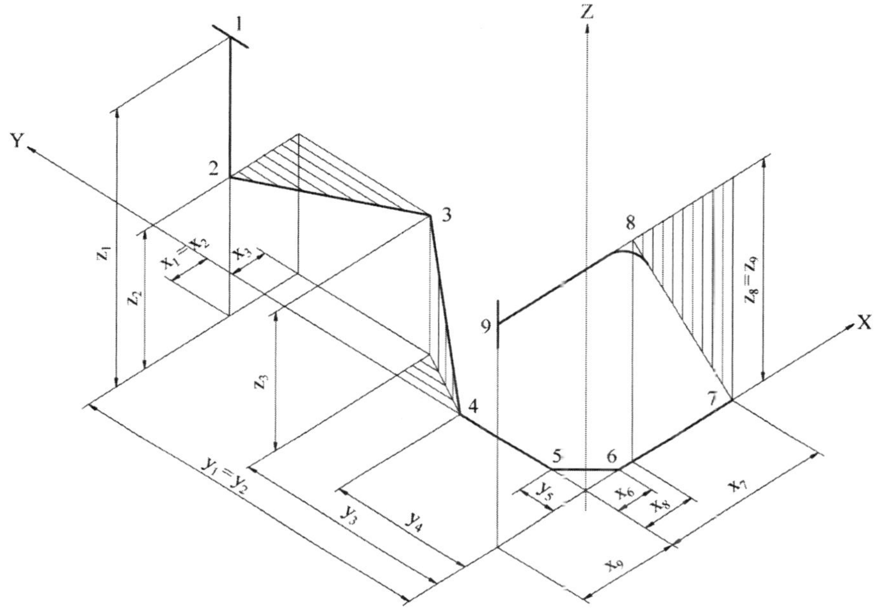

조합 번호	좌표		
1	$x_1 = -8$	$y_1 = +72$	$z_1 = -50$
2	$x_2 = -8$	$y_2 = +72$	$z_2 = +25$
3	$x_3 = +7$	$y_3 = +42$	$z_3 = +25$
4	$x_4 = 0$	$y_4 = +28$	$z_4 = 0$
5	$x_5 = 0$	$y_5 = +7$	$z_5 = 0$
6	$x_6 = +7$	$y_6 = 0$	$z_6 = 0$
7	$x_7 = +32$	$y_7 = 0$	$z_7 = 0$
8	$x_8 = +10$	$y_8 = 0$	$z_8 = +40$
9	$x_9 = -20$	$y_9 = 0$	$z_9 = +40$

• 그림 6-27 • 관 굽힘 가공기를 위한 등각 투상도의 치수 기입

(4) 그림 기호

배관계에 대한 그림 기호는 [그림 6-28]과 같이 등각 투영법을 사용하여 그려야 한다.

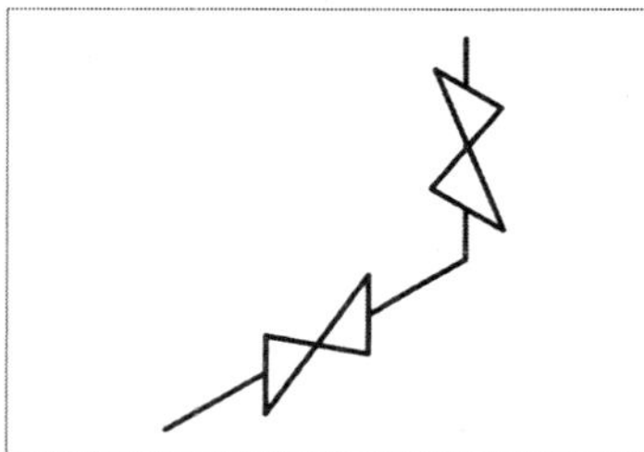

• 그림 6-28 • 배관계 그림 기호

1) 등각 투영법으로 그린 그림 기호

① 밸브

[그림 6-29]는 밸브 그림 기호 보기이다. 밸브 액추에이터를 표시하는 경우에는 어느 것이건 좌표에 평행한 액추에이터는 치수를 기입할 필요는 없으며, 좌표에 평행하지 않은 경우에는 [그림 6-29(b)]와 같이 경사를 지시한다.

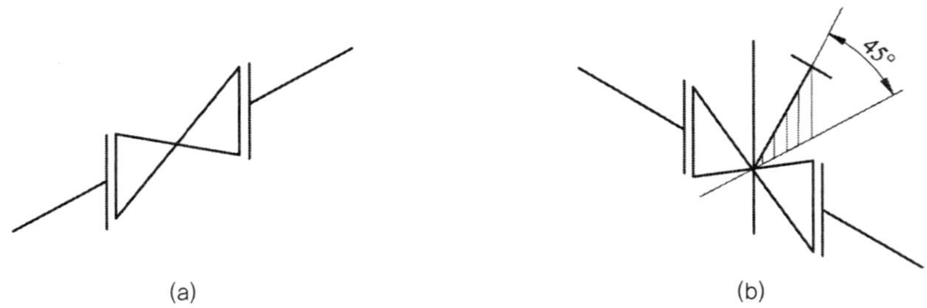

비고 : 밸브 액추에이터는 액추에이터의 위치 또는 종류(스핀들, 피스턴 등) 를 명시할 필요가 있는 경우에만 표시한다.

• 그림 6-29 • 밸브 그림 기호 보기

② 리듀서

[그림 6-30]과 같이 부품의 호칭 지름은 그림 기호의 윗부분에 지시한다.

③ 지지 장치 및 행어

[그림 6-31]의 그림 기호 보기를 참조한다.

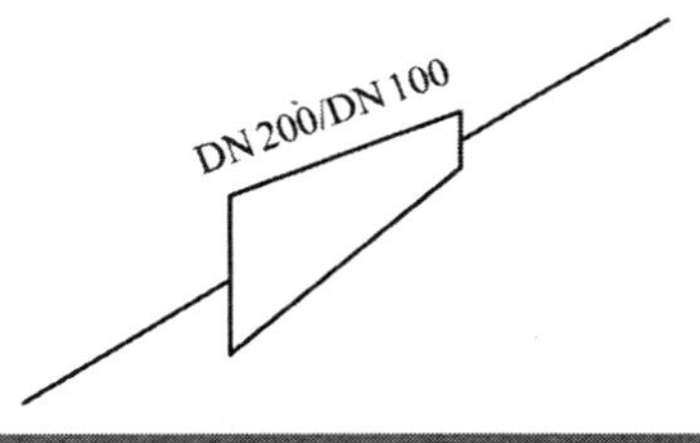

• 그림 6-30 • 리듀서 그림 기호 보기

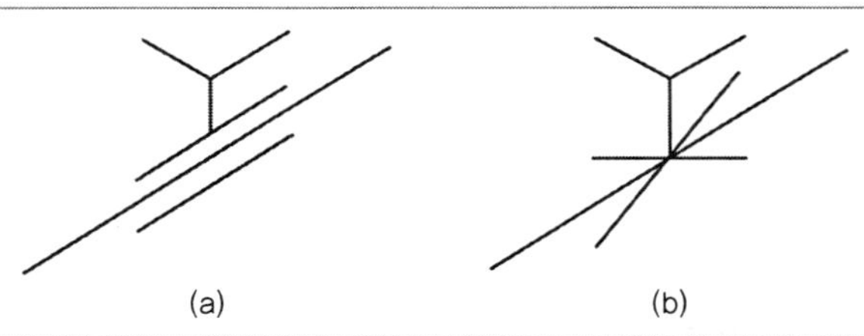

• 그림 6-31 • 지지 장치 및 행어 그림 기호 보기

④ 교차부

교차부는 [그림 6-32]와 같이 어떤 관이 또 하나의 관의 배후를 지나야 함을 명시해야 하는 경우에는 뒤에 숨은 관을 표시하는 유선(flow line)에 끊김을 둔다. 각 끊김의 나비는 실선 굵기의 5배 이상으로 한다.

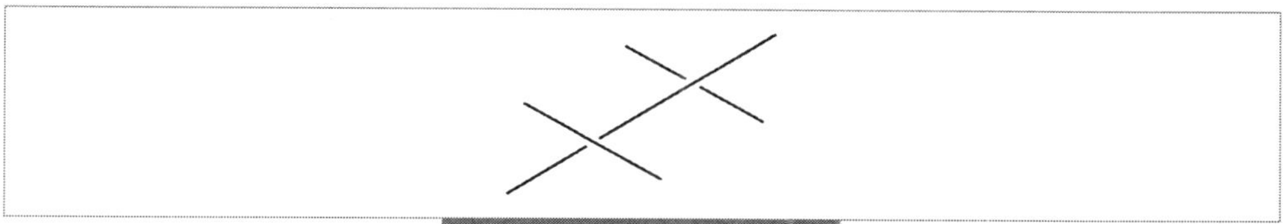

• 그림 6-32 • 교차부 표시

⑤ 영구 결합부 표시

[그림 6-33(a)] 용접 및 [그림 6-33(b)]는 현장 용접의 보기를 표시한다.

• 그림 6-33 • 영구 결합부 표시

⑥ 일반적인 결합부

접속의 종류 또는 형태가 지정되어 있지 않은 경우에는 [그림 6-34]와 같이 일반적인 기호를 사용한다.

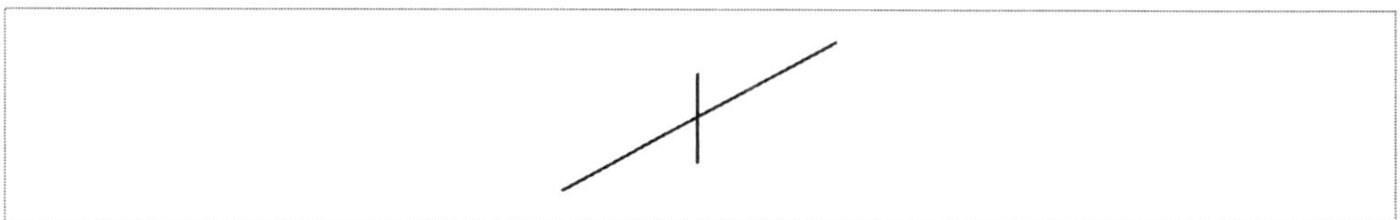

• 그림 6-34 • 일반적인 결합부 보기

⑦ 플랜지

플랜지는 [그림 6-35]와 같이 나타낸다.

• 그림 6-35 • 플랜지 보기

⑧ [그림 6-36]은 등각 투영의 보기를 나타낸다.

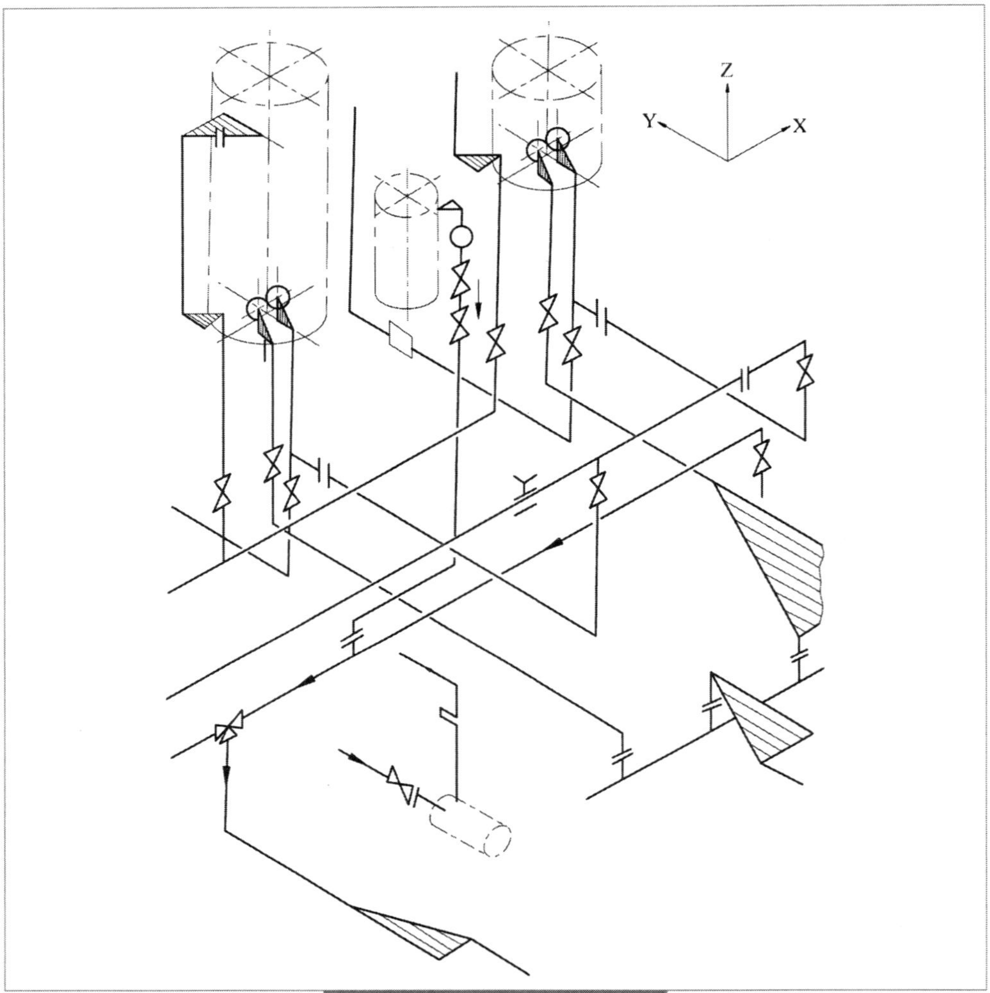

• 그림 6-36 • 등각 투영의 보기

7

C·H·A·P·T·E·R

능력단위 코드 1501020103_14v2

도면 해독

분류번호	1501020103_14v2
능력단위 명칭	도면해독
능력단위 정의	도면해독이란 기 작성된 조립도 및 부품도를 분석하고, 요소부품의 기능에 최적한 형상, 치수 및 주요 공차를 파악하는 능력이다.

능력단위요소	수행준거
1501020103_14v2.1 도면 분석하기	1.1 작업 요구사항에 적합한 설계 자료를 수집하고 도면을 준비할 수 있다. 1.2 설계사양서 및 관련 도면을 파악하여 전체기능과 작동원리를 검토할 수 있다. 1.3 해당도면의 개정, 설계 변경사항을 확인할 수 있다. 1.4 조립도 및 부품도에서 표준부품을 파악하여 설계 규격 및 설계 공식을 준비할 수 있다.
	[지식] • 설계공식에 관한 지식 • KS 및 ISO 규격 등 산업규격의 이해와 활용방법 **[기술]** • 기계요소부품의 기능 및 작동원리 파악 능력 • CAD 프로그램 운용 능력 **[태도]** • 도면의 취급, 관리 시스템에 관한 분석적 태도 • 도면의 종류와 특성 및 설계사양서에 관한 분석적 태도
1501020103_14v2.2 요소부품 투상하기	2.1 KS 및 ISO 제도통칙에서 투상도법을 확인할 수 있다. 2.2 조립도 및 부품도를 파악하여 각각의 요소부품의 품명과 재질을 확인할 수 있다. 2.3 조립도 및 부품도를 파악하여 2D 부품도에서 입체 형상을 구현할 수 있다. 2.4 도면에서 표준부품과 호환성을 파악하여 조립부분의 형상을 검토할 수 있다.
	[지식] • KS 및 ISO 규격의 투상도법에 관한 지식 • 기계재료의 종류 및 특성에 관한 지식 **[기술]** • 부품도 파악 능력 • 3D 입체형상 구현 기술 • 요소부품과 표준부품의 조립부분 형상 호환성 구분 능력 **[태도]** • 기계요소부품에 관한 세심한 파악 • 표준부품 취급과 관리에 관한 분석적 태도

능력단위요소	수행준거
	3.1 KS 및 ISO 제도통칙에서 치수기입방법 및 크준공차를 확인할 수 있다. 3.2 조립도에서 요소부품들의 조립관계를 파악하고 주요 치수 및 공차를 검토할 수 있다. 3.3 요소부품의 가공정밀도를 파악하고 표면조드 및 기하공차를 검토할 수 있다. 3.4 도면에서 요소부품과 표준부품의 호환성을 파악하고 표준부품의 편람을 참조하여 공차를 결정할 수 있다.
1501020103_14v2.3 주요치수 및 공차 검토하기	[지식] • KS 및 ISO 규격의 치수기입과 공차에 관한 지식 • 정밀도에 따른 기계가공법에 관한 지식 [기술] • 조립된 요소부품의 주요 치수 및 공차 판단 능력 • 표면조도 및 기하공차 판단 능력 [태도] • 공차, 표면조도, 기하공차에 관한 세심한 파악 • 표준부품의 편람참조에 관한 분석적 의지
	4.1 조립도에서 요소부품의 주요 기능을 파악하고 특이사항을 정의하여 설계방법을 결정할 수 있다. 4.2 조립도 및 부품도에서 품명, 설계계산, 제작을 고려하여 재질을 결정할 수 있다. 4.3 도면을 파악하여 개략적인 설계시간을 산정하고 예상되는 작업방법을 검토할 수 있다. 4.4 요소부품의 가공정밀도 및 열처리를 고려하여 작업설비 및 방법을 결정할 수 있다.
1501020103_14v2.4 도면해독 검토하기	[지식] • 도면에서 요소부품의 열처리, 표면처리에 관한 지식 • 기계요소부품의 특성 및 재료 선정에 관한 지식 [기술] • 기계요소부품의 특성을 파악하고 재료 선정할 수 있는 기술 • 제작설비 및 제작방법을 결정할 수 있는 기술 [태도] • 기계요소설계 프로세스에 관한 세심한 관찰 • 요소부품의 가공정밀도, 제작법 및 특이사항에 관한 분석적 태도

◎ 적용범위 및 작업상황 ◎

[고려사항]

- 이 능력단위는 기계요소설계, 기계시스템 설계, 구조해석설계, 기계제어설계분야에 적용한다.
- 이 능력단위는 조립도 및 부품도 도면을 분석하고 오류를 확인하여 수정하는 작업에 적용한다.
- 도면 파일 및 모델링 데이터 파일을 확인하고 오류를 확인하여 수정하는 작업에 포함한다.
- 도면의 작성은 KS 및 ISO 등의 규격에 따라 작성되어야 한다.
- 오류라 함은 형상(투상), 조립치수, 호환공차 및 모델링 이력상에서 발생하는 전반적인 사항을 의미한다.
- KS 및 ISO 등 국내외 규격이란 해당작업에서 또는 산업에서 통용되고 있는 제도에 관련된 표준 규격을 의미한다.

◎ 평가지침 ◎

[평가방법]

- 평가자는 능력단위 요소공차검토의 수행준거에 제시되어 있는 내용을 평가하기 위해 이론과 실기를 나누어 평가하거나 종합적인 결과물의 평가 등 다양한 평가 방법을 사용할 수 있다.
- 피 평가자의 과정평가 및 결과평가 방법

평가방법	평가유형	
	과정평가	결과평가
A. 포트폴리오	✔	✔
B. 문제해결 시나리오	✔	✔
C. 서술형시험	✔	✔
D. 논술형시험		
E. 사례연구		✔
F. 평가자 질문		
G. 평가자 체크리스트	✔	✔
H. 피평가자 체크리스트	✔	✔
I. 일지/저널		
J. 역할연기		
K. 구두발표	✔	✔
L. 작업장평가		
M. 기타		

[평가시 고려사항]

- 수행준거에 제시되어 있는 내용을 성공적으로 수행할 수 있는지를 평가해야 한다.
- 평가자는 다음 사항을 평가해야 한다.
  - 기계요소설계 및 설계관련 표준화에 관한 파악능력
  - KS 및 ISO 제도 규격에 관한 파악 능력
  - 재질 선정 및 관련 규격에 관한 파악 능력
  - 기계공작법 및 열처리에 관한 파악 능력
  - 기계요소설계 및 설계관련 자료에 관한 파악 능력
  - CAD 프로그램 운용 능력

CHAPTER 07

도면 해독

능력단위 요소	도면 해독 도면 분석하기	15C1020103_14v2.1

수행 준거	
1.1	작업 요구사항에 적합한 설계 자료를 수집하고 도면을 준비할 수 있다.
1.2	설계사양서 및 관련 도면을 파악하여 전체기능과 작동원리를 검토할 수 있다.
1.3	해당도면의 개정, 설계 변경사항을 확인할 수 있다.
1.4	조립도 및 부품도에서 표준부품을 파악하여 설계 규격 및 설계 공식을 준비할 수 있다.

1 동력전달장치 도면해독

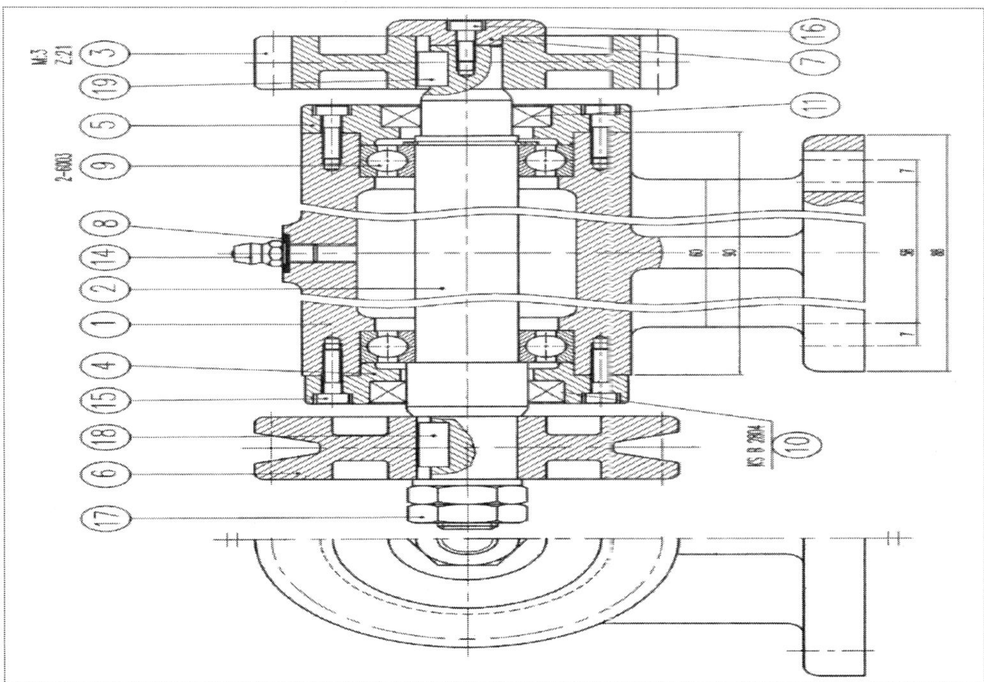

1 부품 명세표

품번	품명	재질	수량	비고
1	본체	ISO 185	1	GC200
2	축	SCM 415	1	
3	스퍼기어	ISO 4990	1	SC480
4	커버	ISO 185	1	GC200
5	커버	ISO 185	1	GC200
6	V벨트 풀리	ISO 185	1	GC200
7	고정판	SS400	1	
8	개스킷	NBR	1	
9	깊은 홈 볼 베어링		2	KS B 2023 #6003
10	오일실	NBR	1	KS B 2804 GM 20 32 5A
11	오일실	NBR	1	KS B 2804 GM 15 25 4A
12	C형 멈춤링		1	KS B 1336 축용 17
13	평 와셔	SM 20C	1	KS B 1326 보통원형 10
14	그리스 니플		1	KS V ISO 7824 M10×1
15	6각 구멍붙이 볼트	SCM 440	8	KS B 1003 M3×12
16	6각 구멍붙이 볼트	SCM 440	1	KS B 1003 M3×10
17	6각 저너트	SM 45C	2	KS B 1012 M10
18	묻힘 키	SM 35C	1	KS B 1311 5×5
19	묻힘 키	SM 35C	1	KS B 1311 5×5

2 동력전달장치 설명

(1) 개요

도면에서의 동력전달장치는 V벨트 풀리에서 동력이 입력되어 축 받침(본체)을 통하여 출력부 기어가 원활하게 구동하도록 볼 베어링이 축 받침(본체) 양단에 조립된 구조이다. 보통 출력부 기어에는 큰 기어가 접촉되는 감속장치로 속도를 일정비율로 감속시켜 회전 토크를 크게 증가시키는 동력전달장치의 선축 또는 중간축 축 받침으로 사용된다.

(2) 부품 명세표 설명

1) 재질별 구분

① **회 주철품** : 품번 1, 4, 5, 6은 회 주철품으로 구 KS 규격(KS D 4301/한국주물 공업 협회 단체인증으로 KS는 폐기)으로 ISO 185/ASTM A278(Class 200)에 해당 되며, 주철품의 일반적인 공차는 KS B 0250 정밀급을 적용한다.

② **탄소강 주강품** : 품번 3번은 스퍼기어로 구 KS 구격(KS D 4101/한국주물공업 협회 단체인증으로 KS는 폐기)으로 ISO 4990/ASTM 27(Grade 70)에 해당되며, 탄소강 주강품의 일반적인 공차는 KS B 0418 보통급을 적용한다.

③ **기계구조용 합금강 강재(크로뮴 몰리브데넘강)** : 품번 2, 15, 16은 KS D 3867 기계구조용 합금강 강재로 크롬강(Cr)에 몰리브데넘(Mo)을 0.15~0.3% 첨가한 강으로 절삭성, 담금질성이 우수하고, 특히 인장강도가 높아 대형기계 부품 제작, 고강도를 요하는 축 및 강력 볼트 재료 등 용도가 다양하다.

④ **기계구조용 탄소강재** : 품번 13, 17, 18, 19은 평 와셔, 저 너트, 묻힘 키용으로 사용하며, KS D 3752 기계구조용 탄소강재로 절삭성이 우수하고, 열처리 등을 거쳐 다양한 기계부품 용도로 사용된다.

⑤ **일반 구조용 압연강재** : 품번 7은 고정판은 스퍼기어의 이탈을 방지하는 역할을 하며, 축과 함께 회전한다. KS D 3503 일반 구조용 압연강재로 절삭성이 우수하며 재료의 구입이 용이하다.

2) 구입품

① **베어링** : 품번 9는 KS B 2023 #6003 깊은 홈 볼 베어링으로 안지름 17mm, 바깥지름 35mm, 폭 10mm로 구입이 용이한 시중품이다.

② **오일실** : 품번 10, 11번은 시중품으로 재질 NBR(Nitrile Butadien Rubber)은 내유성 고무로 패킹, 오일 실 등의 용도로 사용된다.

규격 KS B 2804 GM 20 32 5A, GM 15 25 4A에서 GM은 스프링이 없는 바깥둘레 금속(SM은 스프링이 들어 있는 바깥둘레 금속)

20 32 5A는 호칭지름 20mm, 바깥지름 32mm, 나비 5mm

15 25 4A는 호칭지름 15mm, 바깥지름 25mm, 나비 4mm

기호 A는 고무재료(A, B : 니트릴 고무 상당, C : 아크릴, D : 실리콘 고무).

③ **6각 구멍붙이 볼트** : 품번 15, 16은 KS B 1003, M3×12, M3×10은 피치 0.5mm, 재질 SCM 440 고장력 볼트로 길이는 각각 12mm, 10mm이다.

④ **C형 멈춤링** : KS B 1336 축용 17은 17mm 축에 적용되는 멈춤링으로 안지름 15.7mm, 두께 1mm임.

⑤ **평 와셔** : 품번 13은 KS B 1326 보통원형 10, 재질 SM 20C, 기준치수(안지름) 11mm, 바깥지름 21mm, 두께 2mm임.

⑥ **그리스 니플** : 품번 14는 KS V ISO 7824 M10×1은 호칭 지름 10mm×피치 1mm임.

⑦ **6각 저너트** : 품번 17은 KS B 1012 M10, 저너트는 보통 너트 높이의 0.7~0.8h로 M10 저너트의 높이는 6mm임

3 동력전달장치 주요 품목 도면 해독

(1) 하우징

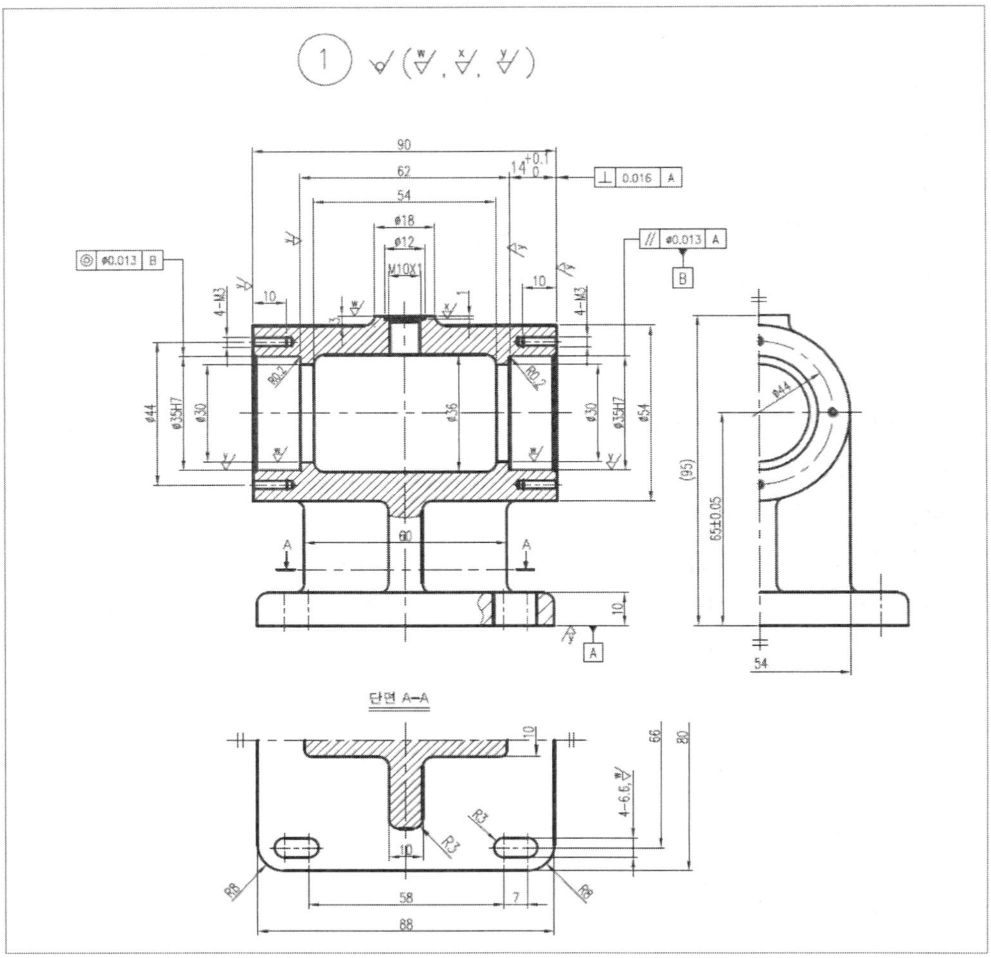

1) 표면 거칠기

① 가공부 기호

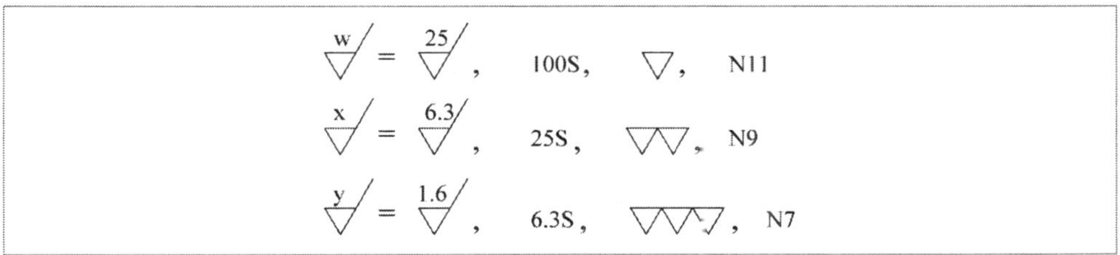

표 7-1 중심선 평균 거칠기의 구분 값에 따른 비교 표준편의 범위

거칠기 구분치		1.6a	6.3a	25a
표면 거칠기의 범위 (μmRa)	최소 값	1.3	5.2	21
	최대 값	1.8	7.1	28
거칠기 번호(표준편 번호)		N7	N9	N11

비고 : 표면 거칠기의 최소 값 및 최대 값은 다음 식으로 구분한다.
최소 값 = 구분 값×0.83
최대 값 = 구분 값×1.12

② 무기호(가공하지 않은 상태로 사용)

본체 겉표면(단, 데이텀 A면은 밀링가공)과 본체 중앙 내부 ∅36, 54mm폭 내면은 가공하지 않으므로 도면상에는 무 기호 처리하며, 전체적으로 가공표시 없는 부위는 아래 기호가 적용된다는 의미로 해독한다.

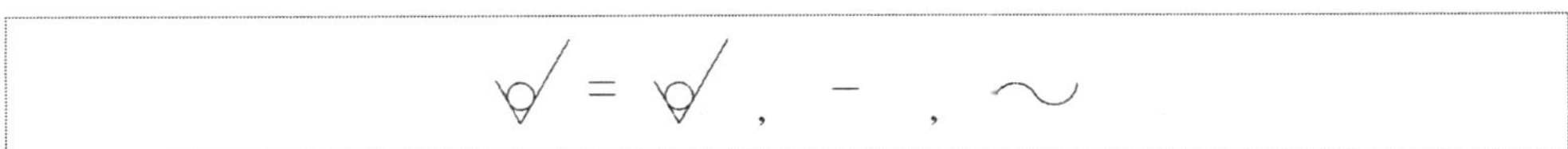

2) 기하공차 해독

① 데이텀 A, B

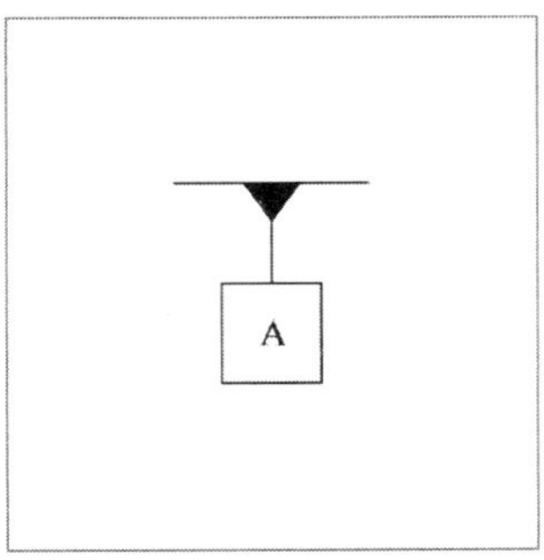

- 데이텀(datum) A

  데이텀은 형체의 자세, 위치, 흔들림 등의 편차 값을 정하기 위하여 설정된 이론적으로 정확한 기하학적 기준을 말하며, 여기에서는 본체 가공된 상태에서의 밑면 기준 평면을 의미한다.

- 데이텀(datum) B

  도면에서 35H7 가공된 상태의 원통 축선(중심)에 설정

② 기호 설명

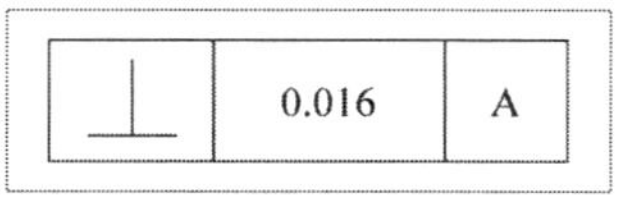

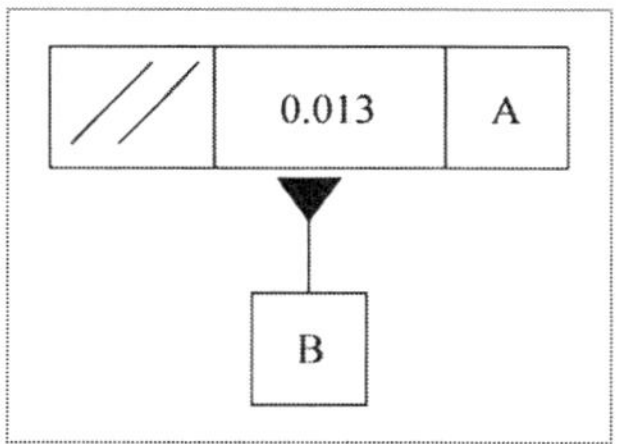

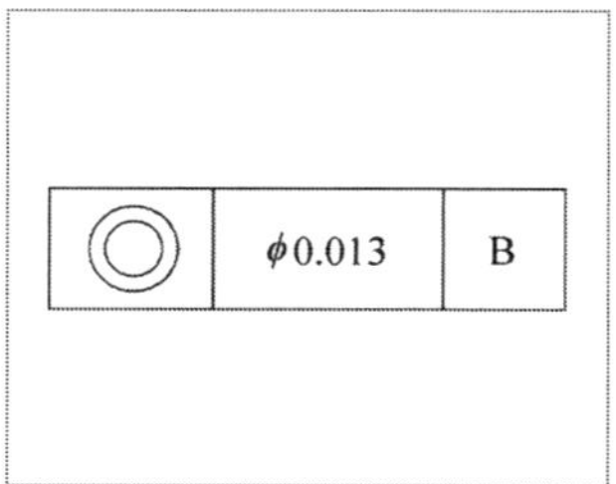

- 직각도 : 데이텀 평면 A(밑면)에 대하여 기하학적 직각이어야 할 평면(∅54 폭 90 양면)모양의 어긋남의 공차 허용 값은 0.016mm 이다.
- 평행도 : 데이텀 평면 A(밑면)에 대하여 기하학적 평행이어야 할 평면(∅35 원통면)모양의 전체 어긋남의 공차 허용 값은 0.013mm 이다. 또한 앞에 설명한 내용과 같이 데이텀 A에 평행한 원통 축선에 데이텀 B가 설정되어 있다.
- 동축도 및 동심도 : 데이텀 B(축선)에 대하여 기하학적 동축이어야 할 축선으로부터 동심도의 공차 허용 값은 ∅0.013mm이다.

$35H7 = 35^{+0.025}_{\ \ 0}$ LMS(최소실체크기) = 35.025

LMVS(최소실체가상크기) = LMS+기하공차(0.013) = 35.038

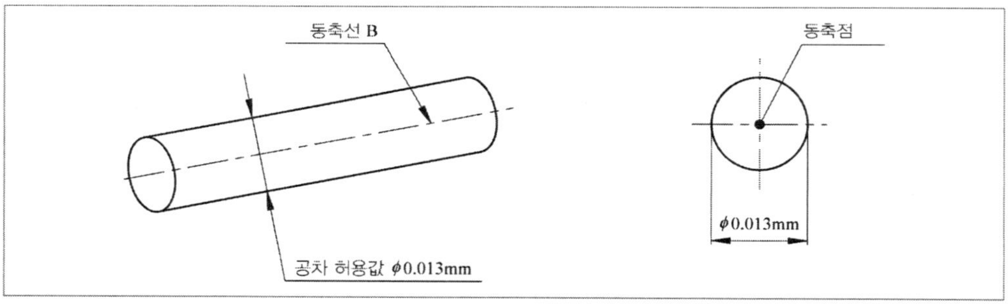

3) 치수표기 해독

① 치수공차 표기

㉠ 베어링 조립구멍의 치수허용차

베어링 조립구멍의 끼워맞춤은 내륜 회전 깊은 홈 볼베어링(#6003)의 보통하중 조건에서 중간 끼워맞춤(H7) 적용한다.

여기서, 하우징 가공공차 ∅35H7 = ∅35.0 ~ ∅35.025 mm

㉡ 일반 치수허용차

65±0.05 = 64.95 ~ 65.05 mm

$14^{+0.1}_{\ \ 0}$ = 14.0 ~ 14.1 mm

② 일반치수 해독

㉠ 탭(나사)부 표기

- M10×1 : M10 가는나사 피치 1mm
  (M10 보통나사의 피치는 1.5mm, 보통나사는 M10으로만 표기한다)
- 4-M3 깊이10 : M3 보통나사(피치 0.5mm, KS B 1002 자료),
  유효깊이 10mm(완전 나사부 깊이)
  4는 한쪽면당 Ø44(볼트중심간 거리)에 등 간격(90도)으로
  탭 작업을 한다는 의미이다

(2) 축

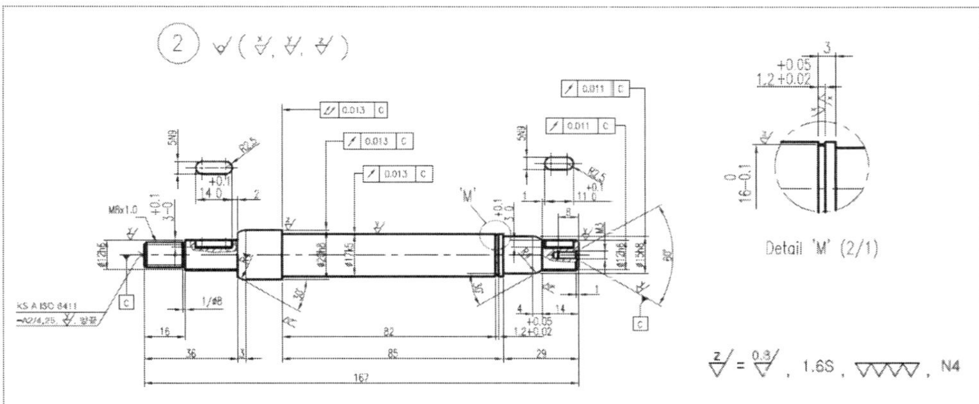

1) 기하공차 해독

① 데이텀 C

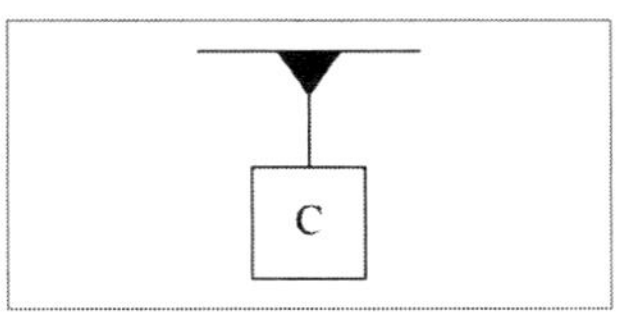

- 데이텀 D : 축의 양단 원통 축선을 의미한다.
  (상세 설명 본체 '가"품목 참조)

② 기호 설명

↗	0.011	C
↗	0.013	C

- 원주 흔들림 : 데이텀 축선 C-C를 축으로 축 직선 회전면 흔들림 공차는 0.011, 0.013mm 이다.
  (상세 설명 V벨트 풀리 "나"품목 참조)

③ 기호 설명

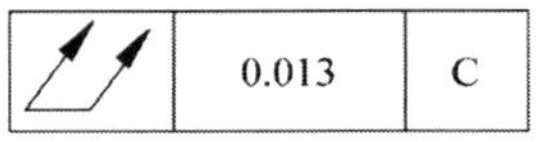

• 온 흔들림 : 데이텀 축직선 C-C를 축으로 축을 회전시키면서 측정기구를 축선에 따라 이동시키면서 축 표면위의 임의의 점에서 측정했을 때, 축 표면의 반지름 방향의 온 흔들림은 0.013mm를 초과해서는 않된다.

2) 치수공차 해독

① 베어링 조립부 끼워 맞춤 및 치수 허용차

내륜이 회전하는 깊은 홈 볼베어링(#6003)에 보통하중 적용시 일반적으로 끼워맞춤은 중간끼워 맞춤의 k5를 적용한다. 여기에서는 17k5(KS B 0401)

$$17k5 = 17^{+0.009}_{+0.001} = 17.001 \sim 17.009\text{mm}$$

② 일반치수 해독

㉠ 나사부 표기

• M8×1 : M8 가는나사 피치 1mm

(보통나사는 M8, 피치 1.25mm, 가는나사는 M8에서 피치 1mm와 피치 0.75mm 2종류가 있으며, 여기서는 피치 1mm 사용)

㉡ 센터구멍 간략 표시

양쪽면 센터구멍 작업

A : 모떼기가 없는 경우(모떼기가 있는 경우 B, 곡률을 갖는 경우 R)

$d = 2$ mm $D_2 = 4.25$ mm

(3) 스퍼기어

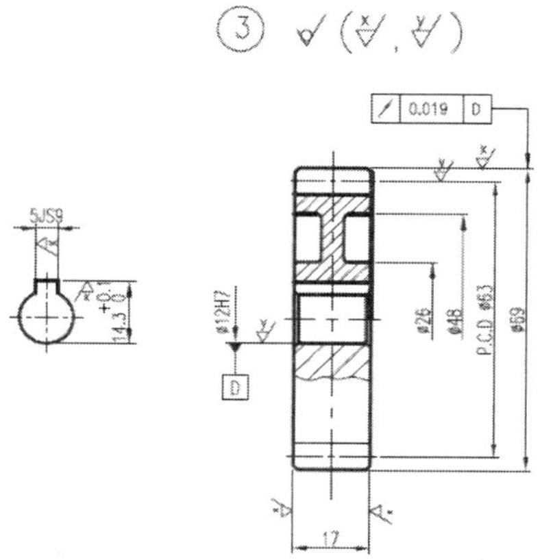

기어 치면부 표면경화 열처리 HRC 42~46(품번 3)

스퍼 기어 요목표		
기거 \ 품번		3
기어치형		표준
공구	피형	보통이
	모듈	3
	압력각	20°
잇수		21
피치원 지름		ϕ63
다듬질 방법		호브절삭
정밀도		KS B ISO 1328-1, 5급

1) 스퍼기어 요목표

① 모듈

모듈은 피치원의 지름을 잇수로 나눈 값이며, 이 값을 기준으로 이끝 높이, 이뿌리 높이 등이 결정된다. 모듈이 클수록 잇수는 작고, 이는 커진다.

$$m = \frac{PCD}{Z} = \frac{P}{\pi}\ mm$$

② 피치원 지름

스퍼기어는 원통 마찰차의 마찰 면을 기준으로 하여 같은 간격의 이를 만든 것으로 생각할 수 있다. 따라서 물려 있는 한 쌍의 스퍼기어는 완전한 구름 접촉을 하는 마찰차로 생각할 수 있다. 이 마찰차에 해당하는 원을 피치원 지름이라 한다.

피치원 지름(PCD) = m×Z (모듈×잇수) = 3×21 = 63 mm

③ 치형 및 치형가공 호브

스퍼기어는 인벌류트 치형의 표준치형으로 기어의 이(teeth)는 치형이 저치(어덴덤 높이를 낮게 보통 0.8m 적용한 치형) 또는 전위기어가 아닌 1m(모듈)을 적용하였다는 의미이다.(어덴덤 높이 = 1m = 1×3 = 3mm) 치형 절삭가공은 호빙머신에서 호브(hob)를 사용하여 다듬질 절삭한다.

즉, 스퍼기어 바깥지름은

바깥지름(OD) = PCD+2m = 63+(2×3) = 69mm

④ 전체 이 높이

전체 이 높이는 표준 기어 보통이는 2.25m(모듈)을 적용한다.

전체 이 높이 = 2.25m = 2.25×3 = 6.75mm

2) 치면부 고주파 표면경화 열처리 HRC 42~46

기어(인벌류트 치형)는 호브로 절삭가공(치절)한 후 기어 접촉면의 마모저감을 위하여 치면부 고주파 표면경화 열처리(로크웰경도 HRC 42 ~ 46)를 한다.(단, 탄소함량 0.3% 이하의 저탄소강은 침탄 열처리)

3) 정밀도 등급

스퍼기어 정밀도 등급은 KS B ISO 1328-1 기준에 0급 ~ 12급(13급) 등급기준이 있으며, 0급은 가장 높은 고정밀도, 12급은 가장 낮은 저정밀도이며, 여기서의 5급은 보통급에 해당한다.

(4) V벨트 풀리

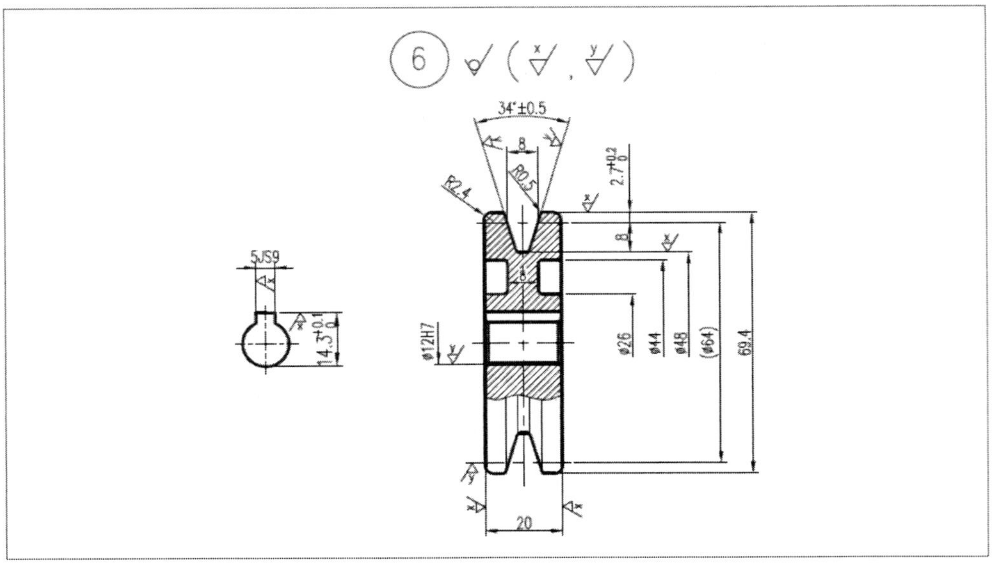

1) 키홈 가공

키홈(묻힘 키) 가공은 KS B 1311 표준(아래 표)에 따라 적용하는 축지름(d) 12 ~ 17mm에서 보통형 홈을 적용하며, 따라서 키홈 폭(b_2)은

$$5JS9 = 5^{+0.015}_{-0.015} = 4.985 \sim 5.015\text{mm}$$

키홈 높이는 t_2 치수 2.3mm에 허용차를 적용하면

$$12+2.3 = 14.3^{+0.1}_{0} = 14.3 \sim 14.4\text{mm}$$

표 7-2 키홈의 단면 (단위 : mm)

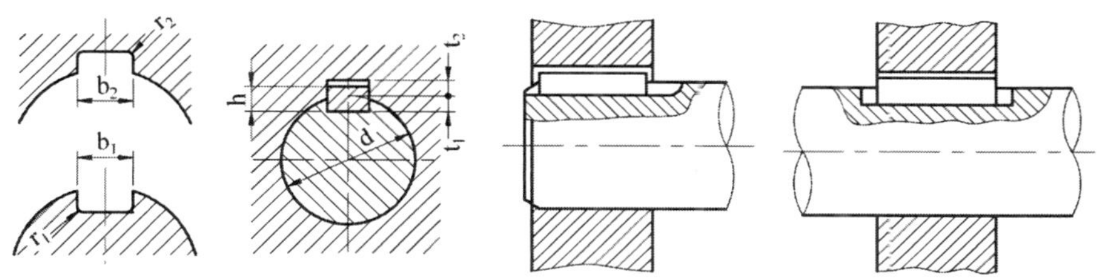

키의 호칭 치수 b×h	b_1 및 b_2의 기준 치수	활동형					r_1 및 r_2	t_1의 기준 치수	t_2의 기준 치수	t_1 및 t_2의 허용차	참고
		b_1 허용차 (H9)	b_2 허용차 (D10)	b_1 허용차 (N9)	b_2 허용차 (JS9)	b_1 및 b_2 허용차 (P9)					적용하는 축지름[3] d
2×2	2	+0.025 0	+0.060 +0.02	−0.004 −0.029	±0.012 5	−0.006 −0.031	0.08 ~0.16	1.2	1.0	+0.1 0	6~8
3×3	3							1.8	1.4		8~10
4×4	4	+0.030 0	+0.078 +0.030	0 −0.030	±0.015 0	−0.012 −0.042		2.5	1.8		10~12
5×5	5						0.16 ~0.25	3.0	2.3		12~17
6×6	6							3.5	2.8		17~22

(5) 도면 주서 해독

1) 일반공차

① 기계 가공

KS B ISO 2768-1 한국산업표준에서 일반적으로 도면에 공차기입이 별도로 기입하지 않은 치수에 대하여 선형치수 및 각도 허용편차를 4등급(정밀, 중간, 거침, 매우거침)으로 구분하여 적용한다. 여기서는 KS B ISO 2768-1 보통급은 일반공차 중간급(m)을 적용한다.

표 7-3 선형치수 일반공차(허용편차) (단위 : mm)

공차 등급		보통치수에 대한 허용 편차					
호칭	설명	0.5 ~ 3 이하	3 초과 ~ 6 이하	6 초과 ~ 30 이하	30 초과 ~ 120 이하	120 초과 ~ 400 이하	400 초과 ~ 1000 이하
f	정밀	±0.05	±0.05	±0.1	±0.15	±0.2	±0.3
m	중간	±0.1	±0.1	±0.2	±0.3	±0.5	±0.8
c	거침	±0.2	±0.3	±0.5	±0.8	±1.2	±2
v	매우 거침	–	±0.5	±1	±1.5	±2.5	±4

주 : 바깥지름 및 모따기 높이의 허용 편차는 표(2)에 따른다.

표 7-4 바깥지름 및 모따기 높이(허용편차) (단위 : mm)

공차 등급		보통치수에 대한 허용 편차		
호칭	설명	0.5 ~ 6 이하	3 초과 ~ 6 이하	6 초과
f	정밀	±0.2	±0.5	±1
m	중간			
c	거침	±0.4	±1	±2
v	매우 거침			

표 7-5 각도 허용편차 (단위 : mm)

공차 등급		보통치수에 대한 허용 편차				
호칭	설명	10 이하	10 초과 ~ 50 이하	50 초과 ~ 120 이하	120 초과 ~ 400 이하	400 초과 ~
f	정밀	±1	±0°30'	±0°20'	±0°10'	±0°05'
m	중간					
c	거침	±1°30'	±1°	±0°30'	±0°15'	±0°15;
v	매우 거침	±3°	±2°	±1°	±0°30'	±0°20'

2) 기타 주서 내용

① 지시하지 않은 라운드와 필렛 R

주물 및 주강품의 필릿(직각을 이루는 면)은 적절한 크기(R2 ~ R3)로 특별히 기입하지 않은 부분의 필릿부는 주서를 달아 전체 적용한다.

② 지시하지 않은 모따기 및 가공부 모서리 제거

지시하지 않은 모따기는 주서를 달아 전체 일괄적으로 적용하며, 가공부의 모서리는 날카롭게 되어 위험하므로 용도에 지장이 없는 범위 내에서 모서리 제거를 실시한다.

memo

8

C·H·A·P·T·E·R

부록

NCS 기계제도

1 표면 거칠기 표준편(KS B 0507 : 2011)

(1) 최대 높이의 구분 값에 따른 비교 표준편의 범위

거칠기 구분 값		0.1S	0.2S	0.4S	0.8S	1.6S	3.2S
표면 거칠기의 범위 (μmR_a)	최소 값	0.08	0.17	0.33	0.66	1.3	2.7
	최대 값	0.11	0.22	0.45	0.90	1.8	3.6
거칠기 번호(표준편 번호)		SN1	SN2	SN3	SN4	SN5	SN6
거칠기 구분치		6.3S	12.5S	25S	50S	100S	200S
표면 거칠기의 범위 (μmR_a)	최소 값	5.2	10	21	42	83	166
	최대 값	7.1	14	28	56	112	224
거칠기 번호(표준편 번호)		SN7	SN8	SN9	SN10	SN11	SN12

비고 : 표면 거칠기의 최소 값 및 최대 값은 다음 식으로 구분한다.
최소 값 = 구분 값×0.83
최대 값 = 구분 값×1.12

(2) 중심선 평균 거칠기의 구분 값에 따른 비교 표준편의 범위

거칠기 구분 값		0.025a	0.05a	0.1a	0.2a	0.4a	0.8a
표면 거칠기의 범위 (μmR_a)	최소 값	0.02	0.04	0.08	0.17	0.33	0.66
	최대 값	0.03	0.06	0.11	0.22	0.45	0.90
거칠기 번호(표준편 번호)		N1	N2	N3	N4	N5	N6
거칠기 구분치		1.6a	3.2a	6.3a	12.5a	25a	50a
표면 거칠기의 범위 (μmR_a)	최소 값	1.3	2.7	5.2	10	21	42
	최대 값	1.8	3.6	7.1	14	28	56
거칠기 번호(표준편 번호)		N7	N8	N9	N10	N11	N12

비고 : 표면 거칠기의 최소 값 및 최대 값은 다음 식으로 구분한다.
최소 값 = 구분 값×0.83
최대 값 = 구분 값×1.12

2 치수공차 및 끼워맞춤(KS B 0401 : 2013)

(1) IT 공차

기준치수의 구분(mm)		공차등급(IT)																			
		01	0	1	2	3	4	5	6	7	8	9	10	11	12	13	14	15	16	17	18
초과	이하	기본 공치의 수치(μm)										기본 공차의 수치(mm)									
–	3	0.3	0.5	0.8	1.2	2	3	4	6	10	14	25	40	60	0.10	0.14	0.26	0.40	0.60	1.00	1.40
3	6	0.4	0.6	1	1.5	2.5	4	5	8	12	18	30	48	75	0.12	0.18	0.30	0.48	0.75	1.20	1.80
6	10	0.4	0.6	1	1.5	2.5	4	6	9	15	22	36	58	90	0.15	0.22	0.36	0.58	0.90	1.50	2.20
10	18	0.5	0.8	1.2	2	3	5	8	11	18	27	43	70	110	0.18	0.27	0.43	0.70	1.10	1.80	2.70
18	30	0.6	1	1.5	2.5	4	6	9	13	21	33	52	84	130	0.21	0.33	0.52	0.84	1.30	2.10	3.30
30	50	0.6	1	1.5	2.5	4	7	11	16	25	39	62	100	160	0.25	0.39	0.62	1.00	1.60	2.50	3.90
50	80	0.8	1.2	2	3	5	8	13	19	30	46	74	120	190	0.30	0.46	0.74	1.20	1.90	3.00	4.60
80	120	1	1.5	2.5	4	6	10	15	22	35	54	87	140	220	0.35	0.54	0.87	1.40	2.20	3.50	5.40
120	180	1.2	2	3.5	5	8	12	18	25	40	63	100	160	250	0.40	0.63	1.00	1.60	2.50	4.00	6.30
180	250	2	3	4.5	7	10	14	20	29	46	72	115	185	290	0.46	0.72	1.15	1.85	2.90	4.60	7.20
250	315	2.5	4	6	8	12	16	23	32	52	81	130	210	320	0.52	0.81	1.30	2.10	3.20	5.20	8.10
315	400	3	5	7	9	13	18	25	36	57	89	140	230	360	0.57	0.89	1.40	2.30	3.60	5.70	8.90
400	500	4	6	8	10	15	20	27	40	63	97	155	250	400	0.63	0.97	1.55	2.50	4.00	6.30	9.70

주 : 공차등급 IT14 ~ IT18은 기준차수 1mm 이하에는 적용하지 않는다.

(2) 기본공차의 적용 예

구 분	초정밀 그룹	정밀 그룹	일반 그룹
	게이지제작 공차 또는 이에 준하는 제품	기계가공품 등의 끼워 맞춤 부분의 공차	일반 공차로 끼워 맞춤과 무관한 부분공차
구멍	IT1 ~ IT5	IT6 ~ IT10	IT11 ~ IT18
축	IT1 ~ IT4	IT5 ~ IT9	IT10 ~ IT18
가공 방법	래핑, 호닝, 초정밀 연삭	연삭, 리밍, 정밀선삭, 인발, 밀링, 세이퍼 가공	압연, 압출, 프레스, 단조, 주조
공차 범위	0.001mm	0.01mm	0.1mm

(3) 상용하는 구멍기준 끼워맞춤

기준 구멍	축의 공차 범위 클래스																
	헐거운 끼워맞춤							중간끼워맞춤			억지 끼워맞춤						
H6						g5	h5	js5	k5	m5							
					f6	g6	h6	js6	k6	m6	n6*	p6*					
H7					f6	g6	h6	js6	k6	m6	n6	p6*	r6*	s6	t6	u6	x6
				e7	f7		h7	js7									
H8					f7		h7										
				e8	f8		h8										
			d9	e9													
H9			d8	e8			h8										
		c9	d9	e9			h9										
H10	b9	e9	d9														

주 : * 이들의 끼워맞춤은 치수의 구분에 따라 예외가 생긴다.

(4) 상용하는 축기준 끼워맞춤

기준 축	축의 공차 범위 클래스																
	헐거운 끼워맞춤							중간끼워맞춤			억지 끼워맞춤						
h5							H6	JS6	K6	M6	N6*	P6					
h6					F6	G6	H6	JS6	K6	M6	N6	P6*					
					F7	G7	H7	JS7	K7	M7	N7	P7*	R7	S7	T7	U7	X7
h7				E7	F7		H7										
					F8		H8										
h8			D8	E8	F8		H8										
			D9	E9			H9										
h9			D8	E8			H8										
		C9	D9	E9			H9										
	B10	C10	D10														

주 : * 이들의 끼워맞춤은 치수의 구분에 따라 예외가 생긴다.

3 나사 및 나사부품 - 간략 표시 방법(KS B ISO 6410-3 : 2009)

표시는 화살표가 구멍의 중심선을 가리키는 인출선 위에 나타낸다(그림 1~4 참조).

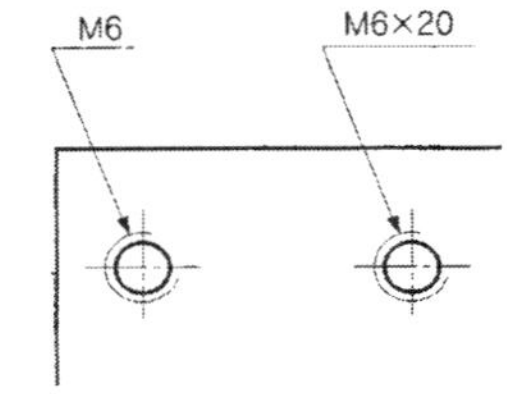

그림 1

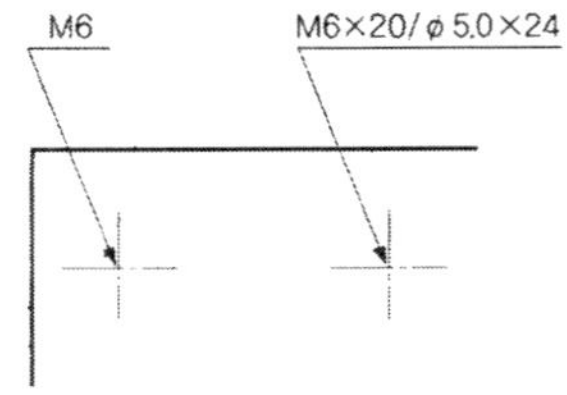

그림 3

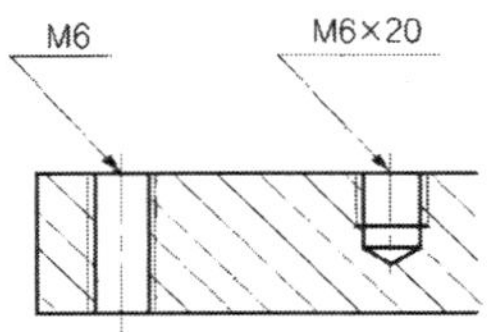

그림 2

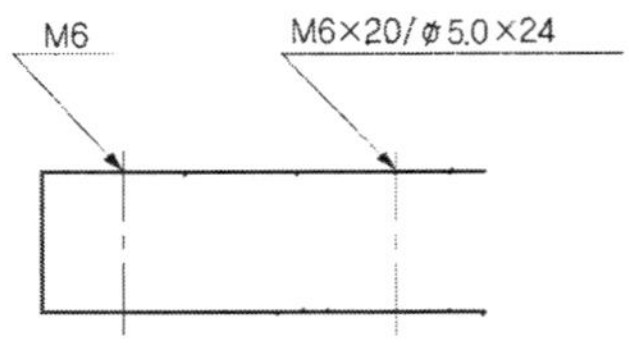

그림 4

명칭	간략도시	명칭	간략도시
6각 볼트	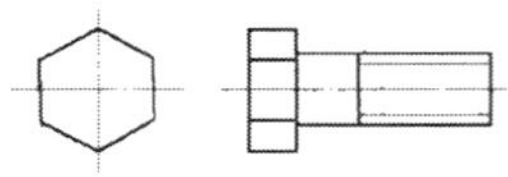	십자구멍붙이 접시머리 스크루	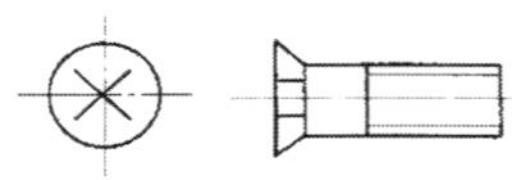
4각 볼트	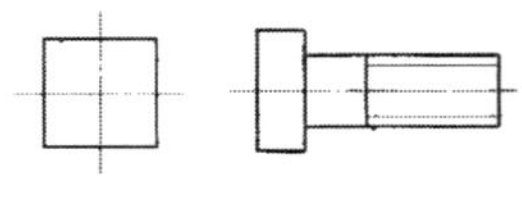	홈붙이 멈춤 나사	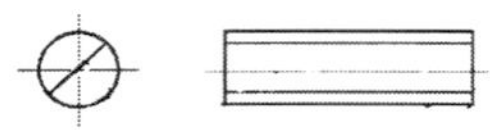
6각 구멍붙이 볼트	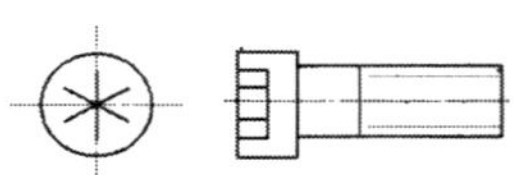	6각 너트	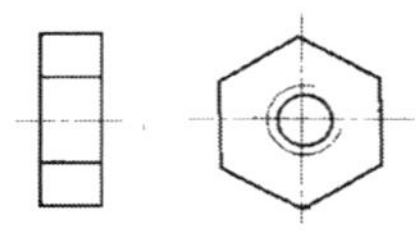
십자구멍붙이 납작머리 스크루	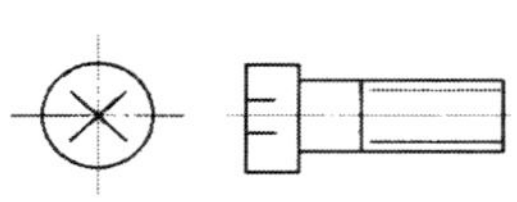	홈붙이 6각 너트	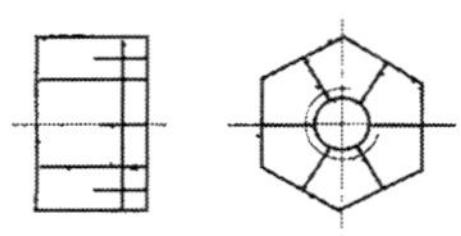
홈붙이 접시머리 스크루	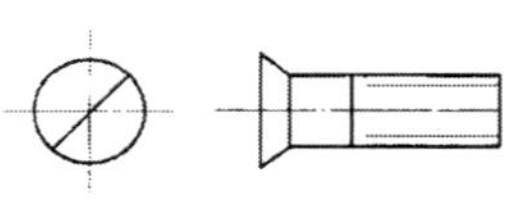	4각 너트	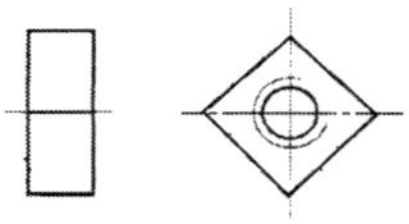

4 미터 보통나사(KS B 0201 : 2011)

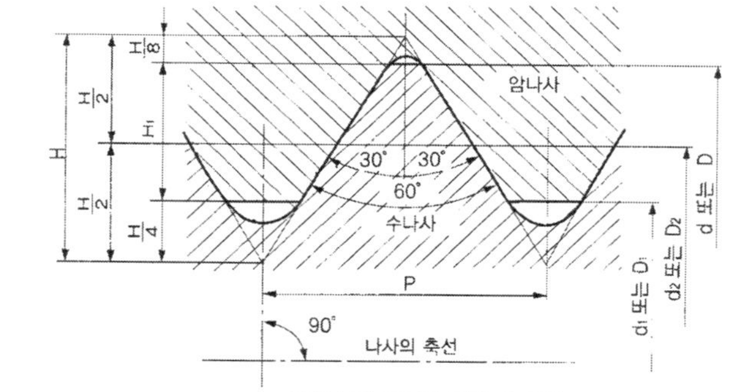

$H = 0.866025P$ $d_2 = d-0.649519P$

$H_1 = 0.541266P$ $d_1 = d-1.082532P$

$D = d$

$D_2 = d_2$

$D_1 = d_1$

미터 보통 나사의 기준 산 모양

〈표〉 미터 보통 나사의 기준 치수

단위 : mm

나사의 호칭 1란	나사의 호칭 2란	나사의 호칭 3란	피 치 P	접촉 높이 H_1	암나사 골 지 름 D / 수나사 바깥지름 d	암나사 유효 지름 D_2 / 수나사 유효 지름 d_2	암나사 안 지 름 D_1 / 수나사 골 지 름 d_1
M 1			0.25	0.135	1.000	0.838	0.729
	M 1.1		0.25	0.135	1.100	0.938	0.829
M 1.2			0.25	0.135	1.200	1.038	0.929
	M 1.4		0.3	0.162	1.400	1.205	1.075
M1.6			0.35	0.189	1.600	1.373	1.221
	M 1.8		0.35	0.189	1.800	1.573	1.421
M 2			0.4	0.217	2.000	1.740	1.567
	M 2.2		0.45	0.244	2.200	1.908	1.713
M 2.5			0.45	0.244	2.500	2.208	2.013
M 3			0.5	0.271	3.000	2.675	2.459
	M 3.5		0.6	0.325	3.500	3.110	2.850
M 4			0.7	0.379	4.000	3.545	3.242
	M 4.5		0.75	0.406	4.500	4.013	3.688
M 5			0.8	0.433	5.000	4.480	4.134
M 6			1	0.541	6.000	5.350	4.917
		M 7	1	0.541	7.000	6.350	5.917
M 8			1.25	0.677	8.000	7.188	6.647
		M 9	1.25	0.677	9.000	8.188	7.647
M 10			1.5	0.812	10.000	9.026	8.376
		M 11	1.5	0.812	11.000	10.026	9.376
M 12			1.75	0.947	12.000	10.863	10.106
	M 14		2	1.083	14.000	12.701	11.835
M 16			2	1.083	16.000	14.701	13.835
	M 18		2.5	1.353	18.000	16.376	15.294
M20			2.5	1.353	20.000	18.376	17.294
	M 22		2.5	1.353	22.000	20.376	19.294
M 24			3	1.624	24.000	22.051	20.752

5 유니파이 보통나사(KS B 0203 : 2010)

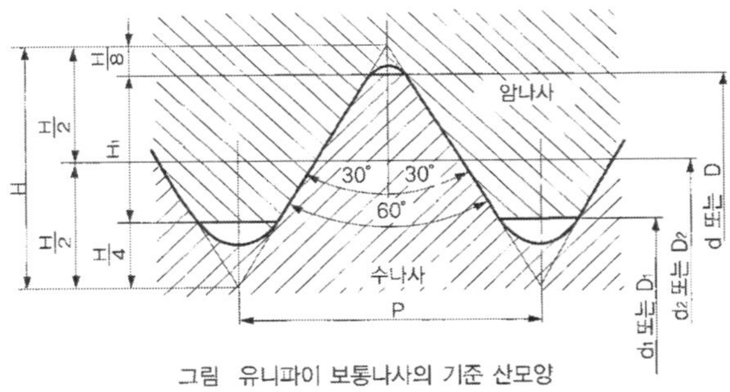

그림 유니파이 보통나사의 기준 산모양

$$P = \frac{25.4}{n}$$

$$H_1 = \frac{0.541266}{n} \times 25.4$$

$$H = \frac{0.866025}{n} \times 25.4$$

$$d_2 = \left(d - \frac{0.649519}{n}\right) \times 25.4$$

$$d_1 = \left(d - \frac{1.082532}{n}\right) \times 25.4$$

$D = d$

$D_2 = d_2$

$D_1 = d_1$

〈표〉 유니파이 보통나사의 기준치수

단위 : mm

나사의 호칭(1)			나사산수 (25.4 mm에 대한) n	피 치 P (참고)	접촉 높이 H	암나사 골지름 D	암나사 유효지름 D_2	암나사 안지름 D_1
1	2	(참고)				수나사 바깥지름 d	수나사 유효지름 d_2	수나사 안지름 d_1
No.2–56 UNC	No.1–64 UNC	0.0730–64 UNC	64	0.3969	0.215	1.854	1.598	1.425
		0.0860–56 UNC	56	0.4536	0.246	2.184	1.890	1.694
	No.3–48 UNC	0.0990–48 UNC	48	0.5292	0.286	2.515	2.172	1.941
No.4–40 UNC		0.1120–40 UNC	40	0.6350	0.344	2.845	2.433	2.156
No.5–40 UNC		0.1250–40 UNC	40	0.6350	0.344	3.175	2.764	2.487
No.6–32 UNC		0.1380–32 UNC	32	0.7938	0.430	3.505	2.990	2.647
No.8–32 UNC		0.1640–32 UNC	32	0.7938	0.430	4.166	3.650	3.307
No.10–24 UNC		0.1900–24 UNC	24	1.0583	0.573	4.826	4.138	3.680
	No.12–24 UNC	0.2160–24 UNC	24	1.0583	0.573	5.486	4.798	4.341
1/4–20 UNC		0.2500–20 UNC	20	1.2700	0.687	6.350	5.524	4.976
5/16–18 UNC		0.3125–18 UNC	18	1.4111	0.764	7.938	7.021	6.411
3/8–16 UNC		0.3750–16 UNC	16	1.5875	0.859	9.525	8.494	7.805
7/16–14 UNC		0.4375–14 UNC	14	1.8143	0.982	11.112	9.934	9.149
1/2–13 UNC		0.5000–13 UNC	13	1.9538	1.058	12.700	11.430	10.584
9/16–12 UNC		0.5625–12 UNC	12	2.1167	1.146	14.288	12.913	11.996
5/8–11 UNC		0.6250–11 UNC	11	2.3091	1.250	15.875	14.376	13.376
3/4–10 UNC		0.7500–10 UNC	10	2.5400	1.375	19.050	17.399	16.299
7/8–9 UNC		0.8750– 9 UNC	9	2.8222	1.528	22.225	20.391	19.169
1–8 UNC		1.0000– 8 UNC	8	3.1750	1.719	25.400	23.338	21.963
1 1/8–7 UNC		1.1250– 7 UNC	7	3.6286	1.964	28.575	26.218	24.648
1 1/4–7 UNC		1.2500– 7 UNC	7	3.6286	1.964	31.750	29.393	27.823
1 3/8–6 UNC		1.3750– 6 UNC	6	4.2333	2.291	34.925	32.174	30.343
1 1/2–6 UNC		1.5000– 6 UNC	6	4.2333	2.291	38.100	35.349	33.518
1 3/4–5 UNC		1.7500– 5 UNC	5	5.0800	2.750	44.450	41.151	38.951
2–4 1/2 UNC		2.0000–4.5 UNC	4 1/2	5.6444	3.055	50.800	47.135	44.689
2 1/4–4 1/2 UNC		2.2500–4.5 UNC	4 1/2	5.6444	3.055	57.150	53.485	51.039
2 1/2–4 UNC		2.5000– 4 UNC	4	6.3500	3.437	63.500	59.375	56.627
2 3/4–4 UNC		2.7500– 4 UNC	4	6.3500	3.437	69.850	65.725	62.977
3–4 UNC		3.0000– 4 UNC	4	6.3500	3.437	76.200	72.075	69.327

6 미터 가는 나사의 기본 치수(KS B 0204 : 2011)

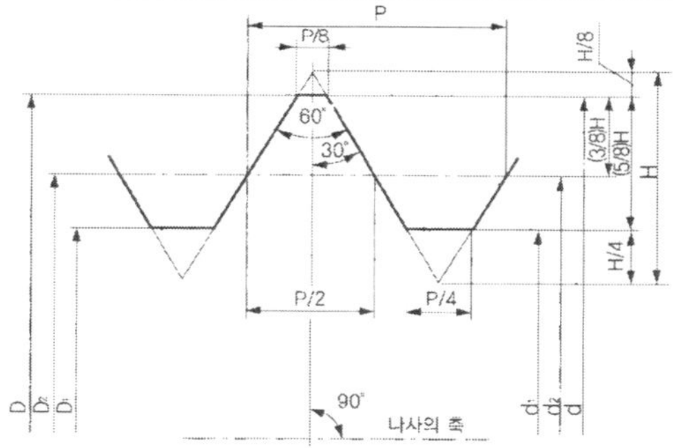

$H = 0.866025p$ $d_2 = d - 0.649519p$

$H_1 = 0.541266p$ $d_1 = d - 1.082532p$

$D = d$

$D_2 = d_2$

$D_1 = d_1$

그림 기본 산 모양

〈표〉 미터 가는 나사의 기본 치수

단위 : mm

나사의 호칭	피 치 P	접촉 높이 H_1	암 나 사		
			골 지 름 D	유효 지름 D_2	안 지 름 D_1
			수 나 사		
			바깥지름 d	유효 지름 d_2	골 지 름 d_1
M 4 × 0.5	0.5	0.271	4.000	3.675	3.459
M 4.5 × 0.5	0.5	0.271	4.500	4.175	3.959
M 5 × 0.5	0.5	0.271	5.000	4.675	4.459
M 5.5 × 0.5	0.5	0.271	5.500	5.175	4.959
M 6 × 0.75	0.75	0.406	6.000	5.513	5.188
M 7 × 0.75	0.75	0.406	7.000	6.513	6.188
M 8 × 1	1	0.541	8.000	7.350	6.917
M 8 × 0.75	0.75	0.406	8.000	7.513	7.188
M 9 × 1	1	0.541	9.000	8.350	7.917
M 9 × 0.75	0.75	0.406	9.000	8.513	8.188
M 10 × 1.25	1.25	0.677	10.000	9.188	8.647
M 10 × 1	1	0.541	10.000	9.350	8.917
M 10 × 0.75	0.75	0.406	10.000	9.513	9.188
M 11 × 1	1	0.541	11.000	10.350	9.917
M 11 × 0.75	0.75	1.406	11.000	10.513	10.188
M 12 × 1.5	1.5	0.812	12.000	11.026	10.376
M 12 × 1.25	1.25	0.677	12.000	11.188	10.647
M 12 × 1	1	0.541	12.000	11.350	10.917
M 14 × 1.5	1.5	0.812	14.000	13.026	12.376
M 14 × 1.25	1.25	0.677	14.000	13.188	12.647
M 14 × 1	1	0.541	14.000	13.350	12.917
M 15 × 1.5	1.5	0.812	15.000	14.026	13.376
M 15 × 1	1	0.541	15.000	14.350	13.917
M 16 × 1.5	1.5	0.812	16.000	15.026	14.376
M 16 × 1	1	0.541	16.000	15.350	14.917
M 17 × 1.5	1.5	0.812	17.000	16.026	15.376
M 17 × 1	1	0.541	17.000	16.350	15.917
M 18 × 2	2	1.083	18.000	16.701	15.835
M 18 × 1.5	1.5	0.812	18.000	17.026	16.376
M 18 × 1	1	0.541	18.000	17.350	16.917
M 20 × 2	2	1.083	20.000	18.701	17.835
M 20 × 1.5	1.5	0.812	20.000	19.026	18.376
M 20 × 1	1	0.541	20.000	19.350	18.917
M 22 × 2	2	1.083	22.000	20.701	19.835
M 22 × 1.5	1.5	0.812	22.000	21.026	20.376
M 22 × 1	1	0.541	22.000	21.350	20.917

7 널링(KS B 0901 : 2012)

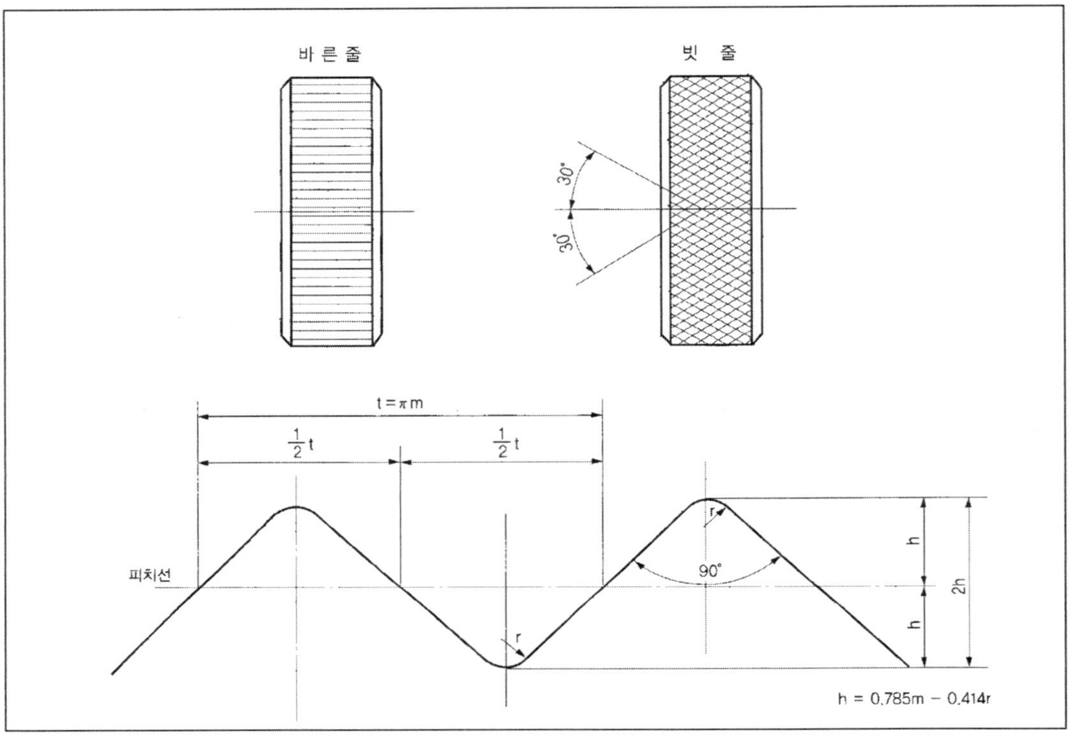

단위 : mm

모듈(m)	피치(t)	r	h
0.2	0.628	0.06	0.15
0.3	0.942	0.09	0.22
0.5	1.571	0.16	0.37

호칭 방법 널링의 호칭 방법은 종류 및 모듈에 따른다.
보기 : 바른줄 m 0.5
빗 줄 m 0.3

참 고 소재의 지름을 구하는 데는 다음 식에 따르는 것이 좋다.
(1) 바른 줄의 경우
$D = nm$
여기서 D : 지름
n : 정수
m : 모듈
(2) 빗줄의 경우
$D = nm / \cos 30°$
m/cos30°의 값을 다음 표에 표시한다.

〈표〉

모듈(m)	0.5	0.3	0.2
m/cos 30°	0.577	0.346	0.230

8 호칭 지름 6각 볼트(부품 등급 A)의 모양·치수(KS B 1002 : 2011)

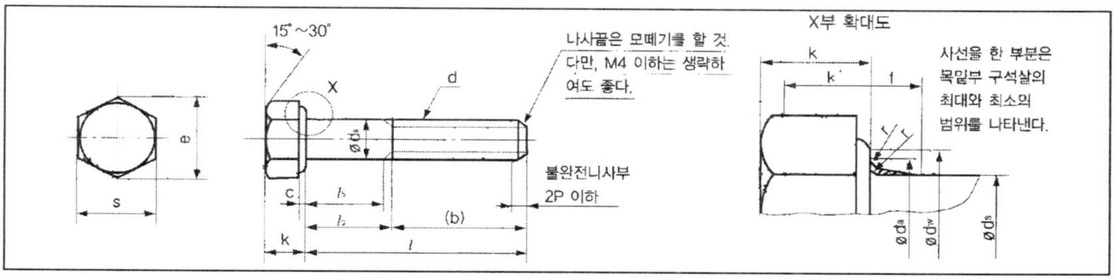

단위 : mm

나사의 호칭 d		M3	M4	M5	M6	M8	M10	M12	(M14)	M16	M20	M24
피치 P		0.5	0.7	0.8	1	1.25	1.5	1.75	2	2	2.5	3
b (참고)	(20)	12	14	16	18	22	26	30	34	38	46	54
	(21)	−	−	−	−	−	−	−	40	44	52	60
c	최 소	0.15	0.15	0.15	0.15	0.15	0.15	0.15	0.15	0.2	0.2	0.2
	최 대	0.4	0.4	0.5	0.5	0.6	0.6	0.6	0.6	0.8	0.8	0.8
d_a	최 대	3.6	4.7	5.7	6.8	9.2	11.2	13.7	15.7	17.7	22.4	26.4
d_s	최대(기준치수)	3	4	5	6	8	10	12	14	16	20	24
	최 소	2.86	3.82	4.82	5.82	7.78	9.78	11.73	13.73	15.73	19.67	23.67
d_w	최 소	4.6	5.9	6.9	8.9	11.6	14.6	16.6	19.6	22.5	28.2	33.6
e	최 소	6.07	7.66	8.79	11.05	14.38	17.77	20.03	23.35	26.75	33.63	39.98
f	최 대	1	1.2	1.2	1.4	2	2	3	3	3	4	4
k	호칭(기준치수)	2	2.8	3.5	4	5.3	6.4	7.5	8.8	10	12.5	15
	최 소	1.88	2.68	3.35	3.85	5.15	6.22	7.32	8.62	9.82	12.28	14.78
	최 대	2.12	2.92	3.65	4.15	5.45	6.58	7.68	8.98	10.18	12.72	15.22
k′	최 소	1.3	1.9	2.28	2.63	3.54	4.28	5.05	5.96	6.8	8.5	10.3
r	최 소	0.1	0.2	0.2	0.25	0.4	0.4	0.6	0.6	0.6	0.8	0.8
s	최대(기준치수)	5.5	7	8	10	13	16	18	21	24	30	36
	최 소	5.32	6.78	7.78	9.78	12.73	15.73	17.73	20.67	23.67	29.67	33.38

l			l_s 및 l_g																					
호칭길이(기준치수)	최 소	최 대	l_s 최소	l_g 최대	l_s 최소	l_g 최대	l_s 최소	l_g 최대	l_s 최소	l_g 최대	l_s 최소	l_g 최대	l_s 최소	l_g 최대	l_s 최소	l_g 최대	l_s 최소	l_g 최대	l_s 최소	l_g 최대	l_s 최소	l_g 최대	l_s 최소	l_g 최대
20	19.58	20.42	5.5	8																				
25	24.58	25.42	10.5	13	7.5	11	5	9																
30	29.58	30.42	15.5	18	12.5	16	10	14	7	12														
35	34.5	35.5			17.5	21	15	19	12	17	6.75	13												
40	39.5	40.5			22.5	26	20	24	17	22	11.75	18	6.5	14										
45	44.5	45.5					25	29	22	27	16.75	23	11.5	19	6.25	15								
50	49.5	50.5					30	34	27	32	21.75	28	16.5	24	11.25	20	6	16						
55	54.4	55.6							32	37	26.75	33	21.5	29	16.25	25	11	21	7	17				
60	59.4	60.6							37	42	31.75	38	26.5	34	21.25	30	16	26	12	22				
65	64.4	65.6									36.75	43	31.5	39	26.25	35	21	31	17	27	6.5	19		
70	69.4	70.6									41.75	48	36.5	44	31.25	40	26	36	22	32	11.5	24		
80	79.4	80.6									51.75	58	46.5	54	41.25	50	36	46	32	42	21.5	34	11	26
90	89.3	90.7											55.5	64	51.25	60	46	56	42	52	31.5	44	21	36
100	99.3	100.7											66.5	74	61.25	70	56	66	52	62	41.5	54	31	46
110	109.3	110.7													71.25	80	66	76	62	72	51.5	64	41	56
120	119.3	120.7													81.25	90	76	86	72	82	61.5	74	51	66
130	129.2	130.8															80	90	76	86	65.5	78	55	70
140	139.2	140.8															90	100	86	96	75.5	88	65	80
150	149.2	150.8																	96	106	85.5	98	75	90

(표의 열 순서: M3, M4, M5, M6, M8, M10, M12, (M14), M16, M20, M24)

l이 이 구역에 있는 볼트는 부표 5에 따른다.

l이 10d(d는 나사의 호칭 지름)를 초과한다. M5 이상의 볼트는 부표 2에 따른다.

주 (20) 이 b치수는 호칭 길이(l)가 125 mm 이하인 것에 적용한다.

(21) 이 b치수는 호칭 길이가 125 mm 초과, 150 mm 이하인 것에 적용한다.

비고 1. 나사는 호칭에 ( )를 붙인 것은 될 수 있는 한 사용하지 않는다.

2. 나사의 호칭에 대하여 추천하는 호칭 길이(l)는 굵은 선의 둘레 안으로 한다.

3. l_g 최대 및 l_s 최소는 다음 공식에 따른다.

l_g 최대=호칭길이(l) − b, l_s 최소= l_g 최대−5P

참고 이 표에서 규정하는 d_a 및 r의 값은 ISO 885의 다듬질 제품(finished products)의 목밑부 둥글기에 따르고 있다.

9 6각 구멍붙이 볼트(KS B 1003 : 2011)

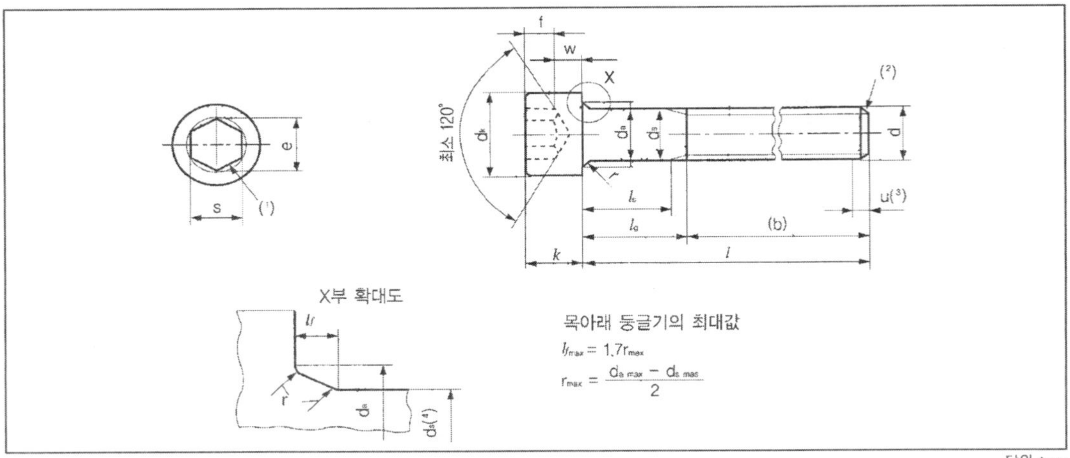

단위 : mm

나사의 호칭 d		M3	M4	M5	M6	M8	M10	M12	(M14)(15)	M16
P(7)		0.5	0.7	0.8	1	1.25	1.5	1.75	2	2
b(8)	참고	18	20	22	24	28	32	36	40	44
d_k	최대(9)	5.50	7.00	8.50	10.00	13.00	16.00	18.00	21.00	24.00
	최대(10)	5.68	7.22	8.72	10.22	13.27	16.27	18.27	21.33	24.33
	최소	5.32	6.78	8.28	9.78	12.73	15.73	17.73	20.67	23.67
d_a	최대	3.6	4.7	5.7	6.8	9.2	11.2	13.7	15.7	17.7
d_s	최대	3.00	4.00	5.00	6.00	8.00	10.00	12.00	14.00	16.00
	최소	2.86	3.82	4.82	5.82	7.78	9.78	11.73	13.73	15.73
e	최소(11)	2.87	3.44	4.58	5.72	6.86	9.15	11.43	13.72	16
l_f	최대	0.51	0.6	0.6	0.68	1.02	1.02	1.45	1.45	1.45
k	최대	3.00	4.00	5.00	6.00	8.00	10.00	12.00	14.00	16.00
	최소	2.86	3.82	4.82	5.7	7.64	9.64	11.57	13.57	15.57
r	최소	0.1	0.2	0.2	0.25	0.4	0.4	0.6	0.6	0.6
s	호칭	2.5	3	4	5	6	8	10	12	14
	최대(12)	2.56	3.071	4.084	5.084	6.095	8.115	10.115	12.142	14.142
	최대(13)	2.58	3.080	4.095	5.140	6.140	8.175	10.175	12.212	14.212
	최소	2.52	3.020	4.020	5.020	6.020	8.025	10.025	12.032	14.032
t	최소	1.3	2	2.5	3	4	5	6	7	8
v	최대	0.3	0.4	0.5	0.6	0.8	1	1.2	1.4	1.6
d_w	최소	5.07	6.53	8.03	9.38	12.33	15.33	17.23	20.17	23.17
w	최소	1.15	1.4	1.9	2.3	3.3	4	4.8	5.8	6.8

l(14)			l_s 및 l_g																	
호칭 길이	최 소	최 대	l_s 최소	l_g 최대	l_s 최소	l_g 최대	l_s 최소	l_g 최대	l_s 최소	l_g 최대	l_s 최소	l_g 최대	l_s 최소	l_g 최대	l_s 최소	l_g 최대	l_s 최소	l_g 최대	l_s 최소	l_g 최대
30	29.58	30.42	9.5	12	6.5	10	4	8												
35	34.5	35.5			11.5	15	9	13	6	11										
40	39.5	40.5			16.5	20	14	18	11	16	5.75	12								
45	44.5	45.5					19	23	16	21	10.75	17	5.5	13						
50	49.5	50.5					24	28	21	26	15.75	22	10.5	18	5.25	14				
55	54.4	55.6							26	31	20.75	27	15.5	23	10.25	19				
60	59.4	60.6							31	36	25.75	32	20.5	28	15.25	24	10	20	6	16
65	64.4	65.6									30.75	37	25.5	33	20.25	29	15	25	11	21
70	69.4	70.6									35.75	42	30.5	38	25.25	34	20	30	16	26
80	79.4	80.6									45.75	52	40.5	48	35.25	44	30	40	26	36

10 볼트 구멍 및 카운터 보어지름(KS B ISO 273 : 2011)

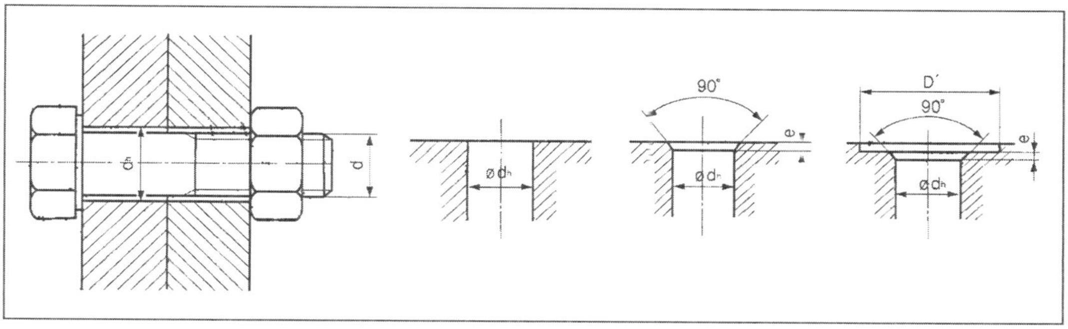

단위 : mm

나사의 호칭 지름	볼트 구멍 지름 dh 1급	2급	3급	4급(¹)	모떼기 e	카운터 보어지름 D´
1	1.1	1.2	1.3	–	0.2	3
1.2	1.3	1.4	1.5	–	0.2	4
1.4	1.5	1.6	1.8	–	0.2	4
1.6	1.7	1.8	2	–	0.2	5
※1.7	1.8	2	2.1	–	0.2	5
1.8	2	2.1	2.2	–	0.2	5
2	2.2	2.4	2.6	–	0.3	7
2.2	2.4	2.6	2.8	–	0.3	8
※2.3	2.5	2.7	2.9	–	0.3	8
2.5	2.7	2.9	3.1	–	0.3	8
※2.6	2.8	3	3.2	–	0.3	8
3	3.2	3.4	3.6	–	0.3	9
3.5	3.7	3.9	4.2	–	0.3	10
4	4.3	4.5	4.8	5.5	0.4	11
4.5	4.8	5	5.3	6	0.4	13
5	5.3	5.5	5.8	6.5	0.4	13
6	6.4	6.6	7	7.8	0.4	15
7	7.4	7.6	8	–	0.4	18
8	8.4	9	10	10	0.6	20
10	10.5	11	12	13	0.6	24
12	13	13.5	14.5	15	1.1	28
14	15	15.5	16.5	17	1.1	32
16	17	17.5	18.5	20	1.1	35
18	19	20	21	22	1.1	39
20	21	22	24	25	1.2	43
22	23	24	26	27	1.2	46
24	25	26	28	29	1.2	50
27	28	30	32	33	1.7	55

나사의 호칭 지름	볼트 구멍 지름 dh 1급	2급	3급	4급(¹)	모떼기 e	카운터 보어지름 D´
30	31	33	35	36	1.7	62
33	34	36	38	40	1.7	66
36	37	39	42	43	1.7	72
39	40	42	45	46	1.7	76
42	43	45	48	–	1.8	82
45	46	48	52	–	1.8	87
48	50	52	56	–	2.3	93
52	54	56	62	–	2.3	100
56	58	62	66	–	3.5	110
60	62	66	70	–	3.5	115
64	66	70	74	–	3.5	122
68	70	74	78	–	3.5	127
72	74	78	82	–	3.5	133
76	78	82	86	–	3.5	143
80	82	86	91	–	3.5	148
85	87	91	96	–	–	–
90	93	96	101	–	–	–
95	98	101	107	–	–	–
100	104	107	112	–	–	–
105	109	112	117	–	–	–
110	114	117	122	–	–	–
115	119	122	127	–	–	–
120	124	127	132	–	–	–
125	129	132	137	–	–	–
130	134	137	144	–	–	–
140	144	147	155	–	–	–
150	155	158	165	–	–	–
(참 고) dh의 허용차(²)	H12	H13	H14	–	–	–

주 (¹) 4급은 주로 주조 구멍에 적용한다.

(²) 참고로 표시한 것이지만 치수 허용차의 기호에 대한 수치는 KS B 0401에 따른다.

비고 1. ISO 273에서는 fine(1급 해당), medium(2급 해당) 및 coarse(3급 해당)의 3등급으로만 분류하고 있다.

CHAPTER 8 기계제도 부록

11 6각 너트(KS B 1012 : 2011)

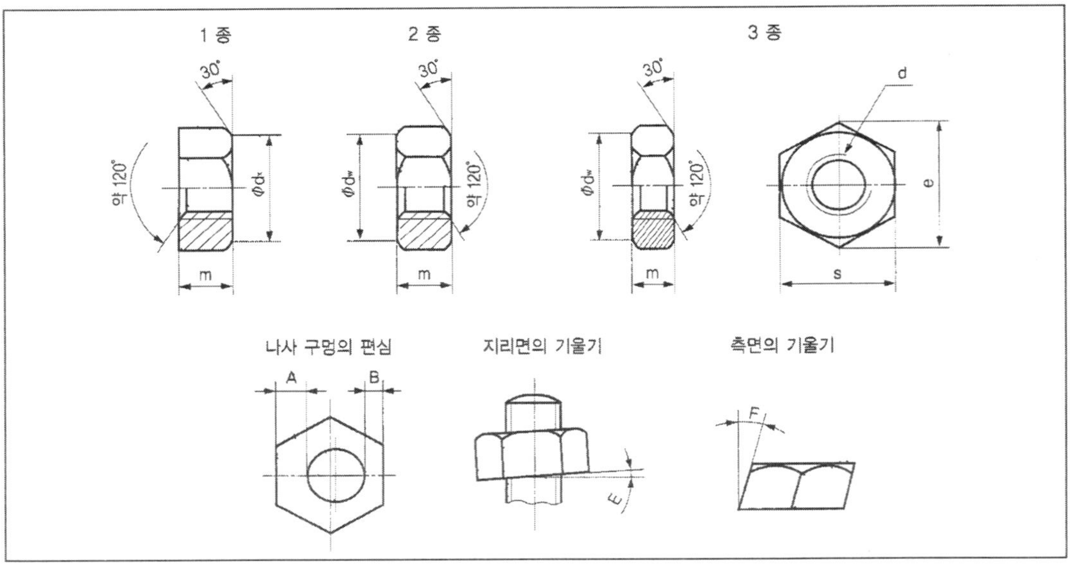

단위 : mm

나사의 호칭(d)		m		m_1		s		e	d_k ' 및 d_w	A-B	E 및 F
보통 나사	가는 나사	기준 치수	허용차	기준 치수	허용차	기준 치수	허용차	약	약	최대	최대
M6	–	5	±0.6	3.6	±0.6	10	0 / −0.6	11.5	9.8	0.5	2°
(M7)	–	5.5		4.2		11	0 / −0.7	12.7	10.8	0.5	
M8	M8 × 1	6.5	±0.8	5		13		15	12.5	0.6	
M10	M10 × 1.25	8		6		17		19.6	16.5	0.7	
M12	M12 × 1.25	10		7	±0.8	19	0 / −0.8	21.9	18	0.8	
(M14)	(M14 × 1.5)	11	±0.9	8		22		25.4	21	1	
M16	M16 × 1.5	13		10		24		27.7	23	1.1	
(M18)	(M18 × 1.5)	15		11	±0.9	27		31.2	26	1.2	
M20	M20 × 1.5	16		12		30		34.6	29	1.4	
(M22)	(M22 × 1.5)	18		13		32	0 / −1.0	37	31	1.5	
M24	M24 × 2	19	±1.0	14		36		41.6	34	1.6	
(M27)	(M27 × 2)	22		16		41		47.3	39	2	
M30	M30 × 2	24		18		46		53.1	44	2.2	
(M33)	(M33 × 2)	26		20	±1.0	50		57.7	48	2.4	
M36	M36 × 3	29		21		55	0 / −1.2	63.5	53	2.6	
(M39)	(M39 × 3)	31	±1.2	23		60		69.3	57	2.8	
M42	–	34		25		65		75	62	3.1	
(M45)	–	36		27		70		80.8	67	3.3	
M48	–	38		29		75		86.5	72	3.6	
(M52)	–	42		31	±1.2	80		92.4	77	3.8	
M56	–	45		34		85	0 / −1.4	98.1	82	4.1	
(M60)	–	48		36		90		104	87	4.3	

12 묻힘 키 및 키홈(KS B 1311 : 2009)

키홈의 단면

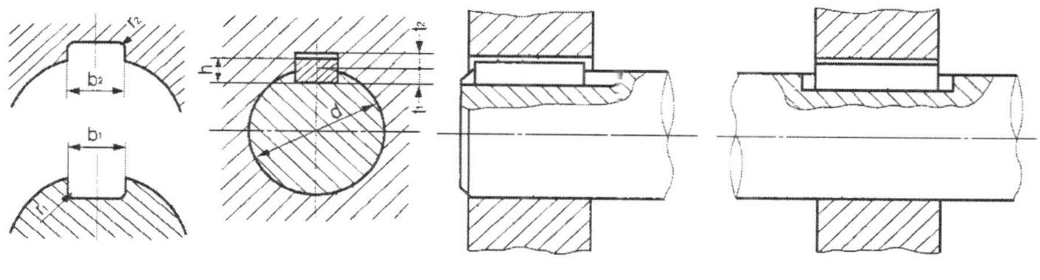

단위 : mm

키의 호칭 치수 b×h	b_1 및 b_2의 기준 치수	활동형 b_1 허용차 (H9)	활동형 b_2 허용차 (D10)	보통형 b_1 허용차 (N9)	보통형 b_2 허용차 (JS9)	조립형 b_1 및 b_2 허용차 (P9)	r_1 및 r_2	t_1의 기준 치수	t_2의 기준 치수	t_1 및 t_2의 허용차	참고 적용하는 축지름(3) d
2×2	2	+0.025	+0.060	−0.004	± 0.012 5	−0.006	0.08~0.16	1.2	1.0	+0.1	6~8
3×3	3	0	+0.020	−0.029		−0.031		1.8	1.4	0	8~10
4×4	4	+0.030	+0.078	0	± 0.015 0	−0.012		2.5	1.8		10~12
5×5	5	0	+0.030	−0.030		−0.042	0.16~0.25	3.0	2.3		12~17
6×6	6							3.5	2.8		17~22
(7×7)	7	+0.036	+0.098	0	± 0.018 0	−0.015		4.0	3.3	+0.2	20~25
8×7	8	0	+0.040	−0.036		−0.051		4.0	3.3	0	22~30
10×8	10						0.25~0.40	5.0	3.3		30~38
12×8	12	+0.043	+0.120	0	± 0.021 5	−0.018		5.0	3.3		38~44
14×9	14	0	+0.050	−0.043		−0.061		5.5	3.8		44~50
(15×10)	15							5.0	5.3		50~55
16×10	16							6.0	4.3		50~58
18×11	18							7.0	4.4		58~65
20×12	20	+0.052	+0.149	0	± 0.026 0	−0.022	0.40~0.60	7.5	4.9		65~75
22×14	22	0	+0.065	−0.052		−0.074		9.0	5.4		75~85
(24×16)	24							8.0	8.4		80~90
25×14	25							9.0	5.4		85~95
28×16	28							10.0	6.4		95~110
32×18	32	+0.062	+0.180	0	± 0.031 0	−0.026		11.0	7.4		110~130
(35×22)	35	0	+0.080	−0.062		−0.088	0.70~1.00	11.0	11.4	+0.3	125~140
36×20	36							12.0	8.4	0	130~150
(38×24)	38							12.0	12.4		140~160
40×22	40							13.0	9.4		150~170
(42×26)	42							13.0	13.4		160~180
45×25	45							15.0	10.4		170~200
50×28	50							17.0	11.4		200~230
56×32	56	+0.074	+0.220	0	± 0.037 0	−0.032	1.20~1.60	20.0	12.4		230~260
63×32	63	0	+0.100	−0.074		−0.106		20.0	12.4		260~290
70×36	70							22.0	14.4		290~330
80×40	80						2.00~2.50	25.0	15.4		330~380
90×45	90	+0.087	+0.260	0	± 0.043 5	−0.037		28.0	17.4		380~440
100×50	100	0	+0.120	−0.087		−0.0124		31.0	19.5		440~500

주 (3) 적용하는 축지름은 키의 강도에 대응하는 토크에서 구할 수 있는 것으로 일반 용도의 기준으로 나타낸다. 키의 크기가 전달하는 토크에 대하여 적절한 경우에는 적용하는 축지름보다 굵은 축을 사용하여도 좋다. 그 경우에는 키의 옆면이 축 및 허브에 균등하게 닿도록 t_1 및 t_2를 수정하는 것이 좋다. 적용하는 축지름 보다 가는 축에는 사용하지 않는 편이 좋다.

비고 괄호를 붙인 호칭 치수의 것은 대응 국제 규격에는 규정되어 있지 않으므로, 새로운 설계에는 사용하지 않는다.

13 반달키 및 키홈(KS B 1312 : 2010)

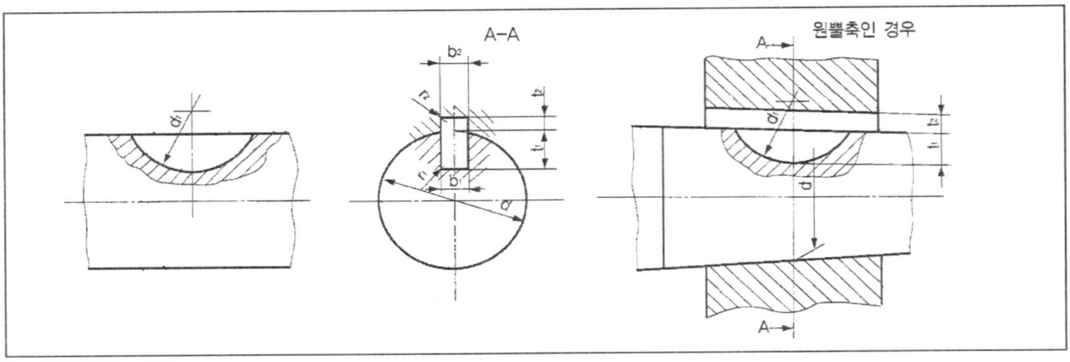

단위 : mm

키의 호칭 치수 b×d₀	b₁ 및 b₂의 기준 치수	보통형 b₁ 허용차 (N9)	보통형 b₂ 허용차 (JS9)	조립형 b₁ 및 b₂ 허용차 (P9)	t_1 기준 치수	t_1 허용차	t_2 기준 치수	t_2 허용차	r_1 및 r_2	d_1 기준 치수	d_1 허용차
1×4	1	$^{-0.004}_{-0.029}$	±0.012	$^{-0.006}_{-0.031}$	1.0	$^{+0.1}_{0}$	0.6	$^{+0.1}_{0}$	0.08~0.16	4	$^{+0.01}_{0}$
1.5×7	1.5				2.0		0.8			7	
2×7	2				1.8		1.0			7	
2×10					2.9					10	$^{+0.2}_{0}$
2.5×10	2.5				2.7		1.2			10	
(3×10)	3				2.5		1.4			10	
3×13					3.8	$^{+0.2}_{0}$				13	
3×16					5.3					16	
(4×13)	4	$^{0}_{-0.030}$	±0.015	$^{-0.012}_{-0.042}$	3.5	$^{+0.1}_{0}$	1.7			13	
4×16					5.0	$^{+0.2}_{0}$	1.8		0.16~0.25	16	
4×19					6.0					19	$^{+0.3}_{0}$
5×16	5				4.5		2.3			16	$^{+0.2}_{0}$
5×19					5.5					19	$^{+0.3}_{0}$
5×22					7.0	$^{+0.3}_{0}$				22	
6×22	6				6.5		2.8			22	
6×25					7.5			$^{+0.2}_{0}$		25	
(6×28)					8.6	$^{+0.1}_{0}$	2.6	$^{+0.1}_{0}$		28	
(6×32)					10.6					32	
(7×22)	7	$^{0}_{-0.036}$	±0.018	$^{-0.015}_{-0.051}$	6.4		2.8			22	
(7×25)					7.4					25	
(7×28)					8.4					28	
(7×32)					10.4					32	
(7×38)					12.4					38	
(7×45)					13.4					45	
(8×25)	8				7.2		3.0			25	
8×28					8.0	$^{+0.3}_{0}$	3.3	$^{+0.2}_{0}$	0.25~0.40	28	
(8×32)					10.2	$^{+0.1}_{0}$	3.0	$^{+0.1}_{0}$	0.16~0.25	32	
(8×38)					12.2					38	
10×32	10				10.0	$^{+0.3}_{0}$	3.3	$^{+0.2}_{0}$	0.25~0.40	32	
(10×45)					12.8	$^{+0.1}_{0}$	3.4	$^{+0.1}_{0}$		45	
(10×55)					13.8					55	
(10×65)					15.8					65	$^{+0.5}_{0}$
(12×65)	12	$^{0}_{-0.043}$	±0.022	$^{-0.018}_{-0.061}$	15.2		4.0			65	
(12×80)					20.2					80	

비고 1. 괄호를 붙인 호칭 치수의 것은 대응 국제 규격에는 규정되어 있지 않으므로, 새로운 설계에는 사용하지 않는다.

14 평행 핀(KS B ISO 2338 : 2010)

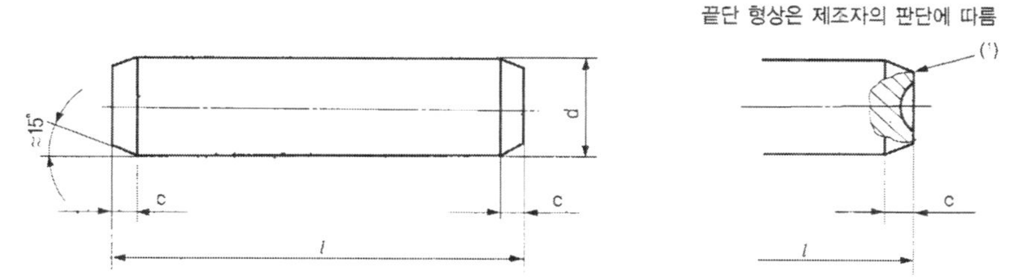

주(1) 반지름 또는 딤플된 핀 끝단 허용

〈표〉 치수

단위 : mm

d		m6/h8(¹)	0.6	0.8	1	1.2	1.5	2	2.5	3	4	5	6	8	10	12	16	20	25	30	40	50
c		약	0.12	0.16	0.2	0.25	0.3	0.35	0.4	0.5	0.63	0.8	1.2	1.6	2	2.5	3	3.5	4	5	6.3	8
l																						
호칭	최소	최대																				
2	1.75	2.25																				
3	2.75	3.25																				
4	3.75	4.25																				
5	4.75	5.25																				
6	5.75	6.25																				
8	7.75	8.25																				
10	9.75	10.25																				
12	11.5	12.5																				
14	13.5	14.5																				
16	15.5	16.5																				
18	17.5	18.5																				
20	19.5	20.5																				
22	21.5	22.5																				
24	23.5	24.5										상용 길이드 범위										
26	25.5	26.5																				
28	27.5	28.5																				
30	29.5	30.5																				
32	31.5	32.5																				
35	34.5	35.5																				
40	39.5	40.5																				
45	44.5	45.5																				
50	49.5	50.5																				
55	54.25	55.75																				
60	59.25	60.75																				
65	64.25	65.75																				
70	69.25	70.75																				
75	74.25	75.75																				

주(¹) 그 밖의 공차는 당사자간의 협의에 따른다.

CHAPTER 8 기계제도 부록

15 분할 핀(KS B ISO 1234 : 2010)

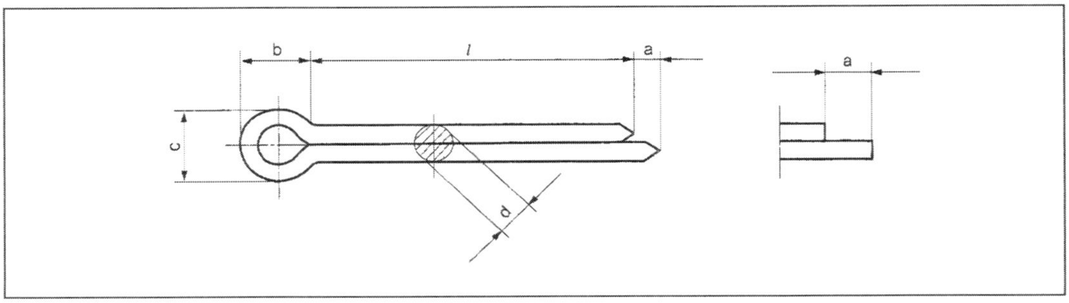

〈표1〉

단위 : mm

호칭(¹)			2	2.5	3.2	4	5	6.3	8	10
d	최대		1.8	2.3	2.9	3.7	4.6	5.9	7.5	9.5
	최소		1.7	2.1	2.7	3.5	4.4	5.7	7.3	9.3
a	최대		2.50	2.50	3.2	4	4	4	4	6.30
	최소		1.25	1.25	1.6	2	2	2	2	3.15
b	약		4	5	6.4	8	10	12.6	16	20
c	최대		3.6	4.6	5.8	7.4	9.2	11.8	15.0	19.0
	최소		3.2	4.0	5.1	6.5	8.0	10.3	13.1	16.6
상응 지름(²)	볼트	초과	7	9	11	14	20	27	39	56
		이하	9	11	14	20	27	39	56	80
	클레비스핀	초과	6	8	9	12	17	23	29	44
		이하	8	9	12	17	23	29	44	69

비고 1. 호칭 크기 = 분할 핀 구멍의 지름에 대하여 다음과 같은 공차를 분류한다.

H13≤1.2　　　　H14>1.2

2. 철도 용품 또는 클레비스 핀 안의 분할 핀은 서로 가로 방향 힘을 받는다면 표에서 규정된 것보다 큰 다음 단계의 핀을 사용하는 것이 바람직하다.

〈표2〉 호칭 길이와 크기

단위 : mm

길이(l)			호칭 크기							
호칭	최소	최대	2	2.5	3.2	4	5	6.3	8	10
14	13	15								
16	15	17								
18	17	19								
20	19	21								
22	21	23								
25	24	26								
28	27	29								
32	30.5	33.5			상용 길이의 범위					
36	34.5	37.5								
40	38.5	41.5								
45	43.5	46.6								
50	48.5	51.5								
56	54.5	57.5								
63	61.5	64.5								
71	69.5	72.5								

16 스프링 와셔(KS B 1324 : 2010)

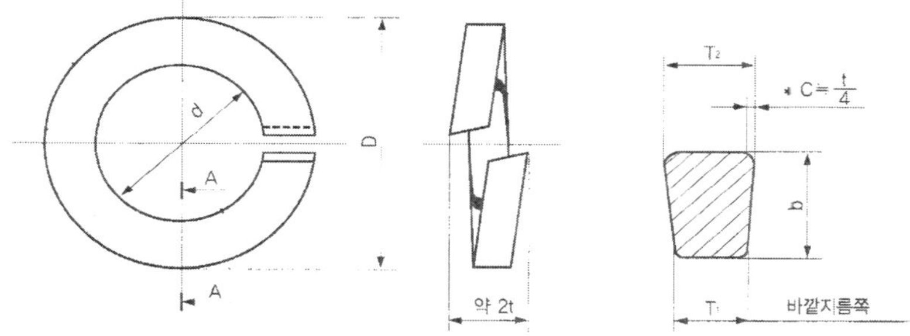

단위 : mm

호칭	안지름 d		단면 치수(최소)		바깥지름 D(최대)		압축 시험 후의 자유높이 (최소)		시험하중 kN
	기준치수	허용차	2호 나비 두께(²) b × t	3호 나비 두께(²) b × t	2호	3호	2호	3호	
2	2.1	$^{+0.25}_{0}$	0.9×0.5	–	4.4	–	0.85	–	0.42
2.5	2.6	$^{+0.3}_{0}$	1.0×0.6	–	5.2	–	1	–	0.69
3	3.1		1.1×0.7	–	5.9	–	1.2	–	1.03
(3.5)	3.6		1.2×0.8	–	6.6	–	1.35	–	1.37
4	4.1	$^{+0.4}_{0}$	1.4×1	–	7.6		1.7	–	1.77
(4.5)	4.6		1.5×1.2	–	8.3	–	2	–	2.26
5	5.1		1.7×1.3	–	9.2	–	2.2	–	2.94
6	6.1		2.7×1.5	2.7×1.9	12.2	12.2	2.5	3.2	4.12
(7)	7.1		2.8×1.6	2.8×2	13.4	13.4	2.7	3.35	5.88
8	8.2	$^{+0.5}_{0}$	3.2×2	3.3×2.5	15.4	15.6	3.35	4.2	7.45
10	10.2		3.7×2.5	3.9×3	18.4	18.8	4.2	5	11.8
12	12.2	$^{+0.6}_{0}$	4.2×3	4.4×3.6	21.5	21.9	5	6	17.7
(14)	14.2		4.7×3.5	4.8×4.2	24.5	24.7	5.85	7	23.5
16	16.2	$^{+0.8}_{0}$	5.2×4	5.3×4.8	28	28.2	6.7	8	32.4
(18)	18.2		5.7×4.6	5.9×5.4	31	31.4	7.7	9	39.2
20	20.2		6.1×5.1	6.4×6	33.8	34.4	8.5	10	49.0
(22)	22.5	$^{+1.0}_{0}$	6.8×5.6	7.1×6.8	37.7	38.3	9.35	11.3	61.8
24	24.5		7.1×5.9	7.6×7.2	40.3	41.3	9.85	12	71.6
(27)	27.5	$^{+1.2}_{0}$	7.9×6.8	8.6×8.3	45.3	46.7	11.3	13.8	93.2
30	30.5		8.7×7.5	–	49.9	–	12.5	–	118
(33)	33.5	$^{+1.4}_{0}$	9.5×8.2	–	54.7	–	13.7	–	147
36	36.5		10.2×9	–	59.1	–	15	–	167
(39)	39.5		10.7×9.5	–	63.1	–	15.8	–	197

주 (²) $t = \frac{T_1 + T_2}{2}$ 의 경우 $T_2 + T_1$ 은 0.064b 이하이어야 한다. 다만 b는 이 표에서 규정하는 최소값으로 한다.

비고 호칭에 괄호를 한 것은 되도록 사용하지 않는다.

17 평와샤(보통 원형) (KS B 1326 : 2009)

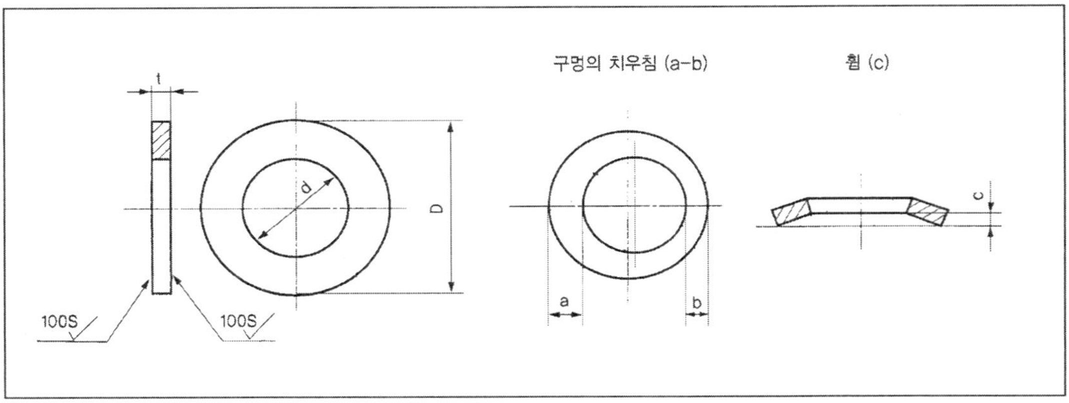

단위 : mm

호칭 지름	d		D		a−b	t		c
	기준 치수	허용차	기준 치수	허용차	최대	기준 치수	허용차	최대
6	6.6	+0.6 0	12.5	0 −0.7	0.86	1.6	±0.2	0.4
8	9		17			1.6		
10	11	+0.7 0	21	0 −0.8	1.04	2	±0.25	
12	14		24			2.3	±0.3	
(14)	16		28			3.2	±0.4	0.6
16	18		30			3.2		
(18)	20	+0.8 0	34	0 −1	1.24	3.2		
20	22		37			3.2		
(22)	24		39			3.2		
24	26		44			4.5	±0.5	0.8
(27)	30		50			4.5		
30	33	0.1 0	56	0 −1.2	1.48	4.5		
(33)	36		60			6	±0.7	
36	39		66			6		
(39)	42		72			6		
42	45		78			7		1.2
(45)	48		85	0 −1.4	1.74	7		
48	52	+1.2 0	92			8		
(52)	56		98			8		
56	62		105			9		
(60)	66		110			9		
64	70		115			9		

비고 1. 표속의 호칭지름은 미터 나사의 호칭지름에 일치한다.
2. 호칭 지름에 ( )를 붙인 것은 되도록 사용하지 않는다.
3. 안지름(d)의 기준 치수는 KS B 1007의 볼트 구멍 지름 2급과 일치한다.
4. 그림에 나타낸 표면 거칠기는 KS B 0161에 따른다.

18 C형 멈춤링(축용) (KS B 1336 : 2010)

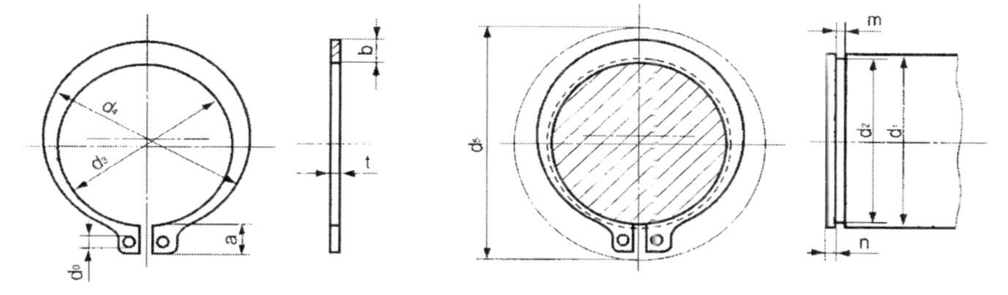

지름 d_0의 구멍 위치는 멈춤링을 적용하는 축에 끼웠을 때 홈에 가리워지지 않도록 한다.

d_5는 축에 끼울 때의 바깥 둘레의 최대 지름.

단위 : mm

호칭(1)			멈춤링							적용하는 축(참조)						
			d_3		t		b	a	d_0	d_5	d_1	d_2		m		n
1	2	3	기준 치수	허용차	기준 치수	허용차	약	약	최소			기준 치수	허용차	기준 치수	허용차	최소
10			9.3	±0.15	1	±0.05	1.6	3	1.2	17	10	9.6	0 −0.09	1.15	+0.14 0	1.5
	11		10.2				1.8	3.1		18	11	10.5	0 −0.11			
12			11.1	±0.18			1.8	3.2	1.5	19	12	11.5				
		13	12				1.8	3.3		20	13	12.4				
14			12.9				2	3.4	1.7	22	14	13.4				
15			13.8				2.1	3.5		23	15	14.3				
16			14.7				2.2	3.6		24	16	15.2				
17			15.7				2.2	3.7		25	17	16.2				
18			16.5		1.2	±0.06	2.6	3.8		26	18	17		1.35		
	19		17.5				2.7	3.8	2	27	19	18				
20			18.5				2.7	3.9		28	20	19	0 −0.21			
		21	19.5	±0.2			2.7	4		30	21	20				
22			20.5				2.7	4.1		31	22	21				
	24		22.2				3.1	4.2		33	24	22.9				
25			23.2				3.1	4.3		34	25	23.9				
	26		24.2				3.1	4.4		35	26	24.9				
28			25.9		1.6(2)		3.1	4.6		38	28	26.6		1.75(2)		
		29	26.9				3.5	4.7		39	29	27.6				
30			27.9				3.5	4.8		40	30	28.6				
32			29.6				3.5	5	2.5	43	32	30.3	0 −0.25			
		34	31.5	±0.25			4	5.3		45	34	32.3				
35			32.2				4	5.4		46	35	33				
	36		33.2		1.8	±0.07	4	5.4		47	36	34		1.95		2
	38		35.2				4.5	5.6		50	38	36				
40			37	±0.4			4.5	5.8		53	40	38				
	42		38.5				4.5	6.2		55	42	39.5				
45			41.5				4.8	6.3		58	45	42.5				
	48		44.5		2		4.8	6.5		62	48	45.5		1.95		
50			45.8				5	6.7		64	50	47		2.2		
		52	47.8				5	6.8		66	52	49				

주 (1) 호칭은 1란의 것을 우선하며, 필요에 따라서 2란, 3란의 순으로 한다. 또한 3란은 앞으로 폐지할 예정이다.
(2) 두께 t = 1.6 mm는 당분간 1.5 mm로 할 수 있다. 이때 m = 1.65 mm로 한다.

비고 1. 멈춤링 원환부의 최소 나비는 판 두께 t보다 작지 않아야 한다.
2. 적용하는 축의 치수는 권장하는 치수를 참고로 표시한 것이다.
3. d_5 치수(mm)는 $d_5 = d_1 + (1.4 \sim 1.5)b$로 하는 것이 바람직하다.

19 C형 멈춤링(구멍용) (KS B 1336 : 2010)

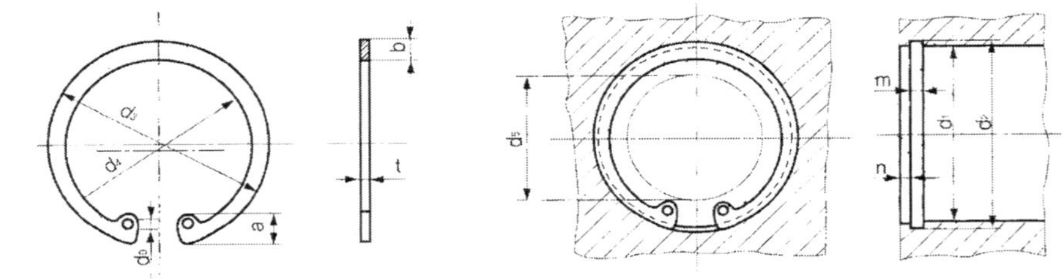

지름 d_0의 구멍 위치는 멈춤링을 적용하는 구멍에 끼웠을 때 홈에 가리워지지 않도록 한다.

d_5는 축에 끼울 때의 안 둘레의 최소 지름.

단위 : mm

호칭([1])			멈춤링							적용하는 구멍(참조)						
			d_3		t		b	a	d_0	d_5	d_1	d_2		m		n
1	2	3	기준치수	허용차	기준치수	허용차	약	약	최소			기준치수	허용차	기준치수	허용차	최소
10			10.7	±0.18	1	±0.05	1.8	3.1	1.2	3	10	10.4	+0.11 0	1.15	+0.14 0	1.5
11			11.8				1.8	3.2		4	11	11.4				
12			13				1.8	3.3	1.5	5	12	12.5				
	13		14.1				1.8	3.5		6	13	13.6				
14			15.1				2	3.6	1.7	7	14	14.6				
	15		16.2				2	3.6		8	15	15.7				
16			17.3				2	3.7		8	16	16.8				
	17		18.3	±0.2			2	3.8		9	17	17.8				
18			19.5				2.5	4		10	18	19	+0.21 0			
19			20.5				2.5	4	2	11	19	20				
20			21.5				2.5	4		12	20	21				
		21	22.5				2.5	4.1		12	21	22				
22			23.5				2.5	4.1		13	22	23				
	24		25.9		1.2	±0.06	2.5	4.3		15	24	25.2				
25			26.9				3	4.4		16	25	26.2		1.35		
	26		27.9				3	4.6		16	26	27.2				
28			30.1	±0.25			3	4.6		18	28	29.4				
30			32.1				3	4.7		20	30	31.4	+0.25 0			
32			34.4				3.5	5.2	2.5	21	32	33.7				
		34	36.5		1.6([2])		3.5	5.2		23	34	35.7		1.75([3])		2
35			37.8				3.5	5.2		24	35	37				
	36		38.8				3.5	5.2		25	36	38				
37			39.8				3.5	5.2		26	37	39				
	38		40.8				4	5.3		27	38	40				
40			43.5	±0.4	1.8	±0.07	4	5.7		28	40	42.5		1.95		
42			45.5				4	5.8		30	42	44.5				
45			48.5				4.5	5.9		33	45	47.5				
47			50.5	±0.45			4.5	6.1		34	47	49.5		1.9		
	48		51.5				4.5	6.2		35	48	50.5	+0.3 0	1.9		
50			54.2		2		4.5	6.5		37	50	53		2.2		
52			56.2				5.1	6.5		39	52	55				

주([1]) 호칭은 1란의 것을 우선하며, 필요에 따라 2란, 3란의 순으로 한다. 또한 3란은 앞으로 폐지할 예정이다.

주([2]) 두께 t=1.6 mm는 당분간 1.5 mm로 할 수 있다. 이때 m=1.65 mm로 한다.

비고 1. 멈춤링 원환부의 최소 나비는 판 두께 t보다 작지 않아야 한다.

2. 적용하는 구멍의 치수는 권장하는 치수를 참고로 표시한 것이다.

3. d_4 치수(mm)는 $d_4=d_3-(1.4\sim1.5)b$로 하는 것이 바람직하다.

20 E형 멈춤링(축용) (KS B 1337 : 2010)

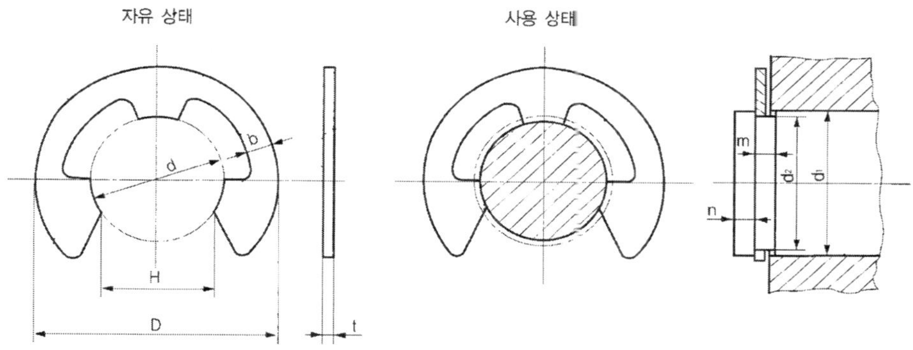

비고 모양은 하나의 보기로서 표시한다.

단위 : mm

호칭 지름	멈춤링 d([1]) 기본 치수	d([1]) 허용차	D([2]) 기본 치수	D([2]) 허용차	H([3]) 기본 치수	H([3]) 허용차	t([4]) 기본 치수	t([4]) 허용차	b 약	적용하는 축(참조) d_1의 기본 초과	d_1의 기본 이하	d_2 기본 치수	d_2 허용차	m 기본 치수	m 허용차	n 최소
0.8	0.8	0 −0.08	2	±0.1	0.7	0 −0.25	0.2	±0.02	0.3	-	1.4	0.8	+0.05 0	0.3	+0.05 0	0.4
1.2	1.2	0 −0.09	3		1		0.3	±0.025	0.4	1.4	2	1.2	+0.06 0	0.4		0.6
1.5	1.5		4	±0.2	1.3		0.4	±0.03	0.6	2	2.5	1.5		0.5		0.8
2	2		5		1.7		0.4		0.7	2.5	3.2	2				1
2.5	2.5		6		2.1		0.4		0.8	3.2	4	2.5				
3	3		7		2.6		0.6	±0.04	0.9	4	5	3		0.7	+0.1 0	
4	4	0 −0.12	9		3.5	0 −0.30	0.6		1.1	5	7	4	+0.075 0			1.2
5	5		11		4.3		0.6		1.2	6	8	5				
6	6		12		5.2		0.8		1.4	7	9	6		0.9		
7	7	0 −0.15	14		6.1	0 −0.35	0.8		1.6	8	11	7	+0.09 0			1.5
8	8		16		6.9		0.8		1.8	9	12	8				1.8
9	9		18		7.8		0.8		2.0	10	14	9				2
10	10		20	±0.3	8.7		1.0	±0.05	2.2	11	15	10		1.15	+0.14 0	
12	12	0 −0.18	23		10.4	0 −0.45	1.0		2.4	13	18	12	+0.11 0			2.5
15	15		29		13.0		1.6([5])	±0.06	2.8	16	24	15		1.75([5])		3
19	19	0 −0.21	37		16.5		1.6([5])		4.0	20	31	19	+0.13 0			3.5
24	24		44		20.8	0 −0.50	2.0	±0.07	5.0	25	38	24		2.2		4

주([1]) d의 측정에는 한계 플러그 게이지를 사용한다.
([2]) D의 측정에는 KS B 5203의 버어니어 캘리퍼스를 사용한다.
([3]) H의 측정에는 한계 플러그 게이지, 한계 납작 플러그 게이지 또는 KS B 5203의 버어니어 캘리퍼스를 사용한다.
([4]) t의 측정에는 KS B 5202의 마이크로미터 또는 한계 스냅 게이지를 사용한다.
([5]) 두께 t=1.6 mm는 당분간 1.5 mm로도 할 수 있다. 이 경우 m=1.65 mm로 한다.
비고 적용하는 축의 치수는 권장하는 치수를 참고로 표시한 것이다.

21 C형 동심 멈춤링(축용) (KS B 1338 : 2010)

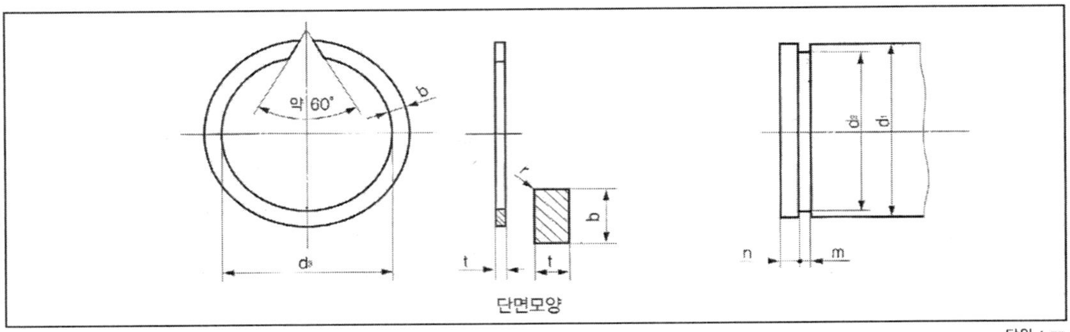

단위 : mm

호칭([1])			멈춤링							적용하는 축(참조)					
			d_3		t		b		r	d_1	d_2		m		n
1	2	3	기준 치수	허용차	기준 치수	허용차	기준 치수	허용차	최대		기준 치수	허용차	기준 치수	허용차	최소
20			18.7	0 −0.5	1.2	±0.07	2	±0.1	0.3	20	19	0 −0.21	1.35	+0.14 0	1.5
22			20.7							22	21				
		22.4	21.1							22.4	21.5				
25			23.4							25	23.9				
28			26.1		1.6([2])		2.8		0.5	28	26.6		1.75([2])		
30			28.1							30	28.6				
		31.5	29.3							31.5	29.8	0 −0.25			
32			29.8							32	30.3				
35			32.5	0 −1						35	33				
		35.5	33							35.5	33.5				
40			37.4		1.75	±0.08	3.5	±0.12	0.7	40	38		1.9		2
	42		38.9							42	39.5				
45			41.9							45	42.5				
50			46.3		2		4			50	47		2.2		
55			51.3	0 −1.2						55	52	0 −0.3			
	56		52.3							56	53				
60			56.3							60	57				
		63	59.3							63	60				
65			61.3		2.5		5			65	62		2.7		2.5
70			66							70	67				
		71	67							71	68				
75			71							75	72				
80			75.1							80	76.5				
85			80.1	0 −1.4	3	±0.09	6	±0.15		85	81.5	0 −0.35	3.2		3
90			85.1							90	86.5				
95			90.1							95	91.5				
100			95.1							100	96.5				
105			98.8		4		8		1.2	105	101	0 −0.54	4.2	+0.18 0	4
110			103.8							110	106				
		112	105.8							112	108				
120			113.8							120	116				
	125		118.7							125	121	0 −0.63			
130			123.7	0 −2.5			10			130	126				
140			133.7							140	136				
150			142.7							150	145				
160			151.7							160	155				
170			161.2							170	165				
180			171.2							180	175				
190			181.1	0 −3						190	185	0 −0.72			
200			191.1							200	195				

주([1]) 호칭은 1란의 것을 우선으로 하고, 필요에 따라서 2란, 3란의 순으로 한다.
또한, 3란은 앞으로 폐지할 예정이다.

([2]) 두께 t=1.6 mm는 당분간 1.5 mm로 할 수 있다. 이 경우 m=1.65 mm로 한다.

비고 1. 적용하는 축의 치수는 권장하는 치수를 참고로 표시한 것이다.
2. 멈춤링 절단 끝모양은 그림에 나타낸 것이 아니라도 좋다.

22 C형 동심 멈춤링(구멍용) (KS B 1338 : 2010)

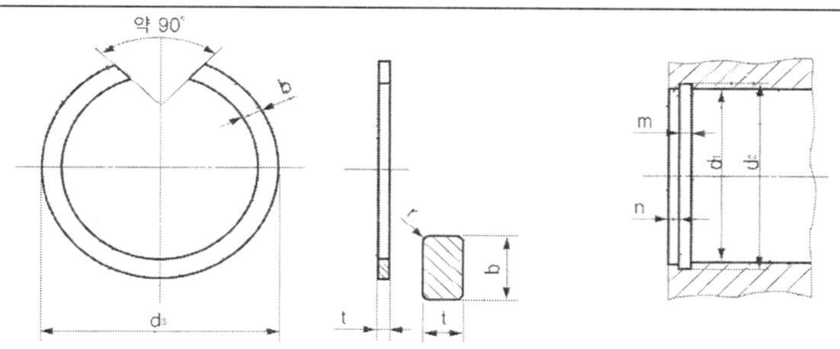

단면모양

단위 : mm

호칭(¹)			멈춤링							적용하는 축(참조)					
			d_3		t		b		r	d_1	d_2		m		n
1	2	3	기준 치수	허용차	기준 치수	허용차	기준 치수	허용차	최대		기준 치수	허용차	기준 치수	허용차	최소
20			21.3		1					20	21		1.15		
22			23.3							22	23				
		24	25.7	+0.5 0						24	25.2	±0.21 0			
25			26.7				2		0.3	25	26.2				1.5
		26	27.7		1.2	±0.07		±0.1		26	27.2				
28			29.9							28	29.4		1.35		
30			31.9							30	31.4				
	32		34.2							32	33.7				
35			37.5	+1 0	1.6(²)		2.8		0.5	35	37		1.75(²)		
	37		39.5							37	39				
40			43.1							40	42.5	±0.25 0			
	42		45.1				3.5			42	44.5			+0.14 0	
45			48.1		1.75					45	47.5		1.9		
	47		50.1							47	49.5				
50			53.8							50	53				2
52			55.8							52	55				
55			58.8		2	±0.08	4	±0.12		55	58		2.2		
	56		59.8	+1.2 0						56	59				
62			65.8							62	65				
	63		66.8						0.7	63	66	±0.3 0			
68			72.1							68	71				
72			76.1		2.5		5			72	75		2.7		2.5
75			79.1							75	78				
80			85							80	83.5				
85			90							85	88.5				
90			95		3		6			90	93.5	±0.35 0	3.2		3
95			100	+1.4 0						95	98.5				
100			105							100	103.5				
105			111.2							105	109				
110			116.2							110	114	±0.54 0			
		112	118.2							112	116				
115			121.2				8			115	119				
120			126.3							120	124				
125			131.5							125	129			+0.18 0	
130			136.5			±0.09		±0.15		130	134				
140			146.5	+2.5 0						140	144	±0.63 0			
		145	151.5		4				1.2	145	149		4.2		4
150			157.5							150	155				
160			167.7				10			160	165				
		165	173.2							165	170				
170			178.2							170	175				
180			188.2							180	185	±0.72 0			
190			198.2	+3 0						190	195				
200			208.2							200	205				

주(¹) 호칭은 1란의 것을 우선으로 하고, 필요에 따라서 2란, 3란의 순으로 한다.
또한, 3란은 앞으로 폐지할 예정이다.
(²) 두께 t=1.6 mm는 당분간 1.5 mm로 할 수 있다. 이 경우 m=1.65 mm로 한다.

비고 1. 적용하는 구멍의 치수는 권장하는 치수를 참고로 표시한 것이다.
2. 멈춤링 절단 끝모양은 그림에 나타낸 것이 아니라도 좋다.

23 주철제 V벨트 풀리(KS B 1400 : 2011)

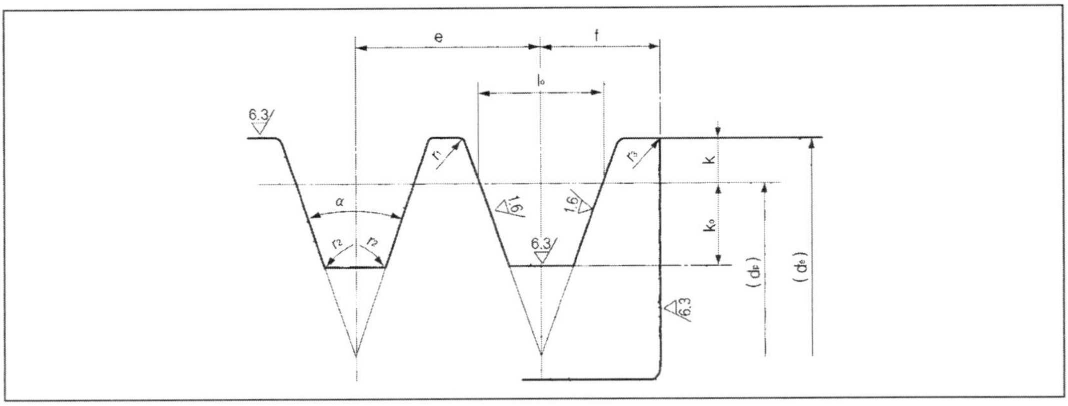

단위 : mm

V벨트의 종류	호칭 지름	α(°)	l_0	k	k_0	e	f	r_1	r_2	r_3	V벨트의 두께(참고)
M	50 이상 71 이하 71 초과 90 이하 90 초과	34 36 38	8.0	2.7	6.3	−(¹)	9.5	0.2~0.5	0.5~1.0	1~2	5.5
A	71 이상 100 이하 100 초과 125 이하 125 초과	34 36 38	9.2	4.5	8.0	15.0	10.0	0.2~0.5	0.5~1.0	1~2	9
B	125 이상 169 이하 169 초과 200 이하 200 초과	34 36 38	12.5	5.5	9.5	19.0	12.5	0.2~0.5	0.5~1.0	1~2	11
C	200 이상 250 이하 250 초과 315 이하 315 초과	34 36 38	16.9	7.0	12.0	25.5	17.0	0.2~0.5	1.0~1.6	2~3	14
D	355 이상 450 이하 450 초과	36 38	24.6	9.5	15.5	37.0	24.0	0.2~0.5	1.6~2.0	3~4	19
E	500 이상 630 이하 630 초과	36 38	28.7	12.7	19.3	44.5	29.0	0.2~0.5	1.6~2.0	4~5	25.5

주(¹) M형은 원칙적으로 한 줄만 걸친다.

〈표〉 홈부 각 부분의 치수 허용차

단위 : mm

V벨트의 종류	α의 허용차(°)	k의 허용차(²)	e의 허용차	f의 허용차
M	±0.5	$^{+0.2}_{0}$	−	±1
A			±0.4	
B				
C		$^{+0.3}_{0}$	±0.5	
D		$^{+0.4}_{0}$		$^{+2}_{-1}$
E		$^{+0.5}_{0}$		$^{+3}_{-1}$

주(²) k의 허용차는 바깥지름 d_e를 기준으로 하여, 홈의 나비가 l_0가 되는 d_p의 위치의 허용차를 나타낸다.

24 롤러 체인용 스프로킷(KS B 1408 : 2010)

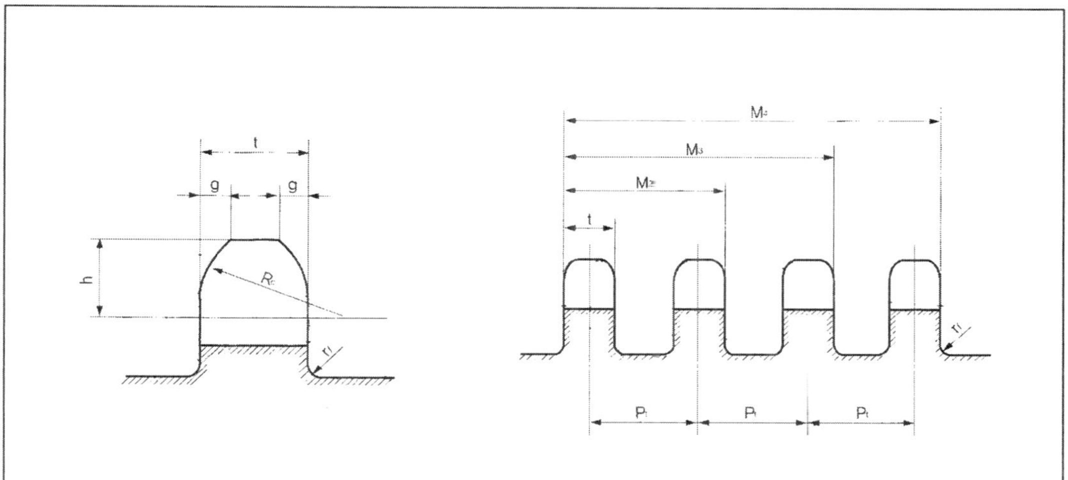

단위 : mm

호칭 번호	가로치형							가로피치 P_t	적용 롤러체인(참고)		
	모떼기나비 g (약)	모떼기깊이 h (약)	모떼기[3] 반지름 Rc (최소)	둥글기[4] rf (최대)	이나비 t(최대)				피치 P	롤러 바깥지름 d_1 (최대)	안쪽링크 안쪽나비 b_1 (최소)
					홑줄	2줄 · 3줄	4줄 이상				
25	0.8	3.2	6.8	0.3	2.8	2.7	2.4	6.4	6.35	3.30[5]	3.10
35	1.2	4.8	10.1	0.4	4.3	4.1	3.8	10.1	9.525	5.08[5]	4.68
41[6]	1.6	6.4	13.5	0.5	5.8	–	–	–	12.70	7.77	6.25
40	1.6	6.4	13.5	0.5	7.2	7.0	6.5	14.4	12.70	7.95	7.85
50	2.0	7.9	16.9	0.6	8.7	8.4	7.9	18.1	15.875	10.16	9.40
60	2.4	9.5	20.3	0.8	11.7	11.3	10.6	22.8	19.05	11.91	12.57
80	3.2	12.7	27.0	1.0	14.6	14.1	13.3	29.3	25.40	15.88	15.75
100	4.0	15.9	33.8	1.3	17.6	17.0	16.1	35.8	31.75	19.05	18.90
120	4.8	19.0	40.5	1.5	23.5	22.7	21.5	45.4	38.10	22.23	25.22
140	5.6	22.2	47.3	1.8	23.5	22.7	21.5	48.9	44.45	25.40	25.22
160	6.4	25.4	54.0	2.0	29.4	28.4	27.0	58.5	50.80	28.58	31.55
200	7.9	31.8	67.5	2.5	35.3	34.1	32.5	71.6	63.50	39.68	37.85
240	9.5	38.1	81.0	3.0	44.1	42.7	40.7	87.8	76.20	47.63	47.35

주 (3) R_C는 일반적으로는 표에 표시한 최소치를 사용하지만 이 값 이상 무한대(이 때 원호는 직선이 된다)가 되어도 좋다.
(4) rf(최대)는 보스지름 및 홈지름의 최대치 D_H를 사용했을 때의 값이다.
(5) 이 경우 d_1은 부시 바깥지름을 표시한다.
(6) 41은 홑줄만으로 한다.

비고 총 이나비
$M_2, M_3, M_4, \cdots\cdots, M_n = P_t(n-1) + t$ n : 줄수

25 플랜지형 고정 축 커플링(KS B 1551 : 2013)

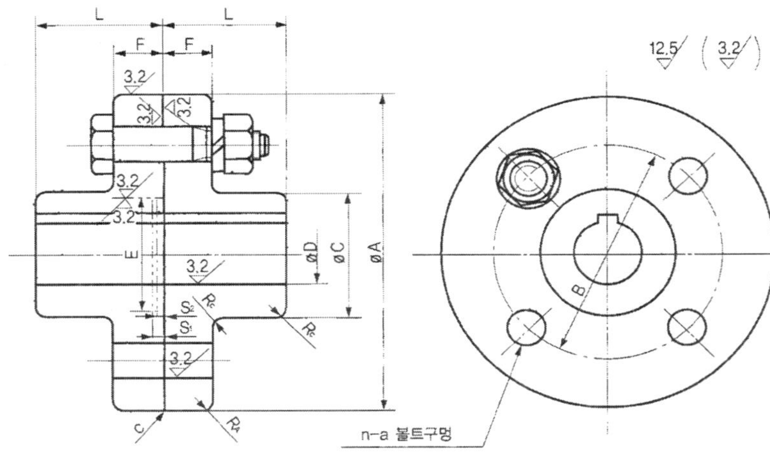

비고 볼트 구멍의 배치는 키홈에 대하여 대략 균등하게 등분한다.
볼트 뽑기의 여유는 축 끝에서의 치수로 나타낸다.

단위 : mm

커플링 바깥 지름 A	D 최대축 구멍 지름	D (참고) 최소축 구멍 지름	L	C	B	F	n (개)	a	참고 끼움부 E	끼움부 S2	끼움부 S1	RC (약)	RA (약)	c (약)	볼트 뽑기 여유
112	28	16	40	50	75	16	4	10	40	2	3	2	1	1	70
125	32	18	45	56	85	18	4	14	45	2	3	2	1	1	81
140	38	20	50	71	100	18	6	14	56	2	3	2	1	1	81
160	45	25	56	80	115	18	8	14	71	2	3	3	1	1	81
180	50	28	63	90	132	18	8	14	80	2	3	3	1	1	81
200	56	32	71	100	145	22.4	8	16	90	3	4	3	2	1	103

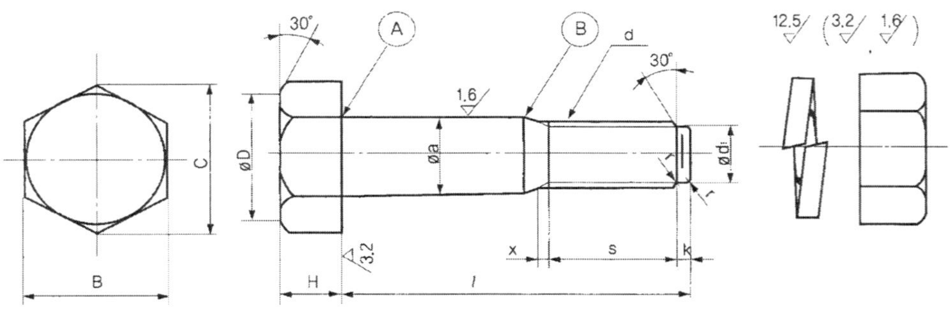

비고 Ⓐ 부에는 연삭용 여유를 주어도 좋다. Ⓑ부는 테이퍼 또는 단붙임하여도 좋다.

단위 : mm

호칭 a×l	나사의 호칭 d	a	d1	s	k	l	r (약)	H	B	C (약)	D (약)
10×46	M10	10	7	14	2	46	0.5	7	17	19.6	16.5
14×53	M12	14	9	16	3	53	0.6	8	19	21.9	18
16×67	M16	16	12	20	4	67	0.8	10	24	27.7	23

26 플랜지형 플랙시블 축 커플링(KS B 1552 : 2013)

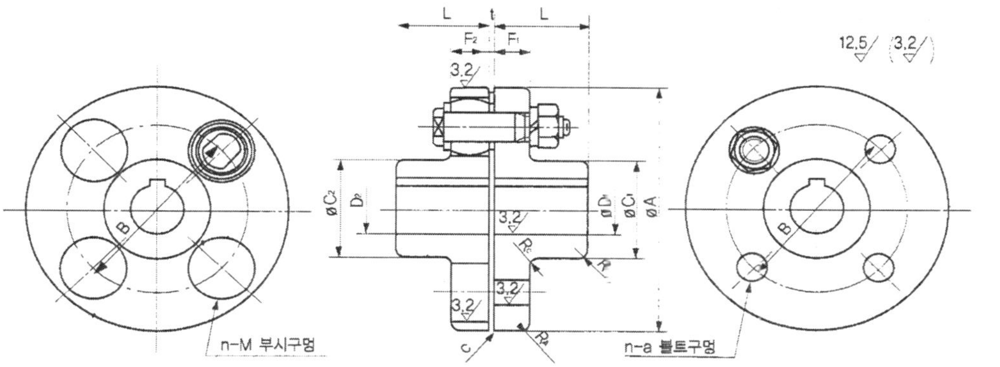

주 (¹) n은 부시구멍 또는 볼트 구멍의 수를 말한다.
주 (²) t는 조립했을 때의 커플링 몸체의 틈새이며 커플링 볼트의 와셔 두께에 상당한다.
비고 볼트 구멍의 배치는 키홈에 대하여 대략 균등하게 나눈다.

단위 : mm

커플링 바깥 지름 A	D 최대축 구멍 지름 D1	D2	(참고) 최소축 구멍 지름	L	C1	C2	B	F1	F2	n(¹) 개	a	M	t(²)	참고 Rc	RA	c	볼트 뽑기 여유
90	20		–	28	35.5		60	14		4	8	19	3	2	1	1	50
100	25		–	35.5	42.5		67	16		4	10	23	3	2	1	1	56
112	28		16	40	50		75	16		4	10	23	3	2	1	1	56
125	32	28	18	45	56	50	85	18		4	14	32	3	2	1	1	64
140	38	35	20	50	71	63	100	18		6	14	32	3	2	1	1	64
160	45		25	56	80		115	18		8	14	32	3	3	1	1	64
180	50		28	63	90		132	18		8	14	32	3	3	1	1	64
200	56		32	71	100		145	22.4		8	20	41	4	3	2	1	85

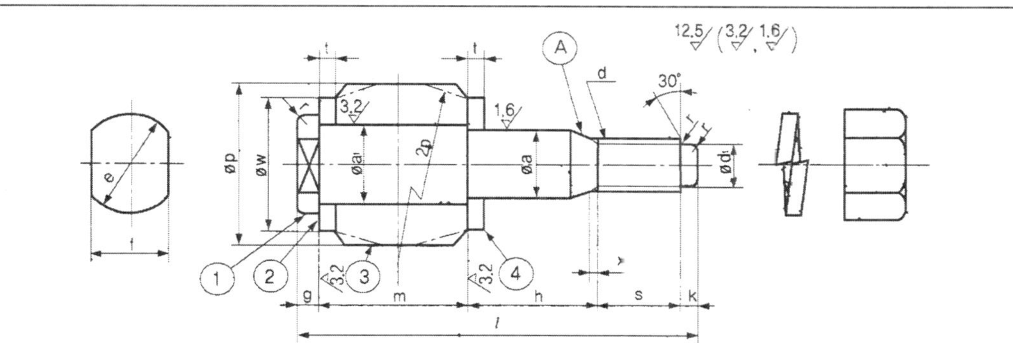

① 볼트, ② 와셔, ③ 부시, ④ 와셔

단위 : mm

호칭 a×l	① 볼트 나사의 호칭d	a1	a	d1	e	f	g	m	h	s	k	l	r (약)
8×50	M8	9	8	5.5	12	10	4	17	15	12	2	50	0.4
10×56	M10	12	10	7	16	13	4	19	17	14	2	56	0.5
14×64	M12	16	14	9	19	17	5	21	19	16	3	64	0.6
20×85	M20	22.4	20	15	28	24	5	26.4	24.6	25	4	85	1

27 센터 구멍의 간략도시 방법(KS A ISO 6411-1 : 2012)

센터 구멍의 필요여부	그림 기호	도시 방법
필요한 경우		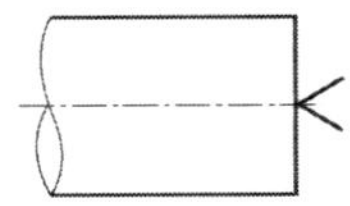 ISO 6411-B 2.5/8
필요하나 기본적 요구가 아닌 경우	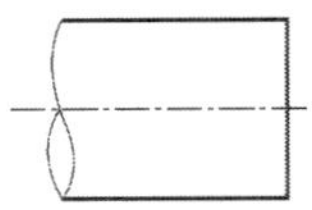	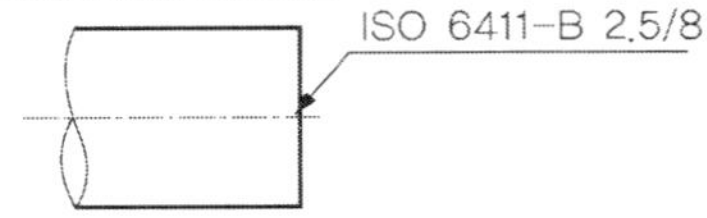 ISO 6411-B 2.5/8
필요하지 않은 경우	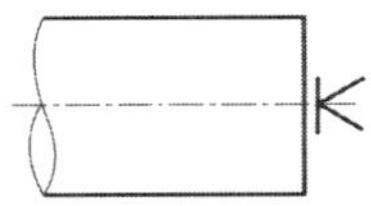	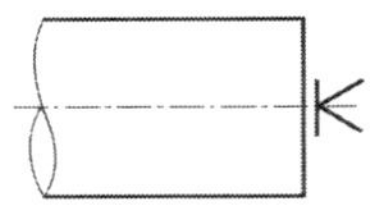 ISO 6411-B 2.5/8

※ 센터 구멍의 호칭방법 : 센터는 구멍을 가공하는 드릴을 기준으로 하고, 센터구멍 드릴은 한국산업표준에 의해 지시하는 것도 좋다.

- 이 표준의 표준 번호
- 센터 구멍의 종류 기호(R 또는 B)
- 기준 구멍의 지름(d)
- 카운터 싱크 구멍지름(D)

보기 : 센터 구멍 B형은 $d=2.5mm$, $D_3=8mm$인 경우의 호칭 표시 방법은 KS A ISO 6411-B 2.5/8

호칭 방법 설명

센터 구멍의 종류	도시 방법(예)	표시의 보기
A 모떼기가 없는 경우 (KS B ISO 866)	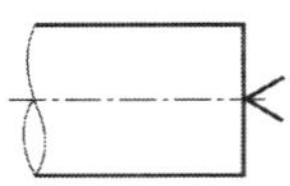 ISO 6411-A 4/8.5	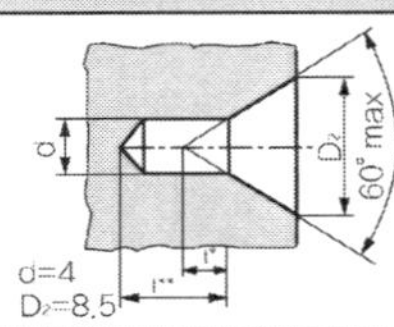 d=4 D_2=8.5, 60° max
B 모떼기가 있는 경우 (KS B ISO 2540)	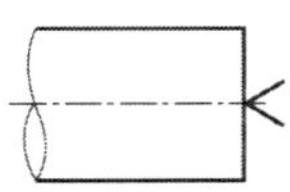 ISO 6411-B 2.5/8	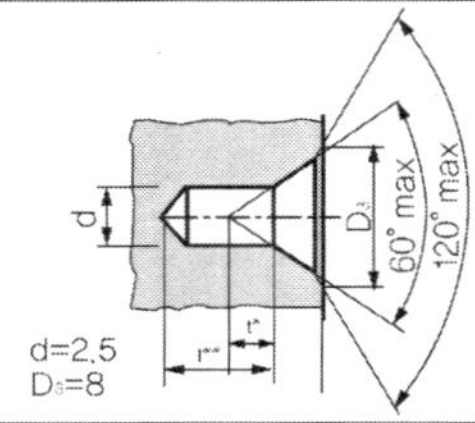 d=2.5 D_3=8, 60° max, 120° max
R 곡률을 갖는 경우 (KS B ISO 2541)	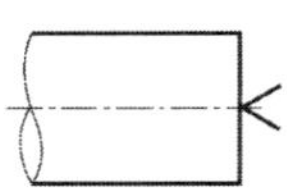 ISO 6411-R 2.5/6.3	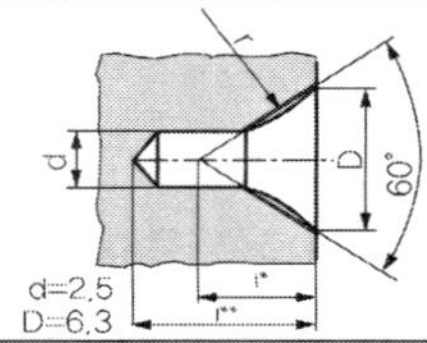 d=2.5 D=6.3, 60°

28 구름 베어링용 로크 너트(KS B 2004 : 2012)

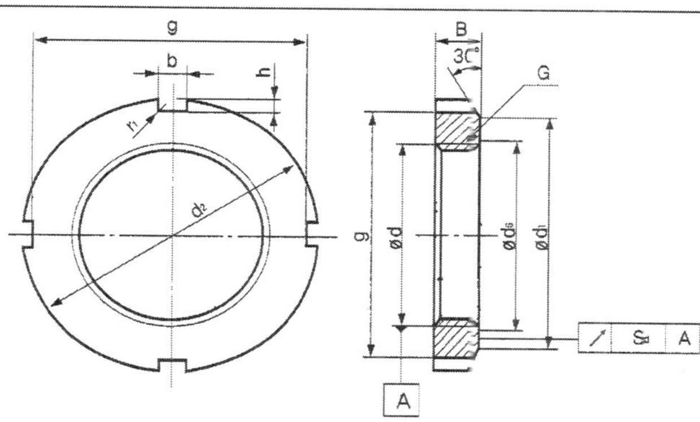

그림 와셔를 사용하는 로크 너트

〈표〉 로크 너트 계열 AN의 로크 너트의 호칭 번호 및 치수

단위 : mm

호칭번호	나사의 호칭 G	치 수						참 고				
								치 수			조합하는 부품의 호칭 번호	
		d	d_1	d_2	B	b	h	d_6	g	r_1 (최대)	와셔	멈춤쇠
AN 00	M 10×0.75	10	13.5	18	4	3	2	10.5	14	0.4	AW 00	
AN 01	M 12×1	12	17	22	4	3	2	12.5	18	0.4	AW 01	
AN 02	M 15×1	15	21	25	5	4	2	15.5	21	0.4	AW 02	
AN 03	M 17×1	17	24	28	5	4	2	17.5	24	0.4	AW 03	
AN 04	M 20×1	20	26	32	6	4	2	20.5	28	0.4	AW 04	
AN/22	M 22×1	22	28	34	6	4	2	22.5	30	0.4	AW /22	
AN 05	M 25×1.5	25	32	38	7	5	2	25.8	34	0.4	AW 05	
AN/28	M 28×1.5	28	36	42	7	5	2	28.8	38	0.4	AW /28	
AN 06	M 30×1.5	30	38	45	7	5	2	30.8	41	0.4	AW 06	
AN/32	M 32×1.5	32	40	48	8	5	2	32.8	44	0.4	AW /32	
AN 07	M 35×1.5	35	44	52	8	5	2	35.8	48	0.4	AW 07	
AN 08	M 40×1.5	40	50	58	9	6	2.5	40.8	53	0.5	AW 08	
AN 09	M 45×1.5	45	56	65	10	6	2.5	45.8	60	0.5	AW 09	
AN 10	M 50×1.5	50	61	70	11	6	2.5	50.8	65	0.5	AW 10	
AN 11	M 55×2	55	67	75	11	7	3	56	69	0.5	AW 11	
AN 12	M 60×2	60	73	80	11	7	3	61	74	0.5	AW 12	
AN 13	M 65×2	65	79	85	12	7	3	66	79	0.5	AW 13	
AN 14	M 70×2	70	85	92	12	8	3.5	71	85	0.5	AW 14	
AN 15	M 75×2	75	90	98	13	8	3.5	76	91	0.5	AW 15	
AN 16	M 80×2	80	95	105	15	8	3.5	81	98	0.6	AW 16	
AN 17	M 85×2	85	102	110	16	8	3.5	86	103	0.6	AW 17	
AN 18	M 90×2	90	108	120	16	10	4	91	112	0.6	AW 18	
AN 19	M 95×2	95	113	125	17	10	4	96	117	0.6	AW 19	
AN 20	M 100×2	100	120	130	18	10	4	101	122	0.6	AW 20	
AN 21	M 105×2	105	126	140	18	12	5	106	130	0.7	AW 21	
AN 22	M 110×2	110	133	145	19	12	5	111	135	0.7	AW 22	
AN 23	M 115×2	115	137	150	19	12	5	116	140	0.7	AW 23	
AN 24	M 120×2	120	138	155	20	12	5	121	145	0.7	AW 24	
AN 25	M 125×2	125	148	160	21	12	5	126	150	0.7	AW 25	
AN 26	M 130×2	130	149	165	21	12	5	131	155	0.7	AW 26	
AN 27	M 135×2	135	160	175	22	14	6	136	163	0.7	AW 27	
AN 28	M 140×2	140	160	180	22	14	6	141	168	0.7	AW 28	
AN 29	M 145×2	145	171	190	24	14	6	146	178	0.7	AW 29	
AN 30	M 150×2	150	171	195	24	14	6	151	183	0.7	AW 30	
AN 31	M 155×3	155	182	200	25	16	7	156.5	186	0.7	AW 31	
AN 32	M 160×3	160	182	210	25	16	7	161.5	196	0.7	AW 32	
AN 33	M 165×3	165	193	210	26	16	7	166.5	196	0.7	AW 33	
AN 34	M 170×3	170	193	220	26	16	7	171.5	206	0.7	AW 34	
AN 36	M 180×3	180	203	230	27	18	8	181.5	214	0.7	AW 36	

29 구름 베어링용 로크 와셔(KS B 2004 : 2012)

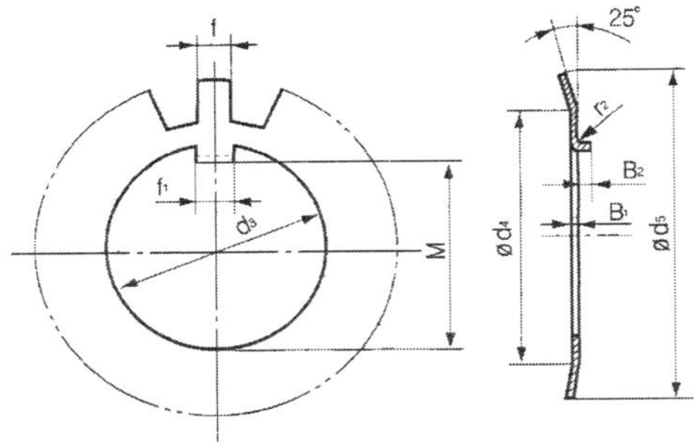

그림 A형 와셔

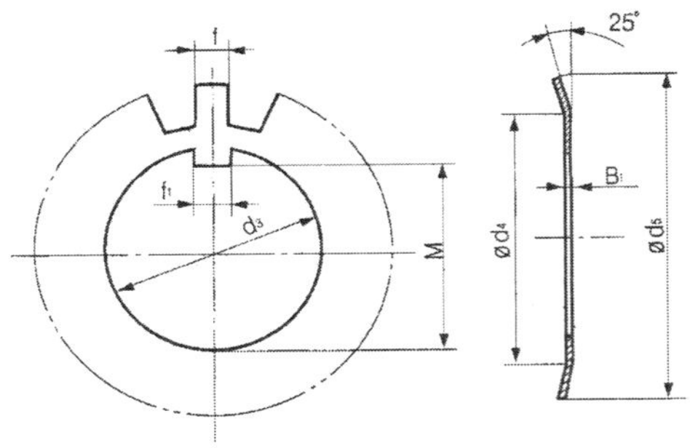

그림 X형 와셔

〈표〉 와셔 계열 AW의 와셔의 호칭 번호 및 치수

단위 : mm

호칭번호	치 수								N (최소)	참고 치수
	d_3	d_4	d_5	f_1	M	f	B_1	B_2		r_2
AW 00X	10	13.5	21	3	8.5	3	1	–	9	
AW 01X	12	17	25	3	10.5	3	1	–	11	
AW 02A	15	21	28	4	13.5	4	1	2.5	11	1
AW 02X	15	21	28	4	13.5	4	1	–	11	
AW 03A	17	24	32	4	15.5	4	1	2.5	11	1
AW 03X	17	24	32	4	15.5	4	1	–	11	
AW 04A	20	26	36	4	18.5	4	1	2.5	11	1
AW 04X	20	26	36	4	18.5	4	1	–	11	
AW/22X	22	28	38	4	20.5	4	1	–	11	
AW 05A	25	32	42	5	23	5	1.25	2.5	13	1
AW 05X	25	32	42	5	23	5	1.25	–	13	
AW/28X	28	36	46	5	26	5	1.25	–	13	
AW 06A	30	38	49	5	27.5	5	1.25	2.5	13	1
AW 06X	30	38	49	5	27.5	5	1.25	–	13	
AW/32X	32	40	52	5	29.5	5	1.25	–	13	
AW 07A	35	44	57	6	32.5	5	1.25	2.5	13	1
AW 07X	35	44	57	6	32.5	5	1.25	–	13	
AW 08A	40	50	62	6	37.5	6	1.25	2.5	13	1
AW 08X	40	50	62	6	37.5	6	1.25	–	13	
AW 09A	45	56	69	6	42.5	6	1.25	2.5	13	1
AW 09X	45	56	69	6	42.5	6	1.25	–	13	
AW 10A	50	61	74	6	47.5	6	1.25	2.5	13	1
AW 10X	50	61	74	6	47.5	6	1.25	–	13	
AW 11A	55	67	81	8	52.5	7	1.5	4	17	1
AW 11X	55	67	81	8	52.5	7	1.5	–	17	
AW 12A	60	73	86	8	57.5	7	1.5	4	17	1.2
AW 12X	60	73	86	8	57.5	7	1.5	–	17	
AW 13A	65	79	92	8	62.5	7	1.5	4	17	1.2
AW 13X	65	79	92	8	62.5	7	1.5	–	17	
AW 14A	70	85	98	8	66.5	8	1.5	4	17	1.2
AW 14X	70	85	98	8	66.5	8	1.5	–	17	
AW 15A	75	90	104	8	71.5	8	1.5	4	17	1.2
AW 15X	75	90	104	8	71.5	8	1.5	–	17	

30 깊은 홈 볼 베어링(KS B 2023 : 2011)

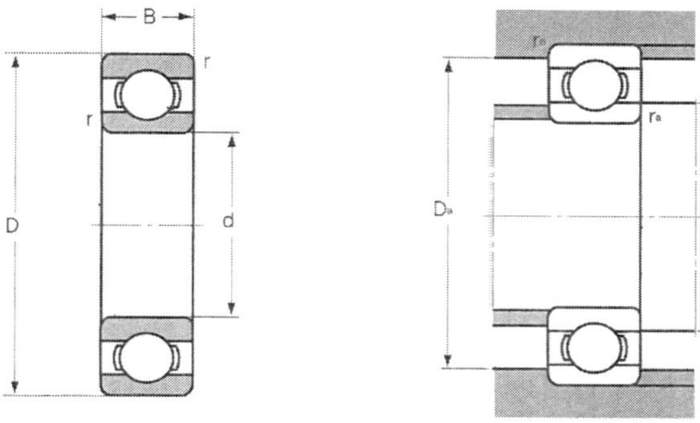

단위 : mm

베어링 치수					조립관계 치수		
번 호	d	D	B	r (최소)	d_a	D_a	r_a (최대)
6000	10	26	8	0.3	12	24	0.3
6200	10	30	9	0.6	14.2	25.8	0.6
6300	10	35	11	0.6	14.2	30.8	0.6
6001	12	28	8	0.3	14	26	0.3
6201	12	32	10	0.6	16.2	27.8	0.6
6301	12	37	12	1	17.6	31.4	1
6002	15	32	9	0.3	17	30	0.3
6202	15	35	11	0.6	19.2	30.8	0.6
6302	15	42	13	1	20.6	36.4	1
6003	17	35	10	0.3	19	33	0.3
6203	17	40	12	0.6	21.2	35.8	0.6
6303	17	47	14	1	22.6	41.4	1
6004	20	42	12	0.6	23.2	38.8	0.6
6204	20	47	14	1	25.6	41.4	1
6304	20	52	15	1.1	27	45	1
6005	25	47	12	0.6	28.2	43.8	0.6
6205	25	52	15	1	30.6	46.4	1
6305	25	62	17	1.1	32	55	1
6006	30	55	13	1	34.6	50.4	1
6206	30	62	16	1	35.6	56.4	1
6306	30	72	19	1.1	37	65	1
6007	35	62	14	1	39.6	57.4	1
6207	35	72	17	1.1	42	65	1
6307	35	80	21	1.5	44	71	1.5
6008	40	68	15	1	44.6	63.4	1
6208	40	80	18	1.1	47	73	1
6308	40	90	23	1.5	49	81	1.5

단위 : mm

베어링 치수					조립관계 치수		
번 호	d	D	B	r (최소)	d_a	D_a	r_a (최대)
6009	45	75	16	1	50.8	69.2	1
6209	45	85	19	1.1	52	78	1
6309	45	100	25	1.5	54	91	1.5
6010	50	80	16	1	54.6	75.4	1
6210	50	90	20	1.1	57	83	1
6310	50	110	27	2	59	101	2
6011	55	90	18	1.1	61	84	1
6211	55	100	21	1.5	64	91	1.5
6311	55	120	29	2	66	109	2
6012	60	95	18	1.1	66	89	1
6212	60	110	22	1.5	69	101	1.5
6312	60	130	31	2.1	72	119	2
6013	65	100	18	1.1	71	94	1
6213	65	120	23	1.5	74	111	1.5
6313	65	140	33	2.1	77	128	2
6014	70	110	20	1.1	76	104	1
6214	70	125	24	1.5	79	116	1.5
6314	70	150	35	2.1	82	138	2
6015	75	115	20	1.1	81	109	1
6215	75	130	25	1.5	84	121	1.5
6315	75	160	37	2.1	87	148	2
6016	80	125	22	1.1	86	119	1
6216	80	140	26	2	91	129	2
6316	80	170	39	2.1	92	158	2
6017	85	130	22	1.1	92	123	1
6217	85	150	28	2	94	141	2
6317	85	180	41	3	99	166	2.5

31 앵귤러 볼 베어링(KS B 2024 : 2011)

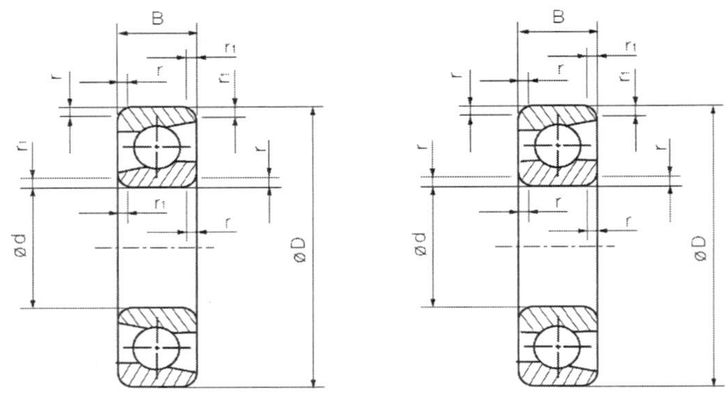

호칭 번호(70 계열)			치 수				
접촉각(A, B, C)			d	D	B	r	r_1
7000A	7000B	7000C	10	26	8	0.3	0.15
7001A	7001B	7001C	12	28	8	0.3	0.15
7002A	7002B	7002C	15	32	9	0.3	0.15
7003A	7003B	7003C	17	35	10	0.3	0.15
7004A	7004B	7004C	20	42	12	0.6	0.3
7005A	7005B	7005C	25	47	12	0.6	0.3
7006A	7006B	7006C	30	55	13	1	0.6
7007A	7007B	7007C	35	62	14	1	0.6
7008A	7008B	7008C	40	68	15	1	0.6
7009A	7009B	7009C	45	75	16	1	0.6
7010A	7010B	7010C	50	80	16	1	0.6
7011A	7011B	7011C	55	90	18	1.1	0.6
7012A	7012B	7012C	60	95	18	1.1	0.6

호칭 번호(72 계열)			치 수				
접촉각(A, B, C)			d	D	B	r	r_1
7200A	7200B	7200C	10	30	9	0.6	0.3
7201A	7201B	7201C	12	32	10	0.6	0.3
7202A	7202B	7202C	15	35	11	0.6	0.3
7203A	7203B	7203C	17	40	12	0.6	0.3
7204A	7204B	7204C	20	47	14	1	0.6
7205A	7205B	7205C	25	52	15	1	0.6
7206A	7206B	7206C	30	62	16	1	0.6
7207A	7207B	7207C	35	72	17	1.1	0.6
7208A	7208B	7208C	40	80	18	1.1	0.6
7209A	7209B	7209C	45	85	19	1.1	0.6
7210A	7210B	7210C	50	90	20	1.1	0.6
7211A	7211B	7211C	55	100	21	1.5	1
7212A	7212B	7212C	60	110	22	1.5	1

호칭 번호(73 계열)		치 수				
접촉각(A, B)		d	D	B	r	r_1
7300A	7300B	10	35	11	0.6	0.3
7301A	7301B	12	37	12	1	0.6
7302A	7302B	15	42	13	1	0.6
7303A	7303B	17	47	14	1	0.6
7304A	7304B	20	52	15	1.1	0.6
7305A	7305B	25	62	17	1.1	0.6
7306A	7306B	30	72	19	1.1	0.6
7307A	7307B	35	80	21	1.5	1
7308A	7308B	40	90	23	1.5	1
7309A	7309B	45	100	25	1.5	1
7310A	7310B	50	110	27	2	1
7311A	7311B	55	120	29	2	1
7312A	7312B	60	130	31	2.1	1.1

호칭 번호(74 계열)	치 수				
접촉각(A)	d	D	B	r	r_1
7404A	20	72	19	1.1	0.6
7405A	25	80	21	1.5	1
7406A	30	90	23	1.5	1
7407A	35	100	25	1.5	1
7408A	40	110	27	2	1
7409A	45	120	29	2	1
7410A	50	130	31	2.1	1.1
7411A	55	140	33	2.1	1.1
7412A	60	150	35	2.1	1.1
7413A	65	160	37	2.1	1.1
7414A	70	180	42	3	1.1
7415A	75	190	45	3	1.1
7416A	80	200	48	3	1.1

※ 주 : 접촉각 기호 A는 생략할 수 있다.
치수 기호 r, r_1 은 베어링 내륜, 외륜의 최소 허용 모떼기 치수이다.
접촉각 A : 22°~32°(보통 30°), 접촉각 B : 32°~45°(보통 40°), 접촉각 C : 10°~22°

32 원통 롤러 베어링(KS B 2026 : 2011)

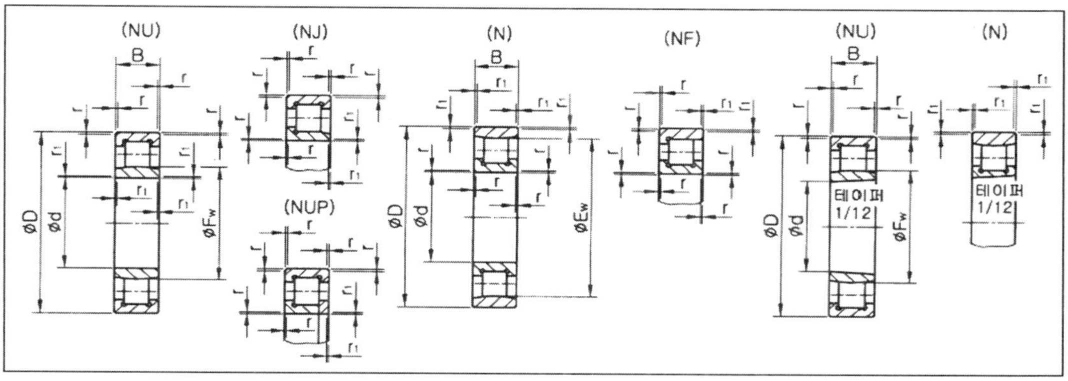

호칭번호 (NU2, NUP2, N2, NF2계열)							치수				
원통 구멍					테이퍼 구멍		d	D	B	r	r_1
–	–	–	N203	–	–	–	17	40	12	0.6	0.3
NU204	NJ204	NUP204	N204	NF204	NU204K	–	20	47	14	1	0.6
NU205	NJ205	NUP205	N205	NF205	NU205K	–	25	52	15	1	0.6
NU206	NJ206	NUP206	N206	NF206	NU206K	N206K	30	62	16	1	0.6
NU207	NJ207	NUP207	N207	NF207	NU207K	N207K	35	72	17	1.1	0.6
NU208	NJ208	NUP208	N208	NF208	NU208K	N208K	40	80	18	1.1	1.1

호칭번호 (NU22, NUP22, NJ22계열)				치수				
원통 구멍			테이퍼 구멍	d	D	B	r	r_1
NU2204	NJ2204	NUP2204	–	20	47	18	1	0.6
NU2205	NJ2205	NUP2205	NU2205K	25	52	18	1	0.6
NU2206	NJ2206	NUP2206	NU2206K	30	62	20	1	0.6
NU2207	NJ2207	NUP2207	NU2207K	35	72	23	1.1	0.6
NU2208	NJ2208	NUP2208	NU2208K	40	80	23	1.1	1.1
NU2209	NJ2209	NUP2209	NU2209K	45	85	23	1.1	1.1

호칭번호 (NU23, NJ23, NUP23계열)				치수				
원통 구멍			테이퍼 구멍	d	D	B	r	r_1
NU2305	NJ2305	NUP2305	NU2305 K	25	62	24	1.1	1.1
NU2306	NJ2306	NUP2306	NU2306 K	30	72	27	1.1	1.1
NU2307	NJ2307	NUP2307	NU2307 K	35	80	31	1.5	1.1
NU2308	NJ2308	NUP2308	NU2308 K	40	90	33	1.5	1.5
NU2309	NJ2309	NUP2309	NU2309 K	45	100	36	1.5	1.5
NU2310	NJ2310	NUP2310	NU2310 K	50	110	40	2	2

호칭번호 (NU3, NJ3, NUP3, N3, NF3계열)							치수				
원통 구멍					테이퍼 구멍		d	D	B	r	r_1
NU304	NJ304	NUP304	N304	NF304	NU304K	–	20	52	15	1.1	0.6
NU305	NJ305	NUP305	N305	NF305	NU305K	–	25	62	17	1.1	1.1
NU306	NJ306	NUP306	N306	NF306	NU306K	N306K	30	72	19	1.1	1.1
NU307	NJ307	NUP307	N307	NF307	NU307K	N307K	35	80	21	1.5	1.1
NU308	NJ308	NUP308	N308	NF308	NU308K	N308K	40	90	23	1.5	1.5
NU309	NJ309	NUP309	N309	NF309	NU309K	N309K	45	100	25	1.5	1.5
NU310	NJ310	NUP310	N310	NF310	NU310K	N310K	50	110	27	2	2

33 테이퍼 롤러 베어링(KS B 2027 : 2010)

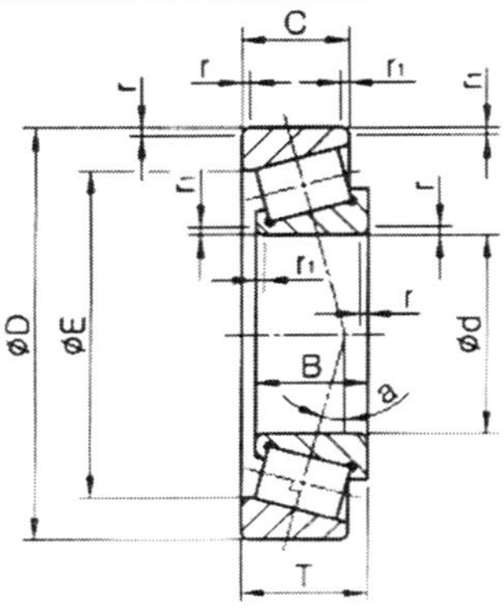

호칭번호 302계열	치수 d	D	T	B	C	r 내륜	r 외륜
30203	17	40	13.25	12	11	1	1
30204	20	47	15.25	14	12	1	1
30205	25	52	16.25	15	13	1	1
30206	30	62	17.25	16	14	1	1
30207	35	72	18.25	17	15	1.5	1.5
30208	40	80	19.75	18	16	1.5	1.5
30209	45	85	20.75	19	16	1.5	1.5
30210	50	90	21.75	20	17	1.5	1.5

호칭번호 303계열	치수 d	D	T	B	C	r 내륜	r 외륜
30303	17	47	15.25	14	12	1	1
30304	20	52	16.25	15	13	1.5	1.5
30305	25	62	18.25	17	14	1.5	1.5
30306	30	72	20.75	19	16	1.5	1.5
30307	35	80	22.75	21	18	2	1.5
30308	40	90	25.25	23	20	2	1.5
30309	45	100	27.25	25	22	2	1.5
30310	50	110	29.25	27	23	2.5	2

호칭번호 320계열	치수 d	D	T	B	C	r 내륜	r 외륜
32004	20	42	15	15	12	0.6	0.6
32005	25	47	15	15	12	0.6	0.6
32006	30	55	17	17	13	1	1
32007	35	62	18	18	14	1	1
32008	40	68	19	19	14.5	1	1
32009	45	75	20	20	15.5	1	1
32010	50	80	20	20	15.5	1	1

호칭번호 322계열	치수 d	D	T	B	C	r 내륜	r 외륜
32204	20	47	19.25	18	15	1	1
32205	25	52	19.25	18	15	1	1
32206	30	62	21.25	20	17	1	1
32207	35	72	24.75	23	19	1.5	1.5
32208	40	80	24.75	23	19	1.5	1.5
32209	45	85	24.75	23	19	1.5	1.5
32210	50	90	24.75	23	19	1.5	1.5

호칭번호 330계열	치수 d	D	T	B	C	r 내륜	r 외륜
33005	25	47	17	17	14	0.6	0.6
33006	30	55	20	20	16	1	1
33007	35	62	21	21	17	1	1
33008	40	68	22	22	18	1	1
33009	45	75	24	24	19	1	1
33010	50	80	24	24	19	1	1

호칭번호 332계열	치수 d	D	T	B	C	r 내륜	r 외륜
33205	25	52	22	22	18	1	1
33206	30	62	25	25	19.5	1	1
33207	35	72	28	28	22	1.5	1.5
33208	40	80	32	32	25	1.5	1.5
33209	45	85	32	32	25	1.5	1.5
33210	50	90	32	32	25	1.5	1.5

34 자동조심 롤러 베어링(KS B 2028 : 2011)

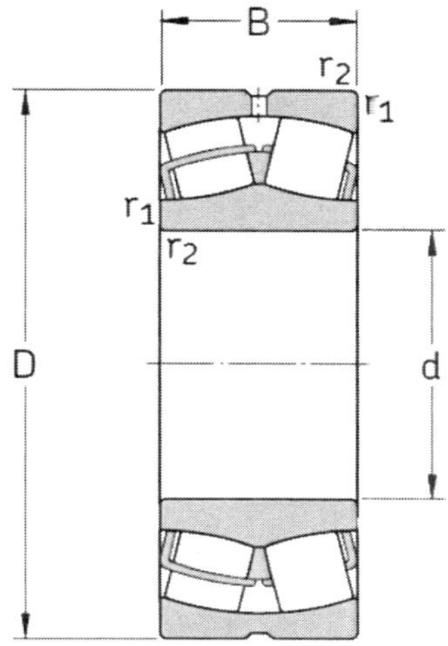

호칭 번호 (213 계열)	치 수				호칭 번호 (222 계열)	치 수			
	d	D	B	r(최소)		d	D	B	r(최소)
21305	25	62	17	1.1	22205	25	52	18	1
21306	30	72	19	1.1	22206	30	62	20	1
21307	35	80	21	1.5	22207	35	72	23	1.1
21308	40	90	23	1.5	22208	40	80	23	1.1
21309	45	100	25	1.5	22209	45	85	23	1.1
21310	50	110	27	2	22210	50	90	23	1.1
21311	55	120	29	2	22211	55	100	25	1.5
21312	60	130	31	2.1	22212	60	110	28	1.5

호칭 번호 (223 계열)	치 수				호칭 번호 (232 계열)	치 수			
	d	D	B	r(최소)		d	D	B	r(최소)
22308	40	90	33	1.5					
22309	45	100	36	1.5					
22310	50	110	40	2					
22311	55	120	43	2					
22312	60	130	46	2.1					
22313	65	140	48	2.1					
22314	70	150	51	2.1					
22315	75	160	55	2.1					
22316	80	170	58	2.1					
22317	85	180	60	3					
22318	90	190	64	3	23218	90	160	52.4	2
22319	95	200	67	3	23219	95	170	55.6	2.1
22320	100	215	73	3	23220	100	180	60.3	2.1
22322	110	240	80	3	23222	110	200	69.8	2.1
22324	120	260	86	3	23224	120	215	76	2.1

35 니들 롤러 베어링(KS B 2029 : 2011)

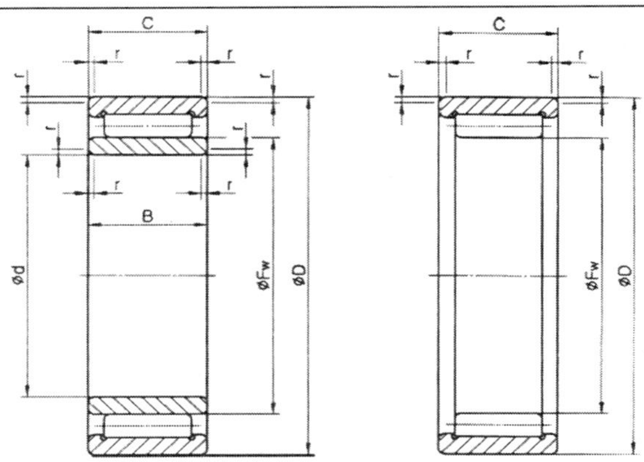

내륜붙이(NA) 내륜 없는(RNA)

호칭 번호 (NA49 계열)	치 수				호칭 번호 (RNA49 계열)	치 수			
	d	D	B, C	r(최소)		F_w	D	B, C	r(최소)
NA 498	8	19	11	0.2	RNA 498	10	19	11	0.2
NA 499	9	20	11	0.3	RNA 499	12	20	11	0.3
NA 4900	10	22	13	0.3	RNA 4900	14	22	13	0.3
NA 4901	12	24	13	0.3	RNA 4901	16	24	13	0.3
NA 4902	15	28	13	0.3	RNA 4902	20	28	13	0.3
NA 4903	17	30	13	0.3	RNA 4903	22	30	13	0.3
NA 4904	20	37	17	0.3	RNA 4904	25	37	17	0.3
NA 4905	25	42	17	0.3	RNA 4905	30	42	17	0.3

베어링 구석 홈부 둥글기

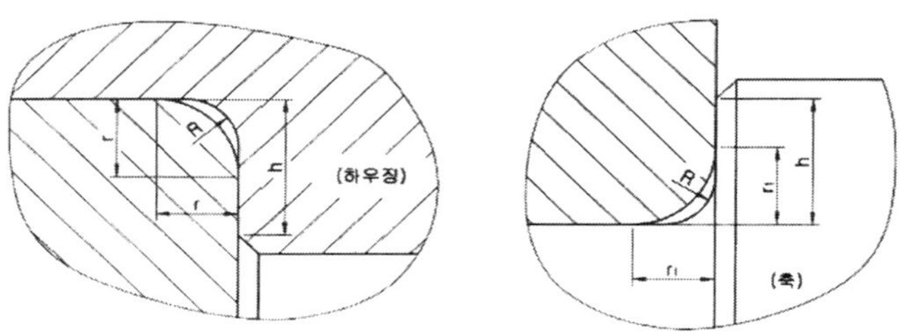

r 또는 r_1 (min)	R(max)	축 또는 하우징	
		레이디얼 베어링의 경우의 어깨 높이 h	
		일반	특수
0.1	0.1	0.4	
0.15	0.15	0.6	
0.2	0.2	0.8	
0.3	0.3	1.25	1
0.6	0.6	2.25	2
1.0	1.0	2.75	2.5

36 O링 부착 홈부의 모양 및 치수(KS B 2799 : 2012)

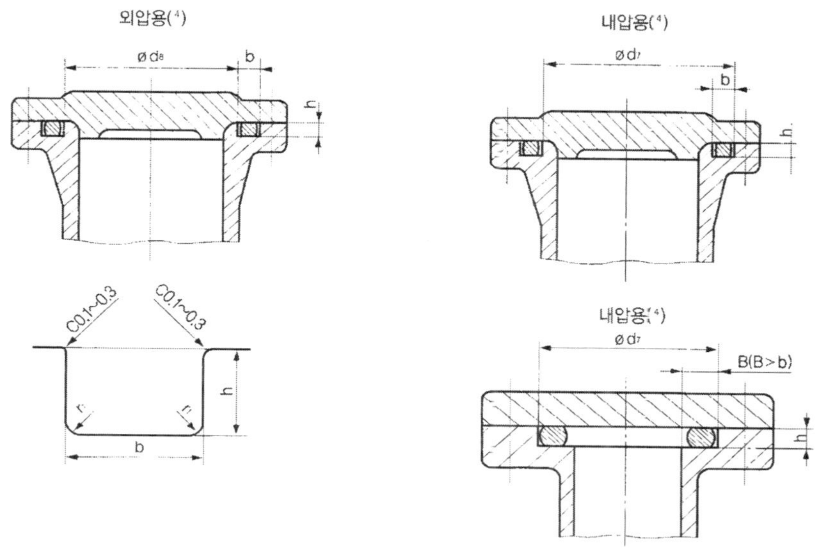

주([4]) 고정용(평면)에서는 내압이 걸리는 경우에는 O링의 바깥 둘레가 홈의 외벽에 밀착하도록 설계하고, 외압이 걸리는 경우에는 반대로 O링의 안 둘레가 홈의 내벽에 밀착하도록 설계한다.

단위 : mm

O링의 호칭 번호	홈부의 치수					참 고						
	d_8 (외압용)	d_7 (외압용)	b +0.25 0	h ±0.05	r_1 (최대)	O링의 실치수			압축 압착량			
						굵기	안지름([3])				(%)	
									최대	최소	최대	최소
P 3	3	6.2	2.5	1.4	0.4	1.9 ±0.08	2.3	±0.14	0.63	0.37	31.8	20.3
P 4	4	7.2					3.3	±0.14				
P 5	5	8.2					4.3	±0.15				
P 6	6	9.2					5.3	±0.15				
P 7	7	10.2					6.3	±0.16				
P 8	8	11.2					7.3	±0.16				
P 9	9	12.2					8.3	±0.17				
P 10	10	13.2					9.3	±0.17				
P 10 A	10	14	3.2	1.8	0.4	2.4 ±0.09	9.8	±0.17	0.74	0.46	29.7	19.9
P 11	11	15					10.8	±0.18				
P 11.2	11.2	15.2					11.0	±0.18				
P 12	12	16					11.8	±0.19				
P 12.5	12.5	16.5					12.3	±0.19				
P 14	14	18					13.8	±0.19				
P 15	15	19					14.8	±0.20				
P 16	16	20					15.8	±0.20				
P 18	18	22					17.8	±0.21				
P 20	20	24					19.8	±0.22				
P 21	21	25					20.8	±0.23				
P 22	22	26					21.8	±0.24				

고정용(평면)의 홈부의 모양 · 치수(계속)

단위 : mm

O링의 호칭번호	홈부의 치수					참 고						
	d_8 (외압용)	d_7 (내압용)	b +0.25 0	h ±0.05	r_1 (최대)	O링의 실치수			압축 압착량			
						굵기	안지름([3])		최대	최소	최대 (%)	최소 (%)
P 22 A	22	28	4.7	2.7	0.8	3.5±0.10	21.7	±0.24	0.95	0.65	26.4	19.1
P 22.4	22.4	28.4					22.1	±0.24				
P 24	24	30					23.7	±0.24				
P 25	25	31					24.7	±0.25				
P 25.5	25.5	31.5					25.2	±0.25				
P 26	26	32					25.7	±0.26				
P 28	28	34					27.7	±0.28				
P 29	29	35					28.7	±0.29				
P 29.5	29.5	35.5					29.2	±0.29				
P 30	30	36					29.7	±0.29				
P 31	31	37					30.7	±0.30				
P 31.5	31.5	37.5					31.2	±0.31				
P 32	32	38					31.7	±0.31				
P 34	34	40					33.7	±0.33				
P 35	35	41					34.7	±0.34				

〈참고 표〉 부착부의 예리한 모서리를 제거하는 방법

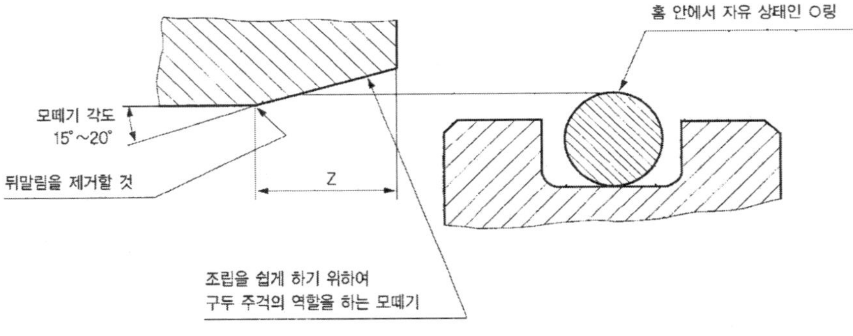

단위 : mm

O링의 호칭 번호	O링의 굵기	Z(최소)
P 3~P 10	1.9 ±0.08	1.2
P 10 A~P 22	2.4 ±0.09	1.4
P 22 A~P 50	3.5 ±0.10	1.8
P 48 A~P 150	5.7 ±0.13	3.0
P 150 A~P 400	8.4 ±0.15	4.3
C 25~C 145	3.1 ±0.10	1.7
C 150~C 300	5.7 ±0.13	3.0
A 0018 C~A 0170 C	1.80±0.08	1.1
A 0140 C~B 0387 C	2.65±0.09	1.5
C 0180 C~C 2000 C	3.55±0.10	1.8
D 0400 C~D 4000 C	5.30±0.13	2.7
E 1090 C~E 6700 C	7.00±0.15	3.6

37 오일 실 (KS B 2804 : 2013)

구 분	S, SM, SA, D, DM, DA 계열			G, GM, GA 계열		
그림(표준)	호칭 안지름 d	바깥지름 D	나 비 B	호칭 안지름 d	바깥지름 D	나 비 B
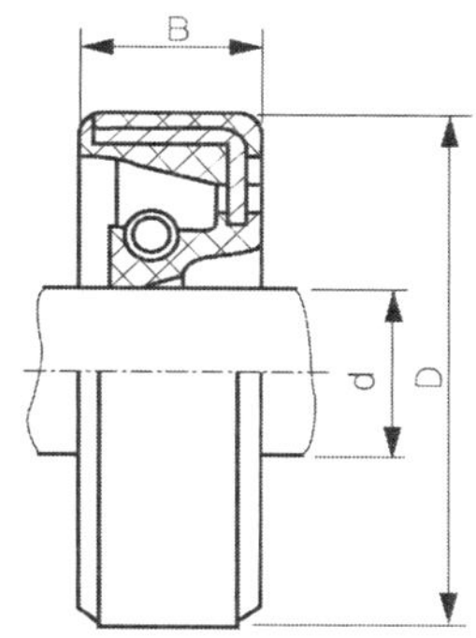	10	20	7	10	20	4
		25			25	7
	12	22	7	12	22	4
		25			25	7
	15	25	7	15	25	4
		30			30	7
	16	28	7	16	28	4
		30			30	7
	18	30	8	18	30	5
		35			35	8
	20	32	8	20	32	5
		35			35	8
	22	35	8	22	35	5
		38			38	8
	24	38	8	24	38	5
		40			40	8
	25	38	8	25	38	5
		40			40	8
	28	40	8	28	40	5
		45			45	8
	30	42	8	30	42	5
		45			45	8
	32	52	11	32	45	5
					52	11
	35	55	11	35	48	5
					55	11
	38	58	11	38	50	5
					58	11
	40	62	11	40	52	5
					62	11
	42	65	12	42	55	6
					65	12
	45	68	12	45	60	6
					68	12

기호	오일실의 종류
S	스프링 들이 바깥둘레 고무
SM	스프링 들이 바깥둘레 금속
SA	스프링 들이 조립
D	스프링 들이 바깥둘레 고무 먼지막이붙이
DM	스프링 들이 바깥둘레 금속 먼지막이붙이
DA	스프링 들이 조립 먼지막이붙이
G	스프링 없는 바깥둘레 고무
GM	스프링 없는 바깥둘레 금속
GA	스프링 없는 조립

(오일실 호칭번호, 예)

SM 40 62 11 A

- A — 고므 재료 (A, B : 니트릴 고무 상당) (C : 아크릴, D : 실리콘 고무)
- 11 — 나티 11mm
- 62 — 바깥지름 62mm
- 40 — 호칭지름 40mm
- SM — 오일실 종류 기호, 스프링 들이 바깥둘레 금속

38 오일 실(조립부분 치수) (KS B 2804 : 2013)

축 끝의 모떼기

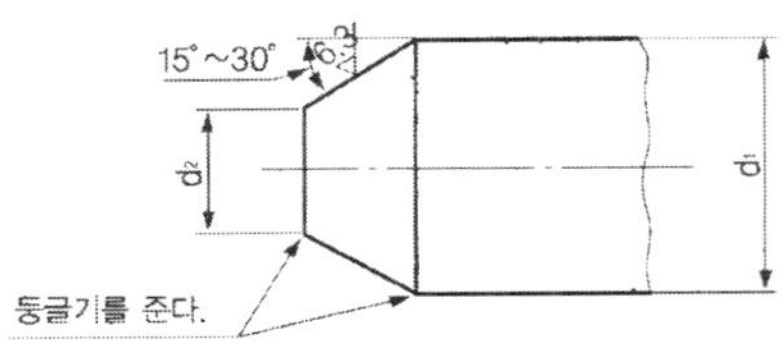

하우징 구멍의 모떼기 및 구석의 둥글기

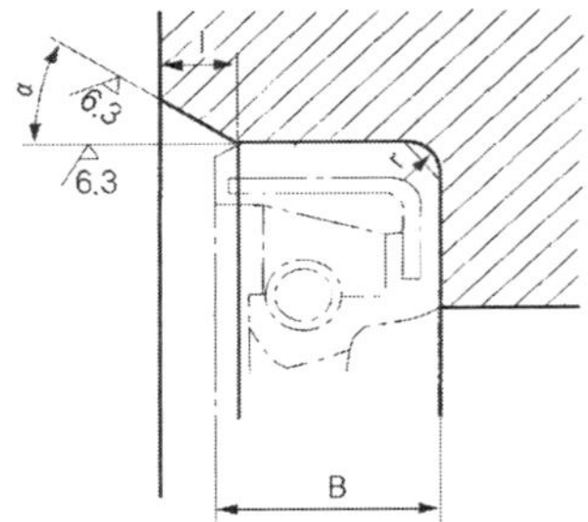

모떼기	a=15°~30° l=0.1B~0.15B
구석의 둥글기	r ≧ 0.5mm

단위 : mm

d_1	d_2(최대)	d_1	d_2(최대)	d_1	d_2(최대)
7	5.7	55	51.3	170	163
8	6.6	56	52.3	180	173
9	7.5	*58	54.2	190	183
10	8.4	60	56.1	200	193
11	9.3	*62	58.1	*210	203
12	10.2	63	59.1	220	213
*13	11.2	65	61	(224)	(217)
14	12.1	*68	63.9	*230	223
15	13.1	70	65.8	240	233
16	14	(71)	(66.8)	250	243
17	14.9	75	70.7	260	249
18	15.8	80	75.5	*270	259
20	17.7	85	80.4	280	268
22	19.6	90	85.3	*290	279
24	21.5	95	90.1	300	289
25	22.5	100	95	(315)	(304)
*26	23.4	105	99.9	320	309
28	25.3	110	104.7	340	329
30	27.3	(112)	(106.7)	(355)	(344)
32	29.2	*115	109.6	360	349
35	32	120	114.5	380	369
38	34.9	125	119.4	400	389
40	36.8	130	124.3	420	409
42	38.7	*135	129.2	440	429
45	41.6	140	133	(450)	(439)
48	44.5	*145	138	460	449
50	46.4	150	143	480	469
*52	48.3	160	153	500	489

비고 *을 붙인 것은 KS B 0406에 없는 것이고, ( )안의 것은 되도록 사용하지 않는다.

39 V패킹(어댑터 및 글랜드의 주요 치수와 조합 부착 높이) (KS B 2806 : 2011)

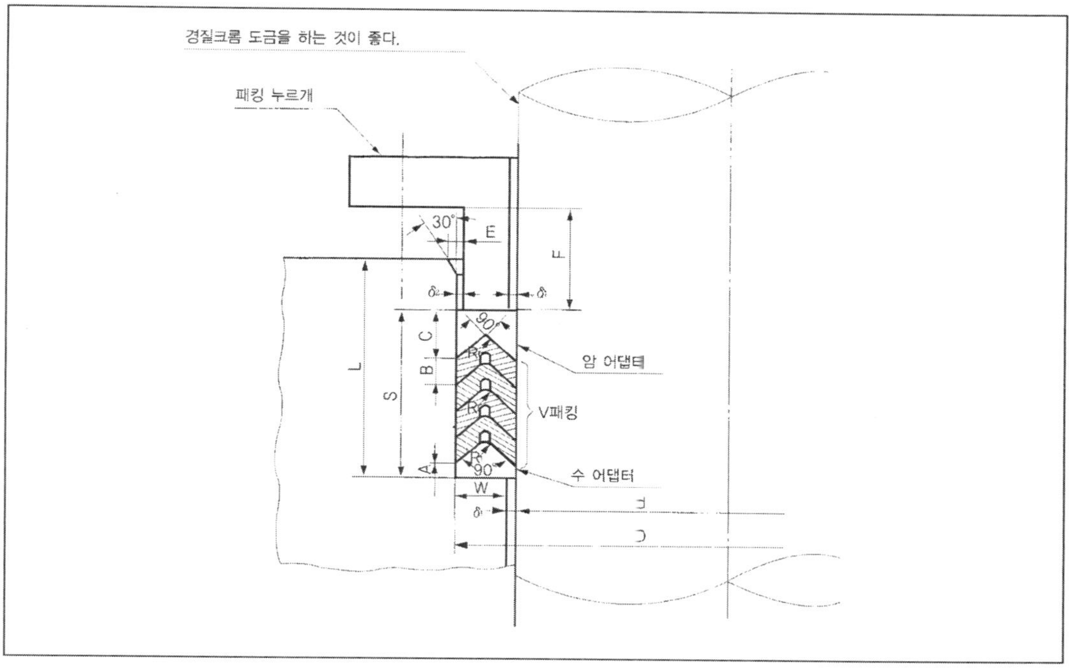

〈표〉 어댑터 및 글랜드의 주요 치수

단위 : mm

호칭번호의 구분	W	R 최소	R1 최소	R2 최대	A	B 고무 V패킹	B 직물들이 고무 V패킹	C	L(1)	F(1)	E(1)	δ1(1) 최대	δ2(1) 최대
H 6.3 ~ H 16 또는 F 6.3 ~ F16	5	0.5	0.5	0.5	3	2.5±0.3	3+0.5 −0.2	5	S(2)−5	10	0.3	0.12	0.06
H 15 ~ H 32 또는 F 15 ~ F 32	6.5	0.75	0.75	0.75	3	3±0.3	3+0.5 −0.2	6.5	S(2)+6	12	0.4	0.14	0.07
H 34 ~ H 64 또는 F 34 ~ F 64	8	1	1	1	3	3.5±0.3	4+0.5 −0.2	8	S(2)+8	16	0.5	0.16	0.08
H 67 ~ H 120 또는 F 67 ~ F 120	10	2	2	2	3	4±0.3	5+0.5 −0.2	10	S(2)+10	20	0.6	0.18	0.09
H 125 ~ H 250 또는 F 125 ~ F 250	12.5	2	2	2	3	5±0.3	6+0.5 −0.2	12.5	S(2)+12	25	0.8	0.20	0.10
H 265 ~ H 500 또는 F 265 ~ F 500	16	3	3	3	3	6±0.4	7+0.8 −0.3	16	S(2)−16	32	1.0	0.22	0.11
H 530 ~ H 1000 또는 F 530 ~ F 1000	20	4	4	4	3	−	8+1.2 −0.4	20	S(2)+20	40	1.3	0.25	0.12

주(1) 글랜드의 주요 치수 L, F, E, δ_1 및 δ_2 한 보기를 표시한 것이다.
(2) S는 다음 표에 표시한 V패킹의 조합 부착 높이이다.
비고 암 어댑터의 안지름 및 바깥지름과 상대 축 및 상대 구멍과의 틈새는, V패킹의 재질 및 어댑터의 재질에 따라 다르다.

40 주조품 치수 공차 및 절삭여유 방식(KS B 0250 : 2010)

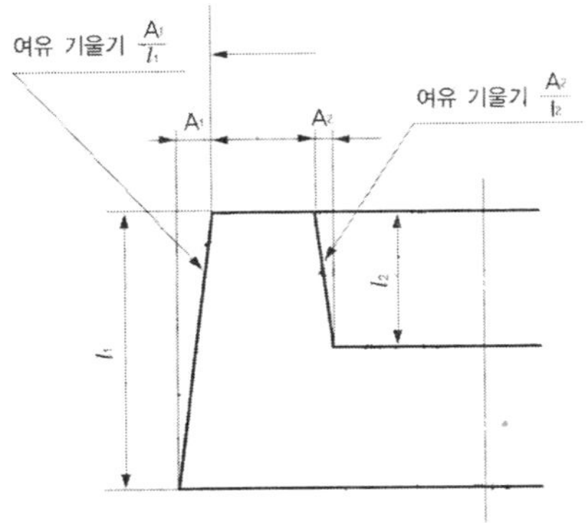

그림 주철품 및 주강품의 여유 기울기

〈표〉 주철품 및 주강품의 여유 기울기 보통 허용값

단위 : mm

치수구분 l		치수 A(최대)
초과	이하	
	16	1
16	40	1.5
40	100	2
100	160	2.5
160	250	3.5
250	400	4.5
400	630	6
630	1000	9

비고 l은 그림 6의 l_1, l_2를 의미한다.
A는 그림 6의 A_1, A_2를 의미한다.

〈표 1〉 길이의 허용차

단위 : mm

치수의 구분	주철품			
	회 주철품		구상 흑연 주철품	
	정밀급	보통급	정밀급	보통급
120 이하	±1	±1.5	±1.5	±2
120 ~ 250	±1.5	±2	±2	±2.5
250 ~ 400	±2	±3	±2.5	±3.5
400 ~ 800	±3	±4	±4	±5
800 ~ 1600	±4	±6	±5	±7
1600 ~ 3150	–	±10	–	±10

치수의 구분	주강품		
	등급		
	정밀급	중급	보통급
120 이하	±1.8	±2.8	±4.5
120 ~ 315	±2.5	±4	±6
315 ~ 630	±3.5	±5.5	±9
630 ~ 1250	±5	±8	±12
1250 ~ 2500	±9	±14	±22
2500 ~ 5000	–	±20	±35
5000 ~ 10000	–	–	±63

〈표 2〉 살 두께의 허용차

단위 : mm

치수의 구분	주철품			
	회 주철품		구상 흑연 주철품	
	정밀급	보통급	정밀급	보통급
10 이하	±1	±1.5	±1.2	±2
10 ~ 18	1.5	±2	±1.5	±2.5
18 ~ 30	±2	±3	±2	±3
30 ~ 50	±2	±3.5	±2.5	±4

치수의 구분	주강품		
	등급		
	정밀급	중급	보통급
18 이하	±1.4	±2.2	±3.5
18 ~ 50	±2	±3	±5
50 ~ 120	–	±4.5	±7
120 ~ 250	–	±5.5	±9
250 ~ 400	–	±7	±11
400 ~ 630	–	±9	±14
630 ~ 1000	–	–	±18

41 금속재료 기호의 종류와 용도

(1) 철금속 재료와 용도

표 8-1 철금속 재료의 종류와 용도

규격(KS D)	명칭	종류	기호	용도 및 특징
3501	열간 압연 연강판 및 강대		SPHC	일반용
			SPHD	드로잉용
			SPHE	딥드로잉용
3503	일반구조용 압연 강재		SS330	강판, 강대, 평강 및 봉강
			SS400	강판, 평강, 봉강 및 형강
			SS490	교량, 선박, 철도 및 차량
			SS540	두께 40mm 이하의 강판
			SS590	강대, 형강, 평강 및 봉강
3512	냉간 압연 강판 및 강대		SPCC	일반용
			SPCD	드로잉용
			SPCE	딥드로잉용
			SPCF	비시효성 딥드로잉용
			SPCG	비시효성 츠(超)딥드로잉용
3515	용접 구조용 압연 강재		SM400A	강판, 강대, 형강 및 평강
			SM400B	두께 200mm 이하
			SM400C	강판, 강대, 형강 및 평강 두께 100mm 이하
			SM490A	강판, 강대, 형강 및 평강
			SM490B	두께 200mm 이하
			SM490C	강판, 강대, 형강 및 평강 두께 100mm 이하
			SM520B	
			SM570	
3546	체인용 원형강		SBC 300	체인용 열간 압연 원형강
			SBC 490	
			SBC 690	
3510	경강 선	A종	SW-A	철선
		B종	SW-B	정하중을 받는 스프링용
		C종	SW-C	
3556	피아노 선	1종	PW-1	스프링용
		2종	PW-2	
		3종	PW-3	밸브 스프링용
3867	기계구조용 합금강 강재 (크로뮴강)	표면 경화용	SCr 415	열간 압연, 열간 단조 가공으로 제조하여 다시 단조, 절삭 등의 가공과 열처리하며, 기계구조용 (부품포함)
			SCr 420	
			SCr 430	
			SCr 435	
			SCr 440	
			SCr 445	

CHAPTER 8 기계제도 부록

규격(KS D)	명칭	종류	기호	용도 및 특징
3867	기계구조용 합금강 강재 (니켈 크로뮴강)	–	SNC 236	열간 압연, 열간 단조 가공으로 제조하여 다시 단조, 절삭 등의 가공과 열처리하며, 기계구조용 (부품포함)
		표면경화용	SNC 415	
		–	SNC 631	
		표면경화용	SNC 815	
		–	SNC 836	
	기계구조용 합금강 강재 (니켈 크로뮴 몰리브데넘강)	표면경화용	SNCM 220	열간 압연, 열간 단조 가공으로 제조하여 다시 단조, 절삭 등의 가공과 열처리하며, 기계구조용 (부품포함)
		–	SNCM 240	
		표면경화용	SNCM 415	
		표면경화용	SNCM 420	
		–	SNCM 431	
		–	SNCM 439	
		–	SNCM 447	
		표면경화용	SNCM 616	
		–	SNCM 625	
		–	SNCM 630	
		표면경화용	SNCM 815	
	기계구조용 합금강 강재 (크로뮴 몰리브데넘강)	표면경화용	SCM 415	열간 압연, 열간 단조 가공으로 제조하여 다시 단조, 절삭 등의 가공과 열처리하며, 기계구조용 (부품포함)
			SCM 418	
			SCM 420	
			SCM 421	
		–	SCM 425	
		–	SCM 430	
		–	SCM 432	
		–	SCM 435	
		–	SCM 440	
		–	SCM 445	
		표면경화용	SCM 822	
	기계구조용 합금강 강재 (망가니즈강)	표면경화용	SMn 420	열간 압연, 열간 단조 가공으로 제조하여 다시 단조, 절삭 등의 가공과 열처리하며, 기계구조용 (부품포함)
		–	SMn 433	
		–	SMn 438	
		–	SMn 443	
	〃 (망가니즈 크로뮴강)	표면경화용	SMnC 420	
		–	SMnC 443	
3752	기계구조용 탄소강재	–	SM 10C	열간 압연, 열간 단조 가공으로 제조하여 다시 단조, 절삭 등의 가공과 열처리하며, 기계구조용 (부품포함)
		–	SM 15C	
		–	SM 20C	
		–	SM 25C	

규격(KS D)	명칭	종류	기호	용도 및 특징
3752	기계구조용 탄소강재	–	SM 28C	열간 압연, 열간 단조 가공으로 제조하여 다시 단조, 절삭 등의 가공과 열처리하며, 기계구조용 (부품포함)
		–	SM 30C	
		–	SM 33C	
		–	SM 35C	
		–	SM 38C	
		–	SM 40C	
		–	SM 43C	
		–	SM 45C	
		–	SM 48C	
		–	SM 50C	
		–	SM 53C	
		–	SM 58C	
		침탄용	SM 9CK	
			SM 15CK	
			SM 20CK	
3597	스프링용 냉간 압연강대		S50C-CSP	박판 스프링용, 용수철 스프링용
			S55C-CSP	
			S60C-CSP	
			S65C-CSP	
			S70C-CSP	
			SK85-CSP	
			SK95-CSP	
			SUP10-CSP	
3701	스프링 강재	실리콘 망가니즈	SPS 6 ~ 7	겹판 스프링, 코일 스프링 및 비틀림 막대 스프링에 사용
		망가니즈 크로뮴	SPS 9 ~ 9A	
		크로뮴 바나듐	SPS 10	코일 스프링 및 비틀림 막대 스프링에 사용
		망가니즈 크로뮴보론	SPS 11A	대형 겹판 스프링, 코일 스프링에 사용
		실리콘 크로뮴	SPS 12	코일 스프링
		크로뮴 몰리브데넘	SPS 13	대형 겹판 스프링, 코일 스프링에 사용
ISO 4955	내열강 및 합금	페라이트강	X6CrTi12	평판제품
			X15CrN26	선 또는 봉
		오스테나이트강	X6CrNI18-9	평판제품
			X6NiCrSi36-19	선 또는 봉
		합금	NiCr15Fe8	평판제품, 각형강, 단조품
			NiCr20Ti	

표 8-2 단강품 재료의 종류와 용도

<table>
<tr><th>규격(KS D)</th><th>명칭</th><th>종류</th><th>기호</th><th>용도 및 특징</th></tr>
<tr><td>3710</td><td>탄소강 단강품</td><td></td><td>SF340A ~ 640B</td><td>축, 기어, 플랜지 및 링</td></tr>
<tr><td rowspan="9">4114</td><td rowspan="9">크롬 몰리브덴강
단강품</td><td rowspan="4">축상단강품</td><td>SFCM 590S</td><td rowspan="4">봉, 축, 기어, 플랜지, 링, 휠, 디스크용
(단강품 “S” 대신 링상은 “R”,
디스크 상은 “D” 덧붙임)
[예] SFCM 590R,SFCM 590D</td></tr>
<tr><td>SFCM 640S</td></tr>
<tr><td>SFCM 690S</td></tr>
<tr><td>SFCM 740S</td></tr>
<tr><td rowspan="5">축상단강품</td><td>SFCM 780S</td><td rowspan="5">봉, 축, 기어, 플랜지, 링, 휠, 디스크용
(단강품 “S” 대신 링상은 “R”,
디스크 상은 “D” 덧붙임)
[예] SFCM 780R, SFCM 780D</td></tr>
<tr><td>SFCM 830S</td></tr>
<tr><td>SFCM 880S</td></tr>
<tr><td>SFCM 930S</td></tr>
<tr><td>SFCM 980S</td></tr>
<tr><td rowspan="8">4117</td><td rowspan="8">니켈 크롬
몰리브덴강
단강품</td><td rowspan="8">축상단강품</td><td>SFNCM 690S</td><td rowspan="8">봉, 축, 기어, 플랜지, 링, 휠, 디스크용
(단강품 “S” 대신 링상은 “R”,
디스크 상은 “D” 덧붙임)
[예] SFNCM 690R, SFNCM 690D</td></tr>
<tr><td>SFNCM 740S</td></tr>
<tr><td>SFNCM 780S</td></tr>
<tr><td>SFNCM 830S</td></tr>
<tr><td>SFNCM 880S</td></tr>
<tr><td>SFNCM 930S</td></tr>
<tr><td>SFNCM 980S</td></tr>
<tr><td>SFNCM 1030S</td></tr>
</table>

표 8-3 공구강 재료의 종류와 용도

규격(KS D)	명칭	종류	기호	용도 및 특징
3751	탄소공구강 강재		STC 140	칼줄, 벌줄
			STC 120	드릴, 태엽, 면도날, 쇠톱
			STC 105	나사가공 다이스, 치공구
			STC 95	도끼, 끌, 면도칼, 펜촉
			STC 90	프레스 형틀, 태엽, 침
			STC 85	각인, 원형톱, 띠톱, 태엽
			STC 80	각인, 프레스 형틀, 태엽
			STC 75	각인, 원형톱, 줄, 태엽
			STC 70 ~ 60	각인, 스냅, 프레스 형틀
3753	합금공구강 강재	절삭공구강	STS 11	센터 드릴, 다이스
			STS 2	탭, 드릴, 커터, 다이스
			STS 21	원형 톱, 띠톱
			STS 5	원형 톱, 띠톱
			STS 7	쇠톱
			STS 81	칼, 대패, 쇠톱, 면도날
			STS 8	줄
		내 충격 공구용	STS 4	끌, 펀치, 칼날
			STS 41	끌, 펀치, 칼날
			STS 42	다이스, 착암기의 피스턴
			STS 43	끌, 해딩 다이스
		냉간 금형용	STS 3	게이지, 절단기 칼날
			STS 31	게이지, 프레스 형틀
			STS 93 ~ 95	게이지, 칼날, 프레스형틀
			STD 1 ~ 2	신선용 및 코밍 다이스
			STD 10	포밍 다이스, 프레스 형틀
			STD 11 ~ 12	게이지, 전조다이스, 형틀
		열간 금형용	STD 4 ~ 6	프레스와 다이캐스팅 형틀 압축용 다이스
			STD 61	
			STD 62	다이스 및 프레스 형틀
			STD 7	프레스 형틀, 압출공구
			STD 8	다이스 형틀, 압출공구
			STF 3	다이스 형틀, 압출공구 프레스 형틀
			STF 4	
			STF 6	프레스 형틀, 압출공구

표 8-4 주조품(주강, 주철) 재료의 종류와 용도

규격(KS D)	명칭	종류	기호(구기호)	용도 및 특징
4101(구기호) 한국주물공업 협회 단체인증 ISO 4990	탄소강 주강품		SC 410	일반 구조용 주강품
			SC 450	
			SC 480	
4102(구기호) 한국주물공업 협회 단체인증 ASTM A148 Grade 80-40 ~ Grade 108-85	구조용 고장력 탄소강 및 저합금강 주강품		SCMn 1A	구조용
			SCMn 2B	
			SCMn 3B	
			SCMnCr 2A	
			SCMnCr 3B	
			SCMnCr 4	구조용, 내마모용
4103(구기호) 한국주물공업 협회 단체인증 ISO 11972 ASTM A351 Grade CF20 ~ Grade CN7M	스테인리스강 주강품		SSC 12	내부식용
			SSC 17	
			SSC 18	
			SSC 21	
			SSC 23	
4104(구기호) 한국주물공업 협회 단체인증 ASTM A128	고 망간강 주강품		SCMnH 2	일반용(주강품)
			SCMnH 3	레일 크로싱용
			SCMnH 11	고 내마모용
4105(구기호) 한국주물공업 협회 단체인증 ASTM A297 Grade HD ~ HT	내열강 주강품		HRSC 11	내열 주강용
			HRSC 12	
			HRSC 13	
			HRSC 15	
4106(구기호) 한국주물공업 협회 단체인증 ASTM A216 Grade WCA ~ WCC	용접 구조용 주강품		SCW 410	압연 강재, 주강품 또는 다른 주강품의 용접 구조에 사용
			SCW 450	
			SCW 480	
			SCW 620	
4301(구기호) 한국주물공업 협회 단체인증 ISO 185 ASTM A278 Class 150 ~ 350	회 주철품		GC 150	난방용품
			GC 250	약간의 경도를 요하는 부분
			GC 300	
			GC 350	실린더 헤드, 피스턴
4302(구기호) 한국주물공업 협회 단체인증 ISO 1083	구상흑연 주철품		GCD 400	응력제거를 위하 어닐링 열처리
			GCD 500	
			GCD 600	
			GCD 800	

(2) 비철금속 재료의 종류와 용도

표 8-5 봉 및 선 재료의 종류와 용도

규격(KS D)	명칭	종류	기호	용도 및 특징
5101	구리 및 구리 합금 봉	쾌삭 황동	C 3601 BD	볼트·너트, 스크루, 스핀들 기어, 밸브, 라이터, 시계 카메라 부품
			C 3602 BE	
			C 3603 BD	
			C 3604 BE	
			C 3605 BD	
		단조용 황동	C 3712 BF	기계부품
			C 3771 BF	밸브, 기계부품
		내식 황동	C 4860 BE	수도꼭지, 밸브, 선박용 부품
			C 4860 BF	
		알루미늄 청동	C 6161 BE	차량 기계용, 화학공업용, 선반기어와 피니언, 부시 등
			C 6191 BD	
			C 6241 BD	
		고 강도 황동	C 6782 BF	선박의 프로펠러 축, 펌프 축
			C 6783 BE	
5102	베릴륨동, 인청동, 양백의 봉 및 선	베릴륨동	C 1720 B	볼트, 캠, 기어, 베어링
		인청동	C 5111 B	기어, 캠, 이음 쇠, 축, 베어링, 스크루, 볼트·너트, 스프링류
			C 5102 W	
			C 5191 B	
			C 5212 W	
		쾌삭 인청동	C 5341 B	스크루, 부시, 베어링, 볼트·너트, 볼펜 부품
			C 5441 B	
		양백	C 7451 W	스크루, 볼트·너트, 전기기기 부품, 악기, 의료기기, 시계부품, 직선 및 코일스프링, 안경부품
			C 7521 B	
			C 7541 B	
			C 7701 B	
		쾌삭 양백	C 7941 B	스크루, 베어링, 볼펜, 안경부품
5103	구리 및 구리 합금 선	황동	C 2600 W	리벳, 스크루, 핀, 코 바늘, 스프링
			C 2700 W	
			C 2720 W	
			C 2800 W	용접봉, 리벳

NCS 기계제도

초 판 인 쇄	2015년 9월 5일
초 판 발 행	2015년 9월 10일

저 자	송요풍
발 행 인	**조규백**
발 행 처	도서출판 **구민사** (150-034) 서울특별시 영등포구 문래로 187, 604(영등포동4가, 동서빌딩)
전 화	(02) 701-7421(~2)
팩 스	(02) 3273-9642
홈 페 이 지	www.kuhminsa.co.kr
등 록	제14-29호 (1980년 2월 4일)
I S B N	979-11-5813-075-6 [13500]
값	**25,000원**